高职高专土建类专业规划教材

土力学与地基基础

秦振生 编著

图书在版编目(CIP)数据

土力学与地基基础/秦振生编著.—武汉:武汉大学出版社,2019.6(2022.7 重印)
高职高专土建类专业规划教材
ISBN 978-7-307-20678-6

Ⅰ.土… Ⅱ.秦… Ⅲ.①土力学—高等职业教育—教材 ②地基—基础(工程)—高等职业教育—教材 Ⅳ.TU4

中国版本图书馆 CIP 数据核字(2019)第 022287 号

责任编辑:胡 艳 责任校对:李孟潇 版式设计:马 佳

出版发行:**武汉大学出版社** (430072 武昌 珞珈山)
(电子邮箱:cbs22@ whu.edu.cn 网址:www.wdp.com.cn)
印刷:武汉科源印刷设计有限公司
开本:787×1092 1/16 印张:27 字数:654 千字 插页:1
版次:2019 年 6 月第 1 版 2022 年 7 月第 2 次印刷
ISBN 978-7-307-20678-6 定价:56.00 元

前　　言

本书是作者集多年的教学笔记整理编写而成，适用于高职高专院校学生作为教材使用，亦适合相关人员自学使用。编写内容取舍原则有以下三点：

1. 适度深入，力求通俗易懂。对基础理论和难点、重点，探索便于学生理解的阐释切入点，并适当增加例题。

2. 考虑到一些院校的课程开设未必很全面，为弥补此种不足，编写内容在知识的广度方面有所增加，如第十章“岩土工程勘察”。在其他各章中也会增加一部分拓展内容。授课课时可根据本校情况予以取舍。

3. 第十三章“柱下条形和交叉条形基础”一般放在本科教材中，考虑到近年来建筑行业发展很快，高职高专教材已显不足，故增加该章作为选学内容。

本书主要根据现行《建筑地基基础设计规范》(GB50007—2011)、《混凝土结构设计规范》(GB50010—2010)、《岩土工程勘察规范》(GB50021—2001)、《建筑桩基技术规范》(JGJ94—2008)等最新规范编写。

由于作者水平有限，书中错误难免，还请读者批评指正。

老秦建筑工程学校　秦振生

2018 年 5 月

目　录

第一章　土的物理性质和工程分类

第一节　地质年代简介与土的成因

一、地质年代简介

地球形成至今已有45亿年的历史，在这漫长的岁月里，地球经历了一连串的变化，这些变化在整个地球历史中可分为若干发展阶段，地球发展的这些时间段落称为地质年代。

地球自形成以来，处于不断的运动之中，而地壳则受到各种内外力的影响，不断改变着地球的面貌。地壳运动控制着海陆分布，影响着各种地质作用的产生和发展，如岩浆运动、火山作用、地震以及岩层褶皱及断裂等，这些运动统称为地质构造运动。

地壳分裂为板块的活动以及宇宙间引力作用造成的活动，使地壳产生水平或垂直运动。水平运动使地壳产生拉张、挤压，引起各种断裂和褶皱构造，使地表起伏，故又称造山运动。垂直运动是长期交替的升降运动，引起大范围的隆起和坳陷，产生海陆变迁，亦称造陆运动。地壳运动的产生和发展是不均衡的，对各地区的影响也是不同的。

划分地质年代的主要依据是地壳运动和生物的演变。地壳发生大的构造运动之后，自然地理条件将发生显著变化，各种生物将随之演变，以适应新的生存环境，这样就形成了地壳发展历史的阶段性。人们根据几次大规模的地壳运动和生物演变，把地壳发展的历史过程分为五个称为“代”的大阶段，每个“代”又分为若干个“纪”，每个“纪”又进一步细分为若干个“世”，等等，这些统称为地质年代。

地质年代有相对地质年代和绝对地质年代之分。相对地质年代只说明岩石在生成时间上的先后顺序，主要依据古生物学的方法划分。绝对地质年代又称放射测定年代，它能明确说明岩石生成距今的年龄，又称同位素年龄，根据岩层中放射性同位素蜕变产物的含量加以测定。地质年代简表见表1-1。

地质年代中，新生代第四纪时期是距今最近的地质年代。在第四纪的历史上发生了两大变化，即人类的出现和冰川作用。第四纪时期沉积的历史较短，一般尚未经过固结硬化的成岩作用。因此，在第四纪时期形成的各种沉积物通常是松散的、软弱的、多孔的，与岩石的性质有着显著的区别，这些沉积物统称为土，这些土体正是与工程建设紧密相关的研究对象，也就是土力学的研究对象。

表1-1 **地质年代表**

代		纪		世	距今年代（百万年）	主要地壳运动	主要现象
新生代Kz		第四纪Q		全新世Q_4 更新世上Q_3 更新世中Q_2 更新世下Q_1	2~3	喜马拉雅运动	冰川广布，黄土形成，地壳发育成现代形势，人类出现、发展
		第三纪R	晚第三纪N	上新世N_2 中新世N_1	25		地壳初具现代轮廓，哺乳类动物、鸟类急速发展，并开始分化
			早第三纪E	渐新世E_3 始新世E_2 古新世E_1	70	燕山运动	
新生代Mz		白垩纪K		上白垩世K_2 下白垩世K_1	135		地壳运动强烈，岩浆活动
		侏罗纪J		上侏罗世J_3 中侏罗世J_2 下侏罗世J_1	180	印支运动	除西藏等地区，中国广大地区已上升为陆，恐龙极盛，出现鸟类
		三叠纪T		上三叠世T_3 中三叠世T_2 下三叠世T_1	225	海西运动（华力西运动）	华北为陆，华南为浅海，恐龙、哺乳类动物发育
古生代P_Z	上古生代P_{Z2}	二叠纪P		上二叠世P_2 下二叠世P_1	270		华北至此为陆，华南浅海，冰川广布，地区运动强烈，间有火山爆发
		石炭纪C		上石炭世C_3 中石炭世C_2 下石炭世C_1	350		华北时陆时海，华南浅海，陆生植物繁盛，珊瑚、腕足类、两栖类动物繁盛
		泥盆纪D		上泥盆世D_3 中泥盆世D_2 下泥盆世D_1	400	加里东运动	华北为陆，华南浅海，火山活动，陆生植物发育，两栖类动物发育，鱼类极盛
	下古生代P_{Z1}	志留纪S		上志留世S_3 中志留世S_2 下志留世S_1	440		华北为陆，华南浅海，局部地区火山爆发，珊瑚、笔石发育
		奥陶纪O		上奥陶世O_3 中奥陶世O_2 上奥陶世O_1	500		海水广布，三叶虫、腕足类、笔石极盛
		寒武纪∈		上寒武世$∈_3$ 中寒武世$∈_2$ 下寒武世$∈_1$	600	蓟县运动	浅海广布，生物开始大量发展，三叶虫极盛
元古代P_1	晚元古代震旦亚代$P_{r2}Z$	震旦纪Z_z			700		浅海和陆地相间出露，有沉积岩形成，藻类繁盛
		青白口纪Z_q			1000		
		蓟县纪Z_j			1400±50		
		长城纪Z_g			1700±	吕梁运动	
	早古元代P_{z1}				2050±	五台运动	海水广布，构造运动及岩浆活动强烈，开始出现原始生命现象
	太古代A_r				2400~2500 3650	鞍山运动	
地球初期发展阶段							

二、土的风化形成

自然界中，坚硬的岩石在漫长的地质年代里，每时每刻都在经历着风化作用，风化作用使岩石破碎成大小不等的碎块和颗粒，并在重力、流水、风力等外力作用下被搬运到适当的环境沉积下来，形成各种类型的土体。

风化作用可分为以下三种：

1. 物理风化

岩石受风霜雨雪的侵蚀，随着温度、湿度的变化，产生不均匀的膨胀和收缩，岩石出现裂隙，崩解为碎块。这种风化作用只改变颗粒的大小和形状，而不改变原来的矿物成分，称为物理风化。由物理风化形成的土为粗颗粒土，如块石、碎石、砂土等，这种土呈松散状态，没有黏性，总称为无黏性土。

2. 化学风化

当岩石的碎屑与水、氧气等物质相接触，将发生化学变化，从而会改变原来的矿物成分，产生一种次生矿物，这种风化作用称为化学风化。经化学风化生成的土颗粒细小，且具有黏结力，如黏土与粉质黏土，总称为黏性土。

3. 生物风化

由动物、植物和人类活动所引起的岩体破坏，称为生物风化。如生长在岩石缝隙中的树，因树根生长而使岩石开裂崩解。再如人类开采矿山、修桥筑路等活动形成的土。这类土的矿物成分也没有变化，从这方面说，生物风化也是一种物理风化，所经历的风化过程也是一种物理过程。

应当说明，物理风化和化学风化两种过程在自然界中是同时发生的。当化学风化程度较浅时，细小的黏土颗粒含量少，就称为无黏性土；当化学风化程度较深时，黏土颗粒含量多，就称为黏性土。

三、土的搬运沉积

如上所述，土是岩石的风化产物，但风化形成的土并不一定留在原地，大多在各种外力作用下被搬运到一定环境沉积下来，形成层状沉积，叫做沉积层。根据沉积层形成的不同原因，土可分为残积土、坡积土、洪积土、冲积土、湖积土、海积土、风积土、冰积土和冰水沉积土等。

1. 残积土

岩石风化后未被搬运，残留在原地的一部分土叫做残积土。它的分布主要受地形的控制，在宽广的分水岭地带、平顶山地或平缓的山坡，若雨水地表径流速度很小，较大颗粒的风化产物易于保留，就易形成残积土层。残积土的特征是：矿物成分与原地的母岩一致，且层厚没有一个明显的界限，由浅入深，风化程度逐渐减弱，过渡至完好的新鲜基岩。此外，由于残积土未经长途搬运，颗粒未被磨圆，仍呈棱角状。又由于其中细小颗粒被雨水或风力带走，使孔隙较大。

山区的残积土由于原始地形的原因，常在较小的面积范围内风化程度不一，厚度不均，工程性质差别大。当作为地基使用时，承载力较高，但不均匀，易造成不均匀沉降。此时应注意沿下部基岩面产生滑动而使地基不稳定的问题。

2. 坡积土

岩石风化后在雨水或重力作用下经短途搬运至平缓的山坡或坡脚沉积形成的土层，叫做坡积土。坡积土的上部常与残积土相接。因坡积土主要分布在边坡地带，层底一般为倾斜面，层面的倾斜程度则与生成时间有关，时间越长，滚落、沉积在山脚处的坡积层越厚，表面的倾斜度就越小。

坡积土的颗粒组成有分选现象，即沿斜坡由上而下，颗粒由粗变细。在垂直剖面上，下部与基岩接触处多为碎石、角砾，其中充填黏性土或砂土。上部往往较细，有较多黏性土。

坡积土结构较松散，压缩性较高，且厚度、颗粒组成不均，当其作为地基时，应注意不均匀沉降和稳定问题。

3. 洪积土

由季节性暴雨引起的山洪暴发裹携大量岩石风化物顺山谷或山坡而下，在山口及山前形成的堆积物，叫做洪积土。洪积土常在山口前呈扇形展开，扇根在上，扇中和扇缘前出，称做洪积扇。相邻山口前的洪积扇可相互连结，形成洪积裙。经过多年的暴雨洪积，可形成洪积平原。洪积平原坡度平缓，可伸展至距山口很远。

洪积扇从扇根、扇中到扇缘，水流速度逐渐减小，对颗粒大小有较强的分选作用。山口附近颗粒粗大，多块石、角砾，离山口越远，颗粒越小，逐渐过渡到扇缘。在近扇缘地带，则多为砂土、粉土、黏性土。

大面积的洪积土均由多年叠堆而成，由于每次洪水的能量大小不同，扇缘前出距离不同，因此，在垂直剖面上，洪积层厚度不均、粗细不均，在扇中过渡地带，多具不规则的交替层理构造，常见夹层、尖灭或透镜体等。且因扇中过渡地带的层厚、粗细不均，透水性差别大，可能使地下水溢出地表，形成沼泽。

洪积土在山前较近的扇根部，颗粒较粗，承载力高，压缩性低，且地下水位埋藏较深，一般是良好的建筑地基。在离山区较远的地带，颗粒较细，厚度较大，虽使土质压缩性增大，但均匀，只要设计使用得当，也可以是不错的天然地基。但在离山区很远的扇缘地带，颗粒细，层厚薄，地下水位埋藏浅，作为建筑物地基时，承载力低，压缩性大。当在洪积扇的中部，即上述的过渡地带修建建筑物时，应注意这一带承载力和压缩性都不均匀，地质条件较为复杂。

4. 冲积土

河流的流水作用冲刷、剥蚀上游地表及河道，将碎石、泥沙等搬运到下游一定环境沉积下来，叫做冲积土。根据冲积土形成的环境条件，可分为河床相、河漫滩相、牛轭湖相及河口三角洲相，此处的“相”是指沉积环境。

河床相冲积土分布于河床带上以及两侧的阶地上。在山区河流的上游多粗大的石块、砾石和粗砂，颗粒形状较少磨圆；至中下游的平原地区，颗粒逐渐变细，且多磨圆，成为较小的圆砾及砂土。山区河床相冲积土厚度较小，大多在 10 米以下，较少可达数十米；流至平原地区沉积厚度往往很大，可多达数十米至数百米。河漫滩相是指河水漫溢河床之外在行洪区沉积而成的冲积土，颗粒细小，多细砂、粉黏土。在漫长的地质史上，自然形成的河流历经多次改道，在河曲地段，当主河道改道后，弯曲的旧河道水流缓慢，渐成封闭的弓形湖泊，叫做牛轭湖。牛轭湖相沉积多淤泥，干涸后则成沼泽地或松软的淤泥质土。在河流的入海口或内流河的入湖口，河道变宽，或呈扇面分叉，水流减慢，水中大量的细小泥砂沉积下来，渐向海或湖中推进，形成面积宽广、厚度极大的河口三角洲。三角洲相沉积颗粒细小，形成砂洲或淤泥沉积层。冲积土分布面积很广，世界上的大中型平原几乎都由河流冲积层形成。

冲积土的工程地质特性因其形成条件和地质年代不同而各异。地质年代较久的古河床相强度较高，压缩性较低，是良好的建筑地基；地质年代近的现代河床相则密实度差，中下游的现代河床相地下水位埋藏浅，饱和的砂、粉土层遇地震可能液化。河漫滩相冲积层若覆盖于河床相冲积层之上时，可形成上细下粗的“二元结构”，当用于地基时，应注意软弱土层的厚度及其下粗颗粒土层的密实度。牛轭湖相冲积层是压缩性很高、承载力很低的软弱土，不宜作为建筑物的天然地基。三角洲相冲积层一般为极深厚的饱和软黏土或粉细砂，承载力低，压缩性高；而三角洲地区往往又都是经济发达的城市群地区，建筑物广布。因长期受人类活动的影响，其表层常形成一层具有一定厚度的硬壳层，承载力较下层为高，压缩性较下层为低，一般可用做低层建筑的天然地基，当为中、高层建筑时，常需采用桩基础。

5. 湖积土

湖积土即湖泊沉积土，多淤泥或粉细砂，腐烂或半腐烂的动植物残体夹杂其中。若湖泊干涸，则演变为沼泽。在空气不足和大量水分存在的条件下，沼泽植物残体经不完全分解可形成泥炭，泥炭是一种煤化程度很浅的煤，可做燃料。沼泽土含水量很高，承载力很低，不宜做天然地基。但在湖泊近岸地带，常有湖浪冲蚀而成的粗颗粒卵石、圆砾和砂土沉积，承载力较高。

6. 海积土

海积土即海相沉积土。海滨浅水区的大陆架区域常有深厚的淤泥沉积，但在近岸边又常形成纯净的砂滩及卵石、圆砾，承载力较高。深海海水下地形复杂，多淤泥及海洋生物有机质。

7. 风积土

在干旱的气候条件下，岩石风化后的细小颗粒被风扬起，携至一定环境下沉积下来，叫做风积土。风积土主要为粉粒和细砂，没有粗大颗粒，黏土颗粒含量也较少。风积土颗粒均匀，孔隙大，结构松散，最常见的是风积黄土，如果沉积环境也在干旱少雨的地区，则易形成湿陷性黄土。湿陷性黄土结构性强，遇水湿陷，用做天然地基时，应充分考虑其湿陷特性。

8. 冰积土和冰水沉积土

在我国的青藏高原、新疆天山、昆仑山以及河西走廊南部的祁连山等高海拔地区，分布着面积广大的现代冰川。这些冰川沿着沟谷斜坡缓慢向下滑动，对其下的冰床有强烈的剥蚀作用，裹携进大量的残积、坡积土等。冰川下滑至较低海拔处，气温升高使冰川融化，形成冰水流。由冰川和冰水搬运沉积下来的岩土物质，称做冰积土或冰水沉积土。冰积土由巨大的块石、碎石、砂土、粉土及黏性土混杂组成，分选性很差，巨大块石上常有冰川擦痕。冰川沉积多呈岗丘等复杂地貌。

第二节　土的结构与构造

土作为建筑物的地基，其工程性质与土的结构和构造有关。土的结构与构造主要取决于土的生成条件、风化程度和沉积环境。

一、土的结构

岩石风化而成的土颗粒，在沉积过程中形成的空间排列和连结形态，称为土的结构，一般分为单粒结构、蜂窝结构和絮状结构三种基本类型。

1. 单粒结构

粗大的土颗粒在沉积过程中，每一个土颗粒在自重作用下单独下沉形成的沉积层为单粒结构沉积。由于颗粒粗大，比表面积(单位体积土的颗粒总表面积)小，表面能很小，颗粒之间基本上只存在因自重而产生的相互作用力，没有黏聚力，土的结构表现为简单堆积。若沉积层全部由砂粒或更粗大的砾石、卵石等组成即都表现为单粒结构，如图 1-1(a)、(b)所示。

呈单粒结构的土体，若颗粒排列紧密，如图 1-1(b)所示，则强度较高，压缩性小，在荷载作用下沉降小，是良好的天然地基。若颗粒排列疏松，如图 1-1(a)所示，其骨架是不稳定的，当受到荷载作用时，尤其是震动荷载时，土粒易于发生移动，使土粒间孔隙减小，排列趋于紧密，因而引起土体的较大变形。

2. 蜂窝结构

蜂窝结构主要存在于粉土沉积中，粉土颗粒直径为 0.075~0.005mm，当在水中沉积时，基本上仍为单个土粒下沉，当遇到已沉积的土粒时，由于土粒间引力作用大于土粒自重，下沉土粒就停留在最初的接触点上，而不是滚落于空隙中，这样就容易形成类似链环状的结构，叫做蜂窝结构。一般地，风成黄土也属于蜂窝结构，但黄土颗粒之间的连接强度还和所含的盐类和黏土矿物的胶结作用密切相关，一旦遇水浸湿，盐类溶解，胶结作用削弱，在一定压力下链环就易被压断，因此，干旱地区的风成黄土浸水后常表现出很强的湿陷性。蜂窝结构如图 1-1(c)所示。

3. 絮状结构

絮状结构主要存在于黏土沉积中，黏土颗粒直径在 0.005mm 以下，极为细小，且呈薄片状，比表面积极大，因此，其颗粒自重对沉积结构影响很小，而粒间的相互作用力则起主导作用。黏土颗粒可长时间悬浮于水中，遇其他颗粒后逐渐相互聚集成絮状物，絮状物因自重增大而缓慢下沉，成为絮状沉积结构，如图 1-1(d)所示。

黏土颗粒表面富集呈胶体状的结合水，并有极为细小的胶体颗粒，在压密过程中使胶结强度增大，表现为黏性土的黏聚力，使由黏土颗粒构成的絮状结构松软而有弹性。

以上三种结构形式中，以密实的单粒结构工程性质最好，蜂窝结构和絮状结构都有很强的结构性，一旦原来的结构受扰动而破坏，强度将明显下降，并因孔隙大而表现为高压缩性，是工程性质很差的土。

应当说明，同一沉积层土的结构并不一定就相同，常为两种或三种基本结构类型共生共存，表现出更为复杂的结构形态。

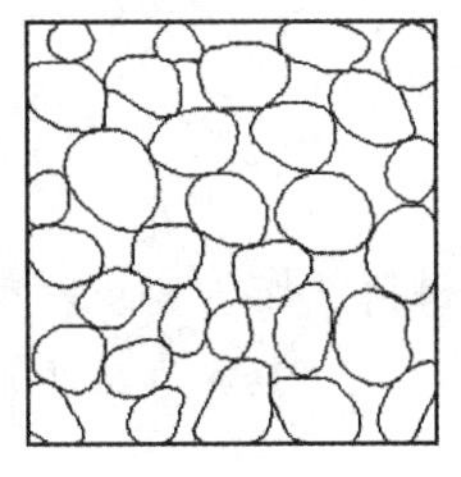
（a）疏松单粒结构

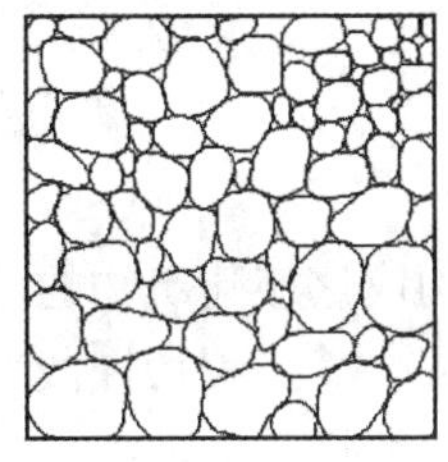
（b）紧密单粒结构

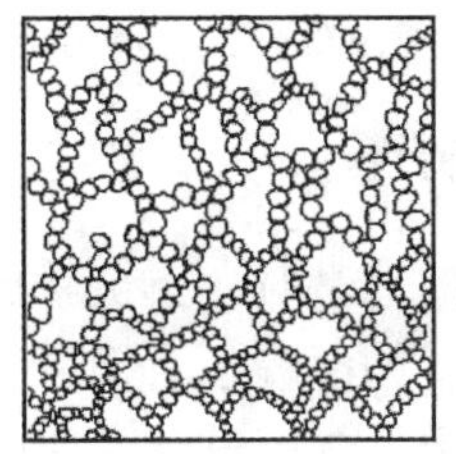
（c）蜂窝结构

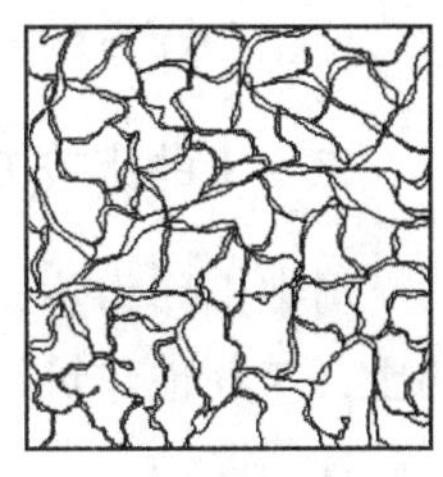
（d）絮状结构

图 1-1　土的结构

二、土体构造

土的结构是从微观上考察土颗粒的排列特征。土体构造则从宏观上考察土体的构成，土体构造主要表现为土体的成层性和裂隙性。

当我们挖沟或者打井的时候，很容易发现土的成层性，这是由于土在外力搬运和沉积过程中，不同的时段沉积下来的土的颗粒大小、物质成分及颜色不同，地质年代较老的沉积层埋藏较深，地质年代较新的沉积层埋藏较浅，从而沿垂直剖面呈现层状特征，如图 1-2 所示。成层的土体中有时会出现尖灭现象或透镜体，这在洪积层中最为多见。

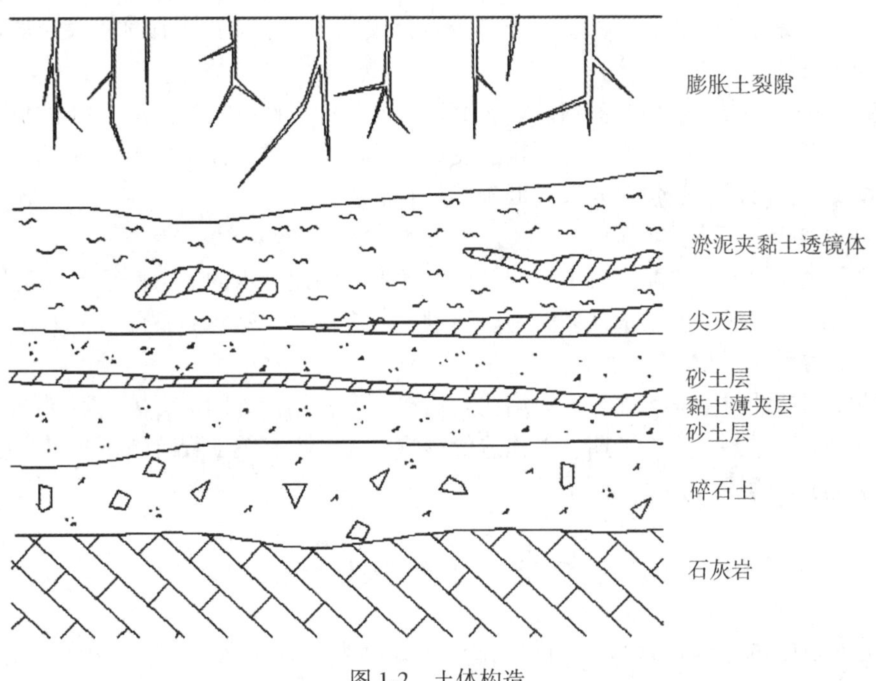

图 1-2　土体构造

黏性土如果主要由亲水性强的矿物（蒙脱石、伊利石）组成，就具有很强的吸水体积膨胀和失水体积收缩的特性，如膨胀土。这种土在干旱季节常出现很宽很深的裂隙，其他黏性土和黄土失水后也可能出现裂隙。裂隙破坏了土的整体性，降低了土体的强度和稳定性，使工程性质变差。

三、土的比较工程特性

当把土作为建筑物的地基时，土也就成为构成这座建筑物的建筑材料。作为建筑材料的土，与其他建筑材料，如混凝土、钢材等比较，其工程特性截然不同。土主要具有压缩性高、强度低、透水性大这三个显著的比较工程特性。

1. 压缩性高

钢材可视为介质连续的材料，混凝土是凝固为一体的多项材料，但土是散粒状的材料，由前述知，土中有大量孔隙，受建筑荷载作用而压缩时，是孔隙在缩小，而不是土颗粒在缩小。因此，土的压缩性是其结构性的反映，絮状和蜂窝结构的土压缩性极大，即使是密实的单粒结构的土，与混凝土和钢材相比，也远不在一个数量级。

反映材料压缩性的指标为压缩模量 E，由材料力学知，压缩模量越大的材料，压缩性越小，钢筋、混凝土、卵石和饱和细砂的压缩模量对比如下：

钢筋　　$E = 2.1 \times 10^5$ MPa

C20 混凝土　　$E = 2.55 \times 10^4$ MPa

卵石　　$E = 40 \sim 50$ MPa

饱和细砂　　$E = 8 \sim 16$ MPa

由此可见，卵石的压缩性约是钢筋的 4200 倍；饱和细砂的压缩性约是 C20 混凝土的 1600 倍；如果是软塑状态的黏性土，则压缩性还要高得多。所以土被称为大变形材料。

2. 强度低

地基土的强度破坏表现为剪切破坏，所以土的强度特性指抗剪强度。由于土是散粒状材料，介质不连续，土颗粒之间的结构强度又极低，受剪时，极易使土颗粒之间发生相互错动而被剪开，所以土的强度要远远低于钢材和混凝土。

3. 透水性大

土颗粒之间的大量孔隙形成了水的开放性通道，因此，土的透水性很大，尤其是粗颗粒的土，如碎石土或砂土，水极易渗透。不过，也有例外，密实的黏性土透水性很差，甚至接近于不透水。

土的工程特性与生成条件、土的结构与构造、沉积年代等因素有关，不同的工程特性对建筑物的设计方案、施工工期、工程造价影响很大，各有关工程特性指标将在后面有关章节中分别予以阐述。

第三节　土的三相组成

土体由固体颗粒构成骨架，其间孔隙中则被液态水和气体充满，称做固、液、气三相。此处的“相”是指物理、化学性质相同的物质部分。

同一地点的土体，其三相比例受环境影响而变化，如天气的晴雨、温湿度的变化、地下水的升降及建筑荷载的作用等，都会引起土的三相比例的变化。土的三相比例不同，其状态和工程性质不同。当土中孔隙全部被气体充满时，为干土，此时黏土呈坚硬状态，砂土呈松散状态；当孔隙中既有气体又有水时，为湿土，此时黏土呈塑性状态；当孔隙中全部被水充满时，为饱和土，饱和粉细砂遇震动可能发生液化。这些都会影响土的工程性质。

一、固体颗粒

土中固体颗粒的大小、形状、颗粒级配和矿物成分是决定土的物理力学性质的主要因素。

1. 土的粒组划分

自然界中的土颗粒大小相差悬殊，工程中按粒径大小将其分组，称为粒组。《土的工程分类标准》(GB/T50145—2007)对颗粒粒组的划分见表1-2，表中将土颗粒分为巨粒、粗粒、细粒3个粒组，再按界限粒径200、60、2、0.075、0.005(单位：mm)分为6个亚组。其中，漂石和卵石指搬运沉积过程中被磨圆的颗粒；块石和碎石则指颗粒外形未被磨圆，仍呈棱角形。砾粒中也有圆砾和角砾的区别。一般地说，多棱角形的颗粒之间摩擦力更大，抗剪强度更高。

表1-2　**粒组划分**

粒组	颗粒名称		粒径 d 的范围(mm)
巨粒	漂石(块石)		$d>200$
	卵石(碎石)		$60<d\leqslant 200$
粗粒	砾粒	粗砾	$20<d\leqslant 60$
		中砾	$5<d\leqslant 20$
		细砾	$2<d\leqslant 5$
	砂粒	粗砂	$0.5<d\leqslant 2$
		中砂	$0.25<d\leqslant 0.5$
		细砂	$0.075<d\leqslant 0.25$
细粒	粉粒		$0.005<d\leqslant 0.075$
	黏粒		$d\leqslant 0.005$

2. 土的颗粒分析

自然界中的天然土很少是颗粒大小均匀属于同一粒组的土，往往是颗粒粗细不匀，分属多个粒组的土混杂在一起。工程中，常用每个粒组在土体中所占的质量百分数来表示，称做颗粒级配。实验室分析颗粒粒径的方法有两种：筛分法和静水沉降分析法。

(1)筛分法：适用于粒径大于0.075mm的土。试验仪器是一套标准筛。

筛孔直径分别为：60、40、20、10、5、2、1、0.5、0.25、0.075(单位：mm)。将制备好的土样置于标准筛中，振筛10~15min，由上而下分别称出各级筛上土的质量。

(2)静水沉降分析法：适用于粒径小于0.075mm的土。

对粒径在0.075mm以下的粉土和黏土颗粒，技术上难以筛分，一般可根据土颗粒在静水中匀速下沉时速度与粒径的理论关系进行分析，如密度计法。详见《土工试验方法标准》(GB/T50123—1999)。

3. 土的颗粒级配

土的颗粒级配是指土体中不同粒径的土颗粒占总质量的比例多少，或者说是指土体中大、小土颗粒的搭配情况。颗粒大小越不均匀的土，由粗颗粒组成土的骨架，细颗粒填充其间孔隙，就容易获得较高的密实度，所以工程性质就更好，此时我们说它颗粒级配良好。颗粒大小越是均匀的土，越容易留下许多孔隙，则为颗粒级配不良。在填方地段，使用级配良好的土料，压实后可获得强度更高、压缩性更小的良好地基。

土的颗粒级配情况可根据土的颗粒分析结果，绘制土的颗粒级配累积曲线直观地反映出来，也常用不均匀系数 C_u 和曲率系数 C_c 两项指标来表示。

1)土的颗粒级配累积曲线

下面举例说明颗粒级配累积曲线的绘制方法。

[**例题 1-1**]　某工程土样总质量为 1000g，颗粒分析结果见表 1-3，试绘出该土样的颗粒级配曲线。

表 1-3

粒经(mm)	10~5	5~2	2~1	1.0~0.5	0.5~0.25	0.25~0.075	<0.075
质量(g)	50	150	300	200	150	100	50

解：计算小于某粒径土的累积质量百分数。

(1)<10mm：100%

(2)<5mm：$\dfrac{1000-50}{1000}\times100\%=95\%$

(3)<2mm：$\dfrac{1000-50-150}{1000}\times100\%=80\%$

(4)<1mm：$\dfrac{1000-50-150-300}{1000}\times100\%=50\%$

(5)<0.5mm：$\dfrac{1000-50-150-300-200}{1000}\times100\%=30\%$

(6)<0.25mm：$\dfrac{1000-50-150-300-200-150}{1000}\times100\%=15\%$

(7)<0.075mm：$\dfrac{1000-50-150-300-200-150-100}{1000}\times100\%=5\%$

按以上计算结果绘制颗粒级配曲线，如图 1-3 所示。图中纵坐标表示小于某粒径土的质量百分数，横坐标表示土的粒径。由于粒径大小相差悬殊，需用对数尺度表示。

2) 不均匀系数 C_u

在颗粒级配曲线上，土颗粒累积质量 10% 所对应的粒径 d_{10} 称为有效粒径，土颗粒累积质量 60% 所对应的粒径 d_{60} 称为限定粒径，d_{60} 与 d_{10} 的比值称为不均匀系数，用 C_u 表示，即

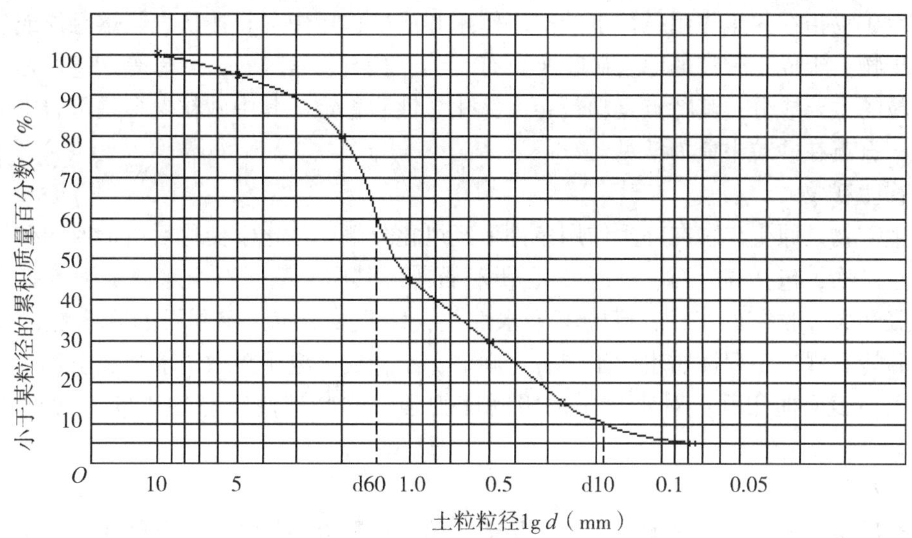

图 1-3　土的颗粒级配曲线

$$C_u = \frac{d_{60}}{d_{10}} \tag{1-1}$$

不均匀系数 C_u 是判断颗粒级配好坏的重要特征参数。C_u 值越小，该段曲线越陡，表示这一段粒径范围窄，即土颗粒均匀；反之，则曲线平缓，粒径范围宽，颗粒不均匀。

3）曲率系数 C_c

曲率系数 C_c 反映的是颗粒级配曲线的整体形状。用 d_{30} 表示土颗粒累积质量30%所对应的粒径。曲率系数 C_c 由下式表示：

$$C_c = \frac{d_{30}^2}{d_{10}d_{60}} \tag{1-2}$$

C_u 用来表示曲线的缓与陡，C_c 则用来表示曲线斜率的连续性。式中 d_{10}、d_{30}、d_{60} 是颗粒级配的几个特征粒径，d_{10} 称有效粒径，即认为这部分土颗粒就可以对土的性质产生有效影响；d_{60} 称限定粒径，又称控制粒径，即认为这部分土颗粒对土的性质起着控制作用；d_{30} 称连续粒径。

C_u 的使用已有一百多年的历史，工程实践表明，仅用 C_u 这一项指标评价土的颗粒级配的优劣并不全面，把 C_u 和 C_c 两项指标结合起来更加完善。实践证明，当 $C_u \geqslant 5$，且 $C_c = 1 \sim 3$ 时，土的级配良好；若不能同时满足这两个条件，则级配不良。如例题1-1，由图1-3可查得：$d_{10} \approx 0.18$，$d_{60} \approx 1.32$，$d_{30} \approx 0.5$，则 $C_u = \frac{1.32}{0.18} = 7.33$，$C_c = \frac{0.5^2}{0.18 \times 1.32} = 1.05$，应判为级配良好。

4. 土颗粒的矿物成分

土颗粒的矿物成分取决于母岩的矿物成分及其所经历的风化作用。不同的矿物成分对土的性质影响不同。

1)原生矿物

原生矿物指在内生作用条件下的造岩作用和成矿作用中，直接从岩浆熔融体或热液中形成的矿物。组成土颗粒的原生矿物主要有石英、长石、角闪石、云母等。它们是组成碎石和砂粒的主要成分，其特点是颗粒粗大，化学性质稳定。其中砂粒大多是母岩中的单矿物颗粒，石英在砂粒中最为常见。

2)次生矿物

次生矿物是原生矿物在外生作用条件下经风化分解产生化学变化后所形成的矿物，主要为黏土矿物，包括高岭石、蒙脱石 、伊利石等。其中，蒙脱石亲水性最强，有强烈的吸水膨胀和失水收缩的特性；高岭石亲水性差，性质较稳定；伊利石的亲水性较蒙脱石差，较高岭石强，工程性质也介于二者之间。黏土颗粒在电子显微镜下观察呈片状，比表面积极大，表面能很强，对水分子的吸附能力强，这些都使得黏性土的工程性质最为复杂。

3)有机质

有机质多含于淤泥和淤泥质土中，是动、植物残骸分解的产物，分解完全的又称腐殖质，呈胶态，颗粒细小，亲水性比黏土矿物更强。通常腐殖质并不单独存在，而是附着在矿物颗粒表面，形成复合体。有机质使土的塑性增强，压缩性增高，渗透性减弱，强度降低，有机质含量高时土的工程性质将明显变差。

含有机质的土呈灰色以至黑色，有腥臭味，根据含量的多少，《岩土工程勘察规范》(GB50021—2001)中将其分为有机质土，泥炭质土和泥炭，详见表1-4。

表1-4　**土按有机质含量分类表**

分类名称	有机质含量 W_u(%)	现场鉴别特征	说　明
无机土	W_u <5%		
有机质土	5%≤ W_u ≤10%	深灰色、有光泽、味臭，除腐殖质外尚有少量未完全分解的动植物残体、浸水后水面出现气泡，干燥后体积收缩	1. 如现场能鉴别或有地区经验时，可不做有机质含量测定； 2. 当 $\omega>\omega_L$，$1.0\leq e\leq1.5$ 时称淤泥质土； 3. 当 $\omega>\omega_L$，$e>1.5$ 时称淤泥
泥炭质土	10%< W_u ≤60%	深灰或黑色，有腥臭味，能看到未完全分解的植物结构，浸水膨胀，易崩解，有植物残渣浮于水中，干缩现象明显	可根据地区特点和需要按 W_u 细分为： 弱泥炭质土(10%< W_u ≤25%) 中泥炭质土(25%< W_u ≤40%) 强泥炭质土(40%< W_u ≤60%)
泥炭	W_u >60%	除有泥炭质土特征外，结构松散，土质很轻，暗无光泽，干缩现象极为明显	

二、土中水

一般地说，自然界中的土总是含有水，但含水量的多少差别很大，同时，水在土中存在的形态也不相同，一部分受到土颗粒的约束，吸附在土颗粒周围，称为结合水；另一部分存在于土颗粒之间的孔隙中，可以自由流动，称为自由水。

1. 结合水

结合水是指受电分子引力作用吸附于黏土颗粒表面的水。研究表明，成片状的细小的黏土颗粒带有负电荷，在颗粒周围形成静电引力场。而水分子由两个氢原子成 105°夹角与一个氧原子构成，呈等腰三角形排列，见图 1-4(a)，这样的结构使得氧原子一端带负电荷，氢原子一端带正电荷，称为极性分子。在黏土颗粒表面静电引力的作用下，靠近土粒表面的水分子失去活动能力，紧密地排列起来，被吸附于土颗粒表面，形成结合水。根据水分子被吸附的牢固程度，结合水又分为强结合水和弱结合水，见图 1-4(b)。

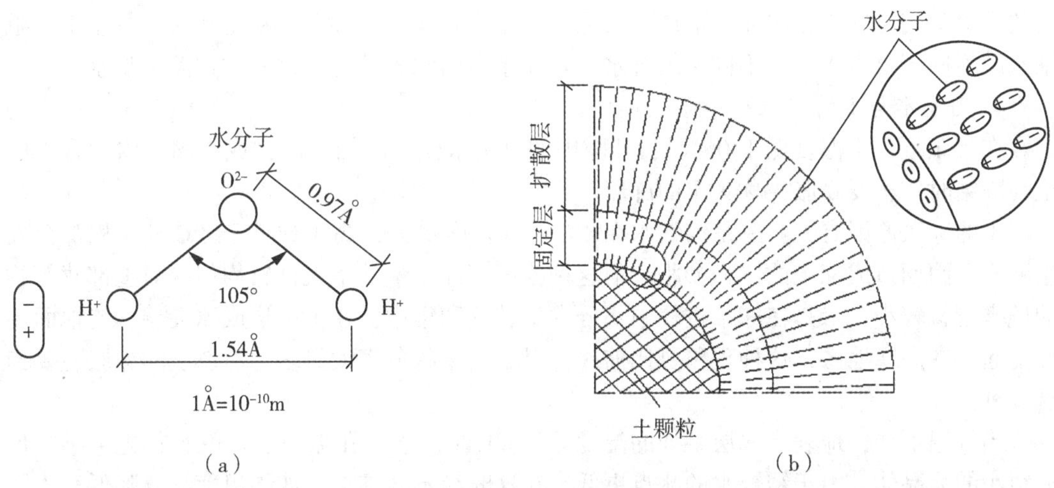

图 1-4　黏土颗粒的结合水

1)强结合水

在紧靠黏土颗粒表面处，静电引力极强，可高达10^6kPa 的高压力，水分子因而被牢固吸附，形成固定层，称为强结合水。强结合水膜的厚度只有几个水分子厚，分子之间排列得极为紧密，密度可达 1.2~2.4g/cm^3，冰点温度为-78℃。这种水已完全不同于液态水，其力学性质更接近固体，具有很大的黏滞性和弹性，并有一定的抗剪强度，且不能传递静水压力，也没有溶解能力。土中只含强结合水时呈固体状态，磨碎后为干燥的粉末。

2)弱结合水

弱结合水是指位于强结合水外围的一层结合水膜。由于距土粒表面已较远，引力减弱，对水分子的吸附能力也就逐渐减弱，形成扩散层。弱结合水的密度约为 1.1~1.7g/cm^3，冰点低于 0℃，也不能传递静水压力，并有较高的黏滞性、弹性和一定的抗剪强度。不过，弱结合水能从引力较弱的部位向较强的部位缓慢移动。弱结合水对土的工程性质影响很大，这也是黏性土的工程性质尤为复杂的重要原因。

2. 自由水

当距离土颗粒表面较远时，存在于土体孔隙中的水不再受引力场的约束，成为可以自由流动的液态水，称为自由水，又称重力水。

自由水存在于地下水位以下的土体孔隙之中，它能在重力和水头差的作用下自由流动，能传递静水压力，自由水对土颗粒有浮力作用，并符合浮力定律。

3. 毛细水

水与土颗粒接触时，受分子引力的作用，会发生浸润现象。在土颗粒之间的孔隙中，贴近土颗粒边缘的液面将因浸润现象而上升，这就使毛细孔中的水面形成周边高中间低的凹液面。但凹液面比平液面面积大，而由水分子之间的内聚力所产生的表面张力作用却总是趋向使液面面积最小，因而将液面拉平，使中间液面上升。而这时，浸润力又会使液面周边再次上升，重复上述过程，直到液柱重力与表面张力平衡时，液面上升过程才会终止，这种现象称为毛细现象。因毛细现象而产生的高出地下水位的细水柱，称为毛细水。

毛细水主要存在于直径0.002~0.5mm的孔隙中，过小的孔隙易被结合水膜阻塞，过大的孔隙又因毛细力很弱而难形成。故毛细现象主要发生于细砂、粉土和粉质黏土中。毛细水既不同于自由水，也不同于结合水，是属于自由水和结合水之间的过渡类型水。

4. 固态水与土的冻胀

在常压下，当温度低于0℃时，孔隙中的自由水就会冻结成冰，成为固态水。含水的土在冻结时体积要膨胀，称为土的冻胀。

土的冻胀原因有二：一是因纯水在4℃时的密度最大，高于或低于4℃时体积都会发生膨胀，因而造成冻土的体积膨胀。但这种冻胀其冻胀量并不大且较均匀，对上部建筑物的危害也就较小；二是在冻结过程中水分发生转移和集中，在土中形成冰夹层，使地面局部隆起，在高寒地区，这种现象要比前一种对建筑物的危害大得多，所以土的冻胀主要指这一种情况。

当气温下降，地表下浅层某处的温度低于0℃时，该处孔隙中的自由水首先冻结，形成很小的冰晶体。由于结合水的冰点更低，在这时尚不会冻结。如果温度继续降低，土颗粒最外层的弱结合水就开始局部冻结，加入冰晶体。这时，对于同一个土颗粒，由于局部弱结合水的冻结使该处结合水膜变薄，使之与未冻结部位产生引力不平衡，结合水就由水膜厚的部位向薄的部位转移，继续加入冰晶体。而自由水或毛细水则进入未冻结部位补充转移走的弱结合水。如果这个过程得以持续进行，未冻区的水能够源源不断地向冻结区转移，冰晶体就会越来越大，在土中形成冰夹层，使地面局部隆起。

一般地说，形成冻胀需具备以下几个基本条件：(1)土中含有较多的细颗粒土，尤其是黏性土颗粒，以吸附较多的结合水；(2)土的含水量高，有足够的水分从未冻区向冻结区转移。若地下水位较高，可通过毛细现象向冻结区源源不断地供水，则冻胀条件就很有利；(3)气温下降缓慢，若气温骤降，结合水也被很快冻结，则阻断了水分转移过程。

冻胀土对建筑物的危害不仅来自冻胀本身，当春天到来时，冰夹层融化，使土的含水量大增，强度降低，造成建筑物沉陷。冻胀和融陷相继发生，对建筑物的安全危害很大。

3. 土中气

土中的气体可分为与大气连通的自由气体和与大气不连通的封闭气体。前者在受到外力时易从土中排出，对土的工程性质影响甚小。后者则被封闭于土中的孔隙中形成气泡，若含量较多，将增大土的弹性、减少土的透水性。不过，封闭气泡这种现象只可能存在于软黏土中且含量很少。在淤泥和淤泥质土中，因有机质的分解作用，土中可产生甲烷等可燃气体，使土层在自重下不易压密而形成高压缩性软土。

第四节　土的物理性质指标

土的三相组成比例不同，其工程性质也不同。表示土的三相比例关系的指标，又称做土的物理性质指标。

一、土的三相图

假想把土体中的固、液、气三相分离，用三块面积分别表示三相在土体中的比例组成关系，称为土的三相图，见图 1-5。

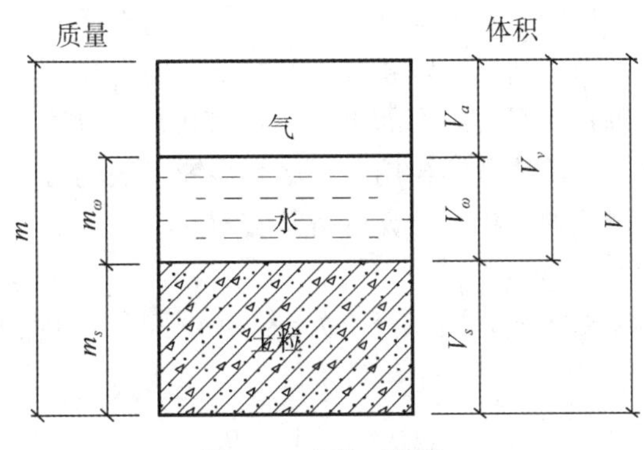

图 1-5　土的三相图

三相图中，左侧表示三相质量的组成比例关系，右侧表示三相体积的组成比例关系。图中符号的定义如下：

V—— 土的总体积；

V_a—— 土中气体的体积；

V_ω—— 土中水的体积；

V_v—— 土中孔隙的体积，$V_v = V_a + V_\omega$；

V_s—— 土中固体土颗粒的体积；

m—— 土的总质量；

m_ω—— 土中水的质量；

m_s ——土中固体土颗粒的质量。

二、土的三项基本物理性质指标

在土的物理性质指标中，只有三项指标需通过实验直接测定，称做三项基本指标。其余指标则可换算得出，三项基本物理性质指标如下：

1. 土的密度 $\rho(\gamma)$

土的密度可分为质量密度 ρ 和重力密度 γ 两种表示方法。

土的质量密度ρ定义为单位体积土的质量，由下式表示：

$$\rho = \frac{m}{V} \quad (\text{g/cm}^3\text{或 t/m}^3) \tag{1-3}$$

土的重力密度γ定义为单位体积土的重力，又称重度，由下式表示：

$$\gamma = \frac{mg}{V} = \rho g \quad (\text{kN/m}^3) \tag{1-4}$$

式中，g——重力加速度，$g = 9.81\text{m/s}^2$，工程上常近似取$g = 10\text{m/s}^2$计算。

天然状态下土的密度变化范围较大：

黏性土和粉土：$\rho = 1.8 \sim 2.0\text{g/cm}^3$，$\gamma = 18 \sim 20\text{kN/m}^3$

砂土：$\rho = 1.6 \sim 2.0\text{g/cm}^3$，$\gamma = 16 \sim 20\text{kN/m}^3$

腐殖土：$\rho = 1.5 \sim 1.7\text{g/cm}^3$，$\gamma = 15 \sim 17\text{kN/m}^3$

密度的测定方法有环刀法、灌水法。

环刀法：用圆环刀刀刃向下放在原状土样上，徐徐切去环刀外围的土，并边切边压，保持天然状态的土样压满环刀，将上下修平，称出环刀内土样质量，求得质量与环刀容积之比，即为土的密度。环刀法适用于颗粒较细的黏土、粉土和砂土。

灌水法：对卵石、砾石等颗粒粗大的土，不适宜用环刀切取时，可在现场挖掘试坑，将挖出的试样装入容器，称其质量。再用塑料薄膜袋铺于试坑内，注水至袋内水与坑口平齐，由注入的水量测得试坑的容积，计算可得其密度。

2. 土粒相对密度 d_s

土粒密度与4℃时纯水的密度之比，称做土粒相对密度，习惯上又称土粒比重，用d_s表示，无量纲，由下式表示：

$$d_s = \frac{m_s}{V_s} \cdot \frac{1}{\rho_\omega} = \frac{\rho_s}{\rho_\omega} \tag{1-5}$$

式中，ρ_ω——4℃时纯水的密度，$\rho_\omega = 1\text{g/cm}^3$；

ρ_s——土粒的密度，即单位体积土粒的质量。

因$\rho_\omega = 1\text{g/cm}^3$，故土粒相对密度在数值上等于土粒密度。

土粒相对密度d_s的大小取决于土的矿物成分，其变化范围不大，参考值见表1-5。

表1-5　**土粒比重参考值**

土的名称	砂土	粉土	黏性土		有机质土	泥炭土
			粉质黏土	黏土		
土粒比重	2.65~2.69	2.70~2.71	2.72~2.73	2.74~2.76	2.4~2.5	1.5~1.8

土粒相对密度常用比重瓶法测定，具体测定方法详见《土工试验方法标准》。

3. 土的含水率 ω

土的含水率又称含水量，是指土中水的质量与固体土颗粒的质量之比，常用百分数表示，即

$$\omega = \frac{m_\omega}{m_s} \times 100\% \tag{1-6}$$

含水率 ω 是标志土的湿度的指标，是一项很重要的指标。天然土的含水率变化范围很大，与土的类别、矿物成分、埋藏条件及其所处的自然环境等有关。干砂的含水率接近零，饱和砂土可达40%；黏性土的含水率约为20%~60%，其中蒙脱石的最大含水率可达百分之几百。

含水率的测定常用烘干法：取具有代表性的试样15~30g，有机质土、砂类土和冻土为50g，放入称量盒内称其质量。然后置于烘干箱内在105~110℃的恒温下烘干(黏性土8h以上，砂土6h以上)，取出冷却后再称其质量，计算可得其含水率。野外测定时可用干炒法或酒精燃烧法。

三、土的其他换算指标

当上述三项基本物理性质指标测定之后，其他的物理性质指标均可经换算求得。

1. 土的孔隙比 e

土的孔隙比定义为土中孔隙体积与固体土颗粒体积之比，由下式表示：

$$e = \frac{V_v}{V_s} \tag{1-7}$$

孔隙比常用小数表示，是一项重要的物理性质指标，可用来评价天然土的密实度。

2. 土的孔隙率 n

土的孔隙率定义为土中孔隙体积占总体积的百分比，由下式表示：

$$n = \frac{V_v}{V} \times 100\% \tag{1-8}$$

土的孔隙率与孔隙比都是反映土体密实度的指标，工程上常用孔隙比。

3. 土的饱和度 S_r

土的饱和度反映土体孔隙中水的充满程度，定义为土中水的体积与孔隙总体积之比，以百分数表示：

$$S_r = \frac{V_\omega}{V_v} \times 100\% \tag{1-9}$$

饱和度 S_r 和含水率 ω 同是用来表示土中含水程度的重要指标。显然，干土的饱和度 $S_r = 0$，完全饱和土的饱和度 $S_r = 100\%$ 。黏性土中由于存在封闭的孔隙，难以达到 $S_r = 100\%$。一般的，当 $S_r > 80\%$ 时，即可认为已经饱和。

4. 土的干密度 ρ_d 和干重度 γ_d

土的干密度指单位体积土体中固体土颗粒的质量：

$$\rho_d = \frac{m_s}{V} \quad (\text{g/cm}^3) \tag{1-10}$$

土的干重度指单位体积土体中固体土颗粒的重量(重力)：

$$\gamma_d = \rho_d g \approx 10\rho_d \quad (\text{kN/m}^3) \tag{1-11}$$

5. 土的饱和密度 ρ_{sat} 和饱和重度 γ_{sat}

土的饱和密度指孔隙中全部充满水时单位体积土的质量，用下式表示：

$$\rho_{\text{sat}} = \frac{m_s + m_\omega + V_a\rho_\omega}{V} \quad (\text{g/cm}^3) \tag{1-12}$$

土的饱和重度指孔隙中全部充满水时单位体积土的重量(重力)，用下式表示：

$$\gamma_{sat} = \rho_{sat} g \approx 10\rho_{sat} \quad (kN/m^3) \tag{1-13}$$

6. 土的有效密度ρ'和有效重度γ'

土的有效密度指在地下水位以下，扣除水对土的浮力后，单位体积土的质量，又称浮密度，用下式表示：

$$\rho' = \rho_{sat} - \rho_{\omega} \quad (g/cm^3) \tag{1-14}$$

土的有效重度指在地下水位以下，扣除水对土的浮力后，单位体积土的重量(或重力)，又称浮重度，用下式表示：

$$\gamma' = \rho' g \approx 10\rho' \quad (kN/m^3) \tag{1-15}$$

土的四种密度(重度)之间的比较，有如下关系：

$$\rho_{sat} \geqslant \rho \geqslant \rho_d > \rho'$$

$$\gamma_{sat} \geqslant \gamma \geqslant \gamma_d > \gamma'$$

以上各三相比例指标的常用单位换算公式见表1-6。

表1-6　**土的三相比例指标换算公式**

名称	符号	表达式	单位	常用换算公式	常见范围
质量密度	ρ	$\rho = m/V$	g/cm^3	$\rho = \rho_d(1+\omega)$	1.6~2.0
重力密度	γ	$\gamma = \rho g$	kN/m^3	$\gamma = \gamma_d(1+\omega)$	16~20
土粒比重	d_s	$d_s = \frac{m_s}{V_s}$		$d_s = \frac{eS_r}{\omega}$	
含水率	ω	$\omega = \frac{m_\omega}{m_s} \times 100\%$	%	$\omega = \left(\frac{\gamma}{\gamma_d} - 1\right) \times 100\%$	20%~60%
孔隙比	e	$e = V_v/V_s$		$e = \frac{n}{1-n}$	黏性土、粉土0.4~1.2、砂土0.3~0.9
孔隙率	n	$n = \frac{V_v}{V} \times 100\%$	%	$n = \frac{e}{1+e} \times 100\%$	
饱和度	S_r	$S_r = \frac{V_\omega}{V_v} \times 100\%$	%	$S_r = \frac{\omega d_s}{e}$	
干密度	ρ_d	$\rho_d = m_s/V$	g/cm^3	$\rho_d = \frac{\rho}{1+\omega}$	1.3~1.8
干重度	γ_d	$\gamma_d = \rho_d g$	kN/m^3	$\gamma_d = \frac{\gamma}{1+\omega}$	13~18
饱和密度	ρ_{sat}	$\rho_{sat} = \frac{m_s + m_\omega + \rho_\omega V_a}{V}$	g/cm^3	$\rho_{sat} = \frac{d_s + e}{1+e}\rho_\omega$	1.8~2.3
饱和重度	γ_{sat}	$\gamma_{sat} = \rho_{sat} g$	kN/m^3		18~23
有效密度	ρ'	$\rho' = \rho_{sat} - \rho_\omega$	g/cm^3	$\rho' = \frac{d_s - 1}{1+e}\rho_\omega$	0.8~1.3
有效重度	γ'	$\gamma' = \gamma_{sat} - \gamma_\omega$	kN/m^3		8~13

[例题 1-2]　某原状土样，经测定已知：天然密度 $\rho = 1.9\text{g/cm}^3 = 1.9\text{Mg/m}^3$；含水率 $\omega = 10\%$；土粒相对密度 $d_s = 2.70$。试计算：

(1) 原状土的孔隙比 e 、饱和度 S_r；

(2) 当土中充满水时的饱和密度 ρ_{sat} 和含水率 ω。

解：解题前，可先绘出三相图，如图 1-6 所示。这样，在解题过程中概念明确，不易出错。解题的顺序应是先计算三相的体积和质量，填入图中，再按表 1-6 中的三相比例换算公式求取未知量。

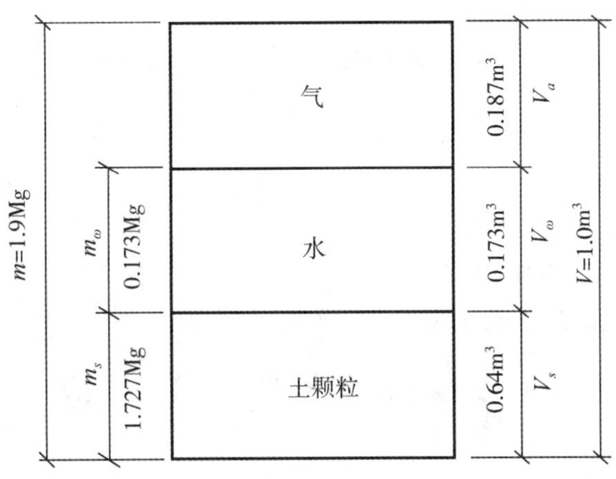

图 1-6　例题 1-2 附图

(1) 设土的体积为 1m^3，根据密度定义，得总质量 $m = 1.9\text{Mg}$。

根据含水率定义，有

$$m_\omega = \omega m_s = 0.1 m_s \tag{1}$$

由三相图知，

$$m_s + m_\omega = m \tag{2}$$

将式(1)代入式(2)，可得土粒质量 m_s 和水的质量 m_ω：

$$0.1m_s + m_s = 1.9 \qquad m_s = \frac{1.9}{1.1} = 1.727(\text{Mg})$$

$$m_\omega = m - m_s = 1.9 - 1.727 = 0.173(\text{Mg})$$

根据土粒相对密度的定义，得土粒密度 ρ_s：

$$\rho_s = d_s \rho_\omega = 2.7 \times 1.0 = 2.7(\text{Mg/m}^3)$$

土粒体积为

$$V_s = \frac{m_s}{\rho_s} = \frac{1.727}{2.7} = 0.64(\text{m}^3)$$

水的体积为

$$V_\omega = \frac{m_\omega}{\rho_\omega} = \frac{0.173}{1.0} = 0.173(\text{m}^3)$$

气体体积为

$$V_a = V - V_s - V_\omega = 1.0 - 0.64 - 0.173 = 0.187(\mathrm{m}^3)$$

至此，土中三相组成的体积和质量计算完毕，填入图中，下面即可求解各未知量。

(2)求孔隙比 e 。

孔隙体积为

$$V_v = V_a + V_\omega = 0.187 + 0.173 = 0.36(\mathrm{m}^3)$$

故

$$e = \frac{V_v}{V_s} = \frac{0.36}{0.64} = 0.563$$

(3)求饱和度 S_r 。

$$S_r = \frac{V_\omega}{V_v} \times 100\% = \frac{0.173}{0.36} = 48.1\%$$

(4)求饱和密度 ρ_{sat} 。

$$\rho_{\mathrm{sat}} = \frac{m_s + m_\omega + \rho_\omega V_a}{V} = \frac{1.727 + 0.173 + 0.187 \times 1.0}{1.0}$$

$$= 2.087(\mathrm{Mg/m}^3)$$

(5)求孔隙充满水时的含水率 ω 。

$$\omega = \frac{V_v \rho_\omega}{m_s} \times 100\% = \frac{0.36 \times 1.0}{1.727} = 20.8\%$$

第五节　土的物理状态指标

前已述及，黏性土的土颗粒之间具有黏聚力。而粗颗粒的砂土、碎石土是松散的，称为无黏性土。粉土是介于二者之间的一种土，有很小的黏聚力，通常按土的黏性分类时，也归为无黏性土，但若按颗粒粗细分类时，则把粉土和黏性土统称为细颗粒土。

无黏性土的物理状态主要指密实度，其次是湿度。而黏性土的工程性质不仅与密实度有关，更与含水量有关，此外，还与结构性有关。随着含水量的增加，黏性土不是简单地表现为由干变湿，而是表现为由硬变软，工程性质明显变差，与黏性土的含水量有关的物理状态指标包括界限含水量、液性指数和塑性指数等。

一、无黏性土的物理状态

1. *砂土*

砂土的工程性质主要取决于密实度，密实度越高，土颗粒排列越紧密，在外荷载作用下变形越小，强度越高。砂土的密实度可用孔隙比 e 、相对密实度 D_r 和标准贯入锤击数 N 等为标准进行评价。

1)用孔隙比 e 作评价标准

当用孔隙比 e 作为密实度的评价标准时，砂土的密实度划分见表 1-7，粉土的密实度划分见表 1-8。

表 1-7　　**砂土的密实度**

土的名称 \ 密实度	密实	中密	稍密	松散
砾砂、粗砂、中砂	$e<0.60$	$0.60\leqslant e\leqslant 0.75$	$0.75<e\leqslant 0.85$	$e>0.85$
细砂、粉砂	$e<0.70$	$0.70\leqslant e\leqslant 0.85$	$0.85<e\leqslant 0.95$	$e>0.95$

表 1-8　　**粉土的密实度**

密实度	密实	中密	稍密
粉土孔隙比	$e<0.75$	$0.75<e\leqslant 0.90$	$e>0.90$

用天然孔隙比 e 的大小评价砂土的密实度是简便易行的一种方法。但也存在明显的缺点，不同的颗粒度孔隙比不同，不同的颗粒级配孔隙比也不同。例如，颗粒级配良好但很疏松的砂土，其孔隙比并不一定大，颗粒级配不好但很密实的砂土，其孔隙比反而可能更大。对一些分选性较强的沉积层，若颗粒粗大又单一，孔隙比就大，但不能由此得出承载力低的结论。所以，仅用孔隙比往往难以对砂土做出正确评价，对更粗的碎石类土亦同此理。

2)用相对密实度 D_r 作评价标准

对于某种土，如果能够确定其在最密实状态时的最小孔隙比 e_{min}，和最疏松状态时的最大孔隙比 e_{max}，将土的天然孔隙比 e 与其最大最小值对比，来评价天然土的密实度，显然是一种比较科学的方法，这种度量密实度的指标称做相对密实度 D_r，由下式计算：

$$D_r=\frac{e_{max}-e}{e_{max}-e_{min}} \tag{1-16}$$

土的最大孔隙比 e_{max} 的测定方法，是将松散的风干土样，通过一个长颈漏斗徐徐倒入一容器，求得土的最小干密度，再经换算确定。土的最小孔隙比 e_{min} 的测定方法，是将松散的风干土样分批装入金属容器内，按规定的方法进行振动和锤击夯实，直至密实度不再提高，求得最大干密度，再经换算确定。

用相对密实度 D_r 评价砂土密实度的标准为

$$1.00\geqslant D_r>0.67 \quad （密实）$$
$$0.67\geqslant D_r>0.33 \quad （中密）$$
$$0.33\geqslant D_r>0.00 \quad （松散）$$

由上述可知，相对密实度是一种比较完善的评价指标，但要准确测定 e_{max} 和 e_{min} 却并不容易。在静水中缓慢沉积形成的土，其孔隙比可能比实验室测得的 e_{max} 还大；而地质年代久远的土，其孔隙比可能比实验室测得的 e_{min} 还小，也就是说，理论上的 e_{max} 和 e_{min} 在实验室条件下难以准确复现。由于这些原因，用相对密实度作为天然土的评价指标尚缺乏可操作性，但可用于填方工程中的质量控制。

3)用标准贯入锤击数 N 作为评价标准

标准贯入试验是一种常用的重要的原位测试方法(见第十章)，标准贯入锤击数越多，表明土越密实。标准贯入锤击数 N 指每贯入土中 30cm 所需的击数。用锤击数 N 作评价标准，将砂土划分为松散、稍密、中密、密实四类，见表 1-9。

表 1-9　**砂土的密实度**

密实度	密实	中密	稍密	松散
N	$N > 30$	$30 \geqslant N > 15$	$15 \geqslant N > 10$	$N \leqslant 10$

4)砂土与粉土的湿度

砂土按饱和度的高低划分为稍湿、很湿和饱和三种状态，见表 1-10。粉土按含水率的大小划分为稍湿、湿和很湿三种状态，见表 1-11。

表 1-10　**砂土的湿度**

湿度	稍湿	很湿	饱和
饱和度 S_r (%)	$S_r \leqslant 50$	$50 < S_r \leqslant 80$	$S_r > 80$

表 1-11　**粉土的湿度**

湿度	稍湿	湿	很湿
含水率 ω (%)	$\omega < 20$	$20 \leqslant \omega \leqslant 30$	$\omega > 30$

2. 碎石土

碎石土的密实度可根据圆锥动力触探锤击数按表 1-12 和表 1-13 确定，表中的 $N_{63.5}$ 和 N_{120} 应按《岩土工程勘察规范》(GB50021—2001)附录 B 的规定修正。表 1-12 适用于平均粒径等于或小于 50mm 且最大粒径小于 100mm 的碎石土。对于平均粒径大于 50mm 或最大粒径大于 100mm 的碎石土，可用超重型动力触探按表 1-13 确定。定性描述可按表 1-14 的各项特征综合鉴别，表中骨架颗粒是指与碎石土分类标准相对应粒径的颗粒。

表 1-12　**碎石土的密实度**

重型动力触探锤击数 $N_{63.5}$	$N_{63.5} \leqslant 5$	$5 < N_{63.5} \leqslant 10$	$10 < N_{63.5} \leqslant 20$	$N_{63.5} > 20$
密实度	松散	稍密	中密	密实

表 1-13　**碎石土的密实度**

超重型动力触探锤击数 N_{120}	$N_{120} \leqslant 3$	$3 < N_{120} \leqslant 6$	$6 < N_{120} \leqslant 11$	$11 < N_{120} \leqslant 14$	$N_{120} > 14$
密实度	松散	稍密	中密	密实	很密

表 1-14　**碎石土密实度野外鉴别方法**

密实度	骨架颗粒含量和排列	可挖性	可钻性
密实	骨架颗粒含量大于总重的70%，呈交错排列，连续接触	锹镐挖掘困难，用撬棍方能松动，井壁一般较稳定	钻进极困难，冲击钻探时，钻杆、吊锤跳动剧烈，孔壁较稳定
中密	骨架颗粒含量等于总重的60%～70%，呈交错排列，大部分接触	锹镐可挖掘，井壁有掉块现象，从井壁取出大颗粒处，能保持颗粒凹面形状	钻进较困难，冲击钻探时，钻杆、吊锤跳动不剧烈，孔壁有坍塌现象
稍密	骨架颗粒含量等于总重的55%～60%，排列混乱，大部分不接触	锹可挖掘，井壁易坍塌，从井壁取出大颗粒后，砂土立即坍落	钻进较容易，冲击钻探时，钻杆稍有跳动，孔壁易坍塌
松散	骨架颗粒含量小于总重的55%，排列十分混乱，绝大部分不接触	锹易挖掘，井壁极易坍塌	钻进很容易，冲击钻探时，钻杆无跳动，孔壁极易坍塌

二、黏性土的物理状态

黏性土最主要的物理状态特征是它的稠度。所谓稠度，是指黏性土在某一含水率时对外力所引起的变形或破坏具有的抵抗能力，也就是指土的软硬状态。

在各类土中，黏性土的颗粒最细，土的比表面积最大，与水的相互作用最强，水对黏性土的稠度起主导作用，对黏性土工程性质的影响最大。

在水中沉积时间较短的黏性土，含水率很高，呈可流动的泥浆状态，称作淤泥。随着土中水分的蒸发或上覆沉积层厚度的增加，含水率将逐渐降低，体积逐渐收缩，从而丧失流动能力，进入可塑状态。这时若施以外力，其形状容易改变而不破裂，且在卸除外力后能够保持改变后的形状而很少回弹，黏性土的这种性质称为可塑性。在各类土中，只有黏性土具有很强的可塑性，粉土的可塑性就明显变差，粗颗粒的砂土几乎不具可塑性。若含水率继续减少，黏性土将丧失可塑性，呈现半固体状态，这时若施以外力，则易于破裂。当含水率再减少时，就成为坚硬的固体状态，体积也不再收缩。

黏性土这种不同稠度状态转变时的含水率称作界限含水率，分别用液限 ω_L 、塑限 ω_p 和缩限 ω_s 来表示，见图 1-7。应当说明，黏性土不同稠度状态之间的转变是逐渐过渡的，

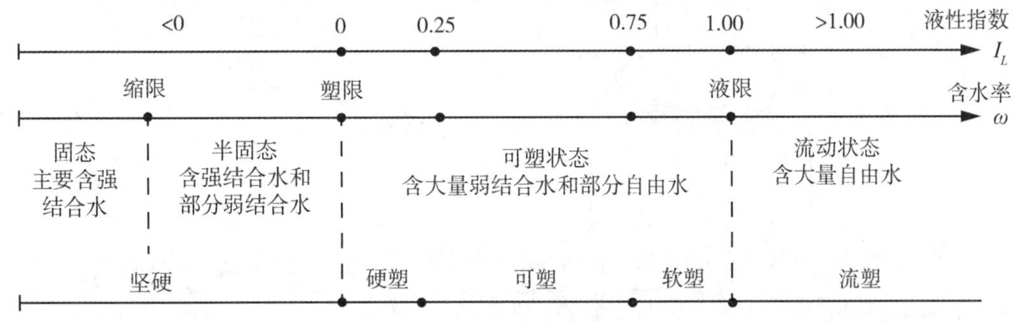

图 1-7　黏性土的稠度状态

并无明显界限，只是出于工程上的需要人为确定的，它对黏性土的分类和工程性质的评价有重要意义。

1. 液限 ω_L

黏性土由可塑状态转变到流动状态时的界限含水率称作液限，用 ω_L 表示。液限由实验室测定，测定仪器有锥式和碟式两种。

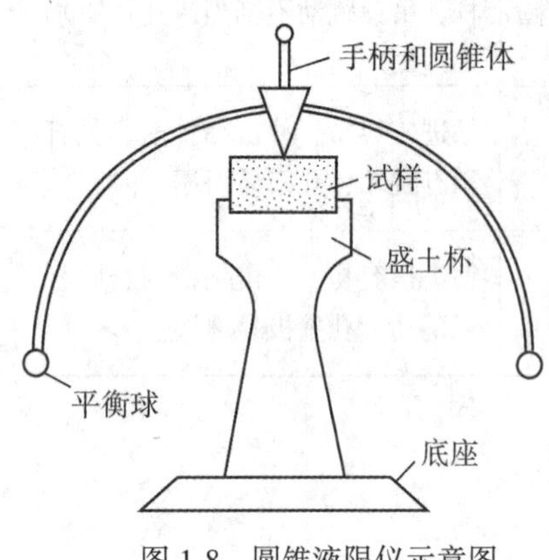

图 1-8　圆锥液限仪示意图

(1)锥式液限仪。我国目前采用锥式液限仪，见图 1-8。圆锥的质量为 76g，锥角30°。试验时，将土样调成均匀的浓糊状，装满盛土杯，刮平杯口表面，再将盛土杯置于底座上，将圆锥轻放于试样表面中心，使其在自重下徐徐沉入土样。液限的测定标准有两个：一是在 5s 内恰好沉入土样 10mm 深时的含水率，称为 10mm 液限；二是在 5s 内恰好沉入土样 17mm 深时的含水率，称为 17mm 液限。《建筑地基基础设计规范》(GB50007—2011)中对黏性土的分类采用的是 10mm 液限。试验中，为了避免放锥时的人为影响，可采用电磁放锥，以提高测试精度。

(2)碟式液限仪。美国、日本等国家目前采用碟式液限仪，见图 1-9。试验时，将调成糊状的试样装在碟内，刮平表面，用切槽器在试样中成槽，槽底宽度为 2mm，然后将盛土碟抬高 10mm，使其下落，连续下落 25 次后，如土槽合拢长度为 13mm，这时试样的含水率就是液限。

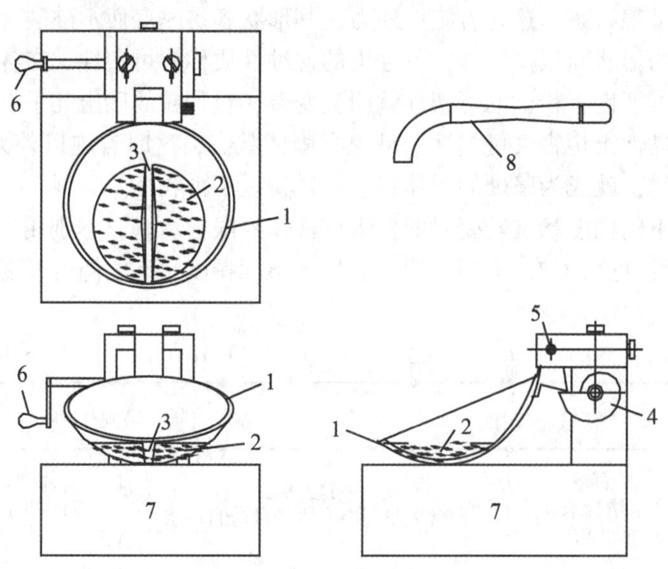

1—开槽器；2—销子；3—支架；4—土碟；5—蜗轮；6—摇柄；7—底座；8—调整板

图 1-9　碟式液限仪示意图

碟式仪测得的液限与我国采用的锥式仪 10mm 液限不一致，经对比，碟式仪液限与锥式仪 17mm 液限相当。

2. 塑限 ω_p

黏性土由半固体状态转变到可塑状态时的界限含水率称作塑限，用 ω_p 表示。塑限采用搓条法测定。

将制备好的试样在手中揉捏至不黏手，捏扁，当出现裂缝时，表示含水率接近塑限。取接近塑限含水率的试样 8~10g，放在毛玻璃上用手掌搓滚，若土条搓到直径为 3mm 时恰好断裂，则这时的含水率就是塑限。

3. 液、塑限联合测定

应用液、塑限联合测定仪，可减少人为因素的影响，减少重复操作，使测定结果更加稳定可靠。液、塑限联合测定仪的原理示意图见图 1-10。

试验研究表明试锥下沉深度 S 与含水率 ω 之间在双对数坐标中为线性关系，如图 1-11 所示。试验时，调制 3 个不同含水率的试样，分别测定试锥在土中 5s 的下沉深度，将试锥下沉深度 S 与相应的含水率 ω 的 3 个试点绘在双对数坐标纸上。取 S =10mm 所对应的含水率为 10mm 液限，S =2mm 所对应的含水率为塑限。

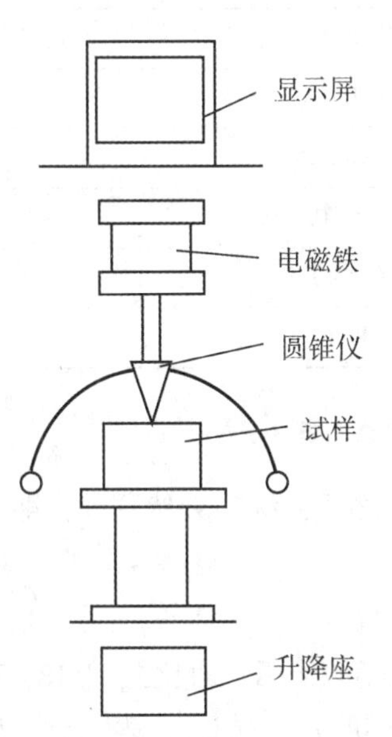

图 1-10　液、塑限联合测定仪示意图

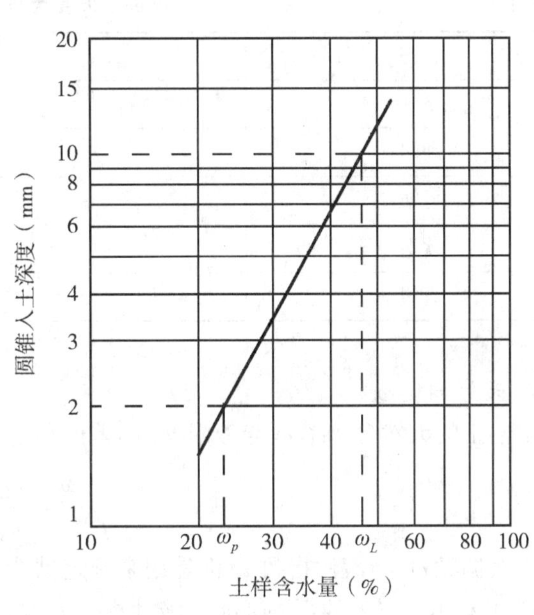

图 1-11　液限和塑限的确定

4. 缩限 ω_s

黏性土由半固态向固态转变时，随着含水率的不断减少，体积则不断缩小，直至体积不再继续缩小时的界限含水率称为缩限，用 ω_s 表示。缩限也可由实验室测定，但一般工程意义不大。

5. 塑性指数 I_p

塑性指数指土的液限 ω_L 与塑限 ω_p 的差值，用小数表示，即

$$I_p = \omega_L - \omega_p \tag{1-17}$$

塑性指数反映细颗粒土处于可塑状态时含水率的最大变化范围。塑性指数越大的土，说明这种土所能吸附的弱结合水越多，从而也就说明这种土中黏粒含量多和吸水能力强的矿物成分多。随着细颗粒土中粉粒的增加和黏粒的减少，塑性指数逐渐减小，工程上用塑性指数 I_p 作为区分黏性土与粉土的标准。

6. 液性指数 I_L

液性指数指黏性土的天然含水率 ω 与塑限 ω_p 的差值和塑性指数 I_p 之比，即：

$$I_L = \frac{\omega - \omega_P}{I_p} = \frac{\omega - \omega_p}{\omega_L - \omega_p} \tag{1-18}$$

液性指数的意义是将土的天然含水率 ω 与液限 ω_L 和塑限 ω_p 相比较，看天然含水率是靠近液限还是靠近塑限，以反映土的软硬程度，因此也称为相对稠度。显然，当 $I_L = 0$ 时，$\omega = \omega_p$，土从半固态进入可塑状态；当 $I_L = 1.0$ 时，$\omega = \omega_L$，土从可塑状态进入流动状态。因此，根据土的液性指数 I_L 可直接判定土的软硬状态，工程上按液性指数的大小，把黏性土分为五种稠度(软硬)状态，见表 1-15，并参见图 1-7。

表 1-15　**黏性土稠度状态划分**

状态	液性指数 I_L
坚硬	$I_L \leqslant 0$
硬塑	$0 < I_L \leqslant 0.25$
可塑	$0.25 < I_L \leqslant 0.75$
软塑	$0.75 < I_L \leqslant 1.0$
流塑	$I_L > 1.0$

7. 天然稠度 ω_c

黏性土的天然含水率 ω 与液限 ω_L 的差值和塑性指数 I_p 之比，称为天然稠度，即

$$\omega_c = \frac{\omega_L - \omega}{I_p} = \frac{\omega_L - \omega}{\omega_L - \omega_p} \tag{1-19}$$

天然稠度 ω_c 与液性指数 I_L 都是用来判定黏性土软硬程度的指标。对比式(1-18) 和式(1-19) 可看出，二者的不同在于：液性指数 I_L 越小，天然稠度 ω_c 就越大，表示土的稠度越大，土越硬；反之，液性指数 I_L 越大，天然稠度 ω_c 就越小，表示土越软。二者之和总是等于 1，即

$$I_L + \omega_c = 1$$

工程上较常用液性指数。

8. 灵敏度与触变性 S_t

在本章第二节中已经述及，黏性土在沉积过程中自然形成一定结构，当这种天然结构被破坏后，土的强度将降低，压缩性将增大。灵敏度 S_t 是反映黏性土的结构性强弱的指标，定义为原状土无侧限抗压强度与重塑土无侧限抗压强度之比，即

$$S_t = \frac{q_u}{q_0} \tag{1-20}$$

式中，q_u——原状土的无侧限抗压强度，kPa；

q_0——将原状土的结构完全破坏后重塑土样的无侧限抗压强度，kPa。

根据灵敏度 S_t 的大小，可将黏性土分为：$S_t > 4$，高灵敏度土；$4 \geqslant S_t > 2$，中灵敏度土；$S_t \leqslant 2$，低灵敏度土。

土的灵敏度越高，表明土的结构性越强，受到扰动后土的强度下降得越明显。因此，在基础工程施工中应注意保护基槽(坑)，避免对地基土层结构的扰动。

黏性土的结构受到破坏后，强度降低。当停止扰动后，强度又随时间逐渐恢复的特性，称为土的触变性。在桩基工程中，锤击沉桩时，桩侧和桩端土的结构受到扰动，降低了沉桩阻力。但在沉桩完成后，间隔一段时间，桩的承载力将有所恢复，就是利用了土的触变特性。

第六节　地基岩土工程分类

自然界中的岩土，工程性质各不相同。按照工程性质相近的原则对岩土进行分类，以便在不同类别的土之间进行对比和评价，满足工程设计和施工的需要。

不同的工程专业分类标准并不完全统一。本节主要根据《建筑地基基础设计规范》(GB50007—2011)的分类标准，将地基岩土分为岩石、碎石土、砂土、粉土、黏性土和人工填土六大类，并进一步细分为若干亚类。其次，采用《岩土工程勘察规范》(GB50021—2001)的分类标准作为补充。

一、岩石

岩石指颗粒间牢固联结，呈整体或具有节理裂隙的岩体。作为建筑物地基，尚应对其坚硬程度、完整程度和风化程度进行进一步划分。

1. 坚硬程度

岩石的坚硬程度应根据岩块的饱和单轴抗压强度按表 1-16 划分为坚硬岩、较硬岩、较软岩、软岩和极软岩五类。若未做抗压强度试验，在现场勘察时可按表 1-17 做定性划分。

表 1-16　**岩石坚硬程度的划分**

坚硬程度类别	坚硬岩	较硬岩	较软岩	软岩	极软岩
饱和单轴抗压强度标准值 f_{rk} (MPa)	$f_{rk} > 60$	$60 \geqslant f_{rk} > 30$	$30 \geqslant f_{rk} > 15$	$15 \geqslant f_{rk} > 5$	$f_{rk} \leqslant 5$

2. 完整程度

岩体的完整程度应根据纵波波速测定结果按表 1-18 划分为完整、较完整、较破碎、破碎、极破碎五类。若未做纵波波速测定，在现场勘察时可按表 1-19 做定性划分。

表 1-17　　　　　　　　　**岩石坚硬程度的定性划分**

坚硬等级		定性鉴定	代表性岩石
硬质岩	坚硬岩	锤击声清脆，有回弹，震手，难击碎； 基本无吸水反应	未风化~微风化的花岗岩、闪长岩、辉绿岩、玄武岩、安山岩、片麻岩、石英岩、硅质砾岩、石英砂岩、硅质石灰岩等
	较硬岩	锤击声清脆，有轻微回弹，稍震手，较难击碎； 有轻微吸水反应	1. 微风化的坚硬岩； 2. 未风化~微风化的大理岩、板岩、石灰岩、钙质砂岩等
软质岩	较软岩	锤击声不清脆，无回弹，较易击碎； 指甲可划出印痕	1. 中风化的坚硬岩和较硬岩； 2. 未风化~微风化的凝灰岩、千枚岩、砂质泥岩、泥灰岩等
	软岩	锤击声哑，无回弹，有凹痕，易击碎； 浸水后，可捏成团	1. 强风化的坚硬岩和较硬岩； 2. 中风化的较软岩； 未风化~微风化的泥质砂岩、泥岩等
极软岩		锤击声哑，无回弹，有较深凹痕，手可捏碎； 浸水后，可捏成团	1. 风化的软岩； 2. 全风化的各种岩石； 3. 各种半成岩

表 1-18　　　　　　　　　**岩体完整程度划分**

完整程度等级	完整	较完整	较破碎	破碎	极破碎
完整性指数	>0.75	0.75~0.55	0.55~0.35	0.35~0.15	<0.15

注：完整性指数为岩体纵波波速与岩块纵波波速之比的平方。

表 1-19　　　　　　　　　**岩体完整程度划分**

名称	结构面组数	控制性结构面平均间距(m)	代表性结构类型
完整	1~2	>1.0	整状结构
较完整	2~3	0.4~1.0	块状结构
较破碎	>3	0.2~0.4	镶嵌状结构
破碎	>3	<0.2	破碎状结构
极破碎	无序	—	散体状结构

3. 风化程度

岩石的风化程度应按表 1-20 划分为未风化、微风化、中等风化、强风化、全风化、残积土六类。其中，风化程度很高的残积层应划入碎石土。

表 1-20　**岩石按风化程度分类**

风化程度	野外特征	风化程度参数指标	
		波速比 K_V	风化系数 K_f
未风化	岩质新鲜，偶见风化痕迹	0.9~1.0	0.9~1.0
微风化	结构基本未变，仅节理面有渲染或略有变色，有少量风化裂隙	0.8~0.9	0.8~0.9
中等风化	结构部分破坏，沿节理面有次生矿物，风化裂隙发育，岩体被切割成岩块。用镐难挖，岩芯钻方可钻进	0.6~0.8	0.4~0.8
强风化	结构大部分破坏，矿物成分显著变化，风化裂隙很发育，岩体破碎，用镐可挖，干钻不易钻进	0.4~0.6	<0.4
全风化	结构基本破坏，但尚可辨认，有残余结构强度，可用镐挖，干钻可钻进	0.2~0.4	—
残积土	组织结构全部破坏，已风化成土状，锹镐易挖掘，干钻易钻进，具可塑性	<0.2	—

注：1. 波速比 K_V 为风化岩石与新鲜岩石压缩波速度之比；

2. 风化系数 K_f 为风化岩石与新鲜岩石饱和单轴抗压强度之比；

3. 岩石风化程度，除按表列野外特征和定量指标划分外，也可根据当地经验划分；

4. 花岗岩类岩石，可采用标准贯入试验划分，$N \geqslant 50$ 为强风化；$50 > N \geqslant 30$ 为全风化；$N < 30$ 为残积土；

5. 泥岩和半成岩，可不进行风化程度划分。

二、碎石土

碎石土指粒径大于 2mm 的颗粒含量超过全重 50%的土。根据土的颗粒粒组含量和颗粒形状的不同，碎石土又进一步细分为漂石、块石、卵石、碎石、圆砾、角砾，见表 1-21。

表 1-21　**碎石土的分类**

土的名称	颗粒形状	粒组含量
漂石 块石	圆形及亚圆形为主 棱角形为主	粒径大于 200mm 的颗粒含量超过全重 50%
卵石 碎石	圆形及亚圆形为主 棱角形为主	粒径大于 20mm 的颗粒含量超过全重 50%
圆砾 角砾	圆形及亚圆形为主 棱角形为主	粒径大于 2mm 的颗粒含量超过全重 50%

注：分类时，应根据粒组含量栏从上到下以最先符合者确定。

三、砂土

砂土为粒径大于 2mm 的颗粒含量不超过全重的 50%，且粒径大于 0.075mm 的颗粒含量超过全重的50%的土。砂土又进一步细分为砾砂、粗砂、中砂、细砂、粉砂，见表1-22。

表1-22　**砂土的分类**

土的名称	粒组含量
砾砂	粒径大于2mm的颗粒含量占全重25%~50%
粗砂	粒径大于0.5mm的颗粒含量超过全重50%
中砂	粒径大于0.25mm的颗粒含量超过全重50%
细砂	粒径大于0.075mm的颗粒含量超过全重85%
粉砂	粒径大于0.075mm的颗粒含量超过全重50%

注：分类时应根据粒组含量栏从上到下以最先符合者确定。

四、粉土

粉土中粒径大于0.075mm的颗粒含量不超过全重的50%，且塑性指数 $I_p \leqslant 10$。粉土中以粉粒为主，但含有部分黏土颗粒，略有黏性。

五、黏性土

黏性土为塑性指数 $I_p > 10$ 的土，计算塑性指数时取10mm液限计算。黏性土按塑性指数的大小又分为黏土和粉质黏土两类，见表1-23。

表1-23　**黏性土的分类**

土的名称	黏土	粉质黏土
塑性指数 I_p	$I_p > 17$	$10 < I_p \leqslant 17$

注：塑性指数由相应于76g圆锥体沉入土样中深度为10mm时测定的液限计算而得。

六、人工填土

由人为堆填形成的各类土，称为人工填土。根据土的成分组成和成因，人工填土又可分为素填土、压实填土、杂填土和冲填土。其中，素填土为由碎石土、砂土、粉土或黏性土构成的填土；经过压实或夯实的素填土称为压实填土；杂填土则为含有工业垃圾、建筑垃圾、生活垃圾的填土。冲填土为由水力冲填而形成的填土。

各类填土中，素填土经压实或夯实后的压实填土也可以成为不错的地基。杂填土因其中的垃圾使土质不均，无规律，有机质含量多等而工程性质最差。

七、细颗粒土的塑性图分类

粉土和黏性土的颗粒直径都在0.075mm以下，称为细颗粒土。对于细颗粒土，《建筑地基基础设计规范》(GB50007—2011)是以塑性指数 I_p 作为唯一分类指标的。由前述已知，塑性指数反映的是细颗粒土具有可塑性的湿度变化范围，同时也反映了土的矿物成分、土颗粒吸附水的能力等，从这个意义上说，塑性指数可看作是反映土的物理化学性质的一项综合性指标，用它来作为细颗粒土的分类指标应该是科学合理的。但在实践中发现，塑性指数相同的土工程性质未必就相同，一些低液限的土可能过早进入流塑状态。于是，有学者提出用塑性图来分类的方法，这种方法是综合塑性指数和液限两项指标来分类的，我国也已将其列入《土的工程分类标准》(GB/T50145—2007)之中，见图 1-12。

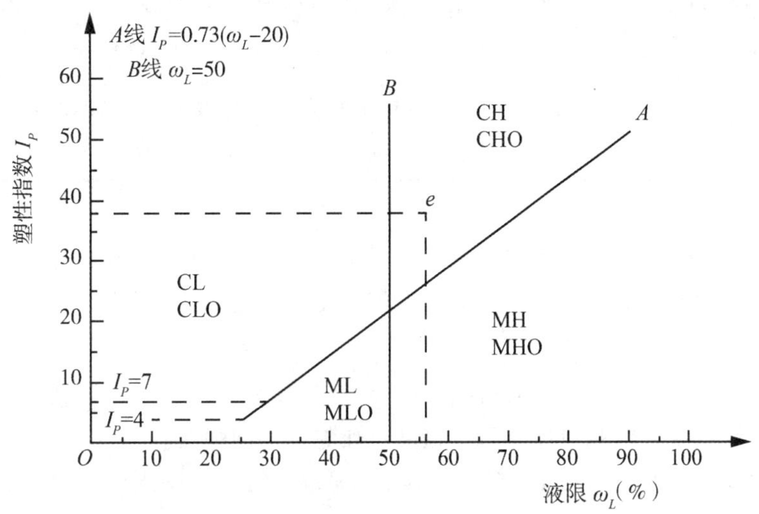

C—黏性土；*M*—粉土；*H*—高液限土；*L*—低液限土；*O*—有机质土

图 1-12　塑性图

在图 1-12 中，纵坐标为塑性指数 I_p，横坐标为液限 ω_L。图中的液限 ω_L 为用碟式仪测定的液限含水率，或用质量 76g、锥角 30°的液限仪锥尖入土深度 17mm 对应的含水率。图中虚线($I_p = 4 \sim 7$)之间的区域为黏土-粉土过渡区。图中的 *A* 线为 $I_p = 0.73(\omega_L - 20)$；*B* 线为 $\omega_L = 50\%$。*B* 线的意义是将细颗粒土又分为高液限土和低液限土。

[**例题 1-3**]　某工程土样用锥式仪测定 17mm 液限含水率 $\omega_L = 56\%$，塑限 $\omega_p = 18\%$，试按塑性图为该土分类。

解：求塑性指数 I_p。

$$I_p = \omega_L - \omega_p = 56 - 18 = 38$$

按 $\omega_L = 56$，$I_p = 38$ 查塑性图，见图 1-12 中 *e* 点，则该土应为：高液限黏性土(CH)。

思　考　题

1. 土中三相比例变化对黏性土的性质有哪些影响？
2. 土中水有哪几种存在形式？
3. 土的物理性质指标有哪些？其中基本指标是哪几项？
4. 土的各种不同重度是怎样定义的？它们之间有什么关系？
5. 无黏性土的密实度怎么判定？

6. 黏性土的物理状态指标有哪些？如何测定？

7. 地基土分为哪几类？划分的依据是什么？

习　题

1. 某土样总质量 1000g，颗粒分析结果见下表，绘制颗粒级配曲线，并计算 C_u 和 C_c，评价级配情况。

粒径(mm)	>2	2~0.5	0.5~0.25	0.25~0.1	0.1~0.05	<0.05
含量(%)	9	27	28	19	8	9

2. 某原状土 50cm^3，称得质量为 95.15g，烘干后质量为 75.15g，并测得土粒比重为 2.67。计算该土样的天然密度、干密度、饱和密度、有效密度、天然含水率、孔隙比、饱和度。

3. 某土样测得湿土质量 120g，体积 64cm^3，天然含水量 30%，比重 2.69。求该土样的天然重度、干重度、饱和重度和有效重度、孔隙比、饱和度。

4. 某土样体积 50cm^3，质量 95.1g，烘干后质量 75g，土粒比重 2.68，计算该土样的天然密度、干密度、饱和密度、孔隙比。

5. 某土样 $\omega = 33\%$，$d_s = 2.70$，$\omega_L = 37\%$，$\omega_p = 21\%$，求 e、γ_d，并确定土的名称和土的物理状态。

6. 某土样经筛析后颗粒粒组含量见下表，确定该土样的名称。

粒径(mm)	<0.075	0.075~0.1	0.1~0.25	0.25~0.5	0.5~1.0	>1.0
含量(%)	8.0	15.0	42.0	24.0	9.0	2.0

7. 某黏性土含水率 36.4%，液限 48%，塑限 35.4%。求该土样的塑性指数和液性指数，并确定该土样的名称和状态。

8. 某砂土土样密度为 1.75g/cm^3，含水率 8.0%，土粒比重 2.67，烘干后测得最小孔隙比 0.461，最大孔隙比 0.943，试评定该砂土试样的密实度。

第二章 地基中的应力

在建筑物荷载的作用下，地基土中原有的应力状态将发生变化，引起地基土体的变形。如果这种变形在建筑物的容许范围之内，则虽对建筑物也将产生不利影响，但不致对建筑物的正常使用和安全造成实质性危害；如果这种变形过大，或土中某处的应力达到土的强度，则土体就可能被破坏而丧失稳定性，使建筑物产生过大的沉降、倾斜、开裂等。因此，研究地基土中的应力分布规律及其计算方法具有重要意义。

当把土作为建筑物的地基时，土就成为一种建筑承重材料。但土与其他建筑材料有很大的不同，它是由大小不同的颗粒堆积起来的散粒状材料，颗粒之间存在大量孔隙，孔隙中充满水或空气，使土体具有明显的非连续性、非均质性和各向异性。土体中的应力是在各个土颗粒之间互相传递的，每一个土颗粒的应力状态均不相同。但我们在土力学中并不去研究每一个土颗粒的应力分布和变化，也不去研究土颗粒之间力的传递，因为那将使问题变得十分复杂而又失去实际意义。对于作为地基的土体，其尺寸远远大于土颗粒的尺寸，为了使问题简化，我们只从宏观上研究土体中的应力分布和变化。这时，我们仍将地基土体看作是连续的、均质的、各向同性的半无限空间体。

地基土中的应力按产生的原因可分为自重应力和附加应力两类。自重应力是指由土本身的自重在土体内部引起的应力，它与建筑物或其他外荷载无关；附加应力则是指由建筑物或其他外加荷载在地基土内引发的应力，当没有建筑物或其他外荷载时，也就没有附加应力。显然，前者在自然界的土中是普遍存在的，自然界的土体在自重作用下，经过漫长的地质历史若已经固结稳定，就不会再引起新的变形，而附加应力则必然会引起地基土新的变形。

地基中的应力既有正应力也有剪应力，本章所讨论的自重应力和附加应力均为土体中在竖直方向的正应力。

第一节 土体中的自重应力

由土的自重产生的应力称为土的自重应力，用 σ_{cz} 表示。假定地表面是向四周无限延伸的水平面，自地表面向下也可看作是无限延伸的，则地基土就是一个半无限空间体，如果土体又是均质的且已固结稳定，则在地面以下同一深度的无限水平面上，自重应力就都是相等的；且由于土颗粒已无任何相对位移或其趋势，于是在任一竖向平面或水平面上的剪应力均为零。

一、竖向自重应力

如图 2-1 所示的土体，土的重度为 γ，在地表下任意深度 z 处的自重应力可取一土柱体来分析(图 2-1(a))。

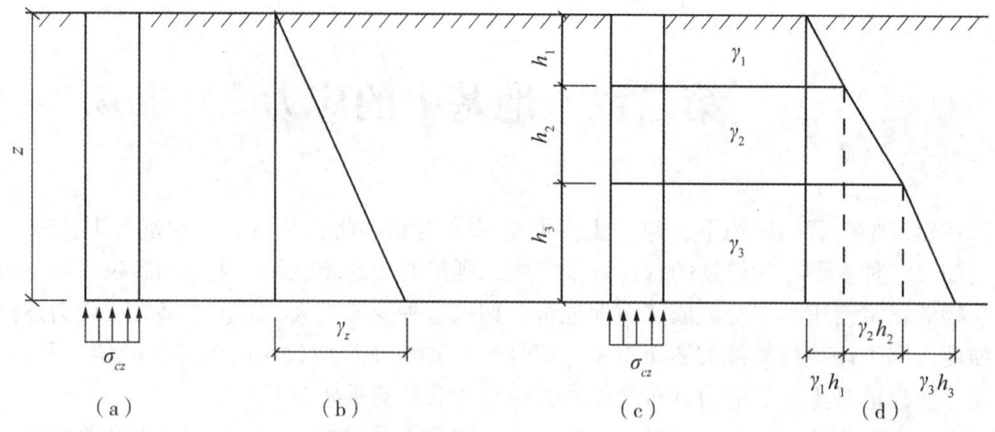

图 2-1　土体中的自重应力

设土柱体的横截面积为 A，下端面深度为 z，则体积 $V=zA$，重力 $G=\gamma\cdot zA$，则土柱体自重 G 在深度 z 处产生的自重应力应为

$$\sigma_{cz}=\frac{G}{A}=\frac{\gamma\cdot zA}{A}=\gamma\cdot z \tag{2-1}$$

式中，σ_{cz}——土中的自重应力，kPa；

z——自地表面算起的深度，m；

γ——土的天然重度，kN/m^3。

由式(2-1)可知，对于均质土，天然重度 γ 为常数，则土中的自重应力与深度 z 的关系是线性的，随深度呈正比例增加，在深度方向的应力分布应为三角形(图 2-1(b))。

地基土的天然状态常由多层土组成，各土层具有不同的重度 γ_i 和厚度 h_i，当为多层土时，地表下任意深度 z 平面上的自重应力应为各土层自重应力之和，用下式表示(图 2-1(c))：

$$\sigma_{cz}=\gamma_1 h_1+\gamma_2 h_2+\cdots+\gamma_n h_n=\sum_{i=1}^{n}\gamma_i h_i \tag{2-2}$$

$$\sum_{i=1}^{n}h_i=z$$

式中，γ_i——第 i 层土的天然重度，kN/m^3；

h_i——第 i 层土的厚度，m；

n——自地表面算起至计算深度 z 范围内的土层数。

成层土的自重应力沿深度呈折线形分布，转折点在 γ 值发生变化的土层界面处(图 2-1(d))。

二、地下水对自重应力的影响

当土颗粒没入水中时，和其他物体一样，也将受到水浮力的作用，浮力的大小应符合浮力定律。

如图 2-2 所示，假如土的原始状态为没有地下水(不饱和)的均质土，重度为 γ_1，则自重应力分布应为 ab 线，是一条斜直线，$ob = \gamma_1 z$。当有了地下水之后，设地下水位在 A—A 线，在 A—A 平面以上，自重应力分布为 ae 线，为 ab 线的一段，A—A 平面深度处的自重应力为 $\gamma_1 h_1$。但在 A—A 线以下，由于这时土已饱和，重度为饱和重度 γ_{sat} ($\gamma_{sat} > \gamma_1$)，如果不考虑浮力作用，自重应力分布应为 aec 线，成为一条折线，$oc = \gamma_1 h_1 + \gamma_{sat} h_2$。但事实上，由于浮力的作用，$A$—$A$ 线以下土的重度减小了，减至有效重度 $\gamma' = \gamma_{sat} - \gamma_\omega$，使 A—A 线以下的自重应力分布从 ec 线移至 ed 线，aed 应为一条折线，与成层土的道理相同，转折的位置在 γ 值发生变化的地下水位面处。

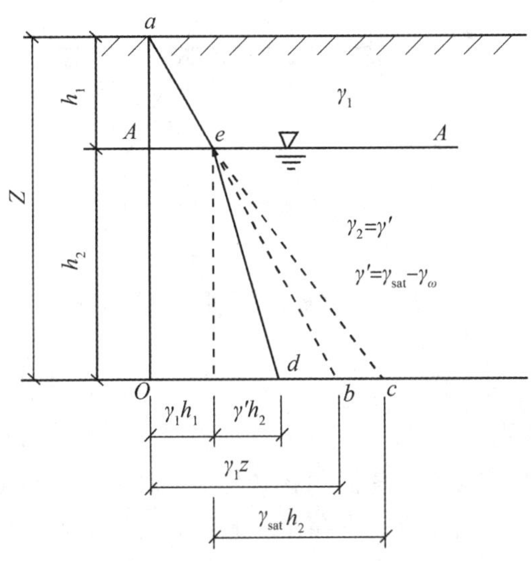

图 2-2　地下水对自重应力的影响

由上述可知，地下水位的升降将引起自重应力的变化，水位上升，自重应力降低；水位下降，自重应力增加。

三、不透水层对自重应力的影响

如果在地下水位以下存在一个不透水层(隔水层)，且这个不透水层是向四周无限延伸的，则不透水层的作用就好像一个水池子的底，其上所有土和水的自重都作用于这个底(不透水层)上。

只有当物体浸入水中时，水才能对物体产生浮力。不透水层不具备这个条件，所以不受浮力的作用。下面两种情况应看作不透水层：一是连续完整的基岩；二是连续完整的只含结合水(液性指数 $I_L < 0$)的坚硬黏土层。被渗透性良好的土体包围的岩层透镜体或尖灭端不应看作不透水层；液性指数 $I_L > 1$ 的黏性土也不能看作不透水层；液性指数 $0 < I_L < 1$ 的黏性土则介于两种可能之间，应按对作用效果不利情况考虑。

不透水层对自重应力分布的影响见图 2-3。在不透水层表面以上，土受到浮力的作用，自重应力分布应为 aed 线，$od = \gamma_1 h_1 + \gamma' h_2$；在不透水层表面，应计入水的自重 $\gamma_\omega h_2$，使自重应力分布曲线在不透水层表面深度处出现一段水平线 $dc = \gamma_\omega h_2$，$oc = \gamma_1 h_1 + \gamma' h_2 +$

$\gamma_{\omega}h_2=\gamma_1h_1+\gamma_{sat}h_2$；在深度 z 处，自重应力 $\sigma_{cz}=\gamma_1h_1+\gamma_{sat}h_2+\gamma_3h_3$，$z$ 深度以上的自重应力分布为折线 $aedcf$。

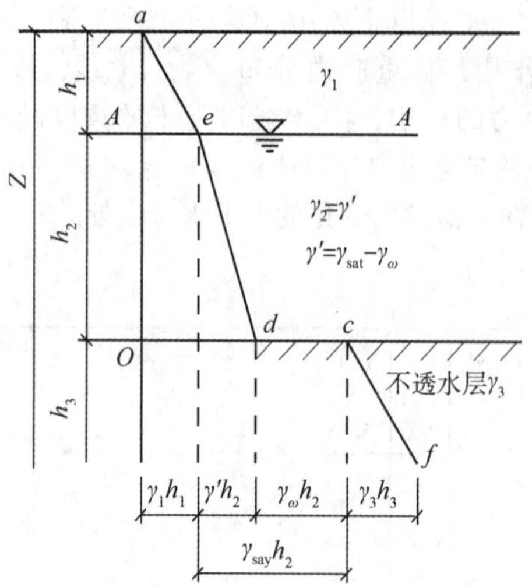

图 2-3　不透水层对自重应力的影响

四、水平向自重应力

取一块软面团，在自重应力下软面团将产生竖向压缩，同时在横向（水平向）将产生膨胀，这说明在水平方向也有自重应力存在。地基土也有同样的道理，所不同的是，软面团在水平方向是有边界的，可以自由膨胀。而地基土在水平方向则可看作是无限延伸的，所以，地基土是在侧限条件下产生竖向自重压缩，水平方向虽有自重应力存在，但不会产生变形。

水平方向的自重应力又称静止土压力，见第六章。

［**例题 2-1**］　某工程钻探孔深 12.5m，土层柱状图及相关物理性质指标如图 2-4 所示，试求自重应力分布并绘制其分布曲线。

解：(1)填土层底，深 1.0m。

$$\sigma_{cz}=16.2\times1.0=16.2\ (\text{kPa})$$

(2)地下水位处，深 1.8m。

$$\sigma_{cz}=16.2+17.8\times0.8=16.2+14.2=30.4\ (\text{kPa})$$

(3)粉质黏土层底，深 5.8m。

$$\sigma_{cz}=30.4+(18.4-10)\times4.0=30.4+33.6=64\ (\text{kPa})$$

(4)淤泥层底，深 9.5m。

$$\sigma_{cz}=64+(16.8-10)\times3.7=64+25.2=89.2\ (\text{kPa})$$

(5)黏土层表面，深 9.5m。

$$\sigma_{cz}=89.2+10\times(3.7+4.0)=89.2+77=166.2\ (\text{kPa})$$

(6)钻探孔底，深 12.5m。

$$\sigma_{cz} = 166.2 + 19.6 \times 3 = 166.2 + 58.8 = 225\ (\text{kPa})$$

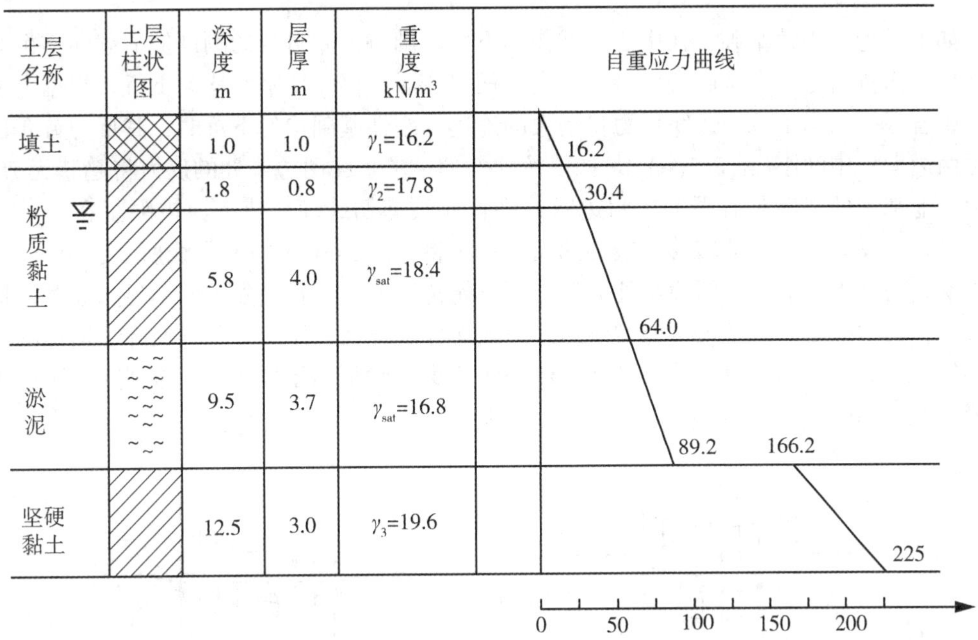

土层名称	土层柱状图	深度 m	层厚 m	重度 kN/m³	自重应力曲线
填土		1.0	1.0	γ_1=16.2	16.2
粉质黏土		1.8	0.8	γ_2=17.8	30.4
		5.8	4.0	γ_{sat}=18.4	64.0
淤泥		9.5	3.7	γ_{sat}=16.8	89.2　166.2
坚硬黏土		12.5	3.0	γ_3=19.6	225

0　50　100　150　200

图 2-4　例题 2-1 附图

第二节　基底压力

建筑物的上部结构荷载通过基础作用于地基，基础底面对地基的作用力称为基底压力，地基土对基础底面的反作用力称为基底反力，在基础底面的同一位置，二者大小相等、方向相反。对地基土而言，基底压力是外加荷载。

前已述及，地质年代较久远的天然土体在自重应力下已经固结稳定，不会再发生变形。发生变形的原因是外加荷载对地基土的作用效应。因此，分析研究基底压力的分布规律及其计算方法具有重要的工程意义。

一、基底压力的分布

基底压力的分布规律也就是基底反力的分布规律，它与作用于基础上的荷载大小和分布、上部结构的刚度、基础的刚度和尺寸、基础的形状和埋深、地基土的力学性质等诸多因素有关，下面主要从基础自身的刚度出发作一简单分析。

1. 柔性基础

取一块橡胶薄板铺在地基土上，橡胶薄板的刚度很小，可近似看作柔性基础。柔性基础受到上部荷载作用时，它不能将上部荷载扩散重新分配于地基，只能随着地基土的变形而任意弯曲。所以，柔性基础基底压力的大小和分布与作用于基础上的荷载大小和分布完全相同。当上部荷载为均布时，柔性基础的变形情况如图 2-5(a)所示，中部沉降大，两边沉降小。如果要使柔性基础各点沉降相同，则作用于基础上的荷载应是两边大中间小，如图 2-5(b)所示。

2. 刚性基础

如果是绝对刚性基础，在中心荷载作用下，基础将依靠自身的刚度使荷载向整个基础底面扩散而重新分配，基础底面将不会发生任何变形，仍保持平面均匀下沉。根据上述柔性基础若保持均匀下沉两边缘反力将增大的论述，刚性基础均匀下沉时，其反力分布也必将是两边大、中间小(图 2-5(c))。如果按弹性理论求解，两边缘处的反力将趋于无穷大。但由于地基土的强度是有限的，两边缘处将首先被剪切破坏，使反力被限制在一定范围内，剩余的反力将向中部转移，最终的反力分布将如图 2-5(c)中的虚线所示，呈马鞍形。如果继续增加上部荷载，两边缘处的反力不可能再增大，且若侧限条件不足，如基础埋深很浅时，两边缘处的地基土可能被挤出，边缘塑性区开展，使反力不升反降，增加的荷载只能依靠基底中部的反力增大来平衡，使基底反力呈钟形(图 2-5(d)中实线)或接近抛物线形(图 2-5(d)中虚线)分布。

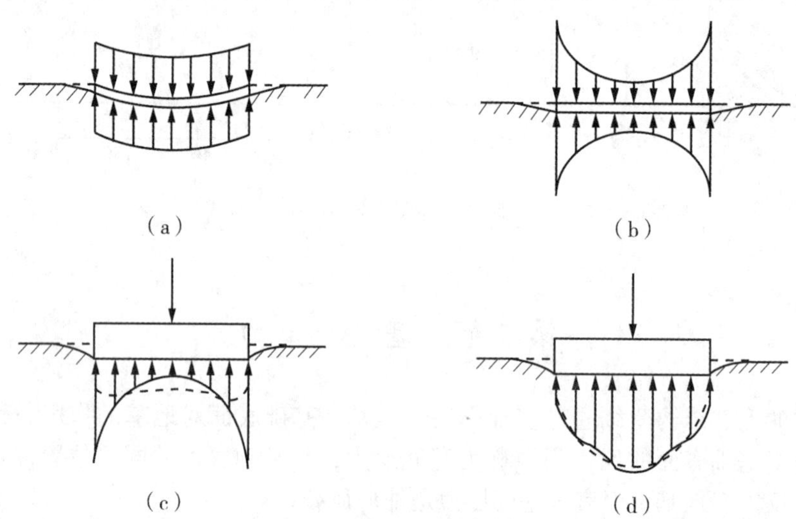

图 2-5 基础底面的压力分布

3. 有限刚度基础

工程中常见的基础一般都具有较大的抗弯刚度，但在基底反力很大的两边缘仍将发生弯曲变形，这种变形与地基土的有限强度起到了相同的作用，共同限制了两边缘处基底反力的无限增大，使基底反力向中部转移。

一般地说，实际工程中的基础，如果埋置深度较深、基底宽度较大，地基土质也较均匀，且荷载不超过设计值，则可以认为基底反力均呈马鞍形分布，是比较接近线性分布的。

二、基底压力的计算

从上述对基底压力分布的简单分析可知，要对基底压力作精确计算是十分困难的。但基底压力分布的不均匀性只是在基底以下较小的深度范围内表现显著，随着应力在土中的扩散，越深越趋均匀。为了计算方便，常见的独立柱基础和墙下条形基础，其基底压力均近似地按直线分布考虑。

1. 中心荷载作用下的基底压力

如图 2-6 所示，当作用在基础上的荷载，其合力通过基础底面的形心时，称为中心受压基础。按线性分布考虑，中心受压基础的基底压力由下式计算：

矩形基础：

$$p=\frac{F+G}{A} \tag{2-3}$$

条形基础(对沿基础长度 l 方向荷载为均布的墙下条形基础，取长度 $l=1.0\text{m}$ 为计算单元)：

$$p=\frac{F+G}{b} \tag{2-4}$$

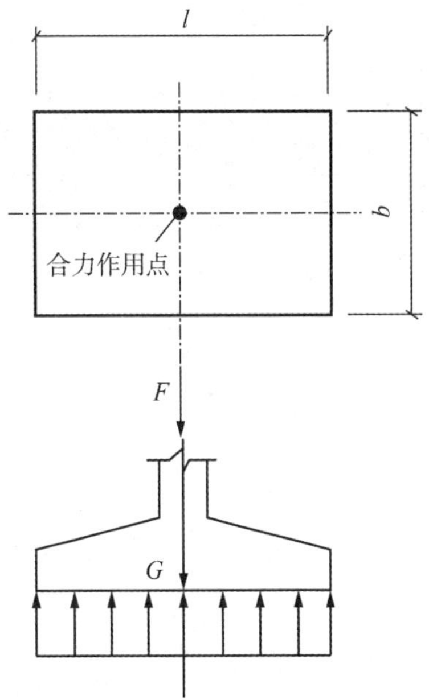

图 2-6 中心荷载作用下的基底压力

式中，p ——基础底面压力平均值，kPa；

F ——建筑物上部结构传至基础顶面的竖向荷载，对矩形独立基础，将柱荷载看作一集中力，kN；对条形基础，为沿基础长度 l 方向的均布线荷载，kN/m；

G ——基础和基础上部回填土的自重之和，对矩形基础，$G=\gamma_G Ad$，kN；对条形基础，$G=\gamma_G bd$，kN/m；

γ_G ——基础和基础上部回填土的平均重度，一般可近似取 20kN/m^3，地下水位以下应扣除浮力；

A ——基础底面积，m^2；

l、b ——对矩形基础，l 为长边尺寸，b 为短边尺寸；对条形基础，l 为基础长度方向的尺寸，取 1.0m 作为计算单元，b 为基础宽度，m；

d ——基础埋置深度，当基础两侧地面不等高时，取平均埋深计算，m。

2. 偏心荷载作用下的基底压力

如图 2-7 所示，当作用在基础上的荷载，其合力作用点偏离基础底面形心时，称为偏心受压基础。对于矩形基础，偏心方向应布置在长边 l 方向，使合力作用于 l 方向的主轴上；对于条形基础，为线荷载，其合力作用线与长度 l 方向平行，则合力作用线在基础宽度 b 方向偏离基底几何中心线。

偏心荷载作用下的基底压力，可采用材料力学中偏心受压构件的计算公式计算：

矩形基础
$$p_{\min}^{\max}=\frac{F+G}{A}\pm\frac{M}{W} \tag{2-5}$$

条形基础
$$p_{\min}^{\max}=\frac{F+G}{b}\pm\frac{M}{W} \tag{2-6}$$

式中，M ——作用于基础底面形心的力矩，kN · m，其中

$$M=(F+G)e,\qquad e=\frac{M}{F+G} \tag{2-7}$$

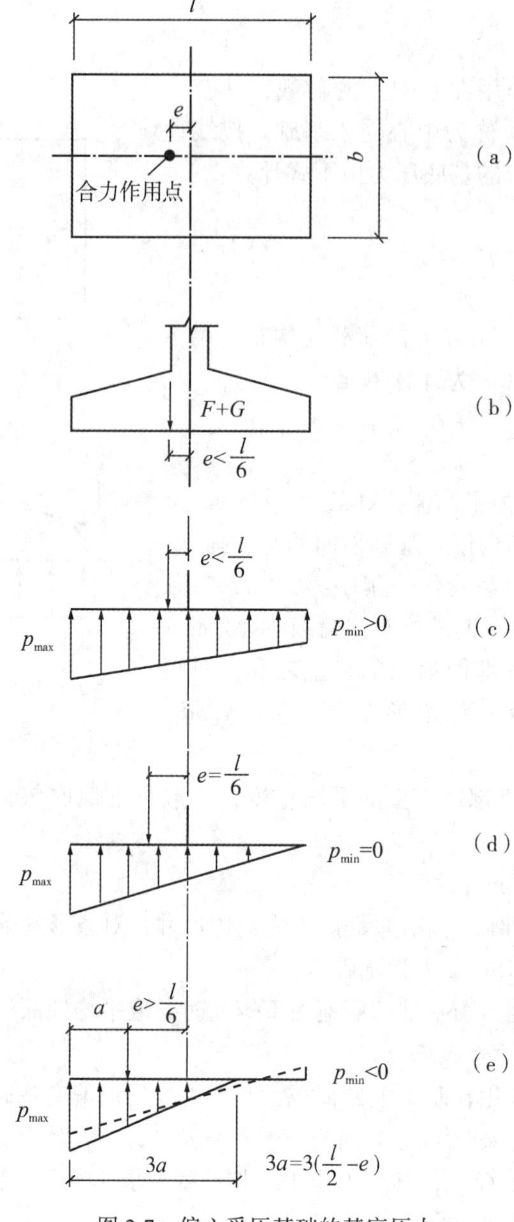

图 2-7　偏心受压基础的基底压力
（图中为矩形基础，当为条形基础时，图中 l 为基础宽度，b 为长度）

e ——偏心距，指合力作用点到基底形心的距离，m；

W ——基础底面的抵抗矩，或称抗弯截面系数，m^3，其中

对矩形基础 $$W = \frac{bl^2}{6} \tag{2-8a}$$

对条形基础，取长度 $l = 1.0$m $$W = \frac{b^2}{6} \tag{2-8b}$$

将式(2-7)、式(2-8)代入式(2-5)和式(2-6)，得

矩形基础
$$p_{\min}^{\max} = \frac{F+G}{A}\left(1 \pm \frac{6e}{l}\right) \tag{2-9}$$

条形基础
$$p_{\min}^{\max} = \frac{F+G}{b}\left(1 \pm \frac{6e}{b}\right) \tag{2-10}$$

由式(2-9)、式(2-10)可得偏心荷载作用下基底压力分布规律的判别准则如下：

当 $e < \frac{l}{6}$ 时$\left(\frac{b}{6}\right)$，$P_{\min} > 0$，基底压力呈梯形分布，如图 2-7(c)所示；

当 $e = \frac{l}{6}$ 时$\left(\frac{b}{6}\right)$，$P_{\min} = 0$，基底压力呈三角形分布，如图 2-7(d)所示；

当 $e > \frac{l}{6}$ 时$\left(\frac{b}{6}\right)$，$P_{\min} < 0$，这时基底一端出现拉应力，如图 2-7(e)中虚线所示。由于基底与地基土之间不能承载拉力，故基底与地基土之间将局部脱开，而基底压力将重新分布。根据荷载与基底反力的平衡条件，荷载的合力应通过基底压力三角形分布图的形心，即三角形高度的$\frac{1}{3}$处，用 a 表示该$\frac{1}{3}$高度(图 2-7(e))，则 $3a$ 为基底压力分布三角形的高度(在基底 l 方向的分布长度)，因 $a+e=\frac{l}{2}$，$3a=3\left(\frac{l}{2}-e\right)$，压力分布三角形的面积为 $\frac{3ap_{\max}}{2}$，则在整个基底面积上的总反力为 $\frac{3ap_{\max}}{2}\cdot b$，根据静平衡条件，得

$$F+G=\frac{3ap_{\max}}{2}\cdot b$$

基底边缘最大压力应为

矩形基础
$$p_{\max} = \frac{2(F+G)}{3ab} \tag{2-11}$$

条形基础
$$p_{\max} = \frac{2(F+G)}{3a} \tag{2-12}$$

三、基底附加压力的计算

由前述，对于已经固结稳定的土体，发生新的变形的原因来自外加荷载，且对地基土而言，基底压力是外加荷载。但这里有一个问题，那就是基础底面并不是坐落于地表面，而是埋置于地面以下一定深度处。当基坑(或基槽)开挖后，原来基坑底平面深度处的自重压力 σ_{cz} 卸除，如果基底压力 p 不大于原有的自重压力 σ_{cz}，则地基土就不会产生新的压缩变形，只有当基底压力 p 大于原自重压力 σ_{cz} 时，才会引起新的压缩变形，这部分多出的压力称为基底附加压力，由下式表示：

$$p_0 = p - \sigma_{cz} \tag{2-13}$$

式中，p_0——基底附加压力，kPa。

[例题 2-2] 如图 2-8 所示柱下独立基础，已知条件注于图中，试求基底压力、基底附加压力。

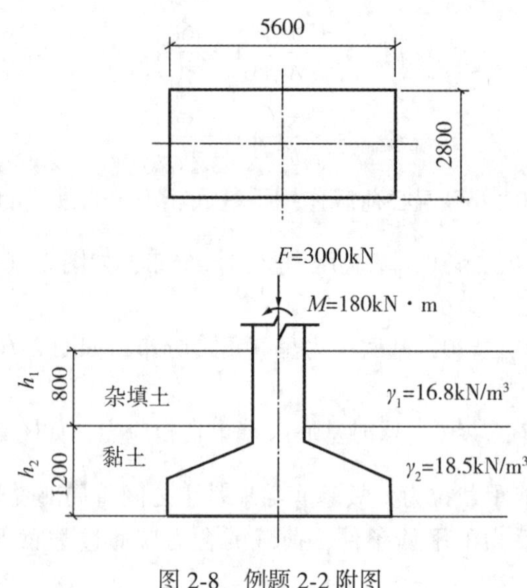

图 2-8　例题 2-2 附图

解：(1)基础及其上回填土自重 G，取平均重度为 20kN/m^3：

$$G = 2.8 \times 5.6 \times 2.0 \times 20 = 627.2\ (\text{kN})$$

(2)偏心距 e：

$$e = \frac{M}{F+G} = \frac{180}{3000 + 627.2} = 0.05\ (\text{m})$$

(3)基底压力 p 最大值和最小值：

$$p_{\min}^{\max} = \frac{F+G}{A}\left(1 \pm \frac{6e}{l}\right) = \frac{3000 + 627.2}{2.8 \times 5.6} \times \left(1 \pm \frac{6 \times 0.05}{5.6}\right)$$

$$= 231.3 \times (1 \pm 0.054) =_{218.8}^{243.8}\ (\text{kPa})$$

(4)基底深度处土的自重应力 σ_{cz}：

$$\sigma_{cz} = \gamma_1 h_1 + \gamma_2 h_2 = 16.8 \times 0.8 + 18.5 \times 1.2 = 35.6\ (\text{kPa})$$

(5)基底附加压力 p_0 最大值和最小值：

$$p_{0\,\min}^{\ \ \max} = p_{\min}^{\max} - \sigma_{cz} =_{218.8}^{243.8} - 35.6 =_{183.2}^{208.2}\ (\text{kPa})$$

平均值：　$p_0 = p - \sigma_{cz} = 231.3 - 35.6 = 195.7\ (\text{kPa})$

第三节　地基中的附加应力

基底附加压力作用于地基土，在地基土内引起的应力，称为地基中的附加应力。研究和计算地基中的附加应力及其分布规律，是分析和计算地基土沉降变形的必要条件。计算地基中的附加应力，通常仍假定地基土是连续均质、各向同性的线弹性半无限空间体，并将基底压力看作是柔性荷载，不考虑基础自身刚度的影响，这样，就可以采用弹性力学的方法求解了。

一、竖向集中荷载作用下的附加应力计算

在半空间体表面作用一竖向集中力(图 2-9)，在半空间体内的任意点 M 处，应用弹性理论，法国学者布辛奈斯克导出了 3 个正应力分量、3 个剪应力分量和 3 个位移分量共 9 个理论解。其中与建筑物地基沉降变形直接相关的是 z 轴(深度)方向的正应力分量，在此仅列出该式如下，其余可参见有关文献：

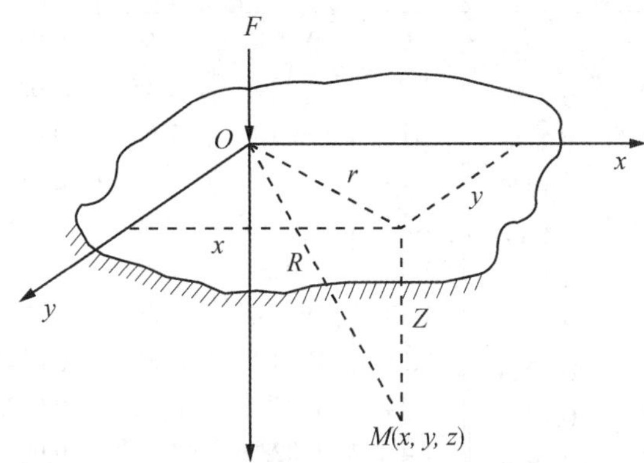

图 2-9　地表竖向集中荷载作用下半空间体内的附加应力

$$\sigma_z = \frac{3F}{2\pi} \cdot \frac{z^3}{R^5} \tag{2-14}$$

$$R = \sqrt{x^2 + y^2 + z^2} = \sqrt{r^2 + z^2} \tag{2-15}$$

将 $R^2 = r^2 + z^2$ 代入式(2-14)，可得

$$\sigma_z = \frac{3}{2\pi\left[1 + \left(\frac{r}{z}\right)^2\right]^{\frac{5}{2}}} \cdot \frac{F}{z^2} \tag{2-16}$$

令 $k = \dfrac{3}{2\pi\left[1 + \left(\frac{r}{z}\right)^2\right]^{\frac{5}{2}}}$，则上式可改写为

$$\sigma_z = k\frac{F}{z^2} \tag{2-17}$$

式中，F ——作用于地基表面的竖向集中力，kN；

σ_z ——地基土中任意点 M 在 z 轴方向的正应力，即附加应力，kPa；

x、y、z、R ——以集中力 F 的作用点为原点 O 建立坐标系地基中任意点 M 的坐标值(x、y、z)；图 2-9 中 r 为 M 点至 z 轴的水平距离；R 为 M 点至原点 O 的斜向距离，m；

k ——集中力作用下的竖向附加应力系数。

[例题 2-3]　地表面作用一集中力 $F = 1000\text{kN}$，计算点 M 的坐标值为 $x=2.0\text{m}$，$y=1.5\text{m}$，$z=3.0\text{m}$，试求 M 点在 z 轴方向的正应力。

解：$r=\sqrt{2.0^2+1.5^2}=2.5$，$\dfrac{r}{z}=\dfrac{2.5}{3.0}=0.83$，查表 2-1，附加应力系数 $k=0.129$。

$$\sigma_z=k\frac{F}{z^2}=0.129\times\frac{1000}{3^2}=14.3\ (\text{kPa})$$

表 2-1　　**集中荷载作用下的竖向附加应力系数 k**

r/z	k	r/z	k	r/z	k	r/z	k	r/z	k
0.00	0.4775	0.50	0.2733	1.00	0.0844	1.50	0.0251	2.00	0.0085
0.05	0.4745	0.55	0.2466	1.05	0.0744	1.55	0.0224	2.20	0.0058
0.10	0.4657	0.60	0.2214	1.10	0.0658	1.60	0.0200	2.40	0.0040
0.15	0.4516	0.65	0.1978	1.15	0.0581	1.65	0.0179	2.60	0.0029
0.20	0.4329	0.70	0.1762	1.20	0.0513	1.70	0.0160	2.80	0.0021
0.25	0.4103	0.75	0.1565	1.25	0.0454	1.75	0.0144	3.00	0.0015
0.30	0.3849	0.80	0.1386	1.30	0.0402	1.80	0.0129	3.50	0.0007
0.35	0.3577	0.85	0.1226	1,35	0.0357	1.85	0.0116	4.00	0.0004
0.40	0.3294	0.90	0.1083	1.40	0.0317	1.90	0.0105	4.50	0.0002
0.45	0.3011	0.95	0.0956	1.45	0.0282	1.95	0.0095	5.00	0.0001

二、竖向矩形均布荷载作用下的附加应力计算

在地基土表面作用一个竖向集中力这种情况在实际工程中是不存在的。实际的基础多为一块矩形面积，上部结构荷载通过这块矩形面积作用于地基。当竖向荷载为矩形均布时，求解的方法是利用布辛奈斯克解，以积分法求得矩形面积角点下地基中的附加应力，称为角点法，实用公式则称为角点公式。然后应用角点公式可求得地基中任意点的附加应力。

1. 矩形均布荷载角点下的附加应力计算

设矩形基础底面的长边为 l，短边为 b，基础传给地基的竖向均布矩形面积荷载为基底压力 p_0，则基础角点下任意深度 z 处的附加应力 σ_z 按下式计算：

$$\sigma_z=\alpha_c p_0 \quad (角点公式) \tag{2-18}$$

$$\alpha_c=\frac{1}{2\pi}\left[\frac{mn(m^2+2n^2+1)}{(m^2+n^2)(1+n^2)\sqrt{m^2+n^2+1}}+\arctan\frac{m}{n\sqrt{m^2+n^2+1}}\right] \tag{2-19}$$

$$m=\frac{l}{b},\quad n=\frac{z}{b}$$

式中，α_c——矩形面积均布荷载角点下的附加应力系数，可直接由表 2-2 查取，当按式(2-19)计算时，中括号内后一项应换算为弧度再与前项相加。

2. 矩形均布荷载任意点下的附加应力计算

当计算点不在矩形基础角点之下时，仍可采用角点法根据叠加原理计算。按计算点所处位置的不同，分以下四种情况，具体求解方法如下：

表 2-2　　　**矩形面积均布荷载角点下的附加应力系数 α_c**

z/b	l/b											
	1.0	1.2	1.4	1.6	1.8	2.0	3.0	4.0	5.0	6.0	10.0	条形
0.0	0.250	0.250	0.250	0.250	0.250	0.250	0.250	0.250	0.250	0.250	0.250	0.250
0.2	0.249	0.249	0.249	0.249	0.249	0.249	0.249	0.249	0.249	0.249	0.249	0.249
0.4	0.240	0.242	0.243	0.243	0.244	0.244	0.244	0.244	0.244	0.244	0.244	0.244
0.6	0.223	0.228	0.230	0.232	0.232	0.233	0.234	0.234	0.234	0.234	0.234	0.234
0.8	0.200	0.207	0.212	0.215	0.216	0.218	0.230	0.220	0.220	0.220	0.220	0.220
1.0	0.175	0.185	0.191	0.195	0.198	0.200	0.203	0.204	0.204	0.204	0.205	0.205
1.2	0.152	0.163	0.171	0.176	0.179	0.182	0.187	0.188	0.189	0.189	0.189	0.189
1.4	0.131	0.142	0.151	0.157	0.161	0.164	0.171	0.173	0.174	0.174	0.174	0.174
1.6	0.112	0.124	0.133	0.140	0.145	0.148	0.157	0.159	0.160	0.160	0.160	0.160
1.8	0.097	0.108	0.117	0.124	0.129	0.133	0.143	0.146	0.147	0.148	0.148	0.148
2.0	0.084	0.095	0.103	0.110	0.116	0.120	0.131	0.135	0.136	0.137	0.137	0.137
2.2	0.073	0.083	0.092	0.098	0.104	0.108	0.121	0.125	0.126	0.127	0.128	0.128
2.4	0.064	0.073	0.081	0.088	0.093	0.098	0.111	0.116	0.118	0.118	0.119	0.119
2.6	0.057	0.065	0.072	0.079	0.084	0.089	0.102	0.107	0.110	0.111	0.112	0.112
2.8	0.050	0.058	0.065	0.071	0.076	0.080	0.094	0.100	0.102	0.104	0.105	0.105
3.0	0.045	0.052	0.058	0.064	0.069	0.073	0.087	0.093	0.096	0.097	0.099	0.099
3.2	0.040	0.047	0.053	0.058	0.063	0.067	0.081	0.087	0.090	0.092	0.093	0.094
3.4	0.036	0.042	0.048	0.053	0.057	0.061	0.075	0.081	0.085	0.086	0.088	0.089
3.6	0.033	0.038	0.043	0.048	0.052	0.056	0.069	0.076	0.080	0.082	0.084	0.084
3.8	0.030	0.035	0.040	0.044	0.048	0.052	0.065	0.072	0.075	0.077	0.080	0.080
4.0	0.027	0.032	0.036	0.040	0.044	0.048	0.060	0.067	0.071	0.073	0.076	0.076
4.2	0.025	0.029	0.033	0.037	0.041	0.044	0.056	0.063	0.067	0.070	0.072	0.073
4.4	0.023	0.027	0.031	0.034	0.038	0.041	0.053	0.060	0.064	0.066	0.069	0.070
4.6	0.021	0.025	0.028	0.032	0.035	0.038	0.049	0.056	0.061	0.063	0.066	0.067
4.8	0.019	0.023	0.026	0.029	0.032	0.035	0.046	0.053	0.058	0.060	0.064	0.064
5.0	0.018	0.021	0.024	0.027	0.030	0.033	0.043	0.050	0.055	0.057	0.061	0.060
6.0	0.013	0.015	0.017	0.020	0.022	0.024	0.033	0.039	0.043	0.046	0.051	0.052
7.0	0.009	0.011	0.013	0.015	0.016	0.018	0.025	0.031	0.035	0.038	0.043	0.045
8.0	0.007	0.009	0.010	0.011	0.013	0.014	0.020	0.025	0.028	0.031	0.037	0.039
9.0	0.006	0.007	0.008	0.009	0.010	0.011	0.016	0.020	0.024	0.026	0.032	0.035
10.0	0.005	0.006	0.007	0.007	0.008	0.009	0.013	0.017	0.020	0.022	0.028	0.032
12.0	0.003	0.004	0.005	0.005	0.006	0.006	0.009	0.012	0.014	0.017	0.022	0.026
14.0	0.002	0.003	0.004	0.004	0.004	0.005	0.007	0.009	0.011	0.013	0.018	0.023
16.0	0.002	0.002	0.003	0.003	0.003	0.004	0.005	0.007	0.009	0.010	0.014	0.020
18.0	0.001	0.002	0.002	0.002	0.003	0.003	0.004	0.006	0.007	0.008	0.012	0.018
20.0	0.001	0.001	0.002	0.002	0.002	0.002	0.004	0.005	0.006	0.007	0.010	0.015
25.0	0.001	0.001	0.001	0.001	0.001	0.002	0.002	0.003	0.004	0.004	0.007	0.013
30.0	0.001	0.001	0.001	0.001	0.001	0.001	0.002	0.002	0.003	0.003	0.005	0.011
35.0	0.000	0.000	0.001	0.001	0.001	0.001	0.001	0.002	0.002	0.002	0.004	0.009
40.0	0.000	0.000	0.000	0.000	0.001	0.001	0.001	0.001	0.001	0.002	0.003	0.008

(1)计算点 M 在矩形基础四条边上的任意一点下。如图 2-10(a)所示，过计算点 M 将原矩形分割成两个小矩形Ⅰ($l \cdot b_1$)和Ⅱ($l \cdot b_2$)，分别用角点公式计算，然后叠加，即

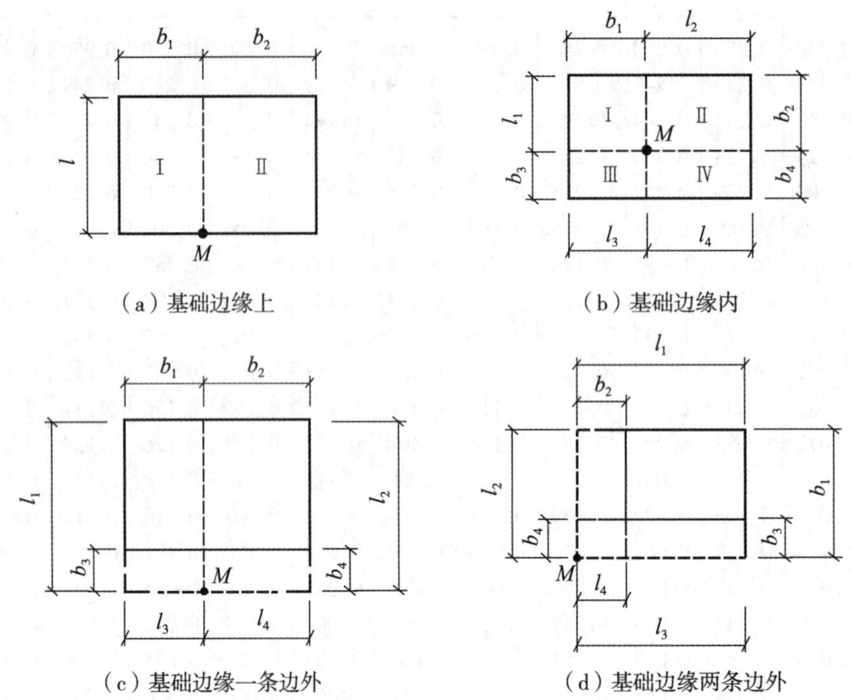

图 2-10　用角点法计算矩形均布荷载作用下地基中的附加应力

$$\sigma_z = (\alpha_{c1} + \alpha_{c2}) p_0$$

(2)计算点 M 在矩形基础面积内的任意一点下。如图 2-10(b)所示，过计算点 M 将原矩形分割成四个小矩形Ⅰ($l_1 \cdot b_1$)、Ⅱ($l_2 \cdot b_2$)、Ⅲ($l_3 \cdot b_3$)、Ⅳ($l_4 \cdot b_4$)，分别用角点公式计算，然后叠加，即

$$\sigma_z = (\alpha_{c1} + \alpha_{c2} + \alpha_{c3} + \alpha_{c4}) p_0$$

(3)计算点 M 在矩形基础的一条边外。如图 2-10(c)所示，过计算点 M 分成两个大矩形Ⅰ($l_1 \cdot b_1$)和Ⅱ($l_2 \cdot b_2$)，再将多出的面积过点 M 分成两个小矩形Ⅲ($l_3 \cdot b_3$)、Ⅳ($l_4 \cdot b_4$)，分别用角点公式计算，然后叠加，即

$$\sigma_z = (\alpha_{c1} + \alpha_{c2} - \alpha_{c3} - \alpha_{c4}) p_0$$

(4)计算点 M 在矩形基础的两条边外。如图 2-10(d)所示，过计算点 M 做一个大矩形Ⅰ($l_1 \cdot b_1$)，再将多出的面积分成两个矩形Ⅱ($l_2 \cdot b_2$)、Ⅲ($l_3 \cdot b_3$)，然后将Ⅱ、Ⅲ两矩形的重叠面积作为矩形Ⅳ($l_4 \cdot b_4$)，分别用角点公式计算，然后叠加，即

$$\sigma_z = (\alpha_{c1} - \alpha_{c2} - \alpha_{c3} + \alpha_{c4}) p_0$$

按以上公式计算时，注意 l 恒为长边，b 恒为短边。

[例题 2-4]　某矩形基础底面尺寸如图 2-11 所示，$l \cdot b = 5\text{m} \times 3\text{m}$。基底压力为均布，$p_0 = 180\text{kPa}$，计算点 M 的深度为 $z = 2.0\text{m}$，平面位置见图 2-11。试求 M 点的附加应力。

解：过点 M，将基础底面划分为 4 个小矩形，按各小矩形的尺寸和 M 点的深度，由表 2-2 查取附加应力系数 α_c。

矩形Ⅰ　$\frac{l}{b}=\frac{2}{1}=2,\ \frac{z}{b}=\frac{2}{1}=2,\ \alpha_c=0.120$

矩形Ⅱ　$\frac{l}{b}=\frac{1}{1}=1,\ \frac{z}{b}=\frac{2}{1}=2,\ \alpha_c=0.084$

矩形Ⅲ　$\frac{l}{b}=\frac{4}{2}=2,\ \frac{z}{b}=\frac{2}{2}=1,\ \alpha_c=0.200$

矩形Ⅳ　$\frac{l}{b}=\frac{4}{1}=4,\ \frac{z}{b}=\frac{2}{1}=2,\ \alpha_c=0.135$

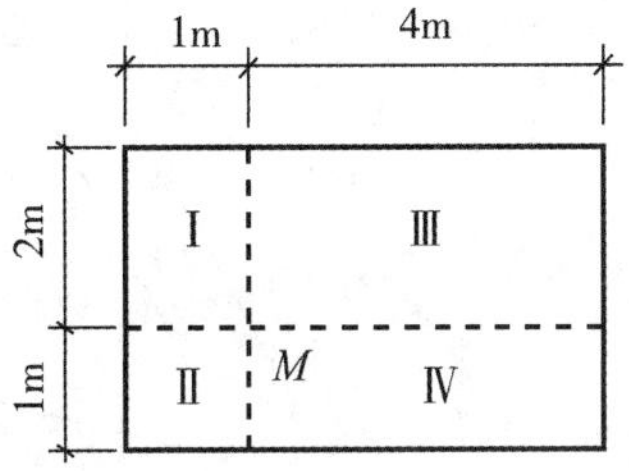

$$\begin{aligned}\sigma_z&=p_0(\alpha_{c1}+\alpha_{c2}+\alpha_{c3}+\alpha_{c4})\\&=180\times(0.120+0.084+0.200+0.135)\\&=97.02(\text{kPa})\end{aligned}$$

1m　4m　2m　1m　Ⅰ　Ⅲ　Ⅱ　M　Ⅳ

图 2-11　例题 2-4 附图

三、矩形面积上三角形分布荷载作用下的附加应力计算

当基础受偏心荷载作用时，对地基土而言，属于作用在矩形面积上成梯形或三角形分布的荷载(参见图 2-7)，其中梯形分布可看作均布与三角形分布的叠加。当基底压力为三角形分布时，地基中的附加应力计算原理和方法与矩形面积均布荷载时是类似的。

1. 角点下的附加应力

当计算点位于角点 1($p_0=0$，图 2-12)之下任意深度 z 处时，附加应力 σ_z 按下式计算：

$$\sigma_z=\alpha_{t1}p_t \tag{2-20}$$

$$\alpha_{t1}=\frac{mn}{2\pi}\left[\frac{1}{\sqrt{m^2+n^2}}-\frac{n^2}{(1+n^2)\sqrt{1+m^2+n^2}}\right] \tag{2-21}$$

$$m=\frac{l}{b},\qquad n=\frac{z}{b}$$

式中，b 恒为三角形荷载分布方向，即三角形底边方向，见图 2-12(a)。

当计算点位于角点 2 时，由图 2-12(b)可看出，角点 1 和角点 2 下的附加应力之和应等于(p_0+p_t)相应点的均布附加应力，因此，σ_z 按下式计算：

$$\sigma_z=\alpha_{t2}p_0 \tag{2-22}$$

$$\alpha_{t2}=\alpha_c-\alpha_{t1} \tag{2-23}$$

式中，α_{t1} ——附加应力系数，可按式(2-21)计算，亦可查表《建筑地基基础设计规范》(GB50007—2011)附录 K 表 K. 0. 2；

α_{t2} ——附加应力系数，可按式(2-23)计算，亦可查表《建筑地基基础设计规范》(GB50007—2011)附录 K 表 K. 0. 2；

α_c ——均布荷载时的附加应力系数，可查表 2-2。

2. 任意点下的附加应力

当计算点 M 不在角点下时，仍可以用角点法叠加求解。下面列举几种情况说明求解方法。

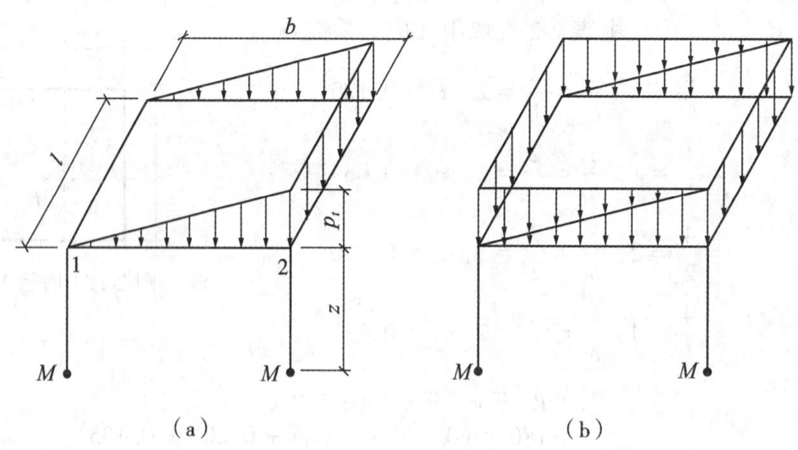

图 2-12　矩形面积三角形荷载时的角点法

(1)如图 2-13(a)所示，矩形基础底面为 $abcd$，计算点 M_1 位于矩形面积的一条边 bc 上任意点 o_1 之下，这时，可将荷载分解为两个均布荷载部分和两个三角形分布荷载部分，即：①矩形面积 abo_1e，均布荷载 p_1；②矩形面积 $cdeo_1$，均布荷载 p_1；③矩形面积 $a'b'o_1'e'$，三角形分布荷载，最大值 p_1；④矩形面积 $c'd'e'o_1'$，三角形分布荷载，最大值 p_2。M_1 点的附加应力为以上四部分叠加，即

$$\sigma_z = ①+②-③+④$$

(2)如图 2-13(a)所示，矩形基础底面为 $abcd$，计算点 M_2 位于矩形面积内任意点 o_2 之下，这时，可将荷载分解为四个均布荷载部分和四个三角形分布荷载部分，即：①矩形面积 afo_2e，均布荷载 p_1；②矩形面积 fbo_1o_2，均布荷载 p_1；③矩形面积 eo_2gd，均布荷载 p_1；④矩形面积 o_2o_1cg，均布荷载 p_1；⑤矩形面积 $a'f'o_2'e'$，三角形分布荷载，最大值 p_1；⑥矩形面积 $f'b'o_1'o_2'$，三角形分布荷载，最大值 p_1；⑦矩形面积 $e'o_2'g'd'$，三角形分布荷载，最大值 p_2；⑧矩形面积 $o_2'o_1'c'g'$，三角形分布荷载，最大值 p_2。M_2 点的附加应力为以上八部分的叠加，即

$$\sigma_Z = ①+②+③+④-⑤-⑥+⑦+⑧$$

(3)如图 2-13(b)所示，矩形基础底面 $abcd$，计算点 M_1 位于矩形面积的一条边 cd 上任意点 o_1 之下。这时，可将荷载分解为两个三角形分布荷载部分，即：①矩形面积 aeo_1d，三角形分布荷载，最大值 p_t；②矩形面积 $ebco_1$，三角形分布荷载，最大值 p_t。M_1 点的附加应力为以上两部分的叠加，即

$$\sigma_z = ①+②$$

(4)如图 2-13(b)所示，矩形基础底面 $abcd$，计算点 M_2 位于 cd 边外的任意点 o_2 之下，这时，可将荷载分解为两个大三角形分布荷载部分、两个小三角形分布荷载部分和两个均布荷载部分，即：①矩形面积 aeo_2g，三角形分布荷载，最大值(p_t+p_1)；②矩形面积 $ebfo_2$，三角形分布荷载，最大值(p_t+p_1)；③矩形面积 $d'o_1'o_2'g'$，三角形分布荷载，最大值 p_1；④矩形面积 $o_1'c'f'o_2'$，三角形分布荷载，最大值 p_1；⑤矩形面积 do_1o_2g，均布荷载 p_t；⑥矩形面积 o_1cfo_2，均布荷载 p_t。M_2 点的附加应力为以上六个部分的叠加，即

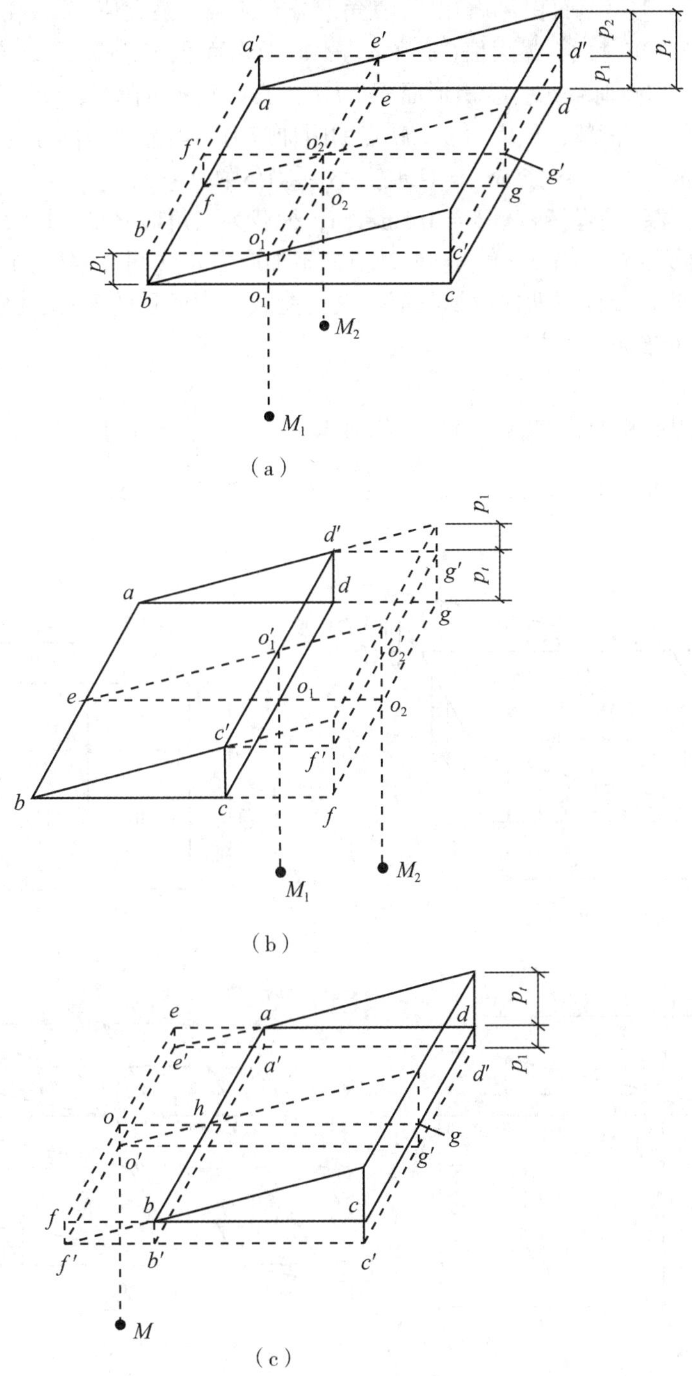

图 2-13　计算点不在角点下时的矩形面积三角形荷载的角点法

$$\sigma_z = ①+②-③-④-⑤-⑥$$

(5)如图 2-13(c)所示，矩形基础底面 $abcd$，计算点 M 位于 ab 边外的任意点 o 之下，这时，可将荷载分解为两个大三角形分布荷载部分、两个均布荷载部分和两个小三角形分布荷载部分，即：①矩形面积 $e'o'g'd'$ ，三角形分布荷载，最大值(p_1+p_t)；②矩形面积 $o'f'c'g'$ ，三角形分布荷载，最大值(p_1+p_t)；③矩形面积 $e'o'g'd'$ ，均布荷载 p_1；④矩形面积 $o'f'c'g'$ ，均布荷载 p_1；⑤矩形面积 $eoha$ ，三角形分布荷载，最大值 p_1；⑥矩形面积 $ofbh$ ，三角形分布荷载，最大值 p_1。M 点的附加应力为以上六个部分的叠加，即

$$\sigma_Z = ①+②-③-④+⑤+⑥$$

［**例题 2-5**］　某矩形基础 $l\times b=4.5\text{m}\times3\text{m}$，荷载为三角形分布，最大值 $p_t=100\text{ kPa}$，试计算在矩形面积 o 点下深度 $z=3\text{m}$ 处 M 点的附加应力 σ_z (图 2-14(a))。

解：求解过程需要经过两次叠加。第一次是荷载作用面积的叠加，按均布荷载计算；第二次是荷载分布图形的叠加。

(1)荷载作用面积的叠加。将矩形荷载面积过 o 点分成 4 个小矩形(图 2-14(b))假设其上作用均布荷载 p_1(图 2-14(c))，$p_1=\dfrac{100}{4.5}\times1.5=33.3(\text{kPa})$。

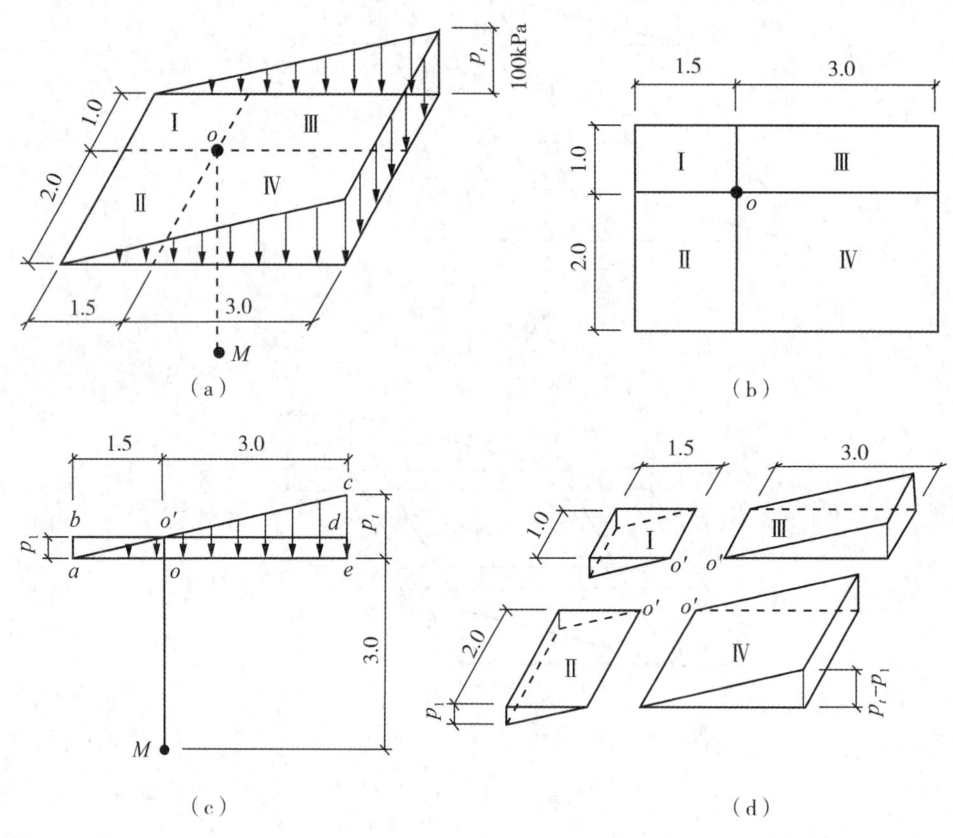

图 2-14　例题 2-5 附图

由表 2-2 查取 4 个小矩形的附加应力系数 α_c ，结果见表 2-3。

当荷载为均布 $p_1=33.3\text{kPa}$ 时，M 点的附加应力 σ_{z1} 应为

$$\sigma_{z1}=33.3\times(0.061+0.1+0.087+0.145)=13.1\ (\text{kPa})$$

表 2-3　　**按均布荷载 p_1 计算时的附加应力系数**

矩形编号	Ⅰ	Ⅱ	Ⅲ	Ⅳ
$\frac{l}{b}$	$\frac{1.5}{1.0}=1.5$	$\frac{2.0}{1.5}=1.33$	$\frac{3.0}{1.0}=3.0$	$\frac{3.0}{2.0}=1.5$
$\frac{z}{b}$	$\frac{3.0}{1.0}=3.0$	$\frac{3.0}{1.5}=2.0$	$\frac{3.0}{1.0}=3.0$	$\frac{3.0}{2.0}=1.5$
α_c	0.061	0.100	0.087	0.145

(2)荷载分布图形的叠加。在图 2-14(c)中，按均布荷载 p_1 计算时，少算了三角形 $o'cd$ 部分，而又多算了三角形 abo' 部分。为此，应在 σ_{z1} 中加入前者，扣除后者。

将 $o'cd$ 和 abo' 两个三角形分布荷载部分在平面上再各分为两个矩形面积(图 2-14(d))。由《建筑地基基础设计规范》(GB50007—2011)附录 K 表 K.0.2 查取 4 个小矩形面积上荷载为三角形分布，压力为零角点下的附加应力系数 α_t，结果列于表 2-4 中。

表 2-4　　**三角形荷载分布部分的附加应力系数**

矩形编号	Ⅰ	Ⅱ	Ⅲ	Ⅳ
$\frac{l}{b}$	$\frac{1.0}{1.5}=0.67$	$\frac{2.0}{1.5}=1.33$	$\frac{1.0}{3.0}=0.33$	$\frac{2.0}{3.0}=0.67$
$\frac{z}{b}$	$\frac{3.0}{1.5}=2.0$	$\frac{3.0}{1.5}=2.0$	$\frac{3.0}{3.0}=1.0$	$\frac{3.0}{3.0}=1.0$
α_t	0.0279	0.046	0.03	0.0541

在 4 个荷载为三角形分布的小矩形面积中，Ⅰ、Ⅱ两个为应扣除部分，压力最大值为 $p_1=33.3\text{kPa}$；Ⅲ、Ⅳ两个为应加入部分，压力最大值为 $p_t-p_1=100-33.3=66.7(\text{kPa})$，计算如下：

$$\sigma_{z2}^{-}=33.3\times(0.0279+0.046)=-2.5\ (\text{kPa})$$

$$\sigma_{z2}^{+}=66.7\times(0.03+0.0541)=5.6(\text{kPa})$$

$$\sigma_{z2}=5.6-2.5=3.1(\text{kPa})$$

(3)将以上 σ_{z1} 和 σ_{z2} 叠加，即为 M 点的附加应力 σ_z，即

$$\sigma_z=13.1+3.1=16.2\ (\text{kPa})$$

四、条形荷载作用下的附加应力计算

条形荷载是指荷载作用面积为宽度有限，而长度无限的分布荷载。若荷载在长度方向的大小不变，则在长度方向上任一横截面处的应力分布应是相同的，所以条形荷载属于平面应变问题。当然，在工程实践中，无限长分布的荷载是不存在的，但研究表明，当矩形面积的长宽比 $l/b\geqslant 10$ 时，与条形荷载所产生的附加应力误差甚小，所以当 $l/b\geqslant 10$ 时，即可看作条形分布荷载。一般地说，房屋的墙下基础、挡土墙的基础均属于荷载分布为条

形的基础。

1. 均布条形荷载作用下的附加应力计算

如图 2-15 所示，在宽度为 b 的条形面积上作用有均布荷载 p_0，以宽度 b 的一边为原点建立坐标系(x, z)，地基中的附加应力可按下式计算：

$$\sigma_z = \alpha_s p_0 \tag{2-24}$$

$$\alpha_s = \frac{1}{\pi}\left[\arctan\frac{m}{n} - \arctan\frac{m-1}{n} + \frac{mn}{m^2+n^2} - \frac{n(m-1)}{n^2+(m-1)^2}\right] \tag{2-25}$$

$$m = \frac{x}{b}, \quad n = \frac{z}{b}$$

式中，α_s ——均布条形荷载作用下的附加应力系数，按式(2-25)计算，或由表 2-5 中查取。

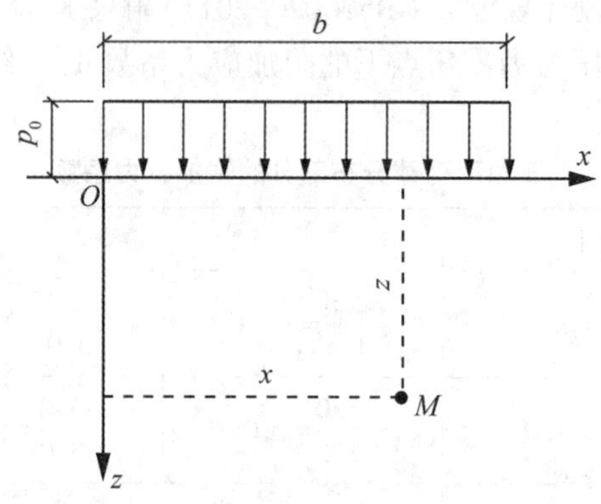

图 2-15　均布条形荷载作用下的附加应力计算

表 2-5　**均布条形荷载作用下的附加应力系数 α_s**

$m=\frac{x}{b}$	$n=\frac{z}{b}$											
	0.0	0.2	0.4	0.6	0.8	1.0	1.2	1.4	2.0	3.0	4.0	6.0
0.00	0.500	0.498	0.489	0.468	0.440	0.409	0.375	0.345	0.275	0.198	0.153	0.104
0.25	1.000	0.937	0.797	0.679	0.586	0.510	0.450	0.400	0.298	0.206	0.156	0.105
0.50	1.000	0.977	0.881	0.755	0.612	0.550	0.477	0.420	0.306	0.208	0.158	0.106
0.75	1.000	0.937	0.797	0.679	0.586	0.510	0.450	0.400	0.298	0.206	0.156	0.105
1.00	0.500	0.498	0.489	0.468	0.440	0.409	0.375	0.345	0.275	0.198	0.153	0.104
1.25	0.000	0.059	0.173	0.243	0.276	0.288	0.287	0.279	0.242	0.186	0.147	0.102
1.50	0.000	0.011	0.056	0.111	0.155	0.185	0.202	0.210	0.205	0.171	0.140	0.100
2.00	0.000	0.001	0.010	0.026	0.048	0.071	0.091	0.107	0.134	0.136	0.122	0.094

2. 条形面积上三角形分布荷载作用下的附加应力计算

如图 2-16 所示，对偏心受压条形基础，基底压力呈三角形(梯形分布时看作均布与三角形分布的叠加)分布。以基底压力为“0”的一侧边为原点建立坐标系，地基中的附加应力按下式计算：

$$\sigma_z = \alpha_u p_0 \tag{2-26}$$

$$\alpha_u = \frac{1}{\pi}\left[m\left(\arctan\frac{m}{n} - \arctan\frac{m-1}{n}\right) - \frac{n(m-1)}{(m-1)^2 + n^2}\right] \tag{2-27}$$

$$m = \frac{x}{b}, \quad n = \frac{z}{b}$$

式中，α_u——条形面积三角形分布荷载作用下的附加应力系数，按式(2-27)计算，或由表2-6中查取。

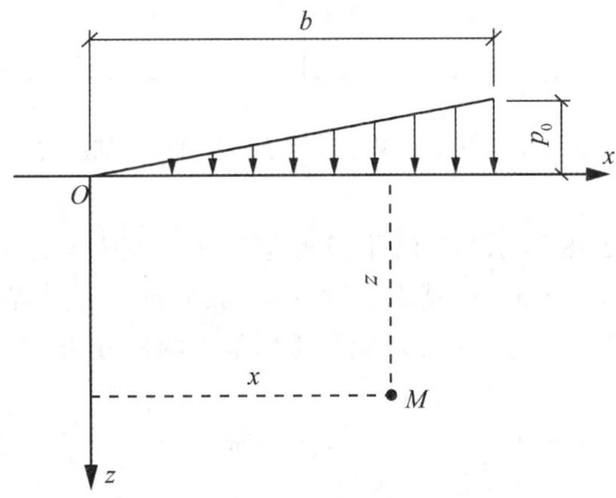

图2-16　条形基础三角形分布荷载作用下的附加应力计算

表2-6　　**条形基础三角形分布荷载作用下的附加应力系数 α_u**

$n=\frac{z}{b}$	$m=\frac{x}{b}$								
	-0.50	-0.25	0.00	0.25	0.50	0.75	1.00	1.25	1.50
0.0	0.000	0.000	0.003	0.249	0.500	0.750	0.497	0.000	0.000
0.1	0.000	0.002	0.032	0.251	0.498	0.737	0.468	0.010	0.002
0.2	0.003	0.009	0.061	0.255	0.489	0.682	0.437	0.050	0.009
0.4	0.010	0.036	0.110	0.263	0.441	0.534	0.379	0.137	0.043
0.6	0.030	0.066	0.140	0.258	0.378	0.421	0.328	0.177	0.080
0.8	0.050	0.089	0.155	0.243	0.321	0.343	0.285	0.188	0.106
1.0	0.065	0.104	0.159	0.224	0.275	0.286	0.250	0.184	0.121
1.2	0.070	0.111	0.154	0.204	0.239	0.246	0.221	0.176	0.126
1.4	0.080	0.144	0.151	0.186	0.210	0.215	0.198	0.165	0.127
2.0	0.090	0.108	0.127	0.143	0.153	0.155	0.147	0.134	0.115

3. 按矩形基础的方法计算条形基础

如前所述，无限长的条形基础是不存在的，实际上，条形基础是指 $l/b \geqslant 10$ 的矩形基础，因此，对于条形基础，也可按矩形基础的方法计算。如图 2-17 所示，过计算点在平面上的位置将条形面积划分为 4 个 $l/b \geqslant 10$ 的小矩形，则 M 点的附加应力为

$$\sigma_z = (\alpha_{c1} + \alpha_{c2} + \alpha_{c3} + \alpha_{c4})p_0 \tag{2-28}$$

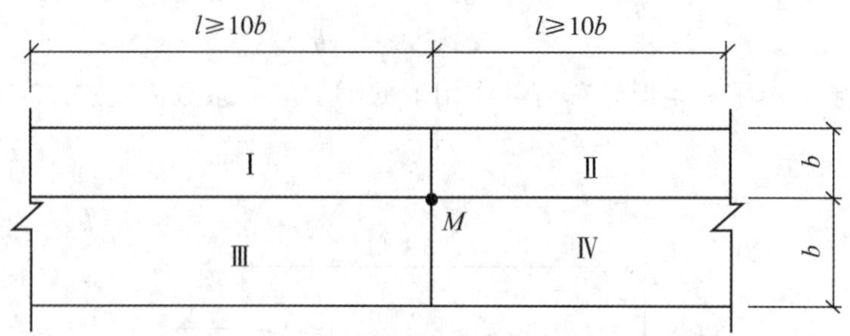

图 2-17　按矩形基础计算条形基础的附加应力

[**例题 2-6**]　如图 2-18 所示，某墙下条形基础底面宽 $b = 2.0\text{m}$，上部结构荷载 $F = 300\text{kN/m}$，基础埋深 $d = 1.8\text{m}$，地基土重度 $\gamma = 18\text{kN/m}^3$，试求基底中心点下 $z = 1.0\text{m}$、2.0m、3.0m 处的附加应力，试按条形基础和矩形基础两种方法计算。

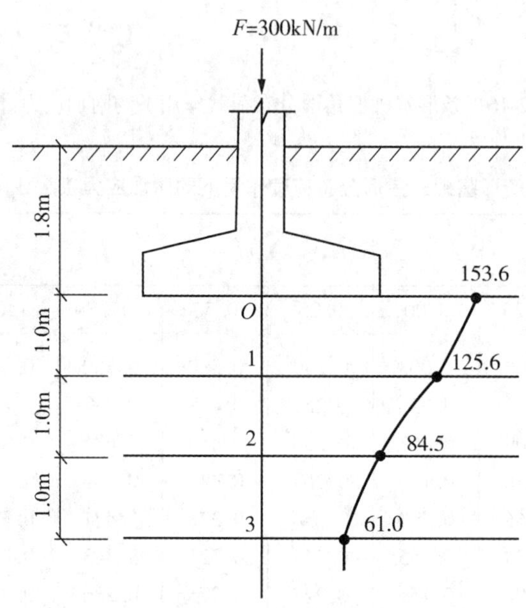

图 2-18　例题 2-6 附图

解：基底压力：$p = \dfrac{F + G}{b} = \dfrac{F + \gamma_G bd}{b} = \dfrac{300 + 20 \times 2 \times 1.8}{2} = 186(\text{kPa})$

基底附加压力：$p_0 = p - \gamma d = 186 - 18 \times 1.8 = 153.6(\text{kPa})$

(1)按条形基础计算附加应力。附加应力系数 α_s 查表 2-5，按 $\sigma_z = \alpha_s p_0$ 计算，结果见表 2-7。

表 2-7　**附加应力计算表一**

计算点	z (m)	z/b	x/b	α_s	$\sigma_z = \alpha_s p_0$(kPa)
1	1.0	0.5	0.5	0.818	125.6
2	2.0	1.0	0.5	0.550	84.5
3	3.0	1.5	0.5	0.397	61.0

(2)按矩形基础计算附加应力。附加应力系数 α_c 查表 2-2，按 $\sigma_z = 4\alpha_c p_0$ 计算，结果见表 2-8。

表 2-8　**附加应力计算表二**

计算点	z (m)	z/b	l/b	α_c	$\sigma_z = 4\alpha_c p_0$(kPa)
1	1.0	1.0	≥10	0.205	126.0
2	2.0	2.0	≥10	0.137	84.2
3	3.0	3.0	≥10	0.099	60.8

五、条形基础端部的附加应力

实际的条形基础总是有限长的，当计算点接近基础的端部时，在计算点沿长度方向的两侧，将出现一侧的长宽比 $l/b \geq 10$，而另一侧 $l/b < 10$ 的情况，这时，对 $l/b < 10$ 的端部，应取实际尺寸计算。

如图 2-19 所示，在计算点 M 的右侧端头部分，所划分出的 III、IV 两个小矩形应取实际的长宽比计算。

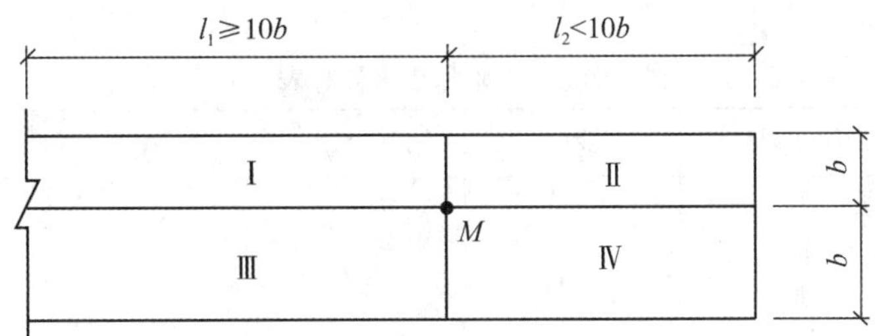

图 2-19　条形基础端部的附加应力

[例题 2-7]　如图 2-20(a)所示，某条形基础长 30m，宽 2.0m，基底附加压力 p_0 = 100kN/m，试计算在基底中心线下 z = 2.0m 深度，沿基础长度方向每隔 1.0m 作为计算点的附加应力，并绘制沿基础长度方向的附加应力变化曲线。

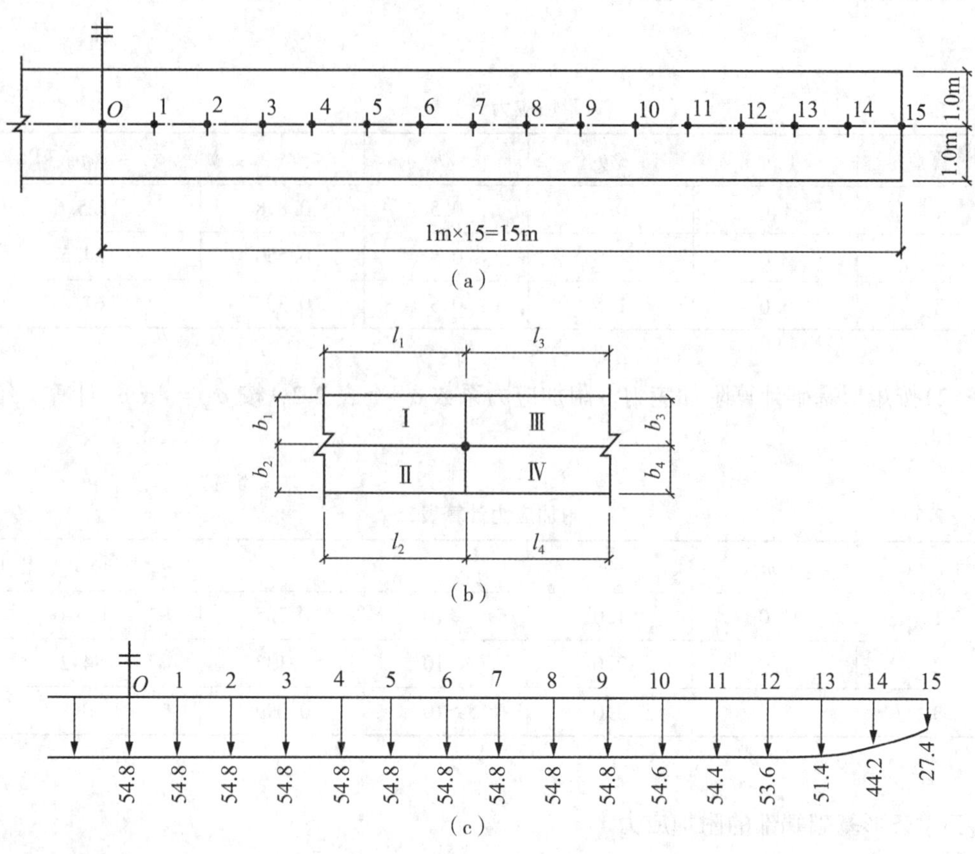

图 2-20　例题 2-7 附图

解：如图 2-20(b)所示，过每一计算点将基底面积划分为 4 个小矩形，分别查表 2-2 取附加应力系数 α_c，按下式计算附加应力 σ_z：

$$\sigma_z = (\alpha_{c1} + \alpha_{c2} + \alpha_{c3} + \alpha_{c4})p_0$$

计算结果见表 2-9。附加应力曲线见图 2-20(c)。

表 2-9　　**例题 2-7 附加应力计算表**

计算点	矩形编号	l/b	z/b	α_c	σ_z(kPa)
0~4	Ⅰ Ⅱ Ⅲ Ⅳ	>10	2.0	0.137	54.8
5	Ⅰ Ⅱ Ⅲ Ⅳ	>10 >10 10 10	2.0	0.137	54.8

续表

计算点	矩形编号	l/b	z/b	α_c	σ_z(kPa)
6	Ⅰ Ⅱ Ⅲ Ⅳ	>10 >10 9 9	2.0	0.137	54.8
7	Ⅰ Ⅱ Ⅲ Ⅳ	>10 >10 8 8	2.0	0.137	54.8
8	Ⅰ Ⅱ Ⅲ Ⅳ	>10 >10 7 7	2.0	0.137	54.8
9	Ⅰ Ⅱ Ⅲ Ⅳ	>10 >10 6 6	2.0	0.137	54.8
10	Ⅰ Ⅱ Ⅲ Ⅳ	>10 >10 5 5	2.0	0.137 0.137 0.136 0.136	54.6
11	Ⅰ Ⅱ Ⅲ Ⅳ	>10 >10 4 4	2.0	0.137 0.137 0.135 0.135	54.4
12	Ⅰ Ⅱ Ⅲ Ⅳ	>10 >10 3 3	2.0	0.137 0.137 0.131 0.131	53.6
13	Ⅰ Ⅱ Ⅲ Ⅳ	>10 >10 2 2	2.0	0.137 0.137 0.120 0.120	51.4
14	Ⅰ Ⅱ Ⅲ Ⅳ	>10 >10 1 1	2.0	0.137 0.137 0.084 0.084	44.2
15	Ⅰ Ⅱ Ⅲ Ⅳ	>10 >10 — —	2.0	0.137 0.137 — —	27.4

第四节　地基中的附加应力分布

一、地基中的附加应力分布

如图 2-21 所示，以基础底面几何中心 O 点为原点，以基底短边 b 方向为 x 轴，基底下深度方向为 z 轴，并以基础短边 b 为长度单位，则长边 $l = Nb$，应用上节讲述的计算方法，可求出地基中 $x-z$ 剖面内任意点的附加应力系数 α_x。然后将地基中附加应力系数的分布绘制成曲线图，其中，正方形基础地基中的附加应力系数曲线图见图 2-22，条形基础地基中的附加应力系数曲线图见图 2-23。

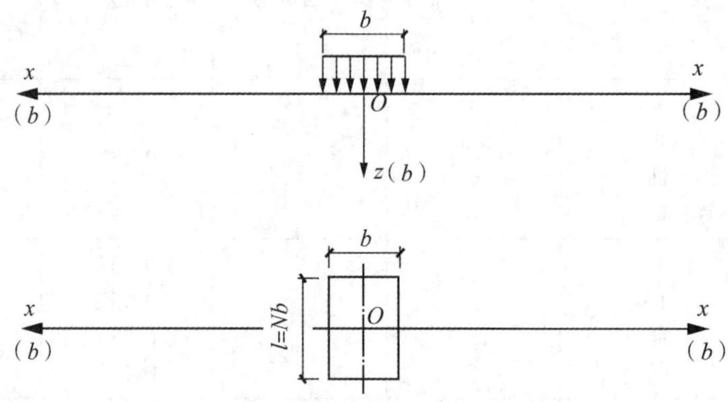

图 2-21　基底中心线下 $x-z$ 剖面内的附加应力

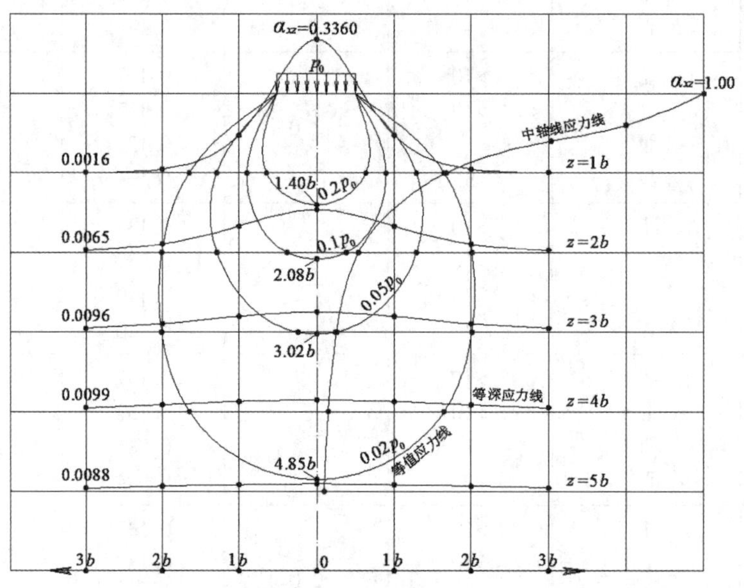

图 2-22　正方形基础地基中的附加应力系数曲线图

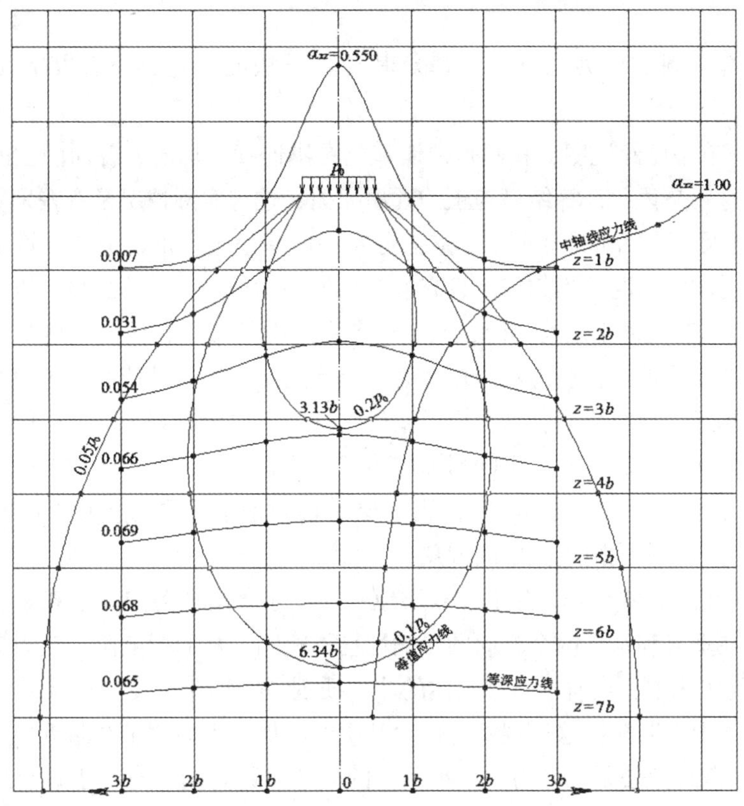

图 2-23　条形基础地基中的附加应力系数曲线图

分析以上附加应力系数曲线图可以看出，地基中的附加应力分布具有如下规律：

(1)附加应力在地基中的分布范围是很大的。在基础底面上($z=0$)，分布范围仅限于基底面积之内；随着深度 z 的增加，分布范围越来越大，且在等深水平面上越趋均匀分布。这种现象说明附加应力随深度增加而向四周扩散。

(2)在基底下任一等深水平面上，基底中心轴线上的附加应力最大，随着距中心轴线距离的增加而减小。

(3)在基底中心轴线上的附加应力，以基底平面($z=0$)处为最大值，等于基底附加压力 p_0，以下随深度增加而减小；减小的幅度以浅层为大，当到达一定深度后，近似线性减小。

(4)附加应力为一定值的等值应力曲线为泡状，故称应力泡。附加应力越小，应力泡的尺寸越大，这说明地基中的附加应力是向深层和四周成泡状扩散的。

(5)对比图 2-22 和图 2-23 还可以看出，正方形基础地基中附加应力的影响深度要比条形基础小得多。例如，在正方形基础下，$0.1p_0$ 等值应力线在中心轴线上的最深点为 $2.08b$ (见图 2-22)；而在条形基础下，该点深度为 $6.34b$ (见图 2-23)。在工程实践中，常把基础底面下附加应力为 $0.2p_0$ 深度范围的土层称为主要受力层，这个深度对正方形基础为 1.4b，对条形基础为 3.1b，对 $l/b=1.5$ 的矩形基础为 1.7b，对 $l/b=2$ 的矩形基础为 1.9b。

对以上地基中附加应力的分布规律及其计算方法的论述，尚有以下几个问题应当指出：

(1)在第三节中已经说明，我们是把地基土看作连续、均质、各向同性的半无限空间体来计算的，这就是说，计算结果与土的性质无关，这与实际情况是有差别的。

(2)前已述及，实际基础底面下的应力分布一般多呈马鞍形，但在计算中我们是按均布考虑的，这与实际情况并不相符。只有当基础的刚度很小时，才更接近以上计算结果。

(3)当受力层范围内土质均匀时，则接近各向同性的假定，但多数地基是由压缩性不同的土层组成的成层地基，当为双层地基时，上下土层的压缩性质相差越大，与各向同性的假定就相差越远。研究表明，当上层为坚硬土层，下层为软弱土层时，坚硬土层可起到应力扩散作用，使其下软弱土层中的附加应力更趋均匀分布，即中轴线上的附加应力比均质土时减小，使附加应力向四周扩散；当上层为软弱土层下层为坚硬土层时，情况则相反，将出现应力向中轴线附近集中的现象。

(4)天然沉积形成的地基，除上述双层地基外，还会出现薄交互层现象。这种现象可能使地基土体在垂直和水平两个方向的压缩性均不相同，从而影响附加应力分布。

(5)在工程实践中，还有另一种土体的非均质现象，即土的变形模量随深度而逐渐增大，特别在砂土中更明显，这种现象将使地基中的附加应力向中轴线附近集中。

(6)应力扩散现象使附加应力在水平面上的分布更趋均匀，有利于减小地基沉降及差异沉降。

二、相邻基础间的相互影响

由图 2-22 和图 2-23 及以上的分析可知，附加应力不仅在基础下向深处扩散，还会向基础以外的四周扩散，当两基础间相距较近时，相互之间就会产生影响而使附加应力增大，这将导致地基的沉降增加，如果这种影响发生在新旧两个建筑物之间，还可能使原有建筑物产生新的附加沉降而倾斜或开裂。

[**例题 2-8**]　如图 2-24 所示两相邻基础，上部结构荷载 $F=1170\text{kN}$，基础埋深范围内土的重度 $\gamma=18\text{kN/m}^3$，试求 B 基础中心轴线上由自身荷载引起的地基中的附加应力并绘出分布图；若考虑 A 基础对 B 基础的影响，其附加应力增量为多少？并绘出分布图。

解：(1)计算基底附加压力。

基础及上覆回填土重 G：$G=20\times2\times3\times2=240(\text{kN})$

基底压力：$p=\dfrac{F+G}{A}=\dfrac{1170+240}{2\times3}=235(\text{kPa})$

基底附加压力：$p_0=p-\gamma d=235-18\times2=199(\text{kPa})$

(2) B 基础基底下中心线上由自身荷载引起的附加应力 σ_z 计算结果见表 2-10。

(3) A 基础对 B 基础的影响计算结果见表 2-11。

表 2-10　　**例题 2-8 中 σ_z 计算表**

点位号	x (b)	z (m)	z (b)	α_c	$\sigma_z=\alpha_c p_0$ (kPa)
0	0	0	0	1.0000	199
1	0	1	0.5	0.7738	154
2	0	2	1.0	0.4283	85.2
3	0	3	1.5	0.2467	49.1
4	0	4	2.0	0.1532	30.5
5	0	5	2.5	0.1038	20.7
6	0	6	3.0	0.0740	14.7
7	0	7	3.5	0.0554	11.0
8	0	8	4.0	0.0429	8.5
9	0	9	4.5	0.0342	6.8
10	0	10	5.0	0.0279	5.6

表 2-11　　**例题 2-8 中 $\Delta\sigma_z$ 计算表**

点位号	x (b)	z (m)	z (b)	α_c	$\sigma_z=\alpha_c p_0$ (kPa)
0	2b	0	0	0	0
1	2b	1	0.5	0.0087	1.7
2	2b	2	1.0	0.0335	6.7
3	2b	3	1.5	0.0516	10.3
4	2b	4	2.0	0.0573	11.4
5	2b	5	2.5	0.0550	10.9
6	2b	6	3.0	0.0496	9.9
7	2b	7	3.5	0.0435	8.7
8	2b	8	4.0	0.0378	7.5
9	2b	9	4.5	0.0327	6.5
10	2b	10	5.0	0.0284	5.7

(4)附加应力分布图见图 2-24。

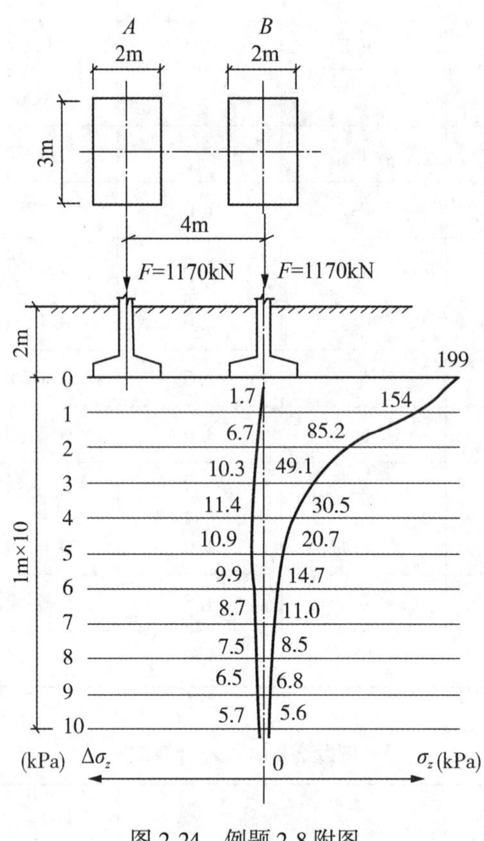

图 2-24　例题 2-8 附图

第五节　有效应力原理

一、不饱和土的有效应力

如图 2-25 所示，在地基中取一柱状体，由式(2-1)知，任意深度 z 处的自重应力为

$$\sigma_{cz}=\frac{G}{A},\ G=\gamma\cdot zA$$

在式(2-1)中，我们用计算深度 z 以上的土柱重量 G 除以横截面积 A，得出自重应力，这就是说，我们认为重量 G 是均匀分布在整个横截面积 A 上的。而从图 2-25 中可以看出，事实上重量 G 仅分布于面积很小的几个粒间接触点上，例如在 $x-x$ 波状面上，波状面以上的土柱重量只是由几个颗粒之间的接触点来支撑的，由于这些接触点的面积很小，因此粒间应力要远大于按式(2-1)计算得出的自重应力。对于新沉积的土体，粒间应力使土颗粒逐渐挤密，直至达到稳定状态，这个过程就是土的固结。如此说来，从微观上讲，粒间应力才是土体固结的有效应力。而当从宏观上把土体看成连续均质的物体时，按式(2-1)

计算的自重应力就是天然土体产生固结的有效应力。当地基土作用有外加荷载时，所产生的附加应力若从微观上看，也是分布于粒间接触面积上的，使粒间应力增大，使土颗粒挤紧压密，所以，附加应力也是有效应力。

综上所述，对于不饱和的土体，当把土体看作连续均质的物体时，自重应力和附加应力就等于有效应力，有效应力也就是能够使土体压密固结的应力。

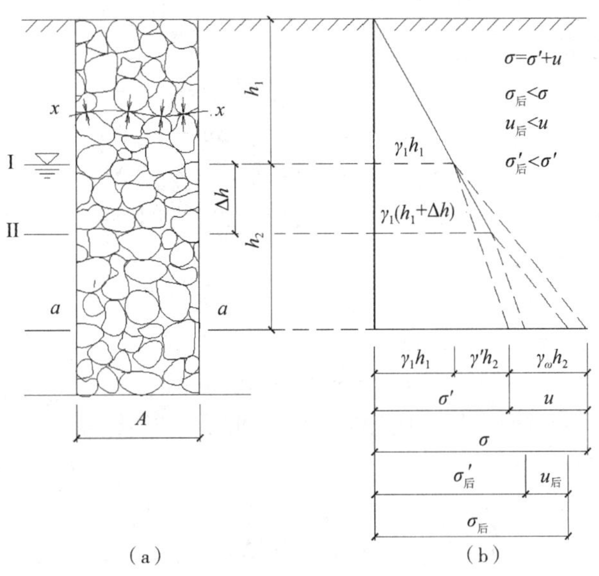

图 2-25　有效应力原理

二、静水条件下饱和土的有效应力

在图 2-25 中，在地下水位以下取一平面 $a-a$，$a-a$ 平面以上土柱体（包括孔隙水）的总重量 $G_{总}$ 为

$$G_{总}=\gamma_1 h_1 A+\gamma_{sat} h_2 A$$

如果把总重量 $G_{总}$ 看作是均布于整个 $a-a$ 平面面积 A 上，则总应力 σ 应为

$$\sigma=\frac{G_{总}}{A}=\gamma_1 h_1+\gamma_{sat} h_2 \tag{2-29}$$

由于总重量 $G_{总}$ 中包括水的重量和土颗粒的重量两部分，则总应力也可分为两部分：一部分是地下水在 $a—a$ 平面上产生的应力，也就是 $a—a$ 平面的静水压力，或称静水条件下的孔隙水压力，用 u 表示，即：

$$u=\gamma_{\omega} h_2 \tag{2-30}$$

另一部分是扣除浮力之后的土颗粒重量产生的应力，由上述知，这个应力分布于粒间接触点上，是使土颗粒固结的有效应力，计算中仍按均布于全面积 A 考虑，则有效应力 σ' 为

$$\sigma'=\gamma_1 h_1+(\gamma_{sat}-\gamma_{\omega})h_2=\gamma_1 h_1+\gamma' h_2 \tag{2-31}$$

将式(2-30)和式(2-31)代入式(2-29)，得

$$\sigma = \sigma' + u \tag{2-32}$$

由式(2-31)和式(2-32)可知，在静水条件下，饱和土的总应力等于有效应力与静水压力之和。有效应力即扣除浮力之后饱和土的自重应力。

当地下水位变化时，总应力、静水压力、有效应力都将受到影响。如图 2-25 所示，若地下水位降低了 Δh，由原位置 I 降至 II，则相应的变化分别如下：

总应力：

水位下降后的总应力 $\sigma_{后}$ 为

$$\begin{aligned}\sigma_{后} &= \sigma + \gamma_1 \Delta h - \gamma_{sat}\Delta h \\ &= \gamma_1 h_1 + \gamma_{sat} h_2 + \gamma_1 \Delta h - \gamma_{sat}\Delta h \\ &= \gamma_1 h_1 + \gamma_{sat} h_2 + (\gamma_1 - \gamma_{sat})\Delta h\end{aligned}$$

上式中最后一项 $(\gamma_1 - \gamma_{sat})\Delta h$ 为水位下降对总应力的影响，由于 $\gamma_1 < \gamma_{sat}$，则这一项为负数，即总应力将减小。

静水压力：

水位下降后的静水压力 $u_{后}$ 为

$$u_{后} = \gamma_\omega h_2 - \gamma_\omega \Delta h$$

式中，$\gamma_\omega \Delta h$ 为水位下降对静水压力的影响，即静水压力将减小。

有效应力：

水位下降后的有效应力 $\sigma'_{后}$ 为

$$\begin{aligned}\sigma'_{后} &= \sigma' + \gamma_1 \Delta h - \gamma' \Delta h \\ &= \gamma_1 h_1 + \gamma' h_2 + \gamma_1 \Delta h - \gamma' \Delta h \\ &= \gamma_1 h_1 + \gamma' h_2 + (\gamma_1 - \gamma')\Delta h\end{aligned}$$

式中，$(\gamma_1 - \gamma')\Delta h$ 为水位下降对有效应力的影响，由于 $\gamma_1 > \gamma'$，则这一项为正数，即有效应力将增大。

以上水位下降引起的应力变化见图 2-25(b)。

由上述知，地下水位下降，将使有效应力增大；地下水位上升，将使有效应力减小。

三、超静水条件下饱和土的有效应力

对于饱和土，其孔隙中充满了水，当土体中应力增大时，如果孔隙中的水不能顺利排出，则土颗粒就不会被挤密，这就是说，土体中增大的应力并没有使土体产生固结，换句话说，增大的应力并没有转变成有效应力，只是使孔隙水压力升高了。这时，孔隙水压力高于静水压力，高出静水压力的这部分水压力叫做超静水压力。

在超静水条件下，总应力 σ 仍然等于有效应力 σ' 与孔隙水压力 u 之和，即

$$\sigma = \sigma' + u \tag{2-33}$$

这时，在总应力不变的条件下，若要使土颗粒挤密，必须将孔隙水排出，降低孔隙水压力 u，有效应力 σ' 才能升高，土体才能固结。

思　考　题

1. 自重应力沿着土体深度如何变化？地下水位升降对自重应力有什么影响？不透水

层对自重应力有什么影响？

2. 基底压力与基底附加压力有什么区别？

3. 附加压力在地基中的传播扩散有什么规律？

4. 矩形基础和条形基础下主要受力层深度有何不同？为什么？

5. 何谓有效应力？地下水位变化对有效应力有什么影响？

习　题

1. 某地质剖面自上而下为：第一层土，厚度 3m，γ = 18kN/m^3；第二层土，厚度 2. 2m，γ_{sat} = 20. 2kN/m^3；第三层土，厚度 1. 8m，γ_{sat} = 19. 8kN/m^3；第四层土，厚度 3. 5m，γ_{sat} = 20. 5kN/m^3。地下水位深 3m，试计算自重应力并绘制分布曲线。

2. 某地质剖面自上而下为：第一层土为细砂，厚度 2m，γ = 17. 5kN/m^3；第二层土为细砂，厚度 2m，γ_{sat} = 19kN/m^3；地下水位深 2m；第四层为粉质黏土，厚度 2m，γ_{sat} = 20. 5kN/m^3；第三层为不透水岩石层，厚度 2m，γ = 20kN/m^3。计算其自重应力并绘制分布图。

3. 某矩形基础如下图所示，求 12m 深度处 A 点的附加应力。

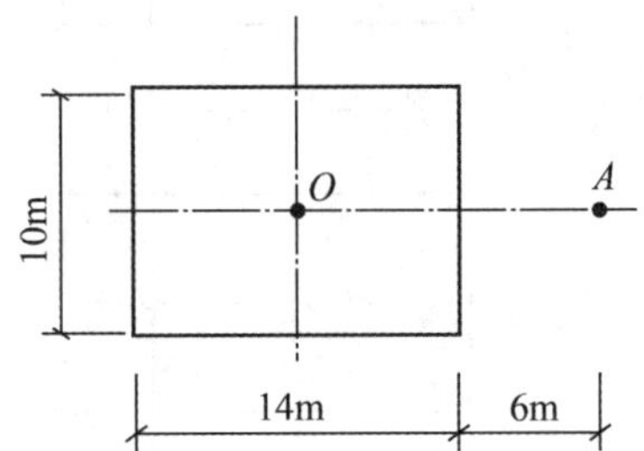

4. 如下图所示两相邻柱基础，上部结构传来荷载 F = 1300kN，基础埋深范围内土的重度 γ = 18kN/m^3，计算基础底面中心点下每隔 1m 深度处由自身荷载引起的附加应力并绘制其分布图，若考虑相邻基础的影响，附加应力增加多少？（计算至基础底面下 5m 深度处）

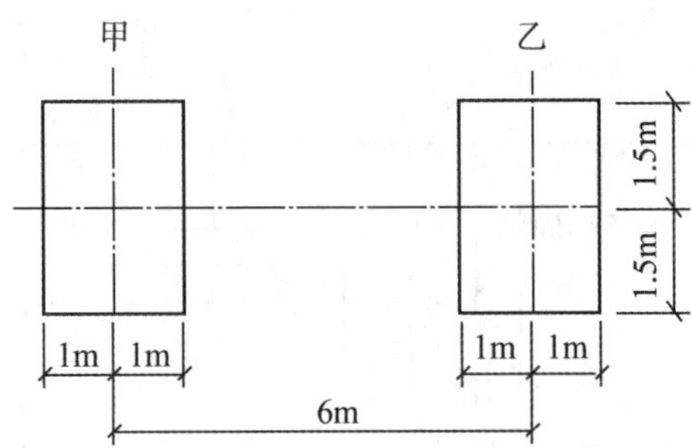

5. 如下图所示柱基础，上部结构传来偏心荷载 F = 1000kN，偏心距 e = 0. 5m，求点 B 下 5m 深度处的附加应力。

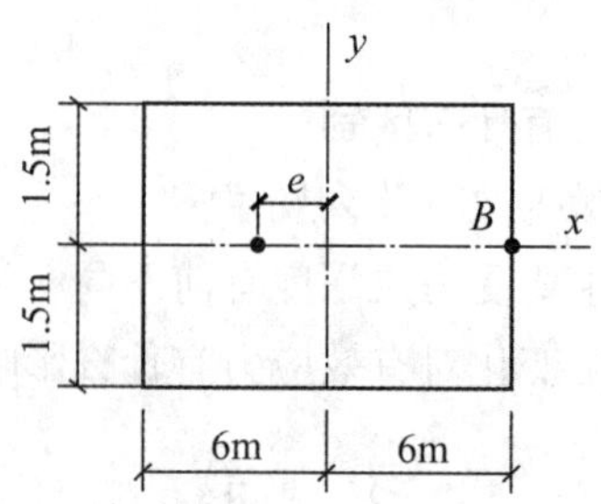

6. 某柱基础如下图所示，上部结构荷载 $F=950\text{kN}$，偏心力矩 $M=400\text{kN}\cdot\text{m}$，另有一水平荷载 $H=150\text{kN}$ 作用于地面高度处，求点 O、A 下竖直线上每隔 1m 深度的附加应力，并绘制其分布图。(计算深度为基础底面下 6m)

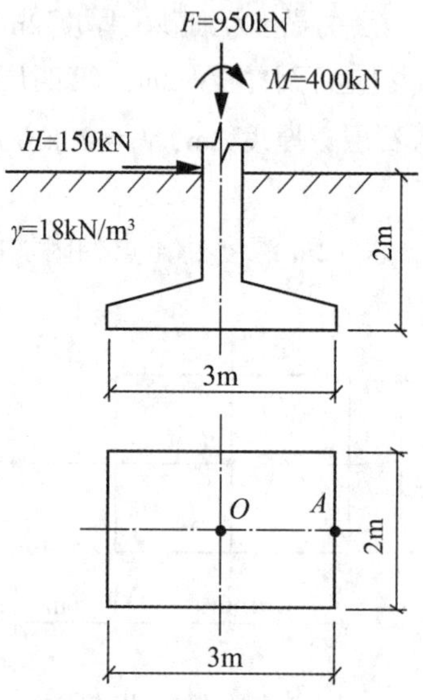

7. 某条形基础如下图所示，上部结构传来线荷 $F=500\text{kN/m}$，基底宽 $b=3\text{m}$，基础埋深 $d=2\text{m}$，计算基础底面下中心轴线上地基中的附加应力，并绘制分布图。(计算至基础底面下 8m)

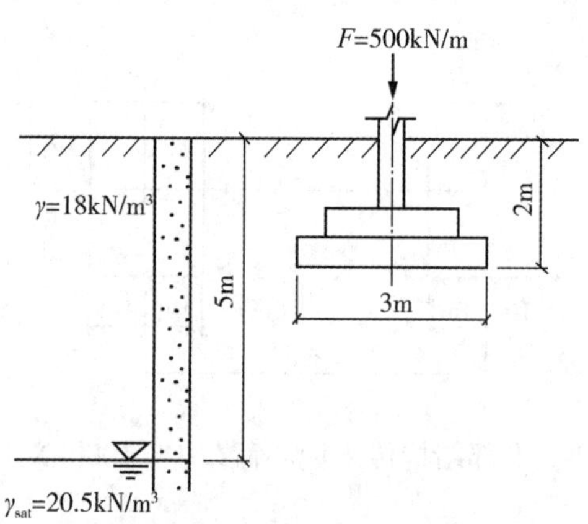

第三章　地基土的压缩与变形

建筑物荷载在地基土中所产生的附加应力，将使地基土体受到压缩而变形，这是建筑物基础产生沉降的主要原因。如果地基土软硬不均或建筑物荷载差异较大，还将使地基土的压缩变形不均匀，从而使建筑物的沉降不均匀，很多建筑物建成后产生墙体开裂、倾斜等不安全现象多与此有关。

为了保证建筑物的安全与正常使用，研究地基土的压缩与变形，是建筑物地基基础设计的重要内容。

第一节　土的压缩性

土体在压力作用下体积缩小，这种性质称为土的压缩性。但这种体积压缩与连续均质的弹性体是不同的，土体压缩的原因与土的三相组成有关，包括三个方面：(1)土颗粒的体积压缩；(2)土体孔隙中水或气体的体积压缩；(3)孔隙中的水或气体在压力作用下被挤出，使孔隙体积减小，土颗粒相互挤紧，从而使土体体积缩小。

一般建筑物基础对地基的压力只在几百个千帕以下，在这样较低的压力下，土颗粒和水本身的体积压缩是极小的，可以忽略不计；气体的压缩要大得多，但自然界中的土体是由散粒沉积而成的开放系统，存在于孔隙中的气体和水在压力作用下主要不是被压缩，而是被挤出，所以，上述前两种原因都可不予考虑，只有第三种原因才是土体体积压缩的主要原因。由此可知，对于饱和土，体积压缩的过程就是孔隙水被挤压排出的过程，这个过程的快慢取决于土的渗透排水速度。对于无黏性土，由于其渗透性强，压缩过程要快得多；对于黏性土，由于其透水性差，压缩过程就要慢得多。土体压缩至稳定的过程称为土的固结过程。

不同的土压缩特性差异很大，土的压缩特性可由室内压缩实验或现场载荷试验测定。

一、室内压缩试验

我们已经知道，土的体积压缩是土中孔隙体积减小的结果，室内压缩实验就是为了测定土的孔隙比和压力之间的关系。

室内压缩试验的设备称作侧限压缩仪，或称固结仪，图 3-1 是压缩仪的构造示意图。试验时，先用环刀切取原状土样，置于压缩仪的刚性护环内，并在上下各垫一块透水石，然后分级加载。加载过程中，由于土样受到刚性护环的限制，只可能产生竖向压缩，不可能产生侧向膨胀，所以又称侧限压缩试验，这当然与土在地基中的实际情况并不相符。

加载压力可按 $p=25$、50、100、200、400、800(单位：kPa)分级。第一级压力的大小应视土的软硬程度而定，宜用 25kPa 或 50kPa。最后一级压力应大于土的自重压力与附

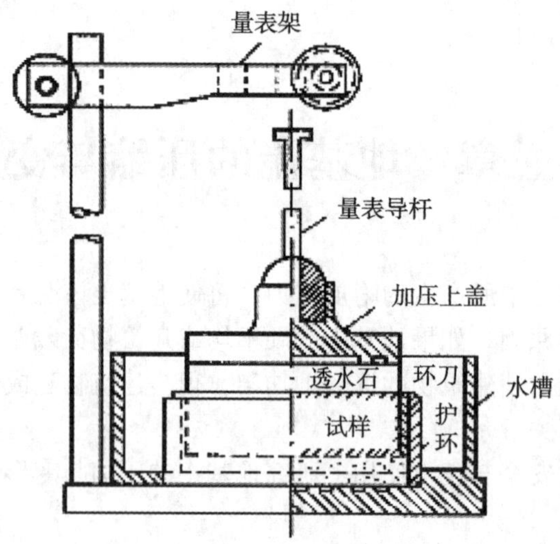

图 3-1　压缩仪示意图

加压力之和。每级加载后，压至变形稳定，测量土样的变形量，然后再加下一级荷载。详细操作方法可见《土工试验方法标准》(GB/T50123—1999)。

设土样的初始高度为 h_0(见图 3-2)，土样的横截面积为 A，则土样的初始体积 V 可表示为

$$V = h_0 A$$

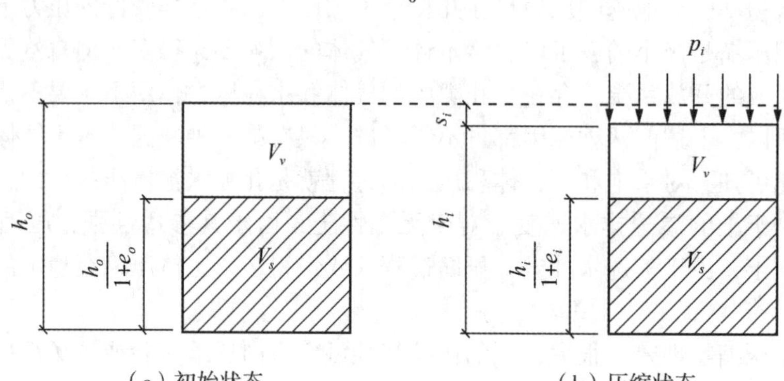

图 3-2　侧限压缩中孔隙体积的变化

根据孔隙比的定义，原状土样的初始孔隙比 e_0 应为

$$e_0 = \frac{V_v}{V_s} = \frac{V - V_s}{V_s} = \frac{V}{V_s} - 1 = \frac{h_0 A}{V_s} - 1$$

整理上式可得土颗粒的体积 V_s 为

$$V_s = \frac{h_0}{1 + e_0} A$$

当对土样施加某级压力 p_i 后，土样的竖向压缩量为 s_i，压缩稳定后的土样剩余高度

为 h_i，孔隙比为 e_i，则此时的土颗粒体积 V_{si} 应为

$$V_{si}=\frac{h_i}{1+e_i}A=\frac{h_0-s_i}{1+e_i}A$$

因土样是在完全侧限条件下压缩，则土样横截面积 A 不变，又因土颗粒自身的体积压缩忽略不计，故

$$V_s=V_{si},\quad \frac{h_0}{1+e_0}A=\frac{h_0-s_i}{1+e_i}A$$

由上式可解得

$$s_i=h_0\left(1-\frac{1+e_i}{1+e_0}\right)=\frac{e_0-e_i}{1+e_0}h_0 \tag{3-1}$$

$$e_i=e_0-\frac{s_i}{h_0}(1+e_0) \tag{3-2}$$

经试验测得加至各级荷载 p 作用下的总压缩量 s_i，按式(3-2)求得相应的孔隙比 e_i，然后以压力 p 为横坐标，孔隙比 e 为纵坐标，即可绘出 e-p 关系曲线，如图3-3所示。从图中可以看出，试验开始时，曲线较陡直，这说明孔隙体积减少得较多，压缩量较大；随着试验压力的逐渐升高，曲线变得较为平缓，这说明土样的密实度越来越高，压缩量越来越小。此外，土质不同压缩曲线的形状也不同，呈絮状结构的软黏土要比单粒结构的砂土压缩量大得多。由此可知，建在软黏土上的建筑物基础沉降要比建在砂土上大得多。

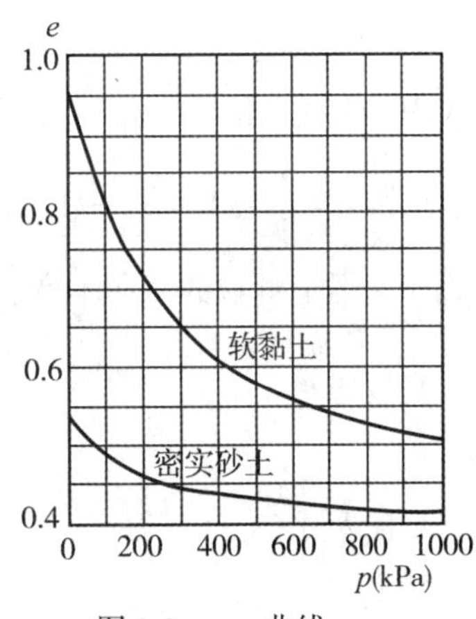

图 3-3　e-p 曲线

二、压缩性指标

1. 压缩系数 α

如图 3-4 所示，在 e-p 压缩曲线上，当压力由 p_1 至 p_2 的变化范围不大时，将压缩曲线上相应的曲线段 M_1 至 M_2 近似地用直线代替，设 M_1 点的相应压力为 p_1，相应孔隙比为 e_1；M_2 点的相应压力为 p_2，相应孔隙比为 e_2，则该段直线的斜率称为土的压缩系数 α，表示为

$$\alpha=\frac{e_1-e_2}{p_2-p_1}=-\frac{e_2-e_1}{p_2-p_1}=-\frac{\Delta e}{\Delta p}\ (\mathrm{MPa^{-1}}) \tag{3-3}$$

压缩系数 α 是评价土的压缩性大小的重要指标之一。压缩系数越大，说明该段压缩曲线越陡直，压缩性越高。

从压缩曲线上看，压缩系数并不是一个常量，而与所取的压力区间有关。为了便于评价不同种类、不同状态土的压缩性，则应取同一压力区间的压缩系数进行比较。《建筑地基基础设计规范》

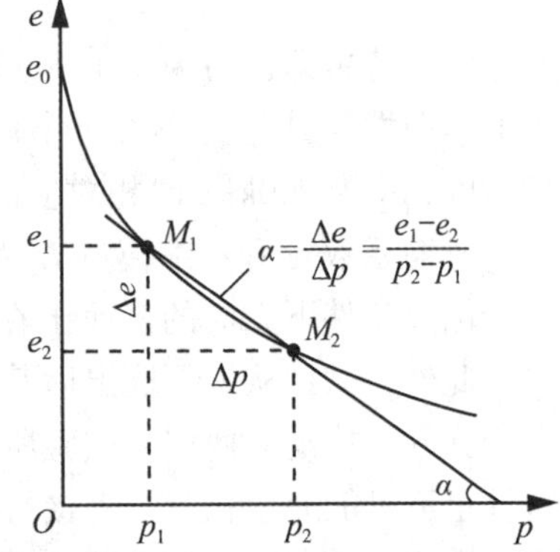

图 3-4　在 e-p 曲线上确定压缩系数 α

(GB50007—2011)中规定如下：地基土的压缩性可按 p_1 为 100kPa，p_2 为 200kPa 时相应的压缩系数 α_{1-2} 划分为低、中、高压缩性，并应按以下规定进行评价：

当 $\alpha_{1-2} < 0.1\text{MPa}^{-1}$ 时，为低压缩性土；

当 $0.1\text{MPa}^{-1} \leqslant \alpha_{1-2} \leqslant 0.5\text{MPa}^{-1}$ 时，为中压缩性土；

当 $\alpha_{1-2} \geqslant 0.5\text{MPa}^{-1}$ 时，为高压缩性土。

2. 压缩模量 E_s

由压缩试验还可得出土的另一压缩性指标压缩模量 E_s。压缩模量定义为：土在侧限压缩条件下，某一压力区间的压应力增量 $\Delta\sigma$ 与压应变增量 $\Delta\varepsilon$ 之比。设压力为 p_1 时的土样高度为 h_1，p_2 时的土样高度为 $h_2 = h_1 - s_2$，压缩模量 E_s 应表示为

$$E_s = \frac{\Delta\sigma}{\Delta\varepsilon} = \frac{\Delta p}{\Delta\varepsilon} \tag{3-4}$$

$$\Delta\varepsilon = \frac{s_2}{h_1} \tag{3-5}$$

式中，s_2——压力由 p_1 增大至 p_2 所产生的压缩量。

因 $e = \dfrac{V_v}{V_s}$，$V = V_v + V_s$，设 $V_s = 1$，则 $V = 1 + e$。

又因土颗粒的体积不变，所以

$$V_1 = 1 + e_1 \text{，} V_2 = 1 + e_2$$

$$h_1 = \frac{1 + e_1}{A} \text{，} s_2 = \frac{1 + e_1}{A} - \frac{1 + e_2}{A}$$

代入式(3-5)，得

$$\Delta\varepsilon = \frac{s_2}{h_1} = \frac{e_1 - e_2}{1 + e_1} \tag{3-6}$$

再将式(3-6)代入式(3-4)，得

$$E_s = \frac{\Delta p}{\Delta\varepsilon} = \frac{p_2 - p_1}{\dfrac{e_1 - e_2}{1 + e_1}} = \frac{1 + e_1}{\alpha}\ (\text{MPa}) \tag{3-7}$$

由上式可知，压缩模量 E_s 与压缩系数 α 成反比，压缩模量越小，压缩系数就越大，土的压缩性就越高。为了对不同种类、不同状态的土进行对比，工程上也可采用 p_1 为 100kPa，p_2 为 200kPa 时相对应的压缩模量 E_{s1-2} 作为土的压缩性评价标准。

压缩系数 α 和压缩模量 E_s 都是通过室内压缩试验得到的。如前所述，室内试验是在完全侧限条件下完成的，而土在现场原位压缩时并不是完全侧限的，所以也就不完全相符。此外，试样从地下取出后其原在地下时的自重应力已经释放，在取样和切土过程中也会受到一定扰动，使室内试验所得到的实际是一条再压缩曲线，这与土在现场的原位压缩特性也不可能完全相符。直接得到原位压缩曲线是困难的，有学者通过室内压缩曲线间接推求原位压缩曲线，但也不易控制误差，关于这方面，可参考相关专著。室内压缩曲线及由此得到的压缩系数和压缩模量两项指标虽然不尽完善，但它容易获得，所以仍是最常用的两项指标。

[例题 3-1] 某工程地基钻孔取样，进行室内压缩试验。试样初始高度 $h_0=20\text{mm}$，在 $p_1=100\text{kPa}$ 作用下压缩稳定后测得压缩量 $s_1=1.2\text{mm}$，在 $p_2=200\text{kPa}$ 作用下压缩量 $s_2=0.7\text{mm}$。并测得原状土样的孔隙比 $e_0=1.3$，试计算在 $p=100\sim200\text{kPa}$ 范围土的压缩系数 α_{1-2}，压缩模量 E_{s1-2}，并评价土的压缩性。

解：(1)在 p_1 作用下的孔隙比 e_1，按式(3-2)计算可得

$$e_1=e_0-\frac{s_1}{h_0}(1+e_0)=1.3-\frac{1.2}{20}(1+1.3)=1.16$$

(2)在 p_2 作用下的孔隙比 e_2：

$$e_2=e_0-\frac{s_1+s_2}{h_0}(1+e_0)=1.3-\frac{1.2+0.7}{20}(1+1.3)=1.08$$

(3)压缩系数 α_{1-2}：

$$\alpha_{1-2}=\frac{e_1-e_2}{p_2-p_1}=\frac{1.16-1.08}{200-100}=0.0008\,(\text{kPa}^{-1})=0.8\,(\text{MPa}^{-1})$$

(4)压缩模量 E_{s1-2}：

$$E_{s1-2}=\frac{1+e_1}{\alpha_{1-2}}=\frac{1+1.16}{0.8}=2.7\,(\text{MPa})$$

$\alpha=0.8\text{MPa}^{-1}>0.5\text{MPa}^{-1}$，属高压缩性土。

第二节 地基沉降计算方法之一：分层总和法

分层总和法假定地基土只在竖直方向单向压缩，不会产生侧向变形，直接应用室内侧限压缩试验的结果 e-p 曲线计算地基土的压缩沉降，是计算地基最终沉降量的方法之一。

前已述及，地质年代较久的地基土在自重应力下的压缩变形早已结束，只有附加应力才会使地基土产生新的变形，使地基沉降。我们已经知道，附加应力在地基土中随深度的增加而逐渐减小，当达到一定深度 z_n 之后，附加应力就可降至很低，引起的变形也就很小而可忽略不计，这个深度 z_n 以上的土层称作地基压缩层。

把地基压缩层 z_n 范围内的土划分为若干个薄层，分别计算每一薄层的压缩量 s_i，然后总和起来，即可得到地基总的压缩沉降量，这种方法就称为分层总和法。

由室内压缩试验 e-p 曲线知，地基土的应力与应变并非线性关系，而我们在计算中取用的压缩性指标(α 或 E_s)却是按线性关系得到的，所以计算中要把地基土分为若干薄层，使应力区间变小，以减小按线性关系计算所引起的误差。

分层总和法假定地基土的压缩类同于室内侧限压缩，这种假定对薄压缩层地基是比较相符的。当符合下列条件时，可看作薄压缩层地基：一是基础面积较大且刚度较大；二是基础下可压缩土层很薄(小于基础宽度的一半)，其下为不可压缩的刚性硬土层。这时，由于基础与下卧层的边界刚性约束作用，压缩土层的侧向变形将很小。同时，薄压缩层中的应力分布也较符合室内侧限压缩时的应力分布。但这种刚性基础薄压缩层地基中的应力分布与我们在第二章中的附加应力计算方法中的柔性基础假定是不相符的。刚性基础将使薄压缩层中的应力扩散而更趋均匀，柔性基础将使应力向基础中心轴线附近集中。

在工程实践中，一般地基的压缩层均较厚，由于侧向膨胀而使实际的地基土压缩沉降

量大于侧限压缩条件下的计算值。为了弥补这一误差，在取用地基土中的应力时，则用基础中心轴线上的附加应力最大值来计算。

一、计算公式

把地基压缩层分为若干薄层，用 s_i 表示第 i 层土的压缩量，用 h_i 表示第 i 层土的分层厚度，比照式(3-1)，第 i 层土的压缩量应为

$$s_i = \frac{e_{1i} - e_{2i}}{1 + e_{1i}} h_i \text{ (mm)} \tag{3-8}$$

将压缩系数 $\alpha = \dfrac{e_1 - e_2}{p_2 - p_1}$ 代入上式，得

$$s_i = \frac{\alpha(p_2 - p_1)}{1 + e_{1i}} h_i \text{ (mm)} \tag{3-9}$$

再将 $E_s = \dfrac{1 + e_1}{\alpha}$ 代入上式，得

$$s_i = \frac{p_{2i} - p_{1i}}{E_{si}} h_i \text{ (mm)} \tag{3-10}$$

把各分层土的压缩量 s_i 累加，即得地基土的总沉降量，由以下二式表示：

$$s = \sum_{i=1}^{n} s_i = \sum_{i=1}^{n} \frac{e_{1i} - e_{2i}}{1 + e_{1i}} h_i \text{ (mm)} \tag{3-11}$$

$$s = \sum_{i=1}^{n} s_i = \sum_{i=1}^{n} \frac{p_{2i} - p_{1i}}{E_{si}} h_i \text{ (mm)} \tag{3-12}$$

式中，e_{1i} ——第 i 层土于房屋建造前，在土的自重应力平均值作用下的孔隙比，即以该层土顶面处和底面处的自重应力平均值 p_{1i} 在压缩曲线上查得的孔隙比；

e_{2i} ——第 i 层土于房屋建成后，在土的自重应力平均值和附加应力平均值之和作用下的孔隙比，即以该层土顶面处和底面处的自重应力平均值和附加应力平均值之和 p_{2i} 在压缩曲线上查得的孔隙比；

h_i ——第 i 分层土的厚度，mm；

n ——在地基压缩层范围内的计算分层总数；

p_{1i} ——取第 i 层土顶面处和底面处的自重应力平均值，kPa；

p_{2i} ——取第 i 层土顶面处和底面处的自重应力平均值与附加应力平均值之和，kPa；

E_{si} ——第 i 层土的压缩模量，kPa。

二、p_1 和 p_2 的取值

在建筑物建造之前，地基中的应力为土的自重应力，在建筑物建成之后，地基中的应力增量是建筑物荷载引起的附加应力。这就是说，地基中的应力变化范围 $p_2 - p_1$ 应该是：以自重应力 σ_{cz} 为下限 p_1，以自重应力与附加应力之和 $\sigma_{cz} + \sigma_z$ 为上限 p_2，则地基的压缩沉降量 s 是在侧限条件下，压力从 $p_1 = \sigma_{cz}$ 增加到 $p_2 = \sigma_{cz} + \sigma_z$ 所产生的变形量。

但对任一计算分层第 i 层，其顶面和底面处的应力是不同的，顶面处的自重应力小于底面，而附加应力又大于底面。计算中，则是取其平均值作为该分层土的应力代表

值，即：

$$p_{1i}=\frac{\sigma_{czi}^{上}+\sigma_{czi}^{下}}{2}=\bar{\sigma}_{czi} \tag{3-13}$$

$$p_{2i}=\frac{\sigma_{czi}^{上}+\sigma_{czi}^{下}}{2}+\frac{\sigma_{zi}^{上}+\sigma_{zi}^{下}}{2}=\bar{\sigma}_{czi}+\bar{\sigma}_{zi} \tag{3-14}$$

式中，$\sigma_{czi}^{上}$、$\sigma_{czi}^{下}$——第 i 分层顶面处和底面处的自重应力；

$\sigma_{zi}^{上}$、$\sigma_{zi}^{下}$——第 i 分层顶面处和底面处的附加应力；

$\bar{\sigma}_{czi}$、$\bar{\sigma}_{zi}$——第 i 分层自重应力平均值和附加应力平均值。

三、分层总和法的分层规则

(1)每一计算分层的厚度 h_i 不宜超过基础底面宽度 b 的 0.4 倍，即 $h_i \leqslant 0.4b$；

(2)当计算深度范围内土质不同时，应将不同土质天然分层界面作为一个计算分层界面；

(3)地下水位应作为一个计算分层界面。

四、地基压缩层厚度 z_n 的确定

由于地基中的附加应力随深度的增加而逐渐减小，当达到一定深度时，地基土的压缩变形将可忽略不计。因此，规定：当基底下某一深度的附加应力小于或等于该深度自重应力的 0.2 倍时，该深度即可视为压缩层下限，自该深度向上至基础底面的土层厚度为地基压缩层厚度 z_n。这种确定地基压缩层厚度的方法称作应力比法，用下式表示：

$$\sigma_z \leqslant 0.2\sigma_{cz} \tag{3-15}$$

但当该深度以下为高压缩性的软土时，压缩层厚度应按下式确定：

$$\sigma_z \leqslant 0.1\sigma_{cz} \tag{3-16}$$

当压缩层厚度 z_n 范围内存在基岩时，计算至基岩顶面为止。

对实测资料的分析表明，压缩层厚度 z_n 与基底压力 p_0 及地基土的软硬程度均缺乏显著的规律性关系，而与基础底面尺寸却有明显的规律性关系。当需预估压缩层厚度时，可取基础底面宽度 b 的 2~3 倍，正方形基础取较小值，条形基础取较大值。

五、分层总和法的计算步骤

(1)按比例绘出地基和基础剖面图；

(2)预估压缩层厚度 z_n，并将压缩层范围内的地基土按规则分层，对分层界面编号，记入剖面图；

(3)计算各分层界面处的自重应力和附加应力，在剖面图上绘出自重应力和附加应力分布曲线；

(4)按式(3-15)或式(3-16)确定压缩层厚度 z_n；

(5)计算各分层顶面处和底面处的自重应力平均值，以该值为 p_1，在 e-p 压缩曲线上查取相应的孔隙比 e_1。e_1 应理解为：该计算分层的土在天然状态(自重应力)下的孔隙比；

(6)计算各分层顶面处和底面处的自重应力平均值与附加应力平均值之和，以该值为

p_2，在 e-p 压缩曲线上查取相应的孔隙比 e_2。e_2 应理解为：房屋建成后，在房屋荷载作用下，该分层的土压缩稳定后的孔隙比；

(7)将 e_1、e_2 和该分层土的厚度 h_i 代入式(3-8)，计算该分层土的压缩量 s_i；也可用式(3-9)或式(3-10)计算；

(8)逐层计算，最后将各分层土的压缩量 s_i 累加，即得地基总沉降量 s。

六、荷载取值

根据《建筑地基基础设计规范》(GB50007—2011)的规定，计算地基变形时，传至基础底面上的荷载效应应按正常使用极限状态下荷载效应的准永久组合，不应计入风荷载和地震作用。相应的限值应为地基变形允许值。

第三节　地基沉降计算方法之二：应力面积法

在这种计算方法中，由于引入了"应力面积"的概念，所以称为应力面积法。又由于这种计算方法是《建筑地基基础设计规范》(GB50007—2011)中给出的计算地基沉降量的方法，因此又常称作规范法。规范法也是另一种形式的分层总和法。

一、计算原理及公式

由式(3-13)和式(3-14)可得

$$p_{2i} - p_{1i} = \bar{\sigma}_{czi} + \bar{\sigma}_{zi} - \bar{\sigma}_{czi} = \bar{\sigma}_{zi}$$

将上式代入(3-10)，可得

$$s_i = \frac{\bar{\sigma}_{zi} h_i}{E_{si}} \tag{3-17}$$

上述关系可表达于图 3-5 中，由图中几何关系可看出，式(3-17)中的 $\bar{\sigma}_{zi} h_i$ 应为图中 $11'22'$ 围成的面积，该面积称作附加应力面积 A_i。则式(3-10)(或式 3-17))可理解为：第 i 层土的压缩量 s_i 等于该层土的附加应力面积与该层土压缩模量的比值。不过，$p_{2i} - p_{1i} = \bar{\sigma}_{zi}$ 是把 $1'2'$ 线看作直线段算得的，而实际上 $1'2'$ 线是一段曲线。若 h_i 很小，即当计算分层很薄时，则按 $\bar{\sigma}_{zi} h_i$ 算得的附加应力面积误差就小；反之，若计算分层 h_i 较厚，误差将增大。所以，在分层总和法中，分层厚度不宜过大。

再看图 3-6，图中的 $D1'2'3'4'$ 线是地基中的附加应力曲线。在图中，我们在 1 点深度线上确定一点Ⅰ，使 $O1$ⅠC 围成的矩形面积等于 $O11'D$ 围成的附加应力面积；又在 2 点深度线上确定一点Ⅱ，使 $O2$ⅡB 围成的矩形面积等于 $O22'D$ 围成的附加应力面积；再在 3 点深度线上确定一点Ⅲ，使 $O3$ⅢA 围成的矩形面积等于 $O33'D$ 围成的附加应力面积。按同样的方法还可确定Ⅳ、Ⅴ、Ⅵ等若干点，将这些点连接起来的曲线 DⅠⅡⅢ线称作平均附加应力曲线。平均附加应力由 $\bar{\alpha} p_0$ 计算，$\bar{\alpha}$ 称作平均附加应力系数，可由表 3-1 查取。

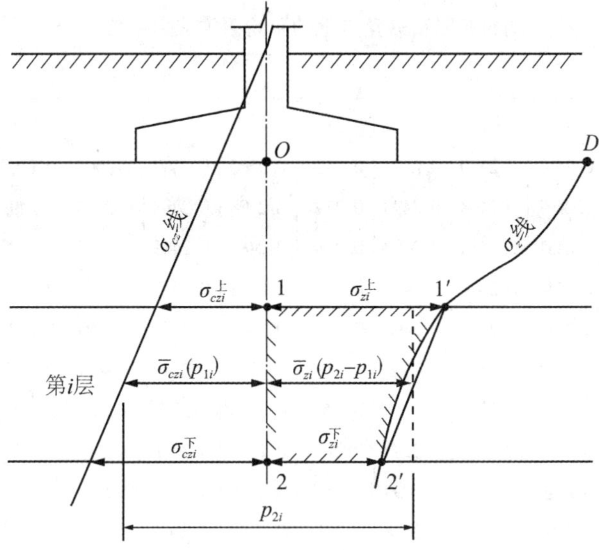

图 3-5　应力面积法计算地基沉降

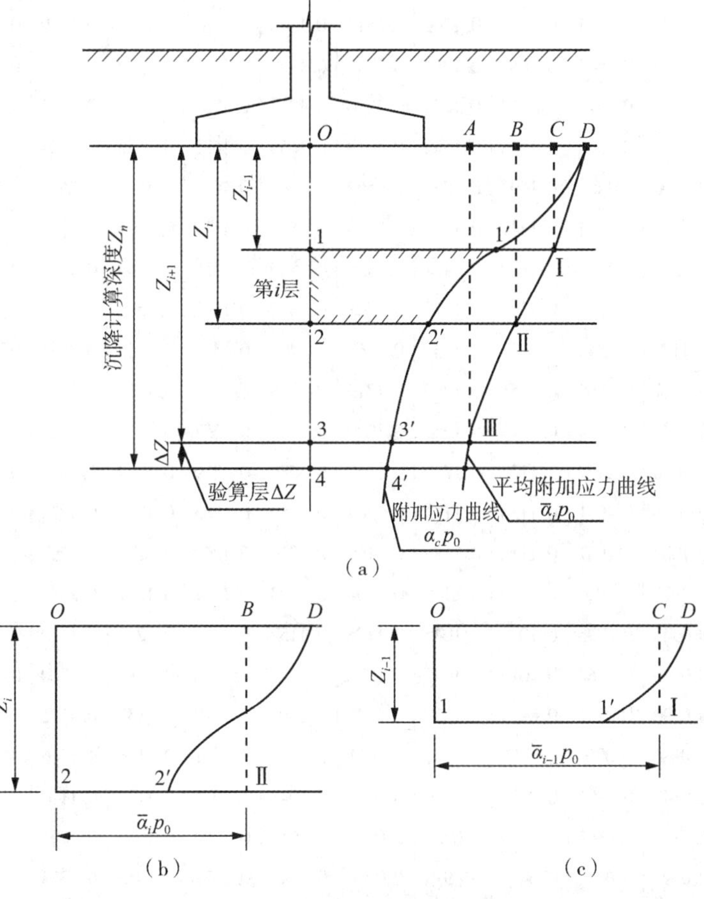

图 3-6　平均附加应力系数

表 3-1　　均布矩形荷载角点下的平均附加应力系数 $\bar{\alpha}$

z/b	l/b												
	1.0	1.2	1.4	1.6	1.8	2.0	2.4	2.8	3.2	3.6	4.0	5.0	10.0
0.0	0.2500	0.2500	0.2500	0.2500	0.2500	0.2500	0.2500	0.2500	0.2500	0.2500	0.2500	0.2500	0.2500
0.2	0.2496	0.2497	0.2497	0.2498	0.2498	0.2498	0.2498	0.2498	0.2498	0.2498	0.2498	0.2498	0.2498
0.4	0.2474	0.2479	0.2481	0.2483	0.2483	0.2484	0.2485	0.2485	0.2485	0.2485	0.2485	0.2485	0.2485
0.6	0.2423	0.2437	0.2444	0.2448	0.2451	0.2452	0.2454	0.2455	0.2455	0.2455	0.2455	0.2455	0.2456
0.8	0.2346	0.2372	0.2387	0.2395	0.2400	0.2403	0.2407	0.2408	0.2409	0.2409	0.2410	0.2410	0.2410
1.0	0.2252	0.2291	0.2313	0.2326	0.2335	0.2340	0.2346	0.2349	0.2351	0.2352	0.2353	0.2353	0.2353
1.2	0.2149	0.2199	0.2229	0.2248	0.2260	0.2268	0.2278	0.2282	0.2285	0.2286	0.2287	0.2288	0.2289
1.4	0.2043	0.2102	0.2140	0.2164	0.2180	0.2191	0.2204	0.2211	0.2215	0.2217	0.2218	0.2220	0.2221
1.6	0.1939	0.2006	0.2049	0.2079	0.2099	0.2113	0.2130	0.2138	0.2143	0.2146	0.2148	0.2150	0.2152
1.8	0.1840	0.1912	0.1960	0.1994	0.2018	0.2034	0.2055	0.2066	0.2073	0.2077	0.2079	0.2082	0.2084
2.0	0.1746	0.1822	0.1875	0.1912	0.1938	0.1958	0.1982	0.1996	0.2004	0.2009	0.2012	0.2015	0.2018
2.2	0.1659	0.1737	0.1793	0.1833	0.1862	0.1883	0.1911	0.1927	0.1937	0.1943	0.1947	0.1952	0.1955
2.4	0.1578	0.1657	0.1715	0.1757	0.1789	0.1812	0.1843	0.1862	0.1873	0.1880	0.1885	0.1890	0.1895
2.6	0.1503	0.1583	0.1642	0.1686	0.1719	0.1745	0.1779	0.1799	0.1812	0.1820	0.1825	0.1832	0.1838
2.8	0.1433	0.1514	0.1574	0.1619	0.1654	0.1680	0.1717	0.1739	0.1753	0.1763	0.1769	0.1777	0.1784
3.0	0.1369	0.1449	0.1510	0.1556	0.1592	0.1619	0.1658	0.1682	0.1698	0.1708	0.1715	0.1725	0.1733
3.2	0.1310	0.1390	0.1450	0.1497	0.1533	0.1562	0.1602	0.1628	0.1645	0.1657	0.1664	0.1675	0.1685
3.4	0.1256	0.1334	0.1394	0.1441	0.1478	0.1508	0.1550	0.1577	0.1595	0.1607	0.1616	0.1628	0.1639
3.6	0.1205	0.1282	0.1342	0.1389	0.1427	0.1456	0.1500	0.1528	0.1548	0.1561	0.1570	0.1583	0.1595
3.8	0.1158	0.1234	0.1293	0.1340	0.1378	0.1408	0.1452	0.1582	0.1502	0.1516	0.1526	0.1541	0.1554
4.0	0.1114	0.1189	0.1248	0.1294	0.1332	0.1362	0.1408	0.1438	0.1459	0.1474	0.1485	0.1500	0.1516
4.2	0.1073	0.1147	0.1205	0.1251	0.1289	0.1319	0.1365	0.1396	0.1418	0.1434	0.1445	0.1462	0.1479
4.4	0.1035	0.1107	0.1164	0.1210	0.1248	0.1279	0.1325	0.1357	0.1379	0.1396	0.1407	0.1425	0.1444
4.6	0.1000	0.1070	0.1127	0.1172	0.1209	0.1240	0.1287	0.1319	0.1342	0.1359	0.1371	0.1390	0.1410
4.8	0.0967	0.1036	0.1091	0.1136	0.1173	0.1204	0.1250	0.1283	0.1307	0.1324	0.1337	0.1357	0.1379
5.0	0.0935	0.1003	0.1057	0.1102	0.1139	0.1169	0.1216	0.1249	0.1273	0.1291	0.1304	0.1325	0.1348
5.2	0.0906	0.0972	0.1026	0.1070	0.1106	0.1136	0.1183	0.1217	0.1241	0.1259	0.1273	0.1295	0.1320
5.4	0.0878	0.0943	0.0996	0.1039	0.1075	0.1105	0.1152	0.1186	0.1211	0.1229	0.1243	0.1265	0.1292
5.6	0.0852	0.0916	0.0968	0.1010	0.1046	0.1076	0.1122	0.1156	0.1181	0.1200	0.1215	0.1238	0.1266
5.8	0.0828	0.0890	0.0941	0.0983	0.1018	0.1047	0.1094	0.1128	0.1153	0.1172	0.1187	0.1211	0.1240
6.0	0.0805	0.0886	0.0916	0.0957	0.0991	0.1021	0.1067	0.1101	0.1126	0.1146	0.1161	0.1185	0.1216
6.2	0.0783	0.0842	0.0891	0.0932	0.0966	0.0995	0.1041	0.1075	0.1101	0.1120	0.1136	0.1161	0.1193
6.4	0.0762	0.0820	0.0869	0.0909	0.0942	0.0971	0.1016	0.1050	0.1076	0.1096	0.1111	0.1137	0.1171
6.6	0.0742	0.0799	0.0847	0.0886	0.0919	0.0948	0.0993	0.1027	0.1053	0.1073	0.1088	0.1114	0.1149
6.8	0.0723	0.0779	0.0826	0.0865	0.0898	0.0926	0.0970	0.1004	0.1030	0.1050	0.1066	0.1092	0.1129
7.0	0.0705	0.0761	0.0806	0.0844	0.0877	0.0904	0.0949	0.0982	0.1008	0.1028	0.1044	0.1071	0.1109

续表

z/b	l/b												
	1.0	1.2	1.4	1.6	1.8	2.0	2.4	2.8	3.2	3.6	4.0	5.0	10.0
7.2	0.0688	0.0742	0.0787	0.0825	0.0857	0.0884	0.0928	0.0962	0.0987	0.1008	0.1023	0.1051	0.1090
7.4	0.0672	0.0725	0.0769	0.0806	0.0838	0.0865	0.0908	0.0942	0.0967	0.0988	0.1004	0.1031	0.1071
7.6	0.0656	0.0709	0.0752	0.0789	0.0820	0.0846	0.0889	0.0922	0.0948	0.0968	0.0984	0.1012	0.1054
7.8	0.0642	0.0693	0.0736	0.0771	0.0802	0.0828	0.0871	0.0904	0.0929	0.0950	0.0966	0.0994	0.1036
8.0	0.0627	0.0678	0.0720	0.0755	0.0785	0.0811	0.0853	0.0886	0.0912	0.0932	0.0948	0.0976	0.1020
8.2	0.0614	0.0663	0.0705	0.0739	0.0769	0.0795	0.0837	0.0869	0.0894	0.0914	0.0931	0.0959	0.1004
8.4	0.0601	0.0649	0.0690	0.0724	0.0754	0.0779	0.0820	0.0852	0.0878	0.0893	0.0914	0.0943	0.0938
8.6	0.0588	0.0636	0.0676	0.0710	0.0739	0.0764	0.0805	0.0836	0.0862	0.0882	0.0898	0.0927	0.0973
8.8	0.0576	0.0623	0.0663	0.0696	0.0724	0.0749	0.0790	0.0821	0.0846	0.0866	0.0882	0.0912	0.0959
9.2	0.0554	0.0599	0.0637	0.0670	0.0697	0.0721	0.0761	0.0792	0.0817	0.0837	0.0853	0.0882	0.0931
9.6	0.0533	0.0577	0.0614	0.0645	0.0672	0.0696	0.0734	0.0765	0.0789	0.0809	0.0825	0.0855	0.0905
10.0	0.0514	0.0556	0.0592	0.0622	0.0649	0.0672	0.0710	0.0739	0.0763	0.0783	0.0799	0.0829	0.0880
10.4	0.0496	0.0537	0.0572	0.0601	0.0627	0.0649	0.0686	0.0716	0.0739	0.0759	0.0775	0.0804	0.0857
10.8	0.0479	0.0519	0.0553	0.0581	0.0606	0.0628	0.0664	0.0693	0.0717	0.0736	0.0751	0.0781	0.0834
11.2	0.0463	0.0502	0.0535	0.0563	0.0587	0.0609	0.0644	0.0672	0.0695	0.0714	0.0730	0.0759	0.0813
11.6	0.0448	0.0486	0.0518	0.0545	0.0569	0.0590	0.0625	0.0652	0.0675	0.0694	0.0709	0.0738	0.0793
12.0	0.0435	0.0471	0.0502	0.0529	0.0552	0.0573	0.0606	0.0634	0.0656	0.0674	0.0690	0.0719	0.0774
12.8	0.0409	0.0444	0.0474	0.0499	0.0521	0.0541	0.0573	0.0599	0.0621	0.0639	0.0654	0.0682	0.0739
13.6	0.0387	0.0420	0.0448	0.0472	0.0493	0.0512	0.0543	0.0568	0.0589	0.0607	0.0621	0.0649	0.0707
14.4	0.0367	0.0398	0.0425	0.0448	0.0468	0.0486	0.0516	0.0540	0.0561	0.0577	0.0592	0.0619	0.0677
15.2	0.0349	0.0379	0.0404	0.0426	0.0446	0.0463	0.0492	0.0515	0.0535	0.0551	0.0565	0.0592	0.0650
16.0	0.0332	0.0361	0.0385	0.0407	0.0425	0.0442	0.0469	0.0492	0.0511	0.0527	0.0540	0.0567	0.0625
18.0	0.0297	0.0323	0.0345	0.0364	0.0381	0.0396	0.0422	0.0442	0.0460	0.0475	0.0487	0.0512	0.0570
20.0	0.0269	0.0292	0.0312	0.0330	0.0345	0.0359	0.0383	0.0402	0.0418	0.0432	0.0444	0.0468	0.0524

在以上各组等值面积关系中，前者(矩形面积)为后者(附加应力面积)的等代值，即：

$$O1\,\text{Ⅰ}\,C = 1\,\text{Ⅰ} \times z_{i-1} = O11'D = \bar{\alpha}_{i-1}p_0z_{i-1}\ (\text{图 3-6(c)})$$

$$O2\,\text{Ⅱ}\,B = 2\,\text{Ⅱ} \times z_i = O22'D = \bar{\alpha}_ip_0z_i\ (\text{图 3-6(b)})$$

$$O3\,\text{Ⅲ}\,A = 3\,\text{Ⅲ} \times z_{i+1} = O33'D = \bar{\alpha}_{i+1}p_0z_{i+1}$$

由上述知，第 i 层土的附加应力面积 A_i 可按下式计算：

$$A_i = \bar{\alpha}_ip_0z_i - \bar{\alpha}_{i-1}p_0z_{i-1} = p_0(\bar{\alpha}_iz_i - \bar{\alpha}_{i-1}z_{i-1}) \tag{3-18}$$

式中，A_i——第 i 层土的附加应力面积，其值等于第 i 层土的附加应力沿土层厚度的积分值，$A_i = p_0(z_i\,\bar{\alpha}_i - z_{i-1}\,\bar{\alpha}_{i-1})$。

则第 i 层土的压缩沉降量可由下式计算：

$$s_i = \frac{A_i}{E_{si}} = \frac{p_0}{E_{si}}(\bar{\alpha}_i z_i - \bar{\alpha}_{i-1} z_{i-1}) \tag{3-19}$$

地基土的总沉降量为

$$s = \psi_s \sum_{i=1}^{n} s_i = \psi_s \sum_{i=1}^{n} \frac{p_0}{E_{si}}(\bar{\alpha}_i z_i - \bar{\alpha}_{i-1} z_{i-1}) \tag{3-20}$$

式中，ψ_s ——沉降计算经验系数，根据地区沉降观测资料及经验确定，无地区经验时可采用表 3-2 的数值；

p_0——相应于荷载效应准永久组合时的基础底面处的附加应力，kPa；

E_{si} ——基础底面下第 i 层土的压缩模量，按第 i 层土的自重应力平均值 p_1 至自重应力平均值与附加应力平均值之和 p_2 的应力段计算，MPa；

s ——地基最终沉降量，mm；

z_i 、z_{i-1} ——基础底面至第 i 层土、第 $i-1$ 层土底面的距离，m；

$\bar{\alpha}_i$ 、$\bar{\alpha}_{i-1}$ ——基础底面至第 i 层土、第 $i-1$ 层土底面范围内的平均附加应力系数，其值根据 l/b 及 z/b 由表 3-1 查取，对于均布条形荷载，可按 $l/b=10$ 查表，l 、b 分别为基础底面的长边和宽边（短边）尺寸。

表 3-2　**沉降计算经验系数 ψ_s**

基底附加压力	$\overline{E_s}$ (MPa)				
	2.5	4.0	7.0	15.0	20.0
$p_0 \geqslant f_{ak}$	1.4	1.3	1.0	0.4	0.2
$p_0 \leqslant 0.75 f_{ak}$	1.1	1.0	0.7	0.4	0.2

注：f_{ak} 为地基承载力特征值。

二、规范法的分层规则

规范法仍需分层计算压缩量，但分层可少一些，一般以压缩性质不同的天然土层界面作为分层界面，对于较厚的土层也宜适当再分层以考虑不同的压缩模量取值；地下水位处仍应作为分层界面。

三、地基压缩层厚度 z_n 的确定

规范中给出的确定压缩层厚度 z_n 的方法称作变形比法。该法要求在压缩层计算深度 z_n（先预估）的下限向上取厚度为 Δz 的验算层（见图 3-6），当验算层的计算压缩量 Δs_n 小于或等于计算深度总压缩量 $\sum_{i=1}^{n} s_i$ 的 0.025 倍时，即可认为已达到地基压缩层下限，用下式表示：

$$\Delta s_n \leqslant 0.025 \sum_{i=1}^{n} s_i \tag{3-21}$$

验算层 Δz 的厚度按表 3-3 取值。如确定的计算深度下部仍有较软土层时，应继续计算。

表 3-3　**验算层 Δz 取值**

b（m）	$b\leqslant 2$	$2<b\leqslant 4$	$4<b\leqslant 8$	$8<b$
Δz（m）	0.3	0.6	0.8	1.0

除用上述方法确定压缩层厚度 z_n 外，当无相邻荷载影响，基础宽度在 1～30m 范围内时，基础中点的地基变形计算深度也可按下列简化公式计算：

$$z_n = b(2.5 - 0.4\ln b) \tag{3-22}$$

式中，b ——基础宽度，m。

在计算深度范围内存在基岩时，z_n 可取至基岩表面；当存在较厚的坚硬黏性土层，其孔隙比小于 0.5，压缩模量大于 50MPa，或存在较厚的密实砂卵石层，其压缩模量大于 80MPa 时，z_n 可取至该层土表面。

此外，无论采用分层总和法还是规范法计算，当附近有相邻荷载时，均应考虑其影响，其值可按应力叠加原理采用角点法计算。

四、沉降计算经验系数 ψ_s

地基土的压缩沉降问题是一个十分复杂的问题，有许多难以量化的因素无法直接计入，在以上计算中，我们只是根据室内压缩试验的成果来计算，而压缩沉降问题不仅与土的压缩性质有关，它是上部结构、基础、地基三者相互影响、相互作用的结果。《建筑地基基础设计规范》(GB50007—2011)中采用的沉降计算经验系数 ψ_s，是根据大量建筑物沉降计算值与相应的沉降观测值的比较，综合分析和统计确定的，这个系数综合反映了计算公式中未能直接计入的诸多因素的影响。或者说，各种因素对地基压缩沉降的影响在实际观测值中都会有所体现，从而影响到经验系数 ψ_s 的取值。这些因素可能有：

(1)地基土层的非均质性对附加应力分布的影响；

(2)基础刚度对地基附加应力分布的影响；

(3)上部结构对基础荷载分布的影响；

(4)不同泊松比的土层对沉降的影响；

(5)土层压缩模量计算值与实际情况不符；

(6)基底附加压力与地基承载力的比值；

(7)次固结沉降的影响。

这些影响因素中有多种与当地土的性质及状态有关，因此应以当地的观测资料分析确定为准。当缺乏当地经验值时，可按表 3-2 取值。表 3-2 中的经验值是将沉降计算值与观测值的对比结果和压缩模量当量值 $\bar{E}_s$ 建立关系得出的。压缩模量当量值 $\bar{E}_s$ 是按各分层土沉降量的权重，使总沉降量与各分层沉降量之和相等得出的加权平均值。由前述已知，第 i 层土的沉降量等于该层土的附加应力面积 A_i 与该层土压缩模量 E_{si} 的比值，则地基土的总沉降量等于各分层土附加应力面积之和 $\sum A_i$ 与压缩模量当量值 $\bar{E}_s$ 的比值。于是有

$$\frac{\sum A_i}{\bar{E}_s} = \frac{A_1}{E_{s1}} + \frac{A_2}{E_{s2}} + \frac{A_3}{E_{s3}} + \cdots + \frac{A_n}{E_{sn}} = \sum \frac{A_i}{E_{si}}$$

则

$$\bar{E}_s = \frac{\sum A_i}{\sum \frac{A_i}{E_{si}}} \tag{3-23}$$

由于引入了沉降经验系数 ψ_s，这种计算方法的误差更小，也是常用的计算方法。

五、规范法的计算步骤

(1)按比例绘出地基和基础剖面图；

(2)预估压缩层厚度 z_n，并按规则分层，同时按要求分出验算层 Δz，对分层界面编号，记入剖面图；

(3)计算各分层界面处的自重应力和附加应力，在剖面图上绘出自重应力和附加应力曲线；

(4)计算各分层自重应力平均值 $\bar{\sigma}_{cz}$ 和附加应力平均值 $\bar{\sigma}_z$，确定 p_1 和 p_2，在 e-p 曲线上查取相应的孔隙比 e_1 和 e_2，计算各分层的压缩模量 E_{si}；

(5)在表 3-1 中查取各分层界面处的平均附加应力系数 $\bar{\alpha}$，计算附加应力面积 A_i；

(6)计算各分层沉降量 s_i；

(7)验算压缩层厚度 z_n；

(8)确定沉降计算经验系数 ψ_s；

(9)计算地基总沉降量 s。

[例题 3-2] 某矩形基础底面尺寸为 4.0m×2.5m，埋深 d=1.5m；上部结构传至基础顶面的竖向荷载准永久组合值为 F=1500kN；钻探柱状图见图 3-8；各土层的压缩试验结果见表 3-4。试求：

表 3-4 **例题 3-2 土层压缩试验孔隙比 e 值表**

土层	p (kPa)				
	0	50	100	200	300
(1)黏土	0.827	0.779	0.750	0.722	0.708
(2)粉质黏土	0.744	0.704	0.679	0.653	0.641
(3)粉砂	0.889	0.850	0.826	0.803	0.794
(4)粉土	0.875	0.813	0.780	0.740	0.726

(1)计算最下层粉土的压缩系数 α_{1-2}，评定其压缩性；

(2)绘制黏土层、粉质黏土层和粉砂层的压缩曲线；

(3)用分层总和法计算地基最终沉降量；

(4)用规范法计算地基最终沉降量(取 $p_0 < 0.75f_{ak}$)。

解：(1)计算粉土层的压缩系数 α_{1-2}，评定其压缩性。查表 3-4“粉土”一栏，得

$$\alpha_{1-2} = \frac{e_1 - e_2}{p_2 - p_1} = \frac{0.780 - 0.740}{0.2 - 0.1} = 0.4\ \text{MPa}^{-1}$$

属中压缩性土。

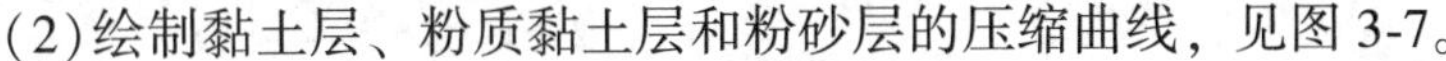
(2)绘制黏土层、粉质黏土层和粉砂层的压缩曲线，见图 3-7。

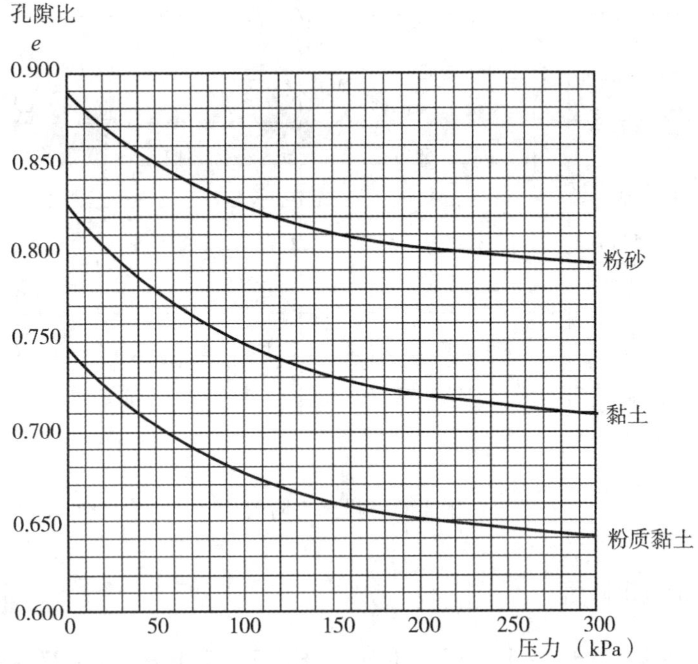

图 3-7 例题 3-2 压缩曲线图

(3)用分层总和法计算地基沉降量

①按比例绘出地基和基础剖面图，见图 3-8；

②对地基土分层，每分层厚度应不大于 $0.4b = 0.4 \times 2.5 = 1.0\text{m}$，具体分层情况见图 3-8；

③计算地基各分层界面处的自重应力 σ_{cz}，计算结果注写于图 3-8 中。

④计算基底中心点下的附加应力。

基础底面压力 p：

$$p = \frac{F + G}{A} = \frac{1500 + 20 \times 4 \times 2.5 \times 1.5}{4 \times 2.5} = 180\ (\text{kPa})$$

基底附加压力 p_0：

$$p_0 = p - \gamma d = 180 - 19.8 \times 1.5 = 150.3\ (\text{kPa})$$

将基础过中心点分为 4 个小矩形，每个小矩形的尺寸为 $l \times b = 2\text{m} \times 1.25\text{m}$，应用角点法计算各分层点位处的附加应力 σ_z，计算过程见表 3-5，结果注写于图 3-8 中。

⑤确定压缩层厚度 z_n。

在点位号 7 处，$\sigma_{cz} = 101.3\text{kPa}$，$\sigma_z = 15.6\text{kPa}$。

因 $15.6 < 101.3 \times 0.2 = 20.3$，确定点位号 7 为压缩层下限，压缩层厚度 $z_n = 6.5\text{m}$。

⑥计算各分层自重应力平均值 p_{1i}；计算各分层自重应力平均值与附加应力平均值之和 p_{2i}；在 e-p 压缩曲线上查取相应的孔隙比 e_{1i} 和 e_{2i}；计算各分层压缩量 s_i。计算结果见表 3-6。

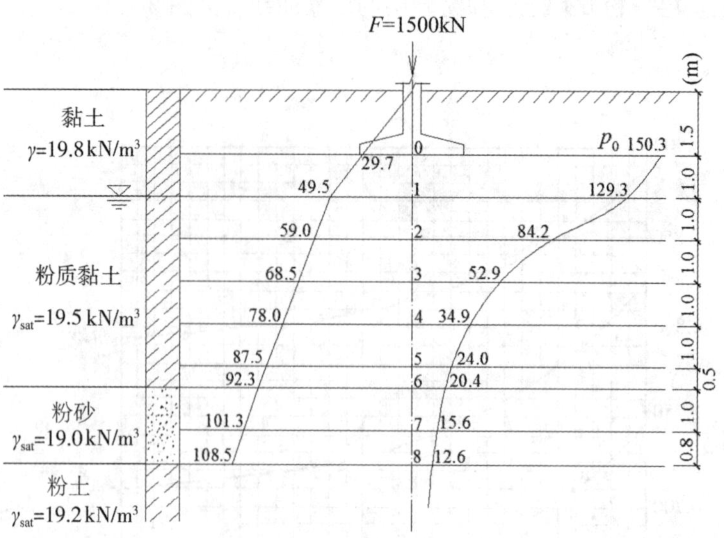

图 3-8　例题 3-2 附图

⑦计算地基最终沉降量 s 。

$$s = \sum_{i=1}^{n} s_i = 33.6 + 24.1 + 15.9 + 10.7 + 7.7 + 2.1 + 3.3 = 97.4\ (\mathrm{mm})$$

(4)用规范法计算地基沉降量。

①绘出地基和基础剖面图，如图 3-9 所示。

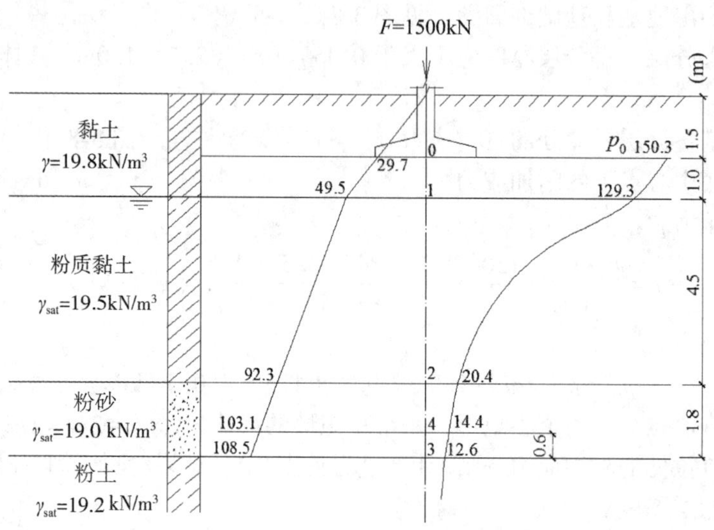

图 3-9　例题 3-2 附图

②地基土分层见图 3-9。

③计算地基土自重应力 σ_{cz} ，注写于图 3-9 中。

④计算附加应力 σ_z ，注写于图 3-9 中。

⑤计算各分层自重应力平均值 $\bar{\sigma}_{cz}$ 和附加应力平均值 $\bar{\sigma}_z$ ，确定 p_1 和 p_2，查取 e_{1i} 和 e_{2i} ，计算各分层土的压缩模量 E_s 。计算结果见表 3-7。

表 3-5　　**例题 3-2 附加应力计算表**

点位号	$\frac{l}{b}$	z (m)	$\frac{z}{b}$	α_c	$\sigma_z = 4\alpha_c p_0$ (kPa)
0					150.3
1	2/1.25=1.6	1.0	1/1.25=0.8	0.215	129.3
2	1.6	2.0	2/1.25=1.6	0.140	84.2
3	1.6	3.0	3/1.25=2.4	0.088	52.9
4	1.6	4.0	4/1.25=3.2	0.058	34.9
5	1.6	5.0	5/1.25=4.0	0.040	24.0
6	1.6	5.5	5.5/1.25=4.4	0.034	20.4
7	1.6	6.5	6.5/1.25=5.2	0.026	15.6
8	1.6	7.3	7.3/1.25=5.84	0.021	12.6

表 3-6　　**例题 3-2 各分层压缩量计算表**

计算分层	$p_1 = \bar{\sigma}_{cz}$ (kPa)	e_{1i}	$p_2 = \bar{\sigma}_{cz} + \bar{\sigma}_z$ (kPa)	e_{2i}	$s_i = \frac{e_{1i} - e_{2i}}{1 + e_{1i}} h_i$ (mm)
0~1 点	$\frac{29.7 + 49.5}{2} = 39.6$	0.787	$39.6 + \frac{150.3 + 129.3}{2} = 179.4$	0.727	$\frac{0.787 + 0.727}{1 + 0.787} \times 1000 = 33.6$
1~2 点	$\frac{49.5 + 59.0}{2} = 54.3$	0.702	$54.3 + \frac{129.3 + 84.2}{2} = 161.1$	0.661	$\frac{0.702 - 0.661}{1 + 0.702} \times 1000 = 24.1$
2~3 点	$\frac{59.0 + 68.5}{2} = 63.8$	0.695	$63.8 + \frac{84.2 + 52.9}{2} = 132.4$	0.668	$\frac{0.695 - 0.668}{1 + 0.695} \times 1000 = 15.9$
3~4 点	$\frac{68.5 + 78.0}{2} = 73.3$	0.690	$73.3 + \frac{52.9 + 34.9}{2} = 117.2$	0.672	$\frac{0.690 - 0.672}{1 + 0.690} \times 1000 = 10.7$
4~5 点	$\frac{78.0 + 87.5}{2} = 82.8$	0.687	$82.8 + \frac{34.9 + 24.0}{2} = 112.3$	0.674	$\frac{0.687 - 0.674}{1 + 0.687} \times 1000 = 7.7$
5~6 点	$\frac{87.5 + 92.3}{2} = 89.9$	0.682	$89.9 + \frac{24.0 + 20.4}{2} = 112.1$	0.675	$\frac{0.682 - 0.675}{1 + 0.682} \times 500 = 2.1$
6~7 点	$\frac{92.3 + 101.3}{2} = 96.8$	0.827	$96.8 + \frac{20.4 + 15.6}{2} = 114.8$	0.821	$\frac{0.827 - 0.821}{1 + 0.827} \times 1000 = 3.3$

表 3-7　　　　**例题 3-2 各分层压缩模量计算表**

计算分层	$p_1=\bar{\sigma}_{cz}$ (kPa)	e_{1i}	$p_2=\bar{\sigma}_{cz}+\bar{\sigma}_z$ (kPa)	e_{2i}	$E_{si}=\dfrac{p_2-p_1}{\dfrac{e_{1i}-e_{2i}}{1+e_{1i}}}$ (MPa)
0~1 点	$\dfrac{29.7+49.5}{2}=39.6$	0.787	$39.6+\dfrac{150.3+129.3}{2}=179.4$	0.727	$\dfrac{179.4-39.6}{\dfrac{0.787-0.727}{1+0.787}}\div 1000=4.164$
1~2 点	$\dfrac{49.5+92.3}{2}=70.9$	0.692	$70.9+\dfrac{129.3+20.4}{2}=145.8$	0.664	$\dfrac{145.8-70.9}{\dfrac{0.692-0.664}{1+0.692}}\div 1000=4.526$
2~3 点	$\dfrac{92.3+108.5}{2}=100.4$	0.826	$100.4+\dfrac{20.4+12.6}{2}=116.9$	0.821	$\dfrac{116.9-100.4}{\dfrac{0.826-0.821}{1+0.826}}\div 1000=6.026$
Δz 3~4 点	$\dfrac{103.1+108.5}{2}=105.8$	0.824	$105.8+\dfrac{14.4+12.6}{2}=119.3$	0.820	$\dfrac{119.3-105.8}{\dfrac{0.824-0.820}{1+0.824}}\div 1000=6.156$

⑥将基底分成 4 个小矩形，每个小矩形尺寸 $l\times b=2\text{m}\times1.25\text{m}$。查取各分层界面处的平均附加应力系数 $\bar{\alpha}_i$，计算各分层的附加应力面积 A_i。计算结果见表 3-8。

表 3-8　　　　**例题 3-2 附加应力面积计算表**

计算分层	l/b	z (m)	z/b	$\bar{\alpha}_i$	$A_i=4p_0\bar{\alpha}_iz_i-4p_0\bar{\alpha}_{i-1}z_{i-1}$
0~1 点	2/1.25 = 1.6	1.0	1.0/1.25 = 0.8	0.2395	4 × 150.3 × 0.2395 × 1.0 − 0 = 144.0
1~2 点	1.6	5.5	5.5/1.25 = 4.4	0.1210	4 × 150.3 × 0.1210 × 5.5 − 144.0 = 400.1 − 144.0 = 256.1
2~3 点	1.6	7.3	7.3/1.25 = 5.84	0.0978	4 × 150.3 × 0.0978 × 7.3 − 400.1 = 429.2 − 400.1 = 29.1
Δz 3~4 点	1.6	6.7	6.7/1.25 = 5.36	0.1045	429.2 − 4 × 150.3 × 0.1045 × 6.7 = 429.2 − 420.9 = 8.3

⑦计算各分层沉降量 s_i。

第一层(0~1 点)：$s_1=\dfrac{A_1}{E_{s1}}=\dfrac{144.0}{4.164}=34.58(\text{mm})$

第二层(1~2 点)：$s_2 = \frac{A_2}{E_{s2}} = \frac{256.1}{4.526} = 56.58(\text{mm})$

第三层(2~3 点)：$s_3 = \frac{A_3}{E_{s3}} = \frac{29.1}{6.026} = 4.83(\text{mm})$

Δz 验算层(3~4 点)：$s_{\Delta z} = \frac{A_{\Delta z}}{E_{s\Delta z}} = \frac{8.3}{6.156} = 1.35(\text{mm})$

⑧验算压缩层厚度 z_n：

$$1.35 < 0.025 \times (34.58 + 56.58 + 4.83) = 2.40\ (\text{mm})$$

验算符合要求。

⑨确定沉降计算经验系数 ψ_s。

计算压缩模量当量值 $\bar{E}_s$：

$$\bar{E}_s = \frac{\sum A_i}{\sum \frac{A_i}{E_{si}}} = \frac{144.0 + 256.1 + 29.1}{34.58 + 56.58 + 4.83} = \frac{429.2}{95.99} = 4.47\ (\text{MPa})$$

$$\psi_s = 0.95$$

⑩计算地基最终沉降量 s：

$$s = \psi_s \sum_{i=1}^{n} s_i = 0.95 \times 95.99 = 91.2\ (\text{mm})$$

第四节　饱和黏土的渗流固结沉降

在荷载作用下，地基土将产生变形而沉降，按照时间的先后顺序，地基土的最终沉降量由机理不同的三部分组成，可由下式表示：

$$s = s_d + s_c + s_s$$

式中，s_d ——瞬时沉降；

s_c ——固结沉降；

s_s ——次固结沉降。

瞬时沉降又称为不排水沉降，是指加载后地基瞬时发生的沉降。由于基础底面面积为有限尺寸，加载后地基土中会有剪应变产生。对于饱和土，加载瞬间土中的孔隙水来不及排出，则这时的地基土体积可以认为是不变的，在体积不变的条件下，瞬时沉降是由于剪应变使地基土产生侧向变形而引起。

固结沉降又称为主固结沉降，是指加载后地基土中的孔隙水逐渐被挤出，孔隙体积减小而引起主骨架变形，使地基土体积受到压缩固结而产生的沉降。主固结沉降在最终沉降量中占绝大部分。

次固结沉降又称为蠕变沉降，是指在主固结沉降完成后，有效应力不再继续增长的条件下，土的骨架仍会发生缓慢的变形，这种变形称为蠕变。蠕变已与孔隙水的排出无关，主要取决于土本身的性质。对一般黏性土，次固结沉降都很小，但对含有机质多的厚软黏土，次固结沉降较大。

在前述分层总和法沉降计算中，我们直接取用室内压缩试验的指标计算得到的沉降量，从原理上讲就是主固结沉降。在规范法沉降计算中，由于引入了经验修正系数 ψ_s，而 ψ_s 是经沉降观测值与计算值的对比统计得到的，所以，可以认为在 ψ_s 中已包含了对瞬时沉降和次固结沉降的修正。

饱和土的渗流固结沉降属于主固结沉降，研究它是为了了解沉降与时间之间的关系，以便采取措施，减轻沉降和不均匀沉降对建筑物的危害。

一、达西渗流试验

水在土体孔隙中的流动，称为渗流。图 3-10 所示是法国学者达西的土体渗流试验装置。图中的水平面 AA 称为基准面，基准面可以任意选定。装置中左侧的水位高度为 h_1，右侧的水位高度为 h_2，h_1 和 h_2 称为水头。由于 $h_1 > h_2$，水就在水头差 $\Delta h(h_1 - h_2)$ 的作用下自左向右经试样渗流。水流经试样的长度用 L 表示，水头差与渗流长度的比值称为水力梯度，也称水力坡度，用 i 表示，表达式如下：

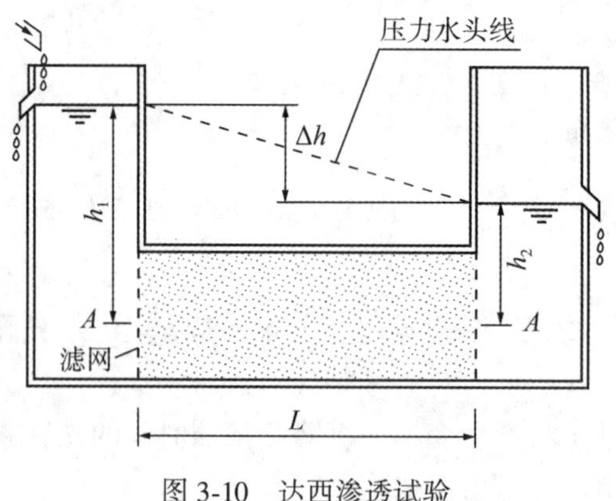

图 3-10　达西渗透试验

$$i = \frac{h_1 - h_2}{L} = \frac{\Delta h}{L} \tag{3-24}$$

达西用砂土做的实验，发现水在砂土中的渗流速度 v 与水头差成正比，与流经试样的长度成反比。这个发现被称为达西定律，用下式表示：

$$v = k\frac{h_1 - h_2}{L} = ki \tag{3-25}$$

或表示为

$$Q = kiA = vA \tag{3-26}$$

式中，v ——渗流速度，m/s；

Δh ——水头差，m；

L ——渗透路径长度，m；

k ——土的渗透系数，m/s；

A ——渗流过水断面面积，m^2。

当 $i = 1$ 时，$v = k$，表明渗透系数 k 是单位水力坡降时的渗流速度，它是表征土的渗透性强弱的指标，可由室内渗透试验或现场抽水试验确定，参考值见表 3-9。当 $k>10^{-2}$cm/s 时，为强透水层；当 k 在 $10^{-3}\sim10^{-5}$cm/s 之间时，为中等透水层；当 $k<10^{-6}$cm/s 时，为相对不透水层。

表 3-9　**土的渗透系数 k 参考值**

土的种类	渗透系数(cm/s)
卵石、碎石、砾石	$>1\times10^{-1}$
砂	$1\times10^{-1}\sim1\times10^{-3}$
粉砂、粉土	$1\times10^{-3}\sim1\times10^{-5}$
粉质黏土	$1\times10^{-5}\sim1\times10^{-7}$
黏土	$1\times10^{-7}\sim1\times10^{-10}$

以上试验所用试样为砂土，式(3-25)表明，砂土中的渗流流速 v 与水力坡度 i 成正比，见图 3-11 中 oa 线。如果用黏土做这个试验，由于黏土中含有黏滞作用很强的结合水，使孔隙中自由水的渗透受到很大阻力，流速 v 与水力坡度 i 之间则呈非线性关系，如图 3-11 中虚线所示。但为了实用上的方便，仍用直线代替，如图 3-11 中的 cb 线。在图3-11中，虚线的起点水力坡度 od 是克服黏滞作用所必需的水力坡降，称为起始水力坡度，用 i_0 表示。而在实用上，则把 oc 段看作起始水力坡度，这样，流速 v 与水力坡度 i 之间仍按线性关系来计算，则黏土的达西定律可用下式表示：

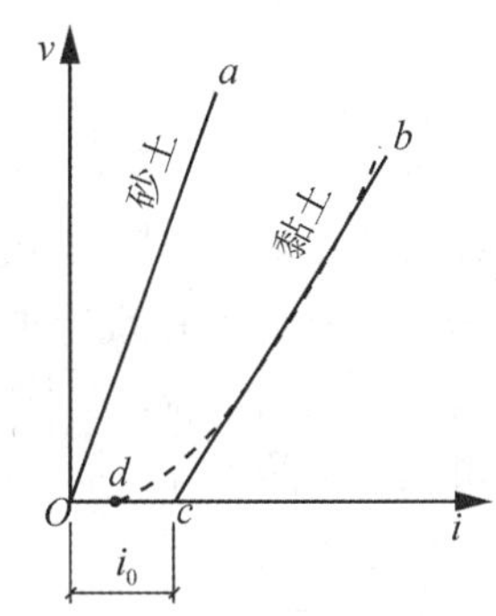

图 3-11　土的渗透曲线

$$v=k(i-i_0) \tag{3-27}$$

实验证明，当土中渗流处于低流速下的层流状态时，达西定律是正确的；若渗流处于湍流状态，则达西定律不正确。

二、饱和土的单向渗透固结

图 3-12 所示是饱和土的单向固结模型。模型为一个底面和侧壁均不能透水的容器，容器内设有活塞，活塞下的弹簧模拟土骨架，容器中的水模拟孔隙水，活塞上的小孔模拟渗流排水条件，并在容器上设有测压管测定孔隙水压力。

在图 3-12(a)中，活塞上的外加压力为零，活塞的自重(土的自重)完全由弹簧(土骨架)支持。这时，向容器中充水并使水平面刚好与活塞底面齐平，使水对活塞不起任何支持作用为止。现在取 A—A 平面为计算平面，在 A—A 平面上，有效应力 σ' 为土的自重应力，水压力 u 为静水压力，总应力为二者之和。这就相当于我们在第二章第五节中所讨论过的静水条件下饱和土的有效应力。

在图 3-12(b)中，活塞上施加了一个外力 p 。在外力 p 施加的第一瞬间，活塞上的小孔尚来不及排水，弹簧未受到任何压缩，则压力 p 完全由水来承担，因而测压管水位升高了 Δh ，表明水压力升高了 $\Delta u=p=\Delta h\gamma_\omega$ 。这时，水压力已不再只有静水压力，超出的这一部分 Δu 称为超静水压力。这就是说，建筑物荷载在第一时间可以认为只是使孔隙水压

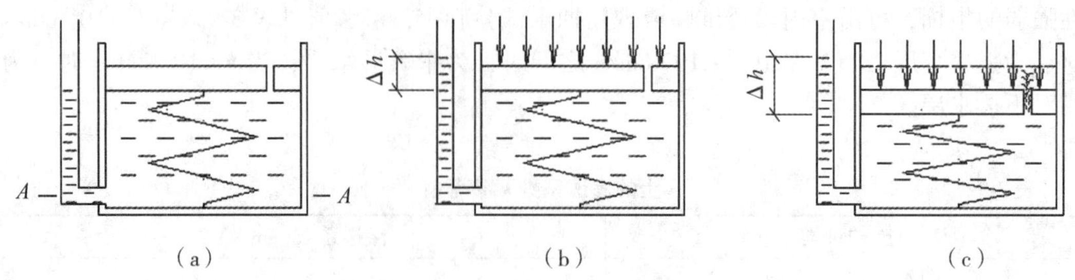

图 3-12 饱和土的单向固结模型

力 u 升高了 Δu，有效应力 σ' 并没有升高。或者说，这时的附加压力并没有使有效应力 σ' 增大，只是使水压力增大了。那么，这时的附加压力对于土的固结也就是无效的。

在图 3-12(c)中，超静水压力使活塞上的小孔向上溢水，水压力逐渐降低，降低的这部分水压力转移至弹簧(忽略活塞的摩擦力)，使弹簧受到压缩，活塞下降。这就是说，超静水压力使孔隙水产生渗流，渗流使超静水压力 Δu 降低，转移至由土骨架承担，即有效应力 σ' 增大。这个渗流过程将持续至超静水压力降为零，附加压力全部转为有效应力，即由孔隙水全部转移至土骨架承担为止。当渗流过程全部结束后，表明土的压缩固结过程，即地基土的沉降过程全部完成，这时的沉降量即为最终沉降量 s（忽略次固结沉降）。这时的孔隙水压力又恢复至只有静水压力，有效应力则为自重应力与附加应力之和。由此可知，总的附加应力由孔隙水压力转移至有效应力的完成程度反映了土的固结程度。

土的固结程度，称为土的固结度。根据以上讨论，在时间为 t 时刻，土层的平均固结度 U_t 可表示为

$$\begin{aligned} U_t &= \frac{\text{有效应力分布图面积}}{\text{总附加应力分布图面积}} \\ &= \frac{\text{有效应力分布图面积 / 土层压缩模量}}{\text{总附加应力分布图面积 / 土层压缩模量}} \\ &= \frac{t\,\text{时刻土层的沉降量}}{\text{土层的最终沉降量}} = \frac{s_t}{s} \end{aligned} \tag{3-28}$$

三、太沙基一维渗流固结理论

在工程实践中，有时需要预估建筑物在某一时间点的基础沉降量，例如，为了确定施工顺序和进度以减少基础的沉降差，或考虑荷载差异大的各个部分之间的预留净空和连接方法等。

地基土的固结沉降与时间的关系，是一个十分复杂的问题，主要取决于土的渗透性和排水条件。一般认为，多层建筑物在施工期间完成的沉降量，对于砂土，可认为已完成最终沉降量的 80%以上；对于黏性土和粉土，当为低压缩性土时，可认为已完成最终沉降量的 50%~80%；当为中压缩性土时，可认为已完成 20%~50%；当为高压缩性土时，可认为只能完成 5%~20%。由此可见，对于粗颗粒土，由于其渗透性强，固结沉降过程的持续时间是很短的。而对于中、高压缩性的黏土由于其渗透性很差，固结沉降过程持续的时间可能长达几年，甚至十几年。因此，研究地基土的固结沉降与时间的关系，主要是针

对饱和黏性土，尤其是中、高压缩性的黏性土。

如前所述，建筑物荷载引起的附加应力必须由超静水压力转移至有效应力，才能使土固结。而这个过程的关键是孔隙水能否顺利排出，使超静水压力降下来。由于黏性土的渗透性差，可以认为在水平方向是难以形成渗流的，也就是说，渗流主要发生在竖直方向，通过覆于其上或卧于其下的粗颗粒土层排出，如图 3-13 所示。

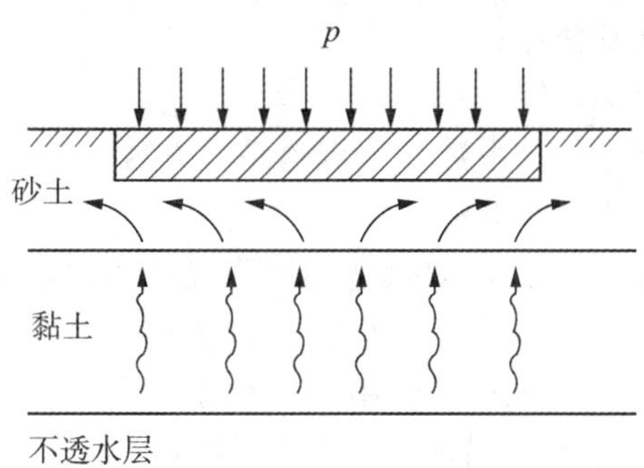

图 3-13　黏性土的渗流方向

如果认为土层只能在竖直方向产生渗流和压缩固结，就可应用太沙基的一维固结理论，将固结度与时间建立如下关系式：

$$U_{t1} = 1 - \frac{8}{\pi^2}\sum_{m=1}^{\infty}\frac{1}{m^2}e^{-\frac{m^2\pi^2}{4}T_V} \tag{3-29a}$$

式中，m 为正奇数(1，3，5，…)，所以上式可改写为

$$U_{t1} = 1 - \frac{8}{\pi^2}\left(e^{-\frac{\pi^2}{4}T_V} + \frac{1}{9}e^{-\frac{9\pi^2}{4}T_V} + \frac{1}{25}e^{-\frac{25\pi^2}{4}T_V} + \cdots\right) \tag{3-29b}$$

在式(3-29b)中，括号内的级数收敛很快，为简化计算，可只取前两项。当 $U_t > 0.3$ 时，可只取第一项，这样上式可简化为

$$U_{t1} = 1 - \frac{8}{\pi^2}e^{-\frac{\pi^2}{4}T_V} \tag{3-29c}$$

$$T_V = \frac{C_V t}{H^2} \tag{3-30}$$

$$C_V = \frac{k(1 + e_0)}{\alpha\gamma_\omega} \tag{3-31}$$

式中，m——正奇数(1，3，5，…)；

T_V——时间因数，无量纲；

e——自然对数的底，$e = 2.7182818\cdots$；

C_V——土的竖向固结系数，m^2/年；

t——固结经历的时间，年；

H——土层最大排水距离，当土层为单面排水时，H 为土层厚度；当为双面排水时，H 取土层厚度的一半，m；

k——土的渗透系数，m/年；

e_0——土的初始孔隙比；

α——土的压缩系数，kPa^{-1}

γ_ω——水的重度，可取 $\gamma_\omega = 10kN/m^3$。

太沙基一维固结理论的基本假定为：

(1)荷载是在瞬间一次施加的，且为分布面积无限大的均布荷载；

(2)土是均质的和完全饱和的；

(3)土层只在竖向压缩和渗流；

(4)土中水的渗流符合达西定律；

(5)在压缩过程中，土的压缩系数 α 和渗透系数 k 为常数；

(6)土颗粒和孔隙水是不可压缩的。

按上述第一条的基本假定，式(3-29)适用于附加应力沿压缩土层厚度(竖直方向)为均匀分布的情况。这时，压缩土层的顶面(排水面)附加应力 σ_{za} 与底面(不排水面)附加应力 σ_{zp} 的比值 a_V 等于 1。但实际的荷载作用面积不可能无限大，不过，当基础底面很大而压缩土层厚度又很薄时，附加应力沿土层厚度接近均布。

一般地说，附加应力沿土层厚度都不是均匀分布的，根据分布特征，可分为 5 种情况，见图 3-14。

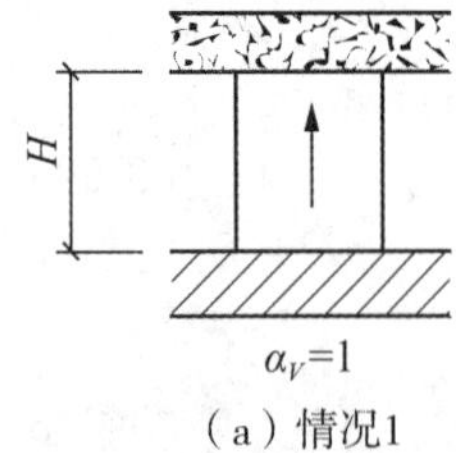

α_V=1
(a)情况1

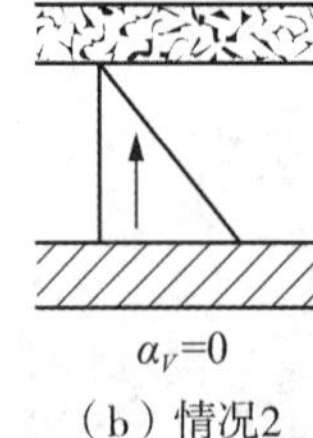
α_V=0
(b)情况2

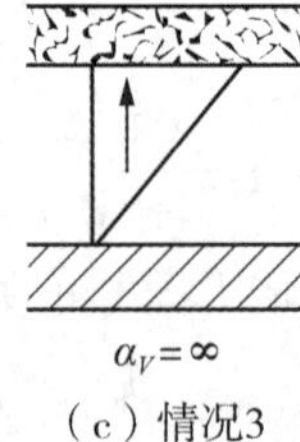
$\alpha_V=\infty$
(c)情况3

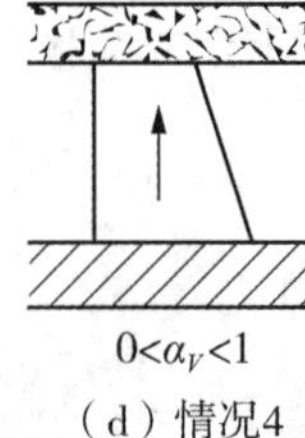
$0<\alpha_V<1$
(d)情况4

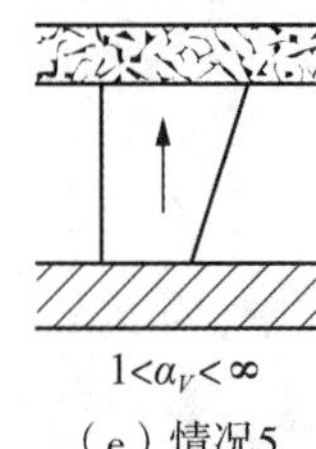
$1<\alpha_V<\infty$
(e)情况5

图 3-14　附加应力沿土层厚度的分布情况

情况 1：$a_V = 1$，基础底面积很大而压缩土层厚度又很薄的情况和上下双面排水的情况属于情况 1。

情况 2：$a_V = 0$，大面积水力冲填土在自重应力下固结时属于这种情况。

情况 3：$a_V = \infty$，当基础底面积较小，压缩土层又较厚时，土层底面处的附加应力将接近零。

情况 4：$a_V < 1$，当地基在自重应力作用下尚未固结完成就在上面建造建筑物时属于这种情况。

情况 5：$a_V > 1$，一般地基中的附加应力分布均属于这种情况。

以上 5 种情况是按单面排水划分的。当为双面排水时，无论附加应力如何分布，均按情况 1($a_V = 1$)计算，即适用于式(3-29)，但取用的土层厚度按 $\frac{1}{2}H$ 计算。

当为情况 2 时，U_t 与 T_V 的关系式如下：

$$U_{t2} = 1 - \frac{32}{\pi^3}e^{-\frac{\pi^2}{4}T_V} \tag{3-32}$$

当为情况 3 时，有：

$$U_{t3}=2U_{t1}-U_{t2} \tag{3-33}$$

当为情况 4 和 5 时，有：

$$U_{t4}=U_{t5}=U_{t1}+\frac{a_V-1}{a_V+1}(U_{t1}-U_{t2}) \tag{3-34}$$

为便于实用，将 U_t 与 T_V 之间的关系制成曲线图，见图 3-15。图中，$a_V=1$ 曲线对应情况 1；$a_V=0$ 曲线对应情况 2；$a_V=\infty$ 曲线对应情况 3；$a_V=0.2$、0.4、0.6、0.8 曲线对应情况 4；$a_V=2$、4、8 曲线对应情况 5。

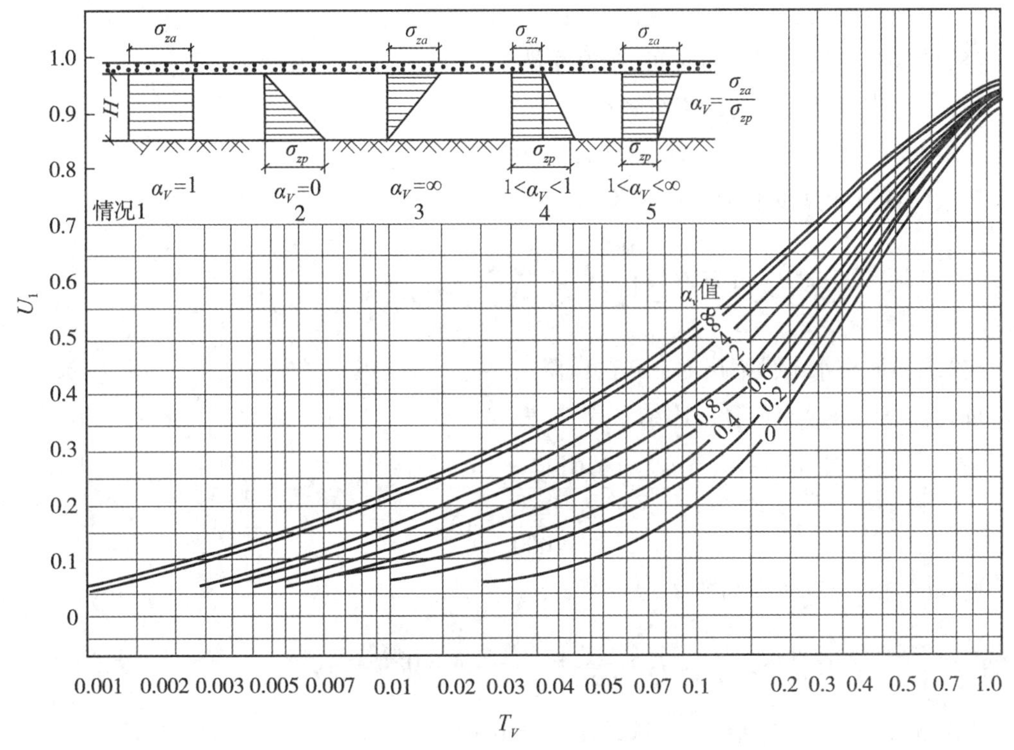

图 3-15　U_t-T_V 关系曲线

前已述及，饱和黏性土由于渗透性差，渗流固结沉降所持续的时间是一个很长的过程。随着加载历时的延长，固结度将逐渐提高，渗透系数将逐渐减小，沉降速度将逐渐减低。如果再考虑到次固结沉降问题，这个过程将更漫长。按照一维固结理论，当时间因数 T_V 增长到 2 时，固结度 U_t 已达到 99%以上，剩余沉降虽可能持续很长时间，但剩余沉降量已很微小。

一维固结理论假定土层只在竖向压缩和渗流，这种假定与土样在侧限条件下的压缩固结过程是相同的。但在工程实践中所遇到的问题多数都存在一定程度的侧向变形和渗流，应属于二维固结问题。此外，尚有非饱和土的固结问题，对这些问题尚有专门研究，此处不再述及。

实践证明，应用一维固结理论计算的结果与实测值常有较大出入。实测土层的固结沉降速度要大于计算值。一维固结理论虽然存在这些缺陷，但较为方便实用，仍是目前常用的计算方法。

[**例题 3-3**]　某饱和黏土层厚度 8m，该土层表面作用有大面积均布荷载 $p_0 = 160\text{kPa}$，已知该土层的初始孔隙比 $e_0 = 1.0$，压缩系数 $\alpha = 0.3\text{MPa}^{-1}$，渗透系数 $k = 0.0144\text{m/年}$。试求：

(1)该黏土层的最终沉降量；

(2)单面排水条件下历时一年的沉降量；

(3)双面排水条件下历时一年的沉降量；

(4)单面排水条件下当沉降量达 100mm 时需多长时间；

(5)全部沉降完约需要的时间(按单面排水)。

解：(1)求该黏土层的最终沉降量。

按附加应力沿厚度均布，则 $\sigma_z = p_0 = 160\text{kPa}$。

按式(3-17)计算该土层最终沉降量为：

$$s = \frac{\sigma_z H}{E_s} = \frac{\alpha\,\bar{\sigma}_z H}{1 + e_0} = \frac{\dfrac{0.3}{1000} \times 160 \times 8}{1 + 1} = 0.192(\text{m}) = 192(\text{mm})$$

(2)求单面排水条件下历时一年的沉降量。

按式(3-31)计算土的竖向固结系数 C_V 为

$$C_V = \frac{k(1 + e_0)}{\alpha\gamma_\omega} = \frac{0.0144 \times (1 + 1)}{\dfrac{0.3}{1000} \times 10} = 9.6(\text{m}^2/\text{年})$$

按式(3-30)计算时间因数 T_V 为

$$T_V = \frac{C_V t}{H^2} = \frac{9.6 \times 1}{8^2} = 0.15$$

查图 3-15 中 $a_V = 1$ 曲线，得固结度 $U_t = 0.44$。

历时一年的沉降量为

$$s_t = 192 \times 0.44 = 84.5(\text{mm})$$

(3)求双面排水条件下历时一年的沉降量。

计算时间因数 T_V：

$$T_V = \frac{C_V t}{\left(\dfrac{H}{2}\right)^2} = \frac{9.6 \times 1}{\left(\dfrac{8}{2}\right)^2} = 0.6$$

查图 3-15，得固结度 $U_t = 0.81$。

$$s_t = 192 \times 0.81 = 155.5(\text{mm})$$

(4)求单面排水条件下沉降 100mm 所需时间。

计算沉降 100mm 时的固结度 U_t 为

$$U_t = \frac{100}{192} = 0.52$$

查图 3-15，得时间因数 $T_V = 0.21$。

沉降 100mm 所需时间 t 为

$$t = \frac{T_V H^2}{C_V} = \frac{0.21 \times 8^2}{9.6} = 1.4\ (\text{年})$$

(5)求沉降完成所需的时间。

按固结度 $U_t = 1$ 时，时间因数 $T_V = 2$ 计算：

$$t = \frac{T_V H^2}{C_V} = \frac{2 \times 8^2}{9.6} = 13.3\ (\text{年})$$

[**例题 3-4**]　某地基饱和黏土层如图 3-16 所示。设黏土层的初始孔隙比 $e_0 = 0.8$，压缩系数 $\alpha = 0.25\text{MPa}^{-1}$，渗透系数 $k = 0.02\text{m/年}$。试求：

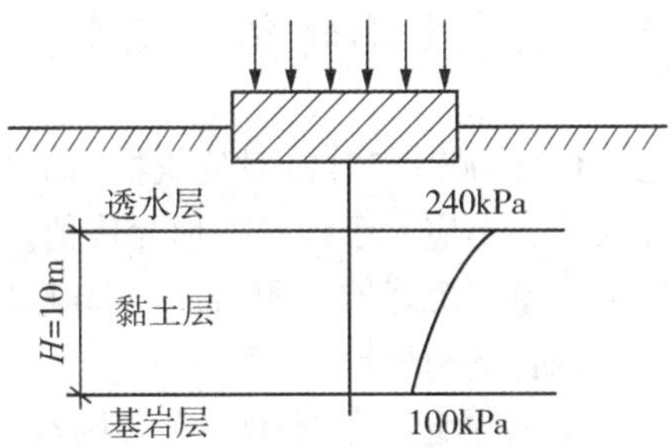

图 3-16　例题 3-4 附图

(1)该黏土层的最终沉降量；

(2)历时一年的沉降量；

(3)沉降 100mm 所需的时间。

解：(1)求该黏土层的最终沉降量。

$$s = \frac{\alpha \bar{\sigma}_z H}{1 + e_0} = \frac{\frac{0.25}{1000} \times \frac{240 + 100}{2} \times 10}{1 + 0.8} = 0.236(\text{m}) = 236(\text{mm})$$

(2)求历时一年的沉降量。

计算土的竖向固结系数 C_V 为

$$C_V = \frac{k(1 + e_0)}{\alpha \gamma_\omega} = \frac{0.02 \times (1 + 0.8)}{\frac{0.25}{1000} \times 10} = 14.4(\text{m}^2/\text{年})$$

计算时间因数 T_V 为

$$T_V = \frac{C_V t}{H^2} = \frac{14.4 \times 1}{10^2} = 0.144$$

查图 3-15，按 $\alpha_V = \frac{240}{100} = 2.4$ 查得 $U_t = 0.5$。

历时一年的沉降量为

$$s_t = 236 \times 0.5 = 118(\text{mm})$$

(3)求沉降 100mm 所需的时间。

计算沉降 100mm 时的固结度 U_t 为

$$U_t = \frac{100}{236} = 0.42$$

按 $U_t = 0.42$，$\alpha_V = 2.4$ 查图 3-15，得 $T_V = 0.095$。

计算沉降 100mm 所需的时间为

$$t = \frac{T_V H^2}{C_V} = \frac{0.095 \times 10^2}{14.4} = 0.66\,(\text{年})$$

第五节　地基变形特征及变形允许值

《建筑地基基础设计规范》(GB50007—2011)对建筑物的地基变形计算规定如下：

(1)建筑物的地基变形计算值，不应大于地基变形允许值。

(2)地基变形特征可分为沉降量、沉降差、倾斜、局部倾斜四种情况。

(3)在计算地基变形时，应符合下列规定：

①由于建筑地基不均匀、荷载差异很大、体型复杂等因素引起的地基变形，对于砌体承重结构，应由局部倾斜值控制；对于框架结构和单层排架结构，应由相邻柱基的沉降差控制；对于多层或高层建筑和高耸结构，应由倾斜值控制；必要时，尚应控制平均沉降量。

②在必要情况下，需要分别预估建筑物在施工期间的地基变形量，以便预留建筑物有关部分之间的净空，选择连接方法和施工顺序。

(4)建筑物的地基变形允许值应按表 3-10 规定采用。对表中未包括的建筑物，其地基变形允许值应根据上部结构对地基变形的适应能力和使用上的要求确定。

表 3-10　**建筑物的地基变形允许值**

变形特征		地基土类别	
		中、低压缩性土	高压缩性土
砌体承重结构的局部倾斜		0.002	0.003
工业与民用建筑相邻柱基的沉降差	框架结构	0.002 l	0.003 l
	砌体墙填充的边排柱	0.0007 l	0.001 l
	当基础不均匀沉降时不产生附加应力的结构	0.005 l	0.005 l
单层排架结构(柱距为 6m)柱基的沉降量(mm)		(120)	200

续表

变形特征		地基土类别	
		中、低压缩性土	高压缩性土
桥式吊车轨道面的倾斜（按不调整轨道考虑）	纵向	0.004	
	横向	0.003	
多层和高层建筑的整体倾斜	$H_g\le24$	0.004	
	$24<H_g\le60$	0.003	
	$60<H_g\le100$	0.0025	
	$H_g>100$	0.002	
体型简单的高层建筑的平均沉降量(mm)		200	
高耸结构基础的倾斜	$H_g\le20$	0.008	
	$20<H_g\le50$	0.006	
	$50<H_g\le100$	0.005	
	$100<H_g\le150$	0.004	
	$150<H_g\le200$	0.003	
	$200<H_g\le250$	0.002	
高耸结构基础的沉降量(mm)	$H_g\le100$	400	
	$100<H_g\le200$	300	
	$200<H_g\le250$	200	

注：1. 本表数值为建筑物地基实际最终变形允许值；

2. 有括号者仅适用于中压缩性土；

3. l 为相邻柱基的中心距离(mm)；H_g 为自室外地面起算的建筑物高度(m)；

4. 倾斜指基础倾斜方向两端的沉降差与其距离的比值；

5. 局部倾斜指砌体承重结构沿纵向 6~10m 内基础两点的沉降差与其距离的比值。

思　考　题

1. 工程中常用的压缩性指标有哪几个？它们之间有什么关系？如何判断土的压缩性高低？

2. 比较分层总和法与规范法计算地基沉降量的优缺点。

3. 有些建筑物有主楼和裙楼，主楼一般很高，裙楼要低得多。从沉降方面考虑，施工时应该先施工哪一部分？为什么？

习　　题

1. 某正方形基础底面尺寸为 1.5m × 1.5m，埋深 d = 1.2m，基底附加压力 p_0 = 136kPa，地质剖面如下图所示。试求：(1)判定基础底面下各土层的压缩性高低。(2)按分层总和法和规范法各自计算该基础的最终沉降量。

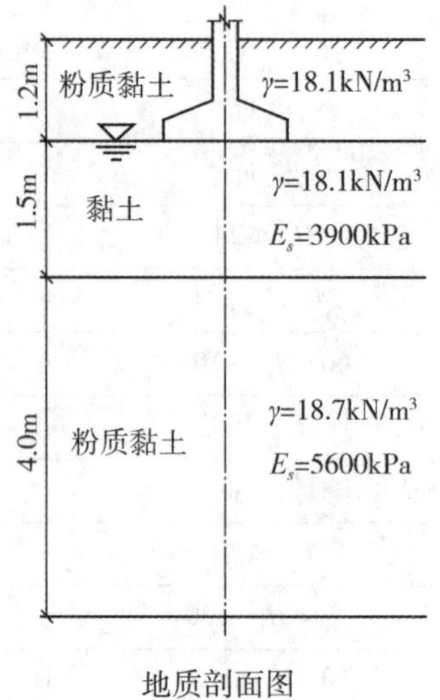

地质剖面图

2. 下图所示柱下独立基础，设基础底面处的平均压力 p = 198kN/m^2，基础埋深 d = 1.5m，地质勘察资料如下：第一层，杂填土，厚 1.5m，γ = 18.6kN/m^3；第二层，厚 2.0m，压缩模量 E_s = 8.2N/mm^2；第三层，厚 2.0m，压缩模量 E_s = 12.5N/mm^2。试求：(1)两侧基础 B 对中间基础 A 沉降的影响；(2)用规范法计算基础 A 的最终沉降量。

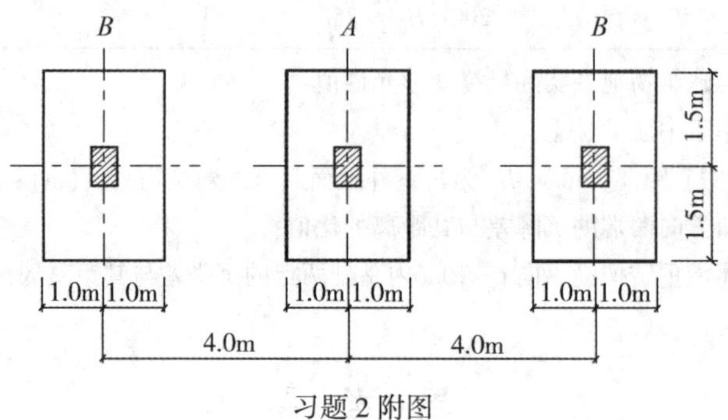

习题 2 附图

3. 某饱和黏土层厚度为 13m，上有大面积均布荷载 p_0 = 150kPa，并已知该土层的初始孔隙比 e = 1.0，压缩系数 α = 0.45MPa^{-1}，渗透系数 k = 1.6cm/年，按单面排水计算：(1)加荷一年后的沉降量；(2)沉降量达到 170mm 所需的时间。

第四章　土的抗剪强度

第一节　土的抗剪强度定律

地基土在受到外加荷载之后，将在土体内产生附加应力，附加应力不仅包括前面已经讨论过的正应力，也包括剪应力。当剪应力达到某一量值时，土体就会被剪切破坏。土的这种抵抗剪切破坏的极限能力，称作土的抗剪强度。

土的抗剪强度是土的重要力学性质指标。工程实践和试验都表明，土体的破坏，其本质属于剪切破坏，这方面最直观的例子就是高且陡的土坡在雨天容易产生滑坡，滑裂面就是剪切破坏面。当土作为地基时，看起来是受压，但当地基被破坏时，实际上是基础将其下的土体向两侧挤出，挤出土体的滑裂面就是剪切破坏面。只是这种情况发生在地下，不易直接观察到，但有时能看到基础两侧的土体隆起。

土的剪切破坏并不是将土颗粒剪开，这是因为土颗粒自身的强度远大于土颗粒之间的连结强度，当土体被剪切破坏时，是土体沿土颗粒之间的接触面相互错动而发生的。

在工程实践中，有关地基承载力、挡土墙的土压力等问题，都与土的抗剪强度有关。土的抗剪强度取决于土的类型及组成、土的结构、含水量、土的应力历史等诸多因素，研究土的抗剪强度是土力学的重要内容之一。

一、库仑定律

图 4-1 所示是直接剪切示意图(直剪试验见第三节)。在土样上施加有垂直力 F，土样在力 T 的作用下沿一水平面被剪切破坏。设土样的受剪面积为 A，则作用于剪切面上的法向应力为 $\sigma = \dfrac{F}{A}$，土的抗剪强度为 $\tau_f = \dfrac{T}{A}$。

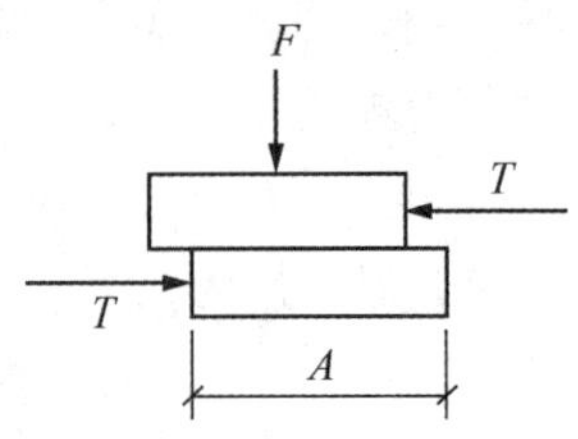

图 4-1　直接剪切示意图

法国学者库仑通过对砂土的一系列试验，提出了砂土的抗剪强度数学表达式如下(见图 4-2)：

$$\tau_f = \sigma \tan\varphi \tag{4-1}$$

库仑又通过对黏性土的试验，提出了更具普遍性的表达式：

$$\tau_f = c + \sigma \tan\varphi \tag{4-2}$$

式中，τ_f ——土的抗剪强度，kPa；

σ ——剪切面上的法向应力，kPa；

c ——土的黏聚力，kPa(实际为黏聚力强度)；

φ ——土的内摩擦角，°。

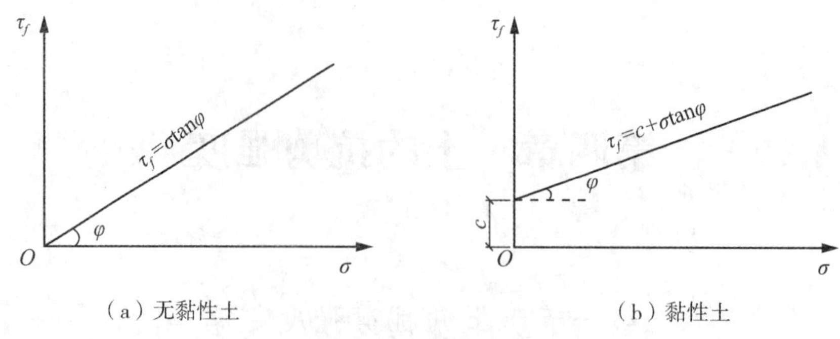

（a）无黏性土　　　　（b）黏性土

图 4-2　土的抗剪强度曲线

式(4-1)和式(4-2)称为库仑定律。库仑定律表明，土的抗剪强度取决于三项因素：剪切面上的法向应力 σ ；黏聚力 c 和内摩擦角 φ 。其中，第一项法向应力 σ 是外部因素，土的抗剪强度与法向应力成正比；后两项黏聚力 c 和内摩擦角 φ 是土本身的物理性质，称为土的抗剪强度指标。在这两项指标中，黏聚力 c 是黏性土的特有性质，不含黏土颗粒的粗颗粒土黏聚力为零；内摩擦角 φ 是反映土体内摩擦力的一项指标，土体的内摩擦力是由土颗粒之间接触面上的滑动摩擦和土颗粒之间的相互咬合而引起的，颗粒小而圆、密实度低的土内摩擦角小，颗粒大而有棱角、密实度高的土内摩擦角就大。

二、库仑定律的有效应力表示法

由上述知，土体的内摩擦力来自土颗粒之间的相互咬合和接触摩擦，而法向应力的增大则起到了增强这种咬合和摩擦的作用。但是对于饱和土，如果法向应力只是使孔隙水压力升高，而没有转变为有效的粒间应力，也就起不到增强粒间咬合和摩擦的作用，内摩擦力也就不会随法向应力的增大而增大，这就是说，用上述二式表达库仑定律是有缺陷的。

根据有效应力原理，式(4-1)和式(4-2)是用总应力法表达的库仑定律。当用有效应力法表达时，应为以下二式：

$$\tau_f = \sigma'\tan\varphi' \tag{4-3}$$

$$\tau_f = c' + \sigma'\tan\varphi' \tag{4-4}$$

$$\sigma' = \sigma - u$$

式中，σ' ——剪切面上的法向有效应力；

c' ——土的有效黏聚力；

φ' ——土的有效内摩擦角。

用有效应力法表达土的剪切强度在概念上是合理的，但在工程应用中，需要测定孔隙水压力，这有时不易做到，所以，有效应力法的应用受到一定限制。而总应力法尽管不尽合理，但由于简单方便，在工程实践中还是得到了广泛应用。

第二节　土的极限平衡理论

一、土中任一点的应力状态

土体中的某一点是否被剪切破坏，决定于该点的抗剪强度和应力状态。土体中某一点的应力状态是个空间问题，可在土中任一点取一正六面单元体来研究，如图 4-3(a)所示。作用在正六面体上的三个主应力分别为 σ_1、σ_2、σ_3。在正六面体上取一斜截面 $m-m$，由于 σ_2 对所取斜截面上的应力状态影响很小，为了使问题简化，在 y 轴方向取 1，将空间问题化为平面问题来研究，如图 4-3(b)所示。

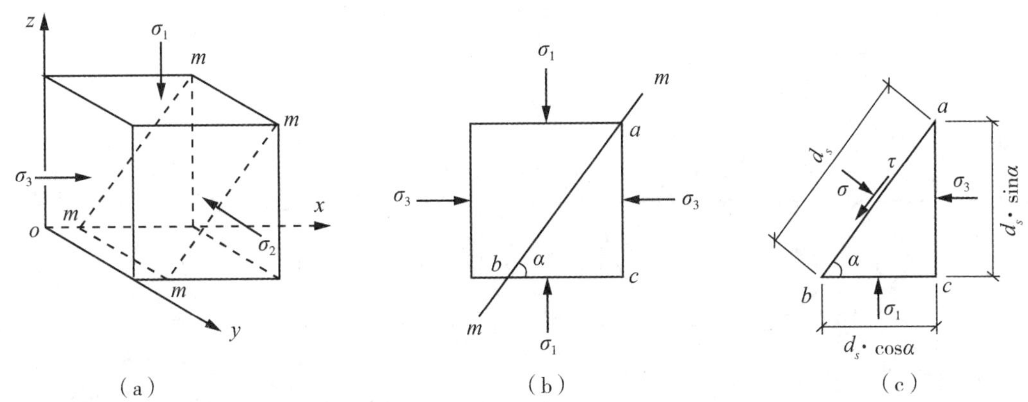

图 4-3　土中任一点的应力状态

在图 4-3(b)中，作用在单元体上的大主应力为 σ_1，小主应力为 σ_3。现取 $m-m$ 斜截面右下方的三角形 abc 作为隔离体，见图 4-3(c)。三角形斜面与大主应力 σ_1 作用面(水平面)的夹角为 α，斜面上作用有法向应力 σ 和切向应力 τ（σ 和 τ 由去掉的上 σ_1 和左 σ_3 各自分解为平行于和垂直于 $m-m$ 斜截面的分力，然后叠加而得）。根据静力平衡条件，可得

$$\sum x = 0\,,\ \sigma_3 \cdot ds \cdot \sin\alpha - \sigma \cdot ds \cdot \sin\alpha + \tau \cdot ds \cdot \cos\alpha = 0 \tag{a}$$

$$\sum z = 0\,,\ \sigma_1 \cdot ds \cdot \cos\alpha - \sigma \cdot ds \cdot \cos\alpha - \tau \cdot ds \cdot \sin\alpha = 0 \tag{b}$$

解以上方程组，可以得到 $m-m$ 斜面上的法向应力 σ 和剪应力 τ 的计算式如下：

$$\sigma = \frac{\sigma_1 + \sigma_3}{2} + \frac{\sigma_1 - \sigma_3}{2}\cos 2\alpha \tag{4-5}$$

$$\tau = \frac{\sigma_1 - \sigma_3}{2}\sin 2\alpha \tag{4-6}$$

将式(4-5)和式(4-6)变换如下：

$$\left(\sigma - \frac{\sigma_1 + \sigma_3}{2}\right)^2 = \left(\frac{\sigma_1 - \sigma_3}{2}\right)^2 \cos^2 2\alpha \tag{c}$$

$$\tau^2 = \left(\frac{\sigma_1 - \sigma_3}{2}\right)^2 \sin^2 2\alpha \tag{d}$$

将(c)、(d)二式相加，得

$$\left(\sigma - \frac{\sigma_1 + \sigma_3}{2}\right)^2 + \tau^2 = \left(\frac{\sigma_1 - \sigma_3}{2}\right)^2 \tag{e}$$

我们知道，若以圆心为原点建立坐标系(x 、y)，以 R 表示圆的半径，则圆的解析方程为：$x^2 + y^2 = R^2$。可以看出，式(e)既是一个圆的方程，圆心坐标为 $\left(\frac{\sigma_1 + \sigma_3}{2}, 0\right)$ ，圆的半径为 $\frac{\sigma_1 - \sigma_2}{2}$ ，将其绘制在 τ-σ 坐标系中，这个圆称作莫尔应力圆，见图 4-4(a)。

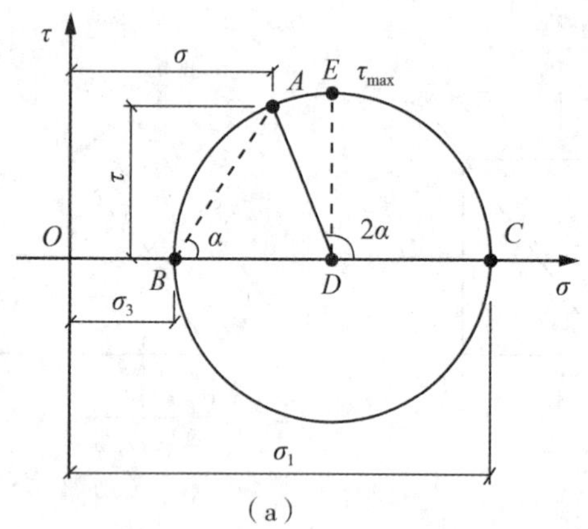

(a)

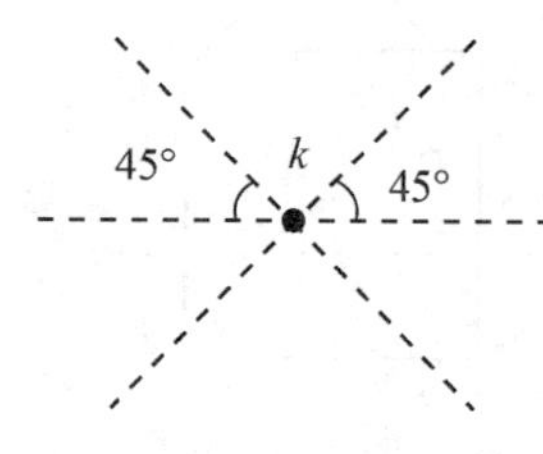

(b)过土中一点k有两个45°斜截面

图 4-4　莫尔应力圆

利用莫尔应力圆可以图解土中任一点的应力状态。作图时，以 σ 为横坐标，以 τ 为纵坐标，按比例在 σ 轴上截取 $OB = \sigma_3$，$OD = \frac{\sigma_1 + \sigma_3}{2}$ ，以 D 点为圆心，以 $BD = \frac{\sigma_1 - \sigma_3}{2}$ 为半径画圆，从 DC 开始逆时针旋转 2α 角，在圆周上得到一点 A ，A 点即代表土中一点在与大主应力 σ_1 作用面(水平面)成 α 角的截面上的应力状态，A 点的横坐标为该截面上的法向应力 σ ，纵坐标为该截面上的剪应力(切向应力) τ ，见图 4-3(c)。

从图 4-4 中的几何关系还可以看出，当 $2\alpha = 90°$ ($\alpha = 45°$)时，其应力状态由 E 点表示，这时的剪应力达到最大值，等于莫尔圆的半径，于是可得出如下结论：土中任一点的最大剪应力 τ_{max} 发生在 $\alpha = 45°$ 角的斜截面上，该截面上的剪应力和法向应力分别为

$$\tau_{max} = \frac{\sigma_1 - \sigma_3}{2} \tag{4-7}$$

$$\sigma = \frac{\sigma_1 + \sigma_3}{2} \tag{4-8}$$

由于过土中一点(图 4-4(b)中 k 点)作与大主应力 σ_1 作用面等于 45° 的角可以做出两个，所以，最大剪应力截面实际上是呈 X 型的两个，其他角度时亦然，见图 4-4(b)。

二、土的极限平衡条件

莫尔圆上的每一个点都代表土中一个相应 α 角截面上的应力状态。若大、小主应力 σ_1 和 σ_3 不变，改变所取截面的倾角 α ，就可以得出无数组 σ-τ 组合。这就是说，不同倾角截面上法向应力和剪应力都是不同的。由库仑定律知，不同的法向应力 σ 可以得到不同的抗剪强度 τ_f ，所以在每一个不同倾角 α 的截面上，都有一对不同的抗剪强度 τ_f 和剪应力 τ 的组合。根据每一截面上 τ_f 和 τ 的相对大小和不同的 σ_1 与 σ_3，土中任一点可能出现的情况有如下三种：

(1) $\tau < \tau_f$ ，即在相应倾角 α 的截面上剪应力小于它的抗剪强度，则该截面处于弹性平衡状态。若土中某一点在任意倾角 α 的截面上剪应力都小于它的抗剪强度，则该点就处于弹性平衡状态，不会被剪切破坏。

(2) $\tau = \tau_f$ ，即在相应倾角 α 的截面上剪应力等于它的抗剪强度，则该截面处于极限平衡状态。对于土中一点，只要有一个截面上的剪应力达到它的抗剪强度，该点就达到了剪切破坏的临界(极限)状态。

(3) $\tau > \tau_f$ ，即在相应倾角 α 的截面上剪应力大于它的抗剪强度，理论上讲，该截面已经被剪切破坏，但实际上应力不可能大于强度，因为在此之前，土单元早已沿某一截面被剪切破坏了。

把库仑的抗剪强度线和莫尔应力圆画在同一个 σ-τ 坐标系中，能够较为直观地反映出上述情况，如图 4-5 所示。

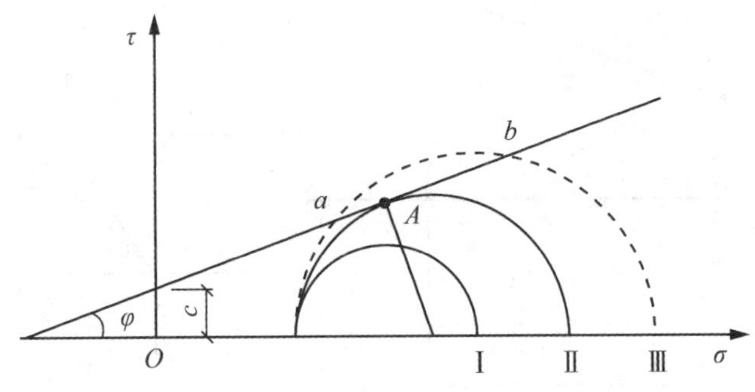

图 4-5　抗剪强度线与莫尔应力圆

图 4-5 中，每一个应力圆表示土中某一点的一种应力状态。应力圆Ⅰ与抗剪强度线没有交点，表明土中该点在任一截面上的剪应力都小于抗剪强度，属于上述第一种情况，该点是安全的；应力圆Ⅱ与抗剪强度线在 A 点相切，则在 A 点所代表的截面上，剪应力等于抗剪强度，属于上述第二种情况，称作极限平衡状态；应力圆Ⅲ与抗剪强度线相割，则在割弧 ab 段上的任一点所代表的截面上，剪应力都大于抗剪强度，属于上述第三种情况。

由上述可知，当莫尔应力圆与库仑强度线相切时，应力圆所表示的土中某点即已达到极限平衡状态，见图 4-6。在图中取三角形 $AO'D$ ，应用三角函数的知识经推导后，即可得到土中某一点处于极限平衡状态时，大小主应力 σ_1、σ_3 和内摩擦角 φ 之间的关系式，称为土的极限平衡条件。

对于黏性土：

$$\sigma_1 = \sigma_3 \tan^2\left(45° + \frac{\varphi}{2}\right) + 2c \cdot \tan\left(45° + \frac{\varphi}{2}\right) \tag{4-9}$$

$$\sigma_3 = \sigma_1 \tan^2\left(45° - \frac{\varphi}{2}\right) - 2c \cdot \tan\left(45° - \frac{\varphi}{2}\right) \tag{4-10}$$

对于砂土($c = 0$)：

$$\sigma_1 = \sigma_3 \tan^2\left(45° + \frac{\varphi}{2}\right) \tag{4-11}$$

$$\sigma_3 = \sigma_1 \tan^2\left(45° - \frac{\varphi}{2}\right) \tag{4-12}$$

以上极限平衡条件也就是判定土体是否剪切破坏的强度条件。

由图 4-6 中的几何关系可知，土被剪切破坏时，破裂面与大主应力 σ_1 作用面的夹角 α 符合下式：

$$\alpha = 45° + \frac{\varphi}{2} \tag{4-13}$$

这说明，剪切破裂面一般并不与最大剪应力面相一致，见图 4-7。

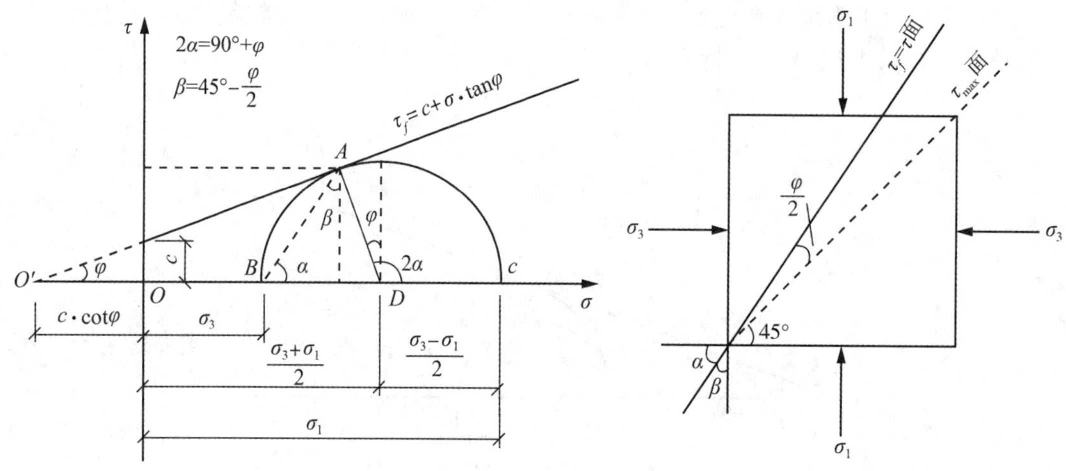

图 4-6　土中某点的极限平衡状态　　　图 4-7　破裂面与最大剪应力面不一致

由于大、小两个主应力相差 90°，所以破裂面与小主应力 σ_3 作用面的夹角 β 为

$$\beta = 45° - \frac{\varphi}{2} \tag{4-14}$$

对于粗颗粒土，由于其内摩擦角大，剪切破裂面的倾角 α 就大，如滑坡时，坡角更加陡直；对于细颗粒土，由于内摩擦角小，剪切破裂面的倾角 α 就小。对于饱和黏性土，由于内摩擦角接近零，破裂面就与最大剪应力面($\alpha = 45°$)基本一致。

[**例题 4-1**]　已知土中某点的大主应力 $\sigma_1 = 500\text{kPa}$，小主应力 $\sigma_3 = 150\text{kPa}$，试求角 $\alpha = 50°$ 的截面上法向应力 σ 和剪应力 τ 。

解：$\sigma = \frac{\sigma_1 + \sigma_3}{2} + \frac{\sigma_1 - \sigma_3}{2}\cos 2\alpha$

$= \frac{500 + 150}{2} + \frac{500 - 150}{2} \times \cos 100° = 294.6(\text{kPa})$

$\tau = \frac{\sigma_1 - \sigma_3}{2}\sin 2\alpha = \frac{500 - 150}{2} \times \sin 100° = 172.3(\text{kPa})$

[**例题 4-2**]　已知地基中某点的大主应力 $\sigma_1 = 400\text{kPa}$，小主应力 $\sigma_3 = 150\text{kPa}$。并测得土的抗剪强度指标 $c = 20\text{kPa}$, $\varphi = 26°$，试问：土在该点是否被剪切破坏？

解：设达到极限平衡状态时的大主应力为 σ_{1f}，则

$$\sigma_{1f} = \sigma_3 \tan^2\left(45° + \frac{\varphi}{2}\right) + 2c \cdot \tan\left(45° + \frac{\varphi}{2}\right)$$

$$= 150 \times \tan^2(45° + 13°) + 2 \times 20 \times \tan(45° + 13°)$$

$$= 448.2(\text{kPa})$$

$$\sigma_1 = 400\text{kPa} < \sigma_{1f} = 448.2\text{kPa}$$

说明尚未达到剪切破坏的极限状态，不会被破坏。

第三节　土的抗剪强度试验

土的抗剪强度指标由试验测定，试验方法有多种，包括室内试验和现场原位测试。室内试验有直剪试验、三轴压缩试验和无侧限抗压强度试验；原位测试有十字板剪切试验等。

一、直接剪切试验

直接剪切试验简称直剪试验，试验仪器称直剪仪。如图 4-8 所示，直剪仪由剪切盒(分上、下盒)、垂直加压装置、剪切传动装置和测力装置等组成。

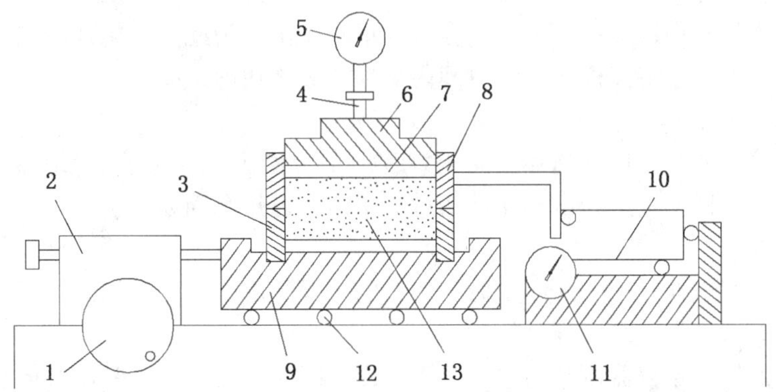

1—剪切传动机构；2—推动器；3—下盒；4—垂直加压框架；5—垂直位移计；6—传压板；7—透水板；8—上盒；9 储水盒；10—测力计；11—水平位移计；12—滚珠；13—试样

图 4-8　应变控制式直剪仪

试验时，先将直剪仪的上、下盒对正，再将试样由环刀推入盒内，试样呈圆柱体形，试样上下各有一块透水石。装好试样后，根据工程实际和土样的软硬程度，通过加压装置对土样分级施加垂直压力，该压力垂直于剪切面，即为法向应力 σ 。然后转动手轮推动下盒，使土样在上、下盒之间的水平剪切面上产生剪切变形，直至破坏，这时，作用在剪切面上的剪应力 τ 就等于土样的抗剪强度 τ_f 。

直剪试验时，一组试样不得少于 4 个，对每个试样分别施加不同的法向应力 σ_1、σ_2、σ_3、σ_4，可得到 4 个相应的抗剪强度 τ_{f1} 、τ_{f2} 、τ_{f3} 、τ_{f4} ，将它们绘于 σ-τ 坐标系中，即可得到该土样的抗剪强度线，如图 4-9 所示。

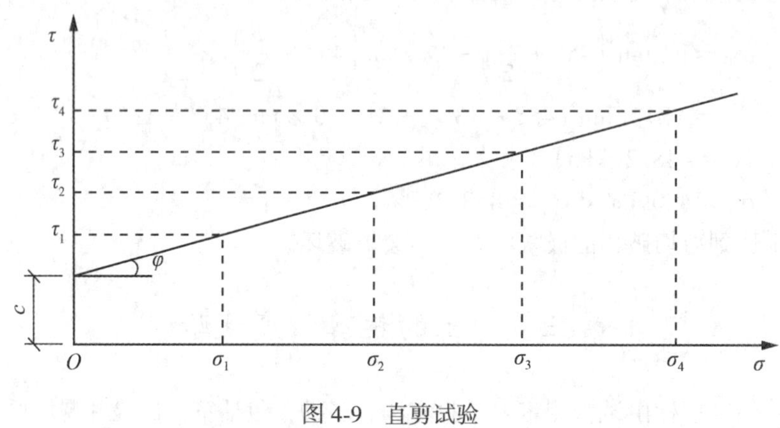

图 4-9 直剪试验

在工程实践中，地基土的受荷条件是各不相同的，土的抗剪强度不仅与土本身的类型有关，现场地基土的渗流固结条件对抗剪强度影响也很大，为了近似地模拟现场地基土的实际工况，直剪试验又分为快剪、固结快剪和慢剪三种方法。

1. 快剪试验

快剪试验就是在对试样施加法向压力和剪力时，使试样内的孔隙水不排出、土样也就不能固结。为了尽量控制排水，安装时，在试样上下放上不透水的硬塑料膜。但由于在直剪仪上、下盒之间及周边存在缝隙，仍会有少量水排出。为此，在施加法向压力后，应立即快速施加水平剪力，将试样在很短时间内剪损，故称快剪试验。

2. 固结快剪试验

固结快剪试验是使试样在施加法向压力后充分排水固结，待固结稳定后再施加剪力使试样快速减损。这样，可认为试样在剪切过程中是不再排水固结的。

3. 慢剪试验

慢剪试验是使试样在施加法向压力和剪力的过程中都能充分排水固结。所以慢剪试验必须缓慢，才能给排水固结以充分的时间。

直剪试验的优点是仪器设备简单，操作方便，故在一般工程中常用。但它的缺点也较明显，主要是：

(1)由上一节的讨论已知，土的剪切破裂面是一个斜平面，但在直剪试验中，只能限定在上、下盒之间的水平面上；

(2)剪切破坏先从边缘开始，使边缘处产生应力集中，剪切过程中，剪切面上的应力分布是不均匀的，而我们却是按均匀分布考虑的；

(3)试验中不能严格控制排水，而排水条件对试验结果影响又很大。

二、三轴压缩试验

三轴压缩试验是比较完善的试验方法，设备也要比直剪仪复杂得多，见图4-10。三轴压缩仪的主要组成部分有：压力室、轴向加压设备、周围压力系统、孔压量测系统等。

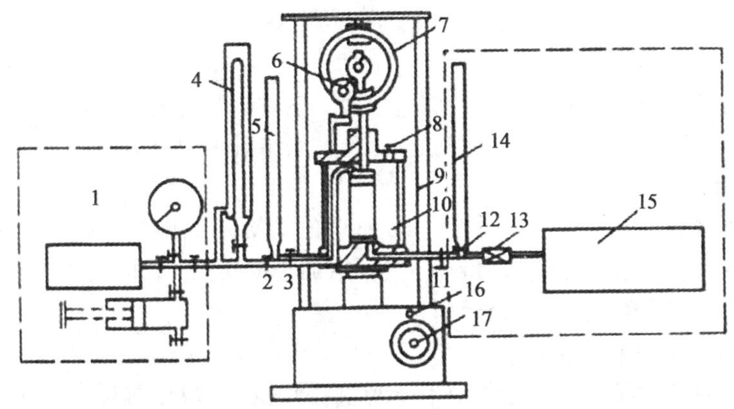

1—周围压力系统；2—周围压力阀；3—排水阀；4—体变管；5—排水管；6—轴向位移表；7—测力计；8—排气孔；9—轴向加压设备；10—压力室；11—孔压阀；12—量管阀；13—孔压传感器；14—量管；15—孔压量测系统；16—离合器；17—手轮

图4-10 应变控制式三轴仪

三轴压缩试验所用的试样是一个圆柱体，直径在 ϕ35～101mm之间，高度为直径的2～2.5倍，试样外套上橡皮膜，放入压力室。

试验时，先向密闭的压力室注水，使试样在各个方向都受到相同的周围压力(注水压力) σ_3，并保持该围压力在试验过程中不变。这时，试样在各个方向压力相等，不产生剪应力，见图4-11(a)。然后，在试样上端施加竖直方向压力并逐渐增大，直至试样被剪切破坏。

设剪切破坏时加在试样上的竖直压力为 $\Delta\sigma_1$，则试样处于极限状态时的大主应力 $\sigma_1=\sigma_3+\Delta\sigma_1$，小主应力为 σ_3，由此可画出一个极限莫尔应力圆，如图4-11(c)中的圆Ⅰ。用同一种土的若干个试样按上述方法分别在不同的围压 σ_3 下试验，则可分别得到不同的极限状态时的大主应力 σ_1，根据这些试验结果可绘出一组极限莫尔应力圆，如图4-11(c)中的圆Ⅰ、Ⅱ、Ⅲ、Ⅳ。由土的极限平衡条件可知，这些圆的公切线就是土的抗剪强度线，通常该线可近似地取一条直线。由图中的几何关系可求得土样的内摩擦角 φ 和黏聚力 c。

用三轴仪测定土的抗剪强度，剪切面不是人为确定的，并且试验全过程中，能够严格控制排水条件，以更好地模拟地基土的实际受剪情况，使测定结果更加准确、可靠。同时，三轴试验时，还可测得孔隙水压力，从而获得土样有效应力的变化情况及有效应力抗剪强度指标。

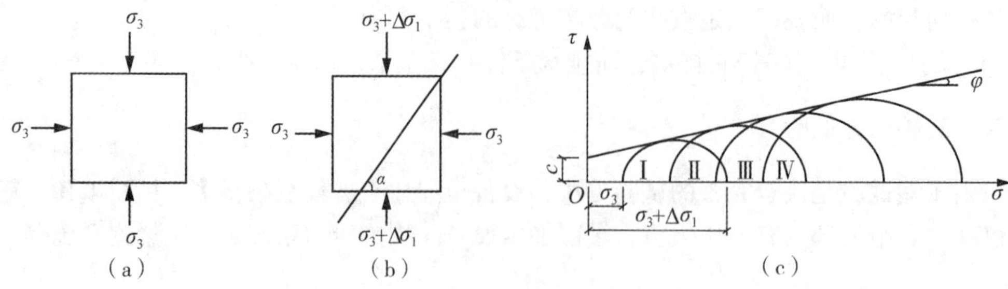

图 4-11 三轴压缩试验

对应于直剪试验中的快剪、固结快剪、慢剪，三轴试验的三种试验方法分别为：不固结不排水剪(UU)试验、固结不排水剪(CU)试验、固结排水剪(CD)试验。

1. 不固结不排水剪(UU)试验

不固结不排水剪试验简称 UU 试验，UU 试验的关键是不排水，试验开始就首先关闭排水阀，再向压力室充水施加围压力 σ_3，然后施加竖向压力(又称偏压力) $\Delta\sigma_1$，直至剪切破坏。UU 试验得到的抗剪强度指标用 φ_u、c_u 表示。

2. 固结不排水剪(CU)试验

固结不排水剪试验简称 CU 试验，CU 试验在施加围压力 σ_3 时打开排水阀，使试样充分排水固结，孔隙水压力充分消散，再关闭排水阀，然后施加竖向压力 $\Delta\sigma_1$，使试样在不排水的条件下剪切破坏。CU 试验得到的抗剪强度指标用 φ_{cu}、c_{cu} 表示。

3. 固结排水剪(CD)试验

固结排水剪试验简称 CD 试验，CD 试验在全过程中排水阀是一直打开的，试样先在围压 σ_3 下充分排水固结，然后在排水条件下施加竖向压力 $\Delta\sigma_1$，直至剪切破坏。CD 试验得到的抗剪强度指标用 φ_d、c_d 表示。

三、有效应力法抗剪强度

在三轴不排水剪试验时可测得孔隙水压力，于是可算出有效大、小主应力 σ'_1 和 σ'_3，剪切破坏时的大、小主应力按下式计算：

$$\sigma'_1 = \sigma_1 - u_f \tag{4-15a}$$

$$\sigma'_3 = \sigma_3 - u_f \tag{4-15b}$$

$$\sigma'_1 - \sigma'_3 = \sigma_1 - \sigma_3 \tag{4-15c}$$

式中，σ'_1——试样剪切破坏时的有效大主应力；

σ'_3——试样剪切破坏时的有效小主应力；

u_f——试样剪切破坏时的孔隙水压力。

由 σ'_1 和 σ'_3 可绘出试样在剪切破坏时的有效应力圆。并由式(4-15c)知，有效应力圆的直径 $\sigma'_1-\sigma'_3$ 与总应力圆直径 $\sigma_1-\sigma_3$ 是相等的。只是有效应力圆与总应力圆的圆心在横坐标轴上的位置不同，总是相差 $|u_f|$。就是说，若剪切破坏时，孔隙水压力 u_f 为正值，则有效应力小于总应力，有效应力圆应在总应力圆的左边；若剪切破坏时，孔隙水压力 u_f 为负值，则有效应力大于总应力，有效应力圆应在总应力圆的右边。

[**例题 4-3**] 一组 3 个黏土试样做三轴固结不排水剪试验，3 个试样分别在 σ_3 =

100kPa、200kPa、300kPa 下排水固结；剪切破坏时，3 个试样的大主应力 $\sigma_1(\sigma_3+\Delta\sigma_1)$ 分别为 220kPa、368kPa、516kPa；剪切破坏时的孔隙水压力分别为 33.5kPa、66.5kPa、100kPa。试求该黏土的总应力抗剪强度指标 φ_{cu}、c_{cu} 和有效应力抗剪强度指标 φ'、c'。

解：3 个总应力圆的半径分别为

Ⅰ：$\frac{220-100}{2}=60$

Ⅱ：$\frac{368-200}{2}=84$

Ⅲ：$\frac{516-300}{2}=108$

3 个总应力圆的圆心坐标分别为(σ 轴)

Ⅰ：$\frac{220+100}{2}=160$

Ⅱ：$\frac{368+200}{2}=284$

Ⅲ：$\frac{516+300}{2}=408$

3 个有效应力圆半径与总应力圆半径相等。

3 个有效应力圆圆心坐标分别为(σ 轴)

Ⅰ′：$160-33.5=126.5$

Ⅱ′：$284-66.5=217.5$

Ⅲ′：$408-100=308$

将 3 个总应力圆和 3 个有效应力圆按以上数据绘入 σ-τ 坐标系中，如图 4-12 所示。并由图中的几何关系可求得总应力和有效应力抗剪强度指标分别如下：

$$\varphi_{cu}=11.16°,\ c_{cu}=29.6\text{ kPa},\ \varphi'=15.35°,\ c'=27.4\text{ kPa}$$

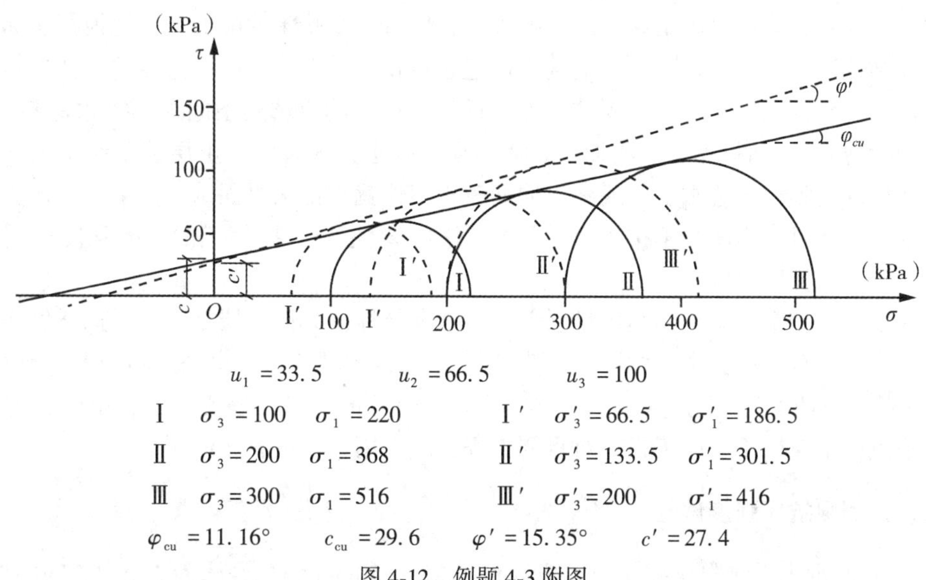

图 4-12　例题 4-3 附图

四、三种试验方法的比较与指标选用

在试验过程中，排水条件对试验结果有显著的影响。对同一种土而言，当以总应力法表示时，三种不同的试验方法所得到的抗剪强度线是不同的，如图 4-13 所示。不固结不排水剪(UU)试验时的内摩擦角 φ_u 最小，抗剪强度最低；固结排水剪(CD)试验时的内摩擦角 φ_d 最大，抗剪强度最高；固结不排水剪(CU)试验时的内摩擦角 φ_{cu} 居以上二者之间，抗剪强度也居二者之间。但若以有效应力法表示时，则无论采用哪种试验方法，得到的有效应力抗剪强度指标都是相同的。这就是说，有效应力与土的抗剪强度有唯一的对应关系，而总应力与土的抗剪强度则没有这种对应关系。

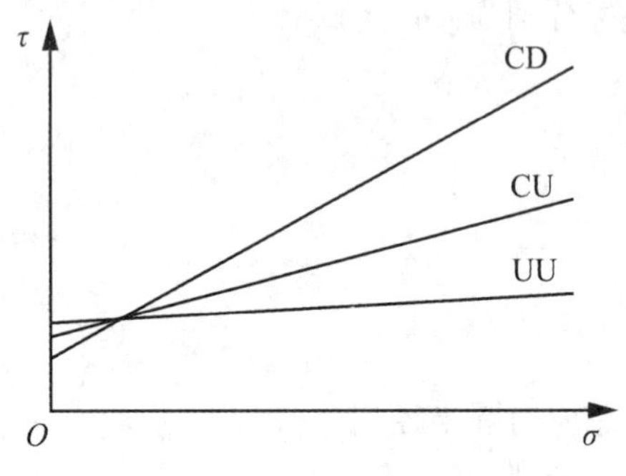

图 4-13　三种试验方法的比较

产生上述现象的原因或者说本质是土的渗流固结问题。不同的试验方法由于排水条件不同而使试样破坏时的固结度不同，抗剪强度也就不同。而有效应力的大小反映的也正是固结度的不同(参见第三章第四节)，所以对同一种土，有效应力与抗剪强度之间就有了唯一的对应关系。

在工程实践中，选用哪一种试验方法，应根据具体情况，考虑不同的土质、不同的加荷速率，对地基土体排水固结状态的影响程度，使室内试验条件能够较好地模拟实际工程的排水固结情况。例如，在软黏土地基上修建建筑物时，由于土的渗透性差，如果施工速度又较快，则在施工期间土的再固结程度就很低，这时就应选用不固结不排水剪(或直剪试验中的快剪)试验指标用于工程设计。而如果地基土为很薄的黏土层甚至粉土层，上或下又有较好的粗颗粒土透水层，或施工周期较长，这就给排水再固结提供了一个比较好的条件，这时，就可采用固结不排水剪(固结快剪)试验指标，以使土的抗剪强度得到更大的发挥，从而降低建设成本。

一般地说，较常采用不固结不排水剪抗剪强度指标作为设计依据，这样偏于保守，比较安全。此外，直剪试验中的“快”与“慢”是为了通过控制剪切速率来控制排水，因而“快剪”和“慢剪”应理解为“不排水剪”和“排水剪”的同义词。在工程实践中，由于直剪试验固有的缺点，常应用于一般工程。对重要工程，应采用三轴试验方法。

五、无侧限抗压强度试验

图 4-14 所示为无侧限压缩仪。试样为直径 35 ~ 50mm，高经比为 2 ~ 2.5 的圆柱体。

将试样放在底座上，转动手轮使底座上升，对试样施加竖直压力直至破坏，试样剪切破坏时的最大轴向压应力即为无侧限抗压强度，用 q_u 表示。

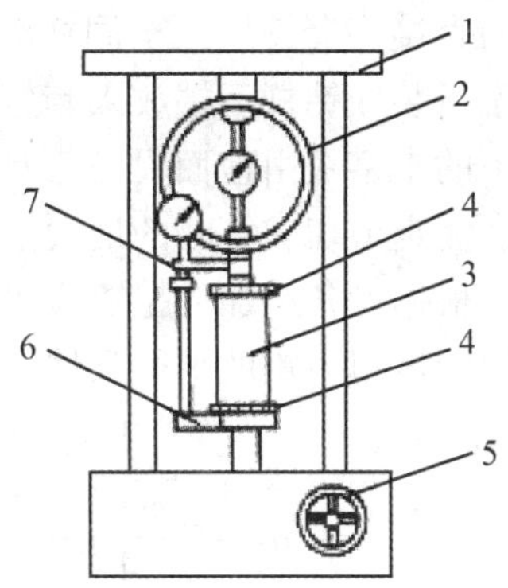

1—轴向加荷架；2—轴向测力计；3—试样；4—传压板；5—手轮；6—升降板；7—轴向位移计

图 4-14 应变控制式无侧限压缩仪

这种试验方法对试样只施加竖向压力，不施加侧向压力，所以称作无侧限抗压强度试验。它相当于三轴试验中使 $\sigma_3 = 0$ 的不排水剪试验。由于 $\sigma_3 = 0, \sigma_1 = q_u$，试验成果只能作出一个应力圆，该应力圆与坐标原点相切。

根据三轴不固结不排水剪的试验结果，对于饱和黏性土，其内摩擦角 φ_u 等于或接近零，即抗剪强度线近似于一条水平直线。所以对于饱和黏性土，用无侧限抗压强度试验较为简单方便，应力圆为 $\sigma_3 = 0$，$\sigma_1 = q_u$，$\varphi_u = 0$，则饱和黏性土的抗剪强度（见图 4-15）为

$$\tau_f = c_u = \frac{q_u}{2} \tag{4-16}$$

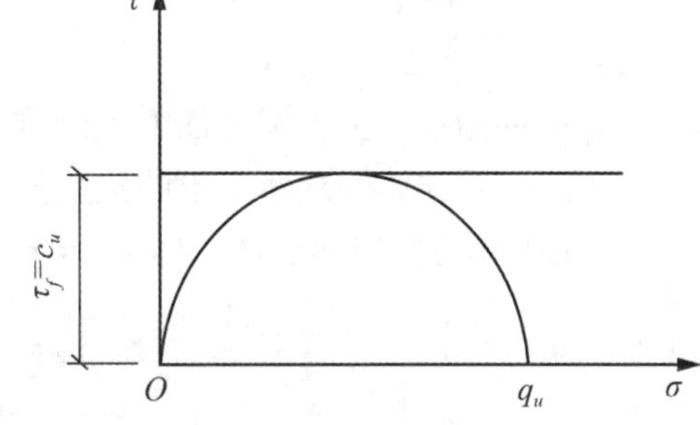

图 4-15 无侧限抗压强度试验

无侧限抗压强度试验还可用于测定土的灵敏度，测定时，将上述试验破坏后的土样立即包于塑料膜内搓捏，破坏其结构，重塑成与原状试样尺寸和密度相等的圆柱体新试样，将重塑试样再放入无侧限压缩仪，测定重塑试样的抗压强度 q'_u，土的灵敏度为同一种土的原状试样与重塑试样无侧限抗压强度的比值，表示为

$$S_t = \frac{q_u}{q'_u} \tag{4-17}$$

式中，S_t ——土的灵敏度。

六、十字板剪切试验

十字板剪切试验是在工程现场直接测试地基土抗剪强度的一种原位测试方法。由于室内试验必须取得原状土样，对于高灵敏度的软黏土，难以从地下取出原状土样，在运送、制备过程中也难免受到扰动而影响试验结果的可靠性。十字板剪切试验则可以避免室内试

验的这些问题，是目前广泛采用的一种试验方法，最适合于饱和软黏土和粉土。

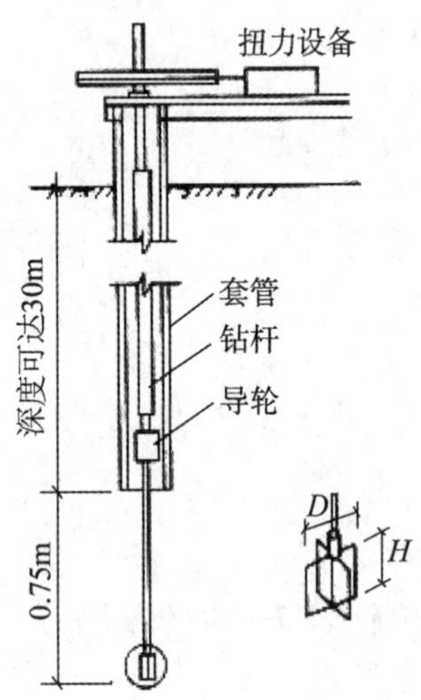

图 4-16 十字板剪切仪

十字板剪切仪如图 4-16 所示。试验时，先用钻机钻至试验土层以上 750mm 处，再下套管并清除管底余土；或不用钻机而直接将套管压入至同样深度再清除管内的土。然后，将十字板装在钻杆下端放入套管，压入孔底以下 750mm。伸入地下的十字板由地面设备带动扭转，形成圆柱体形剪切破坏面，测定剪切破坏时的最大扭矩 M_{max}。

根据设备施加的扭矩应等于土的抗剪强度在剪切面上所产生的抗扭力矩的平衡条件，可求得土的抗剪强度，即

$$M_{max} = M_1 + M_2 \tag{4-18a}$$

$$M_1 = 2\frac{\pi D^2}{4} \cdot \frac{2}{3} \cdot \frac{D}{2}\tau_{fh} = \frac{\pi D^3}{6}\tau_{fh} \tag{4-18b}$$

$$M_2 = \pi \cdot DH\frac{D}{2}\tau_{fv} \tag{4-18c}$$

式中，M_{max}——剪切破坏时所施加的最大扭矩；

M_1——圆柱体上下两个圆平面上的抗剪强度对圆心产生的抗扭力矩；

M_2——圆柱体侧立面上的抗剪强度对圆心所产生的抗扭力矩；

D——十字板直径，m；

H——十字板高度，m；

τ_{fh}——圆柱体上下圆平面上土的抗剪强度，kPa；

τ_{fv}——圆柱体侧立面上土的抗剪强度，kPa。

假定土体为各向同性体，即 $\tau_{fh} = \tau_{fv} = \tau_f$，则由式(4-18)可得

$$\tau_f = \frac{2M_{max}}{\pi D^2\left(H + \frac{D}{3}\right)} \tag{4-19}$$

十字板剪切试验简单实用，对土样扰动少，但剪切面是人为确定的。这种试验方法应属于不固结不排水剪，对饱和黏土，与无侧限抗压强度试验结果应相近。

第四节 饱和黏性土的抗剪特性

一、地基土的应力历史

无论是自然沉积形成的土或是人工填土，从地层形成至今，土体中所经历的应力状态及变化，称为土的应力历史。土的应力历史不同，其压缩性、抗剪强度也不同。

对于已经固结稳定的土，在它的应力历史上完成固结过程时的应力，称为前期固结应力。前期固结应力与现在的自重应力可能相等，也可能不相等。例如，在前期固结应力下已固结完成的土，由于某些原因使表层土剥蚀，则现在的自重应力就小于前期固结应力。再如，旧建筑物拆除后的原址地基土，其前期固结应力为自重应力与附加应力之和，现在

则只有自重应力。

前期固结应力 p_c 与现有自重应力 p_z 的比值(p_c/p_z)称为超固结比，用 OCR 表示。按超固结比 OCR 的值可将土划分为：

超固结土：OCR>1；

正常固结土：OCR=1；

欠固结土：OCR<1。

超固结比越大，表明土在历史上被压的越密实。欠固结土是固结过程尚未完成的土，如新近沉积的土。在三轴压缩试验中，应力历史不同的土，在试验中的孔隙水压力以及土的抗剪强度指标均不同。

二、饱和黏性土的抗剪特性

前已述及，根据土层沉积形成至今所经历的应力历史不同可将土分为三类：正常固结土、超固结土和欠固结土。在三轴试验中，无论试样在未取出前处于地下原位时所经历的应力历史属于何种类型，均可在试验中模拟不同的应力历史。就是说，一试样在原位时的前期最大固结应力为 p_c ，现有应力为 p_z ，无论 p_c 大于、小于或是等于 p_z ，只要在试验中施加于试样的周围压力 $\sigma_3=p_c$ ，该试样就处于正常固结状态；若使 σ_3 小于 p_c ，则试样就处于超固结状态。不同类型状态的试样试验结果呈现不同的抗剪强度特性，因此，试验中，周围压力宜根据工程实际情况确定，以获得与实际情况相符的实验结果。

1. 不固结不排水剪抗剪特性

取同一种饱和黏性土的 A 、B 、C 三个试样，在自始至终不排水的条件下，对三个试样分别施加不同的围压 σ_{3A} 、σ_{3B} 、σ_{3C} ，然后施加偏压力直至剪切破坏，所得到的三个圆直径是相等的，则三个试样破坏时的极限偏压力 $\Delta\sigma_f$ 是相等的(见图 4-17)，即

$$\Delta\sigma_f=\sigma_{1A}-\sigma_{3A}=\sigma_{1B}-\sigma_{3B}=\sigma_{1C}-\sigma_{3C}$$

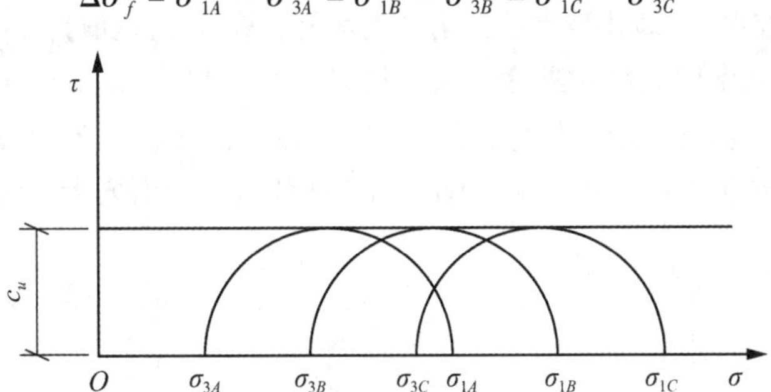

图 4-17　饱和黏性土的不固结不排水剪试验

这是因为对于完全饱和的试样，当不允许排水时，试样在施加不同的围压 σ_3 后体积不变，孔隙比不变，不同的围压只是使孔隙水压力等量增大，作用于土骨架的有效应力并没有增加，则土的强度就不会提高。偏压力的大小反映的是土强度的高低，只有有效应力增加，土骨架被挤密使孔隙比减小，土的强度才会提高，破坏时的偏压力才会增大，则应力圆的直径才会增大。所以，在不固结不排水剪试验中，饱和试样的三个总应力圆直径是

相等的，抗剪强度包线也就成为一条水平线，于是

$$\varphi_u = 0 \tag{4-20a}$$

$$\tau_f = c_u = \frac{\sigma_1 - \sigma_3}{2} \tag{4-20b}$$

不固结不排水剪的试样，因有效应力不变，抗剪强度不变，就只能得到一个直径与总应力圆相等的有效应力圆，而得不到有效应力抗剪强度包线。但这不是说有效应力为零。饱和黏性土如果从未在一定压力下发生过固结，就是说，土颗粒还都处于水中悬浮状态，如稀泥浆，则有效应力为零，是没有抗剪强度的。天然土层中一定深度处的土，取出之前在自重应力下已经固结，所以是有一定强度的，c_u 值反映的正是这个强度，因而 c_u 值也随取样深度的增加而增加。

2. 固结不排水剪抗剪特性

饱和黏性土的固结不排水抗剪强度性状受应力历史的影响，因此研究黏性土的固结不排水抗剪强度时，要区别试样是正常固结还是超固结。前面已经说过，区别正常固结还是超固结，要分两种不同的场合：一种是原位条件下的正常固结($p_z = p_c$)和超固结($p_z < p_c$)；另一种是试验条件下的正常固结($\sigma_3 = p_c$)和超固结($\sigma_3 < p_c$)。试验条件不同，试验结果是不一样的。试验的原则应是尽可能模拟土的原位状态和实际工况。

固结不排水剪试验首先使试样在围压力 σ_3 下充分排水固结，此时，试样的超静水压力为零。然后在不排水条件下施加偏压力 $\sigma_1 - \sigma_3$ 使试样受剪直至剪切破坏，并可测定破坏时的孔隙水压力增量 u_f。如果施加的围压力 $\sigma_3 = p_c$，试样就处于试验条件下的正常固结状态，在施加偏压力使试样受剪时，试样的体积有受到压缩而减小的趋势，称作剪缩，由于不能排水，则破坏时孔隙水压力升高 u_f。如果施加的围压力 $\sigma_3 < p_c$，试样就处于超固结状态，在施加偏压力使试样受剪时，试样的体积反而有增大的趋势，称作剪胀，由于不能排水(实则为吸水)，则孔隙水压力出现负增量，即 u_f 为负值。

试验条件下的正常固结饱和黏性土试验结果如图 4-18 所示。图中实线表示总应力圆和总应力强度包线；虚线表示有效应力圆和有效应力强度包线。由于试样受剪时不排水，体积虽有缩小的趋势但不能缩小，所以偏压力不能使有效应力增大，则有效应力圆与总应

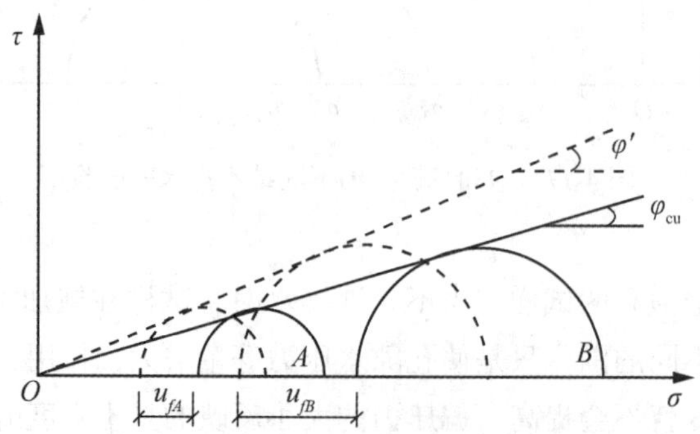

图 4-18　正常固结饱和黏性土固结不排水剪试验

力圆直径相等。但偏压力使孔隙水压力升高了 u_f，因 u_f 为正，则有效应力圆在总应力圆左边，两者相距 u_f。图中两条强度包线均通过原点，原因如前所述，当饱和黏性土未在任何压力下固结过，处于稀泥浆状时，是没有强度的。如果用泥浆做试样，逐级加压固结，并作固结不排水剪，得到的正是这条通过原点的正常固结抗剪强度包线，显然，这条线也适合于欠固结土。

在围压力 σ_3 相同的条件下，超固结土($\sigma_3 < p_c$)的剪前孔隙比要比正常固结土($\sigma_3 = p_c$)的剪前孔隙比小，也就是土更密实，则剪切破坏时需要施加的偏压力也就更大，得到的应力圆的直径也就更大，这样，在超固结段(图 4-19(a)中的 ab 段)的强度包线就被抬高了，成为一条折线(图中 abc 线)，实用上将折线 abc 近似取直线代替，如图 4-19(b)所示。

当为强超固结土时，因为发生剪胀，u_f 为负值，所以，在超固结段，有效应力圆移至总应力圆的右边，如图 4-19(b)所示。

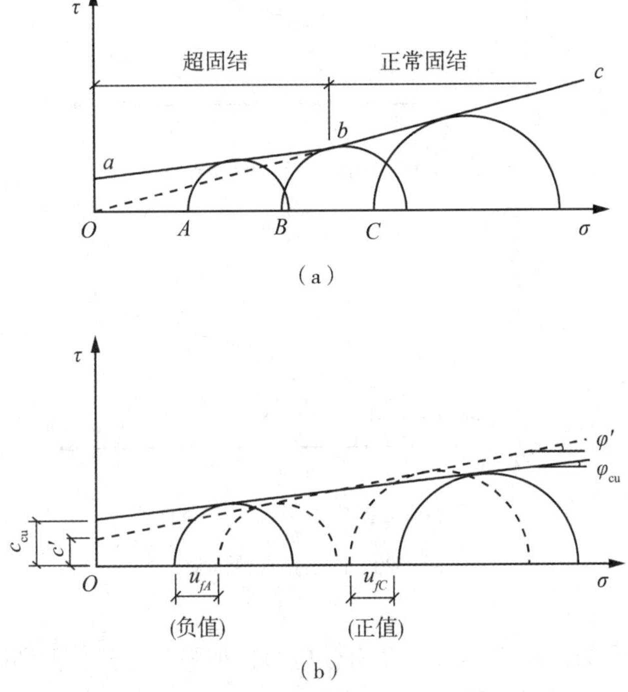

图 4-19　超固结饱和黏性土的固结不排水剪试验

3. 固结排水剪抗剪特性

固结排水剪在整个试验过程中，自始至终充分排水，因此孔隙水压力增量始终为零，总应力全部转化为有效应力，总应力圆也就是有效应力圆，总应力抗剪强度包线也就是有效应力抗剪强度包线。

正常固结试样的固结排水剪抗剪强度线是一条通过坐标原点的直线(图 4-20(a))；超固结试样的抗剪强度线也分为超固结段和正常固结段，是一条微弯的折线(图 4-20(b))，实用上近似取一条直线代替(图 4-20(c))。

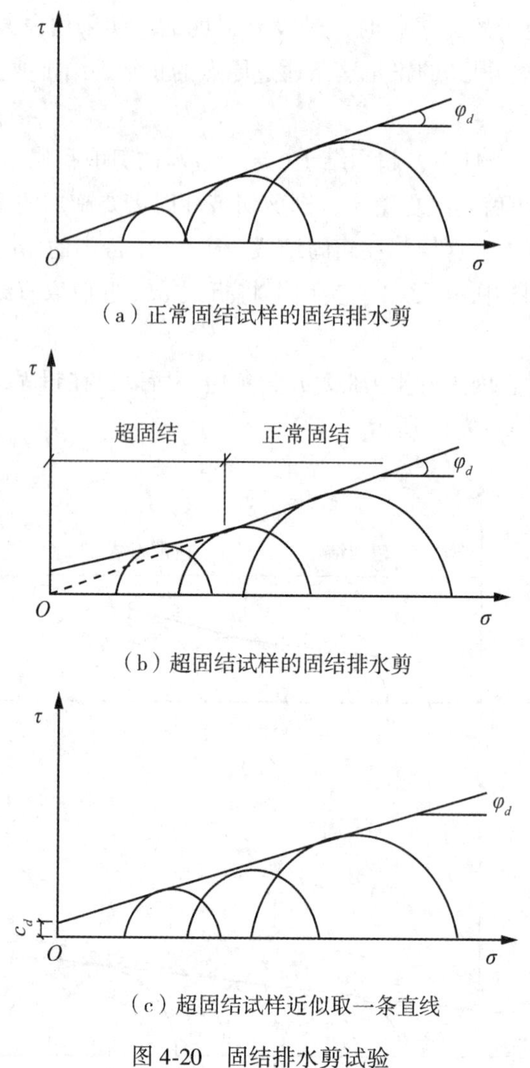

(a) 正常固结试样的固结排水剪

(b) 超固结试样的固结排水剪

(c) 超固结试样近似取一条直线

图 4-20　固结排水剪试验

固结排水剪得到的指标 c_d 、φ_d 就是有效应力抗剪强度指标，但和固结不排水剪得到的有效应力指标 c' 、φ' 还是有区别的，c_d 、φ_d 要略大于 c' 、φ' 。这是因为，在固结不排水剪试验中，当施加偏压力时不排水，试样的体积可以认为没有变化；而在固结排水剪试验中，因允许排水而使试样体积有所缩小。固结不排水剪试验中，偏压力将会引起孔隙水压力增量 u_f ，在固结排水剪试验中这一增量始终为零，而转化为有效应力使土骨架挤密了。所以，在固结排水剪试验中施加的偏压力要略大于固结不排水剪时才能使试样破坏，则应力圆也就略有增大，表示强度略有提高，因而 c_d 、φ_d 要略大于 c' 、φ' 。但因两者差别并不大，仍可认为是一致的。在实用上，固结排水剪试验耗时很长，应用固结不排水剪得到的 c' 、φ' 更方便，且因其值略小而偏于安全。

第五节　砂土的抗剪特性

一、砂土的抗剪强度

砂土的透水性强，在建筑物荷载作用下，孔隙水压力消散很快，当建筑物施工完成时，固结度已经很高。所以，砂土地基的实际剪切性状接近固结排水剪的情况。实用上可采用三轴固结排水剪的指标 φ_d，或有效应力指标 φ'。影响砂土抗剪强度的主要因素有砂土的密度、颗粒级配、颗粒形状、含水量、黏土含量等，应力历史对砂土的抗剪强度也有一定影响。密实度高、级配好、颗粒粗、颗粒表面粗糙含水量小的砂土内摩擦角大，抗剪强度也就高。砂土的内摩擦角参考值见表 4-1。

表 4-1　　砂土的内摩擦角参考值

土的类别	内摩擦角(°)		
	松散	中密	密实
无塑性粉土	26~30	28~32	30~34
均匀细砂到中砂	26~30	30~34	32~36
级配良好的砂	30~34	34~40	38~46
砾砂	32~36	36~42	40~48

二、砂土的抗剪特性

砂土的密实度与初始孔隙比 e_0 密切相关，对同一种砂土，二者之间可认为有确定的对应关系。如果对同一种砂土施加相同的周围压力 σ_3，密实的砂土在偏压力下受剪时体积将膨胀，使孔隙比增大；松散的砂土体积则收缩，使孔隙比减小。不难理解，密砂和松砂受剪后其孔隙比将趋于一相同的数值，这一数值称作临界孔隙比 e_{cr}，图 4-21 表示了试样在受剪过程中，随轴向应变 ε 和体积应变 $\frac{\Delta V}{V}$，孔隙比的变化趋势。应当说明，e_{cr} 并不是一个常数，对同一种砂土，不同的围压 σ_3 对应不同的临界孔隙比 e_{cr}，σ_3 越大，e_{cr} 越小；σ_3 越小，e_{cr} 越大。对不同的砂土，在相同的围压下，临界孔隙比也不同，颗粒级配越好，e_{cr} 越小；颗粒级配越差，e_{cr} 越大。

图 4-22 表示了同一种砂土在相同的围压力下，偏压力和轴向应变之间的关系。密实的砂土在受剪过程中，偏压力出现一明显的峰值，这也就是强度的峰值，之后则呈现应变软化，强度开始下降。应变软化的过程也就是体积受剪膨胀、孔隙比增大的过程，当这一过程使孔隙比趋于临界值 e_{cr} 时，则呈现明显的残余强度。这一强度值与一定的围压力 σ_3 和相应的偏压力 $\sigma_1-\sigma_3$、临界孔隙比 e_{cr} 有对应关系，也可称之为临界偏压力 $\Delta\sigma_{cr}$ 和临界强度 τ_{cr}。松散的砂土在受剪过程中，随轴向应变而体积收缩、孔隙比减小、强度升高，呈现应变硬化。最后松砂、密砂的孔隙比、偏压力和强度均趋于同一临界值。应当指出，

密砂的峰值强度是不能作为工程应用的，残余强度(也即临界强度 τ_{cr})才是工程中可资利用的强度值。

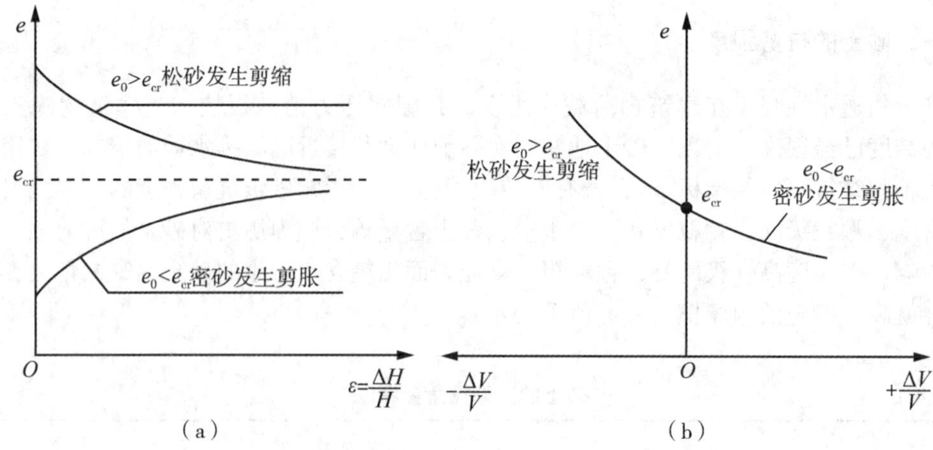

图 4-21　砂土的孔隙比随剪切变形趋于临界值 e_{cr}

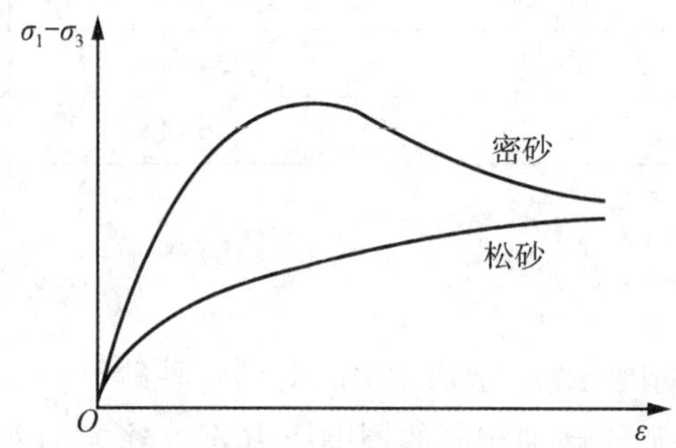

图 4-22　砂土的强度随剪切应变趋于临界值 e_{cr}

思　考　题

1. 土体中发生剪切破坏的平面，是最大剪应力平面吗？
2. 在什么情况下，剪切破坏面和最大剪应力平面是一致的？
3. 一般情况下，剪切破坏面与大主应力作用面的夹角是多少？
4. 砂土与黏性土的抗剪强度表达式有什么不同？
5. 当 σ_1 不变时，为什么 σ_3 越小越容易破坏？当 σ_3 不变时，为什么 σ_1 越大越容易破坏？
6. 简述土的极限平衡状态的概念。
7. 为什么说土的抗剪强度不是一个定值？说明土的抗剪强度的来源。
8. 土的抗剪强度为什么与试验方法有关？饱和黏性土的无侧限不排水压缩试验为什

么得出 $\varphi = 0$ 的结果？

9. 测定土的抗剪强度常用方法有哪些？各有什么优缺点？

10. 剪切试验为什么要按排水条件分类？分为哪几类？

11. 十字板剪切试验适用于什么土？有什么优缺点？

12. 饱和黏性土的 UU 试验、CU 试验、CD 试验指标之间有什么关系？如何选用？

13. 饱和黏性土不固结不排水试验为什么会得出 $\varphi = 0$ 的结果？

14. 土的总应力法抗剪强度指标和有效应力法抗剪强度指标之间有什么关系？哪种指标表示法更合理？

15. 影响砂土抗剪强度的因素有哪些？何谓临界孔隙比？

习　题

1. 已知地基中某点小主应力 $\sigma_3 = 100$kPa，大主应力 $\sigma_1 = 580$kPa，要求：(1)绘制莫尔应力圆；(2)计算与大主应力作用面成60°角斜面上的正应力和剪应力。

2. 某土样抗剪强度指标 $\varphi = 28°$，$c = 0$，若大主应力 $\sigma_1 = 400$kPa，小主应力 $\sigma_3 = 150$kPa，该土样是否会被剪切破坏？

3. 某黏土试样固结不排水剪试验结果见下表，作图确定该土样的总应力法抗剪强度指标和有效应力法抗剪强度指标。

土样固结不排水剪试验结果表

试样编号	σ_3 (kPa)	σ_1 (kPa)	u_f (kPa)
1	100	210	60
2	200	420	130

4. 已知土中某点大主应力 $\sigma_1 = 300$kPa，小主应力 $\sigma_3 = 100$kPa。土的抗剪强度指标 $c = 10$kPa，$\varphi = 20°$，判断该点是否发生破坏。

5. 某砂土试样固结排水剪试验，测得试样破坏时的主应力差 $\sigma_1 - \sigma_3 = 400$kPa，小主应力 $\sigma_3 = 100$kPa，求该砂土的抗剪强度指标。

第五章　地基承载力

由地基问题造成的建筑物破坏主要包括两个方面：一是地基土体在建筑物荷载作用下产生过大的变形沉降或不均匀沉降，导致建筑物严重下沉、倾斜或挠曲；二是建筑物荷载过大，超过了地基土的承载能力，使地基土体被剪切破坏从而丧失稳定性。前一方面的问题属于变形问题，后一方面的问题属于强度问题，从工程应用方面来说，这是土力学所要解决的两个最主要的问题。前面两章已经讨论过这两个问题，地基承载力问题看起来似乎也应属于强度问题，不过，它并不是单纯的强度问题，当我们最后确定用于工程设计、求解基础底面积大小的地基承载力的时候，必须同时考虑将地基的变形沉降控制在建筑物所能允许的范围内。所以，上述两个问题是不能截然分开的，地基承载力必须综合考虑变形和强度两个问题，以确保建筑物的安全和正常使用，同时又要合理控制建筑成本。

单纯从强度方面说，对于混凝土或钢材等其他建筑材料，相应于某一强度等级或材料品种都有一个确定的强度标准值和设计值。而土作为一种建筑材料，性质则大不一样。由土的抗剪强度理论可知，同一种土若施加不同的围压力，可得到不同的抗剪强度。对于饱和土，若给予时间使其充分排水固结，强度将显著提高。地基承载力还不仅与土质、土的固结程度有关，还与基础底面的形状、尺寸、埋深、地下水位的高低等诸多因素有关，因此，仅从强度方面考虑，难以界定出一个确定的破坏极限值。若再考虑到变形控制问题，地基承载力的确定就更是一个很复杂的问题。

《建筑地基基础设计规范》(GB50007—2011)中要求，地基承载力特征值可由荷载试验或其他原位测试、公式计算、并结合工程实践经验等方法综合确定。

第一节　现场荷载试验与地基土的破坏

一、现场平板荷载试验

现场荷载试验分浅层荷载试验和深层荷载试验，前者适用于浅层基础，后者适用于深层基础，两种试验方法基本相似，试验要点见《建筑地基基础设计规范》(GB50007—2011)。本节以浅层平板荷载试验为例简要叙述试验方法。

地基土浅层平板荷载试验可适用于确定浅部地基土层的承压板下应力主要影响范围内的承载力。承压板是一块刚性平板，面积不小于0.25m^2，若持力层为软土，不应小于0.5m^2。试验装置如图5-1所示。

试验基坑应在现场有代表性的地点开挖，深度应取预定的基础埋置深度。基坑的宽度不应小于承压板宽度或直径的3倍。应保持试验土层的原状结构和天然湿度。宜在拟试压表面用粗砂或中砂层找平，其厚度不超过20mm。

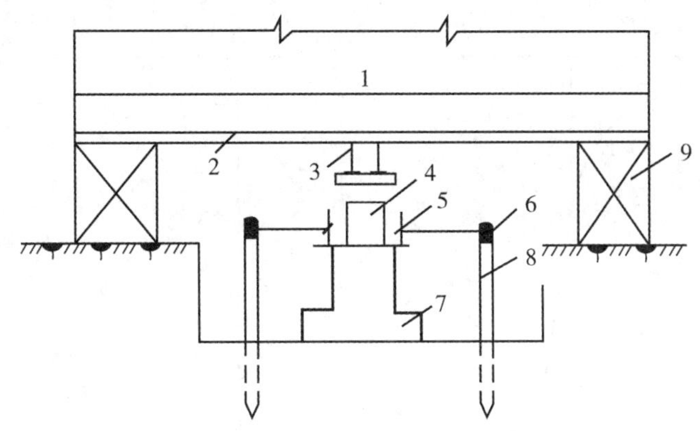

1—堆载；2、3—钢梁；4—千斤顶；5—百分表；
6—基准梁；7—承压板；8—基准桩；9—支墩
图 5-1　平板载荷试验示意图

试验时，用千斤顶经承压板向地基加载。荷载应分级增加，且不应少于 8 级，并使最大加载量不小于设计要求的 2 倍。每级加载后，按间隔 10、10、10、15、15(单位：min)，以后为每隔半小时测读一次沉降量，当在连续两小时内，每小时的沉降量小于 0.1mm 时，则认为已趋稳定，可加下一级荷载。

当出现下列情况之一时，即可终止加载：

(1)承压板周围的土明显地侧向挤出；

(2)沉降量 s 急骤增大，荷载-沉降(p-s)曲线出现陡降段；

(3)在某一级荷载下，24 小时内沉降速率不能达到稳定；

(4)沉降量与承压板宽度或直径之比大于或等于 0.06。

当满足前三种情况之一时，其对应的前一级荷载定为极限荷载。

根据试验成果，可绘制荷载-沉降(p-s)曲线如图 5-2 所示。地基承载力特征值按下列规定确定：

(1)当 p-s 曲线上有比例界限时，取该比例界限所对应的荷载值；

(2)当极限荷载小于对应比例界限荷载值的 2 倍时，取极限荷载值的一半；

(3)当不能按上述要求确定时，当承压板面积为 0.25 ~ 0.50m^2，可取 s/b = 0.01 ~ 0.015 所对应的荷载，但其值不应大于最大加载量的一半。

二、地基土变形发展的三个阶段

如果所选择的地基持力层为压缩性较小的土，如比较密实的砂土或坚硬程度在中等以上的黏土，则 $p-s$ 曲线大致如图 5-2(a)所示。一般地说，这也是较典型的 $p-s$ 曲线形状，从曲线的形状可明显地分出下述三个阶段：

1. 弹性变形阶段

曲线的起始段 oa 基本呈一段直线，这说明土的压缩变形接近线弹性。在这一阶段，随着荷载的逐级增大，土体中的有效应力相应增长，土颗粒被逐渐压密，使土体产生了较

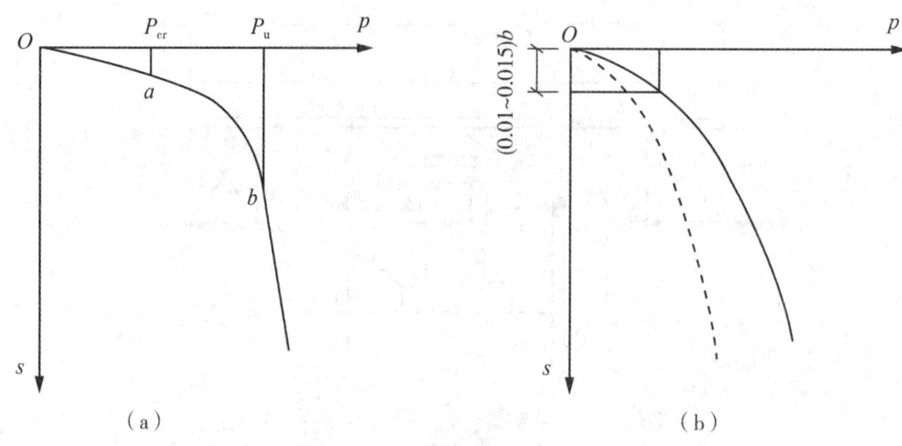

图 5-2 平板载荷试验 $p-s$ 曲线

小的弹性变形。在这一阶段，土体中各点的剪应力可认为都小于土的抗剪强度，土体处于弹性平衡状态。a 点所处的状态既是这一阶段的结束，也是下一阶段即塑性变形阶段的开始，a 点所对应的荷载称为临塑荷载，也称为比例界限荷载，用 p_{cr} 表示。按《建筑地基基础设计规范》(GB50007—2011)中的规定，只要 p_{cr} 不大于极限荷载 p_u 的一半，则该点荷载即可确定为地基承载力特征值。对于低压缩性土，由于其变形沉降较小，一般均能满足建筑物对地基变形的要求。所以低压缩性土的地基承载力取值一般由强度控制。而取 p_{cr} 作为地基承载力特征值，距地基土整体破坏时的极限荷载值 p_u 尚有不小于一倍的安全储备，即安全系数 $k\geqslant 2$，这是符合安全要求的。

2. 塑性变形阶段

ab 段曲线是一段向下弯曲的曲线，而且其弯曲半径愈往后愈小，说明在这一阶段，弹性变形渐趋被塑性变形所取代。土的塑性变形指的是在土体中某些位置的剪应力已增长到使土体被剪切破坏，这样的位置通常是在基础底面的两侧边缘下，因为对于刚度越大的基础，两边缘处的应力越集中。随着荷载的逐级增大，被剪切破坏的塑性区范围逐渐扩展，地基土的变形也就逐渐加快，直至形成连续完整的滑裂面，b 点所处的就是这一状态，这时，地基土被整体剪切破坏。b 点所对应的荷载因此被称为极限荷载，用 p_u 表示。如果仅从强度方面考虑，则 p_u 应是地基土所能承载的最大荷载，已没有安全储备。

3. 剪切破坏阶段

自 b 点开始，地基中出现完整的剪切滑裂面，基础下的土体向两侧推挤滑出，使两侧地面隆起，基础急剧下沉，因而该段在 $p-s$ 曲线上呈陡降形状。

4. 中、高压缩性土的 $p-s$ 曲线

如图 5-2(b)所示，中、高压缩性土的 $p-s$ 曲线没有明显的拐点，也就没有明显的分阶段性，在低荷载下就呈非线性变形。在相同的荷载下，土的压缩性越高，如很松的细砂或粉土、饱和软黏土，$p-s$ 曲线就越呈陡降形，如图中虚线所示。如前所述，地基承载力的确定不仅要考虑土的强度问题，同时还必须考虑变形沉降问题。随着土的压缩性提高，变形沉降逐渐由次要因素上升为主要因素，当 $p-s$ 曲线没有明显的特征点(拐点)时，《建

筑地基基础设计规范》(GB50007—2011)中规定，以沉降量$s=(0.01\sim0.015)b$（b为承压板宽度）所对应的荷载确定为地基承载力特征值。

三、地基土破坏的三种模式

1. 整体剪切破坏

图5-2(a)中的$p-s$曲线上有a、b两个拐点，第二拐点b表示地基土从整体上已处于剪切破坏的极限平衡状态。对于条形基础，理论上，滑裂面应为左右对称的两组，并造成基础两侧地面隆起，如图5-3(a)所示。整体剪切破坏一般发生在压缩性小较密实的地基土中。

2. 局部剪切破坏

如图5-3(b)所示，两组左右对称的剪切破坏区仅限于一定范围，形不成连续的、完整的滑裂面，在由基础下向两侧推挤时，难以再向两侧扩展，使滑裂面不能完全形成，基础两侧地面有隆起，但不明显，这种破坏模式称为局部剪切破坏。对于压缩性较大的松砂、一般黏性土，当荷载等条件具备时，易出现局部剪切破坏，$p-s$曲线如图5-2(b)中实线所示。

3. 刺入剪切破坏

如图5-3(c)所示，刺入破坏又称为冲切破坏。在饱和软黏土、很松散的粉细砂、水浸的湿陷性黄土等地基上，当其他条件同时具备时，有可能发生冲切破坏，使基础沿周边竖直向下切入土中，类似利器刺入。冲切破坏时，基础将出现显著下沉，基础周围地面看不出隆起，甚至出现轻微凹陷。$p-s$曲线如图5-2(b)中虚线所示。

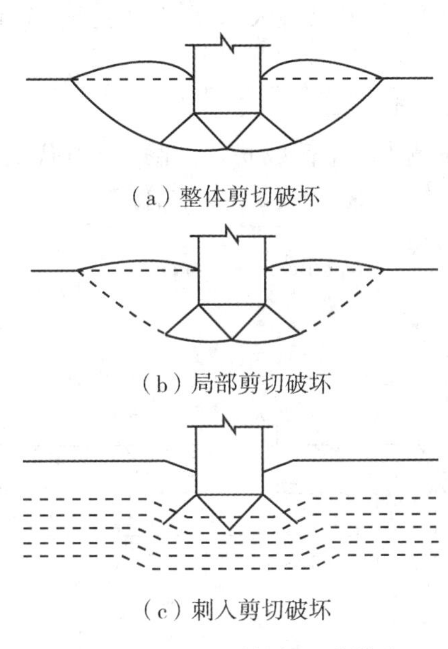

（a）整体剪切破坏

（b）局部剪切破坏

（c）刺入剪切破坏

图5-3　地基土破坏的三种模式

上述破坏模式不仅与土的压缩性有关，还与基础埋置深度、加荷速率等诸多因素有关。一般地说，若基础埋深很浅，基础下的土就容易被推挤出来，形成整体剪切破坏；若基础底面尺寸小，埋得又深，则易形成局部剪切破坏，或刺入剪切破坏。当加荷速率很缓慢时，地基土将有更充足的固结时间，因而难以形成刺入剪切破坏，容易向局部剪切破坏或整体剪切破坏方向发展；当加荷速率很快时，则较容易出现刺入剪切破坏。

上述破坏模式只针对均匀土质、中心荷载的情况。如果土质严重不均、基岩面倾斜、荷载偏心较大，则可能出现严重倾斜或其他形式的破坏。在工程实践中，由于我们总是选择中、低压缩性的土层作为基底下的持力层，对于基础埋深不大的浅层基础，整体剪切破坏则为主要破坏模式。刺入剪切破坏则主要发生在摩擦型桩基础中。

第二节　临塑荷载和有限塑性荷载

在图 5-2(a)中的 $p-s$ 曲线上，将第一拐点 a 所对应的荷载称为临塑荷载 p_{cr}，此时，地基中的塑性区开展深度 z_{max} 为零。显然，把临塑荷载确定为地基承载力特征值无疑是安全的。但如果允许荷载超过这一点，即允许基底下地基中出现较小深度范围的塑性区，则地基土的变形仍然以弹性变形为主，地基中的应力仍可近似地应用弹性理论解答。一般认为，将地基中塑性区开展最大深度 z_{max} 控制在基底宽度 b 的 $\frac{1}{3}\sim\frac{1}{4}$ 范围，地基仍然有足够的安全储备，而地基土的强度则可得到充分发挥，提高了经济性。

图 5-4 所示是基底下地基土有限塑性区开展深度和相应荷载的计算示意图。应用弹性理论按平面问题计算地基中某一点 M 的附加应力(大、小主应力 σ_1、σ_3)，然后应用库仑-莫尔的抗剪强度理论验算该点的剪应力，若剪应力已达到抗剪强度，则说明该点已进入塑性区。由此，可得到基底下塑性区开展最大深度 z_{max} 的表达式如下：

$$z_{max}=\frac{p-\gamma_m d}{\gamma\pi}\left(\cot\varphi-\frac{\pi}{2}+\varphi\right)-\frac{c\cdot\cot\varphi}{\gamma}-\frac{\gamma_m}{\gamma}d \tag{5-1}$$

当 $z_{max}=0$ 时，相应的荷载为临塑荷载 p_{cr}。将 $z_{max}=0$ 代入上式，得

$$p_{cr}=\frac{\pi(c\cdot\cot\varphi+\gamma_m d)}{\cot\varphi-\frac{\pi}{2}+\varphi}+\gamma_m d \tag{5-2a}$$

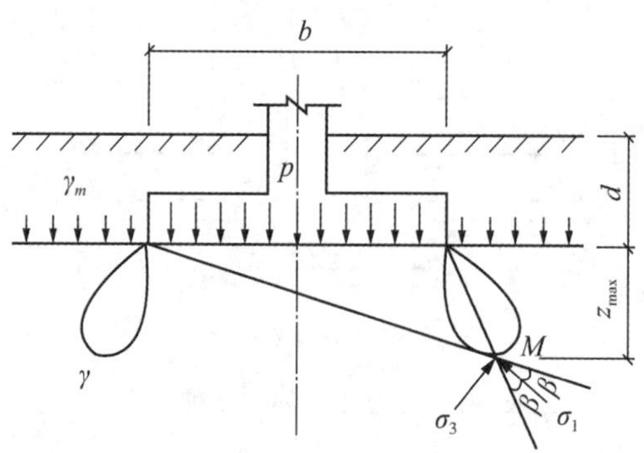

图 5-4　有限塑性荷载

理论和实践经验表明，当为中心荷载时，塑性区开展深度不超过基底宽度的 $\frac{1}{4}$；当为偏心荷载(偏心距较小)时，塑性区开展深度不超过基底宽度的 $\frac{1}{3}$，地基安全是有保障的。将 $z_{max}=\frac{1}{4}b$ 和 $z_{max}=\frac{1}{3}b$ 分别代入式(5-1)，可得有限塑性荷载 $p_{\frac{1}{4}}$ 和 $p_{\frac{1}{3}}$，分别按下列二式计算：

$$p_{\frac{1}{4}}=\frac{\pi\left(c\cdot\cot\varphi+\gamma_m d+\frac{\gamma b}{4}\right)}{\cot\varphi-\frac{\pi}{2}+\varphi}+\gamma_m d \tag{5-3a}$$

$$p_{\frac{1}{3}}=\frac{\pi\left(c\cdot\cot\varphi+\gamma_m d+\frac{\gamma b}{3}\right)}{\cot\varphi-\frac{\pi}{2}+\varphi}+\gamma_m d \tag{5-4}$$

式中，p_{cr}——临塑荷载，相应于塑性区开展深度为零时的基底压力，基底压力按 $\frac{F+G}{A}$ 计算，kPa；

$p_{\frac{1}{4}}$、$p_{\frac{1}{3}}$——有限塑性荷载，相应于塑性区开展深度为 $\frac{b}{4}$ 和 $\frac{b}{3}$ 时的基底压力，基底压力计算同上，kPa；

c——基底下一倍短边宽深度范围内土的黏聚力，分层土时取加权平均值，kPa；

φ——基底下一倍短边宽深度范围内土的内摩擦角，分层土时取加权平均值，°；

γ_m——基础底面以上土的加权平均重度，地下水位以下取有效重度，kN/m^3；

γ——基底下一倍短边宽深度范围内土的重度，分层土时取加权平均值，kN/m^3；

b——基础底面宽度，m；

d——基础埋置深度，m。

将式(5-2)和式(5-3)改写成如下形式：

$$p_{cr}=\left(\frac{\pi}{\cot\varphi-\frac{\pi}{2}+\varphi}+1\right)\gamma_m d+\frac{\pi\cot\varphi}{\cot\varphi-\frac{\pi}{2}+\varphi}c \tag{5-2b}$$

$$p_{\frac{1}{4}}=\frac{\frac{\pi}{4}}{\cot\varphi-\frac{\pi}{2}+\varphi}\gamma b+\left(\frac{\pi}{\cot\varphi-\frac{\pi}{2}+\varphi}+1\right)\gamma_m d+\frac{\pi\cot\varphi}{\cot\varphi-\frac{\pi}{2}+\varphi}c \tag{5-3b}$$

令
$$M_b=\frac{\frac{\pi}{4}}{\cot\varphi-\frac{\pi}{2}+\varphi} \tag{5-5}$$

$$M_d = \frac{\pi}{\cot\varphi - \frac{\pi}{2} + \varphi} + 1 \tag{5-6}$$

$$M_c = \frac{\pi\cot\varphi}{\cot\varphi - \frac{\pi}{2} + \varphi} \tag{5-7}$$

将 M_b、M_d、M_c 代入式(5-3b)中，得

$$f_a = p_{\frac{1}{4}} = M_b\gamma b + M_d\gamma_m d + M_c c_k \tag{5-8}$$

式中，f_a——地基承载力特征值，kPa(计算中取黏聚力标准值 c_k，方法同上)；

b——基础底面宽度，大于 6m 时按 6m 取值，对于砂土，小于 3m 时按 3m 取值，m；

M_b、M_d、M_c——承载力系数，可直接查表 5-1 确定，查表时内摩擦角取标准值 φ_k，应用式(5-5)～式(5-7)计算时亦取标准值，方法同上。

表 5-1　　承载力系数

土的内摩擦角标准值 φ_k(°)	M_b	M_d	M_c
0	0	1.00	3.14
2	0.03	1.12	3.32
4	0.06	1.25	3.51
6	0.10	1.39	3.71
8	0.14	1.55	3.93
10	0.18	1.73	4.17
12	0.23	1.94	4.42
14	0.29	2.17	4.69
16	0.36	2.43	5.00
18	0.43	2.72	5.31
20	0.51	3.06	5.66
22	0.61	3.44	6.04
24	0.80	3.87	6.45
26	1.10	4.37	6.90
28	1.40	4.93	7.40
30	1.90	5.59	7.95
32	2.60	6.35	8.55
34	3.40	7.21	9.22
36	4.20	8.25	9.97
38	5.00	9.44	10.80
40	5.80	10.84	11.73

式(5-8)就是《建筑地基基础设计规范》(GB50007—2011)中给出的地基承载力计算公式。为方便应用，将承载力系数制成表备查，见表 5-1。对表中数值，规范又进行了必要的修正：一是对饱和黏性土，当不排水时，内摩擦角 $\varphi = 0$ 的情况，取 $M_b = 0$、$M_d = 1$、

$M_c = \pi$；二是当内摩擦角 $\varphi \geqslant 24°$ 时，经验表明，实际的承载力比计算值偏高，因此将 M_b 予以适当提高，M_d、M_c 不变。由于式(5-8)是在中心荷载条件下推导的，规范又规定，当偏心距 e 小于或等于 0.033 倍基础底面宽度时，根据土的抗剪强度指标确定地基承载力特征值可按式(5-8)计算，并应满足变形要求。

关于对式(5-8)的理解和应用，尚需作如下说明：

(1)公式是按条形基础推导的，条形基础属于平面应变问题，当用于矩形基础时，有一定误差。但计算值比实际值应偏小，是偏于安全的。

(2)由图 5-4 可知，地基中某一点 M 处的附加大小主应力 σ_1、σ_3 是一个倾斜的方向，而土的自重产生的大、小主应力 σ_1 和 σ_3 是竖直和水平的，σ_3 应为 M 点的静止土压力 p_0（$p_0 = K_0\gamma z$，参见第六章），为了叠加方便，推导中假定在各个方向的压力是相等的，即取 $K_0 = 1$，这种假定只在淤泥中较接近实际，对大多数土误差都比较大。

(3)式(5-8)由 3 项组成，其中第一项反映了基底下土重量产生的作用，该项与基础宽度 b 成正比，则当基础宽度增加时，该项承载力也随之增加，但研究发现，M_b 不仅与 φ 值有关，当基础宽度增大时，M_b 将减小，而这一因素在式(5-5)中并没有反映出来，所以设计中任意增加宽度并不一定是合理的。此外，当基础宽度增加时，沉降量也将增加，为此，规范中对基础宽度增加的取值进行了限制；该项还与土的重度 γ 成正比，由此可知当地下水位上升时，应从湿重度中扣除浮力，则该项承载力将明显降低。式中第二项反映了基础两侧边荷载的作用(见图 5-4)，即基础两侧底平面以上土的自重产生的作用，由该项可知，增加基础埋深 d 可提高该项承载力，但不必要地增加埋深将提高工程成本，同时可能减薄持力层的厚度。式中第三项反映了土的黏聚力的作用，当为无黏性土时，该项为零。

(4)对比式(5-2b)和式(5-3b)，当 $\varphi = 0$ 时，因 $M_b = 0$、$M_d = 1$、$M_c = \pi$，则

$$p_{cr} = p_{\frac{1}{4}} = p_{\frac{1}{3}} = M_d\gamma_m d + M_c c = \gamma_m d + \pi c \tag{5-9}$$

由此可知，对于饱和黏性土，当不能排水时，增加基础宽度对提高地基承载力是不起作用的。也说明这种情况下是不允许出现塑性区的。

[例题 5-1]　某条形基础宽 1.5m，埋深 1.2m，地基土层为：第一层素填土，厚 0.8m，重度 18kN/m³。第二层黏性土，厚 5m，重度 18.5kN/m³，黏聚力 10kPa，内摩擦角 15°。求该地基的临塑荷载 p_{cr} 和有限塑性荷载 $p_{\frac{1}{4}}$。

解：基底平面以上土的加权平均重度为

$$\gamma_m = \frac{18 \times 0.8 + 18.5 \times (1.2 - 0.8)}{1.2} = 18.2\ (\text{kN/m}^3)$$

将内摩擦角换算为弧度，即

$$15° = \frac{15}{57.3} = 0.262\ (\text{弧度})$$

(1)应用公式(5-2)、式(5-3)求解。

$$p_{cr} = \frac{\pi(c \cdot \cot\varphi + \gamma_m d)}{\cot\varphi - \dfrac{\pi}{2} + \varphi} + \gamma_m d$$

$$= \frac{\pi(10 \times \cot 15° + 18.2 \times 1.2)}{\cot 15° - \frac{\pi}{2} + 0.262} + 18.2 \times 1.2$$

$$= 98.5(\text{kPa})$$

$$p_{\frac{1}{4}} = \frac{\pi\left(c \cdot \cot\varphi + \gamma_m d + \frac{\gamma b}{4}\right)}{\cot\varphi - \frac{\pi}{2} + \varphi} + \gamma_m d$$

$$= \frac{\pi\left(10 \times \cot 15° + 18.2 \times 1.2 + \frac{18.5 \times 1.5}{4}\right)}{\cot 15° - \frac{\pi}{2} + 0.262} + 18.2 \times 1.2$$

$$= 107.5(\text{kPa})$$

(2)应用式(5-8)查表计算。

按 $\varphi = 15°$ 查表 5-1，得 $M_b = 0.325$、$M_d = 2.3$、$M_c = 4.845$

$$p_{cr} = M_d\gamma_m d + M_c c = 2.3 \times 18.2 \times 1.2 + 4.845 \times 10 = 98.7\ (\text{kPa})$$

$$p_{\frac{1}{4}} = M_b\gamma b + p_{cr} = 0.325 \times 18.5 \times 1.5 + 98.7 = 107.7\ (\text{kPa})$$

[例题 5-2]　某基础宽 1.5m，埋深 1.2m，地基土层为：第一层素填土，厚 0.8m，重度 18kN/m^3；第二层为砂土，厚 5m，重度 19kN/m^3，内摩擦角 32°。求该地基的临塑荷载 p_{cr} 和有限塑性荷载 $p_{\frac{1}{4}}$。

解：基底以上土的加权平均重度为

$$\gamma_m = \frac{18 \times 0.8 + 19 \times (1.2 - 0.8)}{1.2} = 18.3\ (\text{kN/m}^3)$$

将内摩擦角换算为弧度，即

$$32° = \frac{32}{57.3} = 0.558\ (\text{弧度})$$

(1)应用式(5-2b)、式(5-3b)求解。

计算承载力系数 M_b、M_d：

$$M_b = \frac{\frac{\pi}{4}}{\cot\varphi - \frac{\pi}{2} + \varphi} = \frac{\frac{\pi}{4}}{\cot 32° - \frac{\pi}{2} + 0.558} = 1.34$$

$$M_d = \frac{\pi}{\cot\varphi - \frac{\pi}{2} + \varphi} + 1 = 6.35$$

$$p_{cr} = M_d\gamma_m d = 6.35 \times 18.3 \times 1.2 = 139.4\ (\text{kPa})$$

$$p_{\frac{1}{4}} = M_b\gamma b + p_{cr} = 1.34 \times 19 \times 3 + 139.4 = 215.8\ (\text{kPa})$$

(2)应用式(5-8)查表计算。

按 $\varphi = 32°$ 查表 5-1，得 $M_b = 2.6$、$M_d = 6.35$。

$$p_{cr} = M_d\gamma_m d = 6.35 \times 18.3 \times 1.2 = 139.4\ (\text{kPa})$$

$$p_{\frac{1}{4}} = M_b \gamma b + p_{cr} = 2.6 \times 19 \times 3 + 139.4 = 287.6\,(\text{kPa})$$

以上两种计算方法，$p_{\frac{1}{4}}$ 相差较大，是因为在表 5-1 中对承载力系数 M_b，当 $\varphi \geqslant 24°$ 时已作修正，从 1.34 提高到了 2.6。

第三节　用经验方法确定地基承载力

将静力触探、动力触探、标准贯入试验等原位测试用于确定地基承载力，在我国已有丰富经验，并被广泛应用，但必须有地区经验，即当地的资料对比。同时，当地基基础设计等级为甲级和乙级时，应结合室内试验成果综合分析，不宜单独应用。

在《建筑地基基础设计规范》(GBJ7—89)规范中有表示土的某些物理力学指标与地基承载力之间的经验关系的地基承载力表，见表 5-2～表 5-13。承载力表使用方便，但我国幅员广大、土质各异，表中数据很难准确概括。用承载力表确定承载力，不能排除在个别地区可能不安全。此外，随着设计水平的提高和对工程质量要求的趋于严格，变形控制已是地基设计的重要原则，故在后来规范修订时，取消了这组表。不过，显然承载力表还是有其参考价值的。

表 5-2　**岩石承载力特征值 f_{ak}**　(单位：kPa)

岩石类别 \ 风化程度	强风化	中等风化	微风化
硬质岩石	500～1000	1500～2500	≥4000
软质岩石	200～500	700～1200	1500～2000

注：(1)对于微风化的硬质岩石，其承载力如取用大于 4000kPa 时，应由试验确定；

(2)对于强风化的岩石，当与残积土难于区分时按土考虑。

表 5-3　**碎石土承载力特征值 f_{ak}**　(单位：kPa)

土的名称 \ 密实度	稍密	中密	密实
卵石	300～500	500～800	800～1000
碎石	250～400	400～700	700～900
圆砾	200～300	300～500	500～700
角砾	200～250	250～400	400～600

注：(1)表中数值适用于骨架颗粒空隙全部由中砂、粗砂或硬塑、坚硬状态的黏性土或稍湿的粉土所充填；

(2)当粗颗粒为中等风化或强风化时，可按其风化程度适当降低承载力，当颗粒间呈半胶结状时，可适当提高承载力。

表 5-4　　**粉土承载力基本值 f_j**　　（单位：kPa）

第二指标含水量 ω(%) / 第一指标孔隙比 e	10	15	20	25	30	35	40
0.5	410	390	(365)				
0.6	310	300	280	(270)			
0.7	250	240	225	215	(205)		
0.8	200	190	180	170	(165)		
0.9	160	150	145	140	130	(125)	
1.0	130	125	120	115	110	105	(100)

注：(1)有括号者仅供内插用；

(2)折算系数 ξ 为 0；

(3)在湖、塘、沟、谷与河漫滩地段，新近沉积的粉土，其工程性质一般较差，应根据当地实践经验取值。

表 5-5　　**黏性土承载力基本值 f_j**　　（单位：kPa）

第二指标液性指数 I_L / 第一指标孔隙比 e	0	0.25	0.50	0.75	1.00	1.20
0.5	475	430	390	(360)		
0.6	400	360	325	295	(265)	
0.7	325	295	265	240	210	170
0.8	275	240	220	200	170	135
0.9	230	210	190	170	135	105
1.0	200	180	160	135	115	
1.1		160	135	115	105	

注：(1)有括号者仅供内插用；

(2)折算系数 ξ 为 0.1；

(3)在湖、塘、沟、谷与河漫滩地段，新近沉积的黏性土，其工程性质一般较差，第四纪晚更新世（Q_3）及其以前沉积的老黏性土，工程性质通常较好，这些土均应根据当地实践经验取值。

表 5-6　　**沿海地区淤泥和淤泥质土承载力基本值 f_j**

天然含水量 ω (%)	36	40	45	50	55	65	75
f_j (kPa)	100	90	80	70	60	50	40

注：对内陆淤泥和淤泥质土，可参照使用。

表 5-7 **红黏土承载力基本值 f_j** (单位：kPa)

土的名称	第一指标含水比 $\alpha_\omega = \frac{\omega}{\omega_L}$ / 第二指标液塑比 $I_r = \frac{\omega_L}{\omega_p}$	0.5	0.6	0.7	0.8	0.9	1.0
红黏土	≤1.7	380	270	210	180	150	140
	≥2.3	280	200	160	130	110	100
次生红黏土		250	190	150	130	110	100

注：(1)本表仅适用于定义范围内的红黏土；

(2)折算系数 ξ 为 0.4。

表 5-8 **素填土承载力基本值 f_j** (单位：kPa)

压缩模量 E_{s1-2} (MPa)	7	5	4	3	2
f_j (kPa)	160	135	115	85	65

注：(1)本表只适用于堆填时间超过 10 年的黏性土，以及超过 5 年的粉土；

(2)压实填土地基的承载力，应根据试验确定，当无试验数据时，可按表 5-13 选用。

表 5-9 **砂土承载力特征值 f_{ak}** (单位：kPa)

土的类别 \ N	10	15	30	50
中、粗砂	180	250	340	500
粉、细砂	140	180	250	340

表 5-10 **黏性土承载力特征值 f_{ak}** (单位：kPa)

N	3	5	7	9	11	13	15	17	19	21	23
f_{ak} (kPa)	105	145	190	235	280	325	370	430	515	600	680

表 5-11 **黏性土承载力特征值 f_{ak}** (单位：kPa)

N_{10}	15	20	25	30
f_{ak} (kPa)	105	145	190	230

表 5-12　　**素填土承载力特征值 f_{ak}**　　(单位：kPa)

N_{10}	10	20	30	40
f_{ak} (kPa)	85	115	135	160

注：本表只适用于黏性土与粉土组成的素填土。

表 5-13　　**压实填土承载力特征值 f_{ak}**　　(单位：kPa)

填土类别	压实系数 λ_c	f_{ak} (kPa)
碎石、卵石	0.94~0.97	200~300
砂夹石(其中碎石、卵石占全重 30%~50%)		200~250
土夹石(其中碎石、卵石占全重 30%~50%)		150~200
粉质黏土、粉土($8 < I_p < 14$)		130~180

《建筑地基基础设计规范》(GBJ7—89)中要求，以室内试验、标准贯入、轻便触探或野外鉴别等方法确定地基承载力时，其方法和步骤应符合下列规定，参加统计的数据不宜少于 6 个：

(1)对于岩石和碎石土地基，当根据野外鉴别结果确定地基承载力特征值时，应符合表 5-2、表 5-3 的规定。

(2)当根据室内物理、力学指标平均值确定地基承载力特征值时，应按下列规定将表 5-4 至表 5-8 中的承载力基本值乘以回归修正系数：

①回归修正系数，应按下式计算：

$$\psi_f = 1 - \left(\frac{2.884}{\sqrt{n}} + \frac{7.918}{n^2}\right)\delta \tag{5-10}$$

式中，ψ_f ——回归修正系数；

n ——据以查表的土性指标参加统计的数据数；

δ ——变异系数；

当回归修正系数小于 0.75 时，应分析 δ 过大的原因，如分层是否合理、试验有无差错等，并应同时增加试样数量。

②变异系数应按下式计算：

$$\delta = \frac{\sigma}{\mu} \tag{5-11}$$

$$\mu = \frac{\sum_{i=1}^{n} \mu_i}{n} \tag{5-12}$$

$$\sigma = \sqrt{\frac{\sum_{i=1}^{n} \mu_i^2 - n\mu^2}{n - 1}} \tag{5-13}$$

式中，μ ——据以查表的某一土性指标试验平均值；

σ——标准差。

③当表中并列两个指标时，变异系数应按下式计算：

$$\delta = \delta_1 + \xi\delta_2 \tag{5-14}$$

式中，δ_1——第一指标的变异系数；

δ_2——第二指标的变异系数；

ξ——第二指标的折算系数，见有关承载力表下的注。

(3)当根据标准贯入试验锤击数 N，轻便触探试验锤击数 N_{10} 自表 5-9 至表 5-12 确定地基承载力特征值时，现场试验锤击数应经下式修正：

$$N\text{（或 }N_{10}\text{）} = \mu - 1.645\sigma \tag{5-15}$$

计算值取至整数位。

［例题 5-3］ 某地基土为黏性土，室内试验结果见表 5-14。试查表确定承载力特征值。

表 5-14

试样号	1	2	3	4	5	6
孔隙比 e	0.63	0.56	0.58	0.70	0.54	0.59
液性指数 I_L	0.52	0.45	0.50	0.65	0.42	0.53

解： 第一指标孔隙比 e 平均值

$$\mu_1 = \frac{\sum_{i=1}^{n}\mu_i}{n} = \frac{0.63 + 0.56 + 0.58 + 0.70 + 0.54 + 0.59}{6} = 0.6$$

第二指标液性指数 I_L 平均值

$$\mu_2 = \frac{0.52 + 0.45 + 0.50 + 0.65 + 0.42 + 0.53}{6} = 0.51$$

查表 5-5，$f_j = 324\text{kPa}$。

第一指标标准差

$$\sigma_1 = \sqrt{\frac{\sum_{i=1}^{n}\mu_i^2 - n\mu^2}{n-1}} = \sqrt{\frac{0.63^2 + 0.56^2 + 0.58^2 + 0.70^2 + 0.54^2 + 0.59^2 - 6 \times 0.6^2}{6-1}}$$

$$= 0.058$$

第一指标变异系数

$$\delta_1 = \frac{\sigma_1}{\mu_1} = \frac{0.058}{0.6} = 0.097$$

第二指标标准差

$$\sigma_2 = \sqrt{\frac{0.52^2 + 0.45^2 + 0.50^2 + 0.65^2 + 0.42^2 + 0.53^2 - 6 \times 0.51^2}{6-1}} = 0.092$$

第二指标变异系数　　$\delta_2=\dfrac{\sigma_2}{\mu_2}=\dfrac{0.092}{0.51}=0.180$

查表5-5下注，折算系数$\xi=0.1$。

变异系数

$$\delta=\delta_1+\xi\delta_2=0.097+0.1\times0.18=0.115$$

回归修正系数

$$\psi_f=1-\left(\frac{2.884}{\sqrt{n}}+\frac{7.918}{n^2}\right)\delta=1-\left(\frac{2.884}{\sqrt{6}}+\frac{7.918}{6^2}\right)\times0.115=0.84$$

地基承载力特征值

$$f_{ak}=\psi_f\ f_j=0.84\times324=272\ (\text{kPa})$$

第四节　岩石地基承载力与承载力特征值的修正

一、岩石地基承载力特征值的确定

当地基为岩石时，其承载力特征值可按岩基载荷试验方法确定，试验方法见《建筑地基基础设计规范》(GB50007—2011)附录H。对完整、较完整和较破碎的岩石地基承载力特征值，可根据室内饱和单轴抗压强度按下式计算：

$$f_a=\psi_r\cdot f_{rk}\tag{5-16}$$

式中，f_a——岩石地基承载力特征值，kPa；

f_{rk}——岩石饱和单轴抗压强度标准值，由试验确定，kPa

ψ_r——折减系数，根据岩体完整程度以及结构面的间距、宽度、产状和组合，由地区经验确定；无经验时，对完整岩体可取0.5；对较完整岩体可取0.2~0.5；对较破碎岩体可取0.1~0.2。

上述折减系数值未考虑施工因素及建筑物使用后风化作用的继续。对于黏土质岩，在确保施工期及使用期不致遭水浸泡时，也可采用天然湿度的试样，不进行饱和处理。

对破碎、极破碎的岩石地基承载力特征值，可根据地区经验取值，无地区经验时，可根据平板载荷试验确定。

二、地基承载力特征值的修正

在本章第二节中曾讲到，地基承载力不仅与土的工程性质有关，还与基础宽度b和埋置深度d有关。当用载荷试验或其他原位测试、经验值等方法确定地基承载力特征值时，并没有考虑基础宽度和埋深的影响，因此，《建筑地基基础设计规范》(GB50007—2011)中规定，除用理论公式计算外，用上述其他方法确定的地基承载力特征值，当基础宽度$b>3$m或埋深$d>0.5$m时，尚应按下式修正：

$$f_a=f_{ak}+\eta_b\gamma(b-3)+\eta_d\gamma_m(d-0.5)\tag{5-17}$$

式中，f_a——修正后的地基承载力特征值，kPa；

f_{ak}——由载荷试验或其他原位测试、经验值等方法确定的地基承载力特征值，kPa；

η_b、η_d——基础宽度和埋置深度的承载力修正系数，按基底下土的类别查表5-15

取值；

γ ——基础底面以下土的重度，地下水位以下取有效重度，kN/m^3；

b ——基础底面宽度，当宽度小于 3m 时按 3m 取值，大于 6m 时按 6m 取值，m；

γ_m ——基础底面以上土的加权平均重度，地下水位以下取有效重度，kN/m^3；

d ——基础埋置深度，一般自室外地面标高算起，m。在填方整平地区，可自填土地面标高算起，但当填土在上部结构施工后完成时，应从天然地面标高算起。对于地下室，如采用箱形基础或筏基时，基础埋置深度自室外地面标高算起；当采用独立基础或条形基础时，应从室内地面标高算起。

对于岩石地基，当为完整、较完整和较破碎的岩石时，无论采用何种方法确定地基承载力特征值，均不再做深宽修正。当破碎严重时，应按相应的碎石土考虑。

表 5-15　**承载力修正系数**

土的类别		η_b	η_d
淤泥和淤泥质土		0	1.0
人工填土、e 或 I_L 大于等于 0.85 的黏性土		0	1.0
红黏土	含水比 a_ω >0.8	0	1.2
	含水比 a_ω ≤0.8	0.15	1.4
大面积压实填土	压实系数大于 0.95、黏粒含量 ρ_c ≥10%的粉土	0	1.5
	最大干密度大于 $2100kg/m^3$ 的级配砂石	0	2.0
粉土	黏粒含量 ρ_c ≥10%的粉土	0.3	1.5
	黏粒含量 ρ_c <10%的粉土	0.5	2.0
e 或 I_L 均小于 0.85 的黏性土		0.3	1.6
粉砂、细砂(不包括很湿与饱和时的稍密状态)		2.0	3.0
中砂、粗砂、砾砂和碎石土		3.0	4.4

注：(1)强风化和全风化的岩石，可参照所风化成的相应土类取值，其他状态下的岩石不修正。

(2)地基承载力特征值按深层平板载荷试验确定时，η_d 取 0。

(3)压实系数 λ_c 为土的控制干密度 ρ_d 与由击实试验得出的最大干密度 ρ_{max} 之比。

(4)含水比 α_ω 为土的天然含水量 ω 与液限 ω_L 之比。

(5)大面积压实填土是指填土范围大于 2 倍基础宽度的填土。

[例题 5-4]　某地基第一层土为人工填土，重度 $\gamma_1 = 17.0kN/m^3$，厚度 1.0m；第二层土为黏性土，重度 $\gamma_2 = 18.8kN/m^3$，孔隙比 $e = 0.68$，液性指数 $I_L = 0.42$，基础宽度 $b = 3.8m$，埋深 $d = 1.5m$，以第二层土作为持力层，承载力特征值 $f_{ak} = 180kPa$，试对承载力作深、宽修正。

解：查表 5-15，得 $\eta_b = 0.3$，$\eta_d = 1.6$。

基底以上土的加权平均重度

$$\gamma_m = \frac{17.2 \times 1.0 + 18.8 \times (1.5 - 1.0)}{1.5} = 17.7\ (kN/m^3)$$

修正后的地基承载力特征值

$$
\begin{aligned}
f_a &= f_{ak} + \eta_b\gamma(b-3) + \eta_d\gamma_m(d-0.5)\\
&= 180 + 0.3\times18.8\times(3.8-3) + 1.6\times17.7\times(1.5-0.5)\\
&= 212.8(\text{kPa})
\end{aligned}
$$

思　考　题

1. 地基破坏模式有哪几种？地基变形的发展有哪几个阶段？
2. 何谓临塑荷载？如何计算？
3. 何谓极限荷载？
4. 何谓地基承载力？有哪几种确定方法？
5. 地基承载力特征值f_a、f_{ak}有什么区别？为什么要进行基础宽度和埋深的修正？

习　　题

1. 某矩形基础，底面尺寸$l\times b=2.8\text{m}\times1.5\text{m}$；埋深$d=2.0\text{m}$。地基土$\gamma=18.5\text{kN/m}^3$；$c=15\text{kPa}$；$\varphi=20°$。求该地基的承载力特征值。

2. 某条形基础，宽度$b=3\text{m}$，埋深$d=1.2\text{m}$；地基土$\gamma=18.2\text{kN/m}^3$；$c=30\text{kPa}$；$\varphi=20°$。分别计算地基的临塑荷载p_{cr}和有限塑性荷载$p_{\frac{1}{4}}$。

3. 某柱下独立基础，底面尺寸$l\cdot b=3.5\text{m}\times1.8\text{m}$；埋深$d=1.8\text{m}$。地基土为粉土，黏粒含量$\rho_c<10\%$，地基承载力特征值$f_{ak}=150\text{kPa}$，确定修正后的地基承载力特征值。

4. 某建筑场地地质条件为：第一层杂填土，层厚1.0m，$\gamma=18.2\text{kN/m}^3$；第二层粉质黏土，层厚4.2m，$\gamma=18.6\text{kN/m}^3$；$e=0.92$，$I_L=0.94$；地基承载力特征值$f_{ak}=150\text{kPa}$。按以下条件分别计算修正后的地基承载力特征值：(1)基础底面尺寸为$l\times b=3.5\text{m}\times2.0\text{m}$，埋深$d=1.2\text{m}$时；(2)基础为箱形基础，底面尺寸为$l\times b=10\text{m}\times36\text{m}$，埋深$d=3.5\text{m}$时。

第六章　土压力与挡土墙

在建筑、桥梁、交通等土木工程中，经常需要修筑挡土墙。例如，在坡地上修筑建(构)筑物，房屋的地下室外墙，桥梁两端的桥台等，它们的共同点是挡土墙两侧地面不同高，较高一侧的土体对挡土墙产生了土压力，如图 6-1 所示。

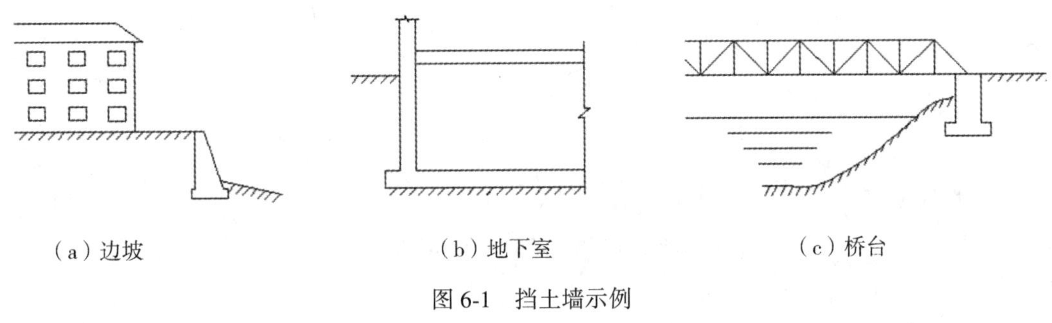

(a) 边坡　　(b) 地下室　　(c) 桥台

图 6-1　挡土墙示例

第一节　挡土墙土压力类型

挡土墙土压力，是指墙后填土因自重或外加荷载对墙背产生的侧向压力。影响土压力的因素很多，主要可归纳为：(1)填土的性质，包括土的密实度、重度、含水率、内摩擦角、黏聚力，以及墙后填土的表面形状(水平、上斜)；(2)挡土墙的形状，包括挡土墙的断面几何形状，墙背是垂直还是倾斜，以及墙背的粗糙程度等；(3)挡土墙的位移，包括位移的方向和位移量的大小。

在上述诸多因素中，挡土墙的位移是影响土压力大小的最主要因素，它对墙后土体所处的应力状态起决定性作用。根据挡土墙位移的方向和大小可将土压力分为以下三种类型：

一、静止土压力

当挡土墙静止不动，不产生任何位移或转动，墙后土体处于弹性平衡状态时，作用在墙背上的土压力称作静止土压力，用 E_0 表示。一般地说，静止土压力就是墙后土体的侧向自重应力，如图 6-2(a)所示。

二、主动土压力

当挡土墙在墙后土体压力的作用下，向离开土体的方向产生位移或转动，使墙后土体产生下滑趋势，作用在墙背上的土压力逐渐降低，直至土体达到极限平衡状态时，作用在墙背上的土压力称作主动土压力，用 E_a 表示，如图 6-2(b)所示。

三、被动土压力

当挡土墙在外力作用下，向墙后土体方向产生位移或转动，使墙后土体受到推挤，作用在墙背上的土压力逐渐升高，直至土体达到极限平衡状态时，作用在墙背上的土压力称作被动土压力，用 E_p 表示，如图 6-2(c)所示。

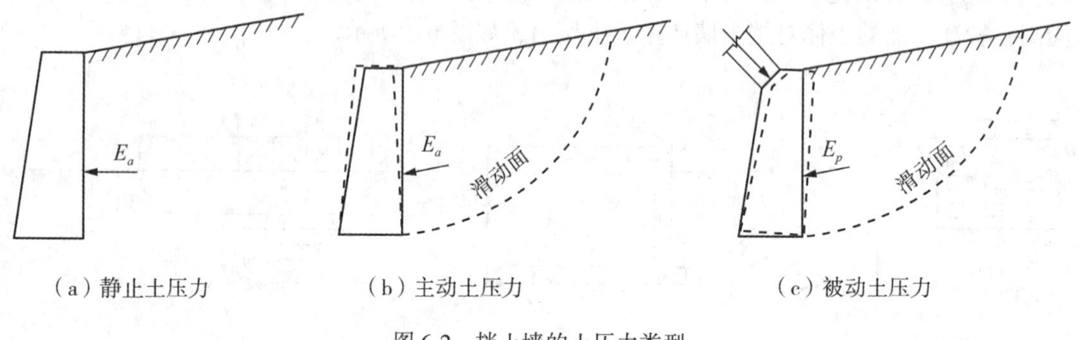

图 6-2　挡土墙的土压力类型

试验研究表明，挡土墙的变位与土压力的关系如图 6-3 所示。图 6-3(b)中的 3 个特征点自左至右分别为主动土压力 E_a 、静止土压力 E_0、被动土压力 E_p ，从图中可看出：

(1)达到主动土压力所需墙的变位值 Δa 远小于达到被动土压力所需墙的变位值 Δp 。

(2)土压力的值是随着墙的变位不断变化的，土压力与墙的变位多少密切相关，并非只有 E_a 、E_0、E_p 三个特征值。

(3)三个特征值按数值大小排列：$E_a < E_0 < E_p$ 。

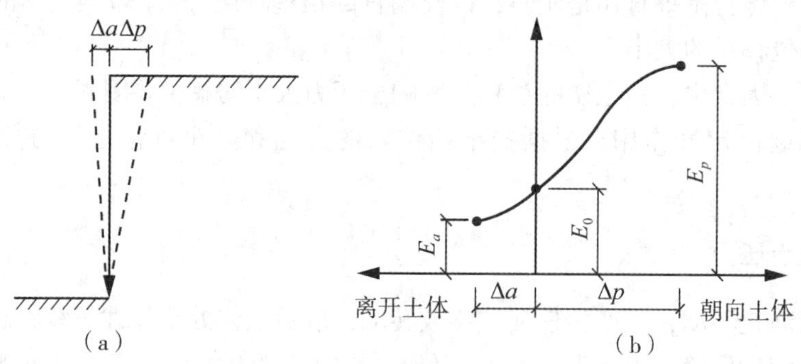

图 6-3　挡土墙的变位与土压力的关系

第二节　静止土压力计算

当挡土墙静止不动时，墙后土体处于侧限自重压缩应力状态，与天然土层的应力状态相同。这时，作用于墙背上的静止土压力也就是土体自重作用下引起的水平方向自重应力。

如图 6-4 所示，在挡土墙后土体表面下任意深度 z 处的竖向压力为土的自重压力 $\gamma \cdot z$，在水平方向的压力即为该点的静止土压力，可按下式计算：

$$p_0 = K_0 \gamma \cdot z \tag{6-1}$$

式中，p_0——深度 z 处的静止土压力，实际指土压力强度，kPa；

K_0——静止土压力系数；

γ——墙后填土的重度，kN/m^3；

z——计算点的深度，m；

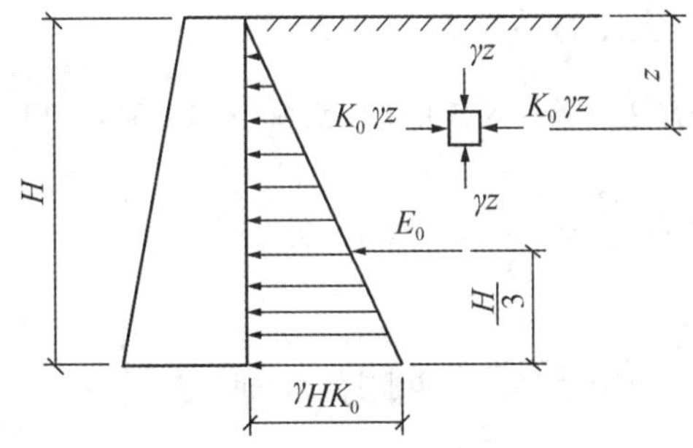

图 6-4　静止土压力的分布

静止土压力系数 K_0 可由试验确定。但由于测试较为困难，不少学者经试验研究，将土的某些指标与 K_0 值建立了经验关系。对于正常固结土，雅其给出的经验公式见式(6-2)；对于超固结土，梅耶霍夫给出的经验公式见式(6-3)：

$$K_0 = 1 - \sin\varphi' \tag{6-2}$$

$$K_0 = \sqrt{\mathrm{OCR}}(1 - \sin\varphi') \tag{6-3}$$

式中，φ'——土的有效内摩擦角，°；

OCR——土的超固结比。

在实际工程中，静止土压力系数也常采用经验值，我国《公路桥涵地基与基础设计规范》(JTJ024)中提供的经验值见表 6-1。

由式(6-1)可知，静止土压力强度与深度 z 成正比，则沿墙高应为三角形分布，如图 6-4 所示。其合力应为三角形的面积，按下式计算：

$$E_0 = \frac{1}{2}\gamma \cdot H^2 K_0 \quad (\mathrm{kN/m}) \tag{6-4}$$

式中，E_0——静止土压力，指作用于单位墙长上的静止土压力的合力，kN/m；

H——挡土墙的高度，m。

合力的作用点应在三角形的形心，即距墙底 $\frac{H}{3}$ 高度处。

表 6-1　**静止土压力系数 K_0**

土的名称	K_0
砾石、卵石	0.2
砂土	0.25
亚砂土(粉土)	0.35
亚黏土(粉质黏土)	0.45
黏土	0.55

[**例题 6-1**]　某挡土墙，墙高 5.5m，墙后填土为粉土，重度 $\gamma = 19.0\text{kN/m}^3$，计算作用在挡土墙上的静止土压力。

解：查表 6-1，取静止土压力系数 $K_0 = 0.35$。

$$E_0 = \frac{1}{2}\gamma \cdot H^2 K_0 = \frac{1}{2} \times 19.0 \times 5.5^2 \times 0.35 = 100.6\ (\text{kN/m})$$

E_0 的作用点位于距墙底 $\frac{H}{3} = \frac{5.5}{3} = 1.83\text{m}$ 处。

第三节　朗肯土压力理论

朗肯土压力理论是求解土压力的主要理论之一，是依据半无限空间体的应力状态和土的极限平衡理论推导得出的。

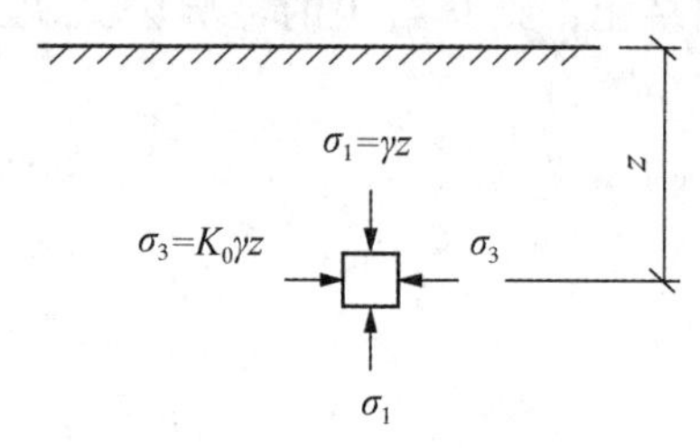

(a) 静止土压力状态

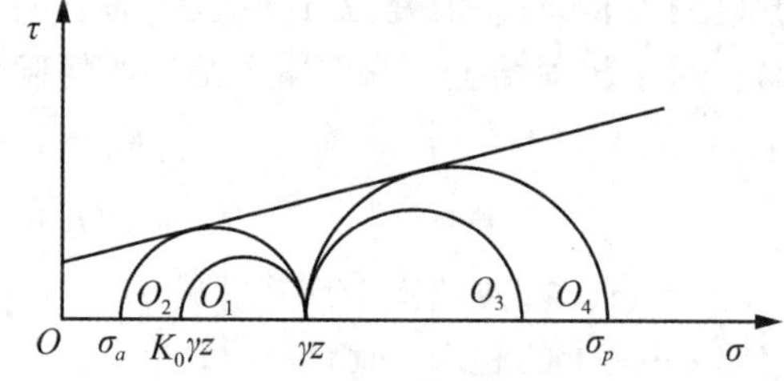

(b) 到达朗肯状态的应力路径

图 6-5　到达朗肯状态的应力路径

如图 6-5(a)所示，在半无限空间体表面下任意深度 z 处取一单元体，在静止土压力条件下，作用在该单元体上的大主应力 σ_1 为竖直向应力，其值为 $\sigma_1 = \gamma \cdot z$；小主应力 σ_3 为水平向应力，其值为 $\sigma_3 = \gamma \cdot zK_0$，该单元体处于弹性平衡状态，其莫尔应力圆 O_1 应位于抗剪强度线下方，如图 6-5(b)所示。假定在某种原因下土体朝两侧松开(图 6-6)，大主

应力 σ_1 维持不变，仍为 $\gamma \cdot z$；小主应力 σ_3 则不断减小，应力圆直径也就不断增大，当应力圆增大至与抗剪强度线相切时，单元体即达到主动极限平衡状态，见图 6-5(b) 中的应力圆 O_2，此时的小主应力 σ_3 即为主动土压力强度，用 σ_a 表示，见图 6-5(b) 和图 6-6(a)。这时的应力状态称为主动朗肯状态，其依据是土的极限平衡理论。由土的极限平衡条件知，主动朗肯状态时的破裂面与大主应力 σ_1 作用面(水平面)的夹角为 $\alpha = 45° + \dfrac{\varphi}{2}$，见图 6-6(a)。由于朗肯假定土体向两侧松开，即向左右两侧同时伸展，所以，破裂面应为对称的两组，见图 6-6(b)。

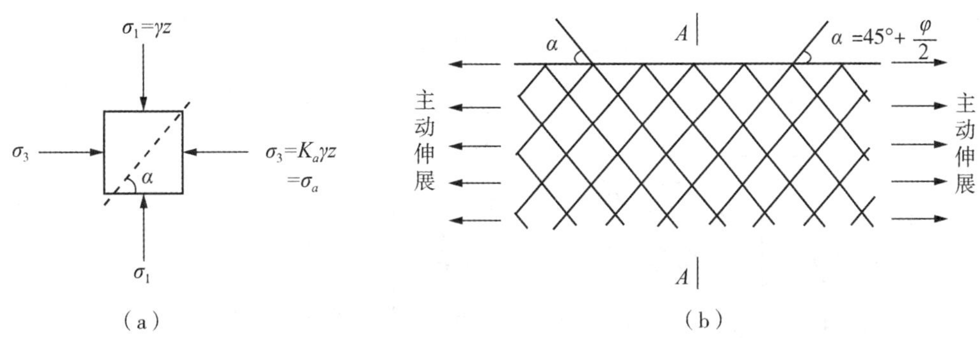

图 6-6　主动朗肯状态

如果土体在某种原因下被侧向挤压，见图 6-7(b)，这时，水平方向的小主应力 σ_3 不断增大，而竖直方向的大主应力 σ_1 不变，应力圆直径就将不断缩小。当水平方向的应力增大至与竖直方向的应力相等时，即 $\sigma_3 = \sigma_1$，应力圆则缩小至一个点，直径为零。此后，若水平方向应力继续增大，则将大于竖直方向应力，这时，原来的水平向小主应力 σ_3 变为大主应力 σ_1，原来的竖直向大主应力 σ_1 变为小主应力 σ_3，应力圆的直径则自图中 $\gamma \cdot z$ 点向右伸展并逐渐增大，见图 6-5(b)。当应力圆增大至与抗剪强度线相切时，单元体的应力状态即达到被动极限平衡状态，或称被动朗肯状态，见图 6-5(b) 中 O_4。此时的水平向大主应力 σ_1 即为被动土压力强度，用 σ_p 表示。当土体处于被动朗肯状态时，破裂面与大主应力作用面的夹角仍为 $\alpha = 45° + \dfrac{\varphi}{2}$，但由于大主应力作用面此时变为竖直面，所以破裂面与水平面的夹角应为 $90° - \alpha = 45° - \dfrac{\varphi}{2}$，见图 6-7(a)，被动朗肯状态时破裂面亦应为左右对称的两组。

朗肯设想在半空间土体中取一竖直切面 $A—A$，见图 6-6、图 6-7，将切面任一侧(例如左侧)的土体用墙背直立的挡土墙代替，见图 6-8，如果能满足墙背与土体界面上剪应力为零的边界条件，就不会改变右半边土体中原来的应力状态。若产生主动或被动朗肯状态的变形条件也能满足，则应用上述原理即可推出挡土墙上主动和被动土压力的计算公式。墙背直立、光滑，墙后土体表面为水平面的挡土墙可满足以上边界条件。

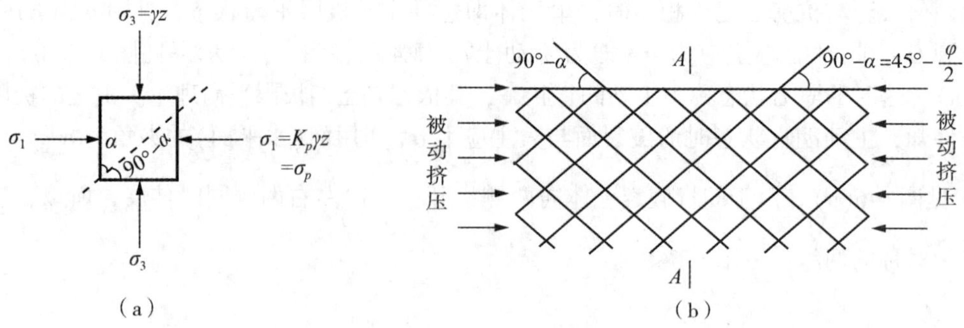

图 6-7　被动朗肯状态

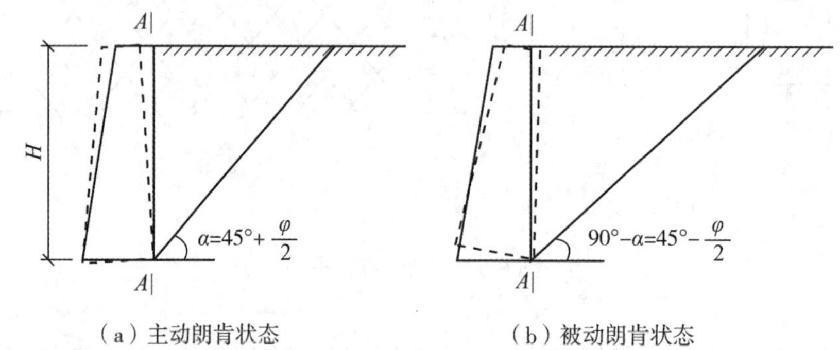

图 6-8　将 A—A 切面左侧土体用挡土墙代替

一、主动土压力

由上述知，当图 6-5 中的应力圆为 O_2 时，即处于主动朗肯状态，这时，任一深度 z 处的朗肯主动土压力强度 σ_a 为小主应力 σ_3，大主应力 σ_1 为上覆土的自重应力 $\gamma \cdot z$，由土的极限平衡条件，参照式(4-10)，可知黏性土的主动土压力强度 $\sigma_a = \sigma_3$，应为

$$\sigma_a = \gamma \cdot z \cdot \tan^2\left(45° - \frac{\varphi}{2}\right) - 2c \cdot \tan\left(45° - \frac{\varphi}{2}\right)$$

令 $K_a = \tan^2\left(45° - \frac{\varphi}{2}\right)$，代入上式，得

$$\sigma_a = \gamma \cdot zK_a - 2c\sqrt{K_a} \quad (\text{kPa}) \tag{6-5}$$

式中，K_a ——朗肯主动土压力系数；

γ ——土的重度，地下水位以下取有效重度，kN/m^3；

c 、φ ——土的黏聚力(kPa)和内摩擦角(°)。

对于无黏性土，将 $c = 0$ 代入上式，得

$$\sigma_a = \gamma \cdot zK_a \quad (\text{kPa}) \tag{6-6}$$

无黏性土的朗肯主动土压力沿墙高呈三角形分布，见图 6-9(a)，这是因为主动土压力仅仅是由土的自重产生，其强度随深度 z 而线性增加。取挡土墙的长度为 1，则单位墙

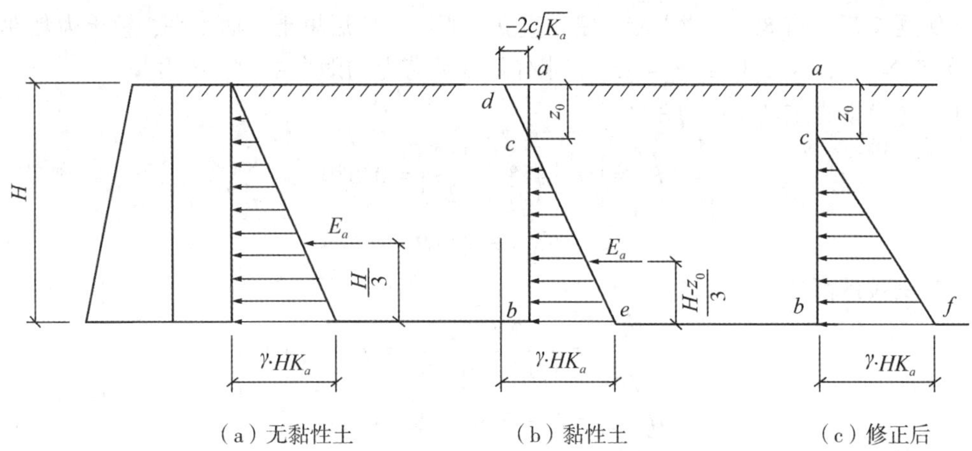

图 6-9　主动朗肯状态的压力分布

长上主动土压力的合力 E_a 应等于三角形的面积，按下式计算：

$$E_a = \frac{1}{2}\gamma \cdot H^2 K_a \quad (\mathrm{kN/m}) \tag{6-7}$$

E_a 的作用点在三角形的形心处，距墙底向上 $\frac{H}{3}$ 高度处。

当为黏性土时，由式(6-5)知，主动土压力由两部分组成，黏聚力 c 的存在减小了作用在墙背上的土压力，在墙的上部形成一个负的土压力区(拉应力区)，见图 6-9(b)中的 $\triangle acd$ 。由于墙背与土体之间不能承载拉力，在很小的拉力下就会脱开，形成裂缝，所以在计算黏性土的主动土压力时，应将这部分拉力略去，而仅仅考虑 $\triangle cbe$ 部分的土压力。

由 z_0 深度 c 点处的土压力为零的条件，可得

$$\gamma \cdot z_0 K_a - 2c\sqrt{K_a} = 0$$

$$z_0 = \frac{2c}{\gamma\sqrt{K_a}} \tag{6-8}$$

z_0 称为黏性土的临界高度，被认为是黏性土直立开挖而无需支挡的最大深度。

由此，黏性土主动土压力的合力 E_a 应为 $\triangle cbe$ 的面积，按下式计算：

$$E_a = \frac{1}{2}(H - z_0)(\gamma \cdot HK_a - 2c\sqrt{K_a}) \tag{6-9}$$

E_a 合力作用点在 $\triangle cbe$ 的形心处，距墙底向上 $\frac{H - z_0}{3}$。

对于黏性土的上述算法，有学者认为低估了主动土压力值，故采用了如下的修正算法：将 z_0 深度以上的主动土压力强度全部取为零，而不是负值。这样，土压力的分布就如图 6-9(c)中的 $\triangle cbf$ 所示，墙底处的主动土压力强度 bf 取 $\gamma \cdot HK_a$ ，三角形的高度取 $H - z_0$，则修正后的主动土压力合力 E_a 按下式计算：

$$E_a = \frac{1}{2}\gamma \cdot HK_a(H - z_0) \tag{6-10}$$

式中，z_0 仍应按式(6-8)计算。

［**例题 6-2**］　有 8m 高挡土墙，墙背直立、光滑，墙后填土表面水平，填土为黏性土，$\gamma = 18.5\text{kN/m}^3$，$c = 21\text{kPa}$，$\varphi = 15°$，求作用在墙背上的朗肯主动土压力。

解：(1)朗肯主动土压力系数：

$$K_a = \tan^2\left(45° - \frac{15°}{2}\right) = 0.589$$

$$\sqrt{K_a} = 0.767$$

(2)受拉区高度：

$$z_0 = \frac{2c}{\gamma\sqrt{K_0}} = \frac{2 \times 21}{18.5 \times 0.767} = 2.96\ (\text{m})$$

$$H - z_0 = 8 - 2.96 = 5.04\ (\text{m})$$

(3)按式(6-9)计算朗肯主动土压力：

$$E_a = \frac{1}{2}(H - z_0)(\gamma \cdot HK_a - 2c\sqrt{K_a})$$

$$= \frac{1}{2} \times 5.04 \times (18.5 \times 8 \times 0.589 - 2 \times 21 \times 0.767)$$

$$= 138.5(\text{kN/m})$$

(4)按修正式(6-10)计算朗肯主动土压力：

$$E_a = \frac{1}{2}\gamma \cdot HK_a(H - z_0)$$

$$= \frac{1}{2} \times 18.5 \times 8 \times 0.589 \times 5.04$$

$$= 219.7(\text{kN/m})$$

(5)合力作用点在 $\frac{H - z_0}{3} = \frac{5.04}{3} = 1.68\text{m}$ 墙高处。

二、被动土压力

在图 6-5(b)中，当应力圆处于 O_4 的位置时，即达到被动朗肯状态。这时，小主应力 σ_3 在竖直方向，为上覆土的自重应力 $\gamma \cdot z$；被动土压力强度 σ_p 为大主应力 σ_1，在水平方向。根据土的极限平衡条件，参照式(4-9)，可得

$$\sigma_p = \gamma \cdot z\tan^2\left(45° + \frac{\varphi}{2}\right) + 2c \cdot \tan\left(45° + \frac{\varphi}{2}\right)$$

令 $K_p = \tan^2\left(45° + \frac{\varphi}{2}\right)$，代入上式，得

$$\sigma_p = \gamma \cdot zK_p + 2c\sqrt{K_p}\ (\text{kPa}) \tag{6-11}$$

式中，K_p ——朗肯被动土压力系数。

无黏性土的朗肯被动土压力强度沿墙高呈三角形分布，见图 6-10(a)，合力 E_p 按下式计算：

$$E_p = \frac{1}{2}\gamma \cdot H^2 K_p \tag{6-12}$$

E_p 的作用点在 $\frac{H}{3}$ 处。

黏性土由于黏聚力 c 的存在而使被动土压力增加了 $2c\sqrt{K_p}$，土压力强度则呈梯形分布，见图 6-10(b)，合力 E_p 为梯形的面积，按下式计算：

$$E_p = E_{p1} + E_{p2} = 2cH\sqrt{K_p} + \frac{1}{2}\gamma \cdot H^2 K_p \tag{6-13}$$

黏性土被动土压力的合力作用点在梯形的形心高度处，距墙底的距离 z_h 按下式计算：

$$z_h = \frac{\frac{1}{2}E_{p1} \cdot H + \frac{1}{3}E_{p2} \cdot H}{E_p} \tag{6-14}$$

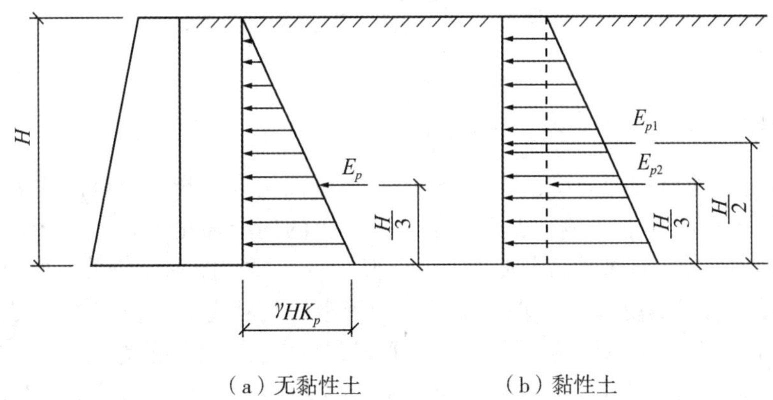

（a）无黏性土　　　　（b）黏性土

图 6-10　被动朗肯状态的压力分布

[例题 6-3]　有高 6m 挡土墙，墙背直立、光滑，填土表面为水平面，$\gamma = 19.5\text{kN/m}^3$，$c = 18\text{kPa}$，$\varphi = 14°$，求朗肯被动土压力。

解：(1)朗肯被动土压力系数：

$$K_p = \tan^2\left(45° + \frac{\varphi}{2}\right) = \tan^2\left(45° + \frac{14°}{2}\right) = 1.638$$

(2)黏聚力产生的被动土压力：

$$E_{p1} = 2cH\sqrt{K_p} = 2 \times 18 \times 6 \times \sqrt{1.638} = 276.4\ (\text{kN/m})$$

(3)土自重产生的被动土压力：

$$E_{p2} = \frac{1}{2}\gamma \cdot H^2 K_p = \frac{1}{2} \times 19.5 \times 6^2 \times 1.638 = 574.9\ (\text{kN/m})$$

(4)朗肯被动土压力：

$$E_p = E_{p1} + E_{p2} = 276.4 + 574.9 = 851.3\ (\text{kN/m})$$

(5)合力作用点距墙底高度：

$$z_h = \frac{\frac{1}{2}E_{p1} \cdot H + \frac{1}{3}E_{p2} \cdot H}{E_p}$$

$$= \frac{\frac{1}{2} \times 276.4 \times 6 + \frac{1}{3} \times 574.9 \times 6}{851.3}$$

$$= 2.3(\mathrm{m})$$

第四节　库仑土压力理论

库仑土压力理论也是求解土压力的主要理论之一。库仑土压力理论的基本假定是：(1)墙后填土是均质的无黏性土；(2)墙背压力达到主动或被动土压力时，墙后填土形成一个三角形滑动土楔体，滑动破裂面为一个通过墙踵 B 点的斜平面 BC，见图 6-11(a)；(3)三角形滑动土楔为刚体，本身无变形。库仑根据这些基本假定，由刚性土楔体的极限平衡条件求得土压力。

一、无黏性土的主动土压力

如图 6-11(a)所示的挡土墙，取墙长为 1，按平面问题分析。设墙高为 H、墙背倾角为 α、墙后填土重度为 γ、填土表面坡角为 β、土的内摩擦角为 φ、填土与墙背的外摩擦角为 δ、滑动面 BC 与水平面的夹角为 θ。其他各角可按图示几何关系推出，并注写于图中。当墙后三角形土楔体 ABC 向下滑动达到极限平衡状态时，作用于土楔体 ABC 上的力有三个：(1)三角形土楔体的自重 W，当假定破裂面 BC 的倾角为 θ 之后，自重 W 为已知数，当按平面问题求解时，其值应为 $\triangle ABC$ 的面积与土重度 γ 的乘积，方向竖直向下；(2)破裂面 BC 上的反力 R，它是土楔体自重 W 对破裂面 BC 作用力的反力，因其作用面为 BC 且为土楔体下滑的阻力，其方向应为 BC 面法线 nt 向下偏转内摩擦角 φ，但其大小尚不知；(3)墙背对土楔体的反力 E，E 的作用面为 AB 且也是土楔体下滑的阻力，其方向应为 AB 面法线 ms 向下偏转外摩擦角 δ，E 其实就是墙后填土对墙背土压力的反力。

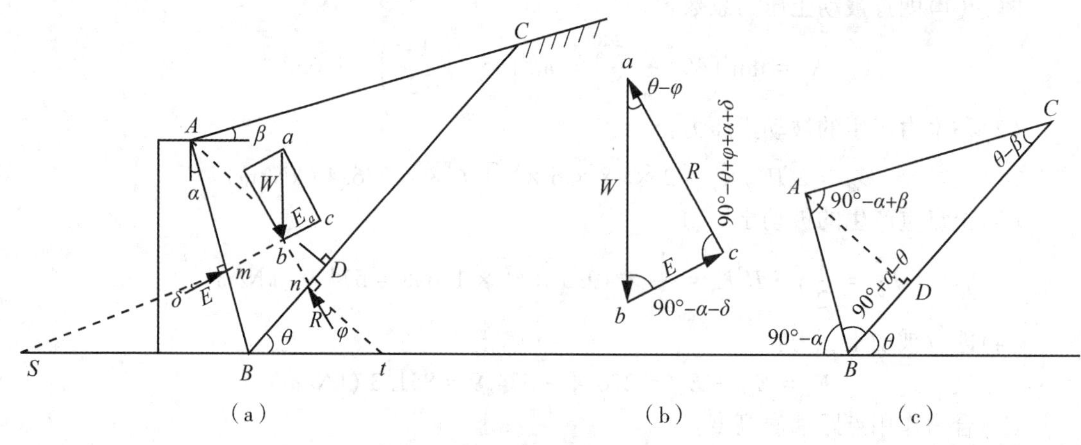

图 6-11　库仑主动土压力

土楔体在 W 、R 、E 三力作用下处于静力平衡状态，则三力构成一闭合的矢力三角形，如图 6-11(a)中的 $\triangle abc$ 。由 $\triangle abc$ 与各已知角之间的几何关系，可得 $\triangle abc$ 的各角如图 6-11(b)所示。

1. 土楔体自重 W 的计算

如图 6-11(c)所示，过 A 点作 BC 的垂线交 BC 于 D ，则三角形土楔体的自重可表示为

$$W = \gamma \cdot \frac{1}{2} BC \cdot AD \tag{1}$$

由正弦定理可得

$$\frac{BC}{\sin(90^\circ - \alpha + \beta)} = \frac{AB}{\sin(\theta - \beta)}$$

$$\begin{aligned} BC &= AB \frac{\sin(90^\circ - \alpha + \beta)}{\sin(\theta - \beta)} \\ &= \frac{H}{\cos\alpha} \cdot \frac{\sin(90^\circ + \beta - \alpha)}{\sin(\theta - \beta)} \\ &= H \frac{\cos(\beta - \alpha)}{\cos\alpha \cdot \sin(\theta - \beta)} \end{aligned} \tag{2}$$

对于 $\triangle ABD$ ，由正弦定理可得

$$\frac{AD}{\sin(90^\circ + \alpha - \theta)} = \frac{AB}{\sin 90^\circ}$$

$$\frac{AD}{\cos(\alpha - \theta)} = AB = \frac{H}{\cos\alpha}$$

$$AD = H \frac{\cos(\alpha - \theta)}{\cos\alpha} \tag{3}$$

将式(2)和式(3)代入式(1)，土楔体自重 W 可表示为

$$W = \frac{\gamma \cdot H^2}{2} \cdot \frac{\cos(\beta - \alpha) \cdot \cos(\alpha - \theta)}{\cos^2\alpha \cdot \sin(\theta - \beta)} \tag{6-15}$$

2. 主动土压力计算

对于 $\triangle abc$ ，由正弦定理可得

$$E = W \frac{\sin(\theta - \varphi)}{\sin(90^\circ - \theta + \varphi + \alpha + \delta)} = W \frac{\sin(\theta - \varphi)}{\sin(90^\circ - \alpha - \delta - \varphi + \theta)}$$

令 $\psi = 90^\circ - \alpha - \delta$ ，则

$$E = W \frac{\sin(\theta - \varphi)}{\sin(\theta - \varphi + \psi)} \tag{6-16}$$

将式(6-15)代入式(6-16)，得

$$E = \frac{1}{2}\gamma \cdot H^2 \frac{\cos(\beta - \alpha) \cdot \cos(\alpha - \theta) \cdot \sin(\theta - \varphi)}{\cos^2\alpha \cdot \sin(\theta - \beta) \cdot \sin(\theta - \varphi + \psi)} \tag{6-17}$$

在式(6-17)中，γ 、H 、α 、β 、φ 、δ 都是已知的，但破裂面 BC 与水平面的倾角 θ 则是任意假定的，假定不同的倾角 θ 可得出不同的 E 值，与主动土压力 E_a 相对应的应是 E 的最大值，相应的倾角为临界倾角 θ_{cr} ，倾角为 θ_{cr} 时的 BC 面即为最危险滑裂面。为此，可

用微分中求极值的方法解得 E 为最大值时的临界倾角 θ_{cr}，然后代入式(6-17)得出库仑主动土压力的表达式为

$$E_a=\frac{1}{2}\gamma\cdot H^2K_a \tag{6-18}$$

$$K_a=\frac{\cos^2(\varphi-\alpha)}{\cos^2\alpha\cdot\cos(\alpha+\delta)\left[1+\sqrt{\frac{\sin(\varphi+\delta)\cdot\sin(\varphi-\beta)}{\cos(\alpha+\delta)\cdot\cos(\alpha-\beta)}}\right]^2} \tag{6-19}$$

式中，E_a——库仑主动土压力，指每米长墙背所承载的主动土压力之和，kN/m；

K_a——库仑主动土压力系数；

H——挡土墙的高度，m；

α——墙背倾角，当墙背向外(无土侧)倾斜时取正号，当墙背向内(填土侧)倾斜时取负号，°；

β——墙后填土表面与水平面的夹角，°；

φ——墙后填土的内摩擦角，°；

δ——墙后填土对墙背的外摩擦角，可按表 6-2 取值，°。

若挡土墙满足朗肯条件，即墙背直立($\alpha=0$)、光滑($\delta=0$)、填土面水平($\beta=0$)时，式(6-18)可改写为

$$E_a=\frac{1}{2}\gamma\cdot H^2\tan^2\left(45°-\frac{\varphi}{2}\right) \tag{6-7}$$

可见，当满足朗肯条件时，库仑理论和朗肯理论的主动土压力计算公式是相同的，朗肯理论可看成是库仑理论的特殊情况。

由式(6-18)得到的是每米长挡土墙上作用的主动土压力的合力。在墙高范围内任意深度 z 处的主动土压力可表示为(见图 6-12)

$$\sigma_z=\gamma\cdot zK_a \tag{6-20}$$

可知，库仑主动土压力与 z 成正比，沿墙高 H 为三角形分布。土压力合力 E_a 的作用点在距墙底 $\frac{H}{3}$ 处，方向与墙背法线的夹角为 δ，并在法线上侧，即与 E 相对，如图 6-12(b)所示。

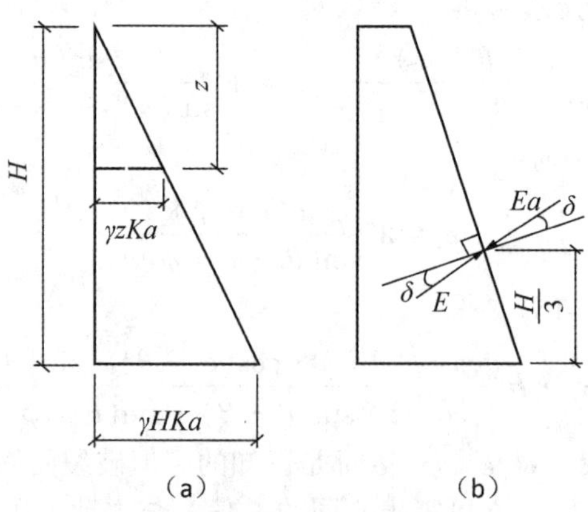

图 6-12　库仑主动土压力的分布

二、无黏性土的被动土压力

当挡土墙受到外力作用推向墙后土体，直至墙后土体沿某一破裂面 BC 向上滑动达到极限平衡状态时，作用于三角形土楔体 ABC 上的力 W、R、E，如图 6-13 所示。此时，R 和 E 均位于法线上侧，夹角为 φ 和 δ，三力亦构成一矢力三角形，即图中 $\triangle abc$。

与主动土压力的计算相似，被动土压力 E_p 可按下式计算：

$$E_p = \frac{1}{2}\gamma \cdot H^2 K_p \tag{6-21}$$

$$K_p = \frac{\cos^2(\varphi + \alpha)}{\cos^2\alpha \cdot \cos(\alpha - \delta)\left[1 - \sqrt{\dfrac{\sin(\varphi + \delta) \cdot \sin(\varphi + \beta)}{\cos(\alpha - \delta) \cdot \cos(\alpha - \beta)}}\right]^2} \tag{6-22}$$

式中，E_p——库仑被动土压力系数。

当 $\alpha = 0$、$\delta = 0$、$\beta = 0$，即满足朗肯条件时，式(6-21)可改写为

$$E_p = \frac{1}{2}\gamma \cdot H^2 \tan^2\left(45° + \frac{\varphi}{2}\right) \tag{6-12}$$

被动土压力沿墙高亦为三角形分布，E_p 的作用点在距墙底 $\frac{H}{3}$ 处，方向在墙背法线的下侧 δ 角，指向墙背。

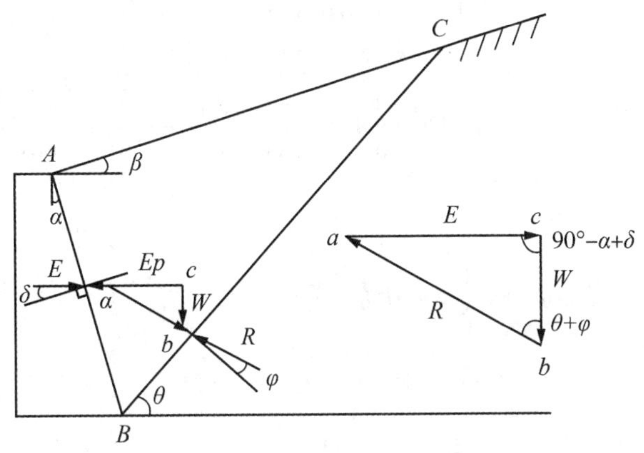

图 6-13　库仑被动土压力

表 6-2　**土对挡土墙墙背的外摩擦角 δ**

挡土墙情况	外摩擦角 δ
墙背平滑，排水不良	$(0\sim0.33)\varphi_k$
墙背粗糙，排水良好	$(0.33\sim0.50)\varphi_k$
墙背很粗糙，排水良好	$(0.50\sim0.67)\varphi_k$
墙背与填土间不可能滑动	$(0.67\sim1.00)\varphi_k$

注：φ_k 为墙背填土的内摩擦角标准值。

[**例题6-4**]　如图6-14所示挡土墙，已知墙高 $H = 5\text{m}$，墙背倾角 $\alpha = 15°$，墙后填土为砂土，$\gamma = 19.5\text{kN/m}^3$，填土坡角 $\beta = 10°$，土的内摩擦角 $\varphi = 38°$，与墙背的外摩擦角 $\delta = 18°$，试求库仑主动土压力和被动土压力。

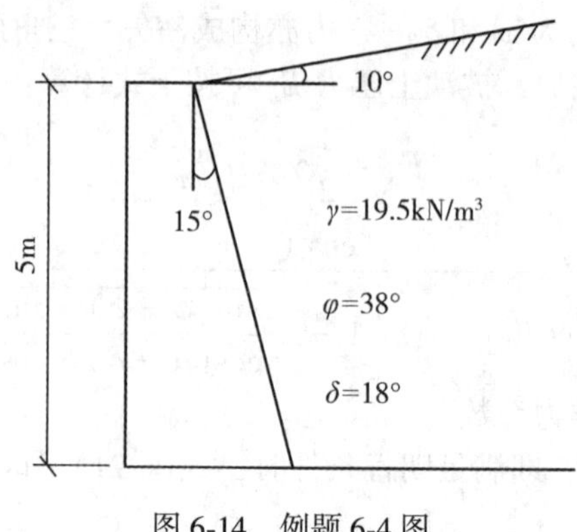

图6-14　例题6-4图

解：(1)库仑主动土压力系数：

$$K_a = \frac{\cos^2(\varphi - \alpha)}{\cos^2\alpha \cdot \cos(\alpha + \delta)\left[1 + \sqrt{\dfrac{\sin(\varphi + \delta) \cdot \sin(\varphi - \beta)}{\cos(\alpha + \delta) \cdot \cos(\alpha - \beta)}}\right]^2}$$

$$= \frac{\cos^2(38° - 15°)}{\cos^2 15° \cdot \cos(15° + 18°)\left[1 + \sqrt{\dfrac{\sin(38° + 18°) \cdot \sin(38° - 10°)}{\cos(15° + 18°) \cdot \cos(15° - 10°)}}\right]^2}$$

$$= 0.3825$$

(2)库仑主动土压力：

$$E_a = \frac{1}{2}\gamma \cdot H^2 K_a$$

$$= \frac{1}{2} \times 19.5 \times 5^2 \times 0.3825$$

$$= 93.2(\text{kN/m})$$

(3)库仑被动土压力系数：

$$K_p = \frac{\cos^2(\varphi + \alpha)}{\cos^2\alpha \cdot \cos(\alpha - \delta)\left[1 - \sqrt{\dfrac{\sin(\varphi + \delta) \cdot \sin(\varphi + \beta)}{\cos(\alpha - \delta) \cdot \cos(\alpha - \beta)}}\right]^2}$$

$$= \frac{\cos^2(38° + 15°)}{\cos^2 15° \cdot \cos(15° - 18°)\left[1 - \sqrt{\dfrac{\sin(38° + 18°) \cdot \sin(38° + 10°)}{\cos(15° - 18°) \cdot \cos(15° - 10°)}}\right]^2}$$

$$= 8.564$$

(4)库仑被动土压力：

$$E_p = \frac{1}{2}\gamma \cdot H^2 K_p = \frac{1}{2} \times 19.5 \times 5^2 \times 8.564 = 2087.5\ (\text{kN/m})$$

三、库尔曼图解法

库尔曼图解法是以库仑土压力理论为基础，假定一系列滑裂面，并通过作图求解土压力的一种试算法。

如图 6-15 所示，BD 为自然坡面，与水平面的倾角为土的内摩擦角 φ；BC 是任意假定的滑裂面，与水平面的倾角为 θ；过 B 点作基线 Bl，Bl 与 BD 的夹角为 $90°-\alpha-\delta$；作基线 Bl 的平行线 md，则由图中的几何关系可知，$\triangle Bmd$ 与由 W、R、E 组成的矢力三角形相似，如图 6-15(b)所示。于是用线段 $\overline{Bd}$ 的长度表示 W，则

$$E=\frac{W}{\overline{Bd}}\overline{md}$$

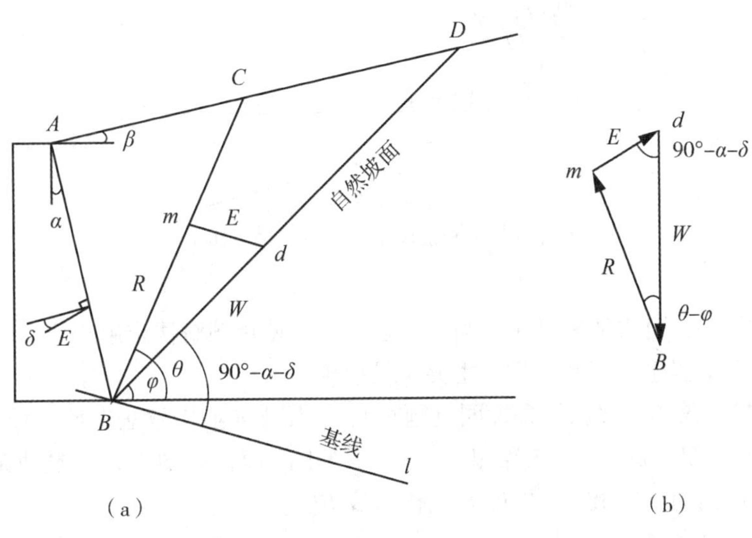

图 6-15 库尔曼图解法

按照上述方法，在 AB 与 BD 之间假定一系列滑裂面试算，即可找到最大的土压力 E_a，则相应的滑裂面即为最危险滑裂面。

如图 6-16 所示，具体方法如下：

(1)按比例绘出挡土墙及墙后填土剖面。过墙踵 B 点作 BD 线，使 BD 与水平面的倾角等于 φ；再过 B 点作垂线 BC_1，最危险滑裂面应在 BC_1 和 BD 之间。

(2)在 BC_1 和 BD 之间选定若干滑裂面 BC_2，BC_3，…作为图解试算面。选定时，可将角 C_1BD 按角度等分，可等分为四至五等份。

(3)分别计算土楔体 ABC_1，ABC_2，… ABD 的土重 W_1，W_2，… W_D。使线段 $BD=W_D$，并按相同的比例在 BD 线上截取 $Bd_1=W_1$，$Bd_2=W_2$，…

(4)过 B 点作基线 Bl，使 Bl 与 BD 的夹角为 $90°-\alpha-\delta$；并过 d_1，d_2，…各点作 Bl 的平行线，交 BC_1 线于 m_1 点，交 BC_2 线于 m_2 点……圆滑连接 B，m_1，m_2，… D 各点成一条曲线。

(5)作 BD 线的平行线与曲线相切，切点为 m。过 m 点作 BC 线，BC 即为最危险滑裂

面；再过 m 点作基线 Bl 的平行线交 BD 于 d 点，则 $\triangle Bmd$ 即为滑裂面为 BC 时的矢力三角形。按上述第 3 步相同的比例测量 Bd 即为土楔体 ABC 的土重 W，md 即为主动土压力 E_a。

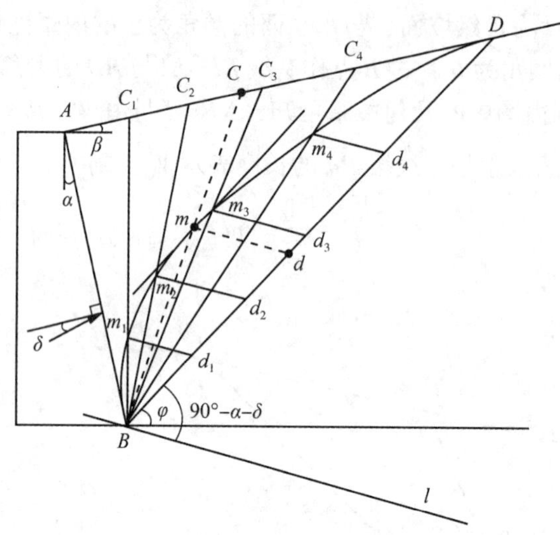

图 6-16　库尔曼图解法求解主动土压力

库尔曼图解法也可求解被动土压力，方法类似。使用图解法求解土压力时，为提高精确度，比例尺可适当选大一些，作图也要尽量准确。

[例题 6-5]　某挡土墙已知条件同例题 6-4，试用库尔曼图解法求解库仑主动土压力。

解：(1)按选定比例 1∶125 绘出挡土墙及填土剖面，见图 6-17。过墙踵 B 点作 BD 线，与水平面倾角为 $\varphi = 38°$；再过 B 点作垂线 BC_1。

(2) BC_1 和 BD 的夹角为 $90° - 38° = 52°$，取等分 5 份，则 $\dfrac{52°}{5} = 10.4°$。所取各假定滑裂面与水平面的倾角 θ 为

$$\theta_1 = 90°;\ \theta_2 = 90° - 10.4° = 79.6°;\ \theta_3 = 79.6° - 10.4° = 69.2°;$$

$$\theta_4 = 69.2° - 10.4° = 58.8°;\ \theta_5 = 58.8° - 10.4° = 48.4°;\ \theta_D = \varphi = 38°$$

(3)计算各三角形土楔体的自重。

$$\begin{aligned} W_1(ABC_1) &= \frac{\gamma \cdot H^2}{2} \cdot \frac{\cos(\beta - \alpha) \cdot \cos(\alpha - \theta)}{\cos^2\alpha \cdot \sin(\theta - \beta)} \\ &= \frac{19.5 \times 5^2}{2} \cdot \frac{\cos(10° - 15°) \cdot \cos(15° - 90°)}{\cos^2 15° \cdot \sin(90° - 10°)} \\ &= 68.4(\text{kN}) \end{aligned}$$

$$W_2(ABC_2) = 119.1\ (\text{kN})$$

$$W_3(ABC_3) = 177.2(\text{kN})$$

$$W_4(ABC_4) = 249.7(\text{kN})$$

$$W_5(ABC_5) = 349.8(\text{kN})$$

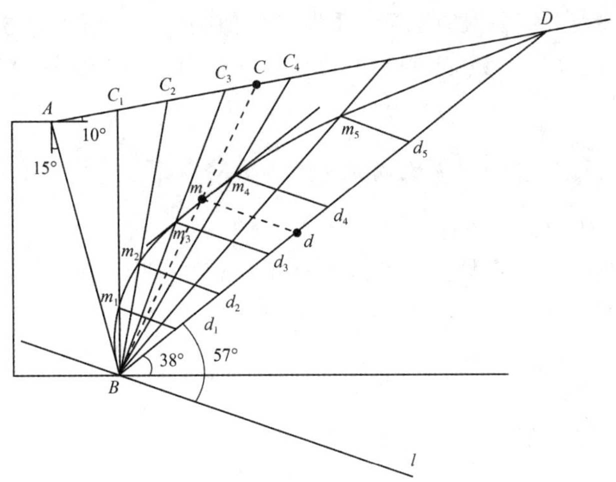

图 6-17 例题 6-5 附图

$$W_D(ABD) = 510.3(\mathrm{kN})$$

(4)在图上测量 $BD = 87.5\mathrm{mm}$，则取比例尺 n 为

$$n = \frac{510.3}{87.5} = 5.832$$

按比例确定如下各点：

$$Bd_1 = \frac{W_1}{n} = \frac{68.4}{5.832} = 11.7(\mathrm{mm})$$

$$Bd_2 = 20.4(\mathrm{mm})$$

$$Bd_3 = 30.4(\mathrm{mm})$$

$$Bd_4 = 42.8(\mathrm{mm})$$

$$Bd_5 = 60(\mathrm{mm})$$

(5)过点 B 作基线 Bl，Bl 与 BD 线的夹角应为

$$90° - \alpha - \delta = 90° - 15° - 18° = 57°$$

过 d_1、d_2……各点作 Bl 的平行线，交 BC_1 线于 m_1、交 BC_2 线于 m_2、……圆滑连接 B、m_1、m_2…… D 各点。

(6)作 BD 线的平行线与曲线相切，切点为 m，过 m 点作 Bl 的平行线 md 交 BD 线于 d 点。

(7)在图上测量 $md = 16\mathrm{mm}$，则过 m 点的 BC 线为最危险滑裂面，库仑主动土压力 E_a 为

$$E_a = md \cdot n = 16 \times 5.832 = 93.3\ (\mathrm{kN})$$

四、黏性土的主动土压力

库仑土压力理论只适用于无黏性土，对于黏性土，当应用库仑理论求解时，尚应计入黏聚力 c。黏聚力 c 所起的作用是增大土楔体下滑的阻力，如果不计入，应是偏于更安全

的。计入的方法有：将黏聚力折合成内摩擦角的方法，称为等效内摩擦角法；也可假定一组破裂面，计入破裂面上的黏聚力试算，取其最大值为主动土压力的方法，称为楔体试算法。《建筑地基基础设计规范》(GB50007—2011)则给出了一个用于黏性土主动土压力计算的公式：

$$E_a = \psi_c \frac{1}{2}\gamma \cdot H^2 K_a \tag{6-23}$$

式中，E_a——主动土压力，kN/m；

ψ_c——主动土压力增大系数，土坡高度小于5m时宜取1.0；高度为5 ~ 8m时宜取1.1；高度大于8m时宜取1.2；

γ——墙后填土的重度，kN/m^3；

H——挡土墙的高度，m；

K_a——主动土压力系数，按下式计算：

$$K_a = \frac{\sin(\alpha_0+\beta)}{\sin^2\alpha_0 \cdot \sin^2(\alpha_0+\beta-\varphi-\delta)}\{k_q[\sin(\alpha_0+\beta)\sin(\alpha_0-\delta)+\sin(\varphi+\delta)\sin(\varphi-\beta)]+2\eta\sin\alpha_0\cos\varphi\cos(\alpha_0+\beta-\varphi-\delta)-2[(k_q\sin(\alpha_0+\beta)\sin(\varphi-\beta)+\eta\sin\alpha_0\cos\varphi)(k_q\sin(\alpha_0-\delta)\sin(\varphi+\delta)+\eta\sin\alpha_0\cos\varphi)]^{\frac{1}{2}}\} \tag{6-24}$$

$$k_q = 1 + \frac{2q}{\gamma \cdot H} \cdot \frac{\sin\alpha_0\cos\beta}{\sin(\alpha_0+\beta)} \tag{6-25}$$

$$\eta = \frac{2c}{\gamma \cdot H} \tag{6-26}$$

式中，q——地表均布荷载(以单位水平投影面上的荷载强度计)，kPa；

φ——填土内摩擦角，°；

c——黏聚力，kPa；

α_0、β、δ——见图6-18。

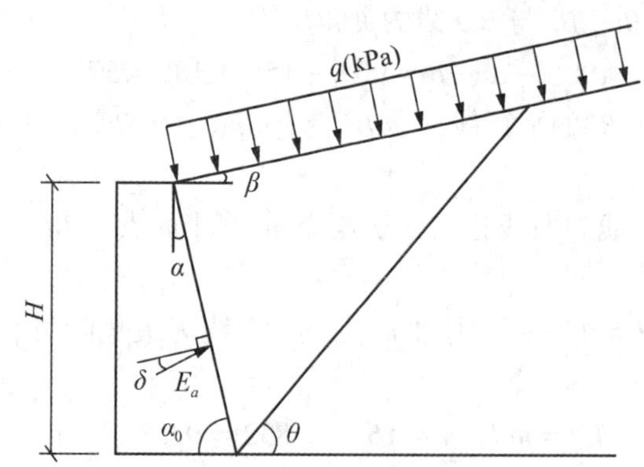

图6-18　黏性土主动土压力计算简图

五、朗肯理论与库仑理论的条件

朗肯理论和库仑理论都是假定某些条件后建立的，因此，使用时，应针对不同的实际情况合理选择，以尽量减小计算误差，保证安全和减少损失。

朗肯土压力理论应用半空间体的应力状态和极限平衡理论，概念明确，无论黏性土或无黏性土都可直接应用，且计算简单、使用方便。但为了使墙后填土符合朗肯假定，应使挡土墙墙背直立、光滑，墙后填土面水平。由于朗肯理论忽略了墙背与填土之间的摩擦力，使计算的主动土压力偏大，这对工程是偏于安全的；而计算的被动土压力则偏小。

库仑土压力理论根据墙后滑动土楔体的静力平衡条件推导出土压力计算公式，考虑了墙背与填土之间的摩擦力，并可用于墙背和填土面倾斜的情况，但只适用于无黏性土。库仑假设墙后填土破坏时，破裂面是一个斜平面，而实际上是一个曲面，试验证明，只有当墙背的斜度不大，墙背与填土间的摩擦角很小时，即近似符合朗肯条件时，破裂面才接近平面，因此，计算结果与实际情况有一定误差。一般情况下，计算主动土压力时，误差在2% ~ 10% 范围内，可以满足一般工程需要。但计算被动土压力时，假定的平破裂面与实际破裂面差别很大，使计算结果在大部分情况下都有很大误差。所以，一般认为，库仑理论不适用于计算被动土压力。只有当填土面水平、墙背直立、光滑时才适用，但这时已转化为朗肯理论了。

由上述知，朗肯理论可看做是库仑理论的特例，库仑理论的应用范围要广得多，但在应用库仑理论时应注意以下几方面：

(1)填土面倾角 β 不能大于土的内摩擦角 φ，当计算主动土压力系数 K_a 时，式(6-19)中的根号内有 $\sin(\varphi-\beta)$ 项，若 $\beta>\varphi$，将出现负值。

(2)当墙背仰斜，即墙背向填土方向倾斜时，主动土压力将减小，当仰斜倾角(墙背与水平面的夹角，见图 6-19)等于土的内摩擦角 φ 时，计算所得土压力降为零，而实际上是不为零的，这是由于假定的破裂面为平面所致。

(3)当墙背俯斜并过于平坦时，滑动土楔体可能不沿挡土墙背下滑，这将需要考虑第二破裂面的问题。

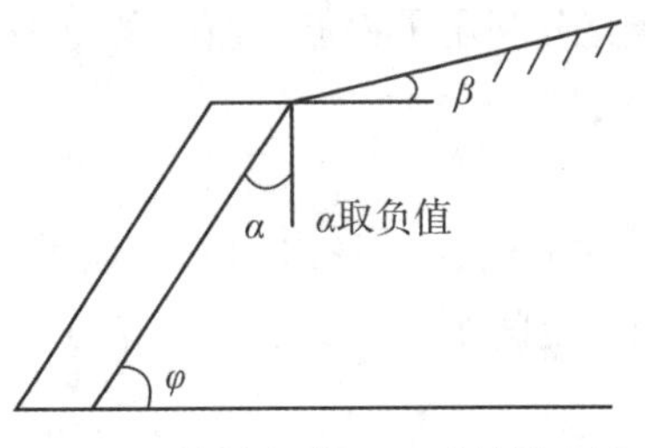

图 6-19　仰斜角等于 φ 时的挡土墙

第五节　挡土墙的类型和重力式挡土墙的构造措施

一、挡土墙的类型

挡土墙主要可分为以下几种类型，如图 6-20 所示。

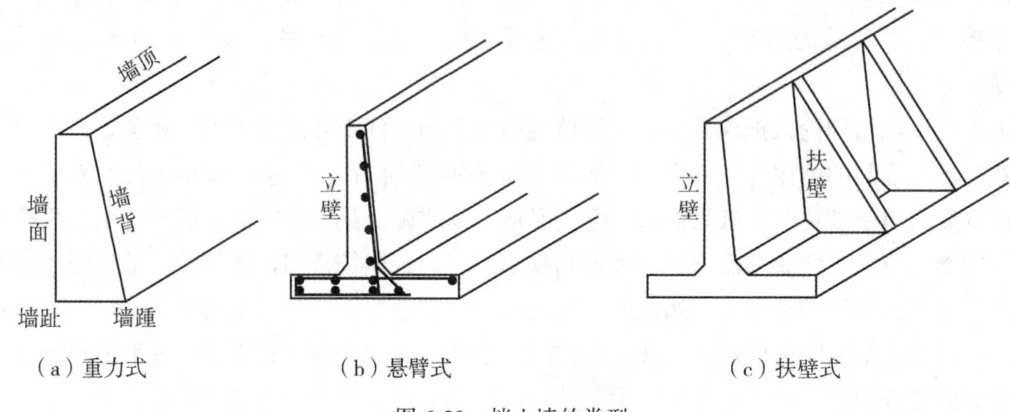

（a）重力式　（b）悬臂式　（c）扶壁式

图 6-20　挡土墙的类型

1. 重力式挡土墙

重力式挡土墙如图 6-20(a)所示。这种挡土墙通常用块石砌筑而成，也可用混凝土或砖等材料。墙背和墙面可砌成倾斜，也可垂直。重力式挡土墙墙体的抗拉强度、抗剪强度均较低，在土压力作用下的墙身稳定依靠墙体自重来保持，因此，墙体均做得很厚重，断面尺寸大。

重力式挡土墙结构简单，可就地取材、便于施工，是工程实践中最常用的一种形式，主要适用于墙高在 6m 以下，地基稳定的场地。主要缺点是自重大、地基沉降量较大。

本书主要介绍重力式挡土墙的设计。

2. 悬臂式挡土墙

悬臂式挡土墙如图 6-20(b)所示，这种挡土墙由墙身部分、墙趾部分和墙踵部分三块钢筋混凝土悬臂板组成。墙的整体稳定主要由墙踵悬臂以上的土重来维持，墙身内的拉应力则由钢筋承担。这种挡土墙充分利用了钢筋混凝土的抗力特性，墙体截面尺寸小、结构轻巧，适用于墙高在 10m 以下的工程。

3. 扶壁式挡土墙

当悬臂式挡土墙墙高大于 10m 时，墙身内的弯曲应力将增大，为了增强墙身悬臂的抗弯能力，常沿墙身纵向每隔一定间距(一般为 0.8~1.0 倍墙高)设置一道扶壁，称为扶壁式挡土墙，见图 6-20(c)。

4. 锚杆式挡土墙和锚定板式挡土墙

锚杆式挡土墙和锚定板式挡土墙结构类似，是将挡土墙的墙柱和墙板锚定在稳定的岩土中，以抵抗滑坡土体对挡土墙板的土压力，这两类挡土墙的墙板一般均为钢筋混凝土板。锚杆式适用于墙后有稳定岩体的场合，可将钢锚杆锚固在稳定岩体中，利用锚杆拉紧墙板立柱，抵抗滑坡体对挡土墙板的土压力。锚定板式则是将锚定板埋置于墙后稳定的土体中，再利用锚杆将锚定板和墙板立柱拉紧，以保持墙板和墙后填土的稳定。

二、重力式挡土墙的构造措施

1. 墙背的倾斜形式与选择

重力式挡土墙墙背的倾斜方向可分为仰斜、垂直和俯斜三种，见图 6-21。由前述可知，不同倾斜方向的挡土墙，主动土压力的大小亦不同，其中，仰斜最小，俯斜最大，垂直居中。因此，单就墙背所承受的主动土压力来说，仰斜较为合理。

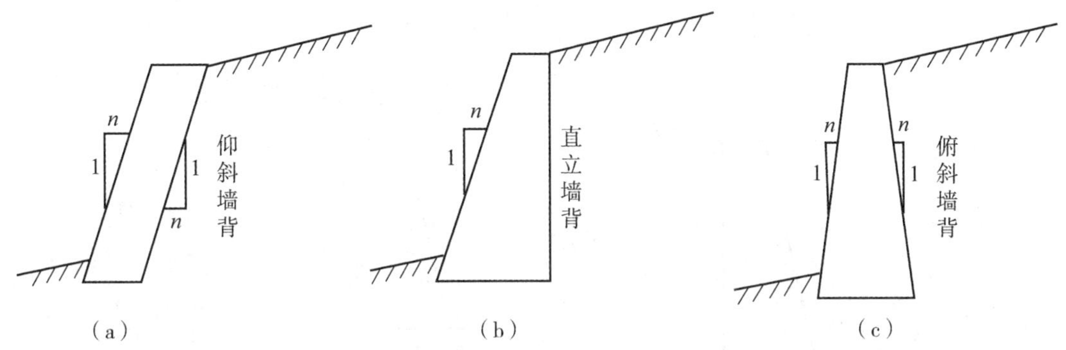

图 6-21　重力式挡土墙背的倾斜形式

墙背倾斜方向的选择不仅要考虑主动土压力的大小，还应考虑不同的使用场合、地形及施工条件等。就所使用的场合来说，仰斜适用于挖方贴坡；垂直和俯斜适用于填方护坡。当开挖临时边坡后砌筑挡土墙时，采用仰斜墙背可贴坡砌筑，若采用俯斜或垂直墙背，则需再回填土；当在填方地段砌筑挡土墙时，则宜采用俯斜或垂直墙背，既便于施工砌筑，又便于回填土的夯实。就挡土墙前地形来说，当墙前地形较陡时，若采用仰斜墙，墙趾前出，为保证墙趾仍有足够的埋置深度，就要增大墙的全高；若同时考虑到俯斜墙背土压力较大，可优先考虑采用垂直墙背。

2. 墙背、墙高和基底的坡度选择

(1)仰斜墙：仰斜墙背的坡度比 1∶n，见图 6-21(a)，若坡比小一些，主动土压力将减小，但过度倾斜将使砌筑困难，坡比一般不宜小于 1∶0.3，可采用 1∶0.25。墙面的坡比宜与墙背相同，使墙面与墙背平行，墙身上下等厚。

(2)俯斜墙：俯斜墙背的坡比可取 1∶0.25～1∶0.4，见图 6-21(c)。墙面的坡比应根据墙前地形考虑，当墙前地面较陡，墙高较低时，墙面坡比可取 1∶0.05～1∶0.2，即取得陡直一些；当墙前地面平坦时，墙高较高时，可适当放缓，但不宜缓于 1∶0.35。

(3)直立墙：直立墙的墙面坡比可参照俯斜墙取值，最小坡比不宜缓于 1∶0.4，以免基础底面过宽，消耗材料过多。

(4)基底逆坡：为了提高墙基底面的抗滑移能力，可将基底做成逆坡，见图 6-22。对土质地基，逆坡坡比不大于 0.1∶1；对岩质地基，逆坡坡比不大于 0.2∶1。

3. 断面尺寸与墙趾台阶

对砌体结构的挡土墙，宜用水泥沙浆砌筑，墙顶宽度 b 不小于 400mm，一般宜取 500mm 及以上；当为干砌块石时，顶宽不宜小于 600mm，且在墙顶向下不小于 0.5m 范围内应采用浆砌。对于混凝土结构的挡土墙，顶宽不小于 200mm，可取 200 ~ 400mm。

挡土墙的基底宽度 B 与墙顶宽 b 和所取墙面、墙背的坡度有关，同时还与地基承载力和抗倾覆稳定性有关，当按取定的宽度 b 和坡比所得底宽 B 偏小，使基底压力大于地基承载力特征值，或验算抗倾覆稳定性不足时，可增设墙趾台阶，见图 6-23。墙趾台阶的高宽比 $h:a$ 可取 2∶1，a 不小于 200mm。此外，基底法向反力的偏心距应满足 $e \leqslant \frac{b_1}{4}$，$b_1$ 为扣除墙趾台阶宽的基底宽度，见图 6-23。

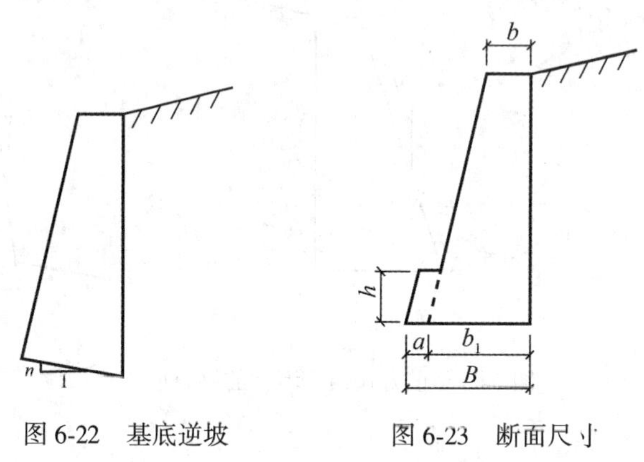

图 6-22　基底逆坡　　　　图 6-23　断面尺寸

4. 基础埋置深度

基础埋置深度可参照一般浅基础的原则确定，在强冻胀土地区，应考虑冻胀的影响；在土质地基中，基础埋深不应小于 0.5m，当墙前地面坡度较陡时，应加大埋深；在岩石地基中，可适当减小基础埋深，但不应小于 0.3m。

5. 排水措施

挡土墙在使用期间，若地表水渗入墙后填土中，使墙后积水，将对挡土墙产生静水压力；或使土的重度增大，从而增大土压力；同时，土的含水量升高，将降低土的抗剪强度。因此，挡土墙设计中必须考虑完善的排水措施。

(1)截水沟：为了防止墙后坡上地表水渗入墙后填土中，应在距墙后 5m 以上处设截水沟，将坡上地表水截流排走，截水沟在纵向宜设适当坡度，沟底和沟壁应有防渗措施，出口应远离挡土墙，见图 6-24。

(2)泄水孔：挡土墙的底部应设泄水孔，以便及时排走渗入墙后的积水。泄水孔的间距宜取 2 ~ 3m，孔眼尺寸不宜小于 100mm，外斜坡度宜为 5%。当墙较高时，可在墙高中部增设一排泄水孔。为利于排水和防止泄水孔淤塞，墙背应设不小于 500mm 厚的滤水层，滤水层应用渗水性好的碎石或卵石，并在墙后泄水孔下设夯实黏土隔水层，隔水层厚可取 200 ~ 300mm，见图 6-24。

(3)墙前排水沟和散水：为防止水渗入地基土中，可在墙前做散水。当墙前地面不允

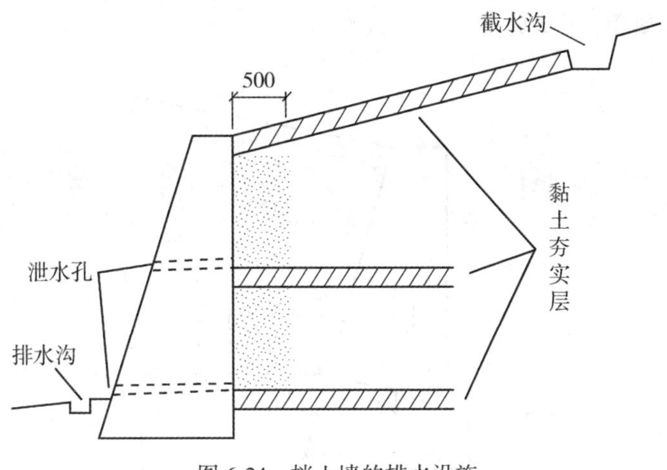

图 6-24　挡土墙的排水设施

许排水时，可在墙前设排水沟排走。

6. 墙后填土

墙后填土应选择渗水性大的土，如砂土、砾石、碎石等，这类土的抗剪强度较稳定，受含水量的影响小，且利于排水。当必须采用黏性土时，应掺入适量碎石。对于重要的、高度较大的挡土墙，应慎用黏性土作为填料，因为黏性土的性能极不稳定，受含水量的影响很大；且黏性土都有遇水膨胀、失水收缩的特性，当体积膨胀时，可能对挡土墙产生很大的土压力，使挡土墙受损破坏，而这种土压力的增大在设计中又是难以准确计算的。此外，在季节性冻土地区，应选择炉渣、碎石、粗砂等非冻胀性填料。墙后填土应分层夯实。

7. 沉降缝和伸缩缝

重力式挡土墙应每隔 10 ~ 20m 设置一道伸缩缝。当地基有变化时，宜加设沉降缝。伸缩缝和沉降缝可合并设置，缝宽 2 ~ 3cm，缝内用防水软材料填塞。

第六节　重力式挡土墙的设计验算

当作用于挡土墙上的土压力、挡土墙的断面尺寸、墙体材料等确定之后，尚需对挡土墙的稳定性、地基承载力、墙身的强度等进行验算，若不能满足要求，则应修改断面尺寸、墙体材料或采取其他措施。

一、抗倾覆稳定性验算

在主动土压力的作用下，挡土墙有可能绕墙趾向前(离开填土方向)倾覆，因此，挡土墙设计中，需验算挡土墙的抗倾覆稳定性。

如图 6-25 所示，验算时，首先确定挡土墙截面的重心位置 O_G，因挡土墙一般均可看做用均质材料砌筑，则重心即截面形心，并计算单位墙长的重量 G 和重心 O_G 点到墙趾 O 点的水平距离 x_0。然后将主动土压力分解为水平分力 E_{ax} 和垂直分力 E_{az}。对于如图 6-25

所示的挡土墙，当其倾覆时，墙身将以墙趾 O 点为圆心逆时针旋转，则对 O 点的倾覆力矩 M_q 和抗倾覆力矩 M_k 应分别为

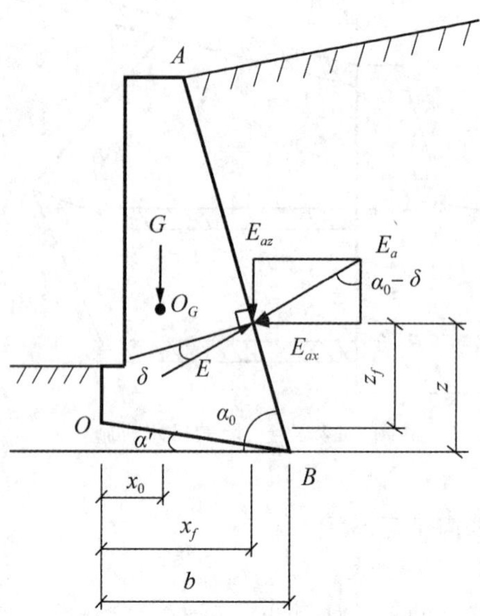

图 6-25　挡土墙的抗倾覆验算

倾覆力矩：
$$M_q = E_{ax} \cdot z_f \tag{6-27}$$
抗倾覆力矩：
$$M_k = G \cdot x_0 + E_{az} \cdot x_f \tag{6-28}$$
抗倾覆安全系数 K_t 按下式计算：
$$K_t = \frac{M_k}{M_q} = \frac{Gx_0 + E_{az}x_f}{E_{ax}z_f} \geqslant 1.6 \tag{6-29}$$
$$E_{az} = E_a\cos(\alpha_0 - \delta)$$
$$E_{ax} = E_a\sin(\alpha_0 - \delta)$$
$$x_f = b - z\cot\alpha_0$$
$$z_f = z - b\tan\alpha'$$

式中，K_t ——抗倾覆安全系数；

E_{az}、E_{ax} ——主动土压力在垂直和水平两个方向的分力，kN/m；

z_f、x_f ——主动土压力作用点至墙趾 O 点在垂直和水平两个方向的距离，m；

G ——挡土墙的自重，kN/m；

x_0——挡土墙的重心 O_G 点至墙趾 O 点的水平距离，m；

α_0——挡土墙墙背与水平面的倾角，°；

α' ——挡土墙基础底面与水平面的倾角，即墙底逆坡坡角，°；

δ ——填土对挡土墙背的外摩擦角，°；

z ——土压力作用点至墙踵 B 点的高度，m；

b ——挡土墙基础底面的水平投影宽度，m。

挡土墙抗倾覆稳定性验算时，若地基土为压缩性较高的软土，应适当提高安全系数。

这是因为挡土墙墙趾 O 点可能因土的压缩而下沉，使倾覆力矩增大，则实际的安全系数减小。

当墙背直立，基底水平时，$\alpha_0 = 90°$，$\alpha' = 0°$，则

$$E_{ax} = E_a \cdot \cos\delta$$

$$E_{az} = E_a \cdot \sin\delta$$

$$x_f = b$$

$$z_f = z$$

当符合朗肯条件时，E_a 为水平方向，无需再分解。

二、抗滑移稳定性验算

在主动土压力作用下，挡土墙还有可能沿基础底面向前滑移，因此，尚需对挡土墙的抗滑移稳定性进行验算。

验算时，应将主动土压力 E_a 分解为平行于基础底面 OB 的分力 E_{at} 和垂直于底面的分力 E_{an}；并将挡土墙的自重 G 也分解为平行于和垂直于基础底面的两个分力 G_t 和 G_n，见图 6-26。则挡土墙的滑移力为 E_{at} 和 G_t 的矢量和；抗滑移力为在 E_{an} 和 G_n 作用下的基底摩擦力，即

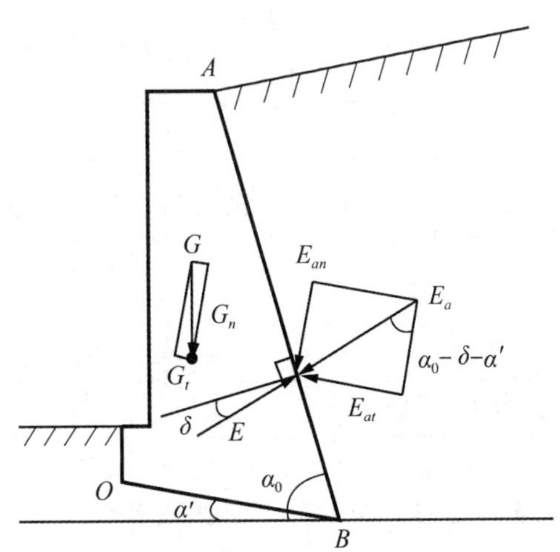

图 6-26　挡土墙的抗滑移验算

滑移力：
$$F_h = E_{at} - G_t \tag{6-30}$$

抗滑移力：
$$F_k = (E_{an} + G_n)\mu \tag{6-31}$$

抗滑移安全系数 K_s 按下式计算：

$$K_s = \frac{F_k}{F_h} = \frac{(E_{an} + G_n)\mu}{E_{at} - G_t} \geqslant 1.3 \tag{6-32}$$

$$E_{an} = E_a \cdot \cos(\alpha_0 - \alpha' - \delta)$$

$$E_{at} = E_a \cdot \sin(\alpha_0 - \alpha' - \delta)$$

$$G_n = G \cdot \cos\alpha'$$

$$G_t = G \cdot \sin\alpha'$$

式中，K_s ——抗滑移安全系数；

E_{an} 、E_{at} ——主动土压力 E_a 在垂直和平行于基底平面两个方向的分力，kN/m；

G_n 、G_t ——挡土墙的自重 G 在垂直和平行于基底平面两个方向的分力，kN/m；

μ ——地基土对挡土墙基底的摩擦系数，由试验确定，也可按表 6-3 取值。

当墙背直立，基底水平时，$\alpha_0 = 90°$ ，$\alpha' = 0°$，则

$$G_n = G$$

$$G_t = 0$$

$$E_{an} = E_a \cdot \sin\delta$$

$$E_{at} = E_a \cdot \cos\delta$$

当符合朗肯条件且基底水平时，E_a 在水平方向，平行于基底平面，则

$$F_h = E_a$$

$$F_k = G\mu$$

表 6-3　**土对挡土墙基底的摩擦系数 μ**

土的类别		摩擦系数 μ
黏性土	可塑	0.25~0.30
	硬塑	0.30~0.35
	坚硬	0.35~0.45
粉土		0.30~0.40
中砂、粗砂、砾砂		0.40~0.50
碎石土		0.40~0.60
软质岩		0.40~0.60
表面粗糙的硬质岩		0.65~0.75

注：(1)对易风化的软质岩和塑性指数 I_p 大于 22 的黏性土，基底摩擦系数应通过试验确定。

(2)对碎石土，可根据其密实程度、填充物状况、风化程度等确定。

三、地基承载力验算

挡土墙基础一般为偏心受压基础，可先将墙体自重 G 和主动土压力 E_a 分别分解为垂直于和平行于基础底面的分力 G_n 、G_t 、E_{an} 、E_{at} ，求其对基底形心的偏心力矩 M 和偏心距 e ，然后按偏心受压基础验算地基承载力，参见例题 6-6。

当挡土墙的基础底面倾斜时，地基承载力特征值应乘以 0.8 的折减系数。

[**例题 6-6**]　如图 6-27 所示的挡土墙，已知墙高 4m，墙背倾角 $\alpha = 14°$ ，其全断面尺寸见图。已知墙身材料重度 γ_q = 20.8kN/m^3；墙后填土为砂土，重度为 γ = 19.5kN/m^3；填土表面为水平面；填土的内摩擦角 $\varphi = 38°$ ，与墙背的外摩擦角 $\delta = 18°$ ；挡土墙地基为砂土，对基底的摩擦系数取 0.4；地基承载力特征值 f_{ak} = 280kPa。试验算该挡土墙的抗倾

覆稳定性、抗滑移稳定性和地基承载力(取 $f_a = f_{ak}$)。

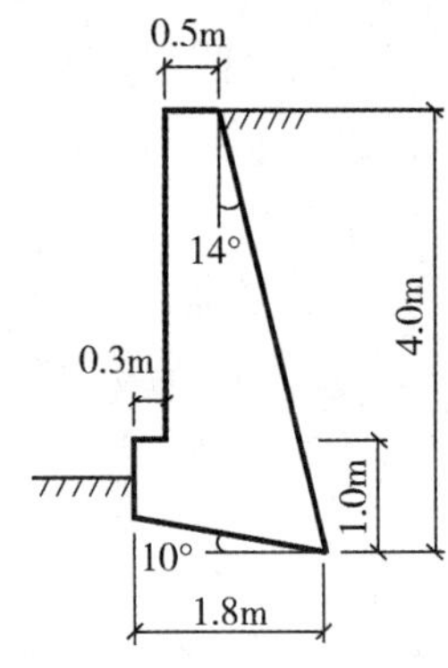

图 6-27　例题 6-6 附图

解：(1)重心(形心)计算。如图 6-28 所示，将挡土墙断面分割为 3 个简单几何图形Ⅰ、Ⅱ、Ⅲ，图形Ⅰ为四边形 $OEDF$ ；图形Ⅱ为四边形 $FCAG$ ；图形Ⅲ为 $\triangle GAB$ 。分别计算各图形面积 A_{I} 、A_{II} 、A_{III} ；并分别求各图形形心 O_{I} 、O_{II} 、O_{III} 和总形心 O_G 点的位置及其距墙趾 O 点的水平距离 x 和垂直距离 y 。

①以 B 点高度 0—0 为基准高度，计算墙趾 O 点高度：

$$1.8 \times \tan 10° = 0.32\ (\text{m})$$

②四边形Ⅰ的形心位置与面积：

$$x_{\text{I}} = \frac{0.3}{2} = 0.15\ (\text{m})$$

四边形Ⅰ的中垂线高：

$$1.0 - (1.8 - 0.15)\tan 10° = 1.0 - 0.29 = 0.71\ (\text{m})$$

O_{I} 点的高度(自 0－0 线)：

$$\frac{0.71}{2} + 0.29 = 0.65\ (\text{m})$$

$$y_{\text{I}} = 0.65 - 0.32 = 0.33\ (\text{m})$$

$$A_{\text{I}} = 0.71 \times 0.3 = 0.21\ (\text{m}^2)$$

③四边形Ⅱ的形心位置与面积：

$$x_{\text{II}} = 0.3 + \frac{0.5}{2} = 0.55\ (\text{m})$$

四边形Ⅱ的中垂线高：

$$4.0 - (1.8 - 0.55)\tan 10° = 4.0 - 0.22 = 3.78\ (\text{m})$$

O_{II} 点的高度(自 0－0 线)：

$$\frac{3.78}{2} + 0.22 = 2.11\ (\text{m})$$

$$y_{\text{II}} = 2.11 - 0.32 = 1.79\ (\text{m})$$

$$A_{\text{II}} = 3.78 \times 0.5 = 1.89\ (\text{m}^2)$$

④三角形Ⅲ的形心位置与面积。如图 6-28(b)所示，延长 AG 交0—0线于 J 点，将 JB 线三等分，过等分点 1 作垂线(平行于 AG) MK ，过等分点 2 作垂线交 GB 线于 N 点，过 N 点作 AB 线的平行线交 MK 线于 O_{III} 点，O_{III} 点即为三角形Ⅲ的形心。

$$x_{\text{III}} = 0.3 + 0.5 + 0.33 = 1.13\ (\text{m})$$

解 $\triangle GAB$ ：

$$\angle ABG = 90° - 14° - 10° = 66°$$

$$\angle AGB = 180° - 66° - 14° = 100°$$

$\triangle O_{\text{III}}MN$ 与 $\triangle GAB$ 相似，解 $\triangle O_{\text{III}}MN$ ：

$$MN = \frac{1}{3}GB = \frac{1}{3\cos 10°} = 0.34\ (\text{m})$$

由正弦定理可得

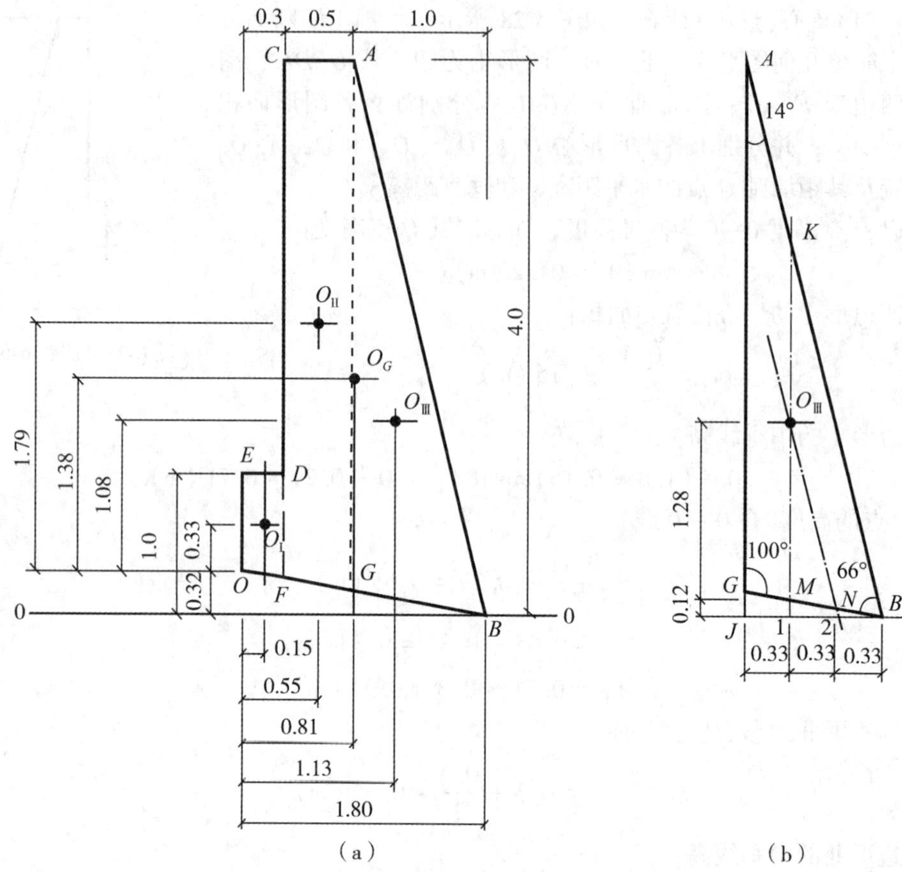

图 6-28　例题 6-6 附图

$$O_{Ⅲ}M = \frac{0.34\sin 66°}{\sin 14°} = 1.28\ (\text{m})$$

M 点高度(自 0 - 0 线)：

$$0.66\tan 10° = 0.12\ (\text{m})$$

$$y_{Ⅲ} = 1.28 + 0.12 - 0.32 = 1.08\ (\text{m})$$

△GJB 的面积：

$$GJ = 1.0\tan 10° = 0.18\ (\text{m}),\ \frac{0.18 \times 1.0}{2} = 0.09\ (\text{m}^2)$$

△AJB 的面积：

$$\frac{4.0 \times 1.0}{2} = 2.0\ (\text{m}^2)$$

$$A_{Ⅲ} = 2.0 - 0.09 = 1.91\ (\text{m}^2)$$

⑤挡土墙墙身自重 G 及其重心 O_G 位置：

$$A_G = A_Ⅰ + A_Ⅱ + A_Ⅲ = 0.21+1.89+1.91=4.01(\text{m}^2)$$

$$G = \gamma_q A_G = 20.8 \times 4.01 = 83.4\ (\text{kN/m})$$

由合力矩定理可得

$$x_G = \frac{x_{\mathrm{I}} A_{\mathrm{I}} + x_{\mathrm{II}} A_{\mathrm{II}} + x_{\mathrm{III}} A_{\mathrm{III}}}{A_G}$$

$$= \frac{0.15 \times 0.21 + 0.55 \times 1.89 + 1.13 \times 1.91}{4.01} = 0.81(\mathrm{m})$$

$$y_G = \frac{y_{\mathrm{I}} A_{\mathrm{I}} + y_{\mathrm{II}} A_{\mathrm{II}} + y_{\mathrm{III}} A_{\mathrm{III}}}{A_G}$$

$$= \frac{0.33 \times 0.21 + 1.79 \times 1.89 + 1.08 \times 1.91}{4.01} = 1.38(\mathrm{m})$$

(2)土压力计算。

①主动土压力系数：

$$K_a = \frac{\cos^2(\varphi - \alpha)}{\cos^2\alpha \cdot \cos(\alpha + \delta)\left[1 + \sqrt{\dfrac{\sin(\varphi + \delta) \cdot \sin(\varphi - \beta)}{\cos(\alpha + \delta) \cdot \cos(\alpha - \beta)}}\right]^2}$$

$$= \frac{\cos^2(38° - 14°)}{\cos^2 14° \cdot \cos(14° + 18°)\left[1 + \sqrt{\dfrac{\sin(38° + 18°) \cdot \sin(38° - 0)}{\cos(14° + 18°) \cdot \cos(14° - 0)}}\right]^2}$$

$$= 0.3271$$

②主动土压力：

$$E_a = \frac{1}{2}\gamma \cdot H^2 K_a = \frac{1}{2} \times 19.5 \times 4^2 \times 0.3271$$

$$= 51.0(\mathrm{kN/m})$$

③主动土压力作用点位置：

自墙踵 B 点的高度：　　$z = \frac{1}{3}H = \frac{1}{3} \times 4 = 1.33(\mathrm{m})$

自墙趾 O 点的高度：　　$z_f = 1.33 - 0.32 = 1.01(\mathrm{m})$

(3)抗倾覆验算，见图 6-29(a)。

水平方向的主动土压力分量：

$$E_{ax} = E_a \sin(\alpha_0 - \delta) = 51.0 \times \sin(90° - 14° - 18°) = 43.3\ (\mathrm{kN/m})$$

垂直方向的主动土压力分量：

$$E_{az} = E_a \cos(\alpha_0 - \delta) = 51.0 \times \cos(90° - 14° - 18°) = 27.0\ (\mathrm{kN/m})$$

水平方向自 O 点至主动土压力作用点的距离：

$$x_f = b - z\cot\alpha_0 = 1.8 - 1.33 \times \cot(90° - 14°) = 1.47\ (\mathrm{m})$$

倾覆力矩和抗倾覆力矩：

$$M_q = E_{ax} \cdot z_f = 43.3 \times 1.01 = 43.7\ (\mathrm{kN \cdot m})$$

$$M_k = G \cdot x_G + E_{az} \cdot x_f = 83.4 \times 0.81 + 27.0 \times 1.47 = 107.2\ (\mathrm{kN \cdot m})$$

抗倾覆安全系数：

$$K_t = \frac{M_k}{M_q} = \frac{107.2}{43.7} = 2.45 > 1.6 \quad (合格)$$

(4)抗滑移验算，见图 6-29(b)。

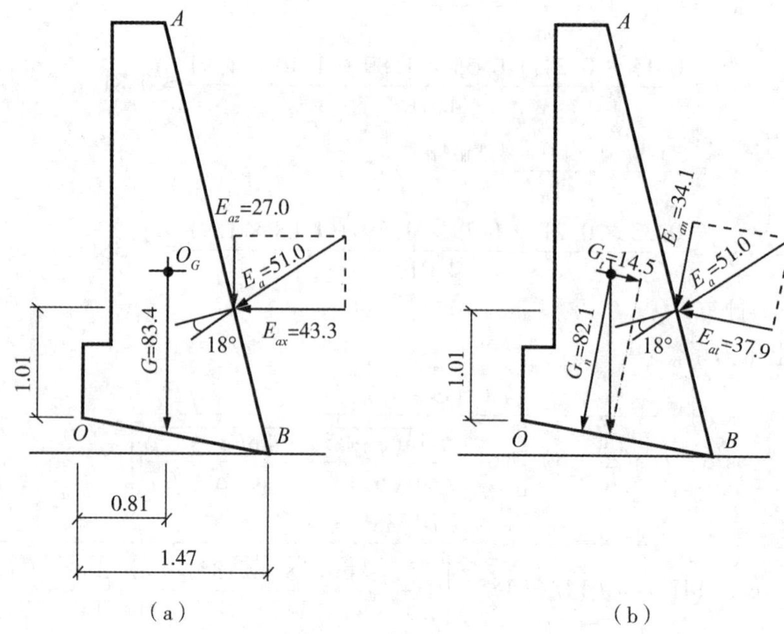

图 6-29　例题 6-6 附图

垂直于基底平面的主动土压力分量：

$$E_{an} = E_a \cdot \cos(\alpha_0 - \alpha' - \delta)$$
$$= 51.0 \times \cos(90° - 14° - 10° - 18°) = 34.1(\text{kN/m})$$

平行于基底平面的主动土压力分量：

$$E_{at} = E_a \cdot \sin(\alpha_0 - \alpha' - \delta)$$
$$= 51.0 \times \sin(90° - 14° - 10° - 18°) = 37.9(\text{kN/m})$$

垂直于基底平面的墙体自重分量：

$$G_n = G \cdot \cos\alpha' = 83.4 \times \cos 10° = 82.1\ (\text{kN/m})$$

平行于基底平面的墙体自重分量：

$$G_t = G \cdot \sin\alpha' = 83.4 \times \sin 10° = 14.5\ (\text{kN/m})$$

滑移力：

$$F_h = E_{at} - G_t = 37.9 - 14.5 = 23.4\ (\text{kN/m})$$

抗滑移力：

$$F_k = (E_{an} + G_n)\mu = (34.1 + 82.1) \times 0.4 = 46.5\ (\text{kN/m})$$

抗滑移安全系数：

$$K_s = \frac{F_k}{F_h} = \frac{46.5}{23.4} = 1.99 > 1.3\ (\text{合格})$$

(5)地基承载力验算。

①墙体自重 G 和土压力 E_a 各分量对基底形心 O_J 的几何位置，计算过程略，结果见图6-30。

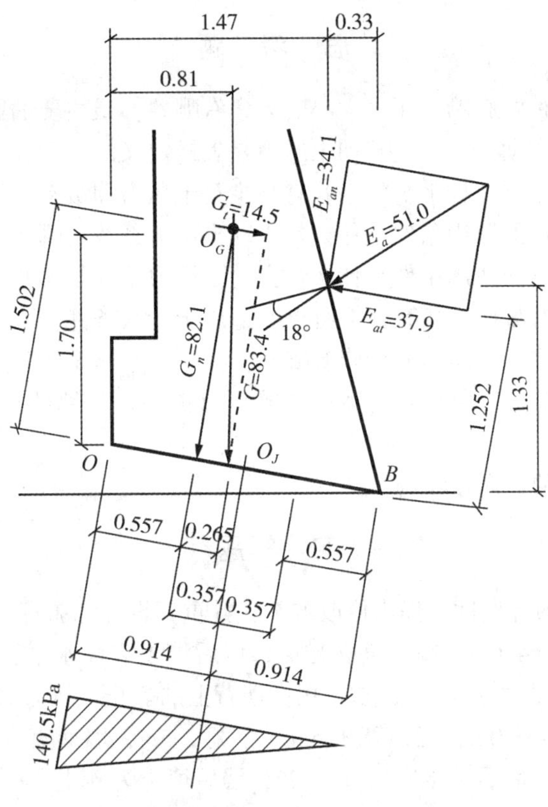

图 6-30 例题 6-6 附图

②墙体自重 G 和土压力 E_a 对基底形心 O_J 的力矩：

$$\begin{aligned} M &= 1.502G_t + 0.357E_{an} - 0.357G_n - 1.252E_{at} \\ &= 1.502 \times 14.5 + 0.357 \times 34.1 - 0.357 \times 82.1 - 1.252 \times 37.9 \\ &= -42.84(\text{kN} \cdot \text{m，逆旋}) \end{aligned}$$

③偏心距：

$$e = \frac{42.84}{82.1 + 34.1} = 0.369$$

④基底压力：

$$p_{\min}^{\max} = \frac{82.1 + 34.1}{1.828}\left(1 \pm \frac{6 \times 0.369}{1.828}\right) = 63.57 \times {}_{(-0.21)}^{2.21} = {}_{-13.3}^{140.5}\ (\text{kPa})$$

⑤验算地基承载力：

$$p_{\max} = 140.5 < 1.2 \times 0.8 \times f_a = 1.2 \times 0.8 \times 280 = 269\ (\text{kPa})$$

该题基底压力在墙踵端出现拉力，但很小，可不考虑，且地基承载力富余较多，可不必重新设计及重新验算。但该题如果按 $e \leqslant \frac{b_1}{4}$（$b_1$ 为扣除墙趾台阶宽的基底宽度）的要求验算，则是不合格的。

思 考 题

1. 土压力有哪几种？影响土压力大小的因素有哪些？最主要的影响因素是什么？

2. 静止土压力、主动土压力、被动土压力是怎样定义的？

3. 静止土压力属于哪一种平衡状态？它与主动土压力和被动土压力状态有什么区别？

4. 朗肯土压力理论的适用条件是什么？主动土压力系数与哪些因素有关？

5. 库仑土压力理论的适用条件是什么？主动土压力系数与哪些因素有关？

6. 挡土墙的类型有哪些？各有什么特点？适用于什么条件？

7. 减少挡土墙后主动土压力的措施有哪些？

8. 挡土墙稳定性验算有哪些？有哪些措施可以提高挡土墙的抗倾覆稳定性和抗滑移稳定性？

9. 挡土墙为什么要做防水设施？

习　题

1. 思考例题 6-6 的合理性，提出修改方案，并重新设计和验算。

2. 某挡土墙高 $H=4.0\text{m}$，墙背直立光滑，墙后填土表面水平，填土为砂土，重度为 $\gamma=18.2\text{kN/m}^3$，内摩擦角 $\varphi=36°$，求作用在墙背上的静止土压力 E_0 和主动土压力 E_a。

3. 某挡土墙高 $H=5.0\text{m}$，墙顶宽 1.5m，底宽 2.5m，墙面直立，墙背倾斜，墙背与土的外摩擦角 $\delta=20°$，墙后填土倾角 $\beta=12°$，墙后填土为砂土，$\gamma=18.0\text{kN/m}^3$，内摩擦角 $\varphi=30°$，求作用在墙背上的主动土压力和方向及作用点位置。

4. 某挡土墙高 $H=4.0\text{m}$，墙背俯斜，$\alpha=20°$，填土表面倾角 $\beta=12°$，外摩擦角 $\delta=15°$，墙后填土为中砂，$\varphi=30°$，$\gamma=19.2\text{kN/m}^3$，求作用在墙背上的主动土压力。

5. 某重力式挡土墙高 $H=5.0\text{m}$，墙背直立光滑，墙后填土表面水平，顶宽 0.6m，底宽 2.4m，填土重度 $\gamma=18.5\text{kN/m}^3$，$\varphi=30°$，$c=10\text{kPa}$，基底摩擦系数取 0.5，墙身砌体重度取 22kN/m^3，验算该挡土墙的抗倾覆稳定性和抗滑移稳定性。

6. 某重力式挡土墙高 $H=4.0\text{m}$，顶宽 0.6m，底宽 2.4m，墙背直立，砌体重度取 22kN/m^3，墙后填土 $\gamma=18.5\text{kN/m}^3$，$\varphi=30°$，$c=0$，基底摩擦系数取 0.5，验算该挡土墙的稳定性。

第七章　土坡稳定分析

土坡是指具有倾斜坡面的土体，在建筑工程中经常遇到。由江、河、湖、海形成的岸边边坡或地质作用形成的山区边坡，这些为天然土坡；因人类的生产活动形成的人工土坡，如人工开挖的沟渠、基坑，或人工填筑的路基、堤坝等形成的边坡。不过，大部分边坡高度较小、坡度平缓，只要注意保护或进行简单治理，就不致引发灾害。但在丘陵山区，许多边坡高大陡峭，若保护不好、治理不当，或在坡上过多加载以及因大量雨水渗入等，使土体内剪应力过大，边坡就可能失去稳定性，从而发生滑坡、坍塌、泥石流等灾害。

土坡失去稳定性，是指坡体在自重或外力作用下，坡体内某一剪切面上的剪应力达到了土的抗剪强度，使坡体内部形成了贯通的剪切破裂面，剪切破裂面上下的土体相互错动，从而引发滑坡和坍塌。引起土坡失稳的原因既可能是自然力的作用，也可能是人为的作用，大致有如下几种：

(1)江、河、湖、海的岸坡在水的冲刷下，坡脚被掏空，或人为地在土坡下挖土、挖砂，使坡脚被掏空，都会使原来稳定的边坡变陡，上部土体失去了下部土体的支撑，则上部土体在自重的作用下，丧失稳定而滑坡坍塌。

(2)在雨季，大量雨水渗入坡体，或人为的原因使土体饱和，一方面使土的自重增大，另一方面又易降低土的抗剪强度，因而使坡体破坏了原来的平衡状态而失去稳定性。当暴雨来临时，水的渗流也会加重坡体失稳，并可能引发泥石流。

(3)地震或人为的原因，如在附近人工爆破、基础打桩等引起的振动，都可能改变坡体内原来的应力平衡状态，并可能使土体因振动而松散，降低土的抗剪强度。有振动发生时，若坡体内含有饱和的粉细砂层，还可能使其液化而丧失抗剪强度，从而使坡体失去稳定性。

(4)在坡顶或坡面上加载，如堆积物料、修筑建(构)筑物或行驶车辆等，都会使坡体内的剪应力增大而使坡体失去稳定性。

(5)气候的变化，使土体时干时湿、收缩膨胀、冻结融化等，会改变原来的应力平衡，或使土体变得松软而强度降低。

(6)人工开挖基坑、沟渠或筑堤等，若坡面倾角小，则平缓而安全，但不经济；若坡面倾角大，则陡直而不安全，可能引起滑坍。

土坡稳定问题是建筑工程中经常遇到的问题，但到目前为止，防治这类灾害，还常常较多地依赖于经验。防治的方法可有以下几种：

(1)在坡顶上距离坡肩一定距离处修筑截水沟，将雨水导入附近河渠，防止雨水渗入坡体。

(2)种草植树，保护坡顶上方和坡面的植被，植物深长的根茎可加强坡体的整体性，提高坡体强度。

(3)人工筑坡时，可在坡体内加入人工或天然的纤维材料，并夯实，增强坡体的整体性和提高土的抗剪强度。

(4)避免在坡顶和坡面上加载，当必须在坡顶上修筑建筑物时，应距坡肩留有足够的距离。

(5)验算土坡稳定安全系数，若不足，则应放缓坡角，或修筑挡土墙及其他挡土结构。

第一节 无黏性土坡的稳定分析

由砂土、碎石土构成的土坡，为无黏性土坡。实验和理论分析均表明，当无黏性土坡失去稳定而出现滑坡时，其滑动面为一平面。由于无黏性土没有黏聚力，只有摩擦力，因此，只要位于坡面上的任一单元能够保持稳定，则整个土坡就是稳定的。

图 7-1 所示为一无黏性土坡，坡角为 β，在坡面上任取一单元体 M，其自重力为 W，则使它向下滑动的剪力 T 即 W 沿坡面的切向分量，可用下式表示：

$$T = W \cdot \sin\beta \tag{7-1}$$

我们知道，无黏性土的抗剪强度应为 $\tau_f = \sigma\tan\varphi$（见第四章），那么对图 7-1 中的单元体 M 来说，阻止其下滑的抗滑力也就是土体的抗剪强度，也就是单元体 M 与其下土体之间在单元体自重 W 的法向分量 N 作用下的摩擦力，应由下式表示：

$$T_f = N \cdot \tan\varphi = W \cdot \cos\beta \cdot \tan\varphi \tag{7-2}$$

抗滑力 T_f 和滑动力 T 的比值称为无黏性土坡的稳定安全系数 K，由下式表示：

$$K = \frac{T_f}{T} = \frac{W \cdot \cos\beta \cdot \tan\varphi}{W\sin\beta} = \frac{\tan\varphi}{\tan\beta} \tag{7-3}$$

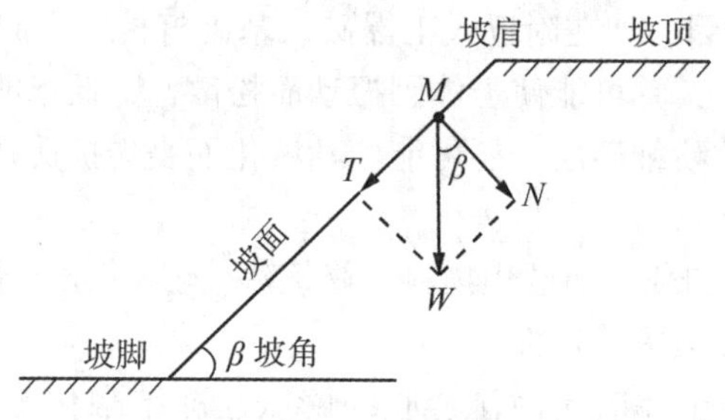

图 7-1 无黏性土坡的稳定分析

可知，当 $\beta = \varphi$ 时，$K = 1$，表示抗滑力等于滑动力，则土坡处于极限平衡状态。因此，无黏性土坡稳定的极限坡角等于土的内摩擦角 φ，称为自然休止角。这就是说，对于无黏性土坡，只要坡角 β 不大于内摩擦角 φ，土坡就应是稳定的。从上式还可看出，无黏性土坡的稳定性与坡高及土的其他物理力学性质均无关，仅与坡角 β 和土的内摩擦角 φ 有关。为了保证土坡有足够的安全储备，根据滑坡后果的严重性，可取安全系数 $K = 1.2 \sim 1.5$。

第二节　黏性土坡的稳定分析

黏性土坡由于黏聚力的存在，发生滑坡时可看成是整块土体向下滑动，坡面上任一单元体的稳定条件不能用来代表整个土坡的稳定条件，这是黏性土坡与无黏性土坡的主要区别。这时，可将滑裂面以上滑动部分的土体看作刚体，并以它为隔离体，分析作用其上的各种作用力及极限平衡条件。

一、瑞典圆弧滑动法

均质黏性土坡发生滑坡时，其滑裂面的形状为一条近似圆弧的曲面，为了便于分析与计算，就把滑裂面简化为圆弧面(圆柱面)，称为滑弧。圆弧法最早由瑞典工程师彼得森提出，故称之为瑞典圆弧法。

在图 7-2 中，假定弧 $\widehat{AC}$ 为滑裂面，弧 $\widehat{AC}$ 的圆心为 O 点，半径为 R，弧长为 L。取滑弧以上的滑动土体为隔离体，并视为刚体分析其受力，使土体向下滑动的下滑力矩 M_s 由滑动土体的自重 W 产生，抵抗土体向下滑动的抗滑力矩 M_r 由沿弧 $\widehat{AC}$ 分布的抗剪强度产生，滑动力矩 M_s 和抗滑力矩 M_r 可由下式表示：

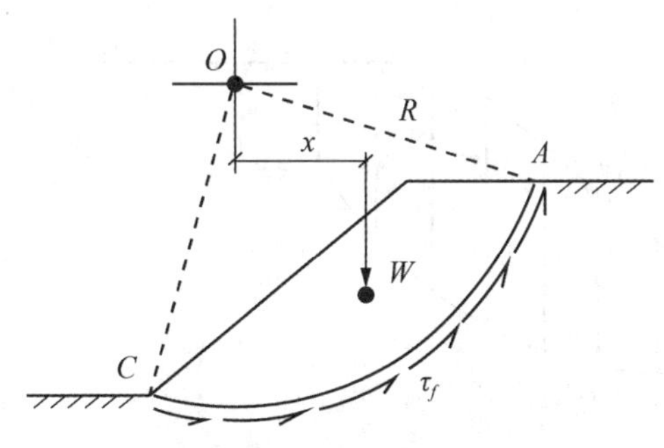

图 7-2　瑞典圆弧滑动法

滑动力矩：
$$M_s = Wx \tag{7-4}$$
抗滑力矩：
$$M_r = \tau_f LR \tag{7-5}$$
式中，τ_f——土的抗剪强度，$\tau_f = c + \sigma\tan\varphi$，kPa；

L——滑动弧的弧长，m；

R——滑动弧的半径，抗滑力矩的力臂，m；

W——滑动土体的自重(指每米长土坡)，kN/m；

x——滑动土体重心至圆心 O 点的水平距离，滑动力矩的力臂，m。

黏性土坡的安全系数 K 为抗滑力矩 M_r 与滑动力矩 M_s 的比值，由下式表示：
$$K = \frac{M_r}{M_s} = \frac{\tau_f LR}{Wx} \tag{7-6}$$
式中，当计算抗剪强度 τ_f 时，法向力 σ 在滑弧面上各点的量值是变化的，因此，使得该式难以应用。但对于饱和黏性土，在不固结不排水剪试验时，$\varphi_u = 0$，则抗剪强度 $\tau_f = c_u$，与法向力 σ 无关，则上式可改写为

$$K = \frac{c_u LR}{Wx} \tag{7-7}$$

式(7-7)用于分析饱和黏性土坡的稳定性是正确的，又称为 $\varphi_u = 0$ 法。

二、瑞典圆弧条分法

由于瑞典圆弧滑动法的固有缺陷，使其应用受到很大限制，有学者将滑动土体分成一系列铅直土条(见图 7-3)，并假定各土条之间的分界面上作用力的合力(E_1、E_2)大小相等、方向相反，且作用于同一条直线，这样，各土条之间的相互作用力对每一土条自身的平衡条件就不构成影响，然后分别计算每一土条的滑动力和抗滑力，再根据整个滑动土体的平衡条件，求得稳定安全系数。该法较为简单实用，称为瑞典条分法。

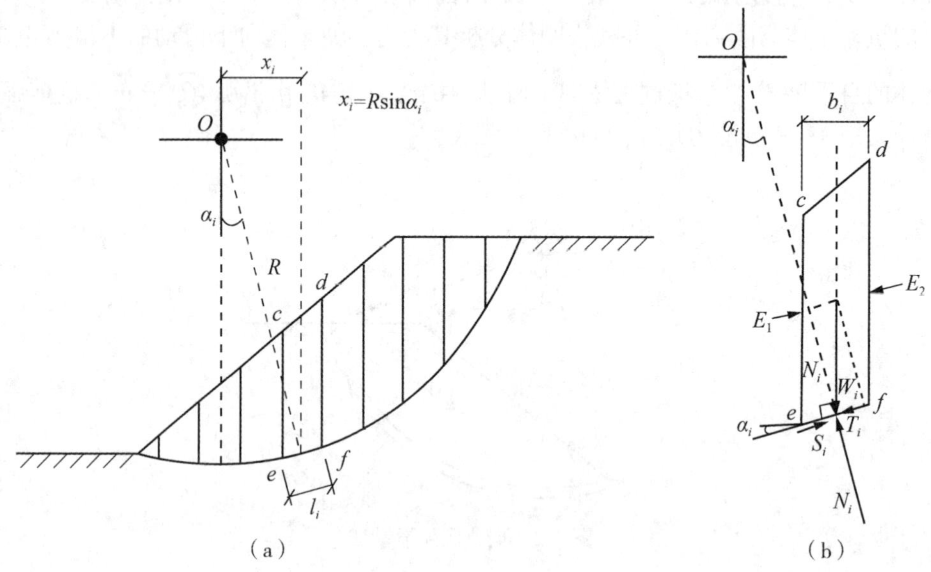

图 7-3　瑞典圆弧条分法

如图 7-3 所示的土坡和滑弧，将滑弧以上的滑坡体分成 n 个铅直土条，第 i 条 $cdef$ 的宽度为 b_i，条底弧线简化为直线，长度为 l_i，土条自重为 W_i，土条底滑弧处的抗剪强度指标为 c_i、φ_i。此外，根据假定，左右两侧土条对第 i 土条的作用力 E_1 和 E_2 大小相等、方向相反，且作用于同一条直线上，因此，不影响第 i 土条的平衡。

在图 7-3(b)中，将第 i 土条 $cdef$ 的自重 W_i 分解为垂直和平行于滑动面 ef 的两个分力 N_i 和 T_i，按下式计算：

$$N_i = W_i \cos\alpha_i \tag{7-8}$$

$$T_i = W_i \sin\alpha_i \tag{7-9}$$

式中，α_i ——第 i 土条底滑动面与水平面的倾角。

以上两个分力中，N_i 为滑动面(剪切面)上的法向力，T_i 则是使土条下滑的滑动力。

在 ef 滑动面上，阻止土条下滑的抗滑力 S_i 取决于土的抗剪强度，同时，对于黏性土，由于黏聚力的存在，还与滑动面的面积有关，当按平面应变问题考虑时，土条的滑动面面积即滑动面长度 l_i，则第 i 土条的抗滑力应由下式计算：

$$S_i = c_i l_i + N_i \tan\varphi_i \tag{7-10}$$

抗滑力 S_i 与滑动力 T_i 的比值为第 i 土条的稳定安全系数 K_i，表示为

$$K_i = \frac{S_i}{T_i} \tag{7-11a}$$

土坡的整体稳定安全系数 K 应为

$$K = \frac{\sum S_i}{\sum T_i} = \frac{\sum (c_i l_i + W_i \cos\alpha_i \tan\varphi_i)}{\sum W_i \sin\alpha_i} \tag{7-11b}$$

土坡稳定安全系数 K 也可定义为抗滑力矩与滑动力矩的比值，表示为

$$K = \frac{\sum S_i R}{\sum T_i R} \tag{7-12}$$

应用条分法计算时，可按图 7-4(a)的方法分条。在图 7-4(a)中，取每一土条的宽度为 $b = \dfrac{R}{10}$，目的仅为使角 α_i 的计算变得简单。分条编号的方法为：使正对圆心 O 铅垂线的土条编号为 0 号，向左(坡脚方向)编号为负，向右(坡顶方向)编号为正。则第 0 条的角 $\alpha_0 = 0°$；第 1 条为 $\alpha_1 = \arcsin 0.1$；第 2 条为 $\alpha_2 = \arcsin 0.2$；第 i 条为 $\alpha_i = \arcsin 0.1i$。不过，这样分条时，两端边条一般不同宽，仍需另外分别计算。

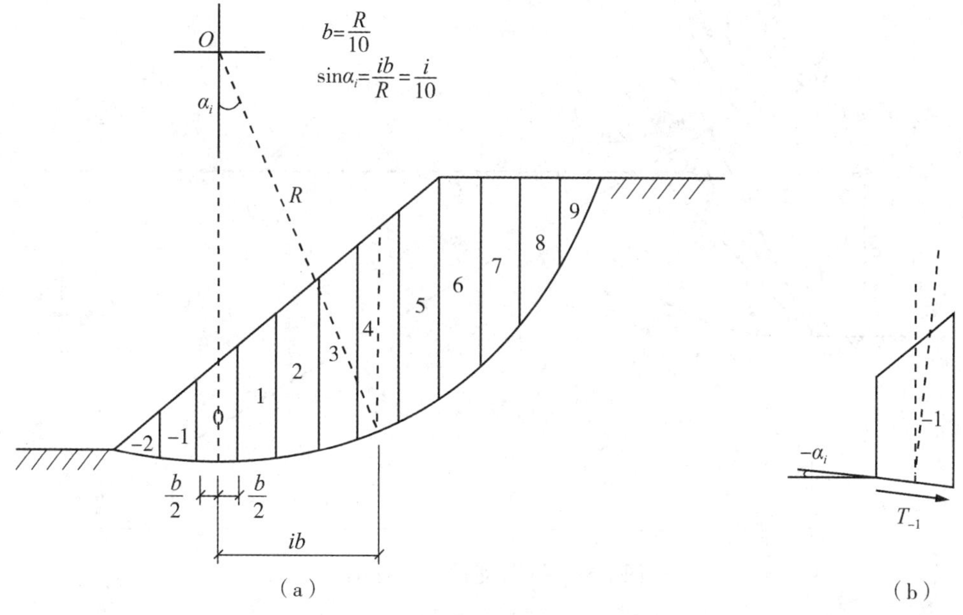

图 7-4 分条方法

计算滑动面倾角 α_i 时，尚应注意：当用以计算滑动力 T_i 时，编号为正的 α_i 取正值，编号为负的 α_i 取负值，这是因为编号为负的土条其滑动面切向力 T_i 的方向并不是使滑坡体下滑，而是反方向阻止下滑，如图 7-4(b)中第 -1 条土条，其切向力 T_{-1} 的方向与滑坡体下滑方向相反。

瑞典条分法由于未计入条间力 E_1 和 E_2 的作用，误差为 10% ~ 20%，这种误差随着滑弧圆心角和孔隙水压力的增大而增大。但该误差使计算结果偏于保守，即实际的安全系数比计算结果偏高，是有利于安全的，不过，严重时这个误差可能很大。

三、最危险滑动面的确定

瑞典条分法是针对一个假定的滑弧面得到的稳定安全系数，而最危险的滑弧面应是安全系数最小的滑弧面。为了寻找最危险的滑弧面位置，可假定一系列滑弧面，分别计算相应的安全系数，直至找到最小值，这需要进行多次试算，计算工作量很大。费伦纽斯研究发现，对于均质黏性土坡，其最危险滑弧面常通过坡脚。当 $\varphi = 0$ 时，圆心位置可由图7-5中 AO 和 BO 两线的交点 O 确定，AO 和 BO 的方向由 β_1 和 β_2 确定，β_1 和 β_2 的值与坡角 β 有关，可由表 7-1 查取。对于 $\varphi > 0$ 的土坡，最危险滑弧的圆心沿 EO 的延长线寻找，E 点的位置见图 7-5。因此，可自 O 点向外分别取 O_1，O_2，O_3，…作圆心，绘制过坡脚的滑弧，并分别计算安全系数 K_1，K_2，K_3，…。再过点 O_1，O_2，O_3，…各点作 EO 线的垂线，按比例截取 K_1，K_2，K_3，…，并连接成曲线，然后作 EO 的平行线与曲线相切，切点的位置即为最小安全系数 K_{min}，与 K_{min} 对应的 O_m 点应是最危险滑弧的圆心。

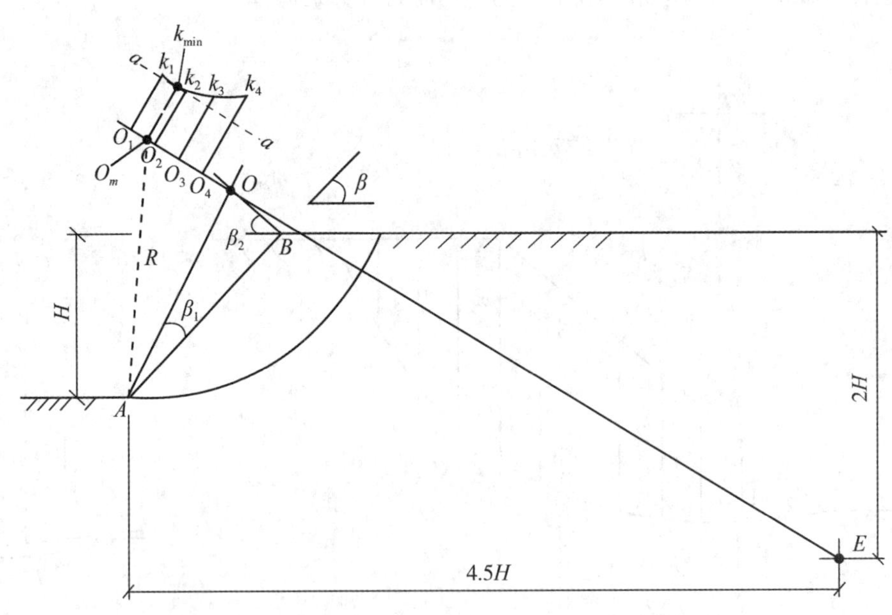

图 7-5　寻找最危险滑弧的方法

计算中，为减少计算工作量，可选较大比例尺，按比例绘出土坡坡面，各几何数据可直接从图上量取。

表 7-1　　**β_1、β_2 值**

坡比 1∶ n（高∶宽）	坡角 β（度）	β_1（度）	β_2（度）
1∶0.5	63.43	29.5	40.0
1∶0.75	53.13	29.0	39.0
1∶1.0	45.00	28.0	37.0
1∶1.5	33.68	26.0	35.0
1∶1.75	29.75	25.0	35.0
1∶2.0	26.57	25.0	35.0
1∶2.5	21.80	25.0	35.0
1∶3.0	18.43	25.0	35.0
1∶4.0	14.05	25.0	36.0
1∶5.0	11.32	25.0	37.0

四、成层土坡时的稳定分析

当土坡由不同土层组成时，可按下述方法计算：

(1)当计算各土条的重力 W_i 时，按该土条所包含的不同土层分层计算，然后叠加。如图 7-6 所示第 i 土条包含两层土，重度分别为 γ_2、γ_3，高度分别为 h_1、h_2，则该土条的重力 W_i 应为

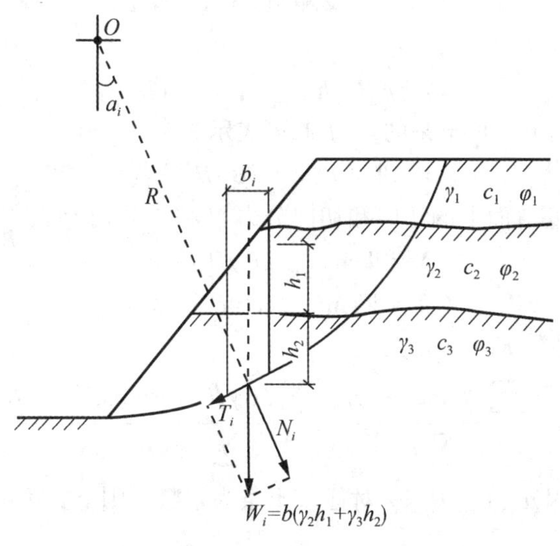

图 7-6　成层土坡

$$W_i = b(\gamma_2 h_1 + \gamma_3 h_2)$$
$$N_i = W_i\cos\alpha_i = b(\gamma_2 h_1 + \gamma_3 h_2)\cos\alpha_i$$
$$T_i = W_i\sin\alpha_i = b(\gamma_2 h_1 + \gamma_3 h_2)\sin\alpha_i$$

(2)当计算各土条的抗滑力 S_i 时，黏聚力 c 和内摩擦角 φ 应按该土条底滑动面所处的土层取值。如图 7-6 所示第 i 土条的滑动面位于第三层土，黏聚力为 c_3，内摩擦角为 φ_3，则该土条的抗滑力 S_i 应为

$$S_i = c_3 l_i + N_i\tan\varphi_3$$

五、土坡稳定分析的简化方法——表解法

在图 7-7 中，将滑坡土体划分为等宽土条，并令土条宽度 b 、土条计算高度(中线高) h 、滑动圆弧弧长 L 均与坡高 H 建立关系如下：

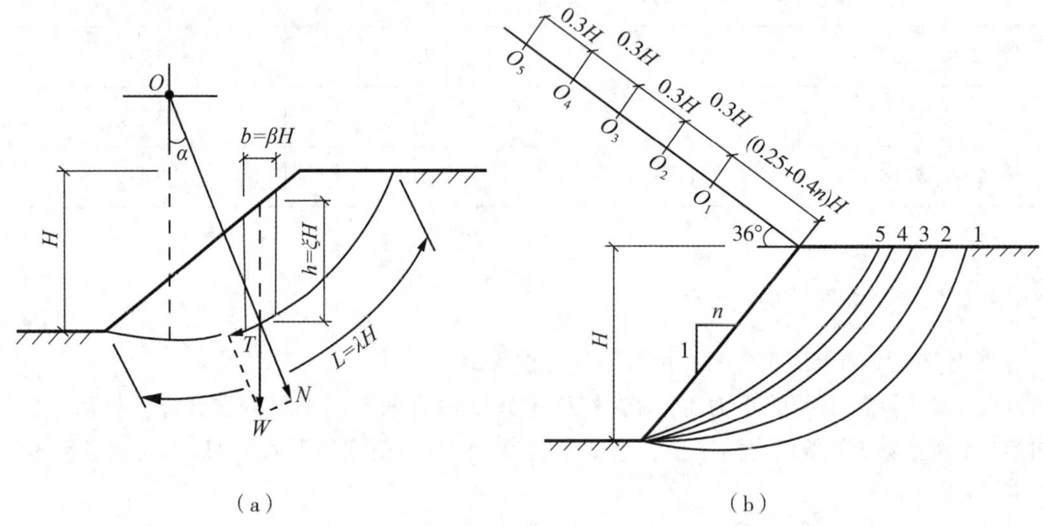

图 7-7　用表解法验算土坡稳定

$$b = \beta H,\ h = \xi H,\ L = \lambda H$$

按平面应变问题，单位长土条的重力 W 可表示为

$$W = bh\gamma = \xi\beta\gamma H^2$$

土条重力 W 在条底滑面上的法向和切向分力 N 和 T 分别为

$$N = W\cos\alpha = \xi\beta\gamma H^2\cos\alpha$$
$$T = W\sin\alpha = \xi\beta\gamma H^2\sin\alpha$$

土坡的稳定安全系数 K 可表示为

$$K = \frac{\sum N\tan\varphi + cL}{\sum T} = \frac{\sum \xi\beta\gamma H^2\cos\alpha\tan\varphi + c\lambda H}{\sum \xi\beta\gamma H^2\sin\alpha}$$

令 $\mu = \tan\varphi$ ，并因 μ 、β 、H 、γ 对任一土条为常数，则上式可改写为

$$K=\frac{\mu\beta\gamma H^2}{\beta\gamma H^2}\cdot\frac{\sum\xi\cos\alpha}{\sum\xi\sin\alpha}+\frac{cH}{\gamma H^2}\cdot\frac{\lambda}{\beta\sum\xi\sin\alpha}$$

$$=\mu\frac{\sum\xi\cos\alpha}{\sum\xi\sin\alpha}+\frac{c}{\gamma H}\cdot\frac{\lambda}{\beta\sum\xi\sin\alpha}$$

令 $A=\dfrac{\sum\xi\cos\alpha}{\sum\xi\sin\alpha}$，$B=\dfrac{\lambda}{\beta\sum\xi\sin\alpha}$，代入上式可得

$$K=\mu A+\frac{c}{\gamma H}B \tag{7-13}$$

式中，A、B——取决于几何尺寸的系数，见表 7-2；

μ——土的内摩擦系数；

c——土的黏聚力；

φ——土的内摩擦角。

表解法认为滑动圆弧通过坡脚，圆心的位置按图 7-7(b)确定，并分别计算，找出最危险滑弧，求得最小稳定安全系数。

表解法适用于一坡到顶，且坡顶为水平且延伸至无限远者。如果坡面为折线形，查表时可采用各段坡比的加权平均值。

当坡面为折线形时，常常是因为土质不同而形成不同的坡度，若土坡为多层不同土质组成，计算中，c、φ、γ 均可近似按各层厚度取加权平均值计算。

上述表解法误差较大，可用于初步设计。当施工图设计时，则应采用条分法。若欲进一步提高计算精确度，可采用毕肖普法等其他方法，具体请参见有关专著。

表 7-2　**A、B 值**

坡比 1∶n	滑动圆弧的圆心									
	O_1		O_2		O_3		O_4		O_5	
	A	B	A	B	A	B	A	B	A	B
1∶1.0	2.34	5.79	1.87	6.00	1.57	6.57	1.40	7.50	1.24	8.20
1∶1.25	2.64	6.05	2.16	6.35	1.82	7.03	1.66	8.02	1.48	9.65
1∶1.5	3.04	6.25	2.54	6.50	2.15	7.15	1.90	8.33	1.71	10.10
1∶1.75	3.44	6.35	2.87	6.58	2.50	7.22	2.18	8.50	1.96	10.41
1∶2.0	3.84	6.50	3.23	6.70	2.80	7.26	2.45	8.45	2.21	10.10
1∶2.25	4.25	6.64	3.58	6.80	3.19	7.27	2.84	8.30	2.53	9.80
1∶2.5	4.67	6.65	3.98	6.78	3.53	7.30	3.21	8.15	2.85	9.50
1∶2.75	4.99	6.64	4.33	6.78	3.86	7.24	3.59	8.02	3.20	9.21
1∶3.0	5.32	6.60	4.69	6.75	4.24	7.23	3.97	7.87	3.59	8.81

[**例题 7-1**]　某均质黏性土坡，高 15m，坡度比 1∶2，土的黏聚力 $c=15\text{kPa}$，内摩擦角 $\varphi=20°$，重度 $\gamma=17.5\text{kN/m}^3$。试用表解法求最小稳定安全系数。

解：$\mu=\tan\varphi=\tan 20°=0.364$，$\dfrac{c}{\gamma H}=\dfrac{15}{17.5\times 15}=0.0571$。

查表 7-2 得：　$O_1: A_1=3.84, B_1=6.50$

$O_2: A_2=3.23, B_2=6.70$

$O_3: A_3=2.80, B_3=7.26$

$O_4: A_4=2.45, B_4=8.45$

$O_5: A_5=2.21, B_5=10.10$

$$K_1=\mu A_1+\frac{c}{\gamma H}B_1=0.364\times 3.84+0.0571\times 6.5=1.77$$

$$K_2=0.364\times 3.23+0.0571\times 6.7=1.56$$

$$K_3=0.364\times 2.80+0.0571\times 7.26=1.43$$

$$K_4=0.364\times 2.45+0.0571\times 8.45=1.37$$

$$K_5=0.364\times 2.21+0.0571\times 10.1=1.38$$

故最小稳定安全系数为 1.37。

第三节　边坡开挖坡度与坡顶建筑物的位置

一、边坡开挖的允许坡度

在丘陵山区的坡地上整平建筑场地时，常常需要开挖边坡，《建筑地基基础设计规范》(GB50007—2011)要求，在山坡整体稳定的条件下，土质边坡的开挖应符合下列规定：

(1)边坡的坡度允许值，应根据当地经验，参照同类土层的稳定坡度确定。当土质良好且均匀、无不良地质现象、地下水不丰富时，可按表 7-3 确定。

表 7-3　　**土质边坡坡比允许值**

土的类别	密实度或状态	坡度允许值(高宽比)	
		坡高在 5m 以内	坡高在 5 ~ 10 m
碎石土	密实	1∶0.35~1∶0.50	1∶0.50~1∶0.75
	中密	1∶0.50~1∶0.75	1∶0.75~1∶1.00
	稍密	1∶0.75~1∶1.00	1∶1.00~1∶1.25
黏性土	坚硬	1∶0.75~1∶1.00	1∶1.00~1∶1.25
	硬塑	1∶1.00~1∶1.25	1∶1.25~1∶1.50

注：1. 表中碎石土的充填物为坚硬或硬塑状态的黏性土。

2. 对于砂土或充填物为砂土的碎石土，其边坡坡度允许值按自然休止角确定。

(2)土质边坡开挖时，应采取排水措施，边坡的顶部应设置截水沟。在任何情况下，不允许在坡脚及坡面上积水。

(3)边坡开挖时，应由上往下开挖，依次进行。弃土应分散处理，不得将弃土堆置在坡顶及坡面上。当必须在坡顶或坡面上设置弃土转运站时，应进行坡体稳定性验算，严格控制堆栈的土方量。

(4)边坡开挖后，应立即对边坡进行防护处理。

二、压实填土的允许坡度

当土质边坡为压实填土时，应符合下列规定：

(1)压实填土的边坡允许值，应根据其厚度、填料性质等因素，按表7-4的数值确定。

(2)位于斜坡上的压实填土，应验算其稳定性。对由填土而产生的新边坡，当填土边坡坡度符合表7-4的要求时，可不设置支挡结构。当天然地面坡度大于20%时，则应采取防止压实填土可能沿天然坡面滑动的措施，并应避免雨水沿斜坡排泄。

(3)当压实填土阻碍原地表水畅通排泄时，应根据地形修筑雨水截水沟，或设置其他排水设施。设置在压实填土区的上、下水管道，应采取防渗、防漏措施。

(4)压实填土的地基承载力特征值，应根据现场原位测试(静载荷试验、静力触探等)结果确定。当下卧层较软弱时，应验算软弱下卧层顶面的承载力。

表7-4 **压实填土的边坡允许值**

填料类别	压实系数	边坡坡度允许值(高宽比)	
		填土厚度(m)	
		坡高在8m以内	坡高为8~15m
碎石、卵石	0.94~0.97	1∶1.50~1∶1.25	1∶1.75~1∶1.50
砂夹石(其中碎石、卵石占全重30%~50%)		1∶1.50~1∶1.25	1∶1.75~1∶1.50
土夹石(其中碎石、卵石占全重30%~50%)	0.94~0.97	1∶1.50~1∶1.25	1∶2.00~1∶1.50
粉质黏土、黏粒含量$\rho_c \geq 10\%$的粉土	0.94~0.97	1∶1.75~1∶1.50	1∶2.25~1∶1.75

三、坡顶建筑物的基础位置

位于稳定土坡坡顶上的建筑物，应符合下列规定：

(1)对于条形基础或矩形基础，当垂直于坡顶边缘线的基础底面边长小于或等于3m时，其基础底面外边缘线至坡顶的水平距离(见图7-8)应符合以下二式要求，但不得小于2.5m：

条形基础：
$$a \geq 3.5b - \frac{d}{\tan\beta}$$

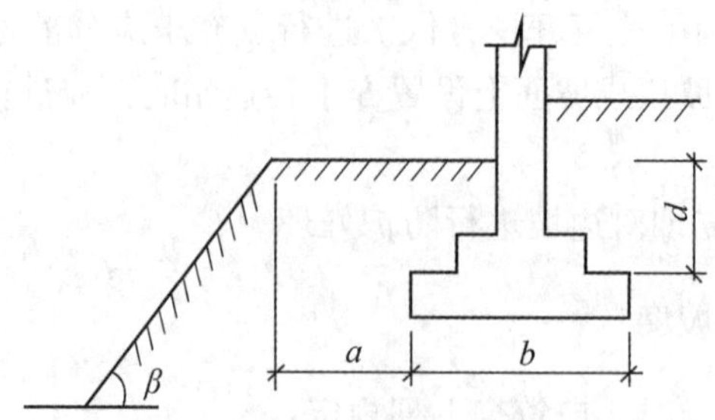

图 7-8　基础底面外边缘线至坡顶的水平距离

矩形基础：
$$a \geqslant 2.5b - \frac{d}{\tan\beta}$$

式中，a ——基础底面外边缘线至坡顶的水平距离，m；

b ——垂直于坡顶边缘线的基础底面边长，m；

d ——基础埋置深度，m；

β ——边坡坡角，°。

(2)当基础底面外边缘线至坡顶的水平距离不满足以上二式的要求时，或当边坡角大于45°、坡高大于8m时，应验算坡体稳定性，稳定安全系数不小于1.2。

思　考　题

1. 影响土坡稳定的因素有哪些？
2. 无黏性土坡的稳定性与哪些因素有关？
3. 黏性土坡稳定分析的条分法是什么原理？怎样确定最危险滑弧面的位置？

习　　题

1. 一均质黏性土坡，高20m，坡比1：2，黏聚力 $c = 10\text{kPa}$，内摩擦角 $\varphi = 20°$，重度 $\gamma = 18\text{kN/m}^3$，试按滑弧半径40m用瑞典条分法计算稳定安全系数。

2. 某黏性土坡，高12m，表层土厚度5m，坡度比1：2，黏聚力 $c = 15\text{kPa}$，内摩擦角 $\varphi = 20°$，重度 $\gamma = 17.5\text{kN/m}^3$。以下坡度比1：2.5，黏聚力 $c = 17\text{kPa}$，内摩擦角 $\varphi = 16°$。试用表解法求最小稳定安全系数。

3. 某工程基础开挖深6m，坡度为1：1，地表为粉质黏土，$\gamma_1 = 18\text{kN/m}^3$，$c_1 = 5\text{kPa}$，$\varphi_1 = 20°$，厚度为3m；其下为黏土，$\gamma_2 = 19\text{kN/m}^3$，$c_2 = 10\text{kPa}$，$\varphi_2 = 16°$，厚度10m。试判断该土坡的稳定性。

第八章　地震区场地和地基

第一节　地震基本知识

一、四种类型的地震

地球表面的岩石圈层发生震动，称作地震。强烈的地震可直接导致建筑物的破坏，同时可能诱发滑坡、山崩等不良地质现象。按照形成的原因，地震可分为如下四类：

1. 构造地震

地质构造运动使地壳岩石层发生弹性应变，积累了巨大的变形能，产生很大的应力。当这些应力超过岩层的极限强度时，岩层突然破裂、错动，将积累的巨大能量瞬间释放出来，以弹性波的形式传播出去，从而引起地面的震动。这种由于地质构造运动产生的地震称作构造地震。构造地震释放能量大，引起的破坏严重，也最难预测，本章讲述的内容主要针对构造地震。

2. 火山地震

地球深部的高温岩浆在压力作用下穿过地壳喷出地表，称作火山爆发。由火山爆发引起的地震称作火山地震。

3. 陷落地震

由于地表或地下岩层突然大面积陷落和崩塌而引起的地震称作陷落地震。

4. 诱发地震

由于建造水库、地下核试验等人类活动而引起的地震称作诱发地震。

我国东临环太平洋地震带，南北接欧亚地震带，是世界上地震多发的国家之一。

二、地震的几个基本概念

1. 震源

震源是指地球内部断层错动从而引起周围介质振动的部位，即地震时地下岩层最先开始破裂的部位。研究地震时，常把震源看作一个点，但实际上是一个有一定范围的区域，又称震源区。

2. 震源深度

如果把震源看作一个点，则该点至地表面的垂直距离就是震源深度。按照震源深度的大小，地震又可分为：

(1) 浅源地震：震源深度小于 60km 的地震称作浅源地震。

(2) 中源地震：震源深度在 60～300km 之间的地震称作中源地震。

(3)深源地震：震源深度大于300km的地震称作深源地震。

世界上绝大多数地震都是浅源地震，震源深度多集中在5~20km，约占地震总数的95%。对于同样震级的地震，震源越浅，波及范围越小，破坏程度则越大。深度超过100km的地震在地面一般不会引起严重破坏。

3. 震中

自震源点向上引垂线，与地面相交的点称作震中。震中及其附近的区域称作震中区，是地震破坏最严重的区域。

4. 震中距

地面上某一点至震中的水平距离，称作震中距。一般地，震中距越小，震感越强烈，破坏越严重。

三、地震震级和烈度

1. 震级

震级是度量一次地震所释放的能量大小的指标。我国使用的震级标准叫里氏震级，用M_L表示。震级与释放的能量E之间符合如下关系式：

$$\lg E = 1.5M_L + 11.8 \tag{8-1}$$

按照以上关系式，震级每增大一级，释放的能量约增大31.5倍。根据震级的大小，地震可分为：

(1)微震：小于2级的地震称作微震。微震时，人无震感，只有用仪器才能记录下来。

(2)有感地震：2 ~ 4级的地震称作有感地震。人有震感，但对建筑物一般不会造成破坏。

(3)破坏性地震：5级以上的地震能引起不同程度的破坏，称作破坏性地震。

(4)强烈地震：7级以上的地震称作强震或大震。

(5)特大地震：8级以上的地震称作特大地震。

2. 地震烈度

同等震级的地震，或同一次地震，在地面上不同地点造成破坏的强烈程度是不一样的。地震烈度就是度量破坏强烈程度的指标。一般地说，震级高、震源浅、震中近，烈度就高。但某一地点的地震烈度不仅与以上因素有关，还与发震断裂取向、地形、地质等因素有关。地震能量在传播的过程中，如能较多地消耗于地层中，造成的破坏就小一些。因此，一次地震只有一个震级，而烈度却随地点而不同。评定地震烈度的标准是根据宏观现象(人的感觉、房屋及地面震害程度等)和地震加速度指标等判定的，称为地震烈度表，我国采用12级地震烈度表。按对房屋建筑的震害程度划分，地震烈度为：

(1) 1 ~ 5度：无损坏，或有很轻微损坏；

(2) 6度：有损坏，墙体出现裂缝，檐瓦掉落，少数屋顶烟囱裂缝、掉落；

(3) 7度：轻度破坏，局部破坏、开裂，小修或不需要修理可继续使用；

(4) 8度：中等破坏，结构破坏，需要修复才能使用；

(5) 9度：严重破坏，结构严重破坏，局部倒塌，修复困难；

(6) 10度：大多数倒塌；

(7) 11 度：普遍倒塌。

3. 设防烈度

按国家规定的权限批准作为一个地区抗震设防依据的地震烈度称作设防烈度。我国县级及县级以上城镇的设防烈度见《建筑抗震设计规范》(GB50011—2001)附录 A。当设防烈度为 6 度时，除规范有具体规定外，对乙、丙、丁类建筑可不进行地震作用计算。

四、地震波与地震动

把一块石子投入水中，就会引起水的振动，并以波的形式向四周扩散传播。地震引起的岩土振动也是以波的形式从震源向四周传播并释放能量，这就是地震波。地震波可分为在地球内部传播的体波和只限于沿地球表面传播的面波。

体波在地球内部传播时，按照介质质点振动方向的不同，又分为纵波和横波。如果介质质点的振动方向与波的前进方向一致，这种波就叫纵波，又称压缩波或疏密波。纵波的特点是周期短、振幅小，向前方呈现振动压缩。如果介质质点的振动方向与波的前进方向垂直，这种波就叫横波，横波又叫剪切波。横波周期长、振幅大，当从地球内部传播至地面时，就会引起地面左右晃动。

当体波从震源传播到表层土时，经过地质分层界面的多次反射和折射，将在地表形成一种次生波，即面波。面波也可分为两种形式，即瑞利波和勒夫波。瑞丽波传播时，质点在波的传播方向和地面法线方向组成的平面内做椭圆运动，椭圆的短轴是波的前进方向，在与该平面垂直的方向则没有振幅，这使质点在地面呈滚动形式，是形成地面晃动的主要原因。乐夫波传播时，质点则只在与波的传播方向垂直的水平方向振动，在地面的运动类似蛇形。面波振幅大、周期长、衰减慢、传播距离远，破坏力也大。

由于不同的波传播速度不同，到达地表某一点的时刻也不同。首先到达的是纵波，继而是横波，最后是面波。给人的感觉是：先上下颠簸，后左右晃动。当横波和面波相继到达时，晃动剧烈、破坏严重。

五、地震效应

地震效应可分为如下几个方面：

1. 地震力效应

地震力是由地震波在传播过程中使质点产生振动形成的一种惯性力。它的大小取决于这种振动引起的加速度。由于不同的地震波引起的质点振动有方向性，地震力也因而有方向性。一般在水平方向的加速度要大于垂直方向，因而水平方向的晃动更易造成严重震害。

2. 岩层破裂

地震波自震源向四周传播时，引起相邻岩石的振动，这种振动形成的作用力如果超过岩石层的强度极限，岩石就会突然破裂和位移，形成断层和地裂。

3. 地质灾害

强烈的地震可能引发山坡、河岸的岩石体失稳，发生滑坡和崩塌，如果遇有大雨，则还可能引发泥石流，以致阻塞道路和河流，甚至掩埋建筑物。

4. 液化与震陷

地震时的反复振动可使饱和砂类土液化，使地基丧失承载能力，造成建筑物的基础震陷。

六、建筑物的抗震设防分类

使用性质不同的建筑物遭遇地震破坏后造成的后果是不同的。《建筑抗震设防分类标准》(GB50223—2008)根据建筑物使用性质的重要性将其分为四类：

(1)甲类建筑：应属于重大建筑工程和地震时可能发生严重次生灾害的建筑。这类建筑的确定须经国家规定的批准权限批准。

(2)乙类建筑：应属于地震时使用功能不能中断或需要尽快恢复的建筑，如城市生命线工程(一般包括供水、供电、交通、通信、消防、医疗等系统)的核心建筑。

(3)丙类建筑：应属于甲、乙、丁类以外的一般建筑，一般的工业与民用建筑等均属此类。

(4)丁类建筑：应属于抗震次要建筑，如一般的仓库、人员较少的辅助性建筑物等。

第二节　地震区的建筑场地

地震对建筑物的破坏作用是通过地基传递给上部结构的。在进行建筑物的结构设计时，地基的抗震处理措施和场地条件的选择对建筑结构的抗震性能具有重要影响。

一、建筑场地的选择

建筑场地指建筑群所在地，应具有相似的地震反应谱特征。其范围相当于厂区、居民小区和自然村或不小于1.0km^2的平面面积。地震造成建筑物的破坏，除地震动直接引起结构破坏外，还有场地条件的原因。《建筑抗震设计规范》(GB50011—2001)把建筑场地划分为有利、不利和危险三种情况，见表8-1。《岩土工程勘察规范》(GB50021—2001)则要求在岩土工程勘察报告中应对场地稳定性和适宜性做出评价，并应对工程施工和使用期间可能发生的岩土工程问题进行预测，提出监控和预防措施的建议。

表8-1　**有利、不利和危险地段的划分**

地段类别	地质、地形、地貌
有利地段	稳定基岩，坚硬土，开阔、平坦、密实、均匀的中硬土等
不利地段	软弱土，液化土，条状突出的山嘴，高耸孤立的山丘，非岩质的陡坡，河岸和边坡的边沿，平面分布上成因、岩性、状态明显不均匀的土层(如故河道、疏松的断层破碎带、暗埋的塘浜沟谷和半填半埋地基)等
危险地段	地震时可能发生滑坡、崩塌、地陷、地裂、泥石流等及发震断裂带上可能发生地表错动的部位

选择建筑场地时，应根据工程需要，掌握地震活动情况、工程地质和地震地质的有关

资料，对抗震有利、不利和危险地段做出综合评价。对不利地段，应提出避开要求；当无法避开时，则应采取有效措施。对危险地段，严禁建造甲、乙类建筑，不应建造丙类建筑。

二、建筑场地的类别

在工程实践中，建设用地位置的确定要受到许多因素的限制，除了对抗震设防极为不利的危险场地外，往往没有多少自由选择的余地。这样，就有必要进一步判别不同的建筑场地对建筑物震害影响的强弱，以便采取有针对性的抗震措施。

对多次地震破坏结果的调查分析表明，即使在同一地震烈度区内，场地土质条件的不同对建筑物震害的影响也是不同的。这是因为，地震波由基岩传播至建筑场地，与建筑场地的覆盖土层固有频率相近的一些地震波将被放大，即产生共振；而另一些频率的地震波则会衰减或被过滤掉。这种场地土层对地震波的过滤特性与选择放大特性使得建造在不同场地条件上的建筑物在同一次地震时的破坏程度存在明显差别。震害资料表明，柔性结构由于其自振周期较长，在软弱地基上更容易遭到破坏，在坚硬地基上则比较有利。在宏观烈度相近的情况下，处在大震级远震中距下的柔性结构建筑，其震害要比中、小震级近震中距的情况严重得多。

场地条件的不同对地震的反应不同，已为地震观测资料和理论分析所证明。《建筑抗震设计规范》(GB50011—2001)中根据土层等效剪切波速 v_{se} 和场地覆盖层厚度将建筑场地划分为四类，见表 8-2。

表 8-2　**各类建筑场地的覆盖层厚度**　(单位：m)

等效剪切波速(m/s)	场地类别			
	Ⅰ	Ⅱ	Ⅲ	Ⅳ
$v_{se}>500$	0			
$500\geqslant v_{se}>250$	<5	≥5		
$250\geqslant v_{se}>140$	<3	3~50	>50	
$v_{se}\leqslant 140$	<3	3~15	>15~80	>80

1. 场地覆盖层厚度

场地覆盖层厚度的确定，应符合下列要求：

(1)一般情况下，应按地面至剪切波速大于 500m/s 的土层顶面的距离确定。

(2)当地面以下存在剪切波速大于相邻上层土剪切波速 2.5 倍的土层，且其下卧层岩土的剪切波速均不小于 400m/s 时，可按地面至该土层顶面的距离确定。

(3)剪切波速大于 500m/s 的孤石、透镜体，应视同周围土层。

(4)土层中的火山岩硬夹层，应视为刚体，其厚度应从覆盖土层中扣除。

由上述规定可知，场地覆盖土层可以一般地理解为覆盖于地表的较软弱土层。

剪切波在地层内传播时，不同的土质传播速度是不一样的。在岩石和坚硬的土层中，振幅小、频率高、传播速度快。在软弱的土层中，则振幅大、频率低、传播速度慢。岩石和坚硬的土层自振周期短，对高频波有放大作用。软弱的土层自振周期长，对低频波有放大作用。见表 8-3。

表 8-3　**土的类别划分和剪切波速范围**

土的类别	岩石名称和性状	土层剪切波速范围（m/s）
坚硬土或岩石	稳定岩石，密实的碎石土	$v_s>500$
中硬土	中密、稍密的碎石土，密实、中密的砾、粗、中砂，$f_{ak}>200$ 的黏性土和粉土，坚硬黄土	$500\geqslant v_s>250$
中软土	稍密的砾、粗、中砂，除松散外的细、粉砂，$f_{ak}\leqslant 200$ 的黏性土和粉土，$f_{ak}>130$ 的填土，可塑黄土	$250\geqslant v_s>140$
软弱土	淤泥和淤泥质土，松散的砂，新近沉积的黏性土和粉土，$f_{ak}\leqslant 130$ 的填土，流塑黄土	$v_s\leqslant 140$

注：v_s 为岩土剪切波速。

一般地说，覆盖土层越厚，震害就越严重。但震害的严重程度又是有选择性的。厚覆盖土层的场地对高层建筑的震害要比对中低层建筑严重；中等覆盖层厚度的一般场地对中等高度的建筑其震害往往比高层建筑更严重。

2. 土层等效剪切波速

地震波中的剪切波在土层中的传播速度称为土层剪切波速，用 v_s 表示。土层剪切波速与土层密度和切变模量有关，可看作是衡量土质坚硬程度的一项指标，理论公式为

$$v_s=\sqrt{\frac{G}{\rho}}=\sqrt{\frac{E}{2(1+\mu)\rho}} \tag{8-2}$$

式中，G ——土层切变模量；

ρ ——土层密度；

E ——土层弹性模量；

μ ——土层泊松比。

土层剪切波速可由岩土工程勘察测定。对丁类建筑及层数不超过 10 层且高度不超过 30m 的丙类建筑，当无实测剪切波速资料时，可根据岩土名称和性状，按表 8-3 估取土层剪切波速。

在工程实践中，只有单一性质土层的场地是很少的，对于由多层土组成的场地，则用等效剪切波速作为反映覆盖土层综合性质的指标。

用 d_0 表示土层计算深度，在深度 d_0 范围内性质不同的土层数为 n，各土层厚度分别为 d_i，地震剪切波通过各土层的波速分别为 v_{si}，则剪切波通过计算深度范围内各土层所需的时间总和为

$$t=\sum_{i=1}^{n}\frac{d_i}{v_{si}} \tag{8-3}$$

土层的等效剪切波速则应按下式计算：

$$v_{se}=\frac{d_0}{t} \tag{8-4}$$

式中，v_{se}——土层等效剪切波速，m/s；

d_0——计算深度，m，取覆盖层厚度和20m二者的较小值；

t——剪切波在地面至计算深度之间的传播时间，s；

d_i——计算深度范围内第 i 土层的厚度，m；

v_{si}——计算深度范围内第 i 土层的剪切波速，m/s。

［**例 8-1**］ 某场地剪切波速资料见表 8-4，试确定该场地类别。

表 8-4 **某场地剪切波速资料**

土层底面深度(m)	土层厚度(m)	岩土名称	剪切波速(m/s)
1.2	1.2	填土	150
4.0	2.8	黏性土	230
13.0	9.0	粗砂	290
22.5	9.5	砾石	530

解：已知深度 13.0m 以下的砾石层剪切波速为 530>500m/s，且 13<20m，则计算深度 $d_0=13.0\text{m}$。

$$t=\frac{1.2}{150}+\frac{2.8}{230}+\frac{9.0}{290}=0.0512\ (\text{s})$$

$$v_{se}=\frac{13}{0.0512}=253.9\ (\text{m/s})$$

查表 8-2，$500>v_{se}=253.9>250$，$d_0=13>5$，该场地应为Ⅱ类场地。

三、发震断裂场地

在全新世地质时期(一万年)内有过地震活动或近期正在活动，在今后 100 年有可能继续活动的断裂，称为全新活动断裂。在全新活动断裂中，近期(近 500 年来)发生过地震震级 $M\geqslant5$ 级的断裂，或在今后 100 年内可能发生 $M\geqslant5$ 级的断裂，可定为发震断裂。

在建设工程的早期阶段进行岩石工程勘察时，应查明断裂的位置和类型，分析其活动性和地震效应，评价断裂对工程建设可能产生的影响，提出处理方案。场地内存在发震断裂时，应符合下列要求：

(1)对符合下列规定之一的情况，可忽略发震断裂错动对地面建筑的影响：

①抗震设防烈度小于 8 度；

②非全新世活动断裂；

③抗震设防烈度为 8 度和 9 度时，前第四纪基岩隐伏断裂的土层覆盖厚度分别大于60m 和 90m。

(2)对不符合以上规定的情况，应避开主断裂带。其避让距离不宜小于表 8-5 对发震断裂最小避让距离的规定。

表 8-5　**发震断裂最小避让距离(m)**

烈度	建筑抗震设防类别			
	甲	乙	丙	丁
8	专门研究	300	200	—
9	专门研究	500	300	—

第三节　天然地基的抗震验算

一、可不进行抗震承载力验算的天然地基

我国多次强烈地震的震害经验表明，在遭受破坏的建筑物中，因地基失效导致的破坏较上部结构惯性力的破坏少，这些地基主要由饱和松砂、软弱黏土或成因及岩性状态严重不均匀的土层组成。一般的天然地基都有较好的抗震性能。鉴于此，《建筑抗震设计规范》(GB50011—2001)中规定，下列建筑可不进行天然地基及基础的抗震承载力验算：

(1)砌体房屋；

(2)地基主要受力层范围内不存在软弱黏性土层的下列建筑；

①一般的单层厂房和单层空旷房屋；

②不超过 8 层且高度在 25m 以下的一般民用框架房屋；

③基础荷载与第②项相当的多层框架厂房。

(3)规范规定可不进行上部结构抗震验算的建筑。

软弱黏性土层指 7 度、8 度和 9 度时，地基承载力特征值 f_{ak} 分别小于 80kPa、100kPa 和 120kPa 的土层。

二、天然地基的抗震验算

当不符合上述可不进行抗震承载力验算的条件时，按下式验算地基抗震承载力：

$$f_{aE} = \zeta_a f_a \tag{8-5}$$

式中，f_{aE} ——调整后的地基抗震承载力；

ζ_a ——地基抗震承载力修正系数，按表 8-6 采用；

f_a ——经深宽修正后的地基承载力特征值。

验算天然地基地震作用下的竖向承载力时，按地震作用效应标准组合的基础底面平均压力和边缘最大压力应符合下列各式要求：

$$p \leqslant f_{aE} \tag{8-6}$$

$$p_{\max} \leqslant 1.2 f_{aE} \tag{8-7}$$

式中，p ——地震作用效应标准组合时的基础底面平均压力；

$p_{\max}$ ——地震作用效应标准组合时的基础底面边缘最大压力。

高宽比大于 4 的高层建筑，在地震作用下基础底面不宜出现拉应力；其他建筑，基础底面与地基土之间的零应力区面积不应超过基础底面面积的 15%。

表 8-6 **地基抗震承载力调整系数**

岩土名称和性状	ζ_a
岩石，密实的碎石土，密实的砾、粗、中砂，$f_{ak}\geqslant$300kPa 的黏性土和粉土	1.5
中密、稍密的碎石土，中密和稍密的砾、粗、中砂，密实和中密的细、粉砂，150kPa$\leqslant f_{ak}<$300kPa 的黏性土和粉土，坚硬黄土	1.3
稍密的细、粉砂，100kPa$\leqslant f_{ak}<$150kPa 的黏性土和粉土，可塑黄土	1.1
淤泥、淤泥质土，松散的砂，杂填土，新近堆积的黄土及流塑黄土	1.0

由式(8-5)可看出，对一般天然地基，当地震发生时，地震波的作用不是使地基的承载力降低了，而是提高了。在地震波的作用下，建筑物地基土的承载力与地基土的静承载力是有区别的。对震害经验的研究表明，地基土在有限次循环动力作用下的强度一般较静强度均有所提高。如前所述，因地基失效导致上部结构破坏的原因，并非是土的承载力不足，而主要是：饱和砂类土的液化导致的丧失承载力；软弱黏性土的震陷；地基土的工程性质严重不均匀。

使地基抗震承载力调整系数$\zeta_a\geqslant 1.0$还有一个原因，即地震的偶发性，从工程经济方面考虑，地基土在地震这种偶发性荷载作用下的可靠度应比静力荷载下有所降低。地基土抗震承载力调整系数是地震作用下强度提高和可靠度指标降低两个因素的综合反映。

第四节 地基土的地震液化

地震发生时，处于地下水位以下的饱和砂土或粉土颗粒在振动下处于运动状态。运动的土颗粒要重新排列以达到新的稳定，从而将从地震波中吸收的能量释放给孔隙水。在地震发生的极短时间内，孔隙水是不可能排出的，积聚的能量使孔隙水压力急骤上升。饱和砂土在静荷载下，其总应力σ是由土骨架的有效应力σ'和孔隙水压力u共同承担的，即$\sigma=\sigma'+u$。当孔隙水压力在地震的瞬间急骤升高后，有效应力则很快降为零，使土颗粒处于悬浮状态，从而使土体丧失强度也即丧失了承载力。这时，地下水位以上的地表土层就像漂浮在波浪起伏的水面上。在建筑物的重压下，漂浮且处于运动状态的地表土层极易破裂，造成建筑物的破坏。所以，当地震时若发生地基土液化，就易出现地表开裂、喷砂涌水、地基飘移、基础沉陷等灾害现象，一些轻型的结构物，还可能被浮起。

对历次地震灾害的调查发现，在由地基失效导致的建筑物破坏中，地基土液化是主要原因。因此，在建筑抗震设计中，对地基土液化问题应予以足够重视。

一、影响地基土液化的因素

1. 土层的地质年代

地质年代越老的土层在长期的固结作用下使砂土层结构稳定，密实度高，抗液化能力较强。如唐山地震时，在震中区的滦河二级阶地，地层年代为晚更新世(Q_3)，对地震烈度 10 度区考察，地下水位 3~4m，表层为 3.0m 左右的黏性土，其下即为饱和砂层，在 10 度情况下没有发生液化。而在一级阶地及高河漫滩等地分布的地质年代较新的地层，地震烈度虽然只有7度和8度却发生了大面积液化。其他震区的河流冲积地层在地质年代较老的地层中也未发现液化实例。从密实度方面说，相对密实度小于50%的疏松砂土很易液化，大于80%时则不易液化。

2. 颗粒组成

细砂与粗砂比较，细砂更容易液化。颗粒均匀的较级配良好的更容易液化。粉土的抗液化能力主要取决于颗粒组成中黏粒含量的多少，当黏粒含量较高时，使粉土的性质较接近黏性土，黏聚力的增大提高了抗液化能力。当黏粒含量很少时，其性质较接近细砂，抗液化能力将变差。有数据显示，当烈度为7度时，黏土颗粒(粒径小于0.005mm)含量达到10%以上；烈度为8度时，黏粒含量达到13%以上；烈度为9度时，黏粒含量达到16%以上，就难以再液化。

3. 砂土层的埋深

土层的埋藏深度增加，自重应力就大，较大的粒间应力将抑制液化的发生。地震时发生液化的砂土层埋深多在10m以内。

4. 地震烈度

许多震害资料表明，在6度区液化对房屋结构所造成的危害是比较轻的；7度地区较疏松的粉、细砂可液化；8度以上地区粗砂或较密实的砂土层均有可能液化。

二、液化的判别

当地基有饱和砂土或饱和粉土时，应在勘察时试验判别是否有可能液化，并提出抗液化措施的建议。一般原则如下：

(1)饱和砂土和饱和粉土(不含黄土)的液化判别和地基处理，6度时，一般情况下可不进行判别和处理，但对液化沉陷敏感的乙类建筑可按7度的要求进行判别和处理；7～9度时，乙类建筑可按本地区抗震设防烈度的要求进行判别和处理。

(2)存在饱和砂土和饱和粉土(不含黄土)的地基，除6度设防外，应进行液化判别；存在液化土层的地基，应根据建筑的抗震设防类别、地基的液化等级，结合具体情况采用相应的措施。

根据上述原则，当确定需要液化判别时，按以下两步进行判别：

1. 初步判别

饱和砂土和饱和粉土(不含黄土)，当符合下列条件之一时，可初步判别为不液化或可不考虑液化影响：

(1)地质年代为第四纪晚更新世(Q_3)及其以前时，7、8度时可判为不液化。

(2)粉土的黏粒(粒径小于0.005mm的颗粒)含量百分率，7度、8度和9度分别不小于10、13和16时，可判为不液化。

(3)天然地基的建筑，当上覆非液化土层厚度和地下水位深度符合下列条件之一时，可不考虑液化影响：

$$d_u > d_0 + d_b - 2 \tag{8-8}$$

$$d_w > d_0 + d_b - 3 \tag{8-9}$$

$$d_u + d_w > 1.5d_0 + 2d_b - 4.5 \tag{8-10}$$

式中，d_u——上覆盖非液化土层厚度，m，计算时宜将淤泥和淤泥质土层扣除；

d_w——地下水位深度，m，宜按设计基准期内年平均最高水位采用，也可按近期内年最高水位采用；

d_b——基础埋置深度，m，不超过 2m 时应采用 2m；

d_0——液化土特征深度，m，可按表 8-7 采用。

表 8-7 **液化土特征深度** （单位：m）

饱和土类别	7 度	8 度	9 度
粉土	6	7	8
砂土	7	8	9

2. 标准贯入试验判别

当初步判别认为需进一步进行液化判别时，应采用标准贯入试验判别法判别地面下 15m 深度范围内的液化。当采用桩基或埋深大于 5m 的深基础时，尚应判别 15~20m 范围内土的液化。当饱和土标准贯入锤击数(未经杆长修正)小于液化判别标准贯入锤击数临界值时，应判为液化土。当有成熟经验时，也可采用其他判别方法。

在地面下 15m 深度范围内，液化判别标准贯入锤击数临界值可按下式计算：

$$N_{cr} = N_0[0.9 + 0.1(d_s - d_w)]\sqrt{\frac{3}{\rho_c}} \quad (d_s \leqslant 15) \tag{8-11}$$

在地面下 15~20m 范围内，液化判别标准贯入锤击数临界值按下式计算：

$$N_{cr} = N_0(2.4 - 0.1d_w)\sqrt{\frac{3}{\rho_c}} \quad (15 \leqslant d_s \leqslant 20) \tag{8-12}$$

式中，N_{cr}——液化判别标准贯入锤击数临界值；

N_0——液化判别标准贯入锤击数基准值，按表 8-8 采用；

d_s——饱和土标准贯入点深度，m；

ρ_c——黏粒含量百分率，当小于 3 或为砂土时应采用 3。

表 8-8 **标准贯入锤击数基准值** （单位：m）

设计地震分组	7 度	8 度	9 度
第一组	6(8)	10(13)	16
第二、三组	8(10)	12(15)	18

注：括号内数值用于设计基本地震加速度为 0.15g 和 0.30g 的地区。

3. 液化指数和液化等级

液化判别只是对液化做出定性的判别，液化指数和液化等级可进一步粗略评价液化可能造成的危害程度。每个钻孔的液化指数按下式计算，并按表 8-9 综合划分地基的液化等级：

$$I_{lE} = \sum_{i=1}^{n}\left(1 - \frac{N_i}{N_{cri}}\right)d_i\omega_i \tag{8-13}$$

式中，I_{lE}——液化指数；

n——在判别深度范围内，每一个钻孔标准贯入试验点的总数，一般在可液化土层每隔1~1.2m深取一个试验点；

N_i、N_{cri}——分别为i点标准贯入锤击数的实测值和临界值，当实测值大于临界值时应取临界值的数值；

d_i——i点所代表的土层厚度，m，可采用与该标准贯入试验点相邻的上、下两标准贯入试验点深度差的一半，但上界不高于地下水位深度，下界不深于液化深度；

ω_i——i土层单位土层厚度的层位影响权函数值(单位为m^{-1})。若判别深度为15m，当该层中点深度不大于5m时，应采用10，等于15m时应，采用零值，为5~15m时，应按线性内插法取值；若判别深度为20m，当该层中点深度不大于5m时，应采用10，等于20m时，应采用零值，5~20m时，应按线性内插法取值。

表8-9　**液化等级**

液化等级	轻微	中等	严重
判别深度为15m时的液化指数	$0 < I_{lE} \leqslant 5$	$5 < I_{lE} \leqslant 15$	$I_{lE} > 15$
判别深度为20m时的液化指数	$0 < I_{lE} \leqslant 6$	$6 < I_{lE} \leqslant 18$	$I_{lE} > 18$

按液化等级可做出液化可能对场地和建筑物的危害程度判断：

(1)轻微：地面无喷水冒砂，或仅在洼地、河边有零星的喷水冒砂点。对建筑物危害小，一般不致引起明显的震害。

(2)中等：喷水冒砂可能性大，从轻微到严重均有，多数属中等。对建筑物危害较大，可造成不均匀沉陷和开裂，有时不均匀沉陷可能达200mm。

(3)严重：一般喷水冒砂都很严重，地面变形很明显。对建筑物危害性大，不均匀沉陷可能大于200mm，高重心结构可能产生不容许的倾斜。

三、关于黄土的液化

黄土的颗粒组成以粉粒为主，占60%~70%，黏粒含量较少，一般仅占10%~20%。关于黄土的液化可能性及其危害，在我国的历史地震中虽不乏报道，但缺乏较详细的评价资料，在中华人民共和国成立以后的多次地震中，黄土液化现象很少见到，对黄土的液化判别尚缺乏经验，但值得重视。近年来的国内外震害与研究还表明，砾砂在一定条件下也会液化。但是由于黄土与砾砂液化研究资料还不够充分，规范中未给予特别规定，有待进一步研究。

[**例8-2**]　某建筑场地，表层为黏性土，厚$d_u = 3.5$m；以下为砂土，地质年代为全新世沉积层；地下水位深$d_w = 5.0$m；基础埋深$d_b = 1.8$m；标准贯入锤击数$N = 8$击，贯入点深度$d_s = 8$m。如果以上勘察资料不变，建筑地点分别在河北省阜城、衡水、邯郸，试分别作液化判别。

解：(1)查《建筑抗震设计规范》(GB50011—2001)附录A《我国主要城镇抗震设防烈度表》，可知：

阜城：设防烈度 6 度，可不作判别。

衡水：设防烈度 7 度，第一组，设计基本地震加速度值为 $0.10g$。

邯郸：设防烈度 7 度，第一组，设计基本地震加速度值为 $0.15g$。

(2)初步判别。查表 8-7，7 度设防区砂土，液化土特征深度 $d_0 = 7\text{m}$。

$$d_0 + d_b - 2 = 7 + 2 - 2 = 7(\text{m}) > d_u = 3.5\text{m} \quad (\text{不符合条件})$$

$$d_0 + d_b - 3 = 7 + 2 - 3 = 6(\text{m}) > d_w = 5.0\text{m} \quad (\text{不符合条件})$$

$$1.5d_0 + 2d_b - 4.5 = 1.5 \times 7 + 2 \times 2 - 4.5 = 10(\text{m}) > d_u + d_w = 3.5 + 5.0 = 8.5\text{m} \ (\text{不符合条件})$$

故应考虑液化影响，需作进一步判别。

(3)标准贯入试验判别。查表 8-8，标准贯入锤击数基准值：衡水 $N_0 = 6$ 击，邯郸 $N_0 = 8$ 击。

标准贯入锤击数临界值计算：

衡水：

$$N_{cr} = N_0[0.9 + 0.1(d_s - d_w)]\sqrt{\frac{3}{\rho_c}} = 6 \times [0.9 + 0.1 \times (8\text{-}5)]\sqrt{\frac{3}{3}} = 7.2(\text{击}) < N = 8\text{击}$$

故应判为不液化

邯郸：

$$N_{cr} = 8 \times [0.9 + 0.1 \times (8\text{-}5)]\sqrt{\frac{3}{3}} = 9.6(\text{击}) > N = 8\text{击}$$

故应判为液化。

四、液化地基处理

由于地基土的液化可能造成建筑物的严重破坏，因此，不宜将未经处理的液化土层作为天然地基持力层。当液化土层较平坦且均匀时，可按表 8-10 采取抗液化措施。

(1)全部消除地基液化沉陷的措施，应符合下列要求：

①采用桩基时，桩端伸入液化深度以下稳定土层中的长度(不包括桩尖部分)应按计算确定，且对碎石土、砾、粗、中砂，坚硬黏性土和密实粉土不应小于 0.5m，对其他非岩石土尚不宜小于 1.5m。

②采用深基础时，基础底面应埋入液化深度以下的稳定土层中，其深度不应小于 0.5m。

③采用加密法(如振冲、振动加密、挤密碎石桩、强夯等)加固时，应处理至液化深度下界；振冲或挤密碎石桩加固后，桩间土的标准贯入锤击数不宜小于规定的液化判别标准贯入锤击数临界值。

④用非液化土替换全部液化土层。

⑤采用加密法或换土法处理时，在基础边缘以外的处理宽度，应超过基础底面下处理深度的 1/2，且不小于基础宽度的 1/5。

(2)部分消除地基液化沉陷的措施，应符合下列要求：

表 8-10　**抗液化措施**

建筑抗震设防类别	地基的液化等级		
	轻微	中等	严重
乙类	部分消除液化沉陷，或对基础和上部结构处理	全部消除液化沉陷，或部分消除液化沉陷且对基础和上部结构处理	全部消除液化沉陷
丙类	基础和上部结构处理，亦可不采取措施	基础和上部结构处理，或更高要求的措施	全部消除液化沉陷，或部分消除液化沉陷且对基础和上部结构处理
丁类	可不采取措施	可不采取措施	基础和上部结构处理或其他经济的措施

①处理深度应使处理后的液化指数减少，当判别深度为 15m 时，其值不宜大于 4，当判别深度为 20m 时，其值不宜大于 5；对独立基础和条形基础，尚不应小于基础底面下液化土特征深度和基础宽度的较大值。

②采用振冲和挤密碎石桩加固后，桩间土的标准贯入锤击数不宜小于规定的液化判别标准贯入锤击数临界值。

③基础边缘以外的处理宽度，与上述全部消除液化沉陷的措施中第⑤条相同。

(3)减轻液化影响的基础和上部结构处理，可综合采用下列各项措施：

①选择合适的基础埋置深度。

②调整基础底面积，减少基础偏心。

③加强基础的整体性和刚度，如采用箱基、筏基或钢筋混凝土交叉条形基础，加设基础圈梁等。

④减轻荷载，增强上部结构的整体刚度和均匀对称性，合理设置沉降缝，避免采用对不均匀沉降敏感的结构形式等。

⑤管道穿过建筑处应预留足够尺寸或采用柔性接头等。

(4)液化等级为中等液化和严重液化的故河道、现代河滨、海滨，当有液化侧向扩展或流滑可能时，在距常时水线约 100m 以内不宜修建永久性建筑；否则应进行抗滑动验算、采用防土体滑动措施或结构抗裂措施。常时水线宜按设计基准期内年平均最高水位采用，也可按近期年最高水位采用。

(5)地基主要受力层范围内存在软弱黏性土层与湿陷性黄土时，应结合具体情况综合考虑，采用桩基、地基加固处理或采用前述减轻液化影响的基础和上部结构处理的措施，也可根据软土震陷量的估计，采取相应措施。

思　考　题

1. 地震的能量是怎样传递给结构的？

2. 哪些是对抗震有利的地段？哪些是不利的地段？哪些是危险地段？

3. 什么是地震震级？什么是地震烈度？建筑物的设防为什么是按地震烈度，而不是按地震震级？

4. 建筑场地分为几类？是怎样划分的？

5. 什么是场地覆盖层厚度？怎么确定？

6. 什么是等效剪切波速？

7. 什么是发震断裂场地？

8. 地基抗震承载力调整系数为什么大于1？

9. 因地基失效使建筑物在地震时被破坏主要有哪些原因？

10. 哪些情况下可以不进行地基的抗震承载力验算？

11. 什么是地基土的液化？是怎么发生的？

12. 怎样判别地基土是否可能液化？

13. 怎么判别地基土的液化等级？

习　题

1. 某建筑场地，表层为黏性土，厚 $d_u = 3.5\text{m}$；以下为砂土，地质年代为全新世沉积层；地下水位深 $d_w = 5\text{m}$；基础埋深 $d_b = 1.8\text{m}$；标准贯入锤击数 $N = 8$ 击，贯入点深度 $d_s = 8\text{m}$。如果以上勘察资料不变，建筑地点分别在河北省石家庄、廊坊、沧州，试分别作液化判别。

2. 某建筑为筏型基础，尺寸为30m×30m，埋深6m。地基土为中密的中粗砂，基础底面以上土的重度为19kN/m^3，地下水位6m，基础底面以下土的有效重度为9kN/m^3。地基承载力特征值 $f_{ak} = 300\text{kPa}$。试确定该地基抗震承载力 f_{aE}。

第九章　湿陷性黄土与膨胀土

第一节　湿陷性黄土

黄土因呈黄色、棕黄色、褐黄色而得名。黄土遍布我国甘肃、陕西、山西的大部分地区和新疆、宁夏、河南、山东、河北以及辽宁的部分地区，总分布面积达60多万平方千米，其中大部分具有遇水强度降低、变形急剧增大的湿陷特性，称为湿陷性黄土。《湿陷性黄土地区建筑规范》(GB50025—2004)中附有中国湿陷性黄土工程地质分区略图和各地区湿陷性黄土的物理力学性质指标表，可供参考。

黄土主要由风力搬运沉积而成，未经二次搬运扰动的黄土称原生黄土，原生黄土竖向节理发育，水平层理不明显。经过扰动，如水力二次搬运的黄土称次生黄土，次生黄土中常有砂或砾石夹层，具水平层理，因其黄土特征不典型，又称黄土状土。黄土的颗粒组成中，以风力最易搬运的粉土颗粒为主，占50% ~ 80%，其余是粉细砂颗粒和黏土颗粒。在黄土高原的西北部，含粉细砂粒较多；在黄土高原的南部和东南部，含黏粒较多。

我国的黄土沉积经历了整个第四纪时期，按照沉积年代的早晚，形成了第四纪早更新世时期的午城黄土和中更新世时期的离石黄土，又称老黄土。老黄土地质年代较久、土质密实，一般不具湿陷性，工程性质较好。形成于晚更新世时期的马兰黄土和全新世时期的黄土状土，又称新黄土。新黄土地质年代较近，结构疏松，有许多肉眼可见的大孔隙，因而又被称作“大孔土”，这种土一般均具湿陷性，见表9-1。

表9-1　**黄土地层的划分**

时代		地层的划分	说明
全新世(Q_4)黄土	新黄土	黄土状土	一般具湿陷性
晚更新世(Q_3)黄土		马兰黄土	
中更新世(Q_2)黄土	老黄土	离石黄土	上部部分土层具湿陷性
早更新世(Q_1)黄土		午城黄土	不具湿陷性

注：全新世(Q_4)黄土包括湿陷性(Q_4^1)黄土和新近堆积(Q_4^2)黄土。

研究表明，黄土的湿陷性与其结构特征、矿物成分和当地的气候条件密切相关。黄土的结构是在黄土沉积的历史过程中形成的，干旱的气候和土中含有大量的碳酸盐、硫酸钙等盐类及黏土矿物，这些物质是黄土结构形成的必要条件。由风力搬运沉积下来的土颗粒，季节性的短暂雨水使盐类溶解而黏聚起来，而长期的干旱使水分不断蒸发，浓缩的可溶性盐和黏土矿物附着在粗颗粒表面，特别是聚集在粗骨架颗粒的接触点处，成为胶结物。随着含水量的逐渐减少，胶结作用逐渐增强，大大提高了土粒之间的抗滑移能力，阻止了土体的自重压密，形成了以粗颗粒为骨架的大孔隙结构。黄土结构在干燥时，强度高、压缩性小，可形成陡立的土壁、土柱长期稳定而不坍塌。而一旦遇水浸湿，使胶结盐类溶化，在自重应力以及附加应力的作用下，则很易使黄土结构迅速破坏而呈现湿陷性。

由上述可知，黄土的易溶盐类含量越多，天然孔隙比越大，含水量越小，湿陷性就越强烈。当其他条件不变时，增大压力，湿陷量将增加，但当压力增大到一定数值后，孔隙比越来越小，再继续增大压力，湿陷量将减小并逐渐消失。

一、黄土湿陷性指标测定与评价

1. 湿陷系数 δ_s 和自重湿陷系数 δ_{zs}

黄土的湿陷性与所承受的压力大小有关，湿陷系数 δ_s 是黄土在某一给定压力下浸水饱和后湿陷性大小的判定指标，可由室内浸水(饱和)压缩试验测定。测定时，将未经扰动的原状土样置于压缩仪中，分级加压至规定的压力 p，待压缩稳定后测得试样高度 h_p，然后加水饱和，再测得附加(湿陷)下沉稳定后的试样高度 h'_p，设试样的原始高度为 h_0，则湿陷系数 δ_s 按下式计算：

$$\delta_s = \frac{h_p - h'_p}{h_0} \tag{9-1}$$

式中，h_p——保持天然湿度和结构的试样，加至一定压力时，下沉稳定后的高度，mm；

h'_p——上述加压稳定后的试样，在浸水(饱和)作用下，附加下沉稳定后的高度，mm；

h_0——试样的原始高度，mm。

试验 p-h 曲线如图 9-1 所示。

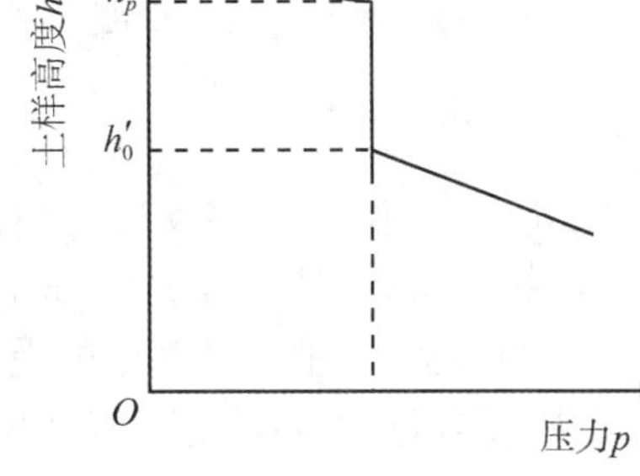

图 9-1 湿陷压缩曲线

按照规定，测定湿陷系数 δ_s 的试验压力，应自基础底面(如基础标高不确定时，自地面下 1.5m)算起：

(1)基底下 10m 以内的土层应用 200kPa，10m 以下至非湿陷性黄土层顶面，应用其上覆土的饱和自重压力(当大于 300kPa 时，仍应用 300kPa)；

(2)当基底压力大于 300kPa 时，宜用实际压力；

(3)对压缩性较高的新近堆积黄土，基底下 5m 以内的土层宜用 100~150kPa 压力，5~10m 和 10m 以下至非湿陷性黄土层顶面，应分别用 200kPa 和上覆土的饱和自重压力；

(4)在 0~200kPa 压力以内，每级加压增量宜为 50kPa，大于 200kPa 压力时，每级增量宜为 100kPa。

湿陷系数 δ_s 是黄土在一定外荷压力(附加压力)下湿陷性的判定指标；自重湿陷系数 δ_{zs} 则是在外荷压力(附加压力)为零，只有自重压力的情况下，黄土湿陷性的判定指标。自重湿陷系数 δ_{zs} 按下式计算：

$$\delta_{zs} = \frac{h_z - h'_z}{h_0} \tag{9-2}$$

式中，h_z ——保持天然湿度和结构的试样，加压至上覆土饱和自重压力时，试样下沉稳定后的高度，mm；

h'_z——上述加压至上覆土饱和自重压力下沉稳定后的试样，在浸水饱和并下沉稳定后的高度。

2. 自重湿陷量 Δ_{zs} 和总湿陷量 Δ_s

湿陷性黄土场地的自重湿陷量 Δ_{zs}，应按下式计算：

$$\Delta_{zs} = \beta_0 \sum_{i=1}^{n} \delta_{zsi} h_i \quad (\text{mm}) \tag{9-3}$$

式中，δ_{zsi} ——第 i 层土的自重湿陷系数；

h_i ——第 i 层土的厚度，mm；

β_0——因地区土质而异的修正系数，在缺乏实测资料时，可按下列规定取值：陇西地区取 1.5；陇东—陕北—晋西地区取 1.2；关中地区取 0.9；其他地区取 0.5。

自重湿陷量的计算值 Δ_{zs}，应自天然地面(当挖、填方的厚度和面积较大时，应自设计地面)算起，至其下非湿陷性黄土层的顶面止，其中自重湿陷系数 δ_{zs} <0.015 的土层不累计。

自重湿陷量也可在现场进行试坑浸水试验实测，实测值用 Δ'_{zs} 表示。试坑宜挖成圆(或方)形，其直径(或边长)不应小于湿陷性黄土层的厚度，并不应小于 10m。试坑深度宜为 0.5m，最深不应大于 0.8m。坑底宜铺 100mm 厚的砂、砾石。试坑内的水头高度不宜小于 300mm。在浸水下沉稳定后测定自重湿陷量，详见《湿陷性黄土地区建筑规范》(GB50025—2004)。

湿陷性黄土地基受水浸湿饱和，其湿陷量的计算值 Δ_s 应按下式计算：

$$\Delta_s = \sum_{i=1}^{n} \beta \delta_{si} h_i \quad (\text{mm}) \tag{9-4}$$

式中，δ_{si} ——第 i 层土的湿陷系数；

h_i ——第 i 层土的厚度，mm；

β ——考虑基底下地基土的受水浸湿可能性和侧向挤出等因素的修正系数，在缺乏实测资料时，可按下列规定取值：基底下 0~5m 深度内，取 $\beta = 1.5$；基底下 5~10m 深度内，取 $\beta = 1.0$；基底下 10m 以下至非湿陷性黄土层顶面，在自重湿陷性黄土场地，可取工程所在地区的 β_0 值。

湿陷量计算值 Δ_s 的计算深度应自基础底面(如基底标高不确定时，自地面下 1.5m)算起。在非自重湿陷性黄土场地，累计至基底下 10m(或地基压缩层)深度止；在自重湿陷性黄土场地，累计至非湿陷黄土层的顶面止。其中，湿陷系数 δ_s（10m 以下为 δ_{zs}）小于 0.015 的土层不累计。

3. 湿陷起始压力 p_{sh}

在不同的压力下，黄土的湿陷系数是不同的，当湿陷系数 $\delta_s < 0.015$ 时，其湿陷性可忽略不计，或者说，这种微小变形可等同于一般土的压缩变形来看待。因此，$\delta_s = 0.015$ 是湿陷系数的一个临界值，相应的作用压力称作湿陷起始压力 p_{sh}。这是个很有实用价值

的指标，在设计中如能使土中的实际应力小于湿陷起始压力，就可以认为该土不会湿陷。显然，湿陷起始压力越高，则该土工程性质越好。

不同地区黄土的湿陷起始压力是不一样的，一般地说，土中黏粒含量越高，天然含水量越大、孔隙比越小，湿陷起始压力就越大。湿陷起始压力可由室内压缩试验测定，也可由现场载荷试验测定[现场载荷试验方法详见《湿陷性黄土地区建筑规范》(GB50025—2004)]，试验方法分单线法和双线法两种，[室内测定湿陷起始压力的方法详见《土工试验方法标准》(GB50123—1999)]。湿陷系数与压力(δ_s-p)关系曲线见图 9-2，湿陷起始压力可在图上确定。

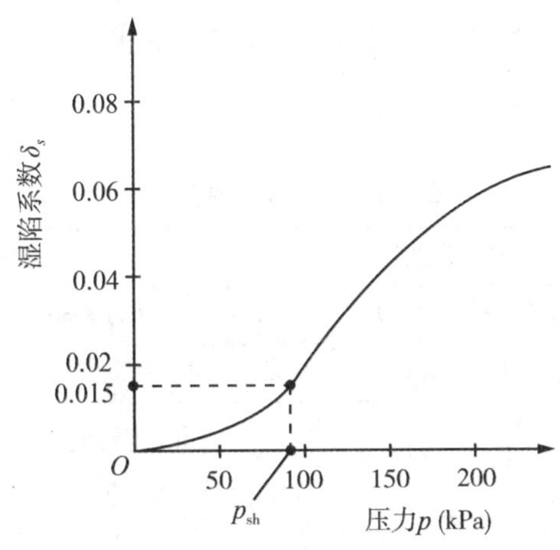

图 9-2　湿陷系数与压力关系曲线

4. 黄土及黄土场地的湿陷性评价

1) 黄土湿陷性评价

黄土的湿陷性，应按室内浸水(饱和)压缩试验在一定压力下测定的湿陷系数 δ_s 进行判定，并应符合下列规定：

(1)当湿陷系数 δ_s <0.015 时，应定为非湿陷性黄土；

(2)当湿陷系数 δ_s ≥0.015 时，应定为湿陷性黄土。

2) 黄土湿陷程度评价

湿陷性黄土的湿陷程度，可根据湿陷系数 δ_s 的大小分为下列三种：

(1)当 $0.015 \leqslant \delta_s \leqslant 0.03$ 时，湿陷性轻微；

(2)当 $0.03 < \delta_s \leqslant 0.07$ 时，湿陷性中等；

(3)当 $\delta_s > 0.07$ 时，湿陷性强烈。

3) 黄土场地的湿陷类型

湿陷性黄土场地的湿陷类型应按自重湿陷量的实测值 Δ'_{zs} 或计算值 Δ_{zs} 判定，并应符合下列规定：

(1)当自重湿陷量的实测值 Δ'_{zs} 或计算值 Δ_{zs} 小于或等于 70mm 时，应定为非自重湿陷性黄土场地；

(2)当自重湿陷量的实测值Δ'_{zs}或计算值Δ_{zs}大于70mm时，应定为自重湿陷性黄土场地；

(3)当自重湿陷量的实测值和计算值出现矛盾时，应按自重湿陷量的实测值判定。

上述湿陷类型的划分是以建筑场地地基土自重湿陷量的多少来判定的，而不是按自重湿陷系数的大小来判定。这就是说，一处建筑场地的地基中存在自重湿陷黄土($\delta_{zs} \geq 0.015$)层，并不一定就可判定为自重湿陷性黄土场地。如果地基中自重湿陷性黄土层很薄，使地基整个湿陷层的自重湿陷量Δ_{zs}小于70mm，仍应判定为非自重湿陷性黄土场地，显然，这种判定方法更具实际意义。

4)黄土地基的湿陷等级

湿陷性黄土地基的湿陷等级，应根据湿陷量的计算值Δ_s和自重湿陷量的计算值Δ_{zs}等因素，按表9-2判定。

表9-2　**湿陷性黄土地基的湿陷等级**

Δ_s (mm)	非自重湿陷性场地	自重湿陷性场地	
	Δ_{zs} (mm) ≤70	70< Δ_{zs} (mm) ≤350	Δ_{zs} (mm) >350
Δ_s ≤300	Ⅰ(轻微)	Ⅱ(中等)	—
300< Δ_s ≤700	Ⅱ(中等)	* Ⅱ(中等) 或Ⅲ(严重)	Ⅲ(严重)
Δ_s >700	Ⅱ(中等)	Ⅲ(严重)	Ⅳ(很严重)

*：当湿陷量的计算值Δ_s >600mm、自重湿陷量的计算值Δ_{zs} > 300mm时，可判为Ⅲ级，其他情况可判为Ⅱ级。

二、湿陷性黄土地基计算

1. 地基变形沉降计算

黄土地基的变形沉降计算，包括两个方面：一是湿陷变形；二是压缩变形。计算的目的和方法如下：

(1)按前述方法计算自重湿陷量和基底下各土层累计的总湿陷量，判定湿陷类型和湿陷等级，以作为选择地基处理方案、基础类型和上部结构措施的依据。

(2)对经过处理后的黄土地基，在计算地基土的压缩变形时，应考虑地基处理后压缩层范围内土的压缩性的变化，采用地基处理后的压缩模量和压缩系数作为计算依据。

(3)湿陷性黄土地基在近期浸水饱和后，土的湿陷性消失并转化为高压缩性，对于这类饱和黄土地基，压缩沉降往往较大，一般应进行地基沉降计算。

(4)压缩变形沉降的计算方法和变形允许值同第三章，但其中沉降计算经验系数ψ_s按表9-3取值。

表 9-3 **湿陷性黄土地基沉降计算经验系数**

$\bar{E}$ (MPa)	3.30	5.00	7.50	10.00	12.50	15.00	17.50	20.00
ψ_s	1.80	1.22	0.82	0.62	0.50	0.40	0.35	0.30

注：$\bar{E}$ 为变形计算深度范围内压缩模量当量值，计算方法见式(3-23)。

2. 地基承载力

湿陷性黄土地基承载力的确定与验算，应符合下列规定：

(1)地基承载力特征值，应保证地基在稳定的条件下，使建筑物的沉降量不超过允许值。

(2)甲、乙类建筑的地基承载力特征值，可根据静载荷试验或其他原位测试、公式计算，并结合工程实践经验等方法综合确定。对丙、丁类建筑，当有充分依据时，可根据当地经验确定。

(3)对天然含水量小于塑限含水量的土，可按塑限含水量确定土的承载力。

(4)基础底面积，应按正常使用极限状态下荷载效应的标准组合，并按修正后的地基承载力特征值确定。当为偏心荷载时，基础底面边缘的最大压力值，不应超过修正后的地基承载力特征值的 1.2 倍。

(5)当基础宽度大于 3m 或埋置深度大于 1.5m 时，地基承载力特征值应按下式修正：

$$f_a = f_{ak} + \eta_b \gamma (b - 3) + \eta_d \gamma_m (d - 1.5) \tag{9-5}$$

式中，f_{ak} ——相应于 $b = 3$m 和 $d = 1.5$m 的地基承载力特征值，kPa。可按上述(1)(2)(3)规定确定；

η_b 、η_d ——基础宽度和基础埋深的承载力修正系数，湿陷性黄土地基的承载力修正系数按表 9-4 确定；

γ ——基础底面以下(持力层)土的重度，kN/m^3，地下水位以下取有效重度；

γ_m ——基础底面以上土的加权平均重度，kN/m^3，地下水位以下取有效重度；

表 9-4 **湿陷性黄土地基承载力修正系数**

土的类别	有关物理指标	承载力修正系数	
		η_b	η_d
晚更新世(Q_3)、全新世(Q_4^1)湿陷性黄土	$\omega \leq 24\%$	0.20	1.25
	$\omega > 24\%$	0	1.10
新近堆积(Q_4^2)黄土		0	1.00
饱和黄土①	e 及 I_L 都小于 0.85	0.20	1.25
	e 或 I_L 大于 0.85	0	1.10
	e 及 I_L 都不小于 1.00	0	1.00

注：①只适用于 $I_p > 10$ 的饱和黄土；②饱和度 $S_r \geq 80\%$ 的晚更新世(Q_3)、全新世(Q_4^1)黄土。

b——基础底面宽度，m。当基础宽度小于 3m 或大于 6m 时，分别按 3m 或 6m 计算；

d——基础埋置深度，m。一般可自室外地面标高算起；当为填方时，可自填方后地面标高算起，但填方在上部结构施工后完成时，应自天然地面标高算起；对于地下室，如采用箱形基础或筏形基础时，基础埋置深度可自室外地面标高算起；在其他情况下，应自室内地面标高算起。

三、防止建筑地基湿陷的措施

防止或减小建筑物地基浸水湿陷的措施，可分为下列三种：

1. 地基处理措施

采取适当方法对湿陷性黄土层进行处理，清除地基的全部湿陷量，或采用桩基础穿透全部湿陷性黄土层，或将基础设置在非湿陷性黄土层上。

2. 防水措施

在建筑物布置、场地排水、屋面排水、地面防水、散水、排水沟、管道敷设、管道材料和接口等方面，采取措施防止雨水或生产、生活用水的渗漏。

3. 结构措施

减小或调整建筑物的不均匀沉降，或使结构适应地基的变形。

四、湿陷性黄土地基处理

当地基的湿陷变形、压缩变形或承载力不能满足设计要求时，应针对不同土质条件和建筑物的类别，在地基压缩层内或湿陷性黄上层内采取处理措施，各类建筑物的地基处理应符合下列要求：(1)甲类建筑应消除地基的全部湿陷量或采用桩基础穿透全部湿陷性黄土层，或将基础设置在非湿陷性黄土层上；(2)乙、丙类建筑应消除地基的部分湿陷量。湿陷性黄土地区建筑物的分类见表 9-5。

表 9-5　**湿陷性黄土地区建筑物分类**

建筑物分类	各类建筑的划分
甲类	高度大于 60m 和 14 层及 14 层以上体型复杂的建筑 高度大于 50m 的构筑物 高度大于 100m 的高耸结构 特别重要的建筑 地基受水浸湿可能性大的重要建筑 对不均匀沉降有严格限制的建筑
乙类	高度为 24~60m 的建筑 高度为 30~50m 的构筑物 高度为 50~100m 的高耸结构 地基受水浸湿可能性较大的重要建筑 地基受水浸湿可能性大的一般建筑
丙类	除乙类以外的一般建筑和构筑物
丁类	次要建筑

1. 湿陷性黄土地基的平面处理范围

(1)当为局部处理时，其处理范围应大于基础底面的面积。在非自重湿陷性黄土场地，每边应超出基础底面宽度的 $\frac{1}{4}$，并不应小于 0.5m；在自重湿陷性黄土场地，每边应超出基础底面宽度的 $\frac{3}{4}$，并不应小于 1.0m。

(2)当为整片处理时，其处理范围应大于建筑物底层平面的面积，超出建筑物外墙基础外缘的宽度，每边不宜小于处理土层厚度的 $\frac{1}{2}$，并不应小于 2m。

2. 湿陷性黄土地基的处理厚度

(1)甲类建筑消除地基全部湿陷量的处理厚度，应符合下列要求：

①在非自重湿陷性黄土场地，应将基础底面以下附加压力与上覆土饱和自重压力之和大于湿陷起始压力的所有土层进行处理，或处理至地基压缩层的深度止。

②在自重湿陷性黄土场地，应处理基础底面以下的全部湿陷性黄土层。

(2)乙类建筑消除地基部分湿陷量的最小处理厚度，应符合下列要求：

①在非自重湿陷性黄土场地，不应小于地基压缩层深度的 $\frac{2}{3}$，且下部未处理湿陷性黄土层的湿陷起始压力值不应小于 100kPa。

②在自重湿陷性黄土场地，不应小于湿陷性土层深度的 $\frac{2}{3}$，且下部未处理湿陷性黄土层的剩余湿陷量不应大于 150mm。

③如基础宽度大或湿陷性黄土层厚度大，处理地基压缩层深度的 $\frac{2}{3}$ 或全部湿陷性黄土层深度的 2/3 确有困难时，在建筑物范围内应采用整片处理。其处理厚度：在非自重湿陷性黄土场地不应小于 4m，且下部未处理湿陷性黄土层的湿陷起始压力不宜小于 100kPa；在自重湿陷性黄土场地不应小于 6m，且下部未处理湿陷性黄土层的剩余湿陷量不宜大于 150mm。

(3)丙类建筑消除地基部分湿陷量的最小处理厚度，应符合下列要求：

①当地基湿陷等级为Ⅰ级时，对单层建筑可不处理地基；对多层建筑，地基处理厚度不应小于 1m，且下部未处理湿陷性黄土层的湿陷起始压力值不宜小于 100kPa。

②当地基湿陷等级为Ⅱ级时，在非自重湿陷性黄土场地，对单层建筑，地基处理厚度不应小于 1m，且下部未经处理湿陷性黄土层的湿陷起始压力不宜小于 80kPa；对多层建筑，地基处理厚度不宜小于 2m，且下部未处理湿陷性黄土层的湿陷起始压力值不宜小于 100kPa；在自重湿陷性黄土场地，地基处理厚度不应小于 2.5m，且下部未处理湿陷性黄土层的剩余湿陷量，不应大于 200mm。

③当地基湿陷等级为Ⅲ级或Ⅳ级时，对多层建筑宜采用整片处理，地基处理厚度分别不应小于 3m 或 4m，且下部未处理湿陷性黄土层的剩余湿陷量，单层及多层建筑均不应大于 200mm。

(4)地基压缩层深度：对条形基础，可取其宽度的 3 倍；对独立基础，可取其宽度的

2 倍。如小于 5m，可取 5m，也可按下式估算：

$$p_z = 0.2p_{cz} \tag{9-6}$$

式中，p_z——相应于荷载效应标准组合，在基础底面下 z 深度处土的附加压力值，kPa；

p_{cz}——在基础底面下 z 深度处土的自重压力值，kPa。

在 z 深度处以下，如有高压缩性土，可计算至 $p_z = 0.1p_{cz}$ 深度处止。

对筏形和宽度大于 10m 的基础，可取其基础宽度的 0.8 ~ 1.2 倍，基础宽度大者取小值，反之取大值。

3. 湿陷性黄土地基常用处理方法

湿陷性黄土地基常用处理方法见表 9-6。可按表经技术经济分析比较后选择其中一种或多种相结合的最佳处理方法。

表 9-6　**湿陷性黄土地基常用处理方法**

名称	适用范围	可处理的湿陷性黄土层厚度(m)
垫层法	地下水位以上，局部或整片处理	1 ~ 3
强夯法	地下水位以上，$S_r \leqslant 60\%$ 的湿陷性黄土，局部或整片处理	3 ~ 12
挤密法	地下水位以上，$S_r \leqslant 65\%$ 的湿陷性黄土	5 ~ 15
预浸水法	自重湿陷性黄土场地，地基湿陷等级为Ⅲ级或Ⅳ级，可消除地面下 6m 以下湿陷性黄土层的全部湿陷性	6m 以上，尚应采用垫层或其他方法处理
其他方法	经试验研究或实践证明行之有效	

在雨期、冬季选择垫层法、强夯法和挤密法等处理地基时，施工期间应采取防雨和防冻措施，防止填料(土或灰土)受雨水淋湿或冻结，并应防止地面水流入已处理和未处理的基坑或基槽内。

选择垫层法和挤密法处理湿陷性黄土地基，不得使用盐渍土、膨胀土、冻土、有机质等不良土料和粗颗粒的透水性(如砂、石)材料作填料。

采用垫层、强夯和挤密等方法处理地基的承载力特征值，应在现场通过静载荷试验确定，试验方法见《湿陷性黄土地区建筑规范》(GB50025—2004)附录丁。

当按处理后的地基承载力确定基础底面及埋深时，应根据现场原位测试确定的承载力特征值进行修正，但基础宽度的地基承载力修正系数宜取零，基础埋深的地基承载力修正系数宜取 1。

4. 地基处理层下卧层的承载力

经处理后的地基，应验算其未处理下卧层的地基承载力，验算方法见第五章，但其中的压力扩散角 θ，一般为 22° ~ 30°，用素土处理宜取小值，用灰土处理宜取大值，当 $\frac{z}{b} < 0.25$ 时，可取 $\theta = 0°$，其中，z 为基础底面至处理土层底面的距离，b 为条形或矩形基础底面的宽度。

［**例题 9-1**］ 陕北地区某建筑场地勘察，其中 3 号探孔的取样试验资料如表 9-7 所示，试判定该场地湿陷类型和地基湿陷等级。

表 9-7　**例题 9-1 附表**

土样编号	取土深度(m)	δ_s	δ_{zs}
3-1	1.5	0.035	0.004
3-2	2.5	0.064	0.012
3-3	3.5	0.075	0.024
3-4	4.5	0.028	0.014
3-5	5.5	0.090	0.037
3-6	6.5	0.093	0.070
3-7	7.5	0.076	0.068
3-8	8.5	0.039	0.011
3-9	9.5	0.006	0.004
3-10	10.5	0.001	0.002
3-11	12.5	0.002	0.002

解：(1)计算自重湿陷量。

在表 9-7 中，只有编号为 3-3、3-5、3-6、3-7 的土样 δ_{zs} >0.015，其余均不应计入。并陕北地区 β_0 应取 1.2，则按式(9-3)计算：

$$\begin{aligned}\Delta_{zs} &= \beta_0 \sum_{i=1}^{n} \delta_{zsi} h_i \\ &= 1.2 \times (0.024 + 0.037 + 0.07 + 0.068) \times 1000 \\ &= 238.8(\text{mm}) > 70(\text{mm})\end{aligned}$$

查表 9-2，应判定为自重湿陷性黄土场地。

(2)计算总湿陷量。

按规定，总湿陷量应自地面下 1.5m(基底)算起，则编号 3-1 土样只代表 1.5m 下 0.5m 范围。自 1.5m 下 5m 深度(1.5+5=6.5m)内 β 取 1.5，5~10m 深度 β 取 1.0。并表中编号 3-9 以下土样 δ_s 均小于 0.015，不再计入。

$$\begin{aligned}\Delta_s &= \sum_{i=1}^{n} \beta \delta_{si} h_i \\ &= 1.5 \times [0.035 \times 500 + (0.064 + 0.075 + 0.028 + 0.090) \times 1000 + 0.093 \times 500] + \\ &\quad 1.0 \times [0.093 \times 500 + (0.076 + 0.039) \times 1000] \\ &= 643(\text{mm})\end{aligned}$$

查表 9-2，应判定地基湿陷等级为Ⅱ级。

［**例题 9-2**］　某柱下矩形基础，底面尺寸为 2.8m × 3.5m，埋深 1.8m，并已知建筑场地为全新世 Q_4^1 湿陷性黄土，重度 $\gamma = 18.3\text{kN/m}^3$，含水量 ω 为 30%，地基承载力特征值 $f_{ak} = 115\text{kPa}$，试求修正后的地基承载力特征值。

解：查表 9-4，得 $\eta_b = 0$，$\eta_d = 1.1$。

按式(9-5)计算：

$$
\begin{aligned}
f_a &= f_{ak} + \eta_b \gamma (b - 3) + \eta_d \gamma_m (d - 1.5) \\
&= 115 + 0 \times 18.3 \times (3-3) + 1.1 \times 18.3 \times (1.8 - 1.5) \\
&= 121(\text{kPa})
\end{aligned}
$$

第二节　膨　胀　土

膨胀土是一种主要由亲水性矿物组成的特殊黏性土，因具有显著的吸水膨胀和失水收缩的变形特性而得名。黏性土都有干缩湿胀的特性，但一般的黏性土这种变形很小，而膨胀土则非常显著，因而易对工程造成危害，尤其对低层、轻型的房屋危害最大。膨胀土在我国分布范围很广，在广西、云南、贵州、四川、广东、江苏、安徽、河南、陕西、山东、河北等地均有不同范围的分布。按其成因，大体有残积—坡积、湖积、冲积—洪积和冰水沉积等四个类型，其中以残积—坡积型和湖积型胀缩特性最强。其形成的地质年代，除少数形成于全新世(Q_4)外，大多形成于晚更新世(Q_3)及其以前的第四纪时期。从地貌特征看，膨胀土多出露于二级及二级以上的河谷阶地、山前和盆地边缘及丘陵地带，地形坡度平缓，无明显的天然陡坎。

膨胀土的胀缩特性由土的内在因素所决定，是内在因素在外部环境因素影响下的结果。影响土膨胀变形的内在因素有：

(1)矿物成分。土中含有的蒙脱石、伊利石等亲水性矿物越多，土的胀缩特性就越严重。蒙脱石具有既易吸水又易失水的强烈活动性。伊利石的亲水性比蒙脱石低，但也有较强的活动性。

(2)黏粒含量。黏土颗粒细小，且成鳞片状，比表面积极大，对水分子的吸附能力很强，因此，土中的黏粒含量多，土的胀缩特性也会增强。

(3)结构强度。土的结构强度越大，限制胀缩变形的能力也就越大。当土的结构受到破坏后，胀缩变形的能力随之增强。

(4)密度和含水量。对矿物成分相同的黏土来说，天然含水量越大，吸水能力将变差，膨胀性变小，但收缩性变大。当天然含水量一定时，孔隙比越小、土密实，膨胀性就大，孔隙比越大，土松散，膨胀性就小。

影响土膨胀变形的外在因素有：

(1)气候条件。膨胀土的危害在于膨胀—收缩—再膨胀的周期性变形。若地处常年多雨地区，土始终处于吸水膨胀状态而不收缩；或处于常年干旱地区，土始终处于失水收缩状态而不膨胀，对建筑物都不会造成危害。若处于雨旱季交替出现的地区，雨季时吸水膨胀，旱季时失水收缩，反复变形，就易使建筑物遭到破坏。而且，在雨季，室外土吸水膨胀，而室内土受影响很小，将出现外胀内缩；在旱季，室外土失水收缩，室内土受影响也很小，将出现外缩内胀。若建筑物周围种有阔叶树(如南方不落叶的桉树)，当旱季时，无地表水补充，但树根仍将吸收大量水分，加剧了地基土的干缩变形。这些原因都易导致建筑物开裂、破坏。

(2)地形地貌。地形地貌可影响到土中水分的变化，因而影响土的胀缩变形。如：低洼地的膨胀土地基因常年不易失去水分而使胀缩变形减小；在山坡地带，坡脚处的胀缩变形要小于坡肩处。

(3)朝向与日照。许多调查资料表明，建筑物的向阳面(主要是南面和西面)受日照时间长，旱季失水多，房屋开裂多。而在背阴面(主要是北面)，常年较湿润，变形小，房屋开裂也少。

一、膨胀土的指标测定与评价

1. 膨胀土的工程特性指标

1)自由膨胀率 δ_{ef}

将研散风干的土样浸泡于水中，经充分吸水膨胀后增加的体积与原体积之比，常用百分数表示，按下式计算：

$$\delta_{ef} = \frac{V_{\omega} - V_0}{V_0} \tag{9-7}$$

式中，V_{ω}——土样在水中膨胀稳定后的体积，mL；

V_0——土样原有体积，mL。

自由膨胀率 δ_{ef} 是膨胀土在无结构约束力影响和无压力作用下的膨胀特性，可间接反映土的矿物成分，是膨胀土的重要评价指标。

2)膨胀率 δ_{ep}

将原状土样置于侧限压缩仪中逐级加压，加至按工程需要取定的最大压力，待下沉稳定后浸水使土样膨胀，膨胀稳定后测得膨胀量，然后按加压等级逐级卸压至零，同时测得各级压力下膨胀稳定后的土样高度变化量，并按下式分别计算各级压力下的膨胀率 δ_{ep}，用百分数表示：

$$\delta_{ep} = \frac{h_{\omega} - h_0}{h_0} \tag{9-8}$$

式中，h_{ω}——侧限压缩土样在浸水后的卸压膨胀过程中，在第 i 级压力 p_i 作用下膨胀稳定时的高度，mm；

h_0——试验开始时土样的原始高度，mm。

3)膨胀力 p_e

膨胀力 p_e 是指原状土样在体积不变的条件下，由于浸水膨胀产生的最大内应力。由上述膨胀率试验可知，膨胀率与压力有关，压力为零时的膨胀率是土样的最大膨胀率，随着逐级加压，膨胀率将逐渐下降，当膨胀率降为零时的压力值是土样浸水膨胀所能产生的最大内应力值，也就是土样的最大膨胀力 p_e。若加于土样的压力超过这个值，则膨胀率将变为负数，即土样体积开始收缩。膨胀率与压力的关系曲线见图 9-3，图中曲线与横坐标轴的交点即为膨胀力 p_e。这是一项很有实用价值的指标，设计中，如果使基底压力接近 p_e，就可使地基土的膨胀变形降至最小。

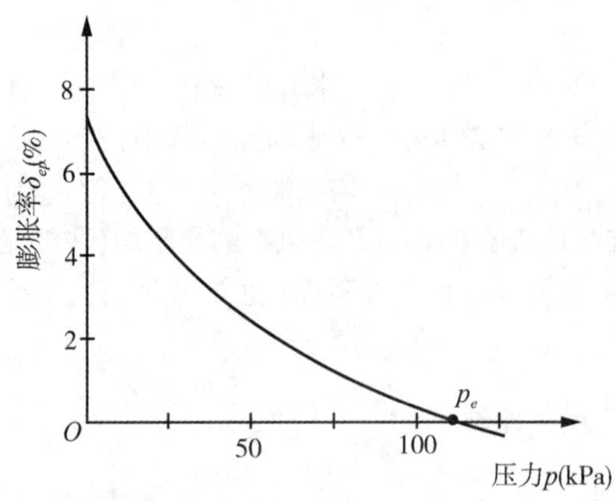

图 9-3 膨胀率与压力关系曲线

4)线缩率 δ_s

线缩率 δ_s 指土的垂直收缩量与原始高度的比值，用百分数表示。试验时，将土样从环刀中推出，置于收缩仪中，测定初始质量和高度。然后，在室温不高于 30° 的条件下进行收缩试验，根据试样含水率及收缩速度，按规定时间测定土样质量和高度，至收缩稳定为止。然后烘干试样并测定干质量。按下式计算不同时间的含水量和线缩率：

$$\omega_i = \frac{m_i}{m_d} - 1 \tag{9-9}$$

$$\delta_{si} = \frac{h_0 - h_i}{h_0} \tag{9-10}$$

式中，ω_i ——土样在某时刻的含水率，%；

m_i ——土样在某时刻的质量，g；

m_d ——土样烘干后的质量，g；

δ_{si} ——土样在某时刻的线缩率，%；

h_0——土样的原始高度，mm；

h_i ——土样在某时刻的高度，mm。

以线缩率 δ_s 为纵坐标，含水率为横坐标，绘制 δ_s-ω 关系曲线如图 9-4 所示。

5)收缩系数 λ_s

在线缩率 δ_s 与含水率 ω 的关系曲线中(图 9-4)，随着土样含水率的逐步减小，线缩率 δ_s 则逐步增大，这说明，土样失水干缩，高度降低。图中曲线上的 ab 段称为收缩阶段，bc 曲线段为过渡阶段，至 c 点后，含水率虽继续减小，但体积收缩已基本停止，cd 段称作微缩阶段。利用直线收缩阶段可求得收缩系数 λ_s ，它表示原状土样在收缩阶段，含水率减少 1%时的竖向线缩率，按下式计算：

$$\lambda_s = \frac{\Delta\delta_s}{\Delta\omega} \tag{9-11}$$

式中，$\Delta\delta_s$ ——在直线收缩阶段，任意两点间的线缩率之差；

$\Delta\omega$ ——所取两点间的含水率之差。

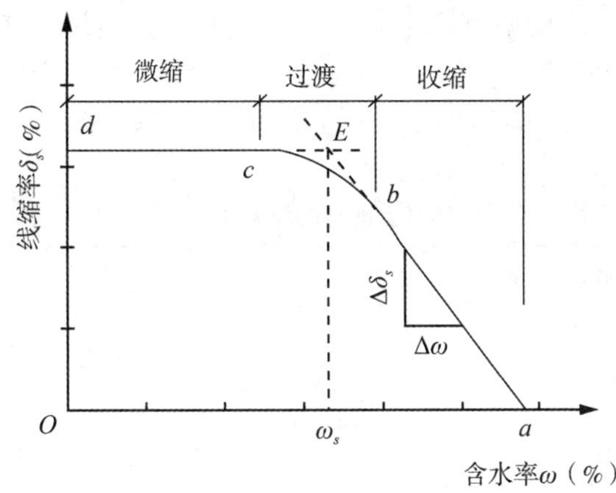

图 9-4　收缩曲线

6)缩限 ω_s

将 ab 段和 dc 段延长交于 E 点，E 点所对应的含水率为原状土的缩限 ω_s 。

2. 膨胀土场地及地基的评价

1)膨胀土场地的判定

具有下列工程地质特征的场地，且自由膨胀率大于或等于 40%的土地，应判定为膨胀土：

①裂隙发育，常有光滑面和擦痕，有的裂隙中充填有灰白、灰绿等杂色黏土。自然条件下呈坚硬或硬塑状态；

②多出露于二级及二级以上阶地、山前和盆地边缘的丘陵地带，地形平缓，无明显自然陡坎；

③常见浅层塑性滑坡、地裂，新开挖坑(槽)壁易发生坍塌等现象；

④建筑物多呈倒"八"字形、"X"形或水平裂缝，裂缝随气候变化而张开和闭合。

2)膨胀土的膨胀潜势

膨胀潜势指膨胀土内部积蓄的潜在膨胀能量的大小。按照《膨胀土地区建筑技术规范》(GB50112—2013)的规定，根据自由膨胀率 δ_{ef} 的大小，膨胀土的膨胀潜势分为三类，见表 9-8。实践证明，δ_{ef} 较小的膨胀土，膨胀潜势弱，对建筑物的危害轻；δ_{ef} 较大的膨胀土，膨胀潜势强，对建筑物的危害则更严重。

表 9-8　**膨胀土的膨胀潜势分类**

自由膨胀率 δ_{ef}(%)	膨胀潜势
$40 \leqslant \delta_{ef} < 65$	弱
$65 \leqslant \delta_{ef} < 90$	中
$\delta_{ef} \geqslant 90$	强

3）膨胀土地基的胀缩等级

膨胀土地基的评价，应根据地基的膨胀、收缩变形对低层砖混房屋的影响程度进行。根据规范规定，地基的胀缩等级，按表9-9分为三级。地基分级变形量 s_c 按50kPa压力下测定土的膨胀率 δ_{ep} 计算，计算方法见下一小节膨胀土地基计算。

表9-9　**膨胀土地基的胀缩等级**

地基分级变形量 s_c（mm）	等　级
$15 \leqslant s_c < 35$	Ⅰ
$35 \leqslant s_c < 70$	Ⅱ
$s_c \geqslant 70$	Ⅲ

二、膨胀土地基计算

1. 膨胀土地基变形计算

膨胀土地基变形量，可按下列三种变形特征分别计算：

（1）场地天然地表下1m处土的天然含水量等于或接近最小值或地面有覆盖且无蒸发可能时，以及建筑物在使用期间，经常有水浸湿的地基，可按膨胀变形量由下式计算：

$$s_e = \psi_e \sum_{i=1}^{n} \delta_{epi} \cdot h_i \tag{9-12}$$

式中，s_e ——地基土的膨胀变形量，mm；

ψ_e ——计算膨胀变形量的经验系数，宜根据当地经验确定，若无可依据经验时，三层及三层以下建筑物，可采用0.6；

δ_{epi} ——基础底面下第 i 层土在该层土的平均自重压力与对应于荷载效应准永久组合时的平均附加压力之和作用下的膨胀率（用小数计），由室内试验确定；

h_i ——第 i 层土的计算厚度，mm，一般取基础宽度的0.4倍；

n ——自基础底面至计算深度内所划分的土层数，计算深度 z_{en} 应根据大气影响深度确定；有浸水可能时，可按浸水影响深度确定，见图9-5。

（2）场地天然地表下1m处土的天然含水量大于1.2倍塑限含水量时，或直接受高温作用的地基，可按收缩变形量由下式计算：

$$s_s = \psi_s \sum_{i=1}^{n} \lambda_{si} \cdot \Delta\omega_i \cdot h_i \tag{9-13}$$

式中，s_s ——地基土的收缩变形量，mm；

ψ_s ——计算收缩变形量的经验系数，宜根据当地经验确定，若无可依据经验时，三层及三层以下建筑物，可采用0.8；

λ_{si} ——基础底面下第 i 层土的收缩系数，由室内试验确定；

$\Delta\omega_i$ ——地基土收缩过程中，第 i 层土可能发生的含水量变化的平均值（以小数表示），按式（9-15）计算；

n ——自基础底面至计算深度内所划分的土层数，收缩变形计算深度 z_{en} 应根据大气

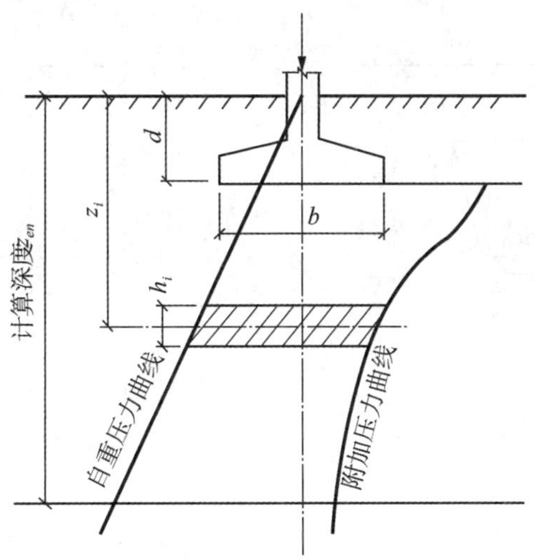

图 9-5　地基土膨胀变形计算

影响深度确定，见图 9-6(a)；当有热源影响时，可按热源影响深度确定；在计算深度内有稳定地下水位时，可计算至水位以上 3m。

(3)除上述两种情况之外，在其他情况下可按胀缩总变形量由下式计算：

$$s = \psi \sum_{i=1}^{n} (\delta_{epi} + \lambda_{si} \cdot \Delta\omega_i) h_i \tag{9-14}$$

式中，s ——地基土的胀缩总变形量，mm；

ψ ——计算胀缩总变形量的经验系数，宜根据当地经验确定，无当地可靠经验时，三层及三层以下可取 0.7。

(4)在计算深度范围内，各土层的含水量变化值，按下式计算：

$$\Delta\omega_i = \Delta\omega_1 - (\Delta\omega_1 - 0.01)\frac{z_i - 1}{z_{en} - 1} \tag{9-15}$$

$$\Delta\omega_1 = \omega_1 - \psi_\omega \omega_p \tag{9-16}$$

式中，ω_1、ω_p ——地表下 1m 处土的天然含水量和塑限含水量(以小数表示)；

ψ_ω ——土的湿度系数，按式(9-17)计算；

z_i ——第 i 层土的深度，m，取第 i 层土顶面与底面的深度平均值，自地表面算起；

z_{en} ——计算深度，可取大气影响深度，m；

$\Delta\omega_1$——地表下 1m 深度处土的天然含水量变化值(用小数表示)。

在自然气候影响下，地下土体的含水量变化值是随着深度增加而减小的，大气影响深度的下限处含水量变化值 $\Delta\omega_n$ 取 0.01，见图 9-6(a)。

在地表下 4m 土层深度内，存在不透水基岩时，可假定含水量变化值为常数，见图 9-6(b)。

在计算深度内有稳定地下水位时，可计算至水位以上 3m。

(5)膨胀土的湿度系数 ψ_ω，应根据当地 10 年以上土的含水量变化确定，无此资料时，可按下式计算：

$$\psi_\omega = 1.152 - 0.726\alpha - 0.00107c \tag{9-17}$$

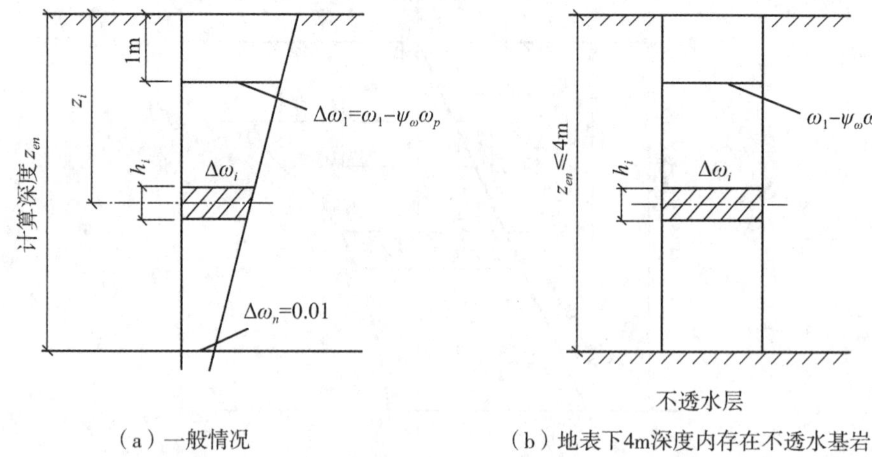

（a）一般情况　　（b）地表下4m深度内存在不透水基岩

图 9-6　地基土收缩变形计算含水量变化示意图

式中，ψ_ω ——膨胀土湿度系数，在自然气候条件下，地表下 1m 处土层含水量可能达到的最小值与其塑限值之比；

α ——当年九月至次年二月的蒸发力之和与全年蒸发力之比值。(月平均气温小于零度的月份不统计在内)。我国部分地区蒸发力及降水量的值，可查《膨胀土地区建筑技术规范》(GB50112—2013)附录 H；

c ——全年中干燥度大于 1 且月平均气温大于零度月份的蒸发力与降水量差值之总和，mm；干燥度为蒸发力与降水量之比值。

(6)大气影响深度是自然气候条件下，由降水、蒸发、地温等因素引起土的胀缩变形的有效深度。应由各气候区深层变形观测或含水量观测及地温观测资料确定，无此资料时，可按表 9-10 确定。大气影响深度乘以 0.45 又称为大气影响急剧层深度。

(7)膨胀土地基天然或经人工处理及采取其他措施后的变形量计算值不应大于其容许变形值，膨胀土地基容许变形值见表 9-11。

表 9-10　**大气影响深度**

土的湿度系数 ψ_ω	大气影响深度 d_a（m）
0.6	5.0
0.7	4.0
0.8	3.5
0.9	3.0

(8)膨胀土地基变形量的取值，应符合下列规定：

①膨胀变形量，应取基础的最大膨胀上升量；

②收缩变形量，应取基础的最大收缩下沉量；

③胀缩变形量，应取基础的最大膨胀上升量与最大收缩下沉量之和；

④变形差，应取相邻两基础的变形量之差；

⑤局部倾斜，应取砖混承重结构沿纵墙 6~10m 内基础两点的变形量之差与其距离的比值。

表 9-11　　**建筑物地基容许变形值**

结构类型	相对变形		变形量 mm
	种类	数值	
砌体结构	局部倾斜	0.001	15
房屋长度三到四开间及四角有构造柱或配筋砌体承重结构	局部倾斜	0.0015	30
工业与民用建筑相邻柱基 (1)框架结构无填充墙时 (2)框架结构有填充墙时 (3)当基础不均匀升降时不产生附加应力的结构	 变形差 变形差 变形差	 0.001 l 0.0005 l 0.003 l	 30 20 40

注：l 为相邻柱基的中心距离(m)。

2. 膨胀土地基的承载力

膨胀土地基承载力，可按下列规定确定：

(1)对荷载较大的重要建筑物，宜采用现场浸水载荷试验确定。详见《膨胀土地区建筑技术规范》(GB50112—2013)附录 C。

(2)已有大量试验资料和工程经验的地区，可按当地经验确定。

(3)当为轴心荷载作用时，基础底面压力应符合下式要求：

$$p_k \leqslant f_a \tag{9-18}$$

式中，p_k ——相应于荷载效应标准组合时，基础底面处的平均压力，kPa；

f_a ——修正后的地基承载力特征值，kPa。

(4)当为偏心荷载作用时，基础底面压力除了应符合式(9-18)的要求外，尚应符合下式的要求：

$$p_{k\max} \leqslant 1.2 f_a \tag{9-19}$$

式中，$p_{k\max}$ ——相应于荷载效应标准组合时，基础底面边缘的最大压力值，kPa。

(5)修正后的地基承载力特征值应按下式计算：

$$f_a = f_{ak} + \gamma_m (d - 1.0) \tag{9-20}$$

式中，f_{ak} ——地基承载力特征值，kPa，按上述第(1)(2)条的规定确定。

γ_m ——基础底面以上土的加权平均重度，地下水位以下取有效重度，kN/m^3。

3. 基础埋置深度

膨胀土地基上基础的埋置深度，应符合下列要求：

(1)最小埋深不应小于 1m；

(2)平坦场地上的多层建筑物，以基础埋深为主要防治措施时，基础最小埋深不小于大气影响急剧层深度；对于坡地，可按下述第(4)条确定；建筑物对变形有特殊要求时，应通过变形计算确定。必要时可根据结构类型和使用要求，采取其他处理措施。

(3)以宽散水为主要防治措施，散水宽度在Ⅰ级膨胀土地基上为2m，在Ⅱ级膨胀土地基上为3m时，基础埋深可为1m。

(4)当坡地坡角为5°~14°，基础外边缘至坡肩的水平距离为5m~10m时，基础埋深可按下式确定：

$$d = 0.45d_a + (10 - l_p)\tan\beta + 0.30 \tag{9-21}$$

式中，d——基础埋置深度，m；

d_a——大气影响深度，m；

β——设计斜坡坡角，°；

l_p——基础外边缘至坡肩的水平距离，m。

如图9-7所示。

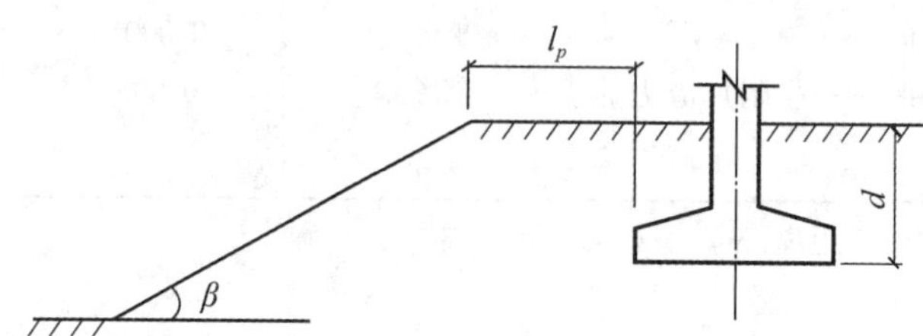

图9-7　坡地上基础埋深计算示意图

三、地基处理

(1)膨胀土地基处理可采用换土、土性改良、砂石或灰土垫层等方法。

(2)膨胀土地基换土可采用非膨胀性土、灰土或改良土，换土厚度应通过变形计算确定，膨胀土性改良可采用掺合水泥、石灰等材料，掺合比和施工工艺应通过试验确定。

(3)平坦场地上胀缩等级为Ⅰ级、Ⅱ级的膨胀土地基宜采用砂、碎石垫层。垫层厚度不应小于300mm。垫层宽度应大于基础宽度，两侧宜采用与垫层相同的材料回填，并应做好防水、隔水处理。

(4)对较均匀且胀缩等级为Ⅰ级的膨胀土地基，可采用条形基础，基础埋深较大或基底压力较小时，宜采用墩基础；对胀缩等级为Ⅲ级或设计等级为甲级的膨胀土地基，宜采用桩基础。

[例题9-3]　某膨胀土地基，变形参数见表9-12，试计算该地基的总变形量s。

解：

$$\begin{aligned} s &= \psi \sum_{i=1}^{n} (\delta_{epi} + \lambda_{si} \cdot \Delta\omega_i) h_i \\ &= 0.7 \times [(0.0084 + 0.28 \times 0.0273) \times 640 + (0.0223 + 0.48 \times 0.0211) \times 860 \\ &\quad + (0.0249 + 0.35 \times 0.014) \times 1000] \\ &= 0.7 \times 68.0 = 47.6(\text{mm}) \end{aligned}$$

表 9-12　　**膨胀土地基变形参数表**

层号	层厚 h_i（m）	层底深度(m)	含水量变化值 $\Delta\omega_i$	收缩系数 λ_{si}	50kPa 下的膨胀率 δ_{epi}
1	0.64	1.60	0.0273	0.28	0.0084
2	0.86	2.50	0.0211	0.48	0.0223
3	1.00	3.50	0.014	0.35	0.0249

[例题 9-4]　某单层住宅位于平坦场地，基础形式为墩基加地梁，基础底面积为 800mm×800mm，基础埋深 $d=1$m，基础底面处的平均附加压力 $p_0=100$kPa。基底下各层土的室内试验指标见表 9-13。根据该地区 10 年以上有关气象资料统计并按规范要求计算，地表下 1m 深度处膨胀土的湿度系数 $\psi_\omega=0.8$，试计算该地基的胀缩变形量。

表 9-13　　**土的室内试验指标**

土样编号	取土深度（m）	天然含水量 ω	塑限 ω_p	不同压力下的膨胀率 δ_{epi}				收缩系数 λ_s
				0（kPa）	25（kPa）	50（kPa）	100（kPa）	
1	0.85~1.00	0.205	0.219	0.0592	0.0158	0.0084	0.0008	0.28
2	1.85~2.00	0.204	0.225	0.0718	0.0357	0.0290	0.0187	0.48
3	2.65~2.80	0.232	0.232	0.0435	0.0205	0.0156	0.0083	0.31
4	3.25~3.40	0.242	0.242	0.0597	0.0303	0.0249	0.0157	0.37

解：(1)查表 9-10，大气影响深度 $d_a=3.5$m。因而取地基变形计算深度 $z_n=3.5$m。

(2)将基础底面深度 d(1m)至计算深度 z_{en}(3.5m)范围内的土按层厚 $h_i=0.4b=0.4\times0.8=0.32$m 分为 8 层，计算各层自重压力 p_{cz} 和附加压力 p_z，分层情况和计算结果见图 9-8。

(3)计算各分层平均自重压力 $\bar{p}_{cz}$，平均附加压力 $\bar{p}_z$，自重压力与附加压力平均值之和 $\bar{p}_{cz}+\bar{p}_z$，计算结果见表 9-14。

(4)根据土的室内试验指标报告(表 9-13)，绘出各土样的压力-膨胀率(p-δ_{ep})曲线，见图 9-9，再根据各分层的深度和平均总压力 $\bar{p}_{cz}+\bar{p}_z$，在相应土样的 p-δ_{ep} 曲线上查取膨胀率 δ_{epi}，并计算各分层的膨胀量 $\delta_{epi}h_i$ 和累计膨胀量 $\sum_{n=1}^{n}\delta_{epi}h_i$，计算结果见表 9-14。

(5)由室内试验报告查取地下 1m 深度处的天然含水量 ω_1，塑限含水量 ω_p，按公式(9-16)计算地下 1m 深度处的含水量变化值 $\Delta\omega_1$，即

$$\Delta\omega_1=\omega_1-\psi_\omega\omega_p=0.205-0.8\times0.219=0.0298$$

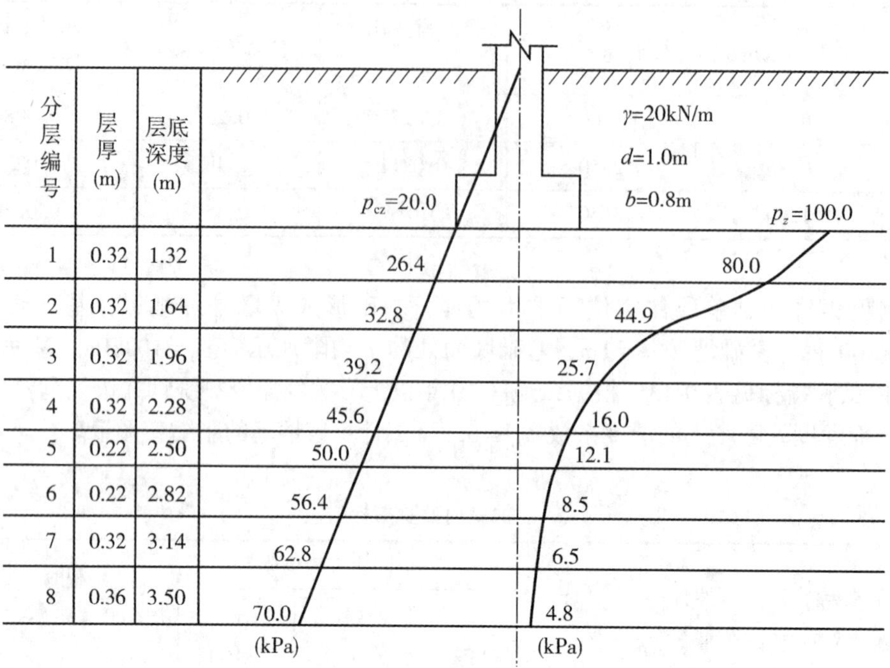

图 9-8　自重压力和附加压力分布图

表 9-14　　　　　　　　　　　　　　**膨胀量计算表**

分层编号	平均自重压力 $\overline{p}_{cz}$	平均附加压力 $\overline{p}_{z}$	平均总压力 $\overline{p}_{cz}+\overline{p}_{z}$	膨胀率 δ_{epi}	层厚 h_i (mm)	分层膨胀量 $\delta_{epi}h_i$ (mm)	累计膨胀量 $\sum_{n=1}^{n}\delta_{epi}h_i$ (mm)
1	23.2	90.00	113.20	0	320	0	0
2	29.6	62.45	92.05	0.0015	320	0.48	0.48
3	36.0	35.30	71.30	0.0240	320	7.68	8.16
4	42.4	20.85	63.25	0.0250	320	8.00	16.16
5	47.8	14.05	61.85	0.0260	220	5.72	21.88
6	53.2	10.30	63.50	0.0130	320	4.16	26.04
7	59.6	7.50	67.10	0.0220	320	7.04	33.08
8	66.4	5.65	72.05	0.0210	360	7.56	40.64

(6)计算各分层的相对平均深度 $\frac{z_i-1}{z_{en}-1}$，z_i 为各分层自地表面算起的深度平均值，z_{en} 取大气影响深度 3.5m。代入公式(9-15)计算各分层含水量变化值 $\Delta\omega_i$，即

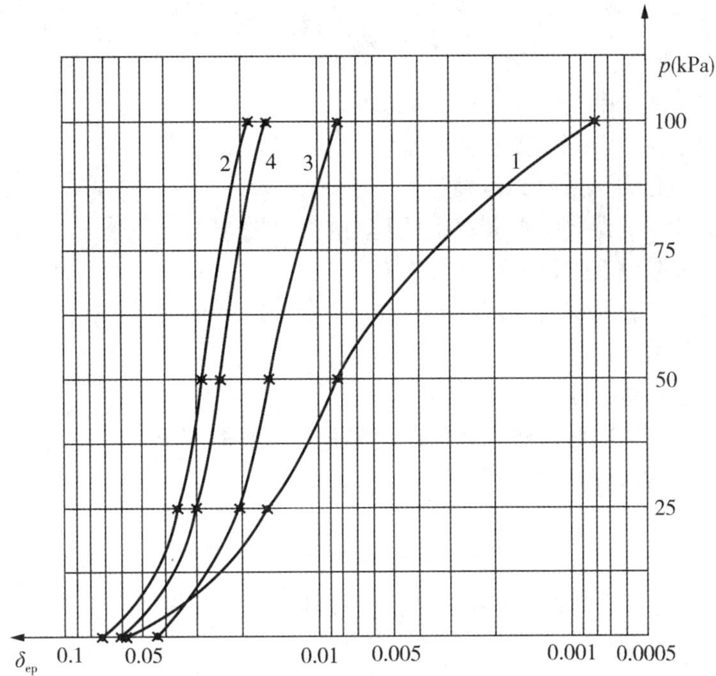

图 9-9 p-δ_{ep} 曲线图

$$\Delta\omega_i = \Delta\omega_1 - (\Delta\omega_1 - 0.01)\frac{z_i - 1}{z_{en} - 1}$$

计算结果见表 9-15。

(7)按公式(9-14)计算胀缩总变形量 s，即

$$s = 0.7 \times (40.64 + 18.56) = 41.4\ (\text{mm})$$

表 9-15 **收缩量计算表**

分层编号	平均层深 z_i (m)	分层厚度 h_i (mm)	相对平均层深 $\frac{z_i - 1}{z_{en} - 1}$	含水量变化值 $\Delta\omega_i$	收缩系数 λ_{si}	分层收缩量 $\lambda_{si}\Delta\omega_i h_i$ (mm)	累计收缩量 (mm)
1	1.16	320	0.064	0.0285	0.28	2.55	2.55
2	1.48	320	0.192	0.0260	0.28	2.33	4.88
3	1.80	320	0.320	0.0235	0.48	3.61	8.49
4	2.12	320	0.448	0.0210	0.48	3.23	11.72
5	2.39	220	0.556	0.0188	0.48	1.99	13.71
6	2.66	320	0.664	0.0167	0.31	1.66	15.37
7	2.98	320	0.792	0.0141	0.37	1.67	17.04
8	3.32	360	0.928	0.0114	0.37	1.52	18.56

思　考　题

1. 湿陷性黄土的大孔结构是怎样形成的?
2. 湿陷系数和自重湿陷系数有何区别?
3. 什么是湿陷起始压力? 如何确定?
4. 如何评价黄土的湿陷类型和黄土地基的湿陷等级?
5. 试述膨胀土胀缩变形的主要内外因素。
6. 自由膨胀率和膨胀率有何区别?
7. 膨胀力有什么实用价值?
8. 判定膨胀土场地有哪些条件?
9. 什么是膨胀土的膨胀潜势? 如何确定膨胀土的胀缩等级?
10. 什么是大气影响深度? 如何确定?

习　　题

关中地区某建筑场地勘察，其中 3 号探孔的取样试验资料如下表所示，试判定该场地湿陷类型和地基湿陷等级。

土样编号	取土深度(m)	δ_s	δ_{zs}
3-1	1. 8	0. 035	0. 004
3-2	3. 0	0. 054	0. 010
3-3	4. 2	0. 065	0. 022
3-4	5. 4	0. 023	0. 013
3-5	6. 6	0. 078	0. 037
3-6	7. 8	0. 074	0. 072
3-7	9. 0	0. 062	0. 066
3-8	10. 2	0. 026	0. 010
3-9	11. 4	0. 006	0. 003
3-10	12. 6	0. 001	0. 002

第十章 岩土工程勘察

岩土工程勘察是工程设计和施工的前期工作，岩土工程勘察的目的是要查明、分析、评价建筑场地的地质、环境特征和岩土工程性质，为设计和施工提供各种相关的技术数据，分析和评价场地的岩土条件，提出解决岩土工程问题的建议，以保证工程建设的安全、经济和高效。本章仅对岩土工程勘察做简要介绍。

岩土工程勘察所采用的技术手段有多种，如工程地质测绘和调查、勘察和取样、室内土工试验和现场原位测试、分析计算以及数据处理等。岩土工程勘察是为工程建设服务的，因此，勘察所采用的手段，为设计和施工所提供的数据和建议需有明确的针对性和目的性，要针对具体建(构)筑物的类型、要求和特点以及当地的自然环境条件来进行岩土工程勘察。

第一节 岩土工程勘察分级

建(构)筑物的使用性质不同、重要性不同，遭到破坏后引起的后果也就不同；建筑场地条件和地基的复杂程度不同，对建(构)筑物安全的影响也不同，为此，《岩土工程勘察规范》(GB50021—2001)中针对岩土工程重要性、场地复杂程度和地基复杂程度三个方面，对岩土工程勘察等级进行了划分。

1. 岩土工程重要性等级划分

根据工程的规模和特征，以及由于岩土工程问题造成工程破坏或影响正常使用的后果，可分为三个工程重要性等级：

(1)一级工程：重要工程，后果很严重；

(2)二级工程：一般工程，后果严重；

(3)三级工程：次要工程，后果不严重。

2. 场地等级划分

根据场地的复杂程度，可按下列规定分为三个场地等级：

(1)符合下列条件之一者为一级场地(复杂场地)：

①对建筑抗震危险的地段；

②不良地质作用强烈发育；

③地质环境已经或可能受到强烈破坏；

④地形地貌复杂；

⑤有影响工程的多层地下水、岩溶裂隙或其他水文地质条件复杂，需专门研究的场地。

(2)符合下列条件之一者为二级场地(中等复杂场地)：

①对建筑抗震不利的地段；

②不良地质作用一般发育；

③地质环境已经或可能受到一般破坏；

④地形地貌较复杂；

⑤基础位于地下水位以下的场地。

(3)符合下列条件者为三级场地(简单场地)：

①抗震设防烈度等于或小于6度，或对建筑抗震有利的地段；

②不良地质作用不发育；

③地质环境基本未受破坏；

④地形地貌简单；

⑤地下水对工程无影响。

上述场地等级划分，应从一级开始，向二级、三级推定，以最先满足者为准；以下地基等级划分亦按此推定划分。对建筑抗震有利、不利和危险地段的划分，见第八章。

以上场地分级条件中的“不良地质作用强烈发育”，是指场地存在滑坡、土洞、塌陷、岸边冲刷、泥石流和地下水强烈潜蚀等强烈地质作用，这些不良地质作用将直接威胁工程安全。“不良地质作用一般发育”，是指虽存在上述不良地质作用，但并不强烈，对工程安全影响不严重。“地质环境受到强烈破坏”，是指主要由人为因素引起的地下采空、地面沉陷、化学污染和地裂、水位不正常的上升等，这些因素将对工程安全或正常使用构成直接威胁。而“地质环境受到一般破坏”则是指上述因素虽然存在，但不严重，尚不会直接影响到工程安全和正常使用。

3. 地基等级划分

根据地基的复杂程度，可按下列规定分为三个地基等级：

(1)符合下列条件之一者为一级地基(复杂地基)：

①岩土种类多，很不均匀，性质变化大，需特殊处理；

②严重湿陷、膨胀、盐渍、污染的特殊性岩土，以及其他情况复杂，需作专门处理的岩土。

(2)符合下列条件之一者为二级地基(中等复杂地基)：

①岩土种类较多，不均匀，性质变化较大；

②除上述复杂地基中规定以外的特殊性岩土。

(3)符合下列条件者为三级地基(简单地基)：

①岩土种类单一，均匀，性质变化不大；

②无特殊性岩土。

上述“严重湿陷、膨胀”指湿陷等级为三、四级的湿陷性黄土地基和胀缩等级为三级的膨胀土地基，见第九章。

4. 岩土工程勘察等级划分

根据工程重要性等级、场地复杂程度等级和地基复杂程度等级，可按下列条件划分岩土工程勘察等级。

甲级：在工程重要性、场地复杂程度和地基复杂程度等级中，有一项或多项为一级；

乙级；除勘察等级为甲级和丙级以外的勘察项目；

丙级：工程重要性、场地复杂程度和地基复杂程度等级均为三级。

在上述岩土工程勘察等级划分中，若为建筑在岩质地基上的一级工程，当场地复杂程度等级和地基复杂程度等级均为三级时，岩土工程勘察等级可定为乙级。

第二节　岩土工程勘察各阶段的要求

房屋建筑及构筑物的岩土工程勘察，应在搜集建筑物上部结构荷载、功能特点、结构类型、基础形式、埋置深度和变形限制等方面资料的基础上进行。总体上讲，房屋建筑岩土工程勘察的基本要求和主要工作内容应符合下列规定：

(1)查明场地和地基的稳定性、地层结构、持力层和下卧层的工程特性、土的应力历史和地下水条件以及不良地质作用等；

(2)提供满足设计、施工所需的岩土参数，确定地基承载力，预测地基变形性状；

(3)提出地基基础、基坑支护、工程降水和地基处理设计与施工方案的建议；

(4)提出对建筑物有影响的不良地质作用的防治方案建议；

(5)对于抗震设防烈度等于或大于6度的场地，进行场地与地基的地震效应评价。

建筑物的岩土工程勘察宜分阶段进行，可行性研究勘察应符合选择场址方案的要求；初步勘察应符合初步设计的要求；详细勘察应符合施工图设计的要求；场地条件复杂或有特殊要求的工程，宜进行施工勘察。

场地较小且无特殊要求的工程，可合并勘察阶段。当建筑物平面布置已经确定，且场地或其附近已有岩土工程资料时，可根据实际情况，直接进行详细勘察。

一、可行性研究勘察

可行性研究勘察，应对拟建场地的稳定性和适宜性做出评价，并应符合下列要求：

(1)搜集区域地质、地形地貌、地震、矿产、当地的工程地质、岩土工程和建筑经验等资料；

(2)在充分搜集和分析已有资料的基础上，通过踏勘了解场地的地层、构造、不良地质作用和地下水等工程地质条件；

(3)当拟建场地工程地质条件复杂，已有资料不能满足要求时，应根据具体情况进行工程地质测绘和必要的勘探工作；

(4)当有两个或两个以上拟选场地时，应进行比选分析。

二、初步勘察

初步勘察应对场地内拟建建筑地段的稳定性做出评价，并进行下列主要工作：

(1)搜集拟建工程的有关文件、工程地质和岩土工程资料以及工程场地范围的地形图；

(2)初步查明地质构造、地层结构、岩土工程特性、地下水埋藏条件；

(3)查明场地不良地质作用的成因、分布、规模、发展趋势，并对场地的稳定性作出评价；

(4)对抗震设防烈度等于或大于6度的场地，应对场地和地基的地震效应做出初步评价；

(5)季节性冻土地区，应调查场地土的标准冻结深度；

(6)初步判定水和土对建筑材料的腐蚀性；

(7)高层建筑初步勘察时，应对可能采取的地基基础类型、基坑开挖与支护、工程降水方案进行初步分析评价。

1. *初步勘察的勘探要求*

初步勘察的勘探工作应符合下列要求：

(1)勘探线应垂直地貌单元、地质构造和地层界线布置；

(2)每个地貌单元均应布置勘察探点，在地貌单元交接部位和地层变化较大的地段，勘探点应予加密；

(3)在地形平坦地区，可按网格布置勘探点；

(4)对岩质地基，勘探线和勘探点的布置，勘探孔的深度，应根据地质构造、岩体特性、风化情况等，按地方标准或当地经验确定；对土质地基，应符合下面的规定。

2. *初步勘察勘探线、勘探点的间距*

初步勘察勘探线、勘探点的间距可按表 10-1 确定。局部异常地段应予加密。

表 10-1　**初步勘察勘探线、勘探点间距**　(单位：m)

地基复杂程度等级	勘探线间距	勘探点间距
一级(复杂)	50~100	30~50
二级(中等复杂)	75~150	40~100
三级(简单)	150~300	75~200

注：控制勘探点宜占勘探点总数的$\frac{1}{5}$~$\frac{1}{3}$，且每个地貌单元均应有控制性勘探点。

3. *初步勘察勘探孔的深度*

初步勘察勘探孔的深度可按表 10-2 确定。

表 10-2　**初步勘察勘探孔深度**　(单位：m)

工程重要性等级	一般性勘探孔	控制性勘探孔
一级(重要工程)	≥15	≥30
二级(一般工程)	10~15	15~30
三级(次要工程)	6~10	10~20

注：1. 勘探孔包括钻孔、探井和原位测试孔等；
2. 特殊用途的钻孔除外。

当遇下列情形之一时，应适当增减勘探孔深度：

(1)当勘探孔的地面标高与预计整平地面标高相差较大时，应按其差值调整勘探孔深度；

(2)在预定深度内遇基岩时，除控制性勘探孔仍应钻入基岩适当深度外，其他勘探孔达到确认的基岩后即可终止钻进；

(3)在预定深度内有厚度较大，且分布均匀的坚实土层(如碎石土、密实砂、老沉积土等)时，除控制性勘探孔应达到规定深度外，一般性勘探孔的深度可适当减小；

(4)当预定深度内有软弱土层时，勘探孔深度应适当增加，部分控制性勘探孔应穿透软弱土层或达到预计控制深度；

(5)对重型工业建筑应根据结构特点和荷载条件适当增加勘探孔深度。

4. 初步勘察采样和原位测试

初步勘察采取土试样和进行原位测试应符合下列要求：

(1)采取土试样和进行原位测试的勘探点应结合地貌单元、地层结构和土的工程性质布置，其数量可占勘探点总数的$\frac{1}{4}\sim\frac{1}{2}$；

(2)采取土试样的数量和孔内原位测试的竖向间距，应按地层特点和土的均匀程度确定；每层土均应采取土试样或进行原位测试，其数量不宜少于6个。

5. 初步勘察水文地质

初步勘察应进行下列水文地质工作：

(1)调查含水层的埋藏条件，地下水类型、补给排泄条件，各层地下水位，调查其变化幅度，必要时，应设置长期观测孔，监测水位变化；

(2)当需绘制地下水等水位线图时，应根据地下水的埋藏条件和层位，统一量测地下水位；

(3)当地下水可能浸湿基础时，应采取水试样进行腐蚀性评价。

三、详细勘察

详细勘察应按单体建筑物或建筑群提出详细的岩土工程资料和设计、施工所需的岩土参数；对建筑地基做出岩土工程评价，并对地基类型、基础形式、地基处理、基坑支护、工程降水和不良地质作用的防治等提出建议。主要应进行下列工作：

(1)搜集附有坐标和地形的建筑总平面图，场区的地面整平标高，建筑物的性质、规模、荷载、结构特点、结构型式、埋置深度、地基允许变形等资料；

(2)查明不良地质作用的类型、成因、分布范围、发展趋势和危害程度，提出整治方案的建议；

(3)查明建筑范围内岩土层的类型、深度、分布、工程特性，分析和评价地基的稳定性、均匀性和承载力；

(4)对需进行沉降计算的建筑物，提供地基变形计算参数，预测建筑物的变形特征；

(5)查明埋藏的河道、沟滨、墓穴、防空洞、孤石等对工程不利的埋藏物；

(6)查明地下水的埋藏条件，提供地下水位及其变化幅度；

(7)在季节性冻土地区，提供场地的标准冻结深度；

(8)判定水和土对建筑材料的腐蚀性。

当工程需要时，详细勘察应论证地基土和地下水在建筑施工和使用期间可能产生的变化及其对工程和环境的影响，提出防治方案、防水设计水位和抗浮设计水位的建议。具体包括：

1. 详细勘察勘探点间距和布置

详细勘察勘探点布置和勘探孔深度，应根据建筑物特征和岩土工程条件确定。对岩质地基，应根据地质构造、岩体特性、风化情况等，结合建筑物对地基的要求，按地方标准或当地经验确定；对土质地基、勘探点的间距可按表 10-3 确定。

表 10-3　**详细勘察勘探点间距**　（单位：m）

地基复杂程度等级	勘探点间距
一级(复杂)	10~15
二级(中等复杂)	15~30
三级(简单)	30~50

详细勘察的勘探点布置，应符合下列规定：

(1)勘探点宜按建筑物周边线和角点布置，对无特殊要求的其他建筑物可按建筑物或建筑群的范围布置；

(2)同一建筑范围内的主要受力层或有影响的下卧层起伏较大时，应加密勘探点，查明其变化；

(3)重大设备基础应单独布置勘探点；重大的动力机器基础和高耸构筑物，勘探点不宜少于 3 个；

(4)勘探手段宜采用钻探与触探相结合，在复杂地质条件、湿陷性土、膨胀岩土、风化岩和残积土地区，宜布置适宜探井。

详细勘察的单栋高层建筑勘探点的布置，应满足对地基均匀性评价的要求，且不应少于 4 个；对密集的高层建筑群，勘探点可适当减少，但每栋建筑物至少应有 1 个控制性勘探点。

2. 详细勘察勘探孔深度

详细勘察勘探孔的深度，对岩质地基，应按地方标准和当地经验确定；对土质地基，勘探深度自基础底面算起，应符合下列规定：

(1)勘探孔深度应控制地基主要受力层，当基础底面宽度不大于 5m 时，勘探孔的深度对条形基础不应小于基础底面宽度的 3 倍，对单独柱基不应小于 1.5 倍，且不应小于 5m；

(2)对高层建筑和需作变形计算的地基，控制性勘探孔的深度应超过地基变形计算深度；高层建筑的一般性勘探孔应达到基底下 0.5~1 倍的基础宽度，并深入稳定分布的地层；

(3)对仅有地下室的建筑或高层建筑的裙房，当不能满足抗浮设计要求，需设置抗浮桩或锚杆时，勘探孔深度应满足抗拔承载力评价的要求；

(4)当有大面积地面堆载或软弱下卧层时，应适当加深控制性勘探孔的深度；

(5)在上述规定深度内当遇基岩碎石土等稳定地层时，勘探孔深度应根据情况进行调整。

详细勘察的勘探孔深度，除应符合以上要求外，尚应符合下列规定：

(1)地基变形计算深度，对中、低压缩性土可取附加压力等于上覆土层有效自重压力20%的深度；对于高压缩性土层可取附加压力等于上覆土层有效自重压力10%的深度；

(2)建筑总平面内的裙房或仅有地下室部分(或当基底附加压力$p_0 \leqslant 0$时)的控制性勘探孔的深度可适当减小，但应深入稳定分布地层，且根据荷载和土质条件不宜少于基底下0.5~1.0倍基础宽度；

(3)当需进行地基整体稳定性验算时，控制性勘探孔深度应根据具体条件满足验算要求；

(4)当需确定场地抗震类别而邻近无可靠的覆盖层厚度资料时，应布置波速测试孔，其深度应满足确定覆盖层厚度的要求；

(5)大型设备基础勘探孔深度不宜小于基础底面宽度的2倍；

(6)当需进行地基处理时，勘探孔深度应能满足地基处理设计与施工要求；当采用桩基时，勘探孔的深度应满足桩基岩土工程勘察的要求。

3. 详细勘察采样和原位测试

详细勘察采取土试样和进行原位测试应符合下列要求：

(1)采取土试样和进行原位测试的勘探点数量，应根据地层结构、地基土的均匀性和设计要求确定，对地基基础设计等级为甲级的建筑物每栋不应少于3个；

(2)每个场地每一主要土层的原状土试样或原位测试数据不应少于6件(组)；

(3)在地基主要受力层内，对厚度大于0.5m的夹层或透镜体，应采取土试样或进行原位测试；

(4)当土层性质不均匀时，应增加取土数量或原位测试工作量。

四、施工勘察

基坑或基槽开挖后，岩土条件与勘察资料不符或发现必须查明的异常情况时，应进行施工勘察；在工程施工或使用期间，当地基土、边坡体、地下水等发生未曾估计到的变化时，应进行监测，并对工程和环境的影响进行分析评价。

本节内容仅限于介绍对一般房屋建筑和构筑物岩土工程勘察各阶段的基本要求，对于其他工程(包括地下洞室、岸边工程、管道和架空线路工程、废弃物处理工程、核电厂、边坡工程、基坑工程、桩基础、地基处理等)，见《岩土工程勘察规范》(GB50021—2001)。

第三节　工程地质测绘与勘探

工程地质测绘是早期岩土工程勘察的重要方法，一般在可行性研究或初步勘察阶段进行。在可行性研究阶段搜集资料时，宜包括航空照片、卫星照片的解译结果。工程地质测绘的任务是在地形地质图上填绘出测区的工程地质条件，是进一步勘探、取样、试验、监测等的规划和实施的基础工作。

工程地质勘探是在工程地质测绘的基础上，为了进一步查明地表以下的工程地质情况，取得地表以下的地质资料而进行的工作。

一、工程地质测绘

在工程建设的早期阶段，对岩石出露或地貌、地质条件较复杂的场地应进行工程地质测绘。对地质条件简单的场地，可用调查代替工程地质测绘。工程地质测绘和调查的范围，应包括场地及其附近地段。

工程地质测绘和调查，宜包括下列内容：

(1)查明地形、地貌特征及其与地层、构造、不良地质作用的关系，划分地貌单元；

(2)岩土的年代、成因、性质、厚度和分布；对岩层应鉴定其风化程度，对土层应区分新近沉积土、各种特殊性土；

(3)查明岩体结构类型，各类结构面(尤其是软弱结构面)的产状和性质，岩、土接触面和软弱夹层的特性等，新构造活动的形迹及其与地震活动的关系(产状指岩层的走向、倾向、倾角，即岩层的产出状态)。

(4)查明地下水的类型、补给来源、排泄条件，井泉位置，含水层的岩性特征、埋藏深度、水位变化、污染情况及其与地表水体的关系；

(5)搜集气象、水文、植被、土的标准冻结深度等资料；调查最高洪水位及其发生时间、淹没范围；

(6)查明岩溶、土洞、滑坡、崩塌、泥石流、冲沟、地面沉降、断裂、地震震害、地裂缝、岸边冲刷等不良地质作用的形成、分布、形态、规模、发育程度及其对工程建设的影响；

(7)调查人类活动对场地稳定性的影响，包括人工洞穴、地下采空、大挖大填、抽水排水和水库诱发地震等；

(8)建筑物的变形和工程经验。

二、工程地质勘探

勘探包括坑探、槽探、钻探、触探、地球物理勘探等多种方法，这些方法各有其优缺点和适用的场合，其目的都是为了查明地表以下的工程地质情况，测定、获取地下岩土的物理力学参数。勘探方法的选择应根据勘探地点的岩土特性和所需查明的具体项目综合考虑。

1. 坑、槽探

坑、槽探就是用人工或机械在现场挖掘坑、槽、井、洞，以便直接观察岩土层的天然状态及层位关系等地质构造。这类方法不需要复杂专门的机械设备，简便易行；人可进入其中直接观察；并可取出接近天然状态的原状土样。缺点是可达到的深度较浅，对地下水位以下的勘探也比较困难。工程中常用的坑、槽、洞探类型、特点及用途见表 10-4。

2. 钻探

钻探就是用钻机在地面钻进成孔，钻孔直径一般较小；当直径很大时，也称为钻井。钻孔直径应根据钻探目的和钻进工艺选定，常采用上大下小，分段成阶梯形钻进，孔径应满足取样或原位测试的要求。对要求采取原状土样的钻孔，口径不小于 91mm；对仅需鉴别地层岩性的钻孔，口径不小于 36mm；在湿陷性黄土中的钻孔，口径不宜小于 150mm。钻孔深度由数米至上百米不等，视工程需要而定，一般的建筑工程地质钻探深度多在数十米之内。钻机种类及钻进方法有多种，它们有各自的优缺点，不同钻进方法的适用范围见表 10-5。

表 10-4　　坑、槽、洞探的类型及特点

类型	特　　点	用　　途
试坑	深数十厘米的小坑，形状不定	局部剥除地表覆土，揭露基岩
浅井	从地表向下垂直，断面呈圆形或方形，深 5~15m	确定覆盖层及风化层的岩性及厚度，取原状土样，进行载荷试验、渗水试验等
探槽	在地表垂直岩层走向或构造线方向挖掘成深度不大(小于 3~5m)的长方形槽子	追索构造线、断层、探察残积坡积层及风化岩层的厚度和岩性
竖井	形状与浅井相同，但深度可超过 20m，一般在平缓山地、漫滩、阶地等岩层较平缓的地方，有时需要进行支护	了解覆盖层厚度及性质、构造线、岩石破碎情况，岩溶、滑坡等，对岩层倾角较缓时效果较好
平洞	在地面有出口的水平坑道，深度较大，适用于岩层产状较陡的基岩岩层探查	调查斜坡地质构造，对查明地层岩性、软弱夹层、破碎带、风化岩层效果较好，也可以进行取样或原位试验

表 10-5　　钻探方法的适用范围

钻探方法		钻进地层					勘察要求	
		黏性土	粉土	砂土	碎石土	岩石	直观鉴别，采取不扰动土样	直观鉴别，采取扰动土样
回转	螺旋钻探	++	+	+	-	-	++	++
	无岩芯钻探	++	++	++	+	++	-	-
	岩芯钻探	++	++	++	+	++	++	++
冲击	冲击钻探	-	+	++	++	-	-	-
	锤击钻探	++	++	++	+	-	++	++
振动钻探		++	++	++	+	-	+	++
冲洗钻探		+	++	++	-	-	-	-

注：++：适用；+：部分适用；-：不适用。

钻探的成果可用钻孔地质柱状图表示和记述。表述的内容应包括各土层地质年代、埋藏深度、土层厚度、层底标高、岩土的分层描述、取样位置、地下水位等。

3. 地球物理勘探

地球物理勘探，简称物探，是应用地球物理技术探测的资料推断解释地下工程地质条件的勘探方法。由于组成地壳的不同岩层介质往往在密度、弹性、导电性、磁性、放射性等方面存在差异，这些差异将引起相应的地球物理场的变化，各种地球物理场有电场、磁

场、重力场、弹性波的应力场、辐射场等。通过测量这些物理场的分布和变化特征，结合已知的地质资料分析研究，就可以达到推断地质性状的目的。地球物理勘探可作为钻探的先行手段或补充，了解隐蔽的地质界线、界面或异常点，或在钻孔之间增加物探点，为钻探成果的内插或外推提供依据。地球物理勘探具有设备轻便、成本低、效率高等优点，但因不能取样，不能直接观察，故多与钻探配合使用。

地球物理勘探可用来测定岩土体的波速、动弹性模量、卓越周期、土对金属的腐蚀性等。

第四节　工程地质原位测试

通过钻探采取土样，再通过室内试验得到地下岩土层的物理力学参数，是一类重要的勘探方法。但室内试验也有其固有的缺陷，例如：从地下采取土样，到运送、保管和制备的过程中，不可避免地要使土样受到一定程度的扰动；土样从地下取出后，其应力状态与原来在天然埋藏条件下的应力状态也会发生变化；对于饱和软黏土、饱和粉、细砂，要从地下取出原状土样往往很困难甚至不可能。由于类似这样的问题，原位测试则不存在。原位测试不需要将土样从地下取出，而是在天然条件下的地下原位测定土的地质数据。因此，现场原位测试可以和室内试验互为补充，具有不可替代的作用。

原位测试作为一类测试技术手段有很多种，前面介绍过的现场载荷试验和十字板剪切试验就属于原位测试，地球物理勘探其实也可算作一种原位测试技术，本节仅介绍几种常用的原位测试方法及成果应用。

一、现场载荷试验确定土的变形模量

在第五章中我们已经介绍了现场载荷试验的技术要求，利用载荷试验的成果即可确定土的变形模量。土的变形模量是根据 p-s 曲线的初始直线段，按均质各向同性半无限空间体的弹性理论得出的压缩性指标。

浅层平板载荷试验的变形模量 E_0 按下式计算：

$$E_0 = I_0(1-\mu^2)\frac{pd}{s}\ (\text{MPa}) \tag{10-1}$$

深层平板载荷试验的变形模量 E_0 按下式计算：

$$E_0 = \omega\frac{pd}{s}\ (\text{MPa}) \tag{10-2}$$

式中，I_0——刚性承压板的形状系数，圆形承压板取 0.785；方形承压板取 0.886；

μ——土的泊松比，碎石土取 0.27；砂土取 0.30；粉土取 0.35；粉质黏土取 0.38；黏土取 0.42；

d——承压板直径或边长，m；

p——p-s 曲线线性段的压力，取比例界限压力，kPa；

s——与 p 对应的沉降量，mm；

ω——与试验深度和土类有关的系数，可按表 10-6 选用。

表 10-6　　**深层载荷试验计算系数 ω**

土类 / d/z	碎石土	砂土	粉土	粉质黏土	黏土
0. 30	0. 477	0. 489	0. 491	0. 515	0. 524
0. 25	0. 469	0. 480	0. 482	0. 506	0. 514
0. 20	0. 460	0. 471	0. 474	0. 497	0. 505
0. 15	0. 444	0. 454	0. 457	0. 479	0. 487
0. 10	0. 435	0. 446	0. 448	0. 470	0. 478
0. 05	0. 427	0. 437	0. 439	0. 461	0. 468
0. 01	0. 418	0. 429	0. 431	0. 452	0. 459

注：d/z 为承压板直径和承压板底面深度之比。

变形模量是在现场通过原位测试求得的土的又一压缩性指标。它能更真实地反映土的压缩特性，避免了室内压缩试验刚性侧限条件引起的误差。但缺点是试验工作量大，费时长，所规定的压缩稳定标准也有较大的近似性。

二、静力触探试验

静力触探技术在很多国家被广泛应用。静力触探是通过机械设备，用静力将一定规格的金属探头垂直匀速压入土层中，同时测量土层对触探头的贯入阻力，以此来判断、分析贯入土层的物理力学性质。静力触探的贯入机理是一个复杂的问题，目前还不能给出圆满的理论解释，主要采用经验公式将贯入阻力与土的物理力学参数联系起来，以求得工程上所需要的数据或作定性分析。

静力触探试验主要适用于黏性土、粉土和中密以下的砂土。由于难以提供足够大的压入反力，对高密实度的砂土和碎石土难以顺利贯入。

静力触探试验的主要优点是连续、准确、测试速度快。对于地基土层在深度方向变化复杂，用常规钻探方法难以大密集采样，或对高灵敏度的软土，难以取出原状土样等情况，静力触探则显示出其独特的优势。它的主要缺点是不能对土质进行直接观察、鉴别。测试深度一般不超过 80m。

1. 静力触探设备

静力触探的试验设备主要由三部分组成：探头、贯入装置、测量装置。

1）探头

静力触探探头分单桥探头和双桥探头两种，规格见表 10-7。此外，还有孔压探头，是在原有探头上增加孔隙水压力测量装置构成的。

根据现行《岩土工程勘察规范》（GB50021—2001）的要求，圆锥探头的截面积应采用 $10cm^2$ 或 $15cm^2$，国际上的通用标准为 $10cm^2$。

表 10-7　　**静力触探探头规格**

锥头截面积 A (cm^2)	探头直径 D (mm)	锥角 (°)	单桥探头	双桥探头	
			有限侧壁长度 L (mm)	摩擦筒侧壁面积 F (cm^2)	摩擦筒长度 L (mm)
10	35.7	60	57	200	179
15	43.7		70	300	219
20	50.4		81	300	189

(1)单桥探头，在圆锥尖上部带有一定长度的侧壁摩擦筒。它只能测定一个指标：比贯入阻力 p_s。比贯入阻力定义为总贯入阻力 p 与锥尖底面积(探头截面积) A 的比值，它是一个反映锥尖贯入阻力和侧壁摩擦阻力的综合值，用下式表示：

$$p_s = \frac{p}{A} \tag{10-3}$$

单桥探头的结构如图 10-1 所示。

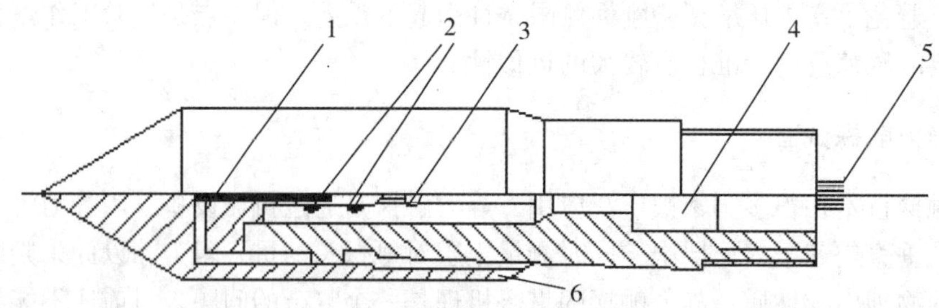

1—顶柱；2—电阻应变片；3—传感器；4—密封垫圈套；5—电缆；6—外套筒

图 10-1　单桥探头结构示意图

(2)双桥探头，在构造上将锥尖和侧壁摩擦筒分成了两部分，因而能分别测量锥尖阻力 q_c 和侧壁摩擦阻力 f_s。双桥探头适用于桩基础的工程地质勘察，可以分别模拟单桩的桩端阻力和侧摩阻力。锥尖阻力 q_c 和侧壁摩擦阻力 f_s 分别按下式计算：

$$q_c = \frac{Q_c}{A} \tag{10-4}$$

$$f_s = \frac{p_f}{F} \tag{10-5}$$

式中，Q_c、p_f——锥尖总阻力和侧壁总摩擦阻力；

A、F——锥尖底面积和摩擦筒侧面积。

由锥尖阻力 q_c 和侧壁摩擦阻力 f_s 还可得到摩阻比 R_f 如下：

$$R_f = \frac{f_s}{q_c} \times 100\% \tag{10-6}$$

双桥探头的结构如图 10-2 所示。

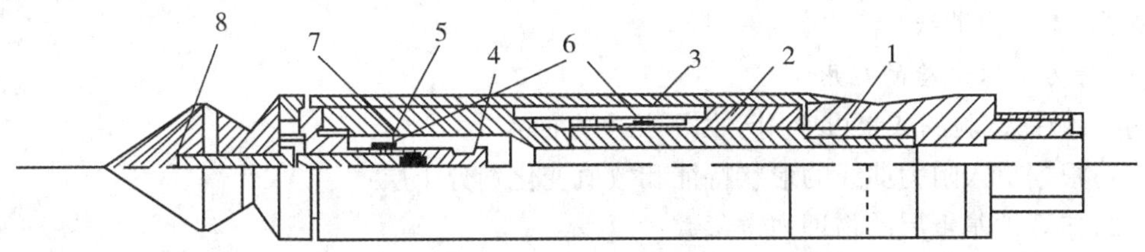

1—传力杆；2—摩擦传感器；3—摩擦筒；4—锥尖传感器；5—顶柱；
6—电阻应变片；7—钢珠；8—锥尖头

图 10-2　双桥探头结构示意图

2）贯入装置

贯入装置包括加压装置和为加压提供反力的装置两部分。前者由液压或机械传动加压；后者可利用旋入地下的地锚或物探车的自重提供加压反力。

3）测量装置

圆锥触探头在贯入土层的过程中，装在探头内部的变形柱将随探头阻力的大小而产生相应的变形，变形柱的变形则由电阻应变片来测量，然后通过测量电路与位于地面的显示和记录仪表连接，完成整个测量工作，并可自动记录贯入阻力随贯入深度的变化曲线，如图 10-3 所示。

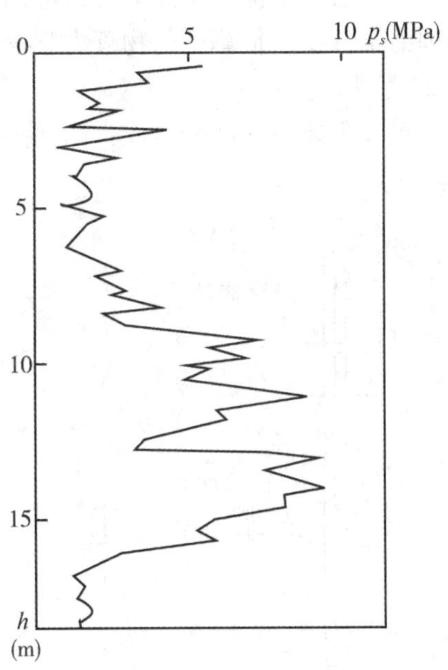

图 10-3　静力触探试验 p_s-h 曲线

2. 静力触探的主要成果

（1）单桥探头：比贯入阻力-深度（p_s - h）曲线。

(2)双桥探头：锥尖阻力-深度(q_c - h)曲线；侧壁摩擦阻力-深度(f_s - h)曲线；摩阻比-深度(R_f - h)曲线。

3. 静力触探试验的应用

静力触探试验的成果可应用于如下几个方面：

(1)根据贯入阻力曲线的形状特征和数值变化划分土层；

(2)估算地基土层的物理力学参数；

(3)估算地基土的承载力；

(4)选择评定桩基础的持力层，估算单桩承载力，评价沉桩的难易程度；

(5)判定场地地震液化。

在静力触探的应用方面，我国科技工作者进行了大量的试验研究，总结出许多实用经验公式。但由于我国地域广大，各地的地质条件差异性很大，因此，尚难以总结出统一的可普遍适用的公式或数表。

三、圆锥动力触探

圆锥动力触探是利用一定质量的落锤，以落锤自由下落产生的冲击动能，将一定规格的圆锥探头贯入土中。它不需要像静力触探那样提供贯入反力，因此设备简单、操作方便、工效较高、适应性广，对静力触探难以贯入的碎石土等硬土层，动力触探仍能较容易地贯入，是一种常用的原位测试方法。

圆锥动力触探以将探头贯入土层一定深度所需的锤击数来反映土的阻力大小，软硬程度，用以评价、判定土的物理力学性质，估算土的物理力学参数。

1. 圆锥动力触探的设备及类型

圆锥动力触探设备较为简单，主要由三部分组成：触探头、穿心落锤、触探杆，见图10-4。

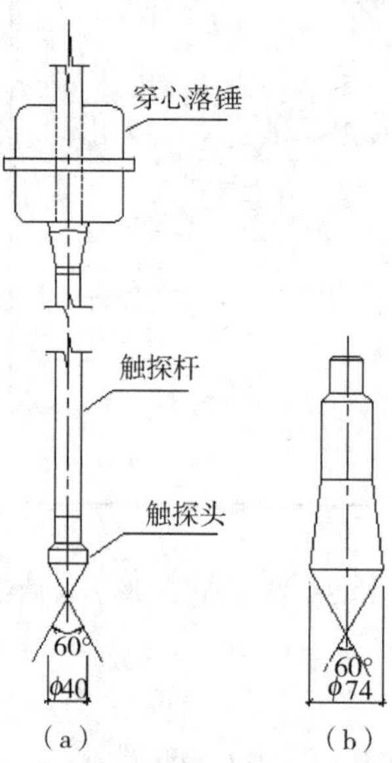

图 10-4 圆锥动力触探设备

根据《岩土工程勘察规范》(GB50021—2001)的要求，圆锥动力触探试验的类型可分为轻型、重型和超重型三种，其规格和适用土类应符合表 10-8 的规定。

表 10-8 **圆锥动力触探类型**

落锤		轻型	重型	超重型
落锤	锤的质量(kg)	10	63.5	120
	落距(cm)	50	76	100
探头	直径(mm)	40	74	74
	锥角(°)	60	60	60
探杆直径(mm)		25	42	50~60
指标		贯入 30cm 的读数 N_{10}	贯入 10cm 的读数 $N_{63.5}$	贯入 10cm 的读数 N_{120}
主要适用岩土		浅部的填土、砂土、粉土、黏性土	砂土、中密以下的碎石土、极软岩	密实和很密实的碎石土、软岩、极软岩

2. 圆锥动力触探试验的技术要求

圆锥动力触探试验技术要求应符合下列规定：

(1)采用自动落锤装置；

(2)触探杆最大偏斜度不应超过 2%，锤击贯入应连续进行；同时防止锤击偏心、探杆倾斜和侧向晃动，保持探杆垂直度；锤击速率每分钟宜为 15~30 击；

(3)每贯入 1m，宜将探杆转动一圈半；当贯入深度超过 10m，每贯入 20cm 宜转动探杆一次；

(4)对轻型动力触探，当 $N_{10}>100$ 或贯入 15cm 锤击数超过 50 时，可停止试验；对重型动力触探，当连续三次 $N_{63.5}>50$ 时，可停止试验或改用超重型动力触探。

圆锥动力触探试验单孔锤击数 N 与贯入深度 H 的关系曲线见图 10-5。

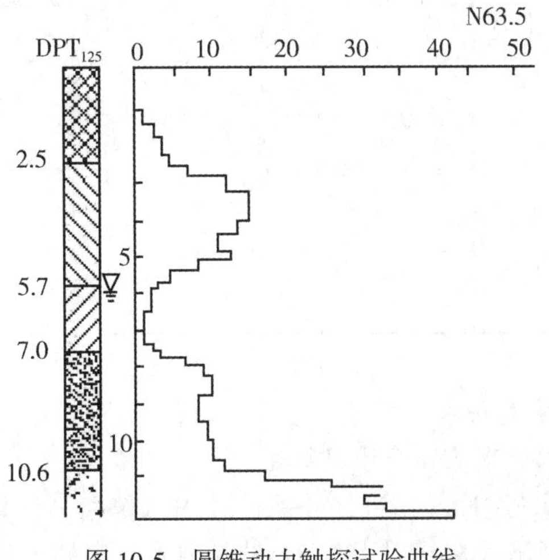

图 10-5 圆锥动力触探试验曲线

四、标准贯入试验

标准贯入试验也被归入动力触探一类，它只是将重型动力触探的圆锥触探头换成了标准贯入器，其他部分都是一样的。与圆锥探头相比，标准贯入器的最大区别是可采取扰动土样，对贯入土层的土质进行直接观察、鉴别，因而对土层的分层界定及定名更为准确可靠。标准贯入试验常结合钻探进行，适用于砂土、粉土和一般黏性土。

1. 标准贯入试验设备

标准贯入试验设备同样由三部分组成：标准贯入器、穿心落锤、触探杆。标准贯入器也由三部分构成：贯入器靴、对开管和贯入器头，见图 10-6。

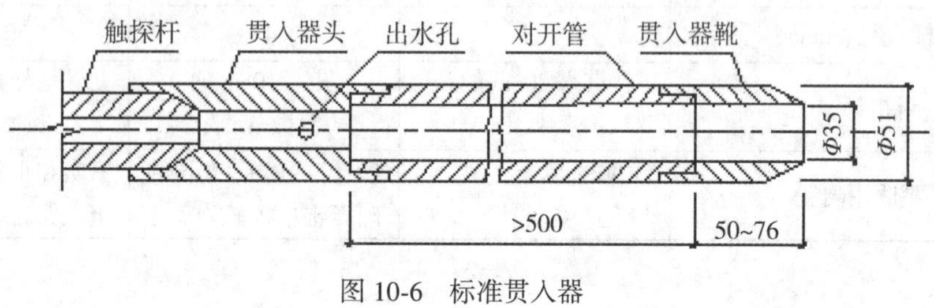

图 10-6　标准贯入器

对开管为两个半圆管，对合后成为一段外径 51mm，内径 35mm 的圆管。贯入土层时，土可进入对开管内，拔出贯入器后打开对开管，即可取出扰动土样。标准贯入器的设备规格见表 10-9。

表 10-9　**标准贯入试验设备规格**

落锤		锤的质量(kg)	63.5
		落距(cm)	76
贯入器	对开管	长度(mm)	>500
		外径(mm)	51
		内径(mm)	35
	管靴	长度(mm)	50~76
		刃口角度(°)	18~20
		刃口单刃厚度(mm)	2.5
钻杆		直径(mm)	42
		相对弯曲	<1/1000

2. 标准贯入试验的技术要求

标准贯入试验的技术要求应符合下列规定：

(1)标准贯入试验孔采用回转钻进，并保持孔内水位略高于地下水位。当孔壁不稳定时，可用泥浆护壁，钻至试验标高以上 15cm 处，清除孔底残土后再进行试验；

(2)采用自动脱钩的自动落锤进行锤击，并减小导向杆和锤间的摩擦阻力，避免锤击时的偏心和侧向晃动，保持贯入器、探杆、导向杆联接后的垂直度，锤击速率应小于 30 击/min；

(3)贯入器打入土中 15cm 后，开始记录每打入 10cm 的锤击数，累计打入 30cm 的锤击数为标准贯入试验锤击数 N。当锤击数已达 50 击，而贯入深度未达 30cm 时，可记录 50 击的实际贯入深度，按下式换算成相当于 30cm 的标准贯入试验锤击数 N，并终止试验。

$$N = 30 \times \frac{50}{\Delta s} \tag{10-7}$$

式中，Δs ——50 击时的贯入度，cm。

根据标准贯入试验锤击数 N 值，可对土的物理状态、土的强度、变形参数、地基承载力、单桩承载力、砂土和粉土的液化、成桩的可能性等做出评价。

第五节　岩土工程勘察报告

岩土工程勘察报告是岩土工程勘察成果的最终体现，是提供给设计人员进行工程设计的基础性资料。报告书的文字内容和图件应充分反映建设场地的客观实际、准确无误，满足工程设计的需要。

一、岩土工程勘察报告的基本要求

岩土工程勘察报告所依据的原始资料，应真实准确、图表清晰、结论有据、建议合理，有明确的工程针对性，应经整理、检查、分析，确认无误后方可使用。

1. 岩土工程勘察报告的内容

岩土工程勘察报告应根据任务要求、勘察阶段、工程特点和地质条件等具体情况编写，并应包括下列内容：

(1)勘察目的、任务要求和依据的技术标准；

(2)拟建工程概况；

(3)勘察方法和勘察工作布置；

(4)场地地形、地貌、地层、地质构造、岩土性质及其均匀性；

(5)各项岩土性质指标、岩土的强度参数、变形参数、地基承载力的建议值；

(6)地下水埋藏情况、类型、水位及其变化；

(7)土和水对建筑材料的腐蚀性；

(8)可能影响工程稳定的不良地质作用的描述和对工程危害程度的评价；

(9)场地稳定性和适宜性的评价。

岩土工程勘察报告应对岩土利用、整治和改造的方案进行分析论证，提出建议；对工程施工和使用期间可能发生的岩土工程问题进行预测，提出监控和预防措施的建议。

2. 岩土工程勘察报告的图件

岩土工程勘察报告应附有下列图件：

(1)勘探点平面布置图；

(2)工程地质柱状图；

(3)工程地质剖面图；

(4)原位测试成果图表；

(5)室内试验成果图表。

岩土工程勘察报告示例见附录二。

思　考　题

1. 工程地质测绘与调查的任务和内容是什么？
2. 工程地质勘探主要有哪些方法？
3. 钻探的目的和任务是什么？
4. 常用的地球物理勘探方法有哪些？各适用于解决什么问题？
5. 什么叫岩土工程原位测试？有哪些优缺点？
6. 静力触探试验的成果有哪些？可用来解决什么问题？
7. 动力触探试验的成果有哪些？可用来解决什么问题？
8. 简述岩土工程勘察报告的基本内容和图件。

第十一章　浅　基　础

地基基础对整个建筑物的安全和正常使用、工程造价和施工工期影响很大。进行地基基础设计时，应根据建筑物的使用要求、设计等级、建筑布局和上部结构类型，充分考虑建筑场地和地基岩土条件，合理选择地基基础设计方案。一般地说，如能直接利用天然地基设计浅基础，则材料消耗少、施工方便，因而可缩短施工工期、降低工程造价。而人工地基和深基础则往往施工复杂、工期长、造价高，所以，在能够满足对地基强度和变形要求的前提下，应优先选用天然地基上浅基础的设计方案。

第一节　浅基础的设计内容和基本规定

当建筑物建成之后，地基、基础和上部结构就成为一个共同工作的整体，地基的沉降变形和破坏将引起基础的位移和倾斜，并进而影响到上部结构，使上部结构变位从而产生相应的附加应力。因此，地基基础的设计不应孤立地进行，首先要认真研究建筑场地的地质情况，了解地基土的性质、土层的分布、地下水的埋藏情况等，充分考虑上部结构对地基变形的敏感性、适应性，再合理地选择地基基础的设计方案。

一、浅基础的设计内容

地基基础设计之前，应根据建筑物的规模大小和复杂程度、建筑场地的地理位置和地形条件等情况，获取并研究设计所需的技术资料，一般情况下，这些技术资料应包括：

(1)建筑场地的地形图。

(2)建筑场地的岩土工程勘察报告。

(3)建筑物的平面、立面、剖面图和上部结构作用于基础上的荷载值。

(4)建筑材料的供应情况及供货价格和运输费用。

(5)建筑队伍的施工设备和施工技术能力。

在充分研究和了解了上述相关资料之后，即可进行地基基础的设计，天然地基上浅基础的设计，一般包括下列内容：

(1)选择并确定基础的结构类型和材料，进行基础平面布置。

(2)选择地基持力层，确定基础埋置深度。

(3)确定地基承载力，计算并确定基础的底面尺寸。

(4)如果持力层下存在软弱下卧层，应验算软弱下卧层的承载力。

(5)必要时，应验算地基的沉降变形。

(6)进行基础结构和构造设计。

(7)绘制基础施工图，编制施工说明。

上述浅基础设计的各项内容是相互关联的。设计时，可按上述顺序逐项进行，当设计过程中发现前面的选择或设计不妥时，应修改前项设计，直至各项计算结果均满足要求且前后协调一致时为止。

二、地基基础设计的基本规定

《建筑地基基础设计规范》(GB50007—2011)对地基基础设计的基本要求规定如下：

1. 地基基础的设计等级

根据地基复杂程度、建筑物的规模和功能特征以及由于地基问题可能造成建筑物破坏或影响正常使用的程度，将地基基础设计分为三个设计等级，见表 11-1。

表 11-1 **地基基础设计等级**

设计等级	建筑和地基类型
甲级	重要的工业与民用建筑 30 层以上的高层建筑 体型复杂，层数相差超过 10 层的高低层连成一体建筑物 大面积的多层地下建筑物(如地下车库、商场、运动场等) 对地基变形有特殊要求的建筑物 复杂地质条件下的坡上建筑物(包括高边坡) 对原有工程影响较大的新建建筑物 场地和地基条件复杂的一般建筑物 位于复杂地质条件及软土地区的二层及二层以上地下室的基坑工程 开挖深度大于 15m 的基坑工程 周边环境条件复杂、环境保护要求高的基坑工程
乙级	除甲级、丙级以外的工业与民用建筑物 除甲级、丙级以外的基坑工程
丙级	场地和地基条件简单、荷载分布均匀的七层及七层以下民用建筑及一般工业建筑物；次要的轻型建筑物 非软土地区且场地地质条件简单、基坑周边环境条件简单、环境保护要求不高且开挖深度小于 5.0m 的基坑工程

2. 不同等级的设计规定

根据建筑物的地基基础设计等级及长期荷载作用下地基变形对上部结构的影响程度，地基基础设计应符合下列规定：

(1)所有建筑物的地基计算均应满足承载力计算的有关规定。

(2)设计等级为甲级、乙级的建筑物，均应按地基变形设计。

(3)表 11-2 所列范围内设计等级为丙级的建筑物可不作变形验算，但如有下列情况之一时，仍应作变形验算：

表 11-2　　　　**可不作地基变形计算设计等级为丙级的建筑物范围**

<table>
<tr><td rowspan="2">地基主要受力层情况</td><td colspan="3">地基承载力特征值 f_{ak}（kPa）</td><td>$80 \leq f_{ak} < 100$ (kPa)</td><td>$100 \leq f_{ak} < 130$ (kPa)</td><td>$130 \leq f_{ak} < 160$ (kPa)</td><td>$160 \leq f_{ak} < 200$ (kPa)</td><td>$200 \leq f_{ak} < 300$ (kPa)</td></tr>
<tr><td colspan="3">各土层坡度(%)</td><td>≤5</td><td>≤10</td><td>≤10</td><td>≤10</td><td>≤10</td></tr>
<tr><td rowspan="8">建筑类型</td><td colspan="3">砌体承重结构、框架结构（层数）</td><td>≤5</td><td>≤5</td><td>≤6</td><td>≤6</td><td>≤7</td></tr>
<tr><td rowspan="4">单层排架结构（6m柱距）</td><td rowspan="2">单层</td><td>吊车额定起重量(t)</td><td>10~15</td><td>15~20</td><td>20~30</td><td>30~50</td><td>50~100</td></tr>
<tr><td>厂房跨度(m)</td><td>≤18</td><td>≤24</td><td>≤30</td><td>≤30</td><td>≤30</td></tr>
<tr><td rowspan="2">多层</td><td>吊车额定起重量(t)</td><td>5~10</td><td>10~15</td><td>15~20</td><td>20~30</td><td>30~75</td></tr>
<tr><td>厂房跨度(m)</td><td>≤18</td><td>≤24</td><td>≤30</td><td>≤30</td><td>≤30</td></tr>
<tr><td colspan="2">烟囱</td><td>高度(m)</td><td>≤40</td><td>≤50</td><td colspan="2">≤75</td><td>≤100</td></tr>
<tr><td colspan="2" rowspan="2">水塔</td><td>高度(m)</td><td>≤20</td><td>≤30</td><td colspan="2">≤30</td><td>≤30</td></tr>
<tr><td>容积(m^3)</td><td>50~100</td><td>100~200</td><td>200~300</td><td>300~500</td><td>500~1000</td></tr>
</table>

注：1. 地基主要受力层系指条形基础底面下深度为 $3b$(b 为基础底面宽度)，独立基础下为 $1.5b$，且厚度均不小于 5m 的范围(二层以下一般的民用建筑除外)；

2. 地基主要受力层中如有承载力特征值小于 130kPa 的土层，表中砌体承重结构的设计，应符合《建筑地基基础设计规范》(GB50007—2011)中第七章(软弱地基)的有关要求；

3. 表中砌体承重结构和框架结构均指民用建筑，对于工业建筑可按厂房高度、荷载情况折合成与其相当的民用建筑层数；

4. 表中吊车额定起重量、烟囱高度和水塔容积的数值是指最大值。

①地基承载力特征值小于 130kPa，且体型复杂的建筑；

②在基础上及其附近有地面堆载或相邻基础荷载差异较大，可能引起地基产生过大的不均匀沉降时；

③软弱地基上的建筑物存在偏心荷载时；

④相邻建筑距离过近，可能发生倾斜时；

⑤地基内有厚度较大或厚薄不均的填土，其自重固结未完成时。

(4)对经常受水平荷载作用的高层建筑、高耸结构和挡土墙等，以及建造在斜坡上或边坡附近的建筑物和构筑物，尚应验算其稳定性。

(5)基坑工程应进行稳定性验算。

(6)当地下水埋藏较浅，建筑地下室或地下构筑物存在上浮问题时，尚应进行抗浮验算。

3. 荷载取值

地基基础设计时，所采用的荷载效应最不利组合与相应的抗力极限值应符合下列规定：

(1)按地基承载力确定基础底面积及埋深或按单桩承载力确定桩数时，传至基础或承台底面上的荷载效应应按正常使用极限状态下荷载效应的标准组合。相应的抗力应采用地基承载力特征值或单桩承载力特征值。

(2)计算地基变形时，传至基础底面上的荷载效应应按正常使用极限状态下荷载效应的准永久组合，不应计入风荷载和地震作用。相应的限值应为地基变形允许值。

(3)计算挡土墙土压力、地基或斜坡稳定及滑坡推力时，荷载效应按承载能力极限状态下荷载效应的基本组合，但其分项系数均为1.0。

(4)在确定基础或桩台高度、支挡结构截面、计算基础或支挡结构内力、确定配筋和验算材料强度时，上部结构传来的荷载效应组合和相应的基底反力，应按承载能力极限状态下荷载效应的基本组合，采用相应的分项系数。

当需要验算基础裂缝宽度时，应按正常使用极限状态荷载效应标准组合。

(5)基础设计安全等级、结构设计使用年限、结构重要性系数应按有关规范的规定采用，但结构重要性系数 γ_0 不应小于1.0。

(6)对由永久荷载效应控制的基本组合，可采用简化规则，荷载效应基本组合的设计值 S 按下式确定：

$$S = 1.35S_k \leqslant R$$

式中，R ——结构构件抗力设计值，按有关建筑结构设计规范的规定确定；

S_k ——荷载效应的标准组合值。

三、建筑场地的岩土工程勘察

在地基基础设计之前，应对建筑场地进行岩土工程勘察。岩土工程勘察应由具有相应资质的勘察单位进行，并根据工程需要提供勘察报告。优秀的地基基础设计方案，必须以准确详尽的地质勘察资料为依据。在工程实践中，因未进行勘察而盲目设计和施工或勘察不详及分析评价有误而造成工程事故的例子很多。因此，对勘察工作应引起足够的重视，尤其在陌生地区，缺乏当地经验时更应重视勘察工作。

第二节 浅基础的类型

浅基础根据结构型式可分为无筋扩展基础、钢筋混凝土扩展基础、柱下条形基础、柱下交叉条形基础、筏形基础、箱形基础等。设计时，可根据实际情况选用。

一、无筋扩展基础

无筋扩展基础是指由砖、毛石、灰土、三合土、混凝土等材料砌筑而成，且不需配置钢筋的基础。无筋基础所用的材料都具有较好的抗压性能，但抗拉、抗剪强度都不高，在地基反力的作用下，基础下部的扩展部分就像倒置的悬臂梁，因而，在基础内产生拉应力和剪应力，为了使拉应力和剪应力不超过材料的强度设计值，需要加大基础的高度。因此，这种基础挠曲变形很小，习惯上又称作刚性基础。无筋扩展基础适用于荷载较小的多层以下民用建筑和一般工业厂房。

1. 砖基础

砖基础即用黏土砖砌筑而成的无筋扩展基础。砖基础的剖面呈阶梯形，见图11-1。砖基础下部的台阶扩展部分又俗称“放大脚”，砌筑方式有“两皮一收”和“二、一间隔收”两种。“两皮一收”即每砌两皮(层)砖，两侧各收窄$\frac{1}{4}$砖长(60mm)；“二、一间隔收”则是底层砌两皮砖，两侧各收窄$\frac{1}{4}$砖，再砌一皮砖，两侧各收窄$\frac{1}{4}$砖，然后再砌两皮砖，依此类推。

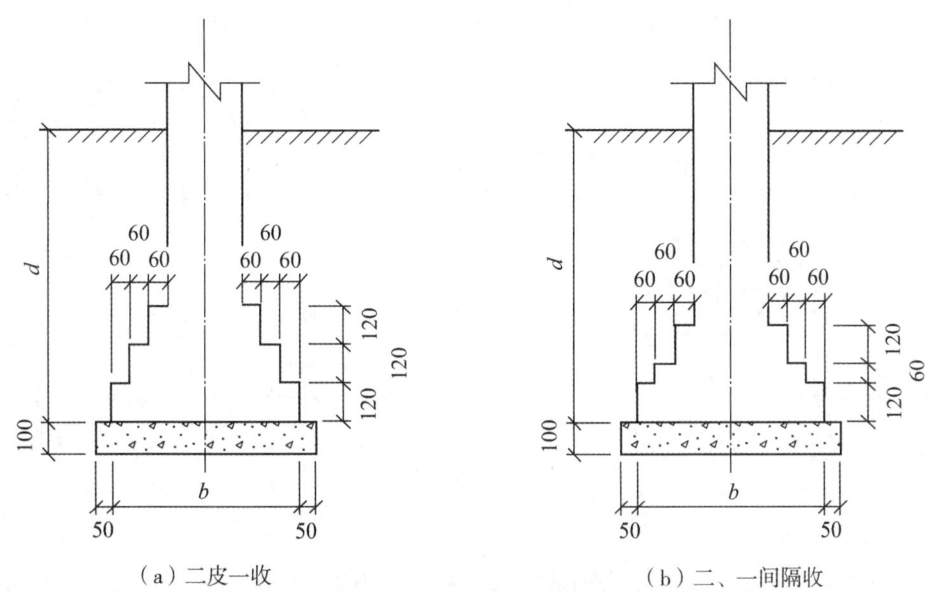

图 11-1　砖基础剖面图

砖基础底面以下一般设有垫层，垫层材料可用混凝土或灰土。当用混凝土时，常用C10 号混凝土，一般取 100mm 厚，两侧各伸出砖基础底面 50mm。

2. 毛石基础

毛石基础由毛石砌筑而成，如图 11-2 所示。毛石是未经加工凿平的块石，应采用未经风化强度较高的毛石砌筑。毛石形状各异，砌体缝隙大，砌筑时应采用 M5 水泥砂浆将缝隙填满，以保证黏结良好。此外，为了保证毛石各块之间的良好锁结，砌筑时应将缝隙错开，且每一阶梯宜用二层或二层以上毛石砌成。毛石基础每一个阶梯的阶高 h 不宜小于 400mm，每一个阶梯两侧的收进宽度不宜大于 200mm。

3. 灰土基础

灰土基础在我国有广泛应用，灰指白石灰，土料宜用黏土或粉质黏土。灰与土的体积配合比以 3∶7 和 2∶8 为宜。试验表明，灰比过高(如 4∶6)强度反而降低，以 3∶7 时的物理力学性能最好，2∶8 时略低。石灰以块状为宜，经熟化 1~2 天后，过 5mm 筛再使用。土料中不应含有过多有机质，并也应过筛(10~15mm)后使用。施工时，务必将灰与土拌和均匀，然后铺于基坑(槽)内分层夯实。每层虚铺厚度为 220~250mm，夯实后约为 150mm，称作一步。一般多层房屋，可铺夯 2~3 步，总厚度为 300~450mm。夯实后的灰土应满足设计密度的质量要求。

灰土宜做砖、毛石、混凝土等基础的下部垫层使用，也常用于软弱地基的人工处理，见图 11-3。灰土的初期强度较低，主要依靠其夯实密度，但后期强度将不断增长，据试验资料表明，28d 后其极限强度不低于 800kPa，90d 的强度可达 28d 的 1.6~2 倍，此后还将继续增长，多年后的灰土可像未风化的岩石一样坚硬，强度很高。因此，灰土是一种价格低廉、施工方便的很好的基础材料。

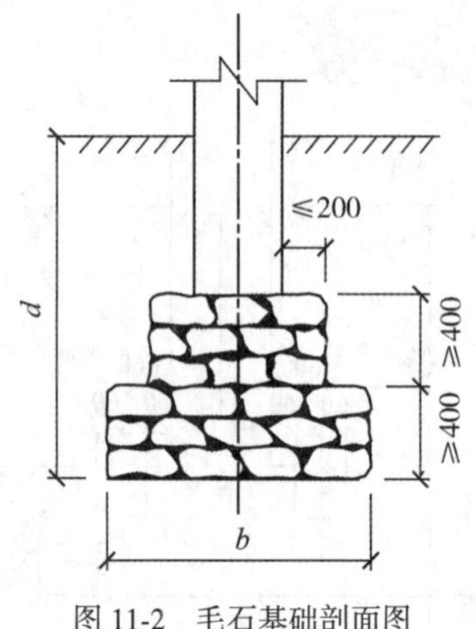

图 11-2　毛石基础剖面图

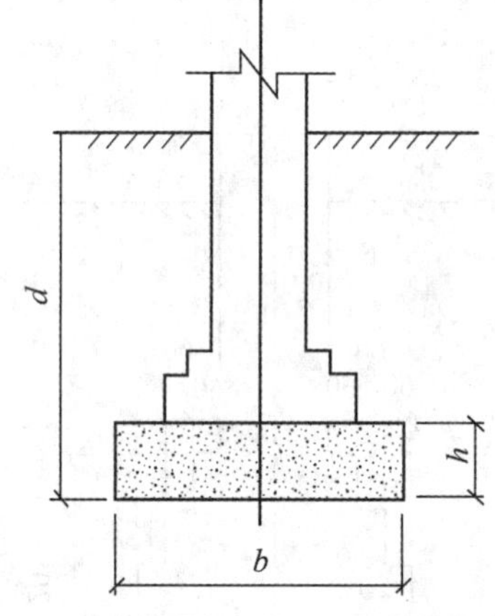

图 11-3　灰土和三合土基础剖面图

4. 三合土基础

三合土由石灰、砂、骨料配合而成，体积配合比为 1∶2∶4 或 1∶3∶6。骨料可用矿渣、碎砖或碎石。将石灰、砂和骨料拌和均匀后分层夯实，每层虚铺约 220mm，夯实后约为 150mm。三合土基础一般只适用于低层建筑的基础垫层。

5. 混凝土基础和毛石混凝土基础

混凝土基础强度高、寿命长、抗冻性能好，适于做荷载较大的建筑基础，并且可埋置于地下水位以下。但因水泥用量大，造价也较高。为了降低成本，可在混凝土中掺入一部分毛石，掺入量不超过体积的 30%，毛石尺寸不宜大于 300mm，并应冲洗干净。见图 11-4。

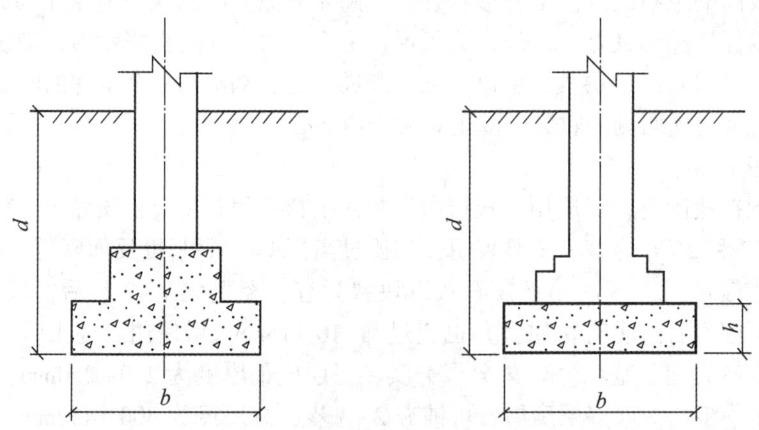

图 11-4　混凝土基础剖面图

二、扩展基础

扩展基础，是指柱下钢筋混凝土独立基础和墙下钢筋混凝土条形基础。这种基础的抗剪、抗弯性能好，可在荷载较大、地基承载力较低的条件下使用。与无筋基础比较，基础高度小得多，因此更适用于“宽基浅埋”的场合。

1. 墙下钢筋混凝土条形基础

墙下钢筋混凝土条形基础的构造如图 11-5 所示。一般情况下，可采用无肋式。如果地基土的压缩性不均匀，可在基础内增加基础梁，或称肋梁而成为有肋式。肋梁的配置可增强沿墙身纵向的抗弯强度，用以承载因地基土的不均匀沉降引起的弯曲应力。

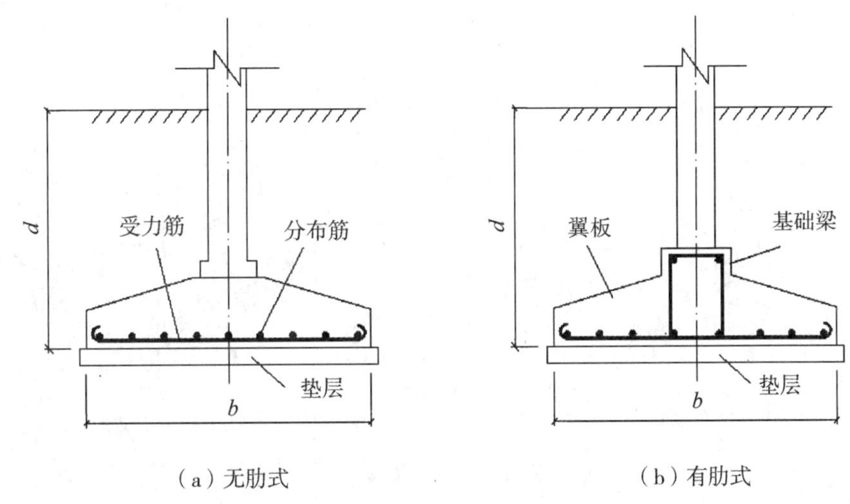

图 11-5　墙下钢筋混凝土条形基础

2. 柱下钢筋混凝土独立基础

柱下钢筋混凝土独立基础的构造如图 11-6 所示。有阶梯形、锥形和杯形三种常见形式。其中，杯形基础适用于预制钢筋混凝土柱或预制钢柱。

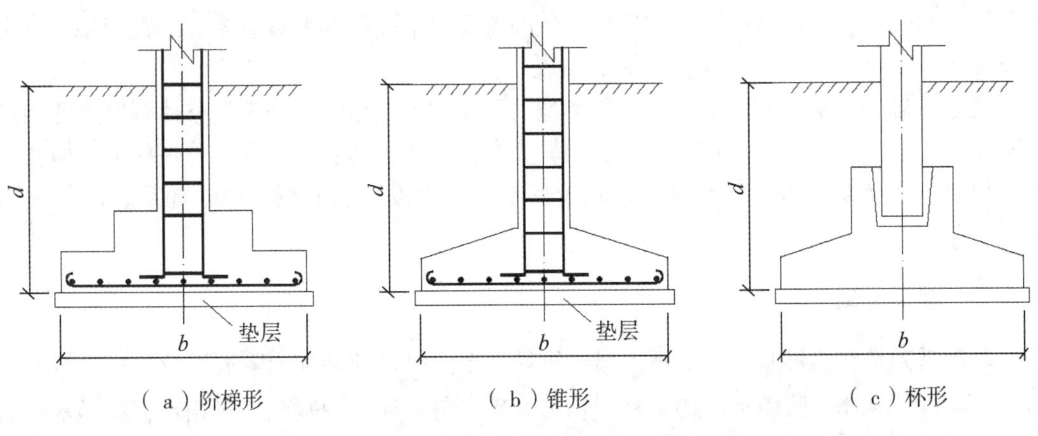

图 11-6　柱下钢筋混凝土独立基础

三、柱下条形基础和柱下交叉条形基础

当地基较软弱而荷载又较大时，可采用柱下条形基础。柱下条形基础增强了基础的整体性，易于解决各柱之间沉降不均匀的问题。这种基础常在框架结构中使用，一般设置在房屋的纵向，横向只在房屋的两端设置。柱下条形基础由肋梁和翼板组成，其断面类似于带肋梁的墙下钢筋混凝土条形基础，见图 11-7(a)。

为了进一步增强基础的整体刚度，减小房屋横向各排柱之间的不均匀沉降，可在柱下纵横两个方向均设置条形基础，这就形成了柱下交叉条形基础，又称柱下十字形基础，见图 11-7(b)。

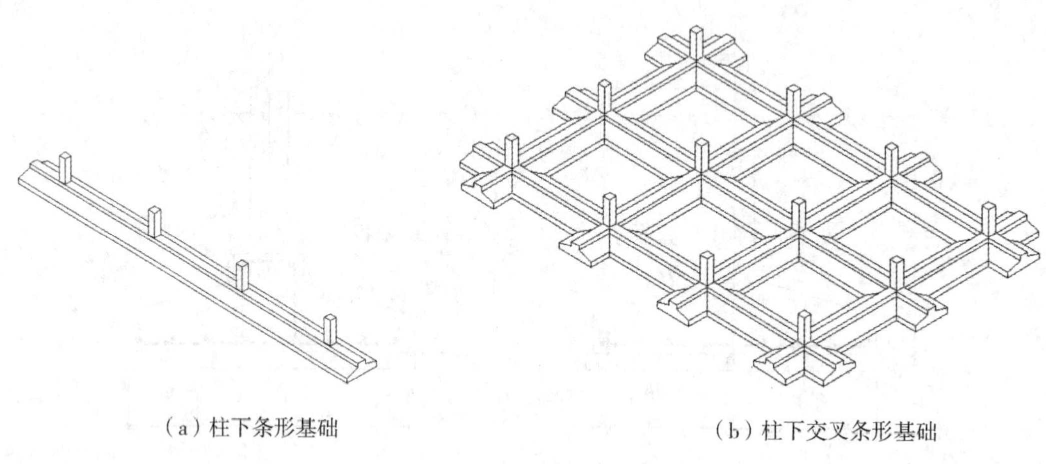

(a) 柱下条形基础　　(b) 柱下交叉条形基础

图 11-7　柱下条形基础

四、筏形基础

当地基较软弱而荷载又很大时，基础底板的面积就要做得很大，从而使基础底板连成一整片，形成筏形基础。筏形基础由于是在建筑物下满堂布置，故能很有效地增强基础的整体刚度，调整不均匀沉降，甚至可跨越地下小洞穴或局部软弱层，因而显著提高了整座建筑物的整体性。筏形基础也适宜用作对沉降差异要求较严格的设备基础。筏形基础也常用于砌体承重结构的墙下基础，见图 11-8。

筏形基础分为平板式和梁板式两种类型。平板式是在地基上浇筑一整片等厚度的钢筋混凝土平板，将柱子立在平板上。当柱距较大时，为了提高底板刚度，可在柱下纵横两个方向设置十字交叉的肋梁，形成梁板式筏形基础。梁板式能够减小底板厚度，降低材料耗量。

五、箱形基础

箱形基础是在筏形基础的底板上增加钢筋混凝土纵横外墙和内隔墙以及顶板，组成具有一定高度的整体空腹箱形结构，称作箱形基础。与前述各种基础型式相比，箱形基础的整体刚度最大、承载能力最强，对地基土的适应能力最好，因此，常用于高层、荷载很大

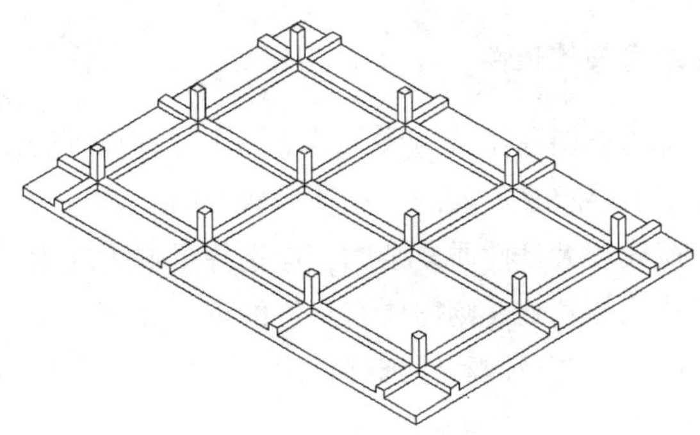

图 11-8　梁板式筏形基础

的建筑。

由于箱形基础为空心结构，埋入地下部分占有体积很大，而其自重要远小于挖去的同体积土重，从而可抵偿一部分上部结构荷载，减小了基底压力。同时，箱形基础的空心结构可用来作为地下室使用。

箱形基础的优点很多，但钢筋混凝土的用量也很大，且施工复杂，在各类基础中造价最高。

第三节　基础埋置深度

基础埋置深度，是指天然地面至基础底面的垂直距离。选择和确定基础埋置深度是基础设计的重要环节，应根据下列条件确定：

(1)建筑物的用途，有无地下室、设备基础和地下设施，基础的型式和构造；

(2)作用在地基上的荷载大小和性质；

(3)工程地质和水文地质条件；

(4)相邻建筑物的基础埋深；

(5)地基土冻胀和融陷的影响。

一、与建筑物的使用功能有关的条件

确定基础埋深时，首先应考虑建筑物在使用功能方面的要求，如是否必须设地下室，或有其他地下设施等。原则上基础底板应低于地下设施的底面，以免压坏地下设施，或影响地下设施的正常使用。

对于高层建筑，筏形和箱形基础的埋置深度应满足地基承载力、变形和稳定性要求。在抗震设防区，除岩石地基外，建筑在天然地基上高层建筑的筏形和箱形基础的埋置深度不宜小于建筑物高度的$\frac{1}{15}$；桩箱和桩筏基础的埋置深度(不计桩长)不宜小于建筑物高度的$\frac{1}{18}$。

二、与上部结构荷载有关的条件

地基中直接支承基础的土层称作持力层，其下的土层称作下卧层。荷载的大小及性质不同，对持力层和下卧层的要求是不同的。当荷载较小时，对持力层承载力的要求低，应首先考虑选择浅埋；当荷载较大且性质复杂时，应选择承载力较大、压缩性较小的土层作为持力层；对于有水平荷载的基础，则需要有足够的埋置深度，以保证结构的稳定性；对承受动力荷载的基础，应避免选择饱和粉细砂作为持力层，以免地基液化丧失承载能力。

三、与工程地质有关的条件

选择和确定基础埋深之前，应详细阅读岩土工程勘察报告，了解拟建场地的地层分布、各土层的力学性质和地基承载力，并应了解附近其他建筑物的工程地质资料、基础型式和埋深，以取得当地的地基基础设计经验。对于荷载不大的中小型建筑物，属于中、低压缩性的土层，均可视作良好持力层，如处于硬塑或可塑状态的黏性土层，或中密状态的砂土层和碎石土层等。若土层为高压缩性土层，则应视作软弱土层，如处于软塑、流塑状态的黏性土层，处于松散状态的砂土层等。下面针对工程中常见的几种情况，分别说明基础埋深的确定原则。

(1)在地基受力层范围内，自上而下都是良好土层。这时，若无特殊要求，基础应浅埋，以降低工程造价。当浅埋时，最小埋深应使基础底板(或基础放大脚部分)顶面低于室外地面不小于0.1m，且除岩石地基外，基础埋深不应小于0.5m。

(2)当自上而下都是软弱土层时，如果地基承载力或沉降变形不能满足要求，则应考虑采用连续基础或对地基进行人工处理。如认为有必要，也可考虑采用桩基础。各种方案应经过经济技术比较后确定。

(3)当上部为软弱土层而下部为良好土层时，若软弱土层较薄(一般指小于2m)，应选择下部良好土层作为持力层；若软弱土层较厚，可按上述第(2)种情况确定解决方案。

(4)当上部为良好土层而下部为软弱土层时，应优先考虑用上部良好土层作为持力层，采用“宽基浅埋”方案。这时，为减小基础埋深，加大基础底面至软土层顶面的距离，可采用钢筋混凝土基础。同时，应验算下卧软弱层的承载力是否满足要求，当有必要时，尚应验算沉降变形是否满足要求。

四、与水文地质有关的条件

当有地下水时，应尽量将基础埋置在地下水位以上，以避免地下水对基坑(槽)的开挖、基础施工等产生不利影响。当必须埋在地下水位以下时，应采取措施保证地基土在施工时不受扰动。在施工期间，尚应采取措施降低基坑水位。当地下水有腐蚀性时，应采取抗腐蚀的保护措施。

五、与相邻建筑物有关的条件

当新建建筑物与原有建筑物相邻时，应保证原有建筑物的安全和正常使用。新建筑物的基础埋深不宜大于相邻原有建筑物的基础埋深，当必须大于原有基础埋深时，相邻两基础之间应拉开一定距离，一般取两相邻基础底面高差的1~2倍，如图11-9所示，当新建基础荷载与原基础荷载相差较大时取大值。若不能满足这一要求，施工时则应采取措施保证原建筑物的安全，如：新建筑条形基础可分段开挖施工，回填夯实后再开挖下一段；或对原建筑物地基进行加固；必要时，也可采取打板桩等措施。

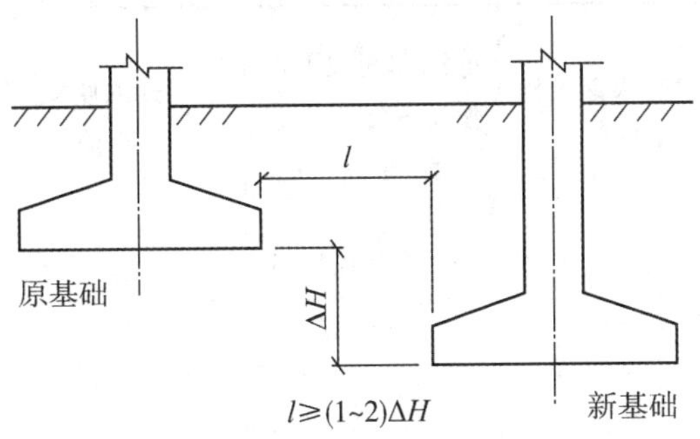

图11-9　相邻基础的埋深

六、地基土的冻融条件

在我国的华北、东北、西北的广大地区，冬季气候寒冷，地表下一定深度内的土将发生冻结，若条件具备，地基将发生冻胀(参见第一章第三节)；春天气候转暖，冻土融化，又将发生融陷。在季节性冻土地区，确定基础埋深时应考虑冻胀和融陷的影响。如果基础埋深在冻胀土层内，当地基土冻胀发生时，在基础底面将作用一法向冻胀力 P，在基础侧面也将作用一切向力 T，见图11-10。如果基底压力不足以平衡冻胀力，基础将受冻胀力的作用而抬升，春季冻土融化时，冻胀力消失，尤其是冰夹层的融化使局部含水量大增，当为细颗粒土时，可能进入软塑甚至流塑状态，使基础局部融陷。这种冻胀和融陷对建筑物危害很大，严重时可使建筑物产生倾斜、裂缝和破坏。因此，确定基础埋深时，应充分考虑地基土的冻融问题。

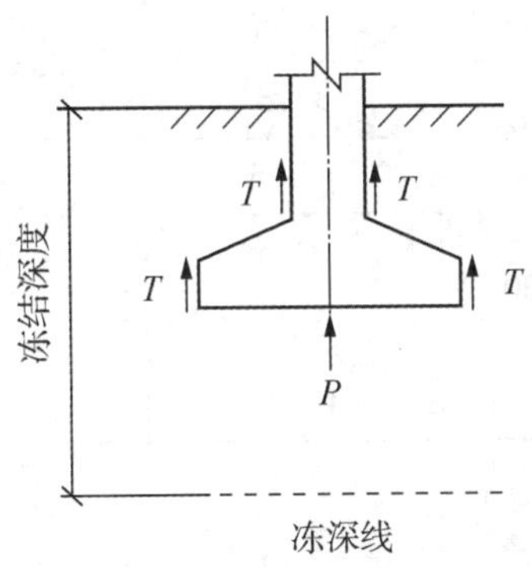

图11-10　作用在基础上的冻胀力

1. 土的冻胀性分类

《建筑地基基础设计规范》(GB50007—2011)中根据土的类别、含水量的大小、地下水位的高低和平均冻胀率将土的冻胀性分为五类：不冻胀、弱冻胀、冻胀、强冻胀、特强冻胀，见表 11-3。

表 11-3 **地基土的冻胀性分类**

土的名称	冻前天然含水量 ω（%）	冻结期间地下水位距冻结面的最小距离 h_ω（m）	平均冻胀率 η（%）	冻胀等级	冻胀类别
碎(卵)石、砾、粗、中砂（粒径小于 0.075mm 颗粒含量大于 15%），细砂（粒径小于 0.075mm 颗粒含量大于 10%）	$\omega \leqslant 12$	>1.0	$\eta \leqslant 1$	Ⅰ	不冻胀
		≤1.0	$1<\eta \leqslant 3.5$	Ⅱ	弱冻胀
	$12<\omega \leqslant 18$	>1.0			
		≤1.0	$3.5<\eta \leqslant 6$	Ⅲ	冻胀
	$\omega >18$	>0.5			
		≤0.5	$6<\eta \leqslant 12$	Ⅳ	强冻胀
粉砂	$\omega \leqslant 14$	>1.0	$\eta \leqslant 1$	Ⅰ	不冻胀
		≤1.0	$1<\eta \leqslant 3.5$	Ⅱ	弱冻胀
	$14<\omega \leqslant 19$	>1.0			
		≤1.0	$3.5<\eta \leqslant 6$	Ⅲ	冻胀
	$19<\omega \leqslant 23$	>1.0			
		≤1.0	$6<\eta \leqslant 12$	Ⅳ	强冻胀
	$\omega >23$	不考虑	$\eta >12$	Ⅴ	特强冻胀
粉土	$\omega \leqslant 19$	>1.5	$\eta \leqslant 1$	Ⅰ	不冻胀
		≤1.5	$1<\eta \leqslant 3.5$	Ⅱ	弱冻胀
	$19<\omega \leqslant 22$	>1.5			
		≤1.5	$3.5<\eta \leqslant 6$	Ⅲ	冻胀
	$22<\omega \leqslant 26$	>1.5			
		≤1.5	$6<\eta \leqslant 12$	Ⅳ	强冻胀
	$26<\omega \leqslant 30$	>1.5			
		≤1.5	$\eta >12$	Ⅴ	特强冻胀
	$\omega >30$	不考虑			

续表

土的名称	冻前天然含水量 ω（%）	冻结期间地下水位距冻结面的最小距离 h_{ω}（m）	平均冻胀率 η（%）	冻胀等级	冻胀类别
黏性土	$\omega \leqslant \omega_p + 2$	>2.0	$\eta \leqslant 1$	Ⅰ	不冻胀
	$\omega_p + 2 < \omega \leqslant \omega_p + 5$	≤2.0	$1 < \eta \leqslant 3.5$	Ⅱ	弱冻胀
		>2.0			
	$\omega_p + 5 < \omega \leqslant \omega_p + 9$	≤2.0	$3.5 < \eta \leqslant 6$	Ⅲ	冻胀
		>2.0			
	$\omega_p + 9 < \omega \leqslant \omega_p + 15$	≤2.0	$6 < \eta \leqslant 12$	Ⅳ	强冻胀
		>2.0			
	$\omega > \omega_p + 15$	≤2.0	$\eta > 12$	Ⅴ	特强冻胀
		不考虑			

注：1. ω_p ——塑限含水量(%)；ω ——在冻土层内冻前天然含水量的平均值(%)；

2. 盐渍化冻土不在表列；

3. 塑性指数大于 22 时，冻胀性降低一级；

4. 粒径小于 0.005mm 的颗粒含量大于 60%时，为不冻胀土；

5. 碎石类土当充填物大于全部质量的 40%时，其冻胀性按充填物土的类别判断；

6. 碎石土、砾砂、粗砂、中砂(粒径小于 0.075mm 颗粒含量不大于 15%)、细砂(粒径小于 0.075mm 颗粒含量不大于 10%)均按不冻胀考虑。

对表 11-3，做如下几点说明：

(1)土的冻胀率可由室内冻胀试验测定冻胀量 Δh ，然后按下式计算：

$$\eta = \frac{\Delta h}{H_f} \times 100\% \tag{11-1}$$

式中，η ——冻胀率，%；

Δh ——试验期间总冻胀量，mm；

H_f ——冻结深度(不包括冻胀量)，mm。

(2)对高塑性黏土，当塑性指数大于 22 时，土的渗透性下降，将影响其冻胀性的大小，所以考虑冻胀性下降一级。

(3)当土层中的黏粒(粒径小于 0.005mm)含量大于 60%时，可看做不透水土，这时的地基土为不冻胀土。

2. 冻胀土地基上基础的最小埋置深度 $d_{\min}$

为了使建筑物免遭冻害，对于埋置在冻土中的基础，应保证足够的埋置深度，其最小

埋置深度 d_{min} 按下式计算：

$$d_{min} = z_d - h_{max} \tag{11-2}$$

$$z_d = z_0 \cdot \psi_{zs} \cdot \psi_{z\omega} \cdot \psi_{ze} \tag{11-3}$$

式中，z_d ——设计冻深。若当地有多年实测资料时，可按实测资料计算，即：$z_d = h' - \Delta z$，h' 和 Δz 分别为实测冻土层厚度和地表冻胀量；

z_0——标准冻深。系采用在地表平坦、裸露、城市之外的空旷场地中不少于 10 年实测最大冻深的平均值。当无实测资料时，可查《建筑地基基础设计规范》(GB50007—2011)附录 F；

ψ_{zs} ——土的类别对冻深的影响系数，按表 11-4 采用；

$\psi_{z\omega}$ ——土的冻胀性对冻深的影响系数，按表 11-5 采用；

ψ_{ze} ——环境对冻深的影响系数，按表 11-6 采用；

h_{max} ——基础底面下允许残留冻土层的最大厚度，按表 11-7 采用。

当有充分依据时，基底下允许残留冻土层厚度也可根据当地经验确定。

表 11-4 **土的类别对冻深的影响系数**

土的类别	影响系数 ψ_{zs}	土的类别	影响系数 ψ_{zs}
黏性土	1.00	中、粗、砾砂	1.30
细砂、粉砂、粉土	1.20	大块碎石土	1.40

表 11-5 **土的冻胀性对冻深的影响系数**

冻胀性	影响系数 $\psi_{z\omega}$	冻胀性	影响系数 $\psi_{z\omega}$
不冻胀	1.00	强冻胀	0.85
弱冻胀	0.95	特强冻胀	0.80
冻胀	0.90		

表 11-6 **环境对冻深的影响系数**

周围环境	影响系数 ψ_{ze}	周围环境	影响系数 ψ_{ze}
村、镇、旷野	1.00	城市市区	0.90
城市近郊	0.95		

注：当城市市区人口为 20 万～50 万时，按城市近郊取值；当城市市区人口大于 50 万小于或等于 100 万时，只计入市区影响；当城市市区人口超过 100 万时，除计入市区影响外，尚应考虑 5km 以内的郊区近郊影响系数。

表 11-7　**建筑基础底面下允许冻土层最大厚度 h_{max}**　（单位：m）

冻胀性	基础形式	采暖情况	基底平均压力(kPa)					
			110	130	150	170	190	210
弱冻胀土	方形基础	采暖	0.90	0.95	1.00	1.10	1.15	1.20
		不采暖	0.70	0.80	0.95	1.00	1.05	1.10
	条形基础	采暖	>2.50	>2.50	>2.50	>2.50	>2.50	>2.50
		不采暖	2.20	2.50	>2.50	>2.50	>2.50	>2.50
冻胀土	方形基础	采暖	0.65	0.70	0.75	0.80	0.85	—
		不采暖	0.55	0.60	0.65	0.70	0.75	—
	条形基础	采暖	1.55	1.80	2.00	2.20	2.50	—
		不采暖	1.15	1.35	1.55	1.75	1.95	—

注：1. 本表只计算法向冻胀力，如果基侧存在切向冻胀力，应采取防切向力措施；
2. 基础宽度小于 0.6m 时不适用，矩形基础取短边尺寸按方形基础计算；
3. 表中数据不适用于淤泥、淤泥质土和欠固结土；
4. 计算基底平均压力时取永久作用的标准组合值乘以 0.9，可以内插。

3. 基础的防冻害措施

在冻胀、强冻胀、特强冻胀地基上，应采取下列防冻害措施：

(1)对在地下水位以上的基础，基础侧面应回填非冻胀性的中砂或粗砂，其厚度不应小于 200mm。对在地下水位以下的基础，可采用桩基础、自锚式基础(如扩底短桩)，也可将独立基础或条形基础做成正梯形的斜面基础。

(2)宜选择地势高、地下水位低、地表排水良好的建筑场地。对低洼场地，建筑物的室外地坪应至少高出自然地面 300~500mm，其范围不宜小于建筑四周向外各 1 倍冻结深度距离的范围。

(3)应做好排水设施，施工和使用期间防止水浸入建筑地基。在山区应设截水沟，以排走地表水和潜水。

(4)在强冻胀性和特强冻胀性地基上，其基础结构应设置钢筋混凝土圈梁和基础梁，并控制建筑物的长高比，增强房屋的整体刚度。

(5)当独立基础联系梁下或桩基础承台下有冻土时，应在梁或承台下留有相当于该土层冻胀量的空隙，以防止因土的冻胀将梁或承台拱裂。

(6)外门斗、室外台阶和散水坡等部位宜与主体结构断开，散水坡分段不宜超过 1.5m，坡度不宜小于 3%，其下宜填入非冻胀性材料。

(7)对跨年度施工的建筑，入冬前，应对地基采取相应的防护措施；按采暖设计的建筑物，当冬季不能正常采暖时，应对地基采取保温措施。

第四节　基础底面尺寸的确定

确定基础底面尺寸是基础设计的重要一步，基础底面尺寸的大小，直接关系到地基基础的安全和沉降变形的大小。在确定基础底面尺寸之前，应首先确定如下两项参数：

(1)预估基础底面宽度，并根据预估的底面宽度和已确定的基础埋置深度对地基承载力特征值加以修正；

(2)根据上部结构计算的结果，确定相应于荷载效应标准组合时，上部结构传至基础顶面的荷载值。

基础底面尺寸确定之后，如果持力层下有软弱下卧层，尚应对软弱下卧层的承载力进行验算。若验算不满足，可扩大基础底面尺寸，降低基底压力，重新验算。

一、轴心受压基础的底面尺寸

在轴心荷载作用下，基础底面上的平均压力值不得大于经修正后的地基承载力特征值，由第二章第二节基底压力的计算可得：

柱下独立基础：

$$p_k = \frac{F_k + G_k}{A} \leqslant f_a \tag{11-4}$$

$$G_k = \bar{\gamma} A d$$

$$A \geqslant \frac{F_k}{f_a - \bar{\gamma} d} \tag{11-5}$$

墙下条形基础：

$$p_k = \frac{F_k + G_k}{b} \leqslant f_a \tag{11-6}$$

$$b \geqslant \frac{F_k}{f_a - \bar{\gamma} d} \tag{11-7}$$

式中，p_k——相应于荷载效应标准组合时，作用于基础底面的平均压力，kPa；

F_k——相应于荷载效应标准组合时，上部结构传至基础顶面的荷载，对于柱下独立基础，为一竖向集中力，kN；对于墙下条形基础，墙长 l 取 1m 计算，为单位长度上的竖向力，kN/m；

G_k——基础自重与基础上覆土重之和，对于柱下独立基础，可看作作用于基底形心的一竖向集中力，kN；对于墙下条形基础，墙长 l 取 1m 计算，为单位长度上的竖向力，kN/m；

$\bar{\gamma}$——基础及其上部回填土的加权平均重度，一般可取 $\bar{\gamma}$ = 20kN/m^3。

d——基础埋深，m。当基础两侧地面高度不同时，取平均值；

A——基础底面积，m^2。对矩形基础，$A = lb$；对条形基础，$A = b \times 1$(条形基础在长度 l 方向取 1m 计算)；

b——对矩形基础，为短边尺寸；对条形基础，为宽度尺寸，m；

l——对矩形基础，为长边尺寸；对条形基础，为长度方向尺寸，计算中取 1 m。

由上述可知，计算基础底面积及确定基础底面尺寸时，需要首先预估基底宽度以便对地基承载力进行修正，对于荷载较小的建筑物，可先假定基础宽度(短边尺寸)小于或等于 3m，仅对地基承载力特征值作埋深修正，然后按以上各式计算基础底面尺寸，若计算结果宽度不大于3m，表示假定正确；否则应重新计算。

对于柱下独立基础底面的形状，当为轴心受压时，可采用正方形；当为偏心受压时，常采用矩形。当采用矩形时，长短边尺寸的比值不宜大于2。

二、偏心受压基础的底面尺寸

偏心受压基础是在 F_k、G_k、M_k 三项荷载共同作用下工作，在第二章我们已经讨论过偏心受压基础的基底压力分布规律，当确定基础底面尺寸时，基底压力的最大最小值按下列各式计算：

柱下独立基础：

$$p_{k\,\substack{max\\min}} = \frac{F_k + G_k}{A} \pm \frac{M_k}{W} = \frac{F_k + G_k}{A}\left(1 \pm \frac{6e}{l}\right) \tag{11-8}$$

墙下条形基础：

$$p_{k\,\substack{max\\min}} = \frac{F_k + G_k}{b} \pm \frac{M_k}{W} = \frac{F_k + G_k}{b}\left(1 \pm \frac{6e}{b}\right) \tag{11-9}$$

按以上二式计算的结果应满足以下二项要求：

(1)基底最大压力：

$$p_{kmax} \leqslant 1.2f_a \tag{11-10}$$

(2)基底平均压力：

柱下独立基础：
$$p_k = \frac{F_k + G_k}{A} \leqslant f_a \tag{11-11a}$$

墙下条形基础：
$$p_k = \frac{F_k + G_k}{b} \leqslant f_a \tag{11-11b}$$

此外，基底最小压力以不小于0为宜，即基底最小压力：

$$p_{kmin} \geqslant 0 \text{ 或 } e \leqslant \frac{l}{6} \quad \left(\text{条形 } e \leqslant \frac{b}{6}\right) \tag{11-12}$$

式中，M_k ——相应于荷载效应标准组合时，作用于基础底面的力矩，kN · m。力矩作用方向：对矩形基础为长边 l 方向；对条形基础为宽度 b 方向；

W ——基础底面的抵抗矩，m^3。对于矩形基础，$W = \frac{bl^2}{6}$；对于条形基础，因偏心在宽度 b 方向，并因取 $l = 1$，$W = \frac{b^2}{6}$；

e ——偏心距，m。$e = \frac{M_k}{F_k + G_k}$。

确定偏心受压基础的底面尺寸，可按下列步骤进行：

(1)先按下式估算基础底面积 A（对条形基础为宽度 b）：

$$A(\text{或 } b) = (1.1 \sim 1.4)\frac{F_k}{f_a - \bar{\gamma}d} \tag{11-13}$$

式中，1.1~1.4为偏心受压增大系数，偏心距大时取大值，小时取小值。

(2)偏心受压独立柱基础一般采用矩形，并使偏心方向在基础底面的长边 l 方向。按估算的底面积 A 并按长短边比值不大于2的原则初步确定矩形的尺寸。

(3)按式(11-8)或式(11-9)计算基底压力分布的最大最小值。

(4)按式(11-10)、式(11-11)验算，并最好同时满足“最小压力不小于0”的要求，如不能同时满足该二项要求，则应调整基底尺寸，重新验算。

(5)注意在条形基础的交叉处，不应重复计入面积。

三、软弱下卧层的承载力验算

在地基受力层范围内，当持力层下有软弱下卧层时，应按下式验算软弱下卧层顶面处的承载力：

$$p_z + p_{cz} \leqslant f_{az} \tag{11-14}$$

式中，p_z——相应于荷载效应标准组合时，软弱下卧层顶面处的附加压力，kPa。按式(11-15)和式(11-16)计算；

p_{cz}——软弱下卧层顶面处土的自重压力，kPa；

f_{az}——软弱下卧层顶面处经深度修正后的地基承载力特征值，kPa。

计算附加压力 p_z 时，可按第二章的方法计算。当上层持力层与软弱下卧层土的压缩模量比值大于或等于3时，也可应用压力扩散角法简化计算，即认为基底处的附加压力向下传递时，将按压力扩散角 θ 扩散，使承压面积逐渐增大，并均匀分布于软弱下卧层顶面上，见图11-11。

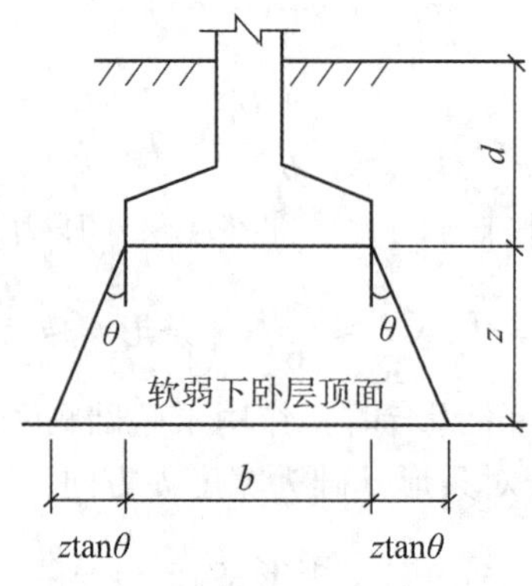

图11-11 软弱下卧层的验算

这样，根据基础底面处与软弱下卧层顶面处附加压力总值相等的条件，可得软弱下卧层顶面处附加压力 p_z 的计算公式如下：

条形基础：

$$p_z = \frac{b(p_k - p_c)}{b + 2z\tan\theta} \tag{11-15}$$

矩形基础：

$$p_z = \frac{lb(p_k - p_c)}{(l + 2z\tan\theta)(b + 2z\tan\theta)} \tag{11-16}$$

式中，l——条形基础的长度或矩形基础的长边尺寸，m；

b——矩形基础的短边尺寸或条形基础的宽度，m；

p_c——基础底面处土的自重压力，kPa；

p_k——相应于荷载效应标准组合时，基础底面处的平均压力值，kPa；

z——基础底面至软弱下卧层顶面的垂直距离，m；

θ——地基压力扩散角，见图 11-11，按表 11-8 采用。

以上二式中，分子为基底处的总压力，分母为扩散于软弱下卧层顶面上的分布面积。

表 11-8　　**地基压力扩散角 θ**

$\frac{E_{S1}}{E_{S2}}$	z/b	
	0.25	0.50
3	6°	23°
5	10°	25°
10	20°	30°

注：1. E_{S1} 为上层土压缩模量；E_{S2} 为下层土压缩模量；

2. $z/b < 0.25$ 时取 $\theta = 0°$，必要时，宜由试验确定；$z/b > 0.50$ 时，θ 值不变。此处 b 为矩形基础短边尺寸或条形基础宽度。

3. z/b 在 0.25~0.50 时可插值使用。

由以上二式可知，要减小作用于软弱下卧层顶面上的附加压力 p_z，可增大基底面积或减小基础埋深以增大 z 值。增大基础底面积是减小 p_z 的有效措施之一，但增大基础底面积将使基底下的压缩层厚度增大，从而可能增大基础沉降。因此，当条件容许时，可优先考虑减小基础埋深，以充分利用“硬壳”持力层发挥应力扩散作用。

[例题 11-1]　如图 11-12 所示，某工业厂房柱下独立基础，上部结构传来轴心竖向力 $F_{k1} = 1500\text{kN}$；偏心竖向力 $F_{k2} = 650\text{kN}$；另有水平方向剪力，$V = 200\text{kN}$，作用于距基底 1.5m 处；地下水位深 1.6m；持力层土质为黏性土，天然重度 $\gamma = 19\text{kN/m}^3$，孔隙比 $e = 0.75$，含水量 $\omega = 26.2\%$，塑限 $\omega_p = 23.2\%$，液限 $\omega_L = 35.2\%$，承载力特征值 $f_{ak} = 180\ \text{kPa}$。试确定基础底面尺寸。

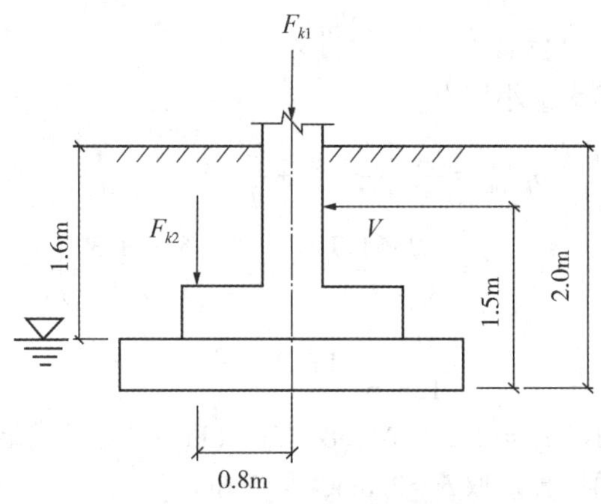

图 11-12　例题 11-1 附图

解：(1)修正地基承载力特征值。

液性指数：$I_L=\dfrac{\omega-\omega_p}{\omega_L-\omega_P}=\dfrac{26.2-23.2}{35.2-23.2}=0.25$

按 $e=0.75$、$I_L=0.25$ 查表5-14，得承载力修正系数：$\eta_b=0.3$，$\eta_d=1.6$。

基底以上土的加权平均重度 γ_m：$\gamma_m=\dfrac{19\times1.6+(19-10)\times0.4}{2.0}=17.0(\mathrm{kN/m^3})$

暂按基底宽度 $b\leqslant3\mathrm{m}$ 仅对地基承载力 f_{ak} 作基础埋深修正。

$$\begin{aligned}f_a&=f_{ak}+\eta_d\gamma_m(d-0.5)\\&=180+1.6\times17.0\times(2-0.5)\\&=220.8(\mathrm{kPa})\end{aligned}$$

(2)初步确定基底尺寸，暂取偏心受压增大系数1.4：

$$\begin{aligned}A&=1.4\times\frac{F_k}{f_a-(\bar{\gamma}d-0.4\gamma_\omega)}\\&=1.4\times\frac{1500+650}{220.8-(20\times2-0.4\times10)}\\&=11.6(\mathrm{m^2})\end{aligned}$$

取基底长宽比为2：

$$b\cdot2b=11.6$$

$$b=\sqrt{\frac{11.6}{2}}=2.4(\mathrm{m})$$

$$l=2.4\times2=4.8(\mathrm{m})$$

(3)计算偏心距 e。

基底处的总竖向力：

$$\begin{aligned}F_k+G_k&=1500+650+20\times2.4\times4.8\times2-10\times2.4\times4.8\times0.4\\&=2564.7(\mathrm{kN})\end{aligned}$$

对基底形心的总力矩：$M_k=650\times0.8+200\times1.5=820(\mathrm{kN\cdot m})$

偏心距：$e=\dfrac{M_k}{F_k+G_k}=\dfrac{820}{2564.7}=0.32(\mathrm{m})$

(4)计算基底边缘最大最小压力。

$$\begin{aligned}p_{k\,\min}^{\ \ \max}&=\frac{F_k+G_k}{A}\left(1\pm\frac{6e}{l}\right)\\&=\frac{2564.7}{2.4\times4.8}\times\left(1\pm\frac{6\times0.32}{4.8}\right)\\&=\begin{matrix}311.7\\133.6\end{matrix}(\mathrm{kPa})\end{aligned}$$

$311.7>1.2f_a=1.2\times220.8=265(\mathrm{kPa})$ （不满足要求）

(5)调整基底尺寸再验算。取 $b=2.8\mathrm{m}$，$l=5.6\mathrm{m}$

基底处总竖向力：

$$F_k+G_k=1500+650+20\times2.8\times5.6\times2-10\times2.8\times5.6\times0.4$$

$= 2714.5(\text{kN})$

偏心距：$e = \dfrac{M_k}{F_k + G_k} = \dfrac{820}{2714.5} = 0.302(\text{m})$

基底边缘最大最小压力：

$$p_{k\,\min}^{\,\max} = \frac{F_k + G_k}{A}\left(1 \pm \frac{6e}{l}\right) = \frac{2714.5}{2.8 \times 5.6} \times \left(1 \pm \frac{6 \times 0.302}{5.6}\right) = \frac{229.1}{117.1}(\text{kPa})$$

$$229.1 < 1.2f_a = 1.2 \times 220.8 = 265\ (\text{kPa})\quad（满足要求）$$

由以上计算，基底尺寸采用 $l \times b = 5.6\text{m} \times 2.8\text{m}$，设计符合要求。

[例题 11-2]　某外墙条形基础，上部结构传来轴心竖向力 $F_k = 280\text{kN/m}$，力矩 $M_k = 60\text{kN}\cdot\text{m/m}$。基础埋深为室外地面以下 0.8m，室内外高差 0.3m。场地土层自上而下为：第一层为黏性土，厚 3.2m，天然重度 $\gamma = 19\text{kN/m}^3$，压缩模量 $E_s = 10\text{MPa}$，承载力特征值 $f_{ak} = 185\text{kPa}$，并已知承载力修正系数 $\eta_b = 0$，$\eta_d = 1.0$；第二层为淤泥质土，压缩模量 $E_s = 2.0\text{MPa}$，承载力特征值 $f_{ak} = 80\text{kPa}$，$\eta_d = 1.0$。试确定基础底面尺寸，并验算下卧层承载力。

解：(1)确定基础底面尺寸。

修正持力层承载力特征值：

$$\begin{aligned} f_a &= f_{ak} + \eta_d\gamma_m(d - 0.5) \\ &= 185 + 1.0 \times 19 \times (0.8 - 0.5) \\ &= 190.7(\text{kPa}) \end{aligned}$$

初步确定基底宽度，暂取扩大系数为 1.3

基础平均埋深：$d = 0.8 + \dfrac{0.3}{2} = 0.95(\text{m})$

基底宽度：$b = 1.3 \times \dfrac{F_k}{f_a - \bar{\gamma}d} = 1.3 \times \dfrac{280}{190.7 - 20 \times 0.95} = 2.12(\text{m})$，取 2.2m

每延米基础上的竖向力 $F_k + G_k = 280+20\times2.2\times0.95=321.8(\text{kN/m})$

偏心距：$e = \dfrac{M_k}{F_k + G_k} = \dfrac{60}{321.8} = 0.186(\text{m})$

基底边缘最大最小压力：

$$\begin{aligned} p_{k\,\min}^{\,\max} &= \frac{F_k + G_k}{b}\left(1 \pm \frac{6e}{b}\right) \\ &= \frac{321.8}{2.2} \times \left(1 \pm \frac{6 \times 0.186}{2.2}\right) \\ &= \frac{220.5}{72.1}(\text{kPa}) \end{aligned}$$

$$220.5 < 1.2f_a = 1.2 \times 190.7 = 228.8\ (\text{kPa})\quad（满足要求）$$

经以上计算，可暂时确定基础底面宽度 $b = 2.2\text{m}$。但若下卧层验算不满足，仍需要重新调整。

(2)软弱下卧层承载力验算。

修正下卧层承载力特征值：

$$f_a = f_{ak} + \eta_d \gamma_m (d - 0.5)$$
$$= 80 + 1.0 \times 19 \times (3.2 - 0.5)$$
$$= 131.3\text{kPa}$$

确定压力扩散角 θ 。

$$\frac{E_{s1}}{E_{s2}} = \frac{10}{2} = 5$$

$$\frac{z}{b} = \frac{3.2 - 0.8}{2.2} = 1.1$$

查表 11-8，$\theta = 25°$

基础底面处土的自重压力：$p_c = 19 \times 0.8 = 15.2(\text{kPa})$

基础底面平均压力：$p_k = \dfrac{F_k + G_k}{b} = \dfrac{321.8}{2.2} = 146.3(\text{kPa})$

基础底面至下卧层顶面的距离 $z = 3.2 - 0.8 = 2.4(\text{m})$，下卧层顶面处的附加压力：

$$p_z = \frac{b(p_k - p_c)}{b + 2z\tan\theta} = \frac{2.2 \times (146.3 - 15.2)}{2.2 + 2 \times 2.4 \times \tan 25°} = 65.0\ (\text{kPa})$$

下卧层顶面处的自重压力：$p_{cz} = 19 \times 3.2 = 60.8(\text{kPa})$

下卧层承载力验算：

$$p_z + p_{cz} = 65.0 + 60.8 = 125.8(\text{kPa}) < f_a = 131.3\ \text{kPa}\quad（满足要求）$$

第五节　基础结构设计

一、无筋扩展基础

由前述知，无筋扩展基础所使用的材料抗压性能较好，但抗拉、抗剪性能较差。为了保证基础不因此而破坏，基础两侧扩展台阶的宽高比应控制在材料所能允许的范围之内，即基础高度应符合下式要求(见图 11-13)：

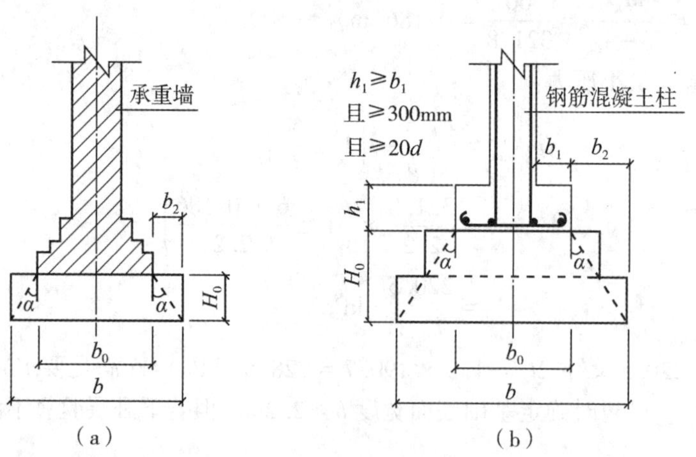

d—柱中纵向钢筋直径

图 11-13　无筋扩展基础构造示意

$$H_0 \geqslant \frac{b - b_0}{2\tan\alpha} \tag{11-17}$$

式中，b ——基础底面宽度；

b_0——基础顶面的墙体宽度或柱脚宽度；

H_0——基础高度；

b_2——对应 H_0 的基础台阶宽度；

$\tan\alpha$ ——基础台阶宽度与高度之比 $b_2 : H_0$。其允许值可按表 11-9 选用。

表 11-9　**无筋扩展基础台阶宽高比允许值**

基础材料	质量要求	台阶宽高比的允许值		
		$p_k \leqslant 100$	$100 < p_k \leqslant 200$	$200 < p_k \leqslant 300$
混凝土基础	C15 混凝土	1 : 1.00	1 : 1.00	1 : 1.25
毛石混凝土基础	C15 混凝土	1 : 1.00	1 : 1.25	1 : 1.50
砖基础	砖不低于 MU10、砂浆不低于 M5	1 : 1.50	1 : 1.50	1 : 1.50
毛石基础	砂浆不低于 M5	1 : 1.25	1 : 1.50	—
灰土基础	体积比为 3 : 7 或 2 : 8 灰土，其最小干密度： 粉土 1.55t/m^3 粉质黏土 1.50t/m^3 黏土 1.45t/m^3	1 : 1.25	1 : 1.50	—
三合土基础	体积比 1 : 2 : 4～1 : 3 : 6（石灰；砂；骨料），每层约虚铺 220mm，夯至 150mm	1 : 1.50	1 : 2.00	—

注：1. p_k 为荷载效应标准组合时，基础底面处的平均压力值（kPa）；

2. 阶梯形毛石基础的每阶伸出宽度，不宜大于 200mm；

3. 当基础由不同材料叠合组成时，应对接触部分作抗压验算；

4. 混凝土基础单侧扩展范围内基础底面处的平均压力值超过 300kPa 的混凝土基础，尚应进行抗剪验算；对基底反力集中于立柱附近的岩石地基，应进行局部受压承载力计算。

当在无筋扩展基础上采用钢筋混凝土柱时，其柱脚高度 h_1 不得小于 b_1（图 11-13(b)），并不应小于 300mm 且不小于 $20d$（d 为柱中纵向受力钢筋的最大直径）。当柱纵向钢筋在柱脚内的竖向锚固长度不满足锚固要求时，可沿水平方向弯折，弯折后的水平锚固长度不应小于 $10d$，也不应大于 $20d$。

［**例题 11-3**］　某建筑承重外砖墙，厚 370mm；室内外地面高差 0.4m；自室外地面算起基础埋深 1.2m；采用混凝土与砖无筋基础。场地自上而下第一层土为杂填土，厚 0.9m，天然重度 $\gamma = 16.5\text{kN/m}^3$；第二层土为粉质黏土，厚 5.6m，重度 $\gamma = 18\text{kN/m}^3$，承

载力特征值$f_{ak}=180$kPa，并已知承载力修正系数$\eta_b=0.3$，$\eta_d=1.6$。上部结构传来竖向荷载$F_k=200$kN/m。试设计该墙下条形基础。

解：(1)修正地基承载力特征值，暂取基底宽$b\leqslant 3$m。

基底以上土的加权平均重度：$\gamma_m=\dfrac{16.5\times 0.9+18\times 0.3}{0.9+0.3}=16.88(\text{kN/m}^3)$

修正后的地基承载力特征值：$f_a=f_{ak}+\eta_d\gamma_m(d-0.5)$

$$=180+1.6\times 16.88\times(1.2-0.5)=198.9(\text{kPa})$$

(2)确定基底宽度。

基础平均埋深：$d=1.2+\dfrac{0.4}{2}=1.4(\text{m})$

基底宽度：$b=\dfrac{F_k}{f_a-\bar{\gamma}d}=\dfrac{200}{198.9-20\times 1.4}$

$=1.17(\text{m})$

取$b=1.2$m。

(3)选择基础材料，确定基础剖面尺寸。

采用C15混凝土，厚300mm，其上用MU10砖、M5水泥砂浆砌大放脚，二、一间隔收。

由表11-9查得混凝土基础的宽高比允许值为1∶1，则砖砌大放脚底宽应为

$$b_0=1200-300\times 2=600\ (\text{mm})$$

取$b_0=620$mm。

基础剖面图见图11-14。

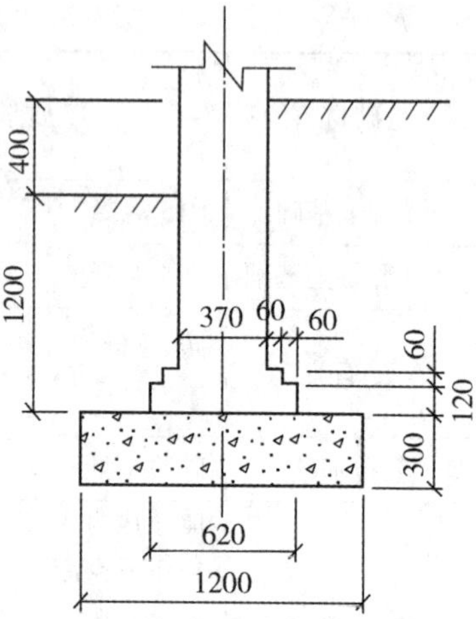

图11-14 例题11-3附图

二、扩展基础的构造要求

扩展基础是指墙下钢筋混凝土条形基础和柱下钢筋混凝土独立基础，扩展基础的构造，应符合下列要求：

(1)锥形基础的边缘高度不宜小于200mm，且两个方向的坡度不宜大于1∶3；当基础的中间高度H_0不大于250mm时，可做成等厚度平板；锥形基础底板与钢筋混凝土柱的连接部位宜做成平台，平台围绕柱子根部四周，宽度一般取50mm，见图11-15(a)。

(2)阶梯形基础的每阶高度，宜为300~500mm，见图11-15(b)。

(3)垫层的厚度不宜小于70mm，通常取100mm；垫层的混凝土强度等级通常取C10，且不宜低于C10。

(4)扩展基础的底板受力钢筋最小配筋率不应小于0.15%，最小直径不应小于10mm，间距不应大于200mm，也不应小于100mm。墙下钢筋混凝土条形基础纵向分布钢筋的直径不应小于8mm，间距不应大于300mm；分布钢筋的截面积不应小于每延米受力钢筋截面积的15%。当有垫层时钢筋保护层的厚度不应小于40mm，无垫层时不应小于70mm。

(5)混凝土强度等级不应低于C20。另根据《混凝土结构设计规范》的规定，当环境类

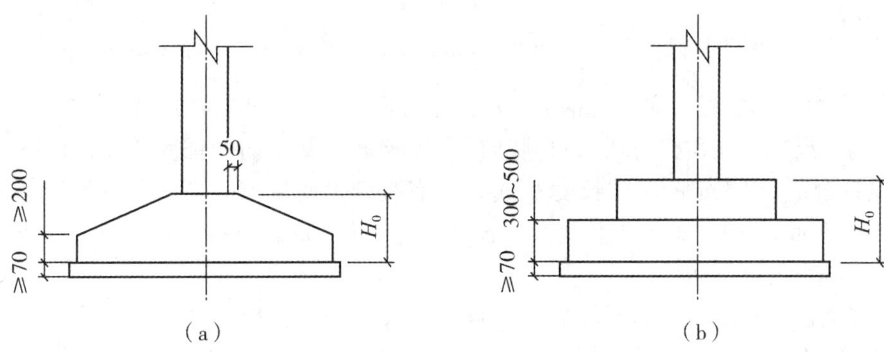

图 11-15　扩展基础构造

别为二 a 类时(见《混凝土结构设计规范》表 3.5.2)，应不低于 C25。

(6)当柱下独立基础的边长和墙下条形基础的宽度大于或等于 2.5m 时，底板受力钢筋的长度可取边长或宽度的 0.9 倍，并应交错布置，见图 11-16(a)。

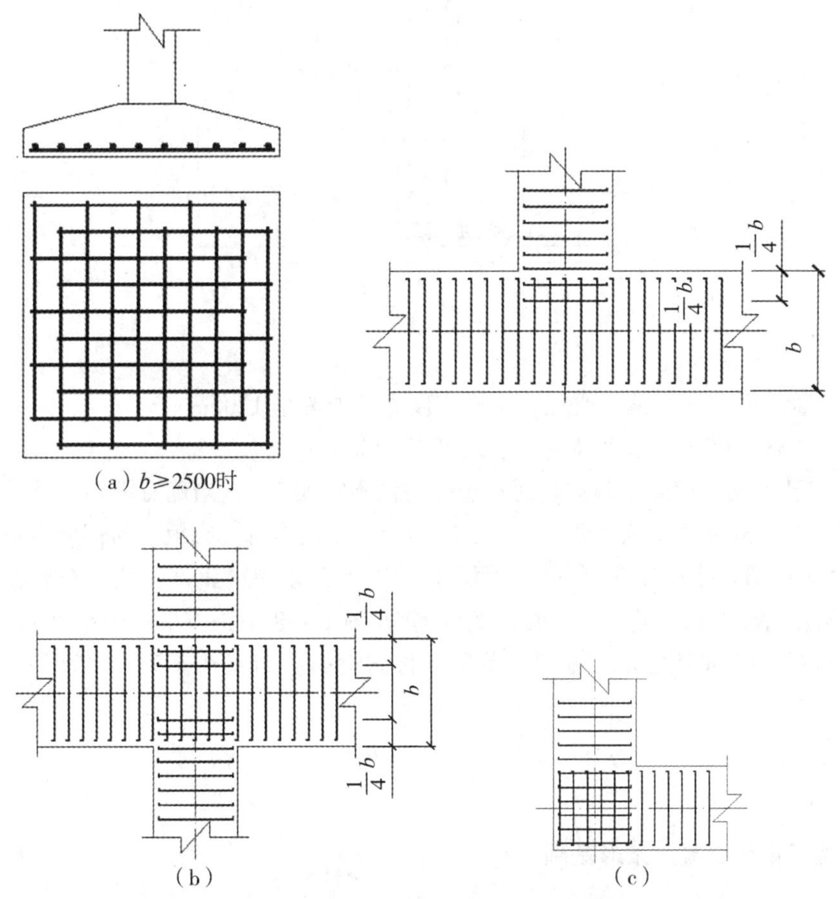

图 11-16　扩展基础底板受力钢筋布置

(7)墙下条形基础在T形及十字形交接处，底板横向受力钢筋仅沿一个主要受力方向通长布置，另一个方向的横向受力钢筋可布置到主要受力方向底板宽度的$\frac{1}{4}$处(见图11-16(b))。在拐角处底板横向受力钢筋应沿两个方向布置(见图11-16(c))。

(8)钢筋混凝土柱和剪力墙纵向(竖向)受力钢筋在基础内的锚固长度，应符合《混凝土结构设计规范》中规定的锚固长度l_a或l_{aE}(有抗震设防要求时)。当基础高度小于规定的锚固长度l_a或l_{aE}时，其最小直锚段的长度不应小于$20d$，弯折段长度不应小于150mm，且总长度不应小于l_a或l_{aE}。

(9)现浇柱的基础，其插筋的数量、直径以及钢筋种类应与柱内纵向受力钢筋相同。插筋的锚固长度应满足上述第8条的要求。插筋的下端宜做成直钩放在基础底板钢筋网上。当符合下列条件之一时，可仅将四角的插筋伸至底板钢筋网上，其余插筋锚固在基础顶面下l_a或l_{aE}处(见图11-17)，此时，应设置箍筋将未伸至底板的插筋固定。

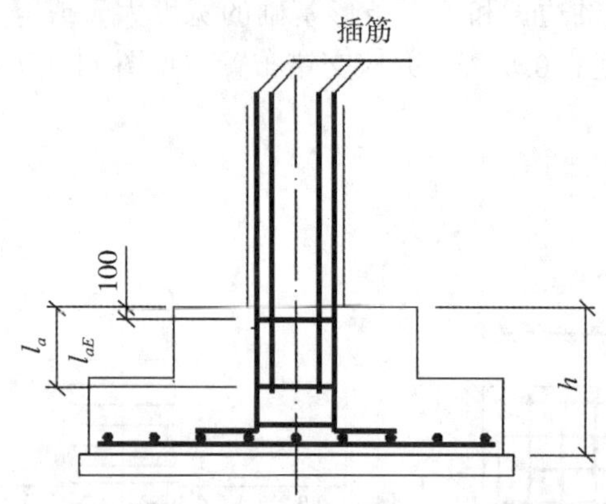

图11-17　现浇柱基础插筋构造示意

①柱为轴心受压或小偏心受压，基础高度大于或等于1200mm；

②柱为大偏心受压，基础高度大于或等于1400mm。

(10)前已述及，矩形基础的底面长短边比值不宜大于2，当确有需要，柱下独立基础底面长短边之比ω在大于或等于2、小于或等于3的范围时，底板短向钢筋应按下述方法布置：将短向全部钢筋(计算所得)截面积A_s乘以λ后求得的钢筋，均匀布置在与柱中心线重合的宽度等于基础短边l的中间带宽范围内(图11-18中正方形阴影范围)，其余的短向钢筋则布置在中间带宽的两侧剩余范围。长向钢筋应布置在基础全宽范围。λ按下式计算：

$$\lambda = 1 - \frac{\omega}{6}$$

三、墙下钢筋混凝土条形基础

根据规范规定，计算基础结构内力、确定配筋和验算材料强度时，上部结构传来的荷载效应组合和基底反力，应按承载能力极限状态下荷载效应的基本组合，采用相应的分项

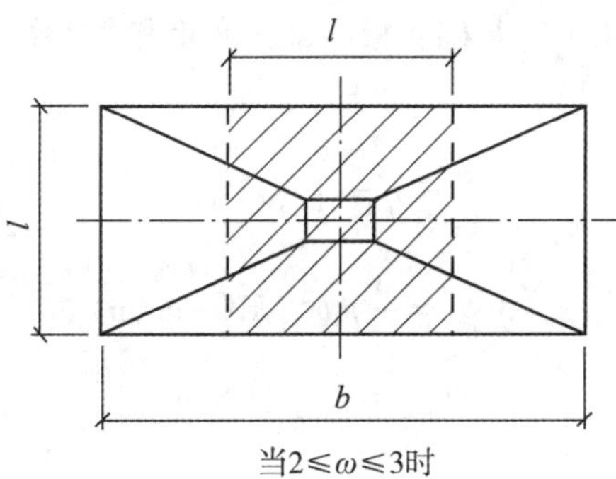

图 11-18　基础底板短向钢筋布置示意图

系数。

按照上述要求，基底处的竖向荷载应为荷载效应的基本组合值 $F_l + G_l$，但由于基础及上覆土的自重 G_l 与相应的那一部分基底反力相抵消，所以，使基础底板产生破坏的地基反力实际上只有相应于 F_l 的那一部分反力，用 p_j 表示，称作基底净反力。

1. 基础底板的内力计算

当把基础底板看作倒置的悬臂板时，在基底净反力 p_j 的作用下，将在底板内产生弯矩 M 和剪力 V。由材料力学知，基础底板内最大弯矩 M_{max} 和最大剪力 V_{max} 均应发生在悬臂板的根部，即砌体墙身两侧的Ⅰ—Ⅰ和Ⅱ—Ⅱ两截面处(图 11-19(a))；对于带有混凝土基础肋梁的条形基础，则在肋梁两侧根部(图 11-19(b))，则该两处截面为基础底板的最危险截面。

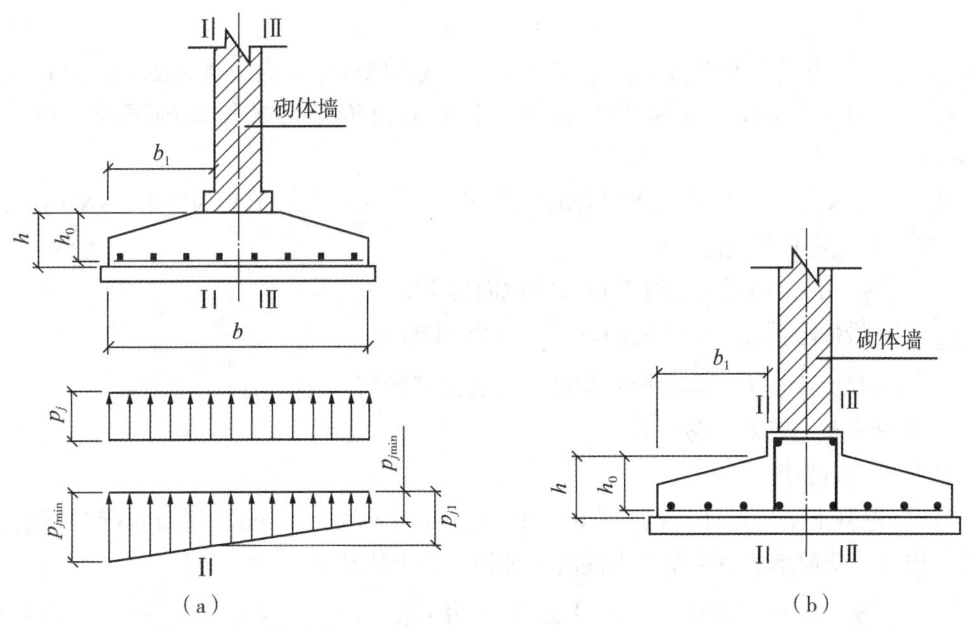

图 11-19　墙下钢筋混凝土条形基础的内力计算

在轴心或偏心荷载作用下，基础底板内最大弯矩和最大剪力分别按以下各式计算：

(1)轴心荷载时：

$$p_j = \frac{F_l}{b}\ (\text{kPa}) \tag{11-18}$$

$$M_{\max} = \frac{1}{2}p_j b_1^2\ (\text{kN}\cdot\text{m/m}) \tag{11-19}$$

$$V_{\max} = p_j b_1\ (\text{kN/m}) \tag{11-20}$$

(2)偏心荷载时：

基底边缘最大和最小净反力：

$$p_{j\,\substack{\max\\ \min}} = \frac{F_l}{b} \pm \frac{M_l}{W} = \frac{F_l}{b} \pm \frac{6M_l}{b^2} = \frac{F_l}{b}\left(1 \pm \frac{6e}{b}\right)\ (\text{kPa}) \tag{11-21}$$

最危险截面Ⅰ—Ⅰ处(图 11-19(a))的地基净反力：

$$p_{j\mathrm{I}} = p_{j\min} + \frac{b-b_1}{b}(p_{j\max} - p_{j\min})\ (\text{kPa}) \tag{11-22}$$

最大净反力和最危险截面净反力的平均值：

$$\bar{p}_j = \frac{1}{2}(p_{j\max} + p_{j\mathrm{I}})\ (\text{kPa}) \tag{11-23}$$

基础底板的最大弯矩：

$$M_{\max} = \frac{2p_{j\max} + p_{j\mathrm{I}}}{6}\cdot b_1^2\ (\text{kN}\cdot\text{m/m}) \tag{11-24}$$

基础底板的最大剪力：

$$V_{\max} = \bar{p}_j b_1\ (\text{kN/m}) \tag{11-25}$$

式中，$p_{j\,\substack{\max\\ \min}}$——相应于荷载效应基本组合时，基底边缘处净反力的最大最小值，kPa；

F_l——相应于荷载效应基本组合时，上部结构传至每米长基础顶面的竖向力，kN/m；

M_l——相应于荷载效应基本组合时，上部结构传来对基底形心的力矩，kN·m/m；

b——基础底板的宽度，m；

b_1——基底最大净反力边缘至最危险截面的距离，m；

$p_{j\mathrm{I}}$——最危险截面Ⅰ—Ⅰ处的基底净反力，kPa；

$\bar{p}_j$——最大净反力和最危险截面处净反力的平均值，kPa。

2. 基础底板高度及配筋计算

1)基础底板高度

根据《混凝土结构设计规范》(GB50010—2010)的规定，不配置箍筋和弯起钢筋的板类受弯构件，受剪承载力应全部由混凝土承担，按下式计算：

$$V_{\max} \leqslant 0.7\beta_h f_t h_0 \tag{11-26}$$

$$h_0 \geqslant \frac{V_{\max}}{0.7\beta_h f_t}\ (\text{m}) \tag{11-27}$$

式中，β_h ——截面高度影响系数，$\beta_h = \left(\frac{800}{h_0}\right)^{\frac{1}{4}}$。当 $h_0 < 800$mm 时，取 $h_0 = 800$mm；当 $h_0 > 2000$mm 时，取 $h_0 = 2000$mm；

f_t ——混凝土轴心抗拉强度设计值，kPa，按表 11-10 查取；

h_0——基础底板有效高度，m；

h ——基础底板高度，m。设计初选时可取 $h = \frac{b}{8}$，最后确定时宜取 50mm 的整数倍。

2)基础底板的配筋

在每米长条形基础底板内，受力钢筋的总截面面积可按下式计算：

$$A_S = \frac{M_{max}}{0.9h_0f_y} \quad (\mathrm{mm^2/m}) \tag{11-28}$$

式中，A_S ——基础在每米长内受力钢筋的总截面面积，mm²/m；

f_y ——钢筋抗拉强度设计值，N/mm²，按表 11-11 查取。

表 11-10　　**混凝土强度设计值**

混凝土强度等级	C15	C20	C25	C30	C35	C40	C45	C50	C55	C60	C65	C70	C75	C80
轴心抗压 f_c (N/mm²)	7.2	9.6	11.9	14.3	16.7	19.1	21.1	23.1	25.3	27.5	29.7	31.8	33.8	35.9
轴心抗拉 f_t(N/ mm²)	0.91	1.10	1.27	1.43	1.57	1.71	1.80	1.89	1.96	2.04	2.09	2.14	2.18	2.22

注：1. 计算现浇钢筋混凝土轴心受压及偏心受压构件时，如截面的长边或直径小于 300mm，则表中混凝土的强度设计值应乘以系数 0.8；当构件质量(如混凝土成型、截面和轴线尺寸等)确有保证时，可不受此限制；

2. 离心混凝土的强度设计值应按专门标准取用。

表 11-11　　**普通钢筋强度设计值**　　(单位：N/mm²)

钢筋牌号	符号	抗拉强度设计值 f_y	抗压强度设计值 f'_y
HPB300	Φ	270	270
HRB335	Φ	300	300
HRBF335	$Φ^F$		
HRB400	Φ	360	360
HRBF400	$Φ^F$		
RRB400	$Φ^R$		
HRB500	Φ	435	410
HRBF500	$Φ^F$		

[例题 11-4]　某墙下钢筋混凝土条形基础，已知墙厚 240mm；作用于基础顶面的轴心竖向力 $F_l = 280\text{kN/m}$；力矩 $M_l = 12\text{kN}\cdot\text{m/m}$；基础底板宽度已确定为 2.3m，试计算基础底板的最大弯矩和最大剪力。

解：(1)基础底板两边缘处的最大最小净反力：

$$p_{j\,\substack{\max\\ \min}} = \frac{F_l}{b} \pm \frac{6M_l}{b^2} = \frac{280}{2.3} \pm \frac{6\times 12}{2.3^2}$$

$$= \frac{135.35}{108.13}\ (\text{kPa})$$

(2)最危险截面至最大净反力边缘的距离：

$$b_1 = \frac{1}{2}(2.3 - 0.24) = 1.03(\text{m})$$

(3)最危险截面处的地基净反力：

$$p_{j\text{I}} = p_{j\min} + \frac{b - b_1}{b}(p_{j\max} - p_{j\min})$$

$$= 108.13 + \frac{2.3 - 1.03}{2.3}(135.35 - 108.13)$$

$$= 123.16(\text{kPa})$$

(4)最大净反力与最危险截面处净反力的平均值：

$$\bar{p}_j = \frac{1}{2}(p_{j\max} + p_{j\text{I}})$$

$$= \frac{1}{2}\times(135.35 + 123.16) = 129.26(\text{kPa})$$

(5)基础底板最大弯矩：

$$M_{\max} = \frac{2p_{j\max} + p_{j\text{I}}}{6}\cdot b_1^2$$

$$= \frac{2\times 135.35 + 123.16}{6}\times 1.03^2$$

$$= 69.64(\text{kN}\cdot\text{m/m})$$

(6)基础底板最大剪力：

$$V_{\max} = \bar{p}_j b_1 = 129.26\times 1.03 = 133.14\ (\text{kN/m})$$

[例题 11-5]　已知条件同例题 11-4。试确定基础底板高度及配筋。

解：混凝土选用 C30, $f_t = 1.43\text{N/mm}^2$；钢筋选用 HRB335, $f_y = 300\text{N/mm}^2$；底板下设 100mm 厚 C10 混凝土垫层。由例题 11-4 已解得：$V_{\max} = 133.14\text{kN/m}$, $M_{\max} = 69.64\text{kN}\cdot\text{m/m}$ 。

(1)基础底板高度：

$$h_0 \geqslant \frac{V_{\max}}{0.7\beta_h f_t} = \frac{133.14}{0.7\times 1.0\times 1.43\times 10^3} = 0.133(\text{m}) = 133\text{mm}$$

$$h \geqslant h_0 + 40 = 133 + 40 = 173(\text{mm})$$

取 $h = 250\text{mm}$ 。

(2)每米长基础底板受力钢筋截面面积：

$$A_S \geqslant \frac{M_{max}}{0.9h_0f_y} = \frac{69.64 \times 10^6}{0.9 \times (250-40) \times 300} = 1228.2\ (mm^2/m)$$

受力钢筋选配9 Φ 14，$A_s = 153.9 \times 9 = 1385.1mm^2$，间距110mm。分布钢筋选Φ8 均布9 根。基础剖面图见图 11-20。

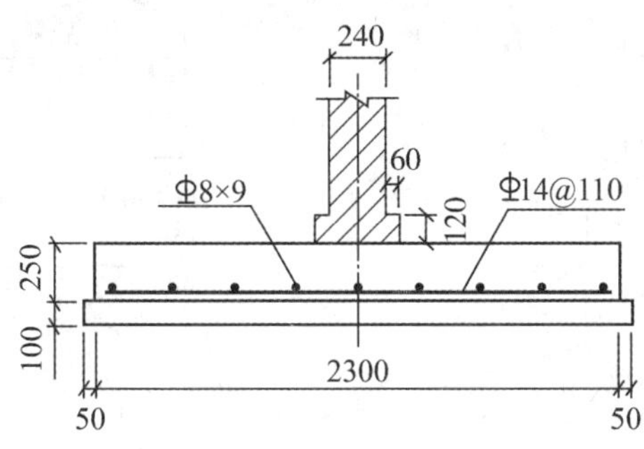

图 11-20 例题 11-5 附图

四、柱下钢筋混凝土独立基础

柱下钢筋混凝土独立基础与墙下钢筋混凝土条形基础的构造和破坏形式，主要不同有以下三点：一是柱对基础底板的荷载作用面积仅限于柱截面范围，面积很小、荷载集中，因而对基础底板的作用类似于冲床的冲头，若底板的抗冲切承载力不足，就可能被冲切破坏。二是基础底板的形状一般为正方形或矩形，长短边的比值一般不大于 2，这时，在基础底板的两个方向均有弯矩产生，根据《混凝土结构设计规范》(GB50010—2010)的规定，这种情况下应按双向板设计。因此，在矩形或正方形基础底板的两个方向均需配置受力钢筋，而没有分布筋。三是当柱子的混凝土强度等级大于基础底板的混凝土强度等级时，由于荷载集中于柱截面范围，有可能使基础底板被局部压溃，因此，应验算局部受压承载力，验算方法见《混凝土结构设计规范》(GB50010—2010)。

1. 基础底板的冲切破坏与验算

1)柱对底板的冲切破坏

图 11-21 是一正方形柱下独立基础，在柱荷载作用下，如果基础底板高度不足，将沿柱子四周被冲切破坏，在底板中间柱下位置冲切掉一个 45° 斜破裂面的四棱角锥体(见图 11-21(a))。如果是阶梯形基础，上阶对下阶也会产生同样的冲切破坏作用。

在基础底面上，当冲切破坏四棱角锥体的底面全部落在基础底面范围之内时，地基净反力 p_j 可分为两部分：一部分分布在角锥体底面积 A_Z 上，其值为 p_jA_Z ；另一部分分布在角锥体外四周(见图 11-21(b))的底面积 $A - A_Z$ 上，其值为 $p_j(A - A_Z)$ 。显然，二者之和应等于柱子传给基础的荷载 F_l 。在这两部分基底净反力中，前者 p_jA_Z 与一部分柱荷载抵消，后者 $p_j(A - A_Z)$ 则形成了对基础底板的冲切破坏力。

在产生冲切力的基底面积 $A - A_Z$ 中，又可分成四个部分(图 11-21(b)中①、②、③、④)，每一部分对应角锥体的一个正梯形破裂面(图 11-22)。显然，如果是如图 11-21 所示的轴心受压正方形基础，四块面积相等，净反力相等，每块面积上形成的冲切力也是相

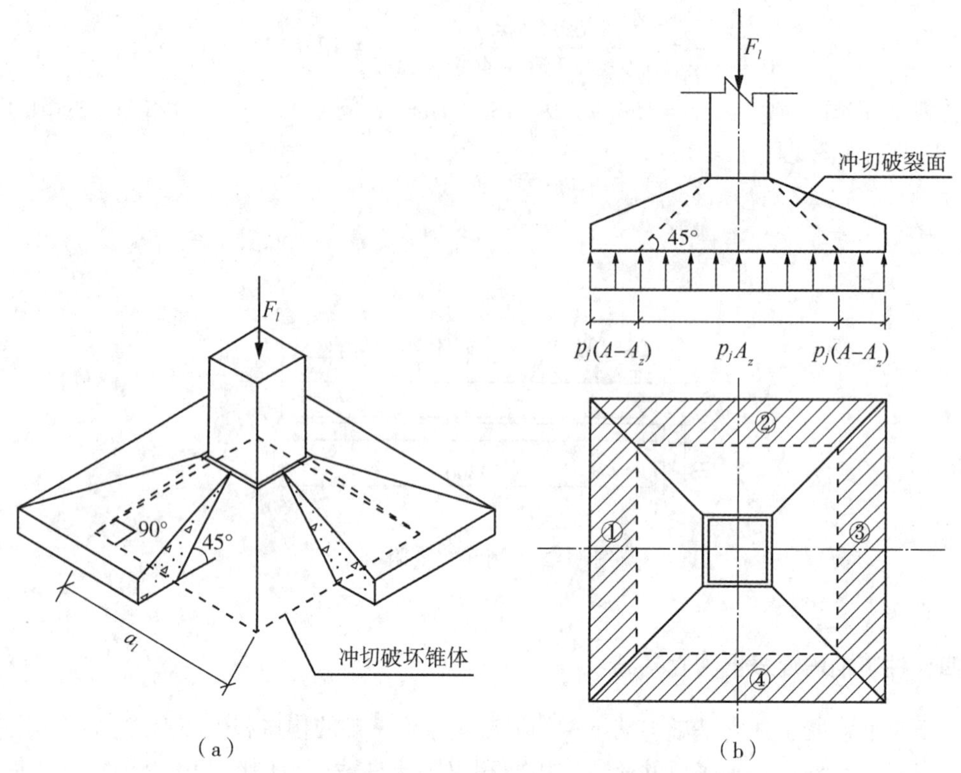

图 11-21 冲切角锥体的形成与冲切力的作用面积

等的。而如果是偏心受压基础，则基底反力最大的那一侧形成的冲切力也最大，该侧对应的破裂面也就是最危险的冲切破裂面。

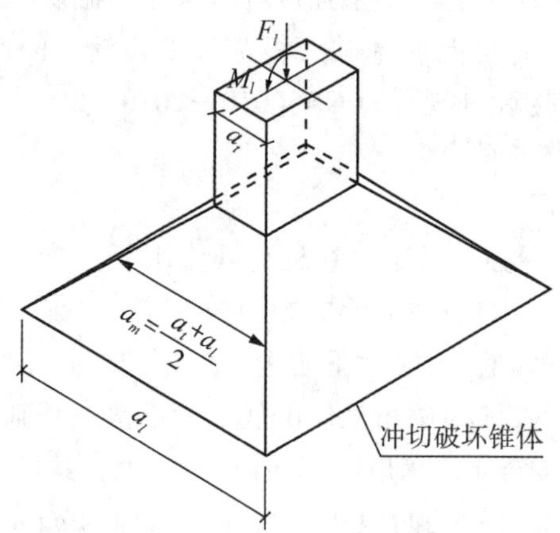

图 11-22 冲切角锥体破裂面与计算长度

2) 抗冲切验算时取用的基底净反力作用面积

由于矩形基础的两个边长不同，偏心受压时基底净反力又非均布，抗冲切验算时，所取用的基底净反力作用面积 A_l 也就不同。设柱截面的长边和短边尺寸为 a_c 和 a_t，基础底板的长边和短边尺寸为 b 和 l，则当冲切四棱角锥体的底面积全部落入基底面积之内，即 $l > a_t + 2h_0$(图 11-23)时，形成冲切角锥体最危险一侧冲切力的净反力作用面积 A_l 应为图中 123456 围成的阴影面积，按下式计算：

$$A_l = \left(\frac{b}{2} - \frac{a_c}{2} - h_0\right) \cdot l - \left(\frac{l}{2} - \frac{a_t}{2} - h_0\right)^2 \tag{11-29}$$

当验算阶梯形基础上阶对下阶的冲切时，面积取值方法相同，只需把 a_c 和 a_t 换为上阶的长边和短边尺寸，把 h_0 换为下阶的有效高度即可(图 11-23(b))。

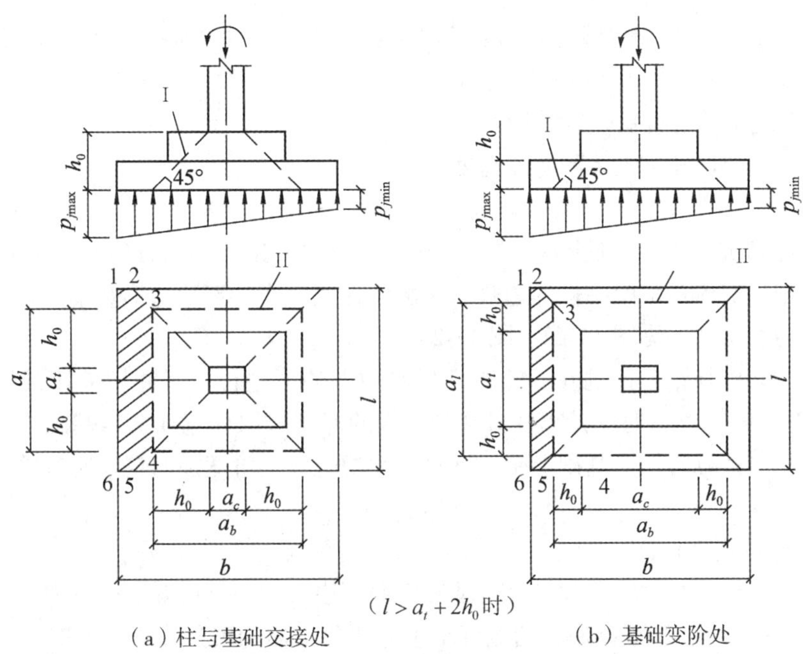

（a）柱与基础交接处　　（b）基础变阶处

Ⅰ—冲切破坏锥体最不利一侧的斜截面；Ⅱ—冲切破坏锥体的底边线

图 11-23　计算冲切承载力时取用的地基净反力作用面积

3)冲切力

形成冲切力的基底净反力作用面积 A_l 确定之后，按下式计算冲切力：

$$F_V = p_j A_l \tag{11-30}$$

式中，F_V——相应于荷载效应基本组合时，作用在基底面积 A_l 上的地基总净反力设计值，即冲切力，kN；

p_j——相应于荷载效应基本组合时，扣除基础自重和上覆土重量后的基底单位面积净反力，对偏心受压基础可近似取基础边缘处的最大净反力，kPa；

基底净反力 p_j 按以下各式计算：

轴心荷载时：

$$p_j = \frac{F_l}{A} \tag{11-31}$$

偏心荷载时：

$$p_{j\max} = \frac{F_l}{A} + \frac{M_l}{W} = \frac{F_l}{A} + \frac{6M_l}{b^2} = \frac{F_l}{A}\left(1 + \frac{6e}{b}\right) \tag{11-32}$$

4)抗冲切承载力验算

对矩形截面柱的矩形基础，当 $l > a_t + 2h_0$ 时，混凝土底板的抗冲切承载力按下式验算：

$$F_V \leqslant 0.7\beta_{hp}f_t a_m h_0 \tag{11-33}$$

$$a_m = \frac{a_t + a_l}{2} \tag{11-34}$$

式中，β_{hp} ——抗冲切承载力截面高度影响系数，当 $h \leqslant 800$mm 时，β_{hp} 取 1.0；当 $h > 2000$mm 时，β_{hp} 取 0.9，其间按线性内插法取用；

f_t ——混凝土轴心抗拉强度设计值；

h_0——基础冲切破坏锥体的有效高度；

a_m ——冲切破坏锥体最危险一侧的计算长度，见图 11-22；

a_t ——冲切破坏锥体最危险一侧正梯形斜截面的上边长。当计算柱对基础底板的冲切时，取柱截面对应最危险一侧的边长，一般为柱宽；当计算阶梯形基础上阶对下阶的冲切时，一般为上阶宽，见图 11-22、图 11-23；

a_l ——冲切破坏锥体最危险一侧正梯形斜截面的下边长。当冲切破坏锥体的底面在基础之内($l > a_t + 2h_0$)时，计算柱对基础底板的冲切时取柱宽加两倍基础有效高度，即 $a_l = a_t + 2h_0$；当计算阶梯形基础上阶对下阶的冲切时取上阶宽加两倍下阶有效高度，见图 11-22、图 11-23。

2. 受剪切承载力计算

当基础底面长短边比值较大时，若基础底面短边尺寸小于或等于柱宽加两倍基础有效高度($l \leqslant a_t + 2h_0$)，即基础底板的宽度小于冲切角锥体的底边宽度，此时，柱对基础或阶梯形基础的上阶对下阶已不具备形成冲切的条件，而应按斜截面受剪计算其承载力。

按斜截面受剪计算承载力时，取用的净反力作用面积应为图 11-24(b)、(c)中 AAⅠⅠ、AAⅡⅡ 围成的阴影面积，按下式计算：

$$A_l = \frac{b - a_c}{2} \cdot l \tag{11-35}$$

剪力设计值应为阴影面积和该面积范围基底净反力平均值的乘积，当为偏心受压时，也可取用边缘最大值计算：

$$V_s = p_j A_l \tag{11-36}$$

斜截面受剪承载力按下式计算：

$$V_s \leqslant 0.7\beta_{hs}f_t A_0 \tag{11-37}$$

$$\beta_{hs} = \left(\frac{800}{h_0}\right)^{\frac{1}{4}} \tag{11-38}$$

式中，V_s ——相应于荷载效应基本组合时，柱与基础交接处或阶梯形基础上阶对下阶交接处(图 11-24 中Ⅰ—Ⅰ截面或Ⅱ—Ⅱ截面)的剪力设计值，kN。V_s 应取图 11-24 中的阴影面积(AAⅠⅠ 或AAⅡⅡ)乘以该面积范围内的基底平均净反力；

β_{hs}——受剪切承载力截面高度影响系数，当 h_0 < 800mm 时，取 h_0 = 800mm；当 h_0 > 2000mm 时，取 h_0 = 2000mm；

A_0——验算截面处基础的有效截面面积，m^2。取图 11-24 中Ⅰ—Ⅰ或Ⅱ—Ⅱ截面有效高度范围内的截面积。也可将其截面折算成矩形面积计算，截面的折算宽度和有效高度按《建筑地基基础设计规范》附录 u 计算。

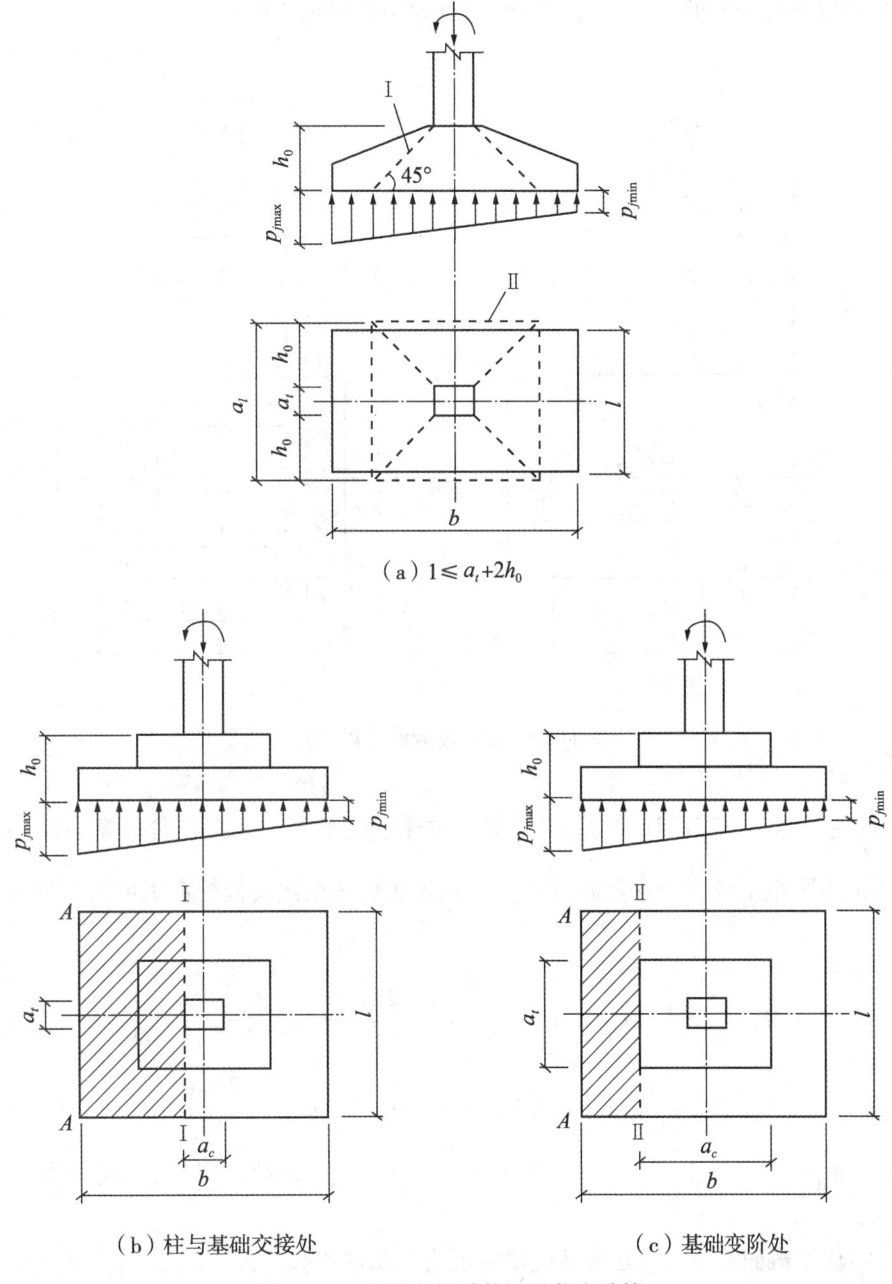

图 11-24　基础底板受剪切承载力计算

3. 基础底板的弯矩破坏与配筋计算

柱下矩形基础底板的受弯破坏特点是：沿柱角(或阶梯形基础的上阶角)至底板角将底板分割成四块正梯形面积(图 11-25)，每块梯形面积对应一条柱边(或上阶边)，可看作固接在柱子(或上阶)上的四块倒置的悬臂板，地基净反力作用在悬臂板上，最大弯矩显然在柱边的Ⅰ—Ⅰ和Ⅱ—Ⅱ截面处，对于阶梯形基础，还应计算在两个方向变阶处的弯矩。矩形基础底板在两个方向的弯矩，等于相应梯形面积上的地基净反力的合力对柱边或阶梯形基础变阶处截面的力矩，合力的作用点为梯形面积的形心。

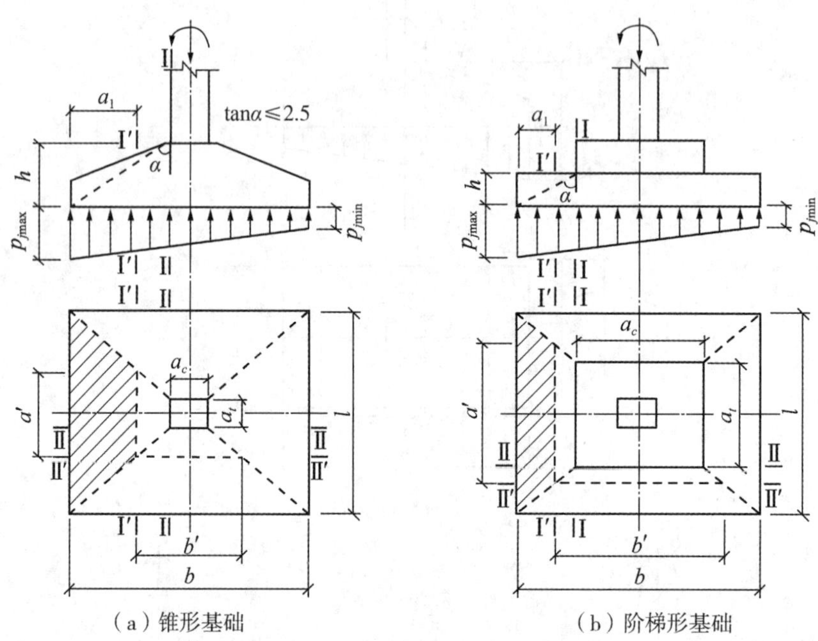

（a）锥形基础　　（b）阶梯形基础

图 11-25　矩形基础的弯矩计算

根据《建筑地基基础设计规范》的要求，对柱下矩形基础，当台阶的宽高比小于或等于 2. 5 和偏心距小于或等于$\frac{1}{6}$基础宽度时，基础底板任意截面处的弯矩可按下列简化方法计算：

$$M'_{\mathrm{I}}=\frac{1}{12}a_1^2\left[(2l+a')\left(p_{l\max}+p'-\frac{2G_l}{A}\right)+(p_{l\max}-p')\cdot l\right] \tag{11-39}$$

$$M'_{\mathrm{II}}=\frac{1}{48}(l-a')^2(2b+b')\left(p_{l\max}+p_{l\min}-\frac{2G_l}{A}\right) \tag{11-40}$$

式中，M'_{I}、M'_{II}——任意截面 I ′—I ′ 和 II ′—II ′ 处相应于荷载效应基本组合时的弯矩设计值，kN · m；

a_1——任意截面 I ′ - I ′ 处至基底最大反力边缘的距离，m；

l、b——基础底面的边长，m。偏心荷载时，偏心在 b 方向；

$p_{l\max}$、$p_{l\min}$——相应于荷载效应基本组合时，基础底面边缘最大和最小地基反力设计值，kPa；

p' ——相应于荷载效应基本组合时，在任意截面Ⅰ′—Ⅰ′处基础底面地基反力设计值，kPa；

G_l ——考虑荷载分项系数的基础自重及上覆土重。当组合值由永久荷载控制时，分项系数可取1.35，则 $G_l = 1.35G_k$，G_k 为基础及其上覆土的标准自重。

应用式(11-39)、式(11-40)计算时，式中 $p_{l\,\min}^{\;\max}$ 指地基反力设计值，而非净反力设计值。

在实际工程应用中，通常只需计算柱边截面(阶梯形基础尚应计算上阶边截面)处的弯矩(Ⅰ—Ⅰ和Ⅱ—Ⅱ截面处)，由式(11-39)和式(11-40)可得出Ⅰ—Ⅰ和Ⅱ—Ⅱ截面处的弯矩计算式如下：

1)偏心荷载时

取 $a_1 = \dfrac{b - a_c}{2}$、$a' = a_t$、$b' = a_c$、$p' = p_{\mathrm{I}}$，代入式(11-39)和式(11-40)，可得：

$$M_{\mathrm{I}} = \frac{1}{48}(b - a_c)^2\left[(2l + a_t)\left(p_{l\max} + p_{\mathrm{I}} - \frac{2G_l}{A}\right) + (p_{l\max} - p_{\mathrm{I}}) \cdot l\right] \tag{11-41}$$

$$M_{\mathrm{II}} = \frac{1}{48}(l - a_t)^2(2b + a_c)\left(p_{l\max} + p_{l\min} - \frac{2G_l}{A}\right) \tag{11-42}$$

因 $p_{l\max} = p_{j\max} + \dfrac{G_l}{A}$、$p_{l\min} = p_{j\min} + \dfrac{G_l}{A}$、$p_{\mathrm{I}} = p_{j\mathrm{I}} + \dfrac{G_l}{A}$，代入以上二式，可得：

$$M_{\mathrm{I}} = \frac{1}{48}(b - a_c)^2[(2l + a_t)(p_{j\max} + p_{j\mathrm{I}}) + (p_{j\max} - p_{j\mathrm{I}}) \cdot l] \tag{11-43}$$

$$M_{\mathrm{II}} = \frac{1}{48}(l - a_t)^2(2b + a_c)(p_{j\max} + p_{j\min}) \tag{11-44}$$

$$p_{j\mathrm{I}} = p_{j\min} + \frac{b - a_1}{b}(p_{j\max} - p_{j\min}) \tag{11-45}$$

$$a_1 = \frac{b - a_c}{2} \tag{11-46}$$

式中，$p_{j\max}$、$p_{j\min}$ ——相应于荷载效应基本组合时的基础底面边缘最大和最小地基净反力设计值，kPa；

$p_{j\mathrm{I}}$ ——相应于荷载效应基本组合时在柱边(阶梯形基础包括上阶边)Ⅰ-Ⅰ截面处基础底面地基净反力设计值，kPa；

a_1——柱边(阶梯形基础包括上阶边)至基底最大净反力边缘的距离，m。

2)轴心荷载时

当为轴心荷载时，$p_{j\max} = p_{j\min} = p_{j\mathrm{I}} = p_j$，代入式(11-43)和式(11-44)，可得：

$$M_{\mathrm{I}} = \frac{1}{24}(b - a_c)^2(2l + a_t) \cdot p_j \tag{11-47}$$

$$M_{\mathrm{II}} = \frac{1}{24}(l - a_t)^2(2b + a_c) \cdot p_j \tag{11-48}$$

式中，p_j ——基底平均净反力，kPa。

在求得基础底板弯矩之后，底板配筋按下列二式计算：

平行于基底长边 b 方向的受力钢筋总截面积 A_{sI} 为

$$A_{sI} \geqslant \frac{M_{I}}{0.9h_{0I}f_{y}}$$

平行于基底短边 l 方向的受力钢筋总截面积 A_{sII} 为

$$A_{sII} \geqslant \frac{M_{II}}{0.9h_{0II}f_{y}}$$

式中，h_{0I}——计算长边 b 方向的受力钢筋时取用的底板有效高度，mm；

h_{0II}——计算短边 l 方向的受力钢筋时取用的底板有效高度，mm，$h_{0II}=h_{0I}-\Phi_{I}$，Φ_{I} 为长边 b 方向的受力钢筋直径。

铺设受力钢筋时，长边 b 方向的受力钢筋铺在下层，短边 l 方向的受力钢筋铺在上层。

[例题 11-6] 某柱下独立基础如图 11-26 所示，上部结构传来相应于荷载效应标准组合时的轴心荷载 $F_k=1600$kN；柱截面尺寸为 600mm×600mm；基础埋深 $d=1.8$m；经修正后的地基承载力特征值 $f_a=260$kPa。已确定采用钢筋混凝土锥形基础，混凝土强度等级为 C20，混凝土抗拉强度设计值 $f_t=1.1\text{N/mm}^2$；钢筋采用 HRB335 级，钢筋抗拉强度设计值 $f_y=300\text{N/mm}^2$。试设计此基础。

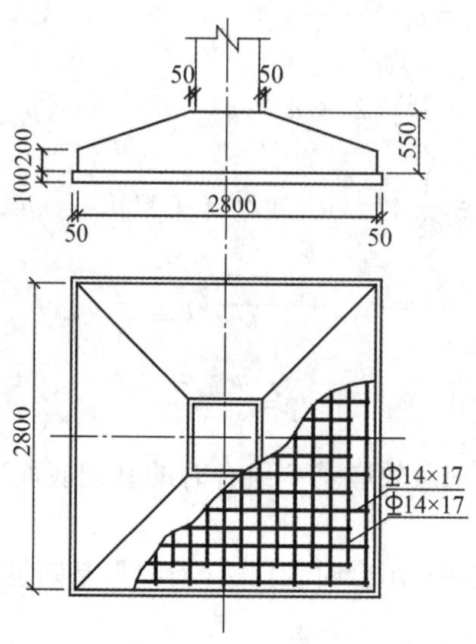

图 11-26 例题 11-6 附图

解：(1)基础底面积 A 及边长 l、b。

$$A \geqslant \frac{F_k}{f_a-\bar{\gamma}d}=\frac{1600}{260-20\times1.8}=7.14(\text{m}^2)$$

采用正方形基础：

$$l=b=\sqrt{7.14}=2.67(\text{m})$$

取 $l = b = 2.8\text{m}$。

(2)基础底面净反力 p_j。

荷载效应基本组合值：$F_l = 1.35F_k = 1.35 \times 1600 = 2160(\text{kN})$

基底净反力：$p_j = \dfrac{F_l}{lb} = \dfrac{2160}{2.8^2} = 275.5(\text{kPa})$

(3)柱对底板的冲切验算。

①基础底板高度 h：

底板自柱边至边缘的距离为 $\dfrac{2.8 - 0.6}{2} = 1.1\text{m}$，$\dfrac{1.1}{h} \leqslant 2.5$，$h \geqslant \dfrac{1.1}{2.5} = 0.44\text{m}$，取 $h = 0.5\text{m}$。

基底下设 100mm 厚混凝土垫层，强度等级 C10，故

$$h_0 = 0.5 - 0.045 = 0.455\ (\text{m})$$

②冲切验算采用的基底面积：

$$A_l = \left(\frac{b}{2} - \frac{a_c}{2} - h_0\right) \cdot l - \left(\frac{l}{2} - \frac{a_t}{2} - h_0\right)^2$$

$$= \left(\frac{2.8}{2} - \frac{0.6}{2} - 0.455\right) \times 2.8 - \left(\frac{2.8}{2} - \frac{0.6}{2} - 0.455\right)^2$$

$$= 1.39(\text{m}^2)$$

③冲切力：$F_V = p_j A_l = 275.5 \times 1.39 = 382.9(\text{kN})$

④冲切破坏锥体底边长：$a_l = a_t + 2h_0 = 0.6 + 2 \times 0.455 = 1.51(\text{m})$

冲切斜截面计算长度：$a_m = \dfrac{a_t + a_l}{2} = \dfrac{0.6 + 1.51}{2} = 1.06(\text{m})$

⑤基础底板抗冲切承载力验算：$F_V \leqslant 0.7\beta_{hp} f_t a_m h_0$，取 $\beta_{hp} = 1.0$。

$$382.9 > 0.7 \times 1.0 \times 1.1 \times 10^3 \times 1.06 \times 0.455 = 371.4\ (\text{kN})$$

验算结果，承载力略小于冲切力，误差很小，可认为能满足抗冲切要求。若为保险起见，也可将基础高度增加至 $h = 0.55\text{m}$，而不必再重新验算。此时 $h_0 = 0.55 - 0.045 = 0.505(\text{m})$。

(4)基础底板弯矩计算。

$$M_{\text{I}} = M_{\text{II}} = \frac{1}{24}(b - a_c)^2(2l + a_t) \cdot p_j$$

$$= \frac{1}{24} \times (2.8 - 0.6)^2 \times (2 \times 2.8 + 0.6) \times 275.5$$

$$= 344.5(\text{kN} \cdot \text{m})$$

(5)底板配筋计算。

$$A_{s\text{I}} = \frac{M_{\text{I}}}{0.9h_{0\text{I}}f_y} = \frac{344.5 \times 10^6}{0.9 \times 505 \times 300} = 2526.6\ (\text{mm}^2)$$

配筋 Φ14×17 根=153.8×17=2615.6(mm^2)

$$A_{s\text{II}} = \frac{344.5 \times 10^6}{0.9 \times (505 - 14) \times 300} = 2598.6(\text{mm}^2)$$

配筋同上。

因基础边长为 2.8m，大于 2.5m，根据规定，每根钢筋可取 0.9 倍长度交错布置。

[**例题 11-7**] 某柱下独立基础如图 11-27 所示，上部结构传来相应于荷载效应标准组合时的轴心荷载 $F_k = 700\text{kN}$；力矩 $M_k = 88\text{kN}\cdot\text{m}$；柱截面尺寸为 300mm×400mm；基础埋深 $d = 1.2\text{m}$；经修正后的地基承载力特征值 $f_a = 220\text{kPa}$。已确定采用钢筋混凝土锥形基础，混凝土强度等级为 C25；混凝土抗拉强度设计值 $f_t = 1.27\text{N/mm}^2$；钢筋采用 HRB400 级，钢筋抗拉强度设计值 $f_y = 360\text{N/mm}^2$。试设计此基础。

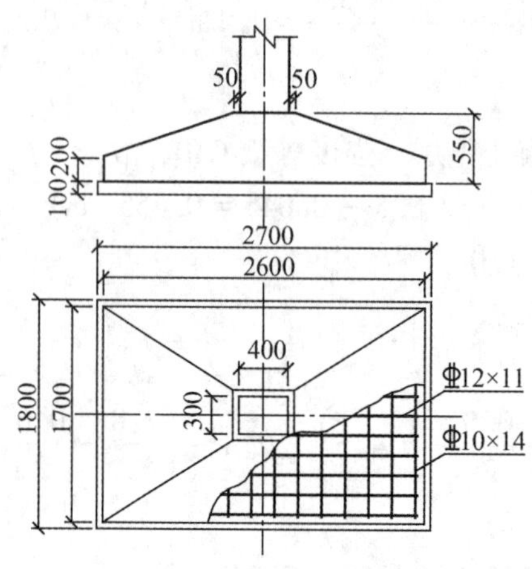

图 11-27 例题 11-7 附图

解：(1)基础底面积 A 及边长 l、b。

取增大系数为 1.2，有

$$A = 1.2 \times \frac{F_k}{f_a - \bar{\gamma} d} = \frac{1.2 \times 700}{220 - 20 \times 1.2} = 4.29\ (\text{m}^2)$$

取长宽比为 1.5，有

$$l \times 1.51 = 4.29\ ,\ l = \sqrt{\frac{4.29}{1.5}} = 1.69\ (\text{m})$$

$$b = 1.69 \times 1.5 = 2.54\ (\text{m})$$

取 $l = 1.7\text{m}$, $b = 2.6\text{m}$。

(2)验算地基承载力。

基础及上覆土自重：$G_k = A\bar{\gamma} d = 1.7 \times 2.6 \times 20 \times 1.2 = 106.1(\text{kN})$

抵抗矩：$W = \dfrac{1.7 \times 2.6^2}{6} = 1.915(\text{m}^3)$

最大最小基底反力：$p_{k\,\min}^{\ \max} = \dfrac{F_k + G_k}{A} \pm \dfrac{M_k}{W} = \dfrac{700 + 106.1}{1.7 \times 2.6} \pm \dfrac{88}{1.915} = \begin{matrix} 228.3 \\ 136.4 \end{matrix}\ (\text{kPa})$

验算地基承载力：$228.3 < 1.2f_a = 1.2 \times 220 = 264(\text{kPa})$，满足要求。

(3)相应于荷载效应基本组合时的最大最小基底净反力。

$$p_{j\,\substack{\max\\\min}} = \frac{F_l}{A} \pm \frac{M_l}{W} = \frac{1.35 \times 700}{1.7 \times 2.6} \pm \frac{1.35 \times 88}{1.915} = \frac{275.8}{151.8}\ \text{kPa}$$

(4)柱对底板的冲切验算。

①基础底板高度。

底板自柱边至边缘的距离为 $\frac{2.6 - 0.4}{2} = 1.1\text{m}$，$h \geqslant \frac{1.1}{2.5} = 0.44(\text{m})$，取 $h = 0.55\text{m}$。

基底下设 100mm 厚 C10 混凝土垫层，故

$$h_0 = 0.55 - 0.045 = 0.505\ (\text{m})$$

②冲切验算取用的基底面积：

$$A_l = \left(\frac{b}{2} - \frac{a_c}{2} - h_0\right) \cdot l - \left(\frac{l}{2} - \frac{a_t}{2} - h_0\right)^2$$

$$= \left(\frac{2.6}{2} - \frac{0.4}{2} - 0.505\right) \times 1.7 - \left(\frac{1.7}{2} - \frac{0.3}{2} - 0.505\right)^2$$

$$= 0.97(\text{m}^2)$$

③冲切力：$F_V = p_{j\max} A_l = 275.8 \times 0.97 = 267.5(\text{kN})$

④冲切破坏锥体底边长：$a_l = a_t + 2h_0 = 0.3 + 2 \times 0.505 = 1.31(\text{m})$

冲切斜截面计算长度：$a_m = \frac{a_t + a_l}{2} = \frac{0.3 + 1.31}{2} = 0.81(\text{m})$

⑤基础底板抗冲切验算：

由 $F_V \leqslant 0.7\beta_{hp} f_t a_m h_0$ 得

$$267.5 < 0.7 \times 1.0 \times 1.27 \times 10^3 \times 0.81 \times 0.505 = 363.6\ (\text{kN})$$ （满足要求）

(5)基础底板的弯矩计算。

$$a_1 = \frac{b - a_c}{2} = \frac{2.6 - 0.4}{2} = 1.1(\text{m})$$

$$p_{j\text{I}} = p_{j\min} + \frac{b - a_1}{b}(p_{j\max} - p_{j\min})$$

$$= 151.8 + \frac{2.6 - 1.1}{2.6} \times (275.8 - 151.8)$$

$$= 223.3(\text{kPa})$$

$$M_\text{I} = \frac{1}{48}(b - a_c)^2[(2l + a_t)(p_{j\max} + p_{j\text{I}}) + (p_{j\max} - p_{j\text{I}}) \cdot l]$$

$$= \frac{1}{48} \times (2.6 - 0.4)^2[(2 \times 1.7 + 0.3)(275.8 + 223.3) + (275.8 - 223.3) \times 1.7]$$

$$= 195.2(\text{kN} \cdot \text{m})$$

$$M_\text{II} = \frac{1}{48}(l - a_t)^2(2b + a_c)(p_{j\max} + p_{j\min})$$

$$= \frac{1}{48} \times (1.7 - 0.3)^2 \times (2 \times 2.6 + 0.4) \times (275.8 + 151.8)$$

$$= 97.8(\text{kN} \cdot \text{m})$$

(6)底板配筋计算。

$$A_{SI}=\frac{M_{\mathrm{I}}}{0.9h_{0\mathrm{I}}f_y}=\frac{195.2\times10^6}{0.9\times505\times360}=1193.0\ (\mathrm{mm}^2)$$

配筋⏀12×11 根=113×11=1243(mm^2)

$$A_{s\mathrm{II}}=\frac{M_{\mathrm{II}}}{0.9h_{0\mathrm{II}}f_y}=\frac{97.8\times10^6}{0.9\times(505-12)\times360}=612.3\ (\mathrm{mm}^2)$$

根据受力筋最小直径不得小于 10mm，间距不得大于 200mm 的规定，配筋⏀10 × 14 根 = 78.5 × 14 = 1099(mm^2)。

因基础长边 b 为 2.6m，大于 2.5m，根据规定，平行于长边 b 方向的受力钢筋每根长度可取 0.9 倍长度交错布置。

[**例题 11-8**]　如图 11-28 所示阶梯形柱下独立基础，已知相应于荷载效应标准组合时的轴心荷载 F_k = 518kN；力矩 M_k = 65kN · m；柱截面尺寸为 300mm×400mm；基础底面尺寸为 1.6m×2.4m；其余各部分尺寸见图示。并已确定采用 C25 混凝土，f_t = 1.27N/mm^2；钢筋采用 HRB400 级，f_y = 360N/mm^2；垫层采用 C10 混凝土。试作冲切验算及配筋。

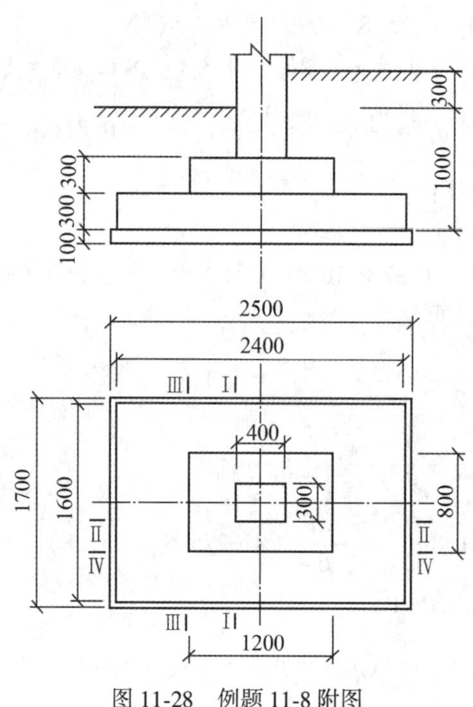

图 11-28　例题 11-8 附图

解：(1)相应于荷载效应基本组合时的基底最大最小净反力：

$$e=\frac{M_l}{F_l}=\frac{M_k}{F_k}=\frac{65}{518}=0.1255\ (\mathrm{m})$$

地基土最大最小净反力：

$$p_{j\,\substack{\max\\ \min}}=\frac{1.35F_k}{A}\left(1\ \pm\frac{6e}{b}\right)$$

$$= \frac{1.35 \times 518}{1.6 \times 2.4} \times \left(1 \pm \frac{6 \times 0.1255}{2.4}\right)$$

$$= \frac{239.2}{125.0}\ (\mathrm{kPa})$$

(2)柱对底板的冲切验算。

$$h_0 = 0.6 - 0.045 = 0.555\ (\mathrm{m})$$

冲切验算取用的基底面积：

$$A_l = \left(\frac{b}{2} - \frac{a_{c1}}{2} - h_0\right) \cdot l - \left(\frac{l}{2} - \frac{a_{t1}}{2} - h_0\right)^2$$

$$= \left(\frac{2.4}{2} - \frac{0.4}{2} - 0.555\right) \times 1.6 - \left(\frac{1.6}{2} - \frac{0.3}{2} - 0.555\right)^2$$

$$= 0.7(\mathrm{m}^2)$$

冲切力：　　　$F_V = p_{j\max} A_l = 239.2 \times 0.7 = 167.4\ (\mathrm{kN})$

冲切破坏锥体底边长：$a_l = a_{t1} + 2h_0 = 0.3 + 2 \times 0.555 = 1.41(\mathrm{m})$

冲切斜截面计算长度：$a_m = \dfrac{a_{t1} + a_l}{2} = \dfrac{0.3 + 1.41}{2} = 0.86(\mathrm{m})$

抗冲切验算。

由 $\beta_{hp} = 1.0$，$F_V \leqslant 0.7\beta_{hp} f_t a_m h_0$，得

$167.4 < 0.7 \times 1.0 \times 1.27 \times 10^3 \times 0.86 \times 0.555 = 424.3\ (\mathrm{kN})$，满足要求

(3)上阶对下阶的冲切验算。

$$h_0 = 0.3 - 0.045 = 0.255\ \mathrm{m}$$

冲切验算取用的基底面积：

$$A_l = \left(\frac{b}{2} - \frac{a_{c2}}{2} - h_0\right) \cdot l - \left(\frac{l}{2} - \frac{a_{t2}}{2} - h_0\right)^2$$

$$= \left(\frac{2.4}{2} - \frac{1.2}{2} - 0.255\right) \times 1.6 - \left(\frac{1.6}{2} - \frac{0.8}{2} - 0.255\right)^2$$

$$= 0.53(\mathrm{m}^2)$$

冲切力：$F_V = p_{j\max} A_l = 239.2 \times 0.53 = 126.8(\mathrm{kN})$

冲切破坏锥体底边长：$a_l = a_{t2} + 2h_0 = 0.8 + 2 \times 0.255 = 1.31(\mathrm{m})$

冲切斜截面计算长度：$a_m = \dfrac{a_{t2} + a_l}{2} = \dfrac{0.8 + 1.31}{2} = 1.06(\mathrm{m})$

抗冲切验算。由 $\beta_{hp} = 1.0$，$F_V \leqslant 0.7\beta_{hp} f_t a_m h_0$，得

$126.8 < 0.7 \times 1.0 \times 1.27 \times 10^3 \times 1.06 \times 0.255 = 240.3\ (\mathrm{kN})$，满足要求

(4)基础长边 $b = 2.4\mathrm{m}$ 方向的弯矩和配筋。

Ⅰ—Ⅰ截面：

$$a_1 = \frac{b - a_{c1}}{2} = \frac{2.4 - 0.4}{2} = 1.0(\mathrm{m})$$

$$p_{j\mathrm{I}} = p_{j\min} + \frac{b - a_1}{b}(p_{j\max} - p_{j\min})$$

$$= 125.0 + \frac{2.4 - 1.0}{2.4} \times (239.2 - 125.0)$$

$$= 191.6(\text{kPa})$$

$$M_{\text{I}} = \frac{1}{48}(b - a_{c1})^2[(2l + a_{t1})(p_{j\max} + p_{j\text{I}}) + (p_{j\max} - p_{j\text{I}}) \cdot l]$$

$$= \frac{1}{48} \times (2.4 - 0.4)^2 [(2 \times 1.6 + 0.3)(239.2 + 191.6)$$

$$+ (239.2 - 191.6) \times 1.6]$$

$$= 132.0(\text{kN} \cdot \text{m})$$

$$A_{s\text{I}} = \frac{M_{\text{I}}}{0.9h_0 f_y} = \frac{132.0 \times 10^6}{0.9 \times 555 \times 360} = 734.1(\text{mm}^2)$$

Ⅲ—Ⅲ截面：

$$a_1 = \frac{b - a_{c2}}{2} = \frac{2.4 - 1.2}{2} = 0.6(\text{m})$$

$$p_{j\text{III}} = p_{j\min} + \frac{b - a_1}{b}(p_{j\max} - p_{j\min})$$

$$= 125.0 + \frac{2.4 - 0.6}{2.4} \times (239.2 - 125.0)$$

$$= 210.7(\text{kPa})$$

$$M_{\text{III}} = \frac{1}{48}(b - a_{c2})^2[(2l + a_{t2})(p_{j\max} + p_{j\text{III}}) + (p_{j\max} - p_{j\text{III}}) \cdot l]$$

$$= \frac{1}{48} \times (2.4 - 1.2)^2 [(2 \times 1.6 + 0.8) \times (239.2 + 210.7)$$

$$+ (239.2 - 210.7) \times 1.6]$$

$$= 55.4(\text{kN} \cdot \text{m})$$

$$A_{s\text{III}} = \frac{M_{\text{I}}}{0.9h_0 f_y} = \frac{55.4 \times 10^6}{0.9 \times 255 \times 360} = 670.5(\text{mm}^2)$$

按 $A_{s\text{I}} = 734.1\text{mm}^2$配筋，实配Φ10 × 10 根= 78.5 × 10 = 785mm²。

(5)基础短边 $l = 1.6\text{m}$ 方向的弯矩和配筋。

Ⅱ—Ⅱ截面：

$$M_{\text{II}} = \frac{1}{48}(l - a_{t1})^2(2b + a_{c1})(p_{j\max} + p_{j\min})$$

$$= \frac{1}{48} \times (1.6 - 0.3)^2 \times (2 \times 2.4 + 0.4) \times (239.2 + 125.0)$$

$$= 66.7(\text{kN} \cdot \text{m})$$

$$A_{s\text{II}} = \frac{M_{\text{II}}}{0.9h_0 f_y} = \frac{66.7 \times 10^6}{0.9 \times (555 - 10) \times 360} = 377.7(\text{mm}^2)$$

$$M_{\text{IV}} = \frac{1}{48}(l - a_{t2})^2(2b + a_{c2})(p_{j\max} + p_{j\min})$$

$$= \frac{1}{48} \times (1.6 - 0.8)^2 \times (2 \times 2.4 + 1.2) \times (239.2 + 125.0)$$

$$= 29.1(\text{kN} \cdot \text{m})$$

$$A_{sIV} = \frac{M_{IV}}{0.9h_0f_y} = \frac{29.1 \times 10^6}{0.9 \times (255 - 10) \times 360} = 366.6(\text{mm}^2)$$

应按 $A_{sII}=377.7\text{mm}^2$配筋。另按构造要求直径不小于 10mm，间距不大于 200mm，实配Φ10 × 13 根=78.5×13=1020.5mm^2。

第六节　减轻不均匀沉降的措施

建筑物总会产生一定的沉降或不均匀沉降，均匀沉降一般不会对建筑物的安全带来危害，但沉降过大，也会影响正常使用。而不均匀沉降则往往造成建筑物的倾斜、开裂或损坏。尤其是在软土地基上的建筑物，沉降大且常不均匀，沉降至稳定的时间又很长，应特别予以重视。

建筑物的沉降是地基基础和上部结构共同作用的结果，因为地基基础和上部结构是一个整体，所以沉降问题绝不单纯是地基基础的问题，它与上部结构荷载的大小与分布、上部结构的整体刚度、基础的型式和刚度、地基土层的软硬及不均匀程度都有关，当与相邻建筑物距离较近时，相互之间也会受到影响。

一、建筑体型

建筑体型指建筑物的平立面形状。由于使用功能及外观上的要求，一些建筑物常常平面曲折多变、立面高低不齐。平面上的曲折多变将削弱整体刚度，同时，在平面转折部位的地基中又易形成应力叠加。当建筑平面为“∟”“┌┐”“├┤”等形状时，在单元纵横交接的拐角处，因地基中的应力叠加，使压缩层厚度增加，沉降增大。若在该交接处再布置有较大荷载，如基础密集的楼梯间等，则该处沉降更易增大，使建筑物形成两翼向上的正向挠曲，墙面将因而开裂。当立面上各部分高低不同时，由于作用在地基上的荷载不均，使地基沉降不均，造成建筑物倾斜或开裂。

由上述可知，在设计建筑物时，应充分考虑建筑物体型和地基变形的相互影响，在满足使用要求的前提下，建筑体型应力求简单整齐，少曲折、少凹凸。当建筑体型较复杂时，宜根据平面形状和高度差异，在适当部位设置沉降缝将建筑物分割成若干个刚度较好的单元。

二、结构刚度

建筑物的整体结构刚度，是指建筑物抵抗整体变形的能力。显然，不同刚度的建筑物，其沉降分布情况是不同的。例如，支承在整片基础上的烟囱、塔类建筑，自身整体刚度很大，它的基础一般不会发生挠曲变形，只可能整体倾斜，沉降分布呈直线型；而低矮的长条形砌体建筑，自身刚度就很小，基底压力分布接近于荷载分布，建筑物可随地基一起自由变形而产生较大的不均匀沉降。接近绝对刚性和绝对柔性的建筑是少见的，大量的建筑物介于刚性和柔性建筑物之间，上部结构刚度越大，产生不均匀沉降的程度就越小。当地基产生不均匀变形时，在上部结构内将产生额外的附加应力，而这种附加应力在设计中是很难准确把握和计算的，若上部结构刚度和强度不足，建筑物就可能开裂和损坏。建筑物设计中，为预防地基不均匀沉降所造成的危害，可从如下几方面采取措施增强建筑物的整体刚度和强度：

1. 控制建筑物的长高比

建筑物的长高比是指建筑物的长度 L（当中间有沉降缝时，为沉降缝分割后的长度）与高度 H（自基础底面算起）之比。长高比是砌体承重结构建筑物刚度的主要指标，长高比越小，整体刚度越大，抵抗和调整不均匀沉降的能力就越强。长高比大的砌体承重建筑物，整体刚度差，纵墙易因挠曲而开裂。调查结果表明，对砌体承重结构和混合承重结构的低层建筑物，长高比 $\frac{L}{H}\leqslant 2.5$ 时，很少出现裂缝；当预估沉降量较大（大于 120mm）时，尤应控制长高比不超过 2.5；当长高比在 2.5~3.0 之间时，纵墙应贯通不转折，横墙间距不宜过大，宜设置圈梁以增强整体刚度，必要时，也可设置基础梁以增强基础的刚度和强度。

2. 合理布置纵横墙

当整座建筑物因不均匀沉降而产生挠曲时，连续贯通的纵墙和横墙就像一道道深梁，成为抵抗挠曲变形的受力构件，具有一定的调整不均匀沉降的能力。因此，纵墙和横墙的布置是否适当，对建筑物的整体刚度有较大的影响。

一般建筑物纵向较长、刚度较弱，而纵墙是保证建筑物纵向刚度的主要受力构件，因此，纵墙应力求贯通，避免曲折中断；横墙则可提高建筑物的横向刚度，同时，当纵墙挠曲受扭时，横墙可保证纵墙的稳定性。若纵、横墙均能连续贯通密布，建筑物就形成一座空腹多肋结构，结构刚度将能明显提高。

为了保证建筑物的使用功能，墙身上均需开设门窗及设备孔洞，这些孔洞将降低墙身刚度，削弱墙身抵抗挠曲变形的能力。同时，因砌体结构抗拉强度很低，当墙身挠曲时，在孔洞四角位置容易发生裂缝。为此，可在门窗孔洞上下墙身内配筋，形成钢筋砖砌体；也可设置钢筋混凝土构造柱以及在各层楼板处设置圈梁。

3. 圈梁

圈梁由钢筋混凝土浇筑而成，也可用钢筋砖砌体砌筑圈梁。圈梁可提高墙身砌体的抗弯、抗拉强度，提高建筑物的整体刚度，阻止或减少墙身出现裂缝。圈梁的设置部位可按照如下原则：

(1) 当能判断建筑物的挠曲方向时，应将圈梁设置在挠曲的拉力区。如建筑物可能发生正向挠曲（两端下沉小，中间下沉大）时，应首先设置底圈梁；若判断建筑物为反向挠曲时，则应首先设置顶层圈梁。

(2) 单层建筑物可只设一道圈梁，当长高比较小时，也可不设，或设钢筋砖圈梁；二、三层建筑物可设底、上两道；四层及四层以上建筑物除设底、上两道外，中间各层可隔层设圈梁，当门窗孔洞较大，地基较软或不均匀时，也可层层设置。

(3)圈梁必须连续成圈，不得中断。除外墙上设圈梁外，内纵墙和主要横墙上均应设置。当圈梁因墙身开洞而中断时，必须在洞口顶结合圈梁设长过梁，该过梁两端伸入洞口两侧墙身内的搁置长度不应小于1.5m，并不应小于过梁到圈梁之间垂直净距的3倍。

4. 提高基础刚度和强度

基础的刚度是整座建筑物整体刚度的重要组成部分，特别是当建筑物产生正向挠曲时，受拉区在下部，则增加基础的刚度和强度就更为必要。当荷载很大，或对不均匀沉降有严格要求时，采用筏形基础或箱形基础，可使基础的整体刚度得到很大提高，对地基的不均匀沉降有很好的抑制和调整作用。但当荷载不是很大时，采用筏形或箱形基础成本太高，是不合适的。选择基础方案时，应充分考虑基础的刚度和强度与建筑物刚度和强度的关系。对大量的一般性建筑物，当为墙下条形基础时，可增设基础肋梁；对柱下独立基础，可在各独立基础间设置连系梁，或采用柱下条形基础、柱下交叉条形基础。

5. 沉降缝

沉降缝是将建筑物自上至下完全断开的一条缝。沉降缝的作用是将建筑物在合适部位分割成两个或多个独立单元，使每一单元具有更小的长高比和更大的结构刚度，可独自沉降，以适应地基的不均匀变形。这样，每一分割的独立单元就是一个沉降单元，因而刚度大、变形小，更为安全可靠。根据经验，在建筑物的下列部位宜设置沉降缝：

(1)建筑平面的转折处；

(2)建筑物高度或荷载差异较大处；

(3)长高比过大的砌体承重结构或钢筋混凝土框架结构的适当部位；

(4)地基的压缩性有显著差异处；

(5)建筑结构或基础类型不同处；

(6)分期建造房屋的交界处。

图11-29是常见的沉降缝的构造。沉降缝的构造是否合理是影响沉降缝发挥作用的关键。沉降缝应有足够的宽度，见表11-12，缝内不可填塞任何材料，以防缝两侧单元内倾时互相挤压，在寒冷地区，可仅在缝两端外墙面处填塞少量松软材料。沉降缝必须从建筑物顶部断开直至基础底部，不可用伸缩缝代替沉降缝。

表11-12　**沉降缝宽度**

房屋层数	沉降缝宽度(mm)
2~3	50~80
4~5	80~120
5层以上	不小于120

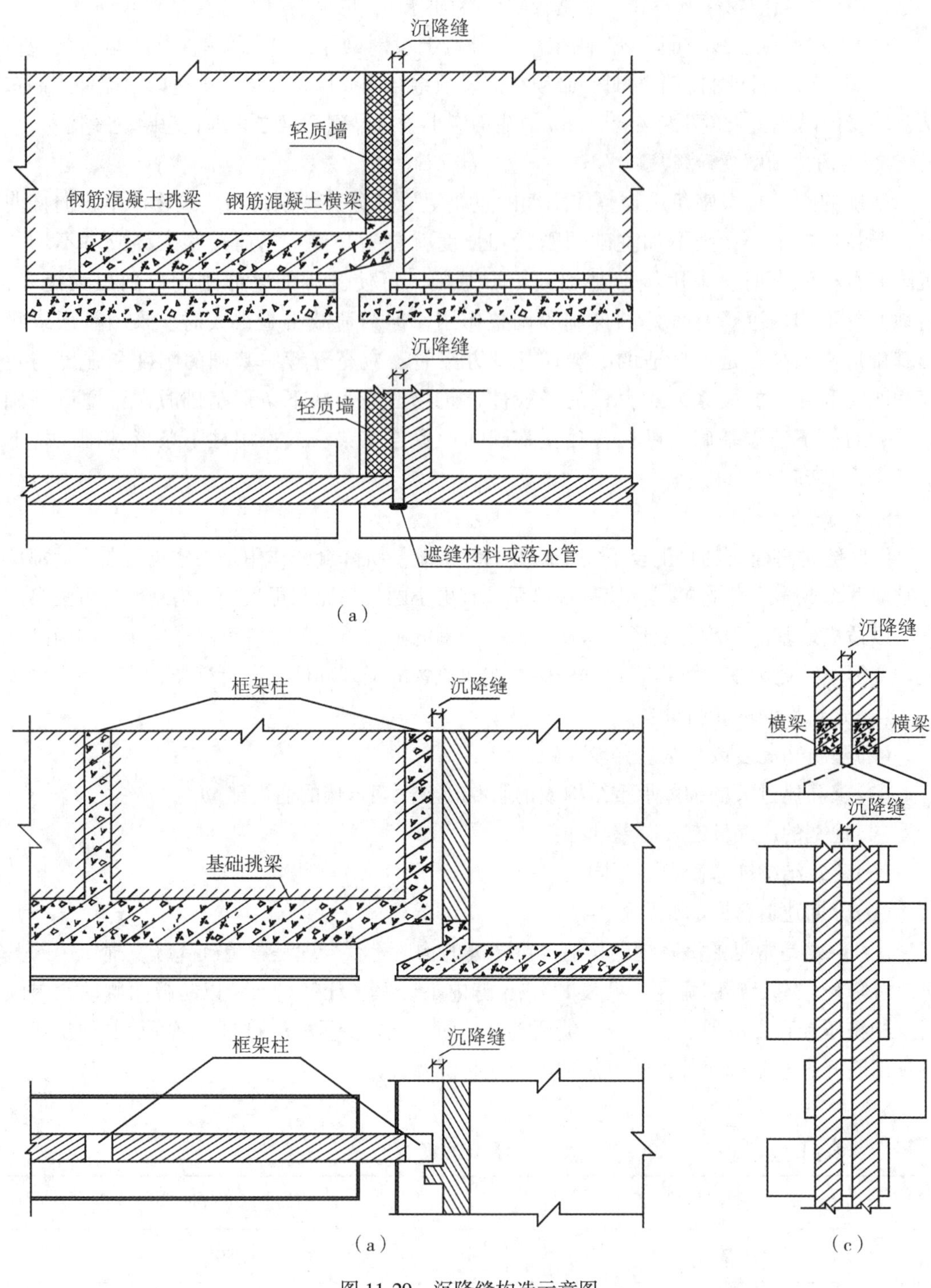

图 11-29　沉降缝构造示意图

沉降缝成本较高，在结构处理上也较困难。沉降缝只是将建筑物分割为独立沉降单元，并不能解决地基中的应力叠加问题，并且由于沉降缝两侧常常各设一道墙，从而使沉降缝处的荷载增大。因此，在设计中，沉降缝应慎用。当有条件时，可在需设沉降缝的位置将两个独立沉降单元拉开一跨(一个开间)的距离，其间用简支梁或悬挑梁连接，见图11-30。

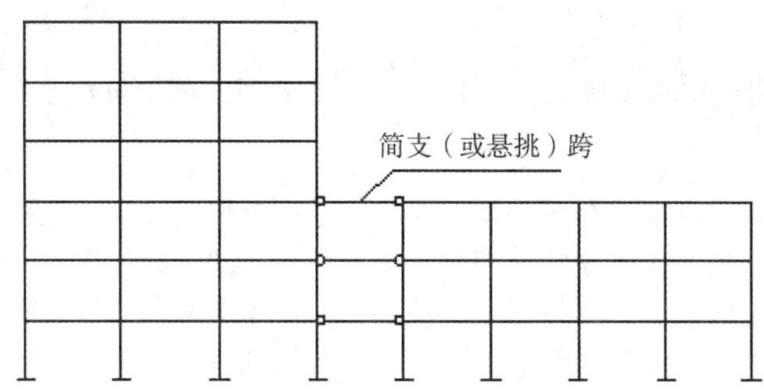

图 11-30　用简支(或悬挑)跨分割沉降单元

6. 相邻建筑物基础间应有足够净距

当两建筑物相邻过近时，由于地基中附加应力扩散和互相叠加的影响，会使两建筑物基础的沉降比单独存在时增大。这种因相互影响而产生的附加不均匀沉降可能造成建筑物的开裂或倾斜。其主要表现和危害特征如下：

(1)同期建造的重、高建筑物和轻、低建筑物相邻时，轻、低者受重、高者的影响较大；

(2)在已有建筑物附近建造重、高建筑物时，前者受后者的影响大；

(3)当被影响的建筑物刚度较差时，如砌体承重结构的低层建筑物受邻近高层建筑的影响，易产生反向挠曲而开裂；

(4)刚度大的建筑物受影响时，易产生倾斜。

相邻建筑物基础间的净距，可按表 11-13 选用。由该表可看出，决定基础间净距的主要指标是被影响建筑物的长高比和产生影响建筑物的平均沉降量，前者反映的是被影响建筑物的刚度，后者反映的是产生影响建筑物的荷载大小和地基压缩性。当使用表 11-13 时，可按照下列原则：

表 11-13　　**相邻建筑物基础间的净距**

影响建筑的预估平均沉降量 s（mm）	被影响建筑的长高比	
	$2 \leqslant \frac{L}{H} < 3$	$3 \leqslant \frac{L}{H} < 5$
70～150	2～3	3～6
160～250	3～6	6～9
260～400	6～9	9～12
>400	9～12	≥12

(1)当产生影响建筑物的平均沉降量小于 70mm 时，一般可不考虑其对相邻建筑的影响；

(2)当同时建造同列建筑物时，间隔净距可较表中数值适当缩小，这是因为软弱地基上的建筑物常呈正向挠曲，当两建筑物同列建造时，可使相邻端部的沉降量增加，从而减轻正向挠曲；

(3)当被影响建筑物的长高比为 $1.5<\frac{L}{H}<2.0$ 时，间距可适当缩小。

7. 施工顺序

当同一座建筑物的高度或荷载相差较大时，通过合理安排施工顺序，也可减轻不均匀沉降造成的危害。一般施工顺序的原则是：先重后轻，即先施工重、高部分，使其完成一部分沉降，间隔一定时间后，再施工轻、低部分，以减小两部分的沉降差。间隔的时间与地基土的渗透性有关，对渗透性好的地基土，重、高部分在施工期间即可完成大部分沉降量，轻、低部分可在重、高部分施工完成后即接着施工；对渗透性差的地基土，如饱和软黏土，重、高部分在施工期间完成的沉降量只占最终沉降量的一小部分，因此，尚应结合其他措施同时使用，方能取得较好的效果。

第七节 基槽检验与地基局部处理

一、基槽检验

当基槽(坑)开挖至设计深度时，施工单位应立即会同勘察、设计、建设、监理、质监等单位共同对基槽(坑)进行检验，俗称验槽。验槽的目的：一是核对基槽的位置、平面尺寸、基槽槽底标高是否与设计图纸相符；二是检验槽底土质是否与勘察资料相符；三是检查槽底是否存在局部异常土质，如坑穴、古井、暗沟、老地基、局部软土等不良地质情况；四是通过钎探或轻型动力触探，检验主要受力层范围内土质变化和分布情况。

验槽时，首先要按照设计图纸测量核对基槽尺寸和平面位置。确认无误后，细致观察槽底、槽帮土质分层界面走向；观察土层颜色是否均匀一致；检查槽底开挖新鲜土层的原状结构、孔隙、湿度；还可通过夯、拍检查土的坚硬程度是否一致，是否有颤动的感觉等，以判断槽底土质与勘察资料是否相符，是否为设计人员预期的持力层土质。当遇有下列情况时，应作为验槽重点：

(1)发现持力层顶面标高有较大起伏变化；

(2)发现基础范围内存在不同类型的土层；

(3)发现基础范围内存在古迹遗址；

(4)发现基础范围内有旧河道、暗沟、坑穴、古井、老地基；

(5)发现基础范围内有其他不良地质情况。

对于各种异常土质和部位，都应查明其原因和范围，以便为确定处理方案或变更设计提供详细资料。当认为有必要时，还可针对异常情况要求勘察单位进行补充勘察。

二、钎探

钎探是为了探明槽底表面观察不到的浅层土质分布情况。

取1.8～2.0m长、直径22～25mm的圆钢一段，将一端打制成60°圆锥尖头，制成钢钎，并在钢钎上每隔30cm刻上一道刻痕，第一道刻痕刻在尖头根部。

钎探时，一人手持钢钎，尖头向下，对准测定的探孔位置，竖直放好，另一人手握4～5kg的大锤(每个工程钎探锤重应保持不变)锤击钢钎。大锤举起后，锤头至钢钎顶部的垂直距离称作落距，落距为50～70cm，并应保持每次打锤落距一致，然后使锤头自由下落，将钢钎打入土中，每打入深度30cm记录一次锤击数，称作一步。通过每一步锤击数的多少，判断槽底下探孔位置浅层土的软硬程度和有无异物。

钎探探孔间距在纵横两个方向均不宜超过1.5m。探孔排数根据基槽宽度确定。钎探前，应绘制工程基槽(坑)钎探平面图，在图中标注探孔位置，并对探孔编号。钎探过程中，每打入30cm，将锤击数记录在钎探记录表中。当一座建筑物的地基基槽钎探完成后，应全面分析钎探记录，将锤击数过多或过少的探孔及范围在图中圈出，并查找原因和研究处理方案。

钎探方法简单，施工方便。但由于均为人工操作，钎探结果的准确程度受操作工人身体条件等影响较大。并且受限于钢钎长度，钎探深度极为有限。因此，可用轻型动力触探取代。轻型动力触探探深可达3m以上，且受人为因素影响小，见第十章岩土工程勘察。

三、地基局部处理

验槽完成后，应对局部异常土质进行处理，处理的原则是，尽量使地基土质软硬程度趋于一致，减少建筑物的不均匀沉降。

1. 局部软土的处理

对于范围较小的坑穴，可将坑穴中软土全部挖去，使坑底和坑壁均见老土，然后用和老土土层压缩性相近的材料回填夯实。例如，当坑穴周围老土为砂土时，可用颗粒度相近的级配砂石分层回填夯实；若坑穴周围为密实的坚硬黏性土，可用3∶7灰土分层回填夯实；如果是强度中等可塑状态的黏性土，则可用2∶8灰土分层回填夯实。

若软土坑平面范围较大，宽度超过基槽宽度较多，坑壁边缘距离基槽槽壁较远，可将该处的基槽宽度加宽，当用砂石回填时，基槽每边加宽不应少于1倍挖土深度；如用灰土回填，可按0.5倍挖土深度加宽。当坑穴深度较浅时，应将软土全部挖去，若坑穴较深，可将一定深度范围的软土挖去，采用压缩性相近的材料回填。参见第十四章地基处理简介。

2. 局部硬土的处理

若基础范围内遇有局部硬土或硬物，如岩石、旧房基、老灰土、树桩、大树根等，均应尽可能挖除，然后采用压缩性相近的材料回填夯实。

当遇有废弃的旧砖井时，可将砖井壁拆除，拆除深度可视情况而定，如井周围为密实度高的坚硬土，拆除深度可浅一些，但不宜少于1m；如果井周围土质较软，拆除深度应加大。对于井内软土或淤泥，可采用碎石夯实挤紧，上部再用灰土分层回填夯实。若井深较大、淤泥较多，也可用钢筋混凝土井盖封口，上部再回填灰土夯实。

3. 橡皮土的处理

当黏性土的含水量较大接近饱和时，如遇夯拍碾压等破坏了原土结构，易形成踩上去有颤动感觉的橡皮土。橡皮土因原状土的毛细孔被破坏，水分很难散发。这时，可将橡皮土全部挖去，换土回填夯实。

因此，遇有含水量大的黏性土时，应避免夯拍等，以免扰动土的原状结构。可采用晾槽，使水分自然蒸发，或在土中掺入石灰降低水分等方法；也可夯入碎石、片石将软黏土挤紧。

四、地下管道的处理

地基中若有地下管道，应尽量拆除移走。如果不能移走，则基础埋深应下沉至管道以下，不能将基础压在管道上，以避免将管道压坏。管道应从基础底板以上的墙身孔洞中穿过，并使墙身孔洞在管道上方留有足够空间，该空间应大于预估的基础沉降量，以免基础沉降后压坏管道。地下管道应采取防渗漏的措施，避免管道漏水造成地基的不均匀沉降。

思 考 题

1. 天然地基上浅基础的设计有哪些步骤？
2. 什么是无筋扩展基础？常用哪些材料？这些材料有什么特性？
3. 什么是扩展基础？常用哪些材料？这些材料有什么特性？
4. 计算基础底面积时，荷载取值为什么要用正常使用极限状态下的标准组合？
5. 在冻胀土地区，怎样确定基础的埋置深度？
6. 冻胀土地区基础的防冻害措施有哪些？
7. 计算基础底板抗剪、抗弯时，荷载取值为什么要用承载能力极限状态下的基本组合？
8. 基础底面尺寸如何确定？中心荷载和偏心荷载时有什么不同？
9. 软弱下卧层的承载力如何验算？

习 题

1. 某柱基础 $F_k=2500$kN，埋深 2.5m。地基土为：第一层，杂填土，厚度 1.0m，$\gamma=16$kN/m^3；第二层为粉质黏土，厚度 1.5m，$\gamma=17$kN/m^3；第三层为粉土，厚度 6.0m，$\gamma=18$kN/m^3；$f_{ak}=230$kPa。试确定基础底面面积。

2. 某柱基础 $F_k=750$kN，$M_k=80$kN·m。地基土为粉质黏土，$\gamma=18$kN/m^3，$f_{ak}=150$kPa，$\eta_b=0.3$，$\eta_d=1.5$，埋深 1.2m，试确定基础底面尺寸。

3. 某柱基础 $F_k=1000$kN，底面尺寸为 2.0m×3.0m，埋深 1.5m。地基土为：第一层为杂填土，厚度 1.0m，$\gamma=16.5$kN/m^3；第二层为黏土，厚度 2.0m，$\gamma=18.2$kN/m^3，$E_s=10$MPa，$f_{ak}=185$kPa，$e=0.8$，$I_L=0.75$；第三层为淤泥质土，厚度 3.0m，$\gamma=17.0$kN/m^3，$E_s=2.0$MPa，$f_{ak}=80$MPa；第四层为密实砂土。试验算基础底面积是否满足要求。

4. 某墙下条形基础，墙厚 370mm，上部结构荷载 $F_k=120$kN/m^3，基础埋深(室内地面算起)1.8m，室内外高度差 0.3m。并已知，地基土为粉质黏土，$\gamma=18.0$kN/m^3，地基承载力特征值 $f_{ak}=85$kPa，$\eta_d=1.0$。试设计该无筋扩展基础并绘制基础剖面图。

5. 某钢筋混凝土墙下条形基础，墙厚 370mm，上部结构荷载 $F_k=280$kN/m，基础埋深(室内地面算起)1.1m，室内外高差 0.3m。并已知，基础底面宽度确定为 1.8m。试计算该基础底板高度，并计算基础地板配筋面积，绘制基础剖面图。

6. 某钢筋混凝土柱下锥形基础，基础底面尺寸为 2. 0m×2. 0m，柱截面尺寸为 400mm×400mm，基础埋深 1. 2m，上部结构荷载 F_k = 500kN。若基础混凝土强度等级采用 C25，钢筋采用 HRB335 级，基础下垫层为 100mm 厚 C10 混凝土，试确定基础高度和配筋，绘制基础剖面图。

7. 某砖混结构住宅楼，地基为粉土，土质良好，经修正后的地基承载力特征值 f_a = 268kPa。上部结构传至基础上的荷载 F_k = 198kN/m。基础埋深 1. 8m(室内地坪算起)，室内地坪高于室外 0. 45m。试设计无筋扩展条形基础。

8. 某柱下锥形钢筋混凝土基础，底面尺寸为 2500mm×3500mm；上部结构荷载 F_k = 780kN；M_k = 135kN · m；柱截面尺寸为 450mm×450mm。基础混凝土强度等级采用 C25，钢筋采用 HRB335 级。试确定基础高度并配筋。

第十二章 桩 基 础

第一节 桩基础简介与分类

一、桩基础简介

当浅层土不能满足建筑物对地基承载力或沉降变形的要求，又不宜采用地基处理措施时，可考虑采用桩基础方案。桩基础属于深层基础，是深层基础中应用历史最久远、技术最成熟、应用最广泛的基础形式。

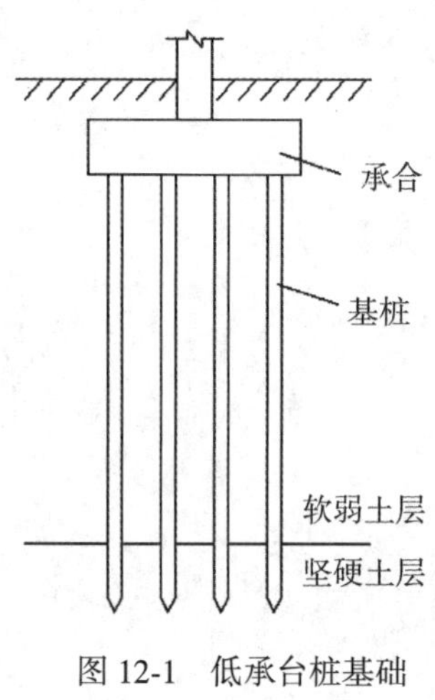

图 12-1 低承台桩基础

桩基础由基桩与承台组成，基桩是设置于土中的柱状构件，承台则是设置于基桩上端的板状构件。承台的作用是将上部结构的荷载传递分配给基桩；基桩的桩身穿过软弱土层，再将荷载传递给深层地基土，见图 12-1。

桩基础的使用历史悠久，但在古代受科学技术的限制，使用的主要是木桩，随着近代工业技术的发展，桩的材料、形式、施工工艺和设备、桩基础的设计理论和方法、试验和检测方法都有了长足的进步。桩基础承载力大、稳定性好、沉降量小，适用于土质软弱而荷载又很大的建筑物。在高层建筑、重工业厂房、桥梁、港口等工程中都有广泛应用。

一般来说，对于建筑物，遇有下列情况时，可考虑采用桩基础：

(1) 天然地基承载力和沉降变形不能满足要求的高层建筑物；

(2) 天然地基承载力虽然能满足要求，但沉降量过大，需利用桩基础减少沉降的建筑物；

(3) 荷载很大的重型工业厂房；

(4) 特殊土地基，如湿陷性黄土、膨胀土、季节性冻土、液化土等；

(5) 对沉降要求严格的特殊建筑物。

二、桩基础的类型

由上述知，设置于岩土中的桩和与桩连接的承台共同组成的基础称作桩基础，简称桩基。桩基础中的单桩称作基桩。按照桩基承台的位置和基桩的承载性状、成桩工艺、桩身材料、桩径大小等，桩基础可分为如下类型：

1. 按承台位置分类

按承台位置的高低，桩基础可分为高承台桩基础和低承台桩基础两类。高承台桩基础的承台底面在地面以上，在桥梁、港口等工程中多有应用；对于一般建筑物，则均为低承台桩基础，承台埋入地面以下，类似于浅基础。

2. 按基桩的承载性状分类

桩的承载力来自两个方面：一是桩端阻力，即桩身下端压入承载力较高的深层持力层，以中密以上的砂土、碎石土或基岩为最好；二是桩侧阻力，即桩身和桩周土之间的摩擦阻力。若承载力以桩端阻力为主，就称作端承型桩；若承载力以桩侧阻力为主，就称作摩擦型桩。

1)端承型桩

端承型桩又分为端承桩和摩擦端承桩两个亚类。若桩的长径比较小(一般指 $l/b \leqslant 10$)，桩身穿过的土层软弱，且桩端嵌入较密实的砂土、碎石土中，或嵌入中等风化、微风化及未风化的基岩内，在承载能力极限状态下，桩顶竖向荷载全部或绝大部分由桩端阻力承受，桩侧阻力小到可以忽略不计，就称作端承桩。如果桩的长径比较大、桩周土较密实，这时桩端虽有良好的持力层，在承载能力极限状态下，桩顶竖向荷载主要由桩端阻力承受，但桩侧阻力已不能忽略，就称作摩擦端承桩。

2)摩擦型桩

摩擦型桩也可分为两个亚类：若桩的长径比很大，或桩端持力层软弱，在承载能力极限状态下，桩顶竖向荷载全部或绝大部分由桩侧阻力承受，桩端阻力可以忽略不计，就称作摩擦桩；如果桩的长径比不是很大，或桩端持力层较好，在承载能力极限状态下，桩顶竖向荷载主要由桩侧阻力承受，但桩端阻力也占有一定份额而不能忽略不计，就称作端承摩擦桩。

3. 按桩身材料分类

按桩身所用材料，可分为木桩、钢桩、混凝土桩。木桩承载力小、寿命短，现在已基本不用，钢桩也很少应用。只有混凝土桩应用最广泛，混凝土桩又分为预制混凝土桩(简称预制桩)和现场灌注混凝土桩(简称灌注桩)两类。预制桩的桩身在工厂或现场预制成形，再用专门机械将桩沉入土中。灌注桩则是在现场桩位用钻孔机械或人工成孔，然后灌注混凝土成桩。

4. 按成桩过程中的挤土效应分类

按成桩过程中桩身对桩周土的挤土效应，可分为非挤土桩、部分挤土桩和挤土桩。

1)非挤土桩

先在设计桩位采用机械或人工成孔，并将孔中土全部取出，在成桩过程中桩身对桩周土没有挤土作用的桩，就称作非挤土桩。钻(挖)孔灌注桩均属于此类。

2)部分挤土桩

只取出一部分桩孔中的土，在成桩过程中，桩身对桩周土有部分挤土作用的桩，就称作部分挤土桩，如预钻孔锤击(或静压)预制桩、预制敞口预应力混凝土空心管桩。

3)挤土桩

不取出桩孔中的土，将桩身用机械锤击或静压入土，对桩周土有明显挤土作用的桩，就称作挤土桩，如沉管灌注桩，锤击、振动或静压预制桩。

5. 按桩径(设计直径 d)大小分类

(1)小直径桩：$d \leqslant 250$mm；

(2)中等直径桩：250mm< d <800mm；

(3)大直径桩：$d \geqslant 800$mm。

三、建筑桩基设计等级

根据建筑规模、功能特征、对差异变形的适应性、场地地基和建筑物体型的复杂性，以及由于桩基问题可能造成建筑物破坏或影响正常使用的程度，将桩基设计分为三个等级，见表 12-1。

表 12-1 **建筑桩基设计等级**

设计等级	建筑类型
甲级	1. 重要的建筑； 2. 30 层以上或高度超过 100m 的高层建筑； 3. 体型复杂且层数相差超过 10 层的高低层(含纯地下室)连体建筑； 4. 20 层以上框架—核心筒结构及其他对差异沉降有特殊要求的建筑； 5. 场地和地基条件复杂的 7 层以上的一般建筑及坡地、岸边建筑； 6. 对相邻既有工程影响较大的建筑
乙级	除甲级、丙级以外的建筑
丙级	场地和地基条件简单、荷载分布均匀的 7 层及 7 层以下的一般建筑

第二节 桩基础施工工艺简介

桩基础的施工方法、施工机械种类很多，但概括地说，可分成两大类：一类是挤入成桩，就是利用专门机械通过锤击、振动、静压等方法将桩挤入土中，预制桩均属此类；另一类是就地成孔灌注成桩，就是利用钻机或人工就地成孔，然后灌注混凝土成桩，灌注桩均属此类；此外，沉管灌注桩则是综合以上两类的成桩方法，即先将钢套管挤入土中成孔，然后灌注混凝土，再将钢套管拔出来而成桩。本节简要介绍较常见的预制桩、沉管灌注桩、钻孔灌注桩、干作业成孔灌注桩的施工工艺。

一、混凝土预制桩

钢筋混凝土预制桩常见有实心方桩和空心管桩。实心方桩可在工厂预制，也可在现场预制；空心管桩是在工厂用离心法生产，预应力钢筋混凝土管桩见图 12-2，基本参数见表 12-3。桩的长度，当在现场预制时一般不超过 25~30m；当在工厂预制时为方便运输，不宜超过 12m，沉桩时可分节接长，接桩的方法有焊接、法兰连接、螺栓连接等多种。

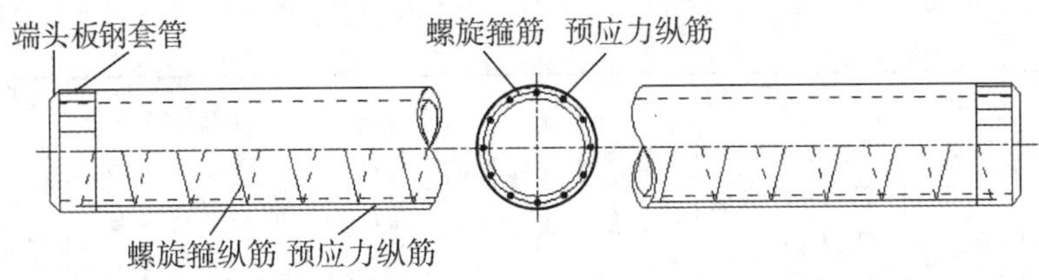

图 12-2　预应力混凝土管桩

表 12-2　**预应力高强混凝土管桩(PHC)的配筋和力学性能**

外径 d (mm)	壁厚 t (mm)	单节桩长 (m)	混凝土强度等级	型号	预应力钢筋	螺旋筋规格	混凝土有效预压应力 (MPa)	抗裂弯矩检验值 M_{cr} (kN·m)	极限弯矩检验值 M_u (kN·m)	桩身竖向承载力设计值 R_p (kN)	理论重量 (kN/m)
300	70	≤11	C80	A	6Φ7.1	Φ^b4	3.8	23	34	1410	131
				AB	6Φ9.0		5.3	28	45		
				B	8Φ9.0		7.2	33	59		
				C	8Φ10.7		9.3	38	76		
400	95	≤12	C80	A	10Φ7.1	Φ^b4	3.6	52	77	2550	249
				AB	10Φ9.0		4.9	63	104		
				B	12Φ9.0		6.6	75	135		
				C	12Φ10.7		8.5	87	174		
500	100	≤15	C80	A	10Φ9.0	Φ^b5	3.9	99	148	3570	327
				AB	10Φ10.7		5.3	121	200		
				B	13Φ10.7		7.2	144	258		
				C	13Φ12.6		9.5	166	332		
500	125	≤15	C80	A	10Φ9.0	Φ^b5	3.5	99	148	4190	368
				AB	10Φ10.7		4.7	121	200		
				B	13Φ10.7		6.2	144	258		
				C	13Φ12.6		8.2	166	332		
550	100	≤15	C80	A	11Φ9.0	Φ^b5	3.9	125	188	4020	368
				AB	11Φ10.7		5.3	154	254		
				B	15Φ10.7		6.9	182	328		
				C	15Φ12.6		9.2	211	422		
550	125	≤15	C80	A	11Φ9.0	Φ^b5	3.4	125	188	4700	434
				AB	11Φ10.7		4.7	154	254		
				B	15Φ10.7		6.1	182	328		
				C	15Φ12.6		7.9	211	422		

续表

外径 d（mm）	壁厚 t（mm）	单节桩长（m）	混凝土强度等级	型号	预应力钢筋	螺旋筋规格	混凝土有效预压应力（MPa）	抗裂弯矩检验值 M_{cr}（kN·m）	极限弯矩检验值 M_u（kN·m）	桩身竖向承载力设计值 R_p（kN）	理论重量（kN/m）
600	110	≤15	C80	A	13Φ9.0	Φ^b5	3.9	164	246	4810	440
				AB	13Φ10.7		5.5	201	332		
				B	17Φ10.7		7	239	430		
				C	17Φ12.6		9.1	276	552		
600	130	≤15	C80	A	13Φ9.0	Φ^b5	3.5	164	246	5440	499
				AB	13Φ10.7		4.8	201	332		
				B	17Φ10.7		6.2	239	430		
				C	17Φ12.6		8.2	276	552		
800	110	≤15	C80	A	15Φ10.7	Φ^b6	4.4	367	550	6800	620
				AB	15Φ12.6		6.1	451	743		
				B	22Φ12.6		8.2	535	962		
				C	27Φ12.6		11	619	1238		
1000	130	≤15	C80	A	22Φ10.7	Φ^b6	4.4	689	1030	10080	924
				AB	22Φ12.6		6	845	1394		
				B	30Φ12.6		8.3	1003	1805		
				C	40Φ12.6		10.9	1161	2322		

表 12-3　　**预应力混凝土管桩（PC）的配筋和力学性能**

外径 d（mm）	壁厚 t（mm）	单节桩长（m）	混凝土强度等级	型号	预应力钢筋	螺旋筋规格	混凝土有效预压应力（MPa）	抗裂弯矩检验值 M_{cr}（kN·m）	极限弯矩检验值 M_u（kN·m）	桩身竖向承载力设计值 R_p（kN）	理论重量（kN/m）
300	70	≤11	C60	A	6Φ7.1	Φ^b4	3.8	23	34	1070	131
				AB	6Φ9.0		5.2	28	45		
				B	8Φ9.0		7.1	33	59		
				C	8Φ10.7		9.3	38	76		
400	95	≤12	C60	A	10Φ7.1	Φ^b4	3.7	52	77	1980	249
				AB	10Φ9.0		5.0	63	104		
				B	13Φ9.0		6.7	75	135		
				C	13Φ10.7		9.0	87	174		

续表

外径 d (mm)	壁厚 t (mm)	单节桩长 (m)	混凝土强度等级	型号	预应力钢筋	螺旋筋规格	混凝土有效预压应力 (MPa)	抗裂弯矩检验值 M_{cr} (kN·m)	极限弯矩检验值 M_u (kN·m)	桩身竖向承载力设计值 R_p (kN)	理论重量 (kN/m)
500	100	≤15	C60	A	10Φ9.0	$\Phi^b 5$	3.9	99	148	2720	327
				AB	10Φ10.7		5.4	121	200		
				B	14Φ10.7		7.2	144	258		
				C	14Φ12.6		9.8	166	332		
550	100	≤15	C60	A	11Φ9.0	$\Phi^b 5$	3.9	125	188	3060	368
				AB	11Φ10.7		5.4	154	254		
				B	15Φ10.7		7.2	182	328		
				C	15Φ12.6		9.7	211	422		
600	110	≤15	C60	A	13Φ9.0	$\Phi^b 5$	3.9	164	246	3680	440
				AB	13Φ10.7		5.4	201	332		
				B	18Φ10.7		7.2	239	430		
				C	18Φ12.6		9.8	276	552		

1. *沉桩方法*

预制桩的沉桩方法有锤击、振动、静压三种。

1)锤击法

锤击法是用桩锤锤击桩顶，将桩打入土中，俗称打桩。桩锤可分为落锤、汽锤、柴油锤等，主要设备包括桩锤、桩架、动力设备等。落锤打桩是用卷扬机经桩架将桩锤提起，靠自由下落的冲击能打桩，设备简单，但打桩速度慢。汽锤打桩需要配以蒸汽锅炉或空气压缩机，用蒸汽或压缩空气的能量推动活塞锤击桩顶，设备笨重，但打桩速度快。柴油锤是依靠柴油燃烧产生的能量推动桩锤打桩，无需配置其他动力设备，移动方便，打桩速度也快。

2)振动法

振动沉桩的主要设备是置于桩顶上部的振动器(振动箱)，振动器的主要部件是两组并列的偏心块，在电动机驱动下，两组偏心块反向同步旋转产生离心力，离心力的水平分力大小相等，方向相反，合力为零；而垂直分力则大小相同，方向相同，形成叠加，振动器因而产生垂直方向的振动，使桩身受到振动而逐渐沉入土中。振动沉桩设备自重轻、移动方便、工效高，饱和砂土因振动而易液化使沉桩阻力降低，所以振动沉桩更适合于细砂土。

3)静压法

静压沉桩是利用桩机自重和配重产生的静压力将桩身压入土中。这种方法无振动、无噪音，在人口、建筑物密集的场地可避免对周围的干扰。同时，由于桩身不受冲击荷载，配筋可适当减少，混凝土强度等级也可适当降低。缺点是设备自重大，且不适用于坚硬的土层。

2. 打桩施工

预制桩打桩入土时，将产生明显的挤土效应，先打入的桩有可能被后打入的桩挤压倾斜、偏离桩位，或被挤出上浮；后打入的桩也可能难以打至设计标高。桩距越小，这种挤土效应就越明显，当桩距大至 $4d$ 时，挤土效应将有显著降低。为了防止挤土效应所产生的负面影响，当桩距较密时，应确定合理的打桩顺序。一般地说，打桩顺序应避免从外往里打，以免周围桩打入后，中间土被挤密，使后面的桩难以打入。或将周围桩挤斜。

打桩时，桩顶需要套上桩帽，并用硬木或其他材料作为锤垫，以保护桩顶不受直接冲击。当需要将桩顶沉入土中一定深度时，可用钢材制作送桩器，待桩顶打至接近地面时，把送桩器套在桩顶上，锤击送桩器使桩顶沉入土中所需要的深度。

二、沉管灌注桩

沉管灌注桩是利用锤击或振动机械将桩管沉入土中成孔，然后灌注混凝土，再把桩管拔出的一种施工方法，见图 12-3。桩管用钢管制成，桩管下端装有活瓣桩尖，桩管下沉入土时将其闭合严密，防止土和地下水进入桩管，灌注混凝土后拔出时活瓣桩尖打开。也可用钢筋混凝土预制桩尖，沉管前，将预制桩尖按测定桩位埋入土中，吊起桩管对准桩尖压合，并在桩管与桩尖之间垫以缓冲材料，以防止桩尖被打坏并防止地下水进入桩管，灌注混凝土后将桩管拔出时桩尖留置于混凝土桩身下端。当桩身配置局部长度钢筋笼时，第一次灌注混凝土应先灌注至笼底标高，然后放置钢筋笼，再灌注剩余部分。第一次拔管高度应以能容纳第二次灌入的混凝土量为限，待第二次灌注混凝土后，再将桩管全部拔出。灌注混凝土的充盈系数(混凝土的实用量体积与计算桩身体积之比)不得小于 1.0，当小于 1.0 时，应全长复打。

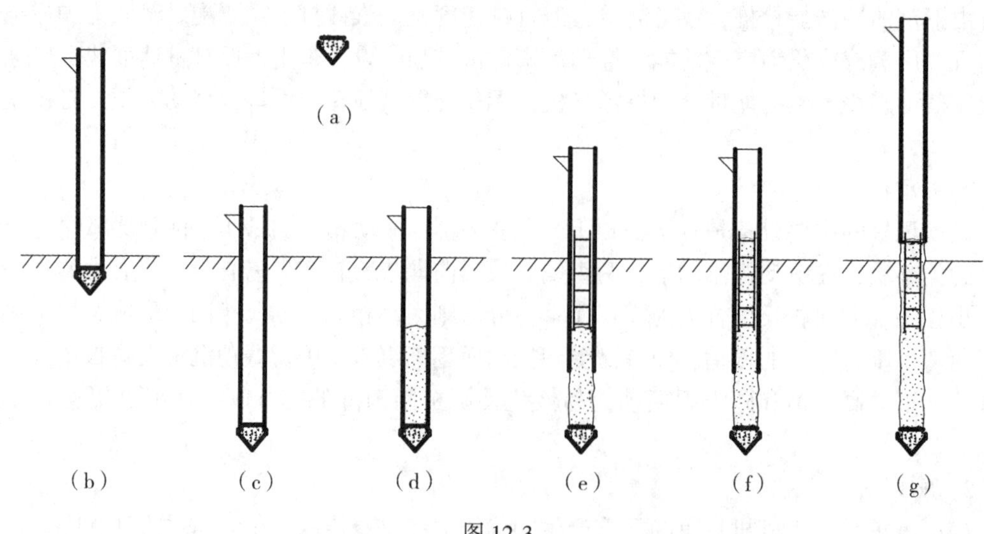

图 12-3

振动沉管灌注桩的施工工艺可分为单打法、反插法和复打法。单打法可用于含水量较小的土层，且宜采用预制桩尖；反插法及复打法可用于饱和土层。

1. 单打法

将桩管沉至设计要求的深度，并灌注混凝土后，先振动5~10s，再开始拔管，每拔出0.5~1.0m，停止拔管，振动5~10s，如此反复，直至桩管全部拔出。在一般土层中，拔管速度宜为1.2~1.5m/min，用活瓣桩尖时宜慢，用预制桩尖时可适当加快；在软弱土层中，应放慢拔管速度，宜控制在0.6~0.8m/min。

2. 反插法

桩管灌注混凝土后，先振动再拔管，每次拔管高度0.5~1.0m，然后反插，反插深度0.3~0.5m。在拔管过程中，应分段添加混凝土，保持管内混凝土面始终不低于地表面或高于地下水位1.0~1.5m以上，拔管速度应小于0.5m/min。在距桩尖处的1.5m范围内，宜多次反插，以扩大桩端部直径。在流动性淤泥中不宜使用反插法。

3. 复打法

复打法是在单打施工完成拔出桩管后，立即在原桩位再放置第二个桩尖，将桩管第二次打入，把第一次灌入的混凝土向四周土中挤压，扩大桩径，然后再第二次灌注混凝土并将桩管拔出。采用复打法可提高充盈系数，提高桩身质量。对充盈系数小于1.0的桩，宜全长复打，对可能断桩和缩颈处，应进行局部复打，以保证桩身质量。全长复打的入土深度宜接近原桩长，局部复打应超过断桩或缩颈区1.0m以上。

沉管灌注桩适用于黏性土、粉土、砂土及填土。但在厚度较大、灵敏度较高的淤泥和流塑状态的黏性土等软弱土层中，由于沉管时对土体的强烈扰动和挤压，可能产生很高的孔隙水压力，拔管后，新浇筑的桩身受到高水压的作用，易使桩身产生缩颈现象。因此，应制定可靠的质量保证措施，经试桩成功后再施工。

三、泥浆护壁钻孔灌注桩

泥浆护壁钻孔灌注桩是利用泥浆保护孔壁，并通过循环泥浆将钻头切削下来的土渣排出孔外而成孔，然后吊放钢筋笼，灌注混凝土的成桩方法。

1. 埋设护筒

在钻机钻孔之前，应先在测定的桩位埋设护筒。护筒的作用是固定孔位、保护孔口，提高桩孔内水压力。护筒用4~8mm厚钢板制作，内径应大于钻头直径100mm，上部开设有溢浆孔。护筒的埋设深度，在黏性土中不宜小于1.0m；砂土中不宜小于1.5m。护筒下端外侧应用黏土填实。施工期间，护筒内的泥浆面应高出地下水位1.0m以上。

2. 泥浆制备

泥浆的作用是保护孔壁、携砂排土、冷却钻头。泥浆可用高塑性黏土或膨润土制备。膨润土主要矿物成分为蒙脱土，也叫斑脱岩、皂土，吸水性强、黏性大。当孔位土质为黏性土时，可注入清水，用原土造浆。

3. 成孔

成孔所用的机具有多种，其原理一是冲击破碎，二是旋转切削。本节仅介绍回转钻成孔方法。按排渣方式的不同，回转钻成孔又分为正循环法和反循环法，图12-4所示是正循环法钻孔示意图。

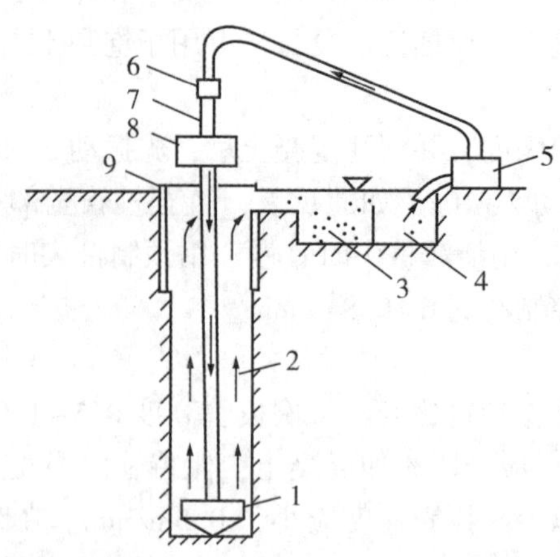

1—钻头；2—泥浆循环方向；3—沉渣池；4—泥浆池；5—泥浆泵；
6—水龙头；7—钻杆；8—钻机回转装置；9—护筒

图 12-4　正循环法钻孔示意图

1) 正循环法

由钻机带动钻杆和钻头切削岩土成孔，用泥浆泵将制备好的泥浆从泥浆池中抽出，然后注入空心钻杆，泥浆从钻杆下端压出后，沿着钻杆与孔壁之间上升，并携带孔底切削碎渣，至孔口处溢出，流入沉渣池，经沉淀后的泥浆再进入泥浆池，这种循环方法就叫正循环法。正循环法泥浆上升通道截面大，泥浆上升速度慢，排渣能力较差。

2) 反循环法

泥浆从钻杆与孔壁之间下沉，从空心钻杆空腔内上升并排渣，其循环方向与正循环法相反，称作反循环法。反循环法需有配套的吸渣装置，其优点是排渣能力较强。

4. 清孔

当钻机达到设计深度后，应立即清孔，即清除孔底残渣，以保证桩身混凝土浇筑质量。清孔过程中，应不断置换泥浆，清出泥渣。灌注混凝土前，孔底未排净的剩余沉渣厚度：对端承型桩，不应大于 50mm；对摩擦型桩，不应大于 100mm；对抗拔、抗水平力桩，不应大于 200mm。

5. 吊放钢筋笼，灌注混凝土

清孔后即可吊放钢筋笼，灌注混凝土。水下灌注混凝土需要用导管灌注，导管用不小于 3mm 壁厚的钢管制作，直径为 200~250mm，可视工艺要求分节制作，底节长度不宜小于 4m，宜采用双螺纹方扣快速接头。导管由钢筋笼内插入，开始灌注混凝土时，导管底部至孔底的距离宜为 300~500mm。导管上端连接漏斗，漏斗与导管之间设置隔水栓。初灌混凝土的储备量要保证将导管内泥浆全部压出，并将导管埋入混凝土中 0.8m 以上。为此，应保证漏斗有足够的容积。灌注混凝土时，突然松开隔水栓，使混凝土急剧下落，冲向孔底，压出导管内泥浆，并翻出导管外，将管口埋入混凝土中。灌注过程应连续施工，再灌注时，严禁导管拔出混凝土面。最后一次灌注后，应使桩顶面高出设计标高 0.8~1.0m，以保证凿除泛浆后桩顶混凝土强度达到设计要求。

采用回转钻成孔的灌注桩，孔深可达 80m，是各种成桩工艺中入土深度最深的一种。

四、干作业成孔灌注桩

干作业法成孔可用螺旋钻成孔，或由人工挖孔。钻孔时应符合下列要求：

(1)钻杆应保持垂直稳固，位置准确，防止因钻杆晃动引起孔径扩大；

(2)钻进过程中，应随时清理孔口积土，遇到地下水、塌孔、缩孔等异常情况时，应及时处理；

(3)成孔达到设计深度后，保护好孔口，按规定验收并作好记录；

(4)成孔后应尽快灌注混凝土。

第三节　单桩静载荷试验

一、单桩静载荷试验

单桩静载荷试验是对单桩实际工作状态的模拟。与其他确定单桩承载力的方法相比，更为直观可靠。试验装置如图 12-5 所示，图中，在试验桩周围距离试验桩不少于 4 倍桩径且大于 2m 的位置设置 4 根锚桩，利用架设在锚桩间的梁作为千斤顶对试桩的反力装置；也可不设锚桩，利用堆载重物加压。

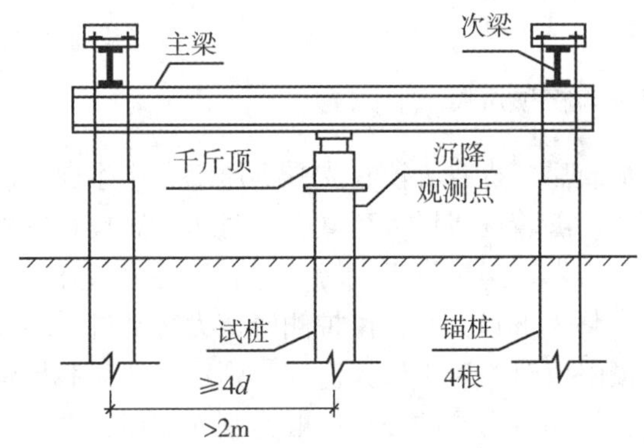

图 12-5　单桩静荷载试验装置

试验时，利用置于试验桩桩顶的千斤顶对试桩分级加荷。按规定，加荷分级不应少于 8 级，每级加荷量为预估极限荷载的$\frac{1}{8}\sim\frac{1}{10}$。

每级加荷后，在第 5、10、15 分钟测读一次桩顶沉降量，以后每隔 15 分钟测读一次，累计一小时后每隔半小时测读一次。

在每级荷载作用下，桩顶沉降量连续两次在每小时内小于 0.1mm 时可视为稳定，即可再加下一级荷载。

符合下列条件之一时可终止加载：

(1)利用试验数据绘制 Q-S (荷载-沉降量)曲线，如图 12-6(a)所示。曲线上有可判定极限承载力的陡降段，且桩顶总沉降量超过 40mm；

(2)后一级加载产生的沉降增量大于或等于前一级加载沉降量的 2 倍，且 24 小时尚未达到稳定；

(3)桩长超过 25m 的非嵌岩桩，Q-S 曲线呈缓变形时，桩顶总沉降量大于 60~80mm；

(4)在特殊条件下，可根据具体要求加载至桩顶总沉降量大于 100mm。

卸载时，每级卸载量为加载量的 2 倍，卸载后每隔 15 分钟测读一次，测读两次后，隔半小时再读一次，即可卸下一级荷载，全部卸载后，隔 3~4 小时再测读一次。

单桩竖向极限承载力标准值可根据 Q-S 曲线，按下列方法确定：

(1)当陡降段明显时，取相应于陡降段起点的荷载值。

(2)当出现后一级加载沉降增量大于或等于前一级加载沉降增量的 2 倍，且 24 小时仍未达到稳定时，取前一级荷载值。

(3)当 Q-S 曲线呈缓变形时，取桩顶总沉降量 $S=40\text{mm}$ 所对应的荷载值，当桩长大于 40m 时，宜考虑桩身的弹性压缩。

(4)按上述方法判断有困难时，可结合其他辅助方法分析判定。如绘制 $\lg t-s$ (时间-沉降量)曲线，在 $\lg t$-s 曲线上，可取曲线尾部出现明显下弯的前一级荷载作为极限承载力，如图 12-6(b)所示。

将单桩竖向极限承载力除以安全系数 2，即为单桩竖向承载力特征值 R_a 。

单桩静载荷试验所得的 Q-S 曲线呈现的沉降特征，是荷载作用下桩和土相互作用内在机制的宏观反映，曲线的形状与桩端和桩侧土的性质、桩的几何尺寸、成桩工艺等诸多因素有关。

二、单桩轴力的传递与桩顶沉降

当对单桩桩顶施加荷载后，桩身上段首先受到压缩，产生向下的位移，桩周土则在桩侧表面产生向上的摩擦力。随着逐级增大荷载，桩身压缩和位移逐次向下发展，桩侧摩擦力也由上而下逐次发展。当发展至桩身下端时，桩底端持力层开始发挥作用。持力层受压后引起桩端下沉，使桩身整体下移，这又使桩侧摩擦力得到进一步发挥。当桩身自上而下全长的摩擦力都已达到极限值时，若再增大荷载，则这时的荷载增量就全部由桩端持力层承载，直至持力层破坏，桩端持力层的破坏一般为刺入破坏，发生刺入破坏时的临界荷载为桩的极限承载力。

由上述可见，单桩轴向荷载的传递过程就是桩侧摩擦力和桩端阻力逐次发挥的过程，Q-S 曲线就是这一过程的反映，因此，Q-S 曲线具有丰富的技术内涵，可分述如下：

(1)一般地说，桩在工作的时候，上部桩侧摩擦力的发挥总是先于下部，桩侧摩擦力的发挥总是先于桩端阻力，桩身越细长，这种现象越明显。所以，Q-S 曲线的前段主要反映的是桩侧摩擦力的大小，桩周土若颗粒粗而密实、摩擦力大，曲线前段的斜率 $\Delta Q/\Delta S$ 就大；反之则小。曲线的末段(指极限承载力 Q_u 之前的曲线段)主要反映的是桩端阻力的大小，桩端持力层越坚硬，压缩性小，曲线末段的斜率 $\Delta Q/\Delta S$ 就越大；反之也小。曲线的中段则是桩侧摩擦力和桩端阻力的综合反映。

(2)在 Q-S 曲线上，前段一般接近直线，这是桩侧摩擦力逐渐发挥的反映，然后出现明显或比较明显的向下弯曲。对于纯摩擦桩，曲线向下弯曲并出现陡降说明桩侧摩擦力已充分发挥；对于纯端承桩，Q-S 曲线自始至终反映的就是桩端持力层的阻力大小。由于实

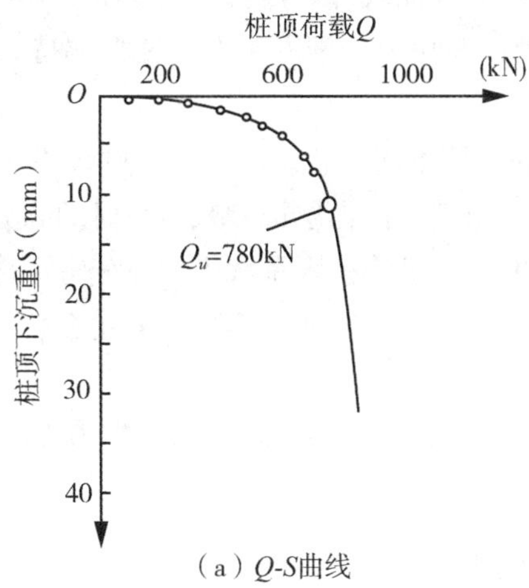

（a）Q-S曲线

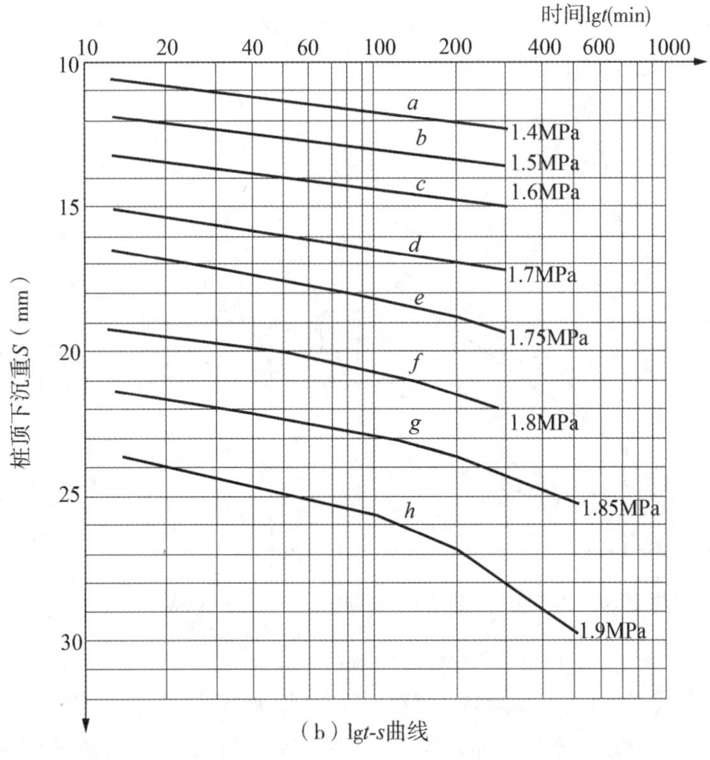

（b）lgt-s曲线

图 12-6　单桩静荷载试验曲线

际的桩侧摩阻力和端阻力都不可能为零，曲线上的反映应在两种极端情况之间。此外，曲线的形状还与土层分布及各土层的压缩特性有关，结合钻孔柱状图及勘察资料，可对桩的工作情况加以分析。

(3)桩径越小，持力层越弱，桩端越有可能刺入持力层，使 Q-S 曲线末段出现明显陡降。

(4)当桩身较长(大于 25m)或很长(大于 40m)时，在桩顶总沉降量中，桩身的弹性压缩将占有一定份额。这时的 $Q\text{-}S$ 曲线开始段首先反映桩身弹性压缩产生的摩擦力。

(5)灌注桩孔底部若有大量沉渣未清除干净，使桩端持力层的压缩量增大，在 $Q\text{-}S$ 曲线上应有所反映。

(6)由于桩端持力层的土质不同，软硬不同，桩端以下土的塑性区开展也就不同，极限承载力有时反映的并不一定就是持力层被刺入破坏时的临界值，所以，也不应简单地把极限承载力看成一个固定的值。确定极限承载力应充分考虑建筑物的使用性质，既要保证建筑物的正常使用，又应使桩基的承载能力得到充分发挥。

第四节　确定单桩竖向承载力的其他方法

一、单桥探头静力触探法

当根据单桥探头静力触探资料确定混凝土预制桩单桩竖向极限承载力标准值时，如无当地经验，可查图 12-7，并按下式计算：

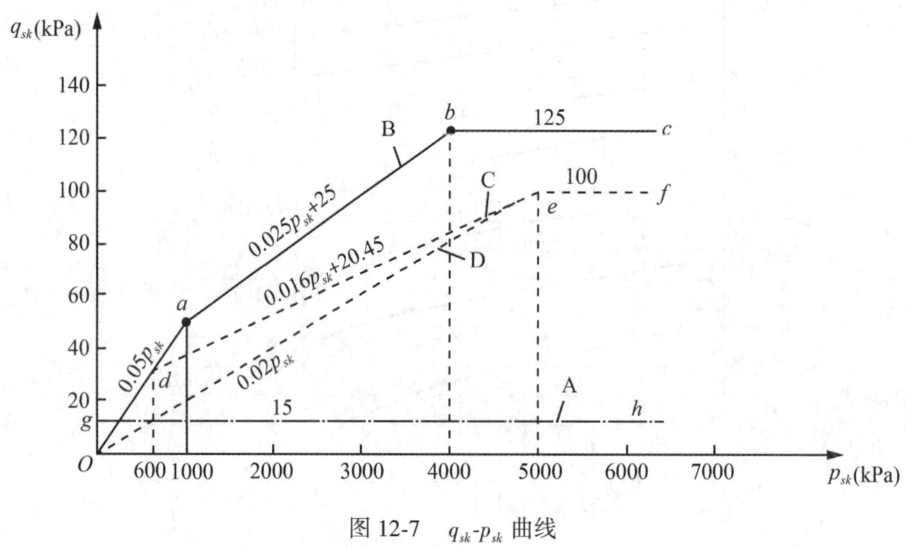

图 12-7　$q_{sk}\text{-}p_{sk}$ 曲线

注：1. q_{sik} 的值应结合土工试验资料，依据土的类别、埋藏深度、排列次序，按图中折线取值；图中直线 A（线段 gh）适用于地表下 6m 范围内的土层；折线 B（线段 $oabc$）适用于粉土及砂土土层以上（或无粉土及砂土土层地区）的黏性土；折线 C（线段 $odef$）适用于粉土及砂土土层以下的黏性土；折线 D（线段 oef）适用于粉土、粉砂、细砂及中砂。

2. p_{sk} 为桩端穿过的中密~密实砂土、粉土的比贯入阻力平均值；p_{sl} 为砂土、粉土的下卧软土层的比贯入阻力平均值（见表 12-7）。

3. 采用的单桥探头，圆锥底面积为 15cm^2，底部带 7cm 高滑套，锥角 60°。

4. 当桩端穿过粉土、粉砂、细砂及中砂层底面时，折线 D 估算的 q_{sik} 值需乘以表 12-7 中的系数 η_s 值。

$$Q_{uk} = Q_{sk} + Q_{pk} = u\sum q_{sik}l_i + \alpha \cdot p_{sk}A_p \qquad (12\text{-}1a)$$

当 $p_{sk1} \leqslant p_{sk2}$ 时：$p_{sk} = \frac{1}{2}(p_{sk1} + \beta \cdot p_{sk2})$ (12-1b)

当 $p_{sk1} > p_{sk2}$ 时：$p_{sk} = p_{sk2}$ (12-1c)

式中，Q_{uk}——单桩竖向极限承载力标准值，kN；

Q_{sk}、Q_{pk}——分别为单桩总极限侧阻力标准值和总极限端阻力标准值，kN；

u——桩身周长，m；

q_{sik}——用静力触探比贯入阻力估算的桩周第 i 层土的极限侧阻力，kPa；

l_i——桩周第 i 层土的厚度，m；

α——桩端阻力修正系数；可按表 12-4 取值；

p_{sk}——桩端附近静力触探比贯入阻力标准值(平均值)，kPa；

A_p——桩端面积，m^2；

p_{sk1}——桩端全截面以上 8 倍桩径范围内的比贯入阻力平均值，kPa；

p_{sk2}——桩端全截面以下 4 倍桩径范围内的比贯入阻力平均值，kPa。如桩端持力层为密实砂土层，其比贯入阻力平均值超过 20MPa 时，则需乘以表 12-5 中系数 c 予以折减后，再计算 p_{sk}；

β—折减系数，按表 12-6 取值。

表 12-4　**桩端阻力修正系数 α 值**

桩长(m)	$l<15$	$15\leqslant l\leqslant 30$	$30< l\leqslant 60$
α	0.75	0.75~0.90	0.90

注：桩长 15m≤ l ≤30m，α 值按 l 值线性内插；l 为桩长(不包括桩尖高度)。

表 12-5　**系数 c 值**

p_{sk} (MPa)	20~30	35	>40
系数 c	5/6	2/3	1/2

注：可内插取值。

表 12-6　**折减系数 β 值**

p_{sk2}/p_{sk1}	≤5	7.5	12.5	≥15
β	1	5/6	2/3	1/2

注：可内插取值。

表 12-7　**系数 η_s 值**

p_{sk}/p_{sl}	≤5	7.5	≥10
η_s	1.00	0.50	0.33

二、双桥探头静力触探法

当根据双桥探头静力触探资料确定混凝土桩单桩竖向极限承载力标准值时，对于黏性土、粉土和砂土，如无当地经验时，可按下式计算：

$$Q_{uk} = Q_{sk} + Q_{pk} = u\sum l_i\beta_i f_{si} + \alpha \cdot q_c A_p \tag{12-2a}$$

式中，f_{si} ——第 i 层土的探头平均侧阻力，kPa；

q_c ——桩端平面上、下探头阻力，取桩端平面以上 $4d$（d 为桩的直径或边长）范围内按土层厚度的探头阻力加权平均值，然后再和桩端平面以下 $1d$ 范围内的探头阻力进行平均，kPa；

α ——桩端阻力修正系数，对于黏性土、粉土取$\frac{2}{3}$；饱和砂土取$\frac{1}{2}$；

β_i ——第 i 层土桩侧阻力综合修正系数，按下式计算：

黏性土、粉土：
$$\beta_i = 10.04\,(f_{si})^{-0.55} \tag{12-2b}$$

砂土：
$$\beta_i = 5.05\,(f_{si})^{-0.45} \tag{12-2c}$$

试验用双桥探头的圆锥底面积为 15cm^2，锥角 60°，摩擦套筒高 21.85cm，侧面积 300cm^2。

三、经验参数法

当根据土的物理指标与承载力之间的经验关系，确定单桩竖向极限承载力标准值时，宜按下式估算：

$$Q_{uk} = Q_{sk} + Q_{pk} = u\sum q_{sik} l_i + q_{pk} A_p \tag{12-3}$$

式中，q_{sik} ——桩侧第 i 层土的极限侧阻力标准值，如无当地经验时，可按表 12-8 取值；

q_{pk} ——极限端阻力标准值，如无当地经验时，可按表 12-9 取值。

表 12-8 **桩的极限侧阻力标准值 q_{sik}** （单位：kPa）

土的名称	土的状态		混凝土预制桩	泥浆护壁钻（冲）孔桩	干作业钻孔桩
填土	—		22~30	20~28	20~28
淤泥	—		14~20	12~18	12~18
淤泥质土	—		22~30	20~28	20~28
黏性土	流塑	$I_L>1$	24~40	21~38	21~38
	软塑	$0.75<I_L\leqslant 1$	40~55	38~53	38~53
	可塑	$0.50<I_L\leqslant 0.75$	55~70	53~68	53~66
	硬可塑	$0.25<I_L\leqslant 0.50$	70~86	68~84	66~82
	硬塑	$0<I_L\leqslant 0.25$	86~98	84~96	82~94
	坚硬	$I_L\leqslant 0$	98~105	96~102	94~104

续表

土的名称	土的状态		混凝土预制桩	泥浆护壁钻(冲)孔桩	干作业钻孔桩
红黏土	$0.7< a_\omega \leq 1$		13~32	12~30	12~30
	$0.5< a_\omega \leq 0.7$		32~74	30~70	30~70
粉土	稍密	$e>0.9$	26~46	24~42	24~42
	中密	$0.75\leq e\leq 0.9$	46~66	42~62	42~62
	密实	$e<0.75$	66~88	62~82	62~82
粉细砂	稍密	$10< N\leq 15$	24~48	22~46	22~46
	中密	$15< N\leq 30$	48~66	46~64	46~64
	密实	$N>30$	66~88	64~86	64~86
中砂	中密	$15< N\leq 30$	54~74	53~72	53~72
	密实	$N>30$	74~95	72~94	72~94
粗砂	中密	$15< N\leq 30$	74~95	74~95	76~98
	密实	$N>30$	95~116	95~116	98~120
砾砂	稍密	$5< N_{63.5}\leq 15$	70~110	50~90	60~100
	中密(密实)	$N_{63.5}>15$	116~138	116~130	112~130
圆砾、角砾	中密、密实	$N_{63.5}>10$	160~200	135~150	135~150
碎石、卵石	中密、密实	$N_{63.5}>10$	200~300	140~170	150~170
全风化软质岩	—	$30< N\leq 50$	100~120	80~100	80~100
全风化硬质岩	—	$30< N\leq 50$	140~160	120~140	120~150
强风化软质岩	—	$N_{63.5}>10$	160~240	140~200	140~220
强风化硬质岩	—	$N_{63.5}>10$	220~300	160~240	160~260

注：1. 对于尚未完成固结的填土和以生活垃圾为主的杂填土，不计算其侧阻力；

2. a_ω 为含水比，即土的含水量与液限之比。

3. N 为标准贯入试验击数，$N_{63.5}$ 重型圆锥动力触探击数。

4. 全风化、强风化软质岩和全风化、强风化硬质岩系指其母岩分别为 $f_{rk}\leq 15$MPa，$f_{rk}>30$MPa 的岩石。

表 12-9　　**桩的极限端阻力标准值 q_{pk}**　　（单位：kPa）

土名称	土状态		混凝土预制桩桩长 l (m)				泥浆护壁钻、冲孔桩桩长 l (m)				干作业钻孔桩桩长 l (m)		
			$l\leqslant 9$	$9<l\leqslant 16$	$16<l\leqslant 30$	$l>30$	$5\leqslant l<10$	$10\leqslant l<15$	$15\leqslant l<30$	$30\leqslant l$	$5\leqslant l<10$	$10\leqslant l<15$	$15\leqslant l$
黏性土	软塑	$0.75<I_L\leqslant 1$	210~850	650~1400	1200~1800	1300~1900	150~250	250~300	300~450	300~450	200~400	400~700	700~950
	可塑	$0.5<I_L\leqslant 0.75$	850~1700	1400~2200	1900~2800	2300~3600	350~450	450~600	600~750	750~800	500~700	800~1100	1000~1600
	硬可塑	$0.25<I_L\leqslant 0.5$	1500~2300	2300~3300	2700~3600	3600~4400	800~900	900~1000	1000~1200	1200~1400	850~1100	1500~1700	1700~1900
	硬塑	$0<I_L\leqslant 0.25$	2500~3800	3800~5500	5500~6000	6000~6800	1100~1200	1200~1400	1400~1600	1600~1800	1600~1800	2200~2400	2600~2800
粉土	中密	$0.75\leqslant e\leqslant 0.9$	950~1700	1400~2100	1900~2700	2500~3400	300~500	500~650	650~750	750~850	800~1200	1200~1400	1400~1600
	密实	$e<0.75$	1500~2600	2100~3000	2700~3600	3600~4400	650~900	750~950	900~1100	1100~1200	1200~1700	1400~1900	1600~2100
粉砂	稍密	$10<N\leqslant 15$	1000~1600	1500~2300	1900~2700	2100~3000	350~500	450~600	600~700	650~750	500~950	1300~1600	1500~1700
	中密、密实	$N>15$	1400~2200	2100~3000	3000~4500	3800~5500	600~750	750~900	900~1100	1100~1200	900~1000	1700~1900	1700~1900
细砂	中密、密实	$N>15$	2500~4000	3600~5000	4400~6000	5300~7000	650~850	900~1200	1200~1500	1500~1800	1200~1600	2000~2400	2400~2700
中砂			4000~6000	5500~7000	6500~8000	7500~9000	850~1050	1100~1500	1500~1900	1900~2100	1800~2400	2800~3800	3600~4400
粗砂			5700~7500	7500~8500	8500~10000	9500~11000	1500~1800	2100~2400	2400~2600	2600~2800	2900~3600	4000~4600	4600~5200
砾砂	中密、密实	$N>15$	6000~9500		9000~10500		1400~2000		2000~3200		3500~5000		
角砾、圆砾		$N_{63.5}>10$	7000~10000		9500~11500		1800~2200		2200~3600		4000~5500		
碎石、卵石		$N_{63.5}>10$	8000~11000		10500~13000		2000~3000		3000~4000		4500~6500		
全风化软质岩		$30<N\leqslant 50$	4000~6000				1000~1600				1200~2000		
全风化硬质岩		$30<N\leqslant 50$	5000~8000				1200~2000				1400~2400		

续表

土名称	土状态		混凝土预制桩桩长 l (m)				泥浆护壁钻、冲孔桩桩长 l (m)				干作业钻孔桩桩长 l (m)		
			$l\leqslant 9$	$9<l\leqslant 16$	$16<l\leqslant 30$	$l>30$	$5\leqslant l<10$	$10\leqslant l<15$	$15\leqslant l<30$	$30\leqslant l$	$5\leqslant l<10$	$10\leqslant l<15$	$15\leqslant l$
强风化软质岩		$N_{63.5}>10$	6000~9000				1400~2200				1600~2600		
强风化硬质岩		$N_{63.5}>10$	7000~11000				1800~2800				2000~3000		

注：1. 砂土和碎石土类中桩的极限承载力取值，宜综合考虑土的密实度，桩端进入持力层的深径比 h_b/d，土愈密实，h_b/d 愈大，取值愈高。h_b 为桩进入持力层的深度；

2. 预制桩的岩石极限端阻力指桩端支承于中、微风化基岩表面或进入强风化、软质岩一定深度条件下的极限端阻力；

3. 全风化、强风化软质岩和全风化、强风化硬质岩指其母岩分别为 $f_{rk}\leqslant 15$MPa，$f_{rk}>30$MPa 的岩石。

四、大直径桩经验参数法

根据土的物理指标与承载力之间的经验关系确定大直径桩（$d\geqslant 800$mm）单桩竖向极限承载力标准值时，可按下式计算：

$$Q_{uk}=Q_{sk}+Q_{pk}=u\sum\psi_{si}q_{sik}l_i+\psi_p q_{pk}A_p \tag{12-4}$$

式中，q_{sik}——桩侧第 i 层土极限侧阻力标准值，如无当地经验值时，可按表 12-8 取值，对于扩底桩斜面及变截面以上 $2d$ 长度范围内不计侧阻力；

q_{pk}——桩径为 800mm 的极限端阻力标准值，对于干作业挖孔（清底干净）可采用深层载荷板试验确定；当不能进行深层载荷板试验时，可按表 12-10 取值；

ψ_{si}、ψ_p——大直径桩侧阻力、端阻力尺寸效应系数，按表 12-11 取值，表中 d 为桩身直径，D 为桩端直径；

u——桩身周长，当人工挖孔桩桩周护壁为振捣密实的混凝土时，桩身周长可按护壁外直径计算。

表 12-10　**干作业挖孔桩（清底干净，D=800mm）极限端阻力标准值 q_{pk}**　（单位：kPa）

土名称	状态		
黏性土	$0.25<I_L\leqslant 0.75$	$0<I_L\leqslant 0.25$	$I_L\leqslant 0$
	800~1800	1800~2400	2400~3000
粉土	—	$0.75\leqslant e\leqslant 0.9$	$e<0.75$
	—	1000~1500	1500~2000

续表

土名称		状态		
		稍密	中密	密实
砂土、碎石类土	粉砂	500~700	800~1100	1200~2000
	细砂	700~1100	1200~1800	2000~2500
	中砂	1000~2000	2200~3200	3500~5000
	粗砂	1200~2200	2500~3500	4000~5500
	砾砂	1400~2400	2600~4000	5000~7000
	圆砾、角砾	1600~3000	3200~5000	6000~9000
	卵石、碎石	2000~3000	3300~5000	7000~11000

注：1. 桩进入持力层的深度 h_b 分别为：$h_b \leqslant D$、$D < h_b < 4D$、$h_b > 4D$ 时，q_{pk} 可相应取低、中、高值。

2. 砂土密实度可根据标贯击数判定，$N \leqslant 10$ 为松散，$10 < N \leqslant 15$ 为稍密，$15 < N \leqslant 30$ 为中密，$N > 30$ 为密实。

3. 当桩的长径比 $l/d \leqslant 8$ 时，q_{pk} 宜取较低值。

4. 当对沉降要求不严时，q_{pk} 可取高值。

表 12-11 **大直径灌注桩侧阻力尺寸效应系数 ψ_{si}、端阻力尺寸效应系数 ψ_p**

土类别	黏性土、粉土	砂土、碎石类土
ψ_{si}	$(0.8/d)^{\frac{1}{5}}$	$(0.8/d)^{\frac{1}{3}}$
ψ_p	$(0.8/D)^{\frac{1}{4}}$	$(0.8/D)^{\frac{1}{3}}$

注：当为等直径桩时，表中 $D = d$。

五、混凝土空心桩

当根据土的物理指标与承载力之间的经验关系确定敞口预应力空心桩单桩竖向承载力标准值时，可按下式计算：

$$Q_{uk} = Q_{sk} + Q_{pk} = u\sum q_{sik} l_i + q_{pk}(A_j + \lambda_p A_{pl}) \tag{12-5a}$$

当 $h_b/d_1 < 5$ 时：

$$\lambda_p = 0.16 h_b/d_1 \tag{12-5b}$$

当 $h_b/d_1 \geqslant 5$ 时：

$$\lambda_p = 0.8 \tag{12-5c}$$

式中，q_{sik}、q_{pk} ——分别按表 12-8 和表 12-9 取与混凝土预制桩相同值；

A_j ——空心桩桩端净面积，管桩：$A_j = \frac{\pi}{4}(d^2 - d_1^2)$；空心方桩：$A_j = b^2 - \frac{\pi}{4}d_1^2$；

A_{pl} ——空心桩敞口面积，$A_{pl} = \frac{\pi}{4}d_1^2$；

λ_p ——桩端土塞效应系数；

h_b ——桩端进入持力层深度；

d 、b ——空心桩外径、边长；

d_1——空心桩内径。

六、嵌岩桩经验参数法

桩端置于完整、较完整基岩的嵌岩桩单桩竖向极限承载力标准值，由桩周土总极限侧阻力和嵌岩段总极限阻力组成。当根据岩石单轴抗压强度确定单桩竖向极限承载力标准值时，可按下列公式计算：

$$Q_{uk} = Q_{sk} + Q_{rk} = u\sum q_{sik}l_i + \zeta_r f_{rk}A_p \tag{12-6}$$

式中，Q_{sk} 、Q_{rk} ——土的总极限侧阻力标准值和嵌岩段总极限阻力标准值；

q_{sik} ——桩周第 i 层土的极限侧阻力，无当地经验时，可根据成桩工艺按表 12-8 取值；

f_{rk} ——岩石饱和单轴抗压强度标准值，黏土岩取天然湿度单轴抗压强度标准值；

ζ_r ——桩嵌岩段侧阻力和端阻力综合系数，与嵌岩深径比 $\dfrac{h_r}{d}$ 、岩石软硬程度和成桩工艺有关，可按表 12-12 采用；表中数值适用于泥浆护壁成桩，对于干作业成桩(清底干净)和泥浆护壁成桩后注浆，ζ_r 取表列数值的 1.2 倍。

表 12-12　　**桩嵌岩段侧阻和端阻综合系数 ζ_r**

嵌岩深径比 $\dfrac{h_r}{d}$	0	0.5	1.0	2.0	3.0	4.0	5.0	6.0	7.0	8.0
极软岩、软岩	0.60	0.80	0.95	1.18	1.35	1.48	1.57	1.63	1.66	1.70
较硬岩、坚硬岩	0.45	0.65	0.81	0.90	1.00	1.04	—	—	—	—

注：1. 极软岩、软岩指 $f_{rk} \leqslant 15$MPa，较硬岩、坚硬岩指 $f_{rk} > 30$MPa，介于二者之间可内插取值。

2. h_r 为桩身嵌岩深度，当岩面倾斜时，以坡下方嵌岩深度为准；当 h_r/d 为非表列值时，可内插取值。

七、液化效应

对于桩身周围有液化土层的低承台桩基，当承台底面上下分别有不小于 1.5m、1.0m 非液化土或非软弱土层时，可将液化土层极限侧阻力乘以土层液化折减影响系数计算单桩极限承载力标准值，土层液化影响折减系数 ψ_l 可按表 12-13 确定。

当承台底面上下非液化土层厚度小于以上规定时，土层液化影响折减系数 ψ_l 取 0。

表 12-13　　**土层液化影响折减系数 ψ_l**

$\lambda_N = N/N_{cr}$	$\lambda_N \leqslant 0.6$		$0.6 < \lambda_N \leqslant 0.8$		$0.8 < \lambda_N \leqslant 1.0$	
自地面算起的液化土层深度 d_L (m)	$d_L \leqslant 10$	$10 < d_L \leqslant 20$	$d_L \leqslant 10$	$10 < d_L \leqslant 20$	$d_L \leqslant$	$10 < d_L \leqslant 20$
ψ_l	0	$\frac{1}{3}$	$\frac{1}{3}$	$\frac{2}{3}$	$\frac{2}{3}$	1.0

注：1. N 为饱和土标贯击数实测值；N_{cr} 为液化判别标贯击数临界值；

2. 对于挤土桩当桩距不大于 $4d$，且桩的排数不少于 5 排，总桩数不少于 25 根时，土层液化影响折减系数可按表列值提高一档取值；桩间土标贯击数达到 N_{cr} 时，取 $\psi_l = 1$。

[**例题 12-1**]　某建筑场地单桥探头静力触探资料如下：第一层，黏土，层厚 6.2m，比贯入阻力平均值 p_{sk} = 2100kPa；第二层，粉质黏土，层厚 1.8m，p_{sk} = 3200kPa；第三层，细砂，层厚 2.1m，p_{sk} = 4800kPa；第四层，中砂，层厚 8m，p_{sk} = 23600kPa。设计用 350mm×350mm 预制实心方桩，桩长 11m，打入第四层中砂层全截面长度 0.9m。试计算单桩竖向极限承载力标准值。

解：(1) 各土层的极限侧阻力标准值 q_{sk}。第一层：层底深 6.2m，查图 12-7，按横直线 A（按层底深约等于 6m）取：$q_{sk} = 15$(kPa)。

第二层：粉质黏土，查图 12-7，按折线 B 计算：$q_{sk} = 0.025p_{sk} + 25 = 0.025 \times 3200 + 25 = 105$(kPa)。

第三层：细砂，查图 12-7，按折线 D 计算：$q_{sk} = 0.02p_{sk} = 0.02 \times 4800 = 96$(kPa)。

第四层：中砂，查图 12-7，按折线 D 计算：$q_{sk} = 100$(kPa)。

(2) 桩端附近比贯入阻力标准值 p_{sk}。

①计算 p_{sk1}。桩端伸入中砂层 2.57(0.9/0.35) 倍桩径，在细砂层中为 5.43 (8−2.57) 倍桩径，则：$p_{sk1} = \dfrac{23600 \times 2.57 + 4800 \times 5.43}{8} = 10839.5$(kPa)。

②计算 p_{sk2}。按持力层比贯入阻力 23600kPa = 23.6MPa 查表 12-5，$c = 5/6$，则 $p_{sk2} = 23600 \times \dfrac{5}{6} = 19666.7$(kPa)。

③折减系数 β。因 $\dfrac{p_{sk2}}{p_{sk1}} = \dfrac{19666.7}{10839.5} = 1.8 < 5$，查表 12-6，$\beta = 1$。

④按式(12-1b)计算桩端附近比贯入阻力标准值 p_{sk}，得

$$p_{sk} = \frac{1}{2}(p_{sk1} + \beta \cdot p_{sk2}) = \frac{1}{2} \times (10839.5 + 1 \times 10666.7)$$
$$= 15253(\text{kPa})$$

(3) 按式(12-1a)计算单桩竖向极限承载力标准值 Q_{uk}。

查表 12-4，$\alpha = 0.75$；$u = 4 \times 0.35 = 1.4\text{m}$；$A_p = 0.35^2 = 0.1225\text{m}^2$；

$$Q_{uk} = Q_{sk} + Q_{pk} = u\sum q_{sik}l_i + \alpha \cdot p_{sk}A_p$$

$$= 1.4 \times (15 \times 6.2 + 105 \times 1.8 + 96 \times 2.1 + 100 \times 0.9) + 0.75 \times 15253 \times 0.1225$$

$$= 803 + 1401 = 2204(\text{kPa})$$

[**例题 12-2**]　某建筑场地钻孔勘探资料如下：

第一层：杂填土，层厚 1.5m，底深 1.5m；

第二层：软塑粉质黏土，层厚 4.5m，底深 6.0m，$I_L = 0.85$；

第三层：流塑粉质黏土，层厚 2.7m，底深 8.7m，$I_L = 1.10$；

第四层：硬塑粉质黏土，层厚 1.8m，底深 10.5m，$I_L = 0.25$；

第五层：中密粗砂，层厚 3.6m，底深 14.1m；

第六层：中密碎石土，层厚大于 10m。

地下水位深 3.6m，桩长桩径和桩型自选。

试计算单桩竖向极限承载力标准值。

解：(1)确定采用外径 550mm 预应力混凝土管桩(加桩尖不敞口)，桩长取 15.5m，桩端全截面伸入第六层中密碎石土层 1.4m。

(2)桩周长和桩端面积：

$$u = 0.55\pi = 1.728\ \text{m}$$

$$A_p = \frac{\pi}{4} \times 0.55^2 = 0.237\ \text{m}^2$$

(3)查表 12-8。

第一层：杂填土，不计入侧阻力；

第二层：软塑粉质黏土，$I_L = 0.85$，$q_{sk} = 49\text{kPa}$；

第三层：流塑粉质黏土，$I_L = 1.10$，$q_{sk} = 30\text{kPa}$；

第四层：硬塑粉质黏土，$I_L = 0.25$，$q_{sk} = 86\text{kPa}$；

第五层：中密粗砂，估取 $q_{sk} = 80\text{kPa}$；

第六层：中密碎石土，估取 $q_{sk} = 200\text{kPa}$。

(4)查表 12-9 估取 $q_{pk} = 9000\text{kPa}$。

(5)按式(12-3)计算单桩竖向极限承载力标准值 Q_{uk}。

$$Q_{uk} = Q_{sk} + Q_{pk} = u\sum q_{sik}l_i + q_{pk}A_p$$

$$= 1.728\times(49\times4.5+30\times2.7+86\times1.8+80\times3.6+200\times1.4)+9000\times0.237$$

$$= 1770+2133 = 3903(\text{kPa})$$

第五节　基桩的竖向承载力特征值

前已述及，单桩的竖向承载力特征值按下式计算：

$$R_a = \frac{1}{K}Q_{uk} \tag{12-7}$$

式中，R_a ——单桩竖向承载力特征值，kN；

K ——安全系数，取 $K = 2$。

常见的桩基础大多由两根以上的单桩组成，称作群桩基础。群桩基础中的每一根单桩称作基桩。在群桩基础中，各基桩之间和桩与土之间相互作用，使每一根基桩的竖向承载力并不必然等于单桩的竖向承载力，这种现象称作群桩效应。此外，当承台埋于地下时，承台可以起到类似于浅基础的作用，也可分担一部分荷载。由桩和承台共同承担荷载的桩基础称作复合桩基础，复合桩基础中的每根单桩称作复合基桩。显然，由于承台的作用，每根复合基桩的竖向承载力也与单桩的竖向承载力不同，这种现象称作承台效应。

一、复合群桩地基中的应力分布

在复合群桩基础及其地基中，桩—土—承台三者之间互相影响、互相作用，使桩周土和持力层中的应力分布极为复杂，从而影响到每一根基桩的承载力和桩基沉降。在此，仅从桩侧、桩端和承台下三个方面做一个大概的描述。

1. 桩侧

当桩身受荷沉降时，取一桩身微段(图 12-8(b))来研究，作用于该桩身微段上的力除了轴力 N_z 之外，桩周土对桩身侧表面的作用力可分为切向力 τ_z 和法向力 σ_x。法向力 σ_x 是由土体中的自重应力和附加应力引起的对桩身的土压力，这个附加应力可以是承台下压地基土引起，但越接近桩身下端，则主要是桩侧应力在桩周土中的扩散引起的。在图 12-8(a)中，桩侧应力(桩-土摩擦力)按一定的扩散角 α 在桩周土中向下和向外扩散，至一定深度处将发生重叠，桩距越小，桩身越长，应力重叠现象越严重，也即附加应力越大。应力重叠易使桩身沉降增大，对于桩的侧摩阻力，有可能增大，也有可能减小。如果是打入较疏松的砂土或粉土中的摩擦桩，桩周土被挤密，桩的侧摩阻力将有所增大；如果是打入饱和黏性土，则可能使孔隙水压力升高，降低桩侧的有效法向应力，从而使桩侧摩阻力降低；同时，孔隙水压力升高还可能使桩周土向上隆起，待孔隙水压力慢慢消散后，桩周土

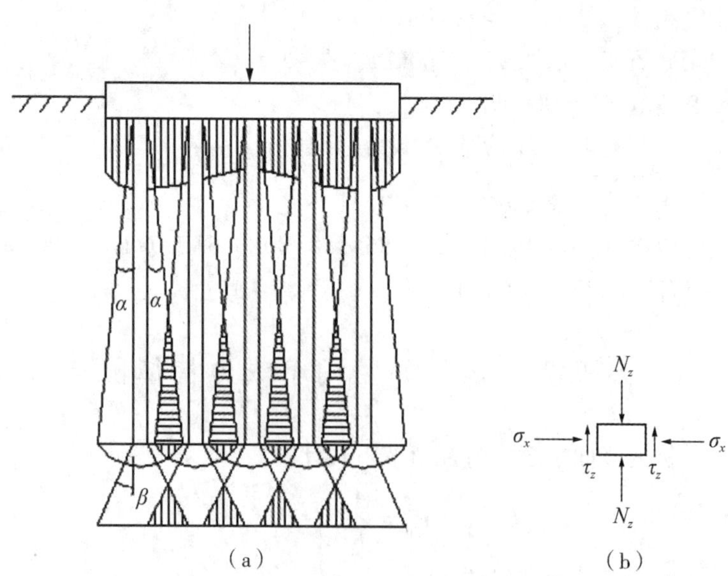

图 12-8　复合群桩地基中的应力分布

可能下沉，使桩侧产生负摩阻力。而且，桩周土的下沉将会使承台底面与土脱开，使承台不能发挥承载作用。

由上述知，桩侧群桩效应与土质、桩的挤土作用等因素有关，但这些都受到桩距的主导，桩距越小，应力重叠现象越严重，所以，桩距 s_a 不宜过小，一般不宜小于桩身直径的 3 倍。当桩距 $s_a \geqslant 6d$ 时，群桩效应将趋于消失，各桩的工作性状可认为已接近独立单桩。此外，群桩效应的直接原因是应力重叠，而应力重叠只发生在桩与桩之间，所以，在群桩中，中间桩受影响最大，边桩、角桩受影响小。这就是说，群桩中各基桩的工作情况是不一样的。

2. 桩端

群桩效应在桩端下持力层中引起的应力分布与桩的下沉量、桩中心距和持力层的土质等因素有关。一般地说，桩端下沉量总是小于桩顶，这是因为桩顶下沉量中包含了桩自身的压缩，桩越长，桩顶和桩端下沉量差的越多。但就整个桩基来说，群桩效应将使群桩的下沉量大于单桩。较大的下沉量提高了桩端对持力层的压力，并以扩散角 β (图 12-8(a))在持力层中向下扩散。若桩距较小，则在桩端下的持力层中较小的深度处发生应力重叠，应力重叠使中间桩桩端下的应力大于边桩。

3. 承台下

承台下地基土的应力分布类似于浅基础，刚度大的承台下应力分布可认为呈马鞍形。承台浇筑时，上部结构尚未施工，承台底面压力为零(不考虑承台自重)。要使承台发挥承载作用，桩身必须有足够大的沉降，才能使承台底面下地基土中的反力升高。所以，下列因素应有利于承台效应的发挥：

(1)承台下地基土土质较好，不是太软弱的土，也就是说，应选择一个较好的承台持力层。

(2)桩端下持力层有较大的压缩性，使桩身易于下沉。也就是说，摩擦型桩有利于承台效应的发挥。对于端承型桩，承台难以起到分担荷载的作用。

(3)较大的桩距和较大的承台平面尺寸有利于承台作用的发挥。

此外，当承台发挥作用后，承台下持力层中的附加应力将增大，这将使桩身上段侧表面法向应力 σ_x 增大，从而增大桩身上段的侧摩阻力。

关于群桩和承台效应，大量的试验研究，可得出如下结论：一是承台充分发挥作用应在桩的侧阻、端阻均充分发挥作用之后，桩身有了较大的沉降时。在桩的侧阻、端阻充分发挥之前，承台分担的荷载是很小的。在液化土、湿陷性土、高灵敏度软土、欠固结土地基上，还可能发生承台底脱空的情况。二是对于复合群桩基础，当承台充分发挥作用之后，整个桩基的总极限承载力不小于各独立单桩极限承载力之和。

二、基桩的竖向承载力特征值

由上述知，影响群桩基础承载力的因素包括三个方面：一是单桩的承载力；二是桩与土相互作用对于桩侧、桩端阻力的影响，即侧阻和端阻的群桩效应；三是承台底土抗力分担的荷载，即承台效应。对其中第二部分，在《建筑桩基技术规范》(JGJ94—94)中规定了侧阻群桩效应系数 η_s 和端阻群桩效应系数 η_p 。所给出的 η_s 、η_p 源自不同土质中的群桩试验结果。其总的规律是：对于侧阻力，在黏性土中，因群桩效应而削弱，即非挤土桩在常

见桩距条件下 η_s 小于 1；在非密实的粉土、砂土中因群桩效应产生沉降硬化而增强，即 η_s 大于 1；对于端阻力，在黏性土和非黏性土中，均因相邻桩桩端持力层土中互逆的侧向变形而增强，即 η_p 大于 1。而侧阻、端阻的综合群桩效应系数 η_{sp} 对于非单一黏性土大于 1；在单一黏性土中，当桩距为 3～4d 时，略小于 1，计入承台土抗力后，综合群桩效应系数略大于 1，非黏性土较黏性土更大一些。就实际工程而言，桩所穿过的土层往往是两种以上性质的土层交互出现。同时，在表 12-14 中，规定的桩距均大于 3d，这已包含了削弱群桩效应的因素。为此，在修编后的《建筑桩基技术规范》(JGJ94—2008)中，取 $\eta_s=\eta_p=1$，即对侧阻和端阻的群桩效应均不再予以考虑，这在多数情况下使工程偏于安全。

表 12-14　　**基桩的最小中心距**

土类与成桩工艺		排数不少于 3 排且桩数不少于 9 根的摩擦型桩桩基	其他情况
非挤土灌注桩		3.0 d	3.0 d
部分挤土桩	非饱和土、饱和非黏性土	3.5 d	3.0 d
	饱和黏性土	4.0 d	3.5 d
挤土桩	非饱和土、饱和非黏性土	4.0 d	3.5 d
	饱和黏性土	4.5 d	4.0 d
钻、挖孔扩底桩		2 D 或 D +2.0m(当 D >2m)	1.5 D 或 D +1.5m(当 D >2m)
沉管夯扩、钻孔挤扩桩	非饱和土、饱和非黏性土	2.2 D 且 4.0 d	2.0 D 且 3.5 d
	饱和黏性土	2.5 D 且 4.5 d	2.2 D 且 4.0 d

注：1. d——圆桩设计直径或方桩设计边长，D——扩大端设计直径。

2. 当纵横向桩距不相等时，其最小中心距应满足“其他情况”一栏的规定。

3. 当为端承桩时，非挤土灌注桩的“其他情况”一栏可减小至 2.5d。

对于承台效应，《建筑桩基技术规范》(JGJ94—2008)中，则做出规定如下：

(1)对于端承型桩基，桩数少于 4 根的摩擦型柱下独立桩基，或由于地层土性、使用条件等因素不宜考虑承台效应时，基桩竖向承载力特征值应取单桩竖向承载力特征值，即取：$R=R_a$，R 为每根基桩或复合基桩竖向承载力特征值。

(2)对于符合下列条件之一的摩擦型桩基，宜考虑承台效应，确定其复合基桩的竖向承载力特征值：

①上部结构整体刚度较好、体型简单的建(构)筑物。这样的建筑物可适应较大的沉降变形，承台分担的荷载份额往往也较大；

②对差异沉降适应性较强的排架结构和柔性构筑物。对这类建筑物采用考虑承台效应的复合桩基不致降低安全度；

③按变刚度调平原则设计的桩基刚度相对弱化区。该条是指按变刚度调平原则设计的核心筒外围框架柱结构桩基，适当增加沉降、降低基桩支承刚度，可达到减小差异沉降、降低承台外围基桩反力、减小承台整体弯矩的目的；

④软土地基的减沉复合疏桩基础。考虑承台效应是以减沉为目的的复合疏桩基础的核心设计方法。

(3)考虑承台效应的复合基桩竖向承载力特征值可按下列公式确定：

不考虑地震作用时：
$$R = R_a + \eta_c f_{ak} A_c \tag{12-8a}$$

考虑地震作用时：
$$R = R_a + \frac{\zeta_a}{1.25}\eta_c f_{ak} A_c \tag{12-8b}$$

$$A_c = \frac{A - nA_{ps}}{n} \tag{12-8c}$$

式中，η_c——承台效应系数，可按表12-15取值；

f_{ak}——承台下$\frac{1}{2}$承台宽度且不超过5m深度范围内各层土的地基承载力特征值按厚度的加权平均值；

A_c——计算基桩所对应的承台底净面积；

A_{ps}——桩身截面面积；

A——承台计算域面积，对于柱下独立桩基，A为承台总面积；对于桩筏基础，A为柱、墙筏板的$\frac{1}{2}$跨距和悬臂边2.5倍筏板厚度所围成的面积；桩集中布置于单片墙下的桩筏基础，取墙两边各$\frac{1}{2}$跨距围成的面积，按条形承台计算η_c；

ζ_a——地基抗震承载力调整系数，见第八章。

(4)当承台底为可液化土、湿陷性土、高灵敏度软土、欠固结土、新填土，沉桩引起超孔隙水压力和土体隆起时，不考虑承台效应，取$\eta_c = 0$。

表12-15　　**承台效应系数 η_c**

B_c/l	s_a/d				
	3	4	5	6	>6
≤0.4	0.06~0.08	0.14~0.17	0.22~0.26	0.32~0.38	0.50~0.80
0.4~0.8	0.08~0.10	0.17~0.20	0.26~0.30	0.38~0.44	
>0.8	0.10~0.12	0.20~0.22	0.30~0.34	0.44~0.50	
单排桩条形承台	0.15~0.18	0.25~0.30	0.38~0.45	0.50~0.60	

注：1. 表中s_a/d为桩中心距与桩径之比；B_c/l为承台宽度与桩长之比。当计算基桩为非正方形排列时，$s_a = \sqrt{A/n}$，A为承台计算域面积，n为总桩数。

2. 对于桩布置于墙下的箱、筏承台，η_c可按单排桩条形承台取值。

3. 对于单排桩条形承台，当承台宽度小于1.5d时，η_c按非条形承台取值。

4. 对于采用后注浆灌注桩的承台，η_c宜取低值。

5. 对于饱和黏性土中的挤土桩基、软土地基上的桩基承台，η_c宜取低值的0.8倍。

［**例题12-3**］　如图12-9所示的摩擦型群桩基础，已知承台底埋深1.5m，承台下第一

层土为软塑粉质黏土，层厚 4.5m，f_{ak} = 130kPa；承台下桩长 14m，桩径 550mm，单桩竖向极限承载力标准值为 4214.6kN。若考虑承台效应，不考虑地震作用，试求基桩竖向承载力特征值。

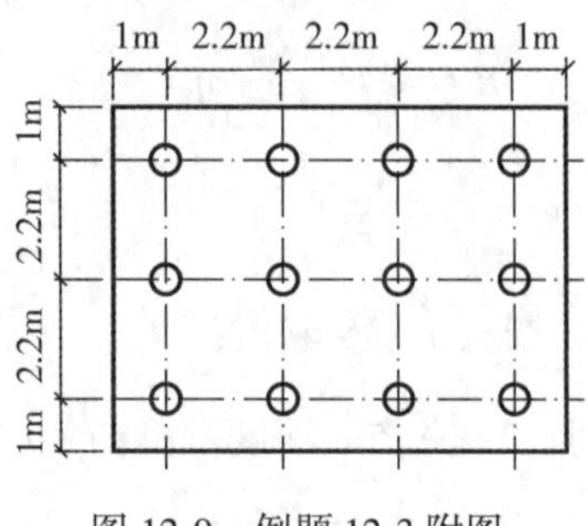

图 12-9 例题 12-3 附图

解：(1)承台效应系数 η_c。

$\frac{s_a}{d} = \frac{2.2}{0.55} = 4$，$\frac{B_c}{l} = \frac{2.2 \times 2 + 2}{14} = \frac{6.4}{14} = 0.457$

查表 12-15，根据表 12-15 注 5 的要求取：$\eta_c = 0.17 \times 0.8 = 0.136$。

(2)求承台下$\frac{1}{2}$承台宽深度内土的承载力特征值的加权平均值：f_{ak} =130kPa

(3)计算基桩对应的承台底净面积 A_c。

承台总面积：$A = (2.2 \times 3 + 2) \times (2.2 \times 2 + 2) = 55.04(\text{m}^2)$

桩身截面积：$A_{ps} = 0.237\text{m}^2$

故 $$A_c = \frac{A - nA_{ps}}{n} = \frac{55.04 - 12 \times 0.237}{12} = 4.35\ (\text{m}^2)$$

(4)基桩竖向承载力特征值：

$$\begin{aligned} R &= R_a + \eta_c f_{ak} A_c \\ &= \frac{1}{2} Q_{uk} + \eta_c f_{ak} A_c \\ &= \frac{1}{2} \times 4214.6 + 0.136 \times 130 \times 4.35 \\ &= 2107.3 + 76.9 = 2184.2(\text{kN}) \end{aligned}$$

第六节 桩的负摩阻力

在桩顶竖向荷载作用下，桩身向下沉降，桩周土体将对桩身产生方向向上的摩擦阻力，此为正摩阻力，是构成桩承载力的重要组成部分。但若桩周土体由于某种原因下沉，且其下沉量大于桩身下沉量，则桩周土体就将对桩身产生方向向下的摩擦力，这就是负摩阻力。负摩阻力相当于对桩身产生了一个附加的下拉荷载，因而降低了桩的承载能力，增大了桩的沉降，对建筑物的安全和正常使用产生不利影响。

《建筑桩基技术规范》(JGJ94—2008)中规定，符合下列条件之一的桩基，当桩周土层产生的沉降超过基桩的沉降时，在计算基桩承载力时应计入桩侧负摩阻力：

(1)桩穿越较厚的松散填土、自重湿陷性黄土、欠固结土、液化土层进入相对较硬土层时；

(2)桩周存在软弱土层，邻近桩侧地面承受局部较大的长期荷载，或地面大面积堆载(包括填土)时；

(3)由于降低地下水位，使桩周土有效应力增大，并产生显著压缩沉降时。

一、负摩阻力的形成及分布

图 12-10(a)所示是一根独立单桩，桩身穿过欠固结土层进入坚硬土层。在土的自重应力和桩身受荷下沉扩散于桩周土中的附加应力作用下，桩端平面处的土层将产生沉降，沉降量用 S_l 表示。由于桩端持力层较坚硬密实，则 S_l 较小。在桩顶平面处，由于深厚的松散土体产生的固结沉降要大得多，使桩顶平面处的土层沉降量 S_0 大于 S_l，沿桩身深度方向的土层沉降变化曲线见图 12-10(b)。在桩顶竖向荷载 N 的作用下，桩身下沉，桩端下沉量为 δ_l，桩顶下沉量为 δ_0。由于桩身的弹性压缩，使 δ_0 大于 δ_l，见图 12-10(c)。在桩端平面处，由于桩身下沉量 δ_l 大于桩周土下沉量 S_l，桩周土对桩身的摩擦阻力方向向上，为正摩阻力。在桩顶平面处，桩身下沉量 δ_0 则小于桩周土下沉量 S_0，桩周土对桩身的摩擦阻力方向向下，为负摩阻力。在某一深度 l_n 处，若桩周土与桩身的下沉量相等，即 $S_n=\delta_n$，则该深度平面处桩周土对桩身的摩擦阻力为零，称作中性点(图 12-10 中 $O—O$ 线)，l_n 称作中性点深度。中性点以上为负摩阻力区，以下为正摩阻力区，桩侧摩擦阻力沿桩身的分布如图 12-10(e)所示。负摩阻力对基桩而言是一种主动作用，负摩阻力

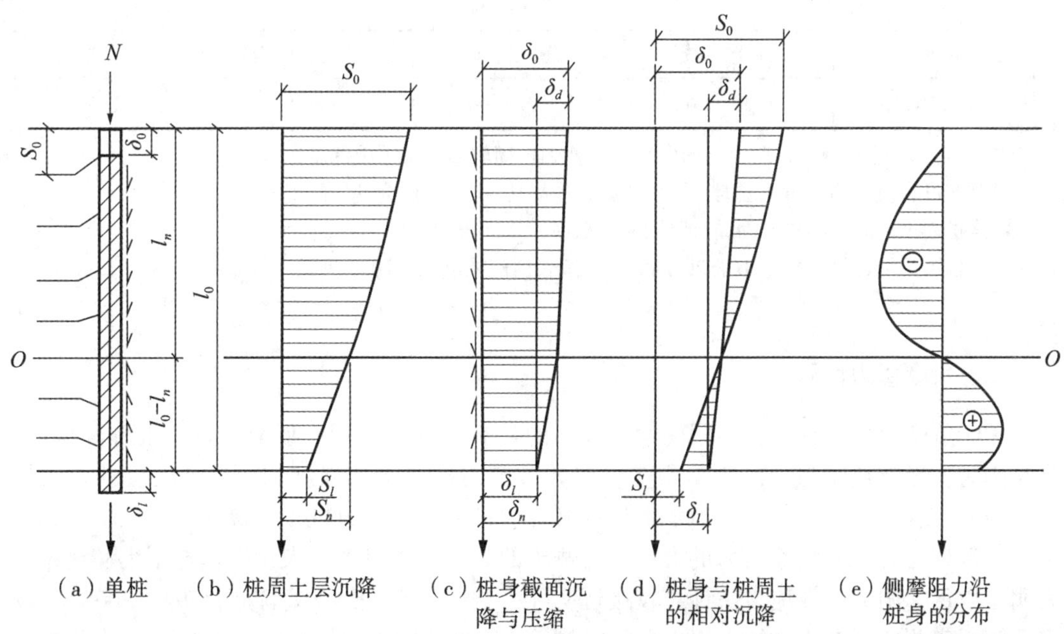

图 12-10　单桩负摩阻力的形成与分布

的大小与桩周土的有效应力有关，在负摩阻力区，自桩顶向下，负摩阻力从零开始逐渐增大，当到达一定深度后，虽然桩周土的有效应力仍在继续增大，但桩周土与桩身的相对沉降量 $S_z-\delta_z$ 越来越小，使负摩阻力也越来越小，至中性点深度，相对沉降量 $S_n-\delta_n$ 减小至零，负摩阻力也降至零。由负摩阻力对桩身形成的下拉荷载 Q_g 是负摩阻力沿桩身侧表面自上而下的积累，因而在负摩阻力区，下拉荷载自上而下逐渐增大，至中性点深度，下拉荷载 Q_g^n 达到最大值，则桩身轴力也达到最大值。自中性点以下，由于正摩阻力的作用，桩身轴力又将逐渐减小。

由上述知，桩的负摩阻力使桩身向下的轴力增大，降低了桩承载桩顶外荷载的能力，因而应引起足够重视。同时，当基桩发生负摩阻力时，承台就不可能再发挥分担荷载的承台效应。

二、中性点的位置

要确定和计算负摩阻力的大小，首先要确定中性点的位置。当桩身穿过厚度为 l_0 的可压缩土层，桩端置于坚硬的持力层时，由上述知，在桩的某一深度 l_n 处，桩身截面沉降量 δ_n 与桩周土沉降量 S_n 相等，这就是中性点的判定条件。不过，无论桩身的沉降还是桩周土的沉降都要经历相当长的时间过程，桩和桩周土的沉降曲线(图 12-10(b)、(c))在这个过程中是不断变化的，中性点的位置也就在不断变化中。一般地说，中性点的位置随着桩的沉降增加而向上移动，当沉降趋于稳定后，中性点的位置也将稳定在某一固定的深度 l_n 处。

实践表明，在高压缩性土层 l_0 的范围内，中性点的稳定深度 l_n 是随着桩端持力层的强度和刚度增大而增加的，其深度比 l_n/l_0 经验值见表 12-16。

表 12-16 **中性点深度 l_n**

持力层性质	黏性土、粉土	中密以上砂	砾石、卵石	基岩
中性点深度比 l_n/l_0	0.5~0.6	0.7~0.8	0.9	1.0

注：1. l_n、l_0 分别为自桩顶算起的中性点深度和桩周软弱土层下限深度；

2. 桩穿过自重湿陷性黄土层时，l_n 可按表列增大 10%(持力层为基岩除外)；

3. 当桩周土层固结与桩基固结沉降同时完成时，取 $l_n=0$；

4. 当桩周土层计算沉降量小于 20mm 时，l_n 按表列值乘以 0.4~0.8 折减。

三、负摩阻力计算

关于负摩阻力的计算，不同的学者提出的计算式并不相同，但都是近似的和经验的。这是因为，影响负摩阻力的因素很多，诸如桩侧与桩端土的强度和变形、土层的应力历史、地面堆载的大小及范围、地下水位的升降、桩的类型与成桩工艺等。

一般认为，桩侧负摩阻力的大小与桩侧土的有效应力有关，大量试验与工程实测结果表明，以负摩阻力有效应力法计算较接近实际。《建筑桩基技术规范》(JGJ94—2008)中规定，当无实测资料时，中性点以上单桩桩周第 i 层土负摩阻力标准值，可按下式计算：

$$q_{si}^n=k\cdot\tan\varphi'_i\cdot\sigma'_i=\xi_n\cdot\sigma'_i\ (\text{kPa}) \tag{12-9a}$$

当填土、自重湿陷性黄土湿陷、欠固结土层产生固结和地下水位降低时：

$$\sigma'_i = \sigma'_{\gamma i} \tag{12-9b}$$

当地面分布大面积堆载时：

$$\sigma'_i = p + \sigma'_{\gamma i} \tag{12-9c}$$

$$\sigma'_{\gamma i} = \sum_{e=1}^{i-1} \gamma_e \Delta z_e + \frac{1}{2}\gamma_i \Delta z_i \tag{12-9d}$$

式中，q_{si}^n——第 i 层土桩侧负摩阻力标准值；当按式(12-9a)计算值大于正摩阻力标准值时，取正摩阻力标准值进行设计，kPa；

k——土的侧压力系数；

φ'_i——桩周第 i 层土的有效内摩擦角；

σ'_i——桩周第 i 层土的平均竖向有效应力；

$\sigma'_{\gamma i}$——由土自重引起的桩周第 i 层土平均竖向有效应力；桩群外围桩自地面算起，桩群内部桩自承台底算起，下至第 i 层土 1/2 深度处，见图 12-11；

ξ_n——桩周第 i 层土负摩阻力系数，可按表 12-17 取值；

γ_i、γ_e——分别为第 i 计算土层和其上第 e 土层的重度，地下水位以下取有效重度；

Δz_i、Δz_e——第 i 层土、第 e 层土的厚度；

p——地面均布荷载。

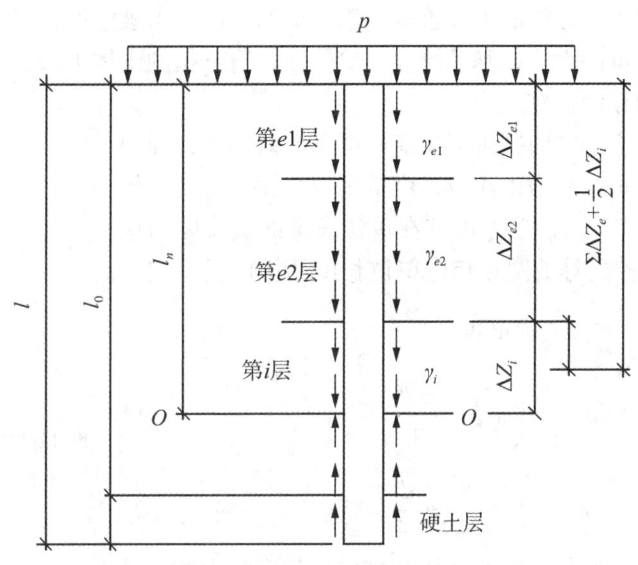

图 12-11　负摩阻力计算图示

表 12-17

负摩阻力系数 ξ_n

土类	饱和软土	黏性土、粉土	砂土	自重湿陷性黄土
ξ_n	0. 15~0. 25	0. 25~0. 40	0. 35~0. 50	0. 20~0. 35

注：1. 在同一类土中，对于挤土桩，取表中较大值，对于非挤土桩，取表中较小值；

2. 填土按其组成取表中同类土的较大值。

负摩阻力系数 ξ_n 与土的类别和状态有关，对于粗颗粒土，ξ_n 随着土的密度和密实度增加而增大；对于细颗粒土，则随着土的塑性指数、孔隙比、饱和度增大而降低。由于竖向有效应力随着上覆土层自重增大而增加，当 $q_{si}^n = \xi_n \cdot \sigma'_i$ 达到土的极限侧阻力 q_{sk} 时，负摩阻力不可能再增大。故当计算负摩阻力 q_{si}^n 超过极限侧摩阻力时，取极限侧摩阻力值作为负摩阻力进行计算。

四、独立单桩的下拉荷载

独立单桩由负摩阻力形成的下拉荷载，应为中性点以上各土层负摩阻力与桩周表面积的乘积，用下式计算：

$$Q_{g1}^n = u\sum_{i=1}^{n} q_{si}^n \cdot l_i \ (\mathrm{kN}) \tag{12-10}$$

式中，Q_{g1}^n ——独立单桩由负摩阻力形成的下拉荷载，kN；

n ——中性点以上的土层数；

l_i ——中性点以上第 i 层土的厚度。

五、群桩中基桩的下拉荷载

对于群桩中的每一根基桩，与独立单桩有所不同。当桩距较小时，每一根基桩的负摩阻力将因群桩效应而降低。这是因为，桩侧负摩阻力是由桩侧土体沉降引起，若群桩中各基桩侧表面单位面积所分担的土体重量小于单桩的负摩阻力极限值，或者说，群桩中任一基桩的负摩阻力不可能大于该基桩侧表面单位面积所分担的土体重量，因而就将使基桩的负摩阻力降低，即显示群桩效应。

计算受群桩效应影响的基桩下拉荷载可用等效圆法，即独立单桩单位长度的负摩阻力由相应长度范围内半径为 r_e 的土体重量与之等效(图 12-12)。独立单桩在单位长度的负摩阻力应为 $\pi d q_s^n$，半径为 r_e 的等效圆在相应单位长度的土体重量应为 $\left(\pi r_e^2 - \dfrac{\pi d^2}{4}\right)\gamma$，由等效原理可得

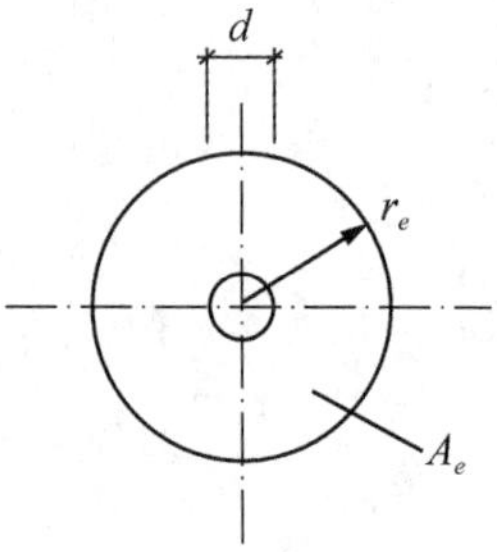

$$\pi d q_s^n = \left(\pi r_e^2 - \frac{\pi d^2}{4}\right)\gamma \tag{1}$$

图 12-12 独立单桩的等效圆

则

$$r_e = \sqrt{\frac{d \cdot q_s^n}{\gamma} + \frac{d^2}{4}} \tag{2}$$

在群桩基础中，所能分配给每根基桩单位长度的土体重量为

$$\left(s_{ax}s_{ay} - \frac{\pi d^2}{4}\right)\gamma \tag{3}$$

式中，s_{ax}、s_{ay} ——群桩基础在 x 轴和 y 轴方向的桩距；

由上述知，若群桩中基桩所分配的矩形面积 A_r（$A_r = s_{ax} \cdot s_{ay}$）大于或等于等效圆的面积 A_e（$A_e = \pi \cdot r_e^2$），则群桩中基桩的负摩阻力与独立单桩相等，即群桩效应系数 $\eta_n = 1$；若 $A_r < A_e$，则群桩中基桩所能分配的土体重量将小于等效圆所包含的土体重量，即群桩中基桩的负摩阻力将小于独立单桩的负摩阻力，这时，群桩效应系数 $\eta_n <1$，应由下式

计算：

$$\eta_n = \frac{A_r}{A_e} \cdot \frac{s_{ax}s_{ay}}{\pi r_e^2} \tag{4}$$

将式(2)代入式(4)，得：

$$\eta_n = \frac{s_{ax}s_{ay}}{\pi d\left(\dfrac{q_s^n}{\gamma_m} + \dfrac{d}{4}\right)} \tag{12-11}$$

式中，q_s^n——中性点以上桩周土层厚度加权平均负摩阻力标准值；

γ_m——中性点以上桩周土层厚度加权平均重度，地下水位以下取有效重度。

群桩中基桩的下拉荷载按下式计算：

$$Q_g^n = \eta_n \cdot u \sum_{i=1}^{n} q_{si}^n \cdot l_i \ (\mathrm{kN}) \tag{12-12}$$

式中，η_n——负摩阻力群桩效应系数，当按式(12-11)计算，$\eta_n > 1$ 时，取 $\eta_n = 1$；

l_i——中性点以上第 i 土层的厚度。

应当指出，对于群桩中的边桩，尤其是角桩，其负摩阻力群桩效应系数 η_n 应大于中间桩，但不大于1。

六、负摩阻力验算

负摩阻力对桩基承载力和沉降的影响与桩周和桩端土的性质有关，同时，也因建筑物对不均匀沉降的敏感程度而异，因此，当考虑负摩阻力验算承载力和沉降时也应有所区别。

1. 摩擦型基桩

对于摩擦型基桩，当出现负摩阻力对基桩形成下拉荷载时，由于桩端持力层压缩性大，增加的下拉荷载将引起桩身沉降增大，从而使桩周土与桩之间的相对位移减小，负摩阻力因而逐渐降低，直至转化为零。因此，对摩擦型基桩，可近似地取中性点(理论中性点)以上的侧阻力为零计算基桩承载力。这就是说，当计算摩擦型基桩承载力 R 时，只计算中性点以下的正摩阻力，而将中性点以上的负摩阻力归零，按下式验算基桩承载力：

$$N_k \leqslant R \tag{12-13}$$

式中，N_k——荷载效应标准组合轴心竖向力作用下，每根基桩的平均竖向力；

R——基桩的竖向承载力特征值，只计入中性点以下的正摩阻力和端阻力。

2. 端承型基桩

对于端承型基桩，由于桩端持力层较坚硬，虽然负摩阻力形成的下拉荷载增大了桩端压力，但桩身沉降较小或甚小，这样，负摩阻力就将长期作用于中性点以上的桩侧表面。因此，对端承型基桩，应计算中性点以上的负摩阻力形成的下拉荷载，按下式验算基桩承载力：

$$N_k + Q_g^n \leqslant R \tag{12-14}$$

此外，当土层不均匀或建筑物对不均匀沉降较敏感时，尚应将负摩阻力形成的下拉荷载计入附加荷载验算桩基沉降。

[例题 12-4] 某端承灌注桩单桩基础，承台埋深 2.0m，承台下桩长 16m，直径 1.2m。地质资料见表 12-18，地下水位 2m，假定地下水被抽干，计算由负摩阻力形成的下拉荷载。

表 12-18 **地基土物理力学性质表**

土层	土质	层厚 (m)	极限侧阻力标准值 q_{sik} (kPa)	饱和重度 γ_{sat} (kN/m^3)	承载力特征值 f_{rk} (kPa)
1	填土	2.0		天然重度 16.8	
2	黏土	8.0	40	18	
3	粉质黏土	7.0	50	20	
4	基岩				35000

解：(1) $l_0 = 8.0 + 7.0 = 15(\text{m})$

中性点深度比：$l_n/l_0 = 1$

负摩阻力系数：第二层黏土取 $\xi_n = 0.25$

第三层粉质黏土取 $\xi_n = 0.3$

(2)地面堆载：$p = 16.8 \times 2 = 33.6(\text{kN/m}^2)$

(3)第 i 层土的平均自重应力：

$$\sigma'_1 = p + \gamma'_1 z_1 = 33.6 + (18 - 10) \times \frac{1}{2} \times 8 = 65.6\ (\text{kN/m}^2)$$

$$\sigma'_2 = 33.6 + (18 - 10) \times 8 + (20 - 10) \times \frac{1}{2} \times 7 = 132.6\ (\text{kN/m}^2)$$

(4)负摩阻力标准值 q_{si}^n：

$$q_{s1}^n = \xi_n \sigma'_1 = 0.25 \times 65.6 = 16.4 < q_{sik} = 40\ (\text{kN/m}^2)$$

$$q_{s2}^n = \xi_n \sigma'_2 = 0.30 \times 132.6 = 39.8 < q_{sik} = 50\ (\text{kN/m}^2)$$

(5)下拉荷载 Q_{g1}^n：

$$u_p = 1.2 \times 3.14 = 3.77\ (\text{m})$$

$$Q_{g1}^n = u_p \sum_{i=1}^{n} q_{si}^n l_i = 3.77 \times (16.4 \times 8 + 39.8 \times 7) = 1544.9\ (\text{kN})$$

第七节 桩基软弱下卧层的承载力验算

在桩端持力层以下存在相对软弱的土层是常见的现象。当桩端以下由荷载引起的压力超出软弱下卧层承载力过多时，软弱下卧层将可能被侧向挤出，挤向周边的低压区，从而引起桩基础失稳或偏沉。不过，对于桩基础，由于下卧层上部有深厚的土层覆盖，当下卧层的承载力与持力层相差不是很大时，下卧层土体被塑性挤出是难以发生的。因此，《建筑桩基技术规范》(JGJ94—2008)中规定，只有当软弱下卧层的承载力低于持力层承载力的1/3时，才需要验算软弱下卧层的承载力。

一、群桩基础的桩端荷载

对于桩距不超过 $6d$ 的群桩基础，当基础下沉时，处于桩群内部的桩间土体，受桩侧摩擦应力的扩散影响，可认为是和基桩一起下沉的。因此，我们可把整个群桩基础看做一个实体深基础，见图 12-13(a)。作用于这个实体深基础底面(桩端平面)上的荷载为 F_k+G_k。但当实体深基础呈整体下沉时，外围土体将对其产生向上的摩擦阻力，摩擦力的作用面积为实体深基础的侧表面积，则可能发生的极限总侧摩阻力应为 $2(A_0+B_0)\sum q_{sik}l_i$。在软弱下卧层达到临界状态前，该极限摩擦阻力可认为已接近全部发挥，为安全起见，取其 3/4，则传至桩端平面的荷载为 $(F_k+G_k)-\dfrac{3}{2}(A_0+B_0)\sum q_{sik}l_i$。

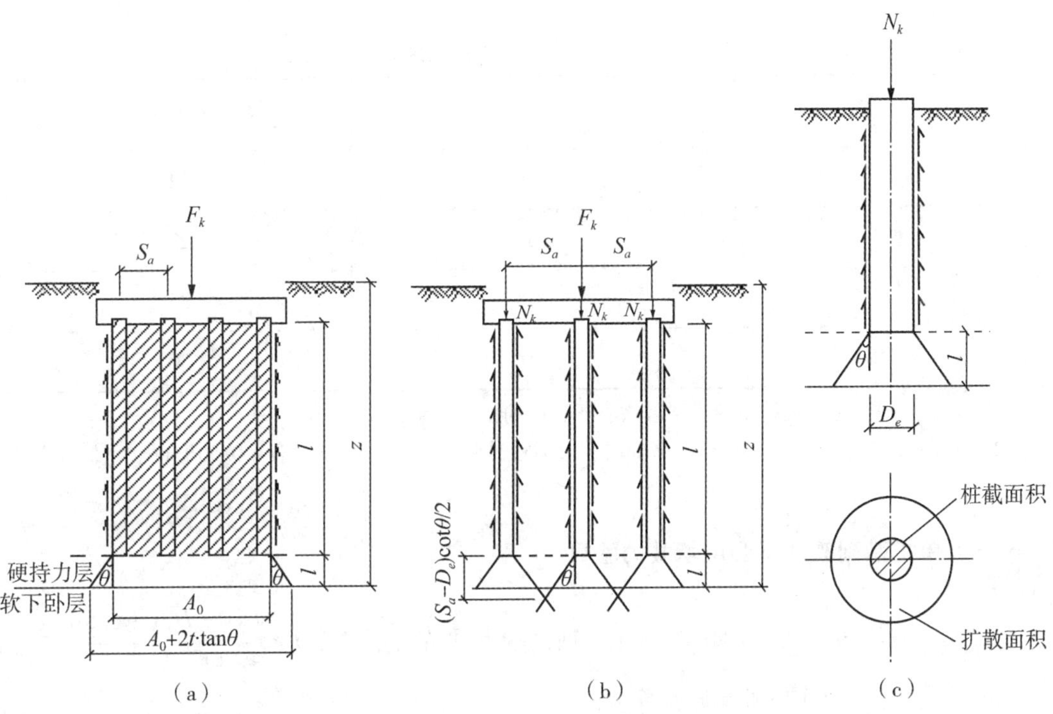

图 12-13　桩基软弱下卧层的验算

二、群桩基础软弱下卧层的承载力验算

上述桩端荷载以扩散角 θ 在持力层内向下传递并扩散，设持力层厚度为 t，则在软弱下卧层顶面处所产生的附加压力为

$$p_z=\frac{(F_k+G_k)-1.5(A_0+B_0)\sum q_{sik}l_i}{(A_0+2t\cdot\tan\theta)(B_0+2t\cdot\tan\theta)} \tag{12-15a}$$

软弱下卧层的承载力按下式验算：

$$p_z+p_{cz}\leqslant f_{az} \tag{12-15b}$$

式中，p_z ——相应于荷载效应标准组合时，软弱下卧层顶面处的附加压力；

p_{cz} ——软弱下卧层顶面处土的自重压力；

A_0、B_0——桩群外边缘矩形底面的长、短边边长；

t ——桩端平面至软弱下卧层顶面硬持力层的厚度；

q_{sik} ——桩周第 i 层土的极限侧阻力标准值，无当地经验时，可根据成桩工艺按表12-8取值；

θ ——桩端硬持力层压力扩散角，按表 12-19 取值；

f_{az} ——软弱下卧层经深度修正后的地基承载力特征值。

软弱下卧层只进行深度修正，并考虑到承台底面可能和土体脱空，修正深度应从承台底面计算至软弱下卧层顶面。另外，软弱下卧层一般均为软弱黏性土，故深度修正系数 η_d 常取 1。

表 12-19 **桩端硬持力层压力扩散角 θ**

E_{s1}/E_{s2}	$t = 0.25B_0$	$t \geqslant 0.50B_0$
1	4°	12°
3	6°	23°
5	10°	25°
10	20°	30°

注：1. E_{s1}、E_{s2} ——桩端硬持力层、软弱下卧层的压缩模量；

2. 当 $t < 0.25B_0$ 时，取 $\theta = 0°$，必要时，宜通过试验确定；当 $0.25B_0 < t < 0.50B_0$ 时，可内插取值。

三、单桩基础软弱下卧层承载力验算

对于单桩基础，以及桩距 $s_a > 6d$，且桩端下硬持力层厚度 $t < \dfrac{(s_a - D_e) \cdot \cot\theta}{2}$ 时(图 12-13(b))，均应视作单桩基础验算。

当单桩桩顶轴力 N_k 向下传递时，将受到桩侧摩阻力 $\left(\dfrac{3}{4}u \sum q_{sik} l_i\right)$ 的减弱，传至桩端的荷载应为 $\left(N_k - \dfrac{3}{4}u \sum q_{sik} l_i\right)$。然后在桩端以扩散角 θ 在持力层中向下扩散，至软弱下卧层顶面处，扩散面积为 $\left(\dfrac{1}{4}(D_e + 2t \cdot \tan\theta)^2 \pi\right)$，则扩散至软弱下卧层顶面所产生的平均附加压力为

$$p_z = \frac{4\left(N_k - \dfrac{3}{4}u \sum q_{sik} l_i\right)}{\pi (D_e + 2t \cdot \tan\theta)^2} \tag{12-16}$$

式中，N_k ——相应于荷载效应标准组合时，分配给每一基桩(或单桩)桩顶的竖向力；

D_e——桩端直径等代值，对于圆桩，取桩端外径；对于方桩，$D_e = 1.13b$（b 为桩端截面边长）；按表 12-19 确定扩散角 θ 时，取 $B_0 = D_e$。

将 p_z 代入式(12-15b)，即可验算单桩基础软弱下卧层的承载力。

[例题 12-5]　某建筑桩基地质资料见图 12-14。该桩基布桩 3 × 3 = 9 根；桩身截面为 300mm×300mm 方桩；桩距 $s_a = 1.4\text{m}$；桩群外围尺寸 $A_0 = B_0 = 1.4 \times 2 + 0.3 = 3.1(\text{m})$；承台尺寸 $L_c = B_c = 3.5\text{m}$；其余见图。试验算软弱下卧层承载力。

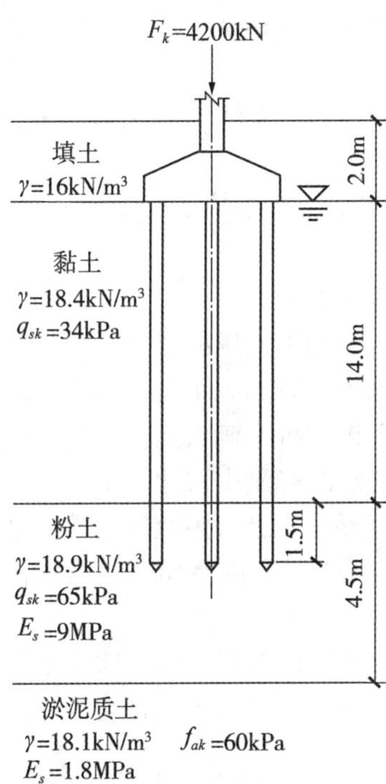

图 12-14　例题 12-5 附图

解：(1) $t = 4.5 - 1.5 = 3(\text{m}) > 0.5B_0 = 0.5 \times 3.1 = 1.55(\text{m})$

$$\frac{E_{s1}}{E_{s2}} = \frac{9}{1.8} = 5$$

查表 12-19，$\theta = 25°$。

(2)实体深基础自重：

$$G_k = 3.5^2 \times 2 \times 20 + (14 + 1.5) \times 3.1^2 \times (20 - 10) = 1980(\text{kN})$$

(3)软弱下卧层顶面处的附加压力：

$$p_z = \frac{(F_k + G_k) - 1.5(A_0 + B_0)\sum q_{sik}l_i}{(A_0 + 2t \cdot \tan\theta)(B_0 + 2t \cdot \tan\theta)}$$

$$= \frac{(4200 + 1980) - 1.5 \times (3.1 + 3.1) \times (34 \times 14 + 65 \times 1.5)}{(3.1 + 2 \times 3 \times \tan 25°)^2}$$

$$= 24.3(\text{kPa})$$

(4)软弱下卧层顶面处的自重压力：

$$p_{cz} = 16 \times 2 + (18.4 - 10) \times 14 + (18.9 - 10) \times 4.5 = 189.7(\text{kPa})$$

(5)软弱下卧层经深度修正后的承载力特征值。

软弱下卧层顶面以上土的加权平均重度：

$$\gamma_m = \frac{p_{cz}}{2 + 14 + 4.5} = \frac{189.7}{20.5} = 9.25\ (\text{kN/m}^3)$$

$$\begin{aligned} f_{az} &= f_{ak} + \gamma_m(d - 0.5) \\ &= 60 + 9.25 \times (14 + 4.5 - 0.5) = 226.5(\text{kPa}) \end{aligned}$$

(6)软弱下卧层承载力验算：

$$p_z + p_{cz} = 24.3 + 189.7 = 214\ (\text{kPa}) < f_{az} = 226.5\ \text{kPa}\quad（满足要求）$$

第八节　桩基础的沉降计算

桩基础的沉降可分为三个组成部分：

一是桩身的压缩，即桩身材料的弹性压缩。

二是桩尖的刺入沉降。刺入沉降量的大小与持力层的软硬程度、桩距、桩数的多少等因素有关。对于桩端为软土的摩擦型桩，刺入是构成桩沉降不可忽略的一部分。并且，桩距越大，桩数越少，刺入变形在总沉降量中占比越高。

三是桩端以下土体的压缩变形。对于大多数桩基础，桩端压缩层的压缩固结是最主要的桩基沉降原因。桩数越多，桩距越小，刺入沉降所占的份额就越少，桩端压缩占的份额越大。

桩的沉降过程是桩与土相互作用的过程，对于软土中的摩擦桩，沉降过程也是一个漫长的过程。显然，这一过程所持续的时间与土质密切相关。

一、桩基沉降计算方法

《建筑地基基础设计规范》(GB50007—2011)中给出的桩基沉降计算方法称作单向压缩分层总和法。该法是把桩距不大于6d的桩基础看做一个实体深基础，见图12-15。计算公式如下：

$$s = \psi_p \sum_{i=1}^{n} s_i = \psi_p \sum_{i=1}^{n} \frac{p_0}{E_{si}}(\bar{\alpha}_i z_i - \bar{\alpha}_{i-1} z_{i-1}) \tag{12-17}$$

式中，ψ_p——桩基沉降计算经验系数，各地区应根据当地工程实测资料统计对比确定，不具备条件时，可按表12-20取值。

表12-20　**实体深基础计算桩基沉降经验系数 ψ_p**

$\bar{E}_s$ (MPa)	≤15	25	35	≥45
ψ_p	0.5	0.4	0.35	0.25

注：1. $\bar{E}_s$ 为桩端平面下压缩层范围内各土层的压缩模量当量值。

2. 表中数值可以内插。

对比上式与计算浅基础沉降的式(3-20)，二式除了沉降计算经验系数不同，其余是完全一样的，即这里所说的单向压缩分层总和法也就是应力面积法。区别仅在于把群桩基础看做是一个实体深基础，把桩端平面作为基底平面。

实体深基础的几何尺寸及基底附加压力按下述两种方法确定。

1. 考虑应力扩散作用时

如图 12-15(a)所示，假定桩群周边外立面上的侧摩阻力以 α ($\alpha = \frac{\varphi}{4}$)角向下扩散，在桩端平面上形成的实体深基础底面积 A 为

$$A = \left(A_0 + 2l \cdot \tan\frac{\varphi}{4}\right)\left(B_0 + 2l \cdot \tan\frac{\varphi}{4}\right) \tag{12-18}$$

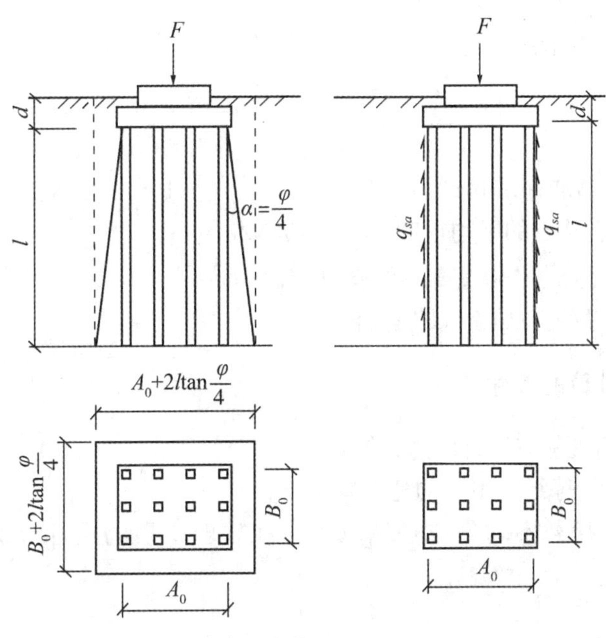

图 12-15　单向压缩分层总和法

实体深基础的自重 G_k 为

$$G_k = \gamma_s \cdot A(d + l) \tag{12-19}$$

实体深基础基底(桩端平面)的附加压力 p_0 为

$$p_0 = \frac{F_k + G_k}{A} - \sigma_{cz} \tag{12-20}$$

式中，A_0、B_0——桩群边桩外围形成的矩形长短边边长；

d——承台埋深；

l——自承台底面至桩端全截面(扣除桩尖)处的桩长；

φ——桩身穿过的土层内摩擦角，当为多层土时，取加权平均值；

γ_s——实体深基础的平均重度，当考虑应力扩散作用时，桩群周围有大量的土被计

入实体深基础的体积，使平均重度减小，可考虑取 19.5kN/m³，地下水位以下取有效重度；

σ_{cz} ——实体深基础底面处土的原有自重应力；

F_k ——相应于荷载效应准永久组合时，作用于桩基承台顶面上的竖向力。

2. 不考虑应力扩散作用时

当不考虑应力扩散作用时，则把桩群边桩外围范围内看做实体深基础。这时，当桩群受荷下沉时，认为在实体深基础外围侧立面上将受到摩擦阻力的作用。

实体深基础的底面积 A 为

$$A = A_0 B_0 \tag{12-21}$$

实体深基础的自重 G_k 为

$$G_k = L_c B_c \cdot d \cdot \gamma_{ct} + A \cdot l \cdot \gamma_t \tag{12-22}$$

实体深基础的基底附加压力 p_0 为

$$p_0 = \frac{F_k + G_k - 2(A_0 + B_0)\sum q_{sia} \cdot l_i}{A} - \sigma_{cz} \tag{12-23}$$

式中，L_c、B_c ——承台底面边长；

γ_{ct} ——承台及上覆土的平均重度，可取 20kN/m³；

γ_t ——桩及桩间土的平均重度，可取 19.5kN/m³；

q_{sia} ——桩身穿过的土层侧阻力特征值。

二、桩基沉降计算的条件

对以下建筑物的桩基应进行沉降计算：

(1)地基基础设计等级为甲级的建筑物桩基；

(2)体型复杂、荷载不均匀或桩端以下存在软弱土层的设计等级为乙级的建筑物桩基；

(3)摩擦型桩基。

嵌岩桩、设计等级为丙级的建筑物桩基、对沉降无特殊要求的条形基础下不超过两排桩的桩基、吊车工作级别 A5 及 A5 以下的单层工业厂房桩基(桩端下为密实土层)，可不进行沉降验算。

当有可靠地区经验时，对地质条件不复杂、荷载均匀、对沉降无特殊要求的端承型桩基也可不进行沉降验算。

桩基础的沉降不得超过建筑物的沉降允许值。

当桩距大于 $6d$，或为单桩、单排桩桩基时，地基中某一点的附加应力，可应用明德林解求出(计算方法参见有关规范或专著)。

[**例题 12-6**]　某柱下钢筋混凝土预制桩基础沉降计算。

建筑场地土的物理力学指标见表 12-21。地下水在地表下 2.0m。桩端以下各土层的压缩模量见图 12-16。上部结构传至柱基础的荷载效应标准组合值为 F_k = 2500kN。确定以第三层粉质黏土作为桩端持力层，采用钢筋混凝土现场预制方桩，截面尺寸 350mm × 350mm，桩端全截面伸入持力层 1.0m，承台底埋深 2.0m，承台下桩长 7.0m，试确定桩数及布桩，并计算地基沉降量。

表 12-21　　　　土的物理力学性质指标表

土层名称	层厚 (m)	含水量 ω (%)	重度 γ (kN/m³)	比重 d_s	孔隙比 e	液限 ω_L (%)	塑限 ω_p (%)	塑性指数 I_p	液性指数 I_L	黏聚力 c (kPa)	内摩擦角 φ 度	压缩系数 α_{1-2} (MPa⁻¹)	压缩模量 E_S (MPa)	承载力特征值 f_{ak} (kPa)
杂填土	2.0		16.7											
黏土	6.0	30.9	18.9	2.73	0.91	44.8	23.7	21.1	0.34	40.3	15.9	0.301	6.36	110
粉质黏土	4.0	25.5	20.1	2.71	0.71	33.4	20.4	13.0	0.39		21.0	0.302	5.92	145

解：(1)初步设计时，可用经验参数法估算单桩承载力。当施工图设计时，应根据规范要求和工程实际情况考虑做单桩静载荷试验，并以单桩静载荷试验结果为准。当两种结果相差较大时，应分析其原因。

①查表 12-8 和表 12-9，得

第二层黏土层：$q_{sk}=80$ kPa

第三层粉质黏土层：$q_{sk}=77$ kPa，$q_{pk}=1850$ kPa

②桩周长：$u=0.35\times4=1.4$(m)

桩端截面积：$A_p=0.35^2=0.1225$ (m²)

③单桩极限承载力：

$$Q_{uk}=Q_{sk}+Q_{pk}=u\sum q_{sik}l_i+q_{pk}A_p$$
$$=1.4\times(80\times6+77\times1)+1850\times0.1225$$
$$=779.8+226.6=1006.4(\text{kN})$$

④单桩承载力特征值：

$$R_a=\frac{1}{2}Q_{uk}=\frac{1}{2}\times1006.4=503.2(\text{kN})$$

(2)计算桩数和布桩。当不考虑承台自重时，所需桩数为

$$n=\frac{F_k}{R_a}=\frac{2500}{503.2}=5(\text{根})$$

考虑到尚未计入承台自重 G_k，按 6 根布桩并验算。取桩距 $S_a=1.5$m，布桩情况及承台尺寸见图 12-16。

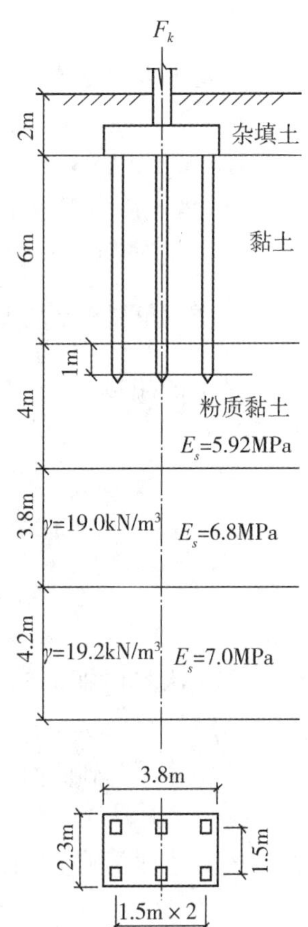

图 12-16　例题 12-6 附图

(3)验算基桩平均受力。

$$G_k=3.8\times2.3\times2.0\times20=349.6\ (\text{kN})$$

$$N_k=\frac{F_k+G_K}{n}=\frac{2500+349.6}{6}=474.9\ (\text{kN})$$

(4)计入承台效应后的基桩竖向承载力特征值 R。

根据单桩极限承载力计算，侧阻 $Q_{sk}=779.8\text{kN}$，端阻 $Q_{pk}=226.6\text{kN}$，该桩基属于摩擦型，可计入承台效应。

①承台效应系数 η_c 。

$$\frac{S_a}{d}=\frac{1.5}{0.35}=4.29,\qquad \frac{B_c}{l}=\frac{2.3}{7}=0.33$$

查表 12-15，并根据饱和黏性土中的挤土桩，η_c 宜取低值 0.8 倍的规定，取 $\eta_c=0.164\times0.8=0.13$。

②基桩对应的承台底净面积 A_c 。

$$A=3.8\times2.3=8.74(\text{m}^2)$$

$$A_{ps}=0.35^2=0.1225(\text{m}^2)$$

$$A_c=\frac{A-nA_{ps}}{n}=\frac{8.74-6\times0.1225}{6}=1.33(\text{m}^2)$$

③基桩竖向承载力特征值 R 。

$R=R_a+\eta_c f_{ak}A_c=503.2+0.13\times110\times1.33=522.2\ (\text{kN})$

$R=522.2\ \text{kN}>N_k=474.9\ \text{kN}$　（承载力满足）

(5)考虑应力扩散作用时，实体深基础基底附加压力 p_0。

①实体深基础底面面积 A 。

内摩擦角加权平均值：$\varphi=\dfrac{15.9\times6+21.0\times1}{7}=16.63°$

应力扩散角：$\alpha=\dfrac{16.63}{4}=4.16°$

$$A_0=2\times1.5+0.35=3.35(\text{m}),\qquad B_0=1.5+0.35=1.85(\text{m})$$

$$\begin{aligned}A&=(A_0+2l\cdot\tan\frac{\varphi}{4})(B_0+2l\cdot\tan\frac{\varphi}{4})\\&=(3.35+2\times7\times\tan4.16°)\times(1.85+2\times7\times\tan4.16°)\\&=4.37\times2.87=12.5(\text{m}^2)\end{aligned}$$

②实体深基础自重：

$G_k=\gamma_s\cdot A(d+l)=19.5\times12.5\times2+(19.5-10)\times12.5\times7=1318.8\ (\text{kN})$

③实体深基础底面处的自重压力：

$$\sigma_{cz}=16.7\times2+(18.9-10)\times6+(20.1-10)\times1=96.9\ (\text{kPa})$$

④实体深基础基底附加压力：

$$p_0=\frac{F_k+G_k}{A}-\sigma_{cz}=\frac{2500+1318.8}{12.5}-96.9=208.6\ (\text{kPa})$$

(6)查表求平均附加应力系数 $\bar{\alpha}$ 。

①实体深基础底面尺寸 4.37m×2.87m，将其分成 4 个小矩形，每个小矩形的尺寸为 $l\times b=\dfrac{4.37}{2}\times\dfrac{2.87}{2}=2.19\text{m}\times1.44\text{m}$，则：$l/b=2.19/1.44=1.5$。

实体深基础底面(桩端)下第一层，层底深 3m，$z/b=3/1.44=2.1$；第二层，层底深

6.8m，$z/b=6.8/1.44=4.7$；第三层，层底深 11.0m，$z/b=11/1.44=7.6$。

②平均附加应力系数：

$$\bar{\alpha}_1=4\times0.1853=0.7412$$

$$\bar{\alpha}_2=4\times0.1132=0.4528$$

$$\bar{\alpha}_3=4\times0.0771=0.3084$$

(7)分层沉降量 s_i 。

应力面积 A_i ：$A_1=208.6\times(0.7412\times3-0)=463.84$

$$A_2=208.6\times(0.4528\times6.8-0.7412\times3)=178.44$$

$$A_3=208.6\times(0.3084\times11-0.4528\times6.8)=65.37$$

分层沉降量 s_i ：$s_1=\dfrac{A_1}{E_{s1}}=\dfrac{463.84}{5.92}=78.35(\text{mm})$

$$s_2=\frac{A_2}{E_{s2}}=\frac{178.44}{6.8}=26.24(\text{mm})$$

$$s_3=\frac{A_3}{E_{s3}}=\frac{65.37}{7.0}=9.33(\text{mm})$$

(8)实体深基础计算桩基沉降经验系数 ψ_p 。

压缩模量当量值：$\bar{E}_s=\dfrac{\sum A_i}{\sum\dfrac{A_i}{E_{si}}}=\dfrac{463.84+178.44+65.37}{78.35+26.24+9.33}=6.21$

查表得：$\psi_p=0.5$。

(9)最终沉降量：$s=0.5\times(78.35+26.24+9.33)=57.0(\text{mm})$

说明：按规范要求，计算地基变形时，传至基础底面的荷载效应应按正常使用极限状态下荷载效应的准永久组合，不应计入风荷载和地震作用。本例在计算中采用的是标准组合值。

第九节　桩基础的水平承载力

《建筑地基基础设计规范》(GB50007—2011)规定：当作用于桩基础上的外力主要为水平力时，应根据使用要求对桩顶变位的限制，对桩基的水平承载力进行验算。当外力作用面的桩距较大时，桩基的水平承载力可视为各单桩的水平承载力之和。当承台侧立面的土未经扰动或回填密实时，应计算土抗力的作用。

单桩水平承载力特征值取决于桩的材料强度、截面刚度、入土深度、土质条件、桩顶水平位移允许值和桩顶嵌固情况等因素，可通过现场水平载荷试验确定。必要时可进行带承台桩的载荷试验。

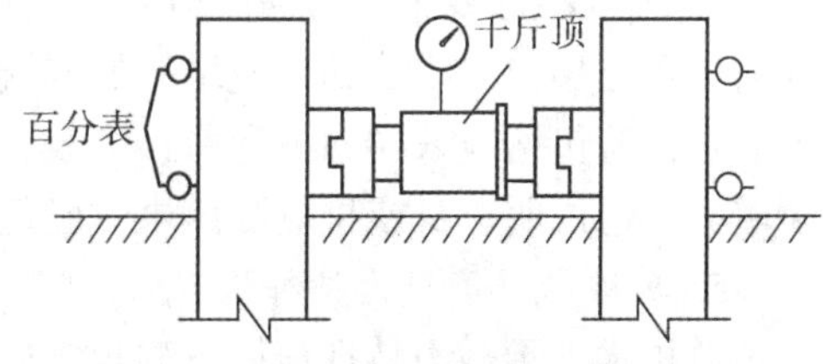

图 12-17　水平静荷载试验装置

单桩水平静载荷试验装置如图 12-17 所示。试验方法称作多循环加卸载法。当需要测量桩身应力或应变时宜采用慢速维持荷载法。采用多循环加卸载法试验时，取预估水平极限承载力的1/10~1/15作为每级荷载的加载增量。每级加载后，恒载4min测读水平位移，然后卸载至零，停2min测读残余水平位移，至此完成一个加卸载循环，如此循环5次便完成一级试验观测。

1. 终止试验的条件

(1)在恒定荷载作用下，水平位移急剧增加；

(2)水平位移超过30~40mm(软土或大直径桩时取高值)；

(3)桩身折断。

2. 试验资料整理

由试验记录可绘制水平力—时间—位移(H_0-t-x_0)曲线(图12-18(a))；水平力-位移梯度 $\left(H_0\text{-}\dfrac{\Delta x_0}{\Delta H_0}\right)$ 曲线(图12-18(b))；当测量桩身应力时，还可绘制水平力-最大弯矩截面钢筋应力(H_0-σ_g)等曲线(图12-18(c))。

3. 单桩水平临界荷载 H_{cr}

单桩水平临界荷载，是指桩身受拉区混凝土退出工作前的最大荷载。当水平荷载作用于桩顶时，将在桩身内产生弯矩，当弯矩增大至一定值时，桩身受拉区混凝土将被拉裂而退出工作。这时，拉力将全部由受拉区钢筋承载，因而使桩顶位移突然增大，水平临界荷载按下列方法分析确定：

(1)取 H_0-t-x_0 曲线出现突变(相同荷载增量条件下，出现比前一级明显增大的位移增量)点的前一级荷载为水平临界荷载(图12-18(a))；

(2)取 $H_0\text{-}\dfrac{\Delta x_0}{\Delta H_0}$ 曲线第一直线段的终点(图12-18(b))所对应的荷载为水平临界荷载；

(3)当有钢筋应力测量数据时，取 H_0-σ_g 第一突变点对应的荷载为水平临界荷载(图12-18(c))。

4. 单桩水平极限荷载 H_u

单桩水平极限承载力可从两个方面来判定，一是桩身应力达到强度极限时的承载力极限；二是桩身位移超过30~40mm时的正常使用极限。确定 H_u 时，可根据下列方法综合确定：

(1)取 H_0-t-x_0 曲线出现明显陡降的前一级荷载为极限荷载(图12-18(a))；

(2)取 $H_0\text{-}\dfrac{\Delta x_0}{\Delta H_0}$ 曲线第二直线段终点对应的荷载为极限荷载(图12-18(b))；

(3)取桩身折断的前一级荷载为极限荷载(图12-18(c))。

在 H_0-t-x_0 曲线中，将每级荷载多次加卸载循环曲线的下止点连接起来，则为该级荷载的桩顶位移包络线，如果包络线的末端向上弯曲，表明在该级荷载下，桩的位移逐渐趋于稳定；若包络线末端向下弯曲，则表明在该级荷载下的多次加卸载循环中，桩顶位移逐渐增大，这说明桩身或桩侧受压土体已趋于破坏，其前一级荷载应定为极限荷载。

5. 单桩水平承载力特征值 R_{ha}

单桩水平承载力特征值按下列规定确定：

(1)对于钢筋混凝土预制桩、钢桩、钢筋配筋率不小于0.65%的灌注桩，可根据静载

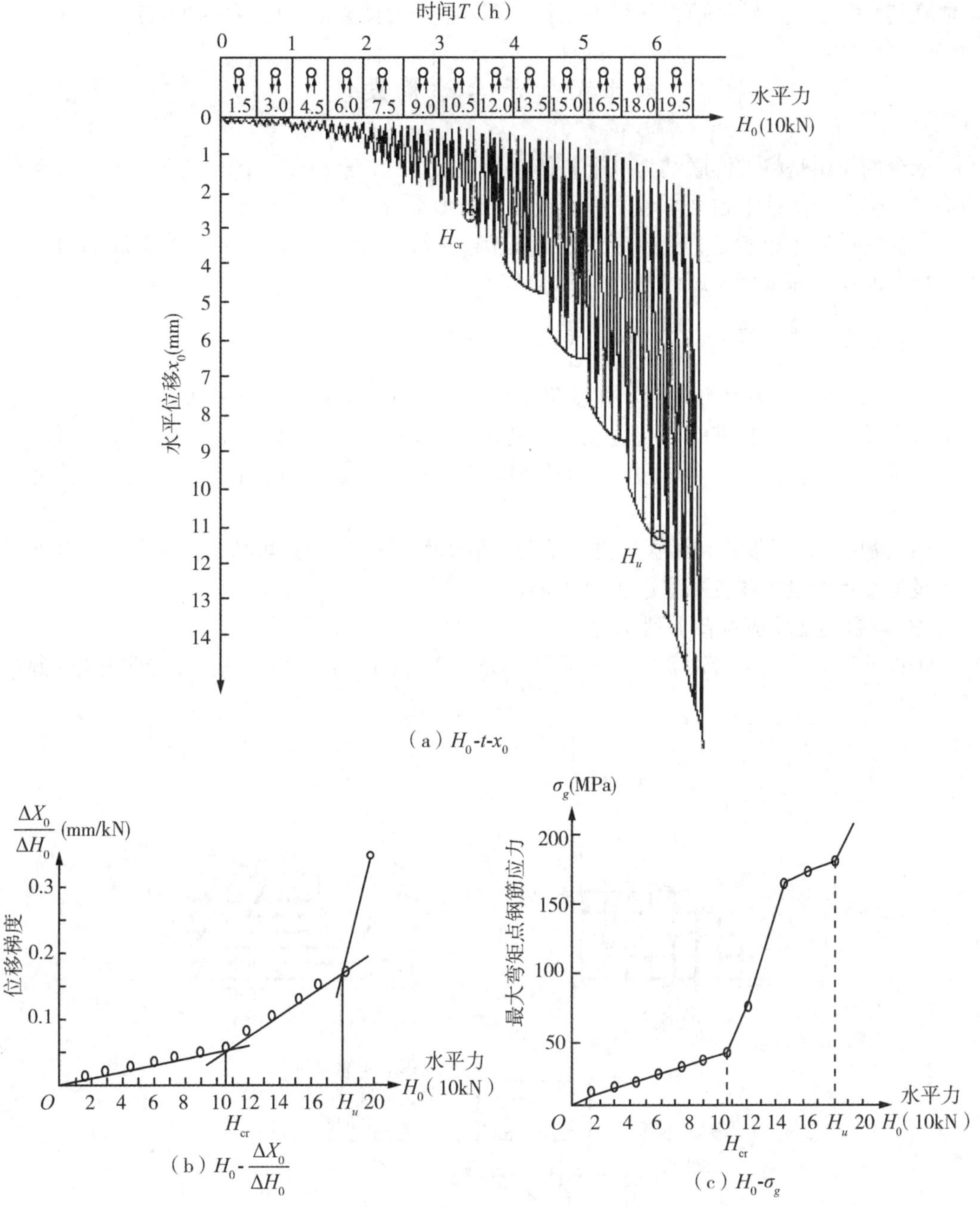

图 12-18　单桩水平静荷载试验成果曲线

荷试验的结果，取地面处水平位移为 10mm（对水平位移敏感的建筑物取水平位移 6mm）所对应荷载的 75%为单桩水平承载力特征值。

（2）对于桩身配筋率小于 0. 65%的灌注桩，可取单桩水平静载荷试验临界荷载的 75%为单桩水平承载力特征值。

对于主要承受水平荷载的桩基础，当缺少静载荷试验资料时，或在初步设计阶段，也可估算其水平承载力特征值，估算方法见《建筑桩基技术规范》(JGJ94—2008)。

第十节 承台结构设计

承台的作用是将桩群联结为一个整体，把上部结构荷载分配、传递给各个基桩。承台的形式有多种，如柱下独立承台、柱下或墙下条形承台、筏形承台等。

承台的设计除应满足构造要求外，尚应满足抵抗弯曲、冲剪、剪切等承载能力的要求。承台的埋置深度可参照浅基础的要求确定。

一、承台的构造要求

(1)柱下独立桩基承台的最小宽度不应小于500mm，边桩中心至外边缘的距离不应小于桩的直径或边长，且桩的外边缘至承台边缘的距离不应小于150mm。对于墙下条形承台梁，桩的外边缘至承台梁边缘的距离不应小于75mm。承台的最小厚度不应小于300mm。

(2)高层建筑平板式和梁板式筏形承台的最小厚度不应小于400mm，多层建筑墙下布桩的筏形承台的最小厚度不应小于200mm。

(3)承台的配筋应符合下列规定：

①柱下独立桩基承台钢筋应通长配置(见图12-19(a))，对四桩以上(含四桩)承台宜

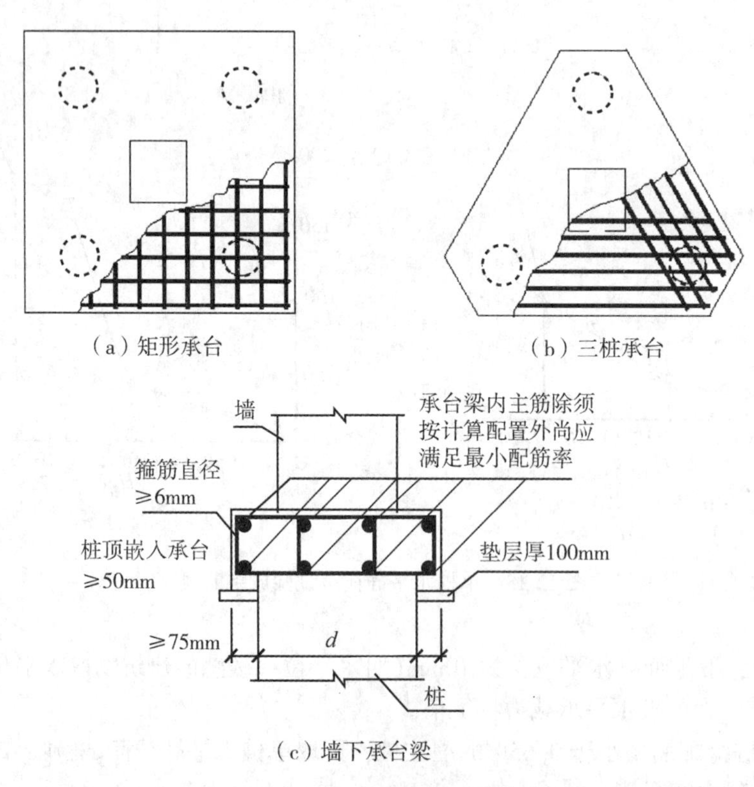

(a)矩形承台　(b)三桩承台

(c)墙下承台梁

图12-19 承台配筋示意图

按双向均匀布置，对三桩的三角形承台应按三向板带均匀布置，且最里面的三根钢筋围成的三角形应在柱截面范围内(见图 12-19(b))。钢筋锚固长度自边桩内侧算起(当为圆桩时，应将其直径乘以 0.8 等效为方桩)，不应小于 $35d_g$（d_g 为钢筋直径）；当不满足时，应将钢筋向上弯折，此时水平段的长度不应小于 $25d_g$，弯折段长度不应小于 $10d_g$。承台纵向受力钢筋的直径不应小于 12mm，间距不应大于 200mm。柱下独立桩基承台的最小配筋率不应小于 0.15%。

②条形承台梁的纵向主筋应符合现行国家标准《混凝土结构设计规范》(GB50010—2010)中关于最小配筋率的规定(见图 12-19(c))，主筋直径不应小于 12mm，架立筋直径不应小于 10mm，箍筋直径不应小于 6mm。承台梁端部纵向受力钢筋的锚固长度及构造应与柱下多桩承台的规定相同。

(4)承台混凝土强度等级不应低于 C25，承台底面纵向钢筋的混凝土保护层厚度，当无混凝土垫层时不应小于 70mm，当有混凝土垫层时，不应小于 50mm，且不应小于桩头嵌入承台内的长度。

(5)承台和地下室外墙与基坑侧壁间隙应灌注素混凝土或搅拌流动性水泥土，或采用灰土、级配砂石、压实性较好的素土分层夯实，其压实系数不宜小于 0.94。

二、桩与承台的连接构造要求

(1)桩嵌入承台内的长度对中等直径桩不宜小于 50mm；对大直径桩不宜小于 100mm。

(2)混凝土桩的桩顶纵向主筋应锚入承台内，其锚入长度不宜小于 35 倍纵向主筋直径。对于抗拔桩，桩顶纵向主筋的锚固长度应按现行国家标准《混凝土结构设计规范》(GB50010—2010)确定。

(3)对于大直径灌注桩，当采用一柱一桩时可设置承台或将桩与柱直接连接。

三、柱与承台的连接构造要求

(1)对于一柱一桩基础，柱与桩直接连接时，柱纵向主筋锚入桩身内的长度不应小于 35 倍纵向主筋直径。

(2)对于多桩承台，柱纵向主筋应锚入承台不小于 35 倍纵向主筋直径；当承台高度不能满足锚固要求时，竖向锚固长度不应小于 20 倍纵向主筋直径，并向水平方向呈 90°弯折。

(3)当有抗震设防要求时，对于一、二级抗震等级的柱，纵向主筋锚固长度应乘以 1.15 倍的系数；对于三级抗震等级的柱，纵向主筋锚固长度应乘以 1.05 倍的系数。

四、承台与承台之间的连接构造要求

(1)一柱一桩时，应在桩顶两个主轴方向设置连系梁。当桩与柱的截面直径之比大于 2 时，可不设连系梁。

(2)两桩桩基的承台，应在其短向设置连系梁。

(3)有抗震设防要求的柱下桩基承台，宜在两个主轴方向设置连系梁。

(4)连系梁顶面宜与承台顶面位于同一标高。连系梁宽度不宜小于 250mm，其高度可取承台中心距的 1/10~1/15，且不宜小于 400mm。

(5)连系梁配筋应按计算确定，梁上、下部配筋各不宜小于2根直径12mm钢筋；位于同一轴线上的相邻跨连系梁纵筋应连通。

五、柱下独立承台的结构计算

1. 受弯计算

桩基承台应进行正截面受弯承载力计算。受弯承载力和配筋可按现行国家标准《混凝土结构设计规范》的规定进行。

1)柱下群桩矩形承台

柱下群桩矩形承台在两个方向均有弯矩产生，受力特性类似于双向板，最大弯矩发生在两个方向的柱边(图12-20(a)中$X—X$和$Y—Y$截面处)和承台厚度的突变处(阶梯形承台的变阶处)。承台板最大弯矩截面的弯矩按下式计算：

$$M_x = \sum N_i y_i \tag{12-24a}$$

$$M_y = \sum N_i x_i \tag{12-24b}$$

式中，M_x、M_y——绕x轴和y轴方向计算截面处的弯矩设计值，kN·m；

x_i、y_i——垂直于y轴和x轴方向自桩轴线(桩中心)至相应计算截面的距离，m；

N_i——扣除承台和其上填土自重后，相应于荷载效应基本组合时的第i根桩竖向力设计值，即第i桩的净反力，kN。

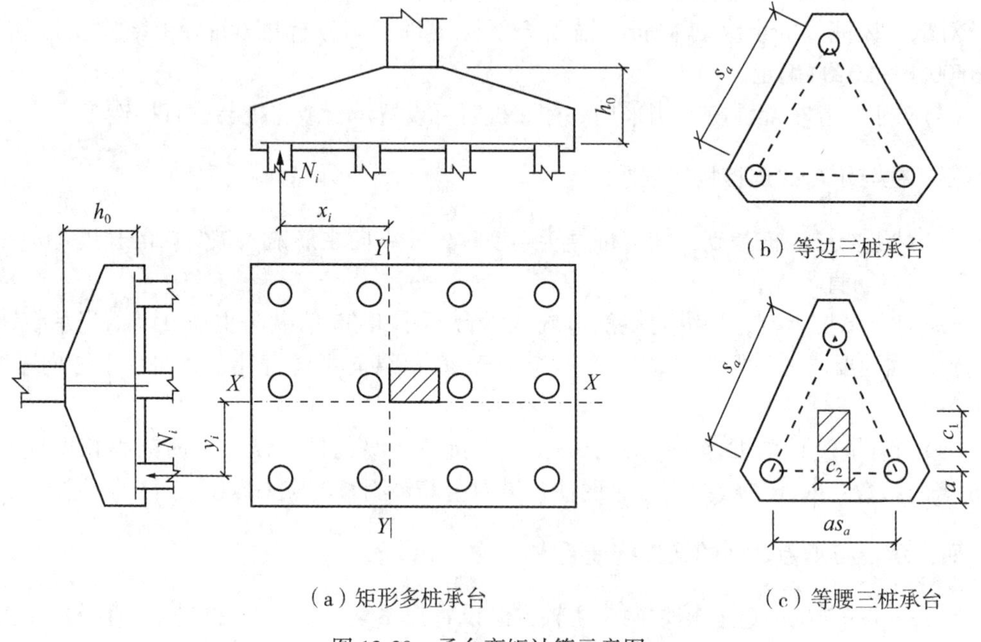

图12-20　承台弯矩计算示意图

2)柱下三桩承台

(1)等边三桩承台的弯矩按下式计算(图12-20(b))：

$$M=\frac{N_{max}}{3}\left(s_a-\frac{\sqrt{3}}{4}c\right) \tag{12-25}$$

式中，M——由承台形心至承台边缘距离范围内板带的弯矩设计值，kN·m；

N_{max}——扣除承台和其上填土自重后，相应于荷载效应基本组合时三桩中最大基桩竖向力设计值，kN；

s_a——桩中心距，m；

c——方柱边长，m；圆柱时 $c=0.8d(d)$ 为圆柱直径)。

(2)等腰三桩承台的弯矩按下式计算(图 12-20(c))：

$$M_1=\frac{N_{max}}{3}\left(s_a-\frac{0.75}{\sqrt{4-\alpha^2}}c_1\right) \tag{12-26a}$$

$$M_2=\frac{N_{max}}{3}\left(\alpha\cdot s_a-\frac{0.75}{\sqrt{4-\alpha^2}}c_2\right) \tag{12-26b}$$

式中，M_1、M_2——分别为由承台形心到承台两腰和底边板带的弯矩设计值，kN·m；

s_a——长向桩距，m；

α——短向桩距与长向桩距之比，当 α 小于 0.5 时，应按变截面的二桩承台设计；

c_1、c_2——分别为垂直于、平行于承台底边的柱截面边长，m。

2. *承台抗冲切计算*

当柱受荷下压时，对承台板的冲切和柱对浅基础底板的冲切是类似的，不同的是，对于浅基础底板，反力是在底面上满布的，而桩对承台的反力则是一个个的集中力。由于这个原因，使得冲切破坏锥体斜面与承台底平面的夹角不一定是 45°，但不会小于 45°，而是常常大于 45°。此外，如果承台板外边缘厚度(边缘有效高度)不足，角桩对承台的反作用力也有可能将承台一角向上冲切破坏。

(1)柱对承台的冲切按下式计算(图 12-21)：

$$F_V\leqslant 2[\beta_{ox}(b_c+a_{oy})+\beta_{oy}(h+a_{ox})]\beta_{hp}f_t h_0 \tag{12-27a}$$

$$F_V=F-\sum N_i \tag{12-27b}$$

$$\beta_{ox}=\frac{0.84}{\lambda_{ox}+0.2} \tag{12-27c}$$

$$\beta_{oy}=\frac{0.84}{\lambda_{oy}+0.2} \tag{12-27d}$$

$$\lambda_{ox}=\frac{a_{ox}}{h_0} \tag{12-27e}$$

$$\lambda_{oy}=\frac{a_{oy}}{h_0} \tag{12-27f}$$

式中，F_V——扣除承台及其上填土自重，作用在冲切破坏锥体上相应于荷载效应基本组合时的冲切力设计值，kN。冲切破坏锥体应采用自柱边或承台变阶处至相应桩顶边缘连线构成的锥体，锥体与承台底面的夹角不小于 45°；

h_0——冲切破坏锥体的有效高度，m；

b_c、h_c——y 轴和 x 轴方向的柱截面边长，m；

β_{hp}——受冲切承载力截面高度影响系数，当 h 不大于 800mm 时，取 1；当 h 大于等于 2000mm 时，取 0.9，其间按线性内插取值；

f_t——混凝土轴心抗拉强度设计值；

β_{ox}、β_{oy}——冲切系数；

λ_{ox}、λ_{oy}——冲垮比，按式(12-27(e))和式(12-27(f))计算，其中 a_{ox}、a_{oy} 为柱边或变阶处至桩边的水平距离；当 $a_{ox}(a_{oy})<0.25h_0$ 时，取 $a_{ox}(a_{oy})=0.25h_0$；当 $a_{ox}(a_{oy})>h_0$ 时，取 $a_{ox}(a_{oy})=h_0$，即其值应满足 0.25~1.0；

F——相应于荷载效应基本组合，柱子作用于承台的轴力设计值，kN；

$\sum N_i$——冲切破坏锥体底面范围内各桩净反力设计值之和，kN。

当计算阶梯形承台上阶对下阶的冲切时，式(12-27(a))中的 b_c、h_c 分别用上阶在 y 轴和 x 轴方向的边长 h_1 和 b_1 代替；a_{0x}、a_{0y} 用 a_{1x}、a_{1y} 代替；h_0 用 h_{10} 代替，见图 12-21。

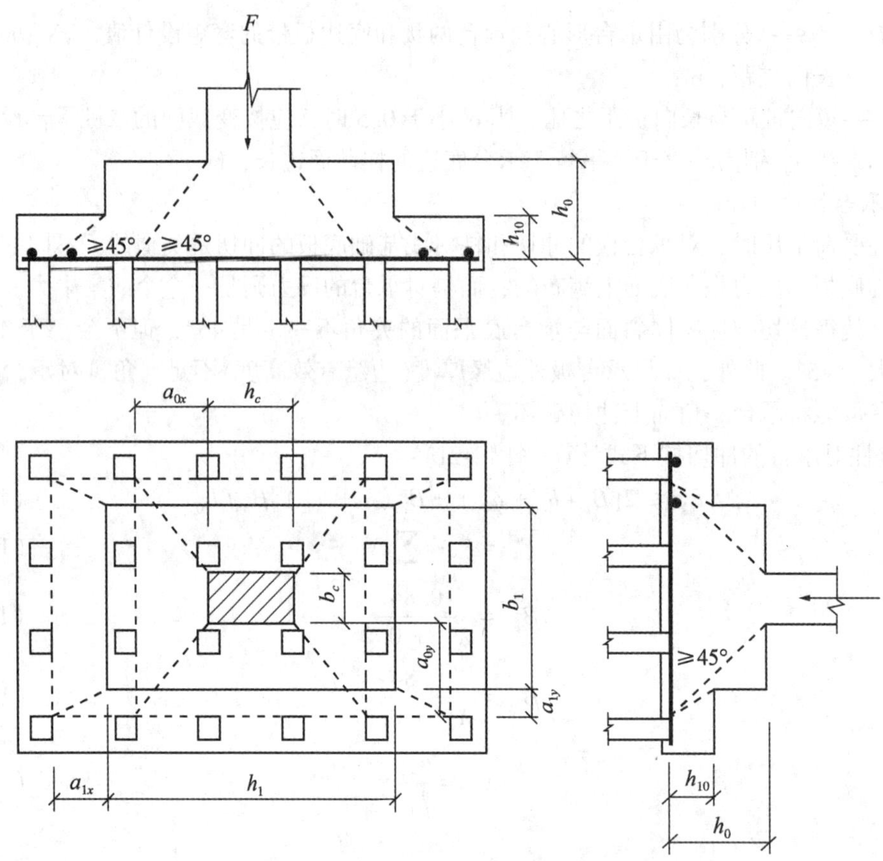

图 12-21 柱对承台的冲切计算示意图

在以上计算中，加在承台上的外力，上有柱荷载，下有桩对承台的反力，但没有考虑地基土对承台底面的反力，所以，上式适用于承台底面脱空的情况。对于坐落于中、低压缩性土上的承台，且为摩擦型桩时，当地基土与承台之间不可能发生脱空现象时，作用于冲切破坏锥体底面上的地基土反力将抵消掉一部分柱荷载，使冲切力降低。这时，承台的厚度(有效高度)可适当减小，减小的幅度应根据当地经验确定。

(2)角桩对承台的冲切按下列公式计算：

①四桩及以上矩形承台(图 12-22)：

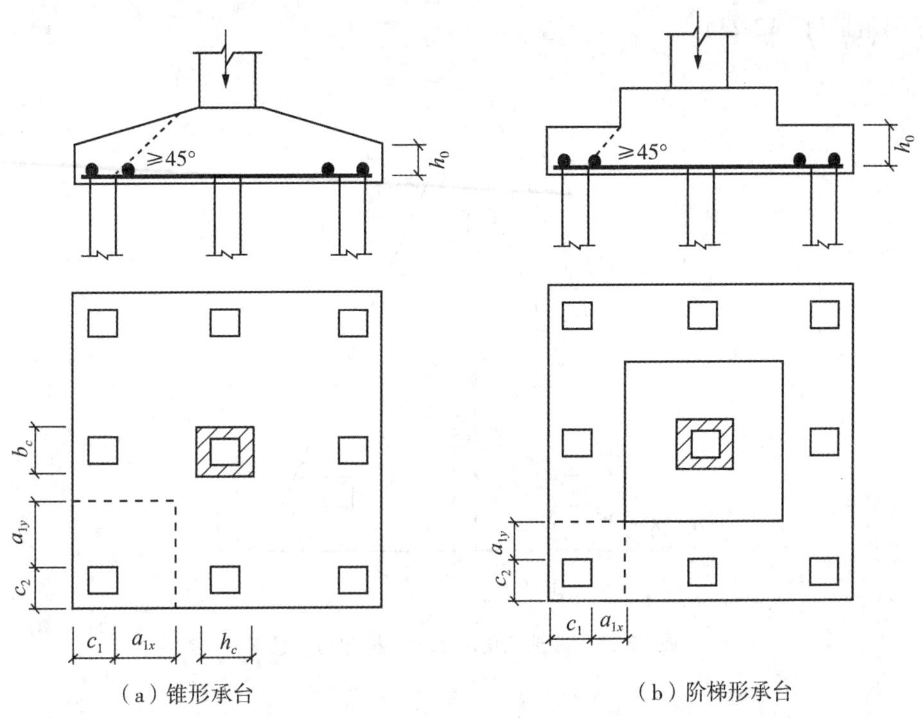

图 12-22　四桩以上(含四桩)承台角桩冲切示意图

$$N_V \leqslant \left[\beta_{1x}\left(c_2+\frac{a_{1y}}{2}\right)+\beta_{1y}\left(c_1+\frac{a_{1x}}{2}\right)\right]\beta_{hp}f_t h_0 \tag{12-28a}$$

$$\beta_{1x}=\frac{0.56}{\lambda_{1x}+0.2} \tag{12-28b}$$

$$\beta_{1y}=\frac{0.56}{\lambda_{1y}+0.2} \tag{12-28c}$$

$$\lambda_{1x}=\frac{a_{1x}}{h_0} \tag{12-28d}$$

$$\lambda_{1y}=\frac{a_{1y}}{h_0} \tag{12-28e}$$

式中，N_V——扣除承台和其上填土自重后，角桩桩顶相应于荷载效应基本组合时的竖向力设计值，即角桩冲切力(净反力)，kN；

β_{1x}、β_{1y}——角桩冲切系数；

λ_{1x}、λ_{1y}——角桩冲垮比，其值应满足 0.25~1.0；

c_1、c_2——从角桩内边缘至承台外边缘的距离，m；

a_{1x}、a_{1y}——从承台底角桩内边缘引 45°冲切线与承台顶面相交或与承台变阶处相交点至角桩内边缘的水平距离，当柱边或承台变阶处位于该45°线以内时，则取柱边或承台变阶处与桩内边缘连线为冲切锥体的锥线，即该锥线与承台底面的夹角不应小于45°，m；

h_0——承台外边缘的有效高度，m。

②三桩三角形承台：

底部角桩(图 12-23)：

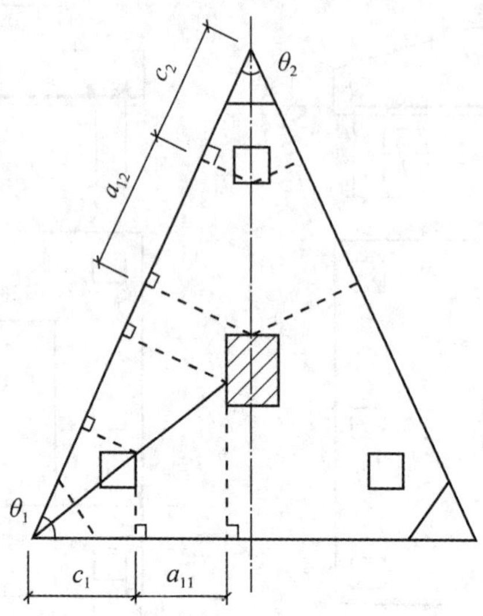

图 12-23　三桩三角形承台角桩冲切示意图

$$N_V \leqslant \beta_{11}(2c_1 + a_{11})\tan\frac{\theta_1}{2}\beta_{hp}f_t h_0 \tag{12-29a}$$

$$\beta_{11} = \frac{0.56}{\lambda_{11} + 0.2} \tag{12-29b}$$

$$\lambda_{11} = \frac{a_{11}}{h_0} \tag{12-29c}$$

顶部角桩：

$$N_V \leqslant \beta_{12}(2c_2 + a_{12})\tan\frac{\theta_2}{2}\beta_{hp}f_t h_0 \tag{12-30a}$$

$$\beta_{12} = \frac{0.56}{\lambda_{12} + 0.2} \tag{12-30b}$$

$$\lambda_{12} = \frac{a_{12}}{h_0} \tag{12-30c}$$

式中，λ_{11}、λ_{12}——角桩冲垮比，其值满足 0.25~1.0；

a_{11}、a_{12}——从承台底角桩内边缘向相邻承台边引45°冲切线与承台顶面相交点至角桩内边缘的水平距离，m；当柱位于该45°线以内时，则取柱边与桩内边缘连线为冲切锥体的锥线。

在以上计算中，对圆柱及圆桩，计算时可将圆截面换算成正方形截面。

3. 承台受剪切计算

柱下桩基础独立承台应分别对柱边和桩边、变阶处和桩边连线形成的贯通承台的斜截面进行受剪验算。当柱边外有多排桩形成多个受剪切斜截面时，尚应对每个斜截面进行验算。

柱下桩基础独立承台的受剪承载力按下列公式计算(图 12-24)：

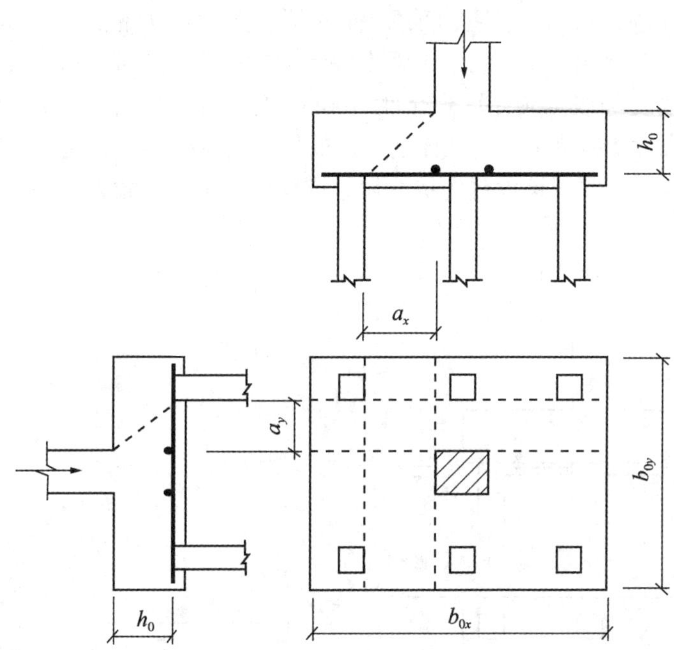

图 12-24　承台斜截面受剪示意图

$$V \leqslant \beta_{hs}\beta f_t b_0 h_0 \tag{12-31a}$$

$$\beta_{hs} = \left(\frac{800}{h_0}\right)^{\frac{1}{4}} \tag{12-31b}$$

$$\beta = \frac{1.75}{\lambda + 1.0} \tag{12-31c}$$

式中，V——扣除承台及其上填土自重后，相应于荷载效应基本组合时斜截面的最大剪力设计值，kN；

β_{hs}——受剪切承载力截面高度影响系数，按式(12-31b)计算。计算中，当 $h_0<800$mm 时，取 $h_0=800$mm；当 $h_0>2000$mm 时，取 $h_0=2000$mm；

β——承台剪切系数；

λ——计算截面的剪跨比，$\lambda_x=\dfrac{a_x}{h_0}$，$\lambda_y=\dfrac{a_y}{h_0}$；$a_x$、$a_y$分别为柱边或承台变阶处至 y、x 方向计算一排桩的桩边的水平距离，当 $\lambda<0.25$ 时，取 $\lambda=0.25$；当 $\lambda>3$ 时，取 $\lambda=3$；

b_0——承台计算截面处的计算宽度，m，当承台为高度不变的平板时，取计算截面处的实际宽度；当承台为锥形或阶梯形时，应为计算受剪截面的实际截面积与有效高度的比值。计算方法可见《建筑地基基础设计规范》(GB50007—2011)附录 U；

h_0——计算宽度处的承台有效高度，m。

4. 承台的局部受压承载力验算

当承台的混凝土强度等级低于柱或桩的混凝土强度等级时，尚应验算柱下或桩上承台的局部受压承载力。验算方法见《混凝土结构设计规范》(GB50010—2010)。

[**例题 12-7**]　柱下钢筋混凝土预制桩基础承台设计。

如图 12-25(a)所示，该桩基础采用钢筋混凝土预制方桩，计 6 根，桩截面尺寸 350mm×350mm，中心距 1.4m，混凝土强度等级 C40；承台尺寸 3600mm×2200mm，厚度 800mm，混凝土强度等级 C30；承台下设 100mm 厚 C10 垫层；柱截面尺寸为 500mm×500mm，混凝土强度等级为 C30，柱传至承台的荷载效应标准组合值为：$F_k=2500\text{kN}$；钢筋采用 HRB335 级。试验算该承台的抗冲切、抗剪切、抗弯承载力，并配筋。

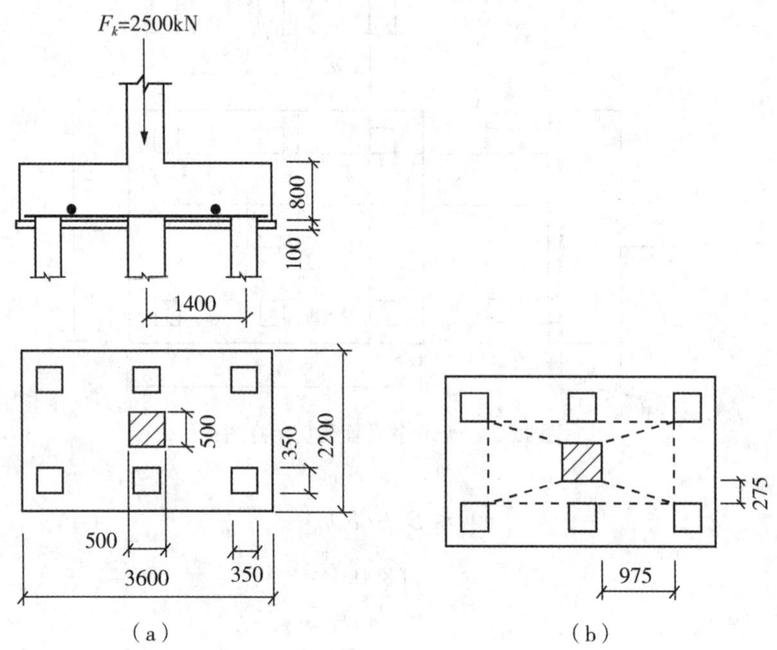

图 12-25　例题附图

解：(1)相应于荷载效应基本组合时的桩顶净反力：

$$N=1.35\frac{F_k}{n}=1.35\times\frac{2500}{6}=562.5\text{kN}$$

(2)受弯承载力计算。

①求绕 y 轴的弯矩 M_y 。

$$x_i=1.4-\frac{0.5}{2}=1.15(\text{m})$$

$$M_y=\sum N_i x_i=2\times562.5\times1.15=1293.75\ (\text{kN}\cdot\text{m})$$

②求绕 x 轴的弯矩 M_x 。

$$y_i = \frac{1.4}{2} - \frac{0.5}{2} = 0.45\ (\text{m})$$

$$M_x = \sum N_i y_i = 3 \times 562.5 \times 0.45 = 759.38\ (\text{kN} \cdot \text{m})$$

③ x 轴方向的配筋计算(按《混凝土结构设计规范》计算)。

取混凝土强度系数 $\alpha_1 = 1.0$(不超过 C50 取 1.0)；查取 C30 混凝土抗拉强度设计值 $f_c = 14.3\ \text{N/mm}^2 = 14.3 \times 1000\ \text{kN/m}^2$；取承台保护层厚度 0.1m，$h_0 = 0.7$ m；$b = 2.2$ m；HRB335 级钢筋抗拉强度设计值 $f_y = 300\ \text{N/mm}^2$。

受压区高度：

$$x = h_0 - \sqrt{h_0^2 - \frac{2M_y}{\alpha_1 f_c b}} = 0.7 - \sqrt{0.7^2 - \frac{2 \times 1293.75}{1.0 \times 14.3 \times 1000 \times 2.2}} = 0.0614(\text{m})$$

$$x = 0.0614 < \xi_b h_0 = 0.518 \times 0.7 = 0.363\ (\text{满足适筋梁条件})$$

钢筋截面积：$A_s = \alpha_1 \dfrac{f_c}{f_y} bx = 1.0 \times \dfrac{14.3}{300} \times 2200 \times 0.0614 \times 1000 = 6438.8(\text{mm}^2)$

选配 21 根Φ20HRB335 钢筋，实配截面积为 $314 \times 21 = 6594(\text{mm}^2) > 2200 \times 700 \times 0.15\% = 2310(\text{mm}^2)$(满足要求)

④ y 轴方向配筋计算。

$b = 3.6$ m

受压区高度：

$$x = h_0 - \sqrt{h_0^2 - \frac{2M_x}{\alpha_1 f_c b}} = 0.7 - \sqrt{0.7^2 - \frac{2 \times 759.38}{1.0 \times 14.3 \times 1000 \times 3.6}} = 0.0214(\text{m})$$

$$A_s = \alpha_1 \frac{f_c}{f_y} bx = 1.0 \times \frac{14.3}{300} \times 3600 \times 0.0214 \times 1000 = 3672.2(\text{mm}^2)$$

选配 19 根Φ16HRB335 钢筋，截面积为 $19 \times 201 = 3819(\text{mm}^2)$。考虑到该层钢筋在上，有效厚度 h_0 减小，实配 20 根Φ16HRB335 钢筋，截面积为：$201 \times 20 = 4020(\text{mm}^2) > 3600 \times 700 \times 0.15\% = 3780(\text{mm}^2)$(满足要求)。

(3)柱对承台的冲切验算(见图 12-25(b))。

$b_c = h_c = 500$ mm

$$a_{ox} = 1400 - \frac{500}{2} - \frac{350}{2} = 975 > h_0 = 700(\text{mm})\text{，取 } a_{ox} = 700\ \text{mm}$$

$$a_{oy} = \frac{1400}{2} - \frac{500}{2} - \frac{350}{2} = 275(\text{mm})$$

$$\lambda_{ox} = \frac{a_{ox}}{h_0} = \frac{700}{700} = 1.0$$

$$\lambda_{oy} = \frac{a_{oy}}{h_0} = \frac{275}{700} = 0.39$$

$$\beta_{ox} = \frac{0.84}{\lambda_{ox} + 0.2} = \frac{0.84}{1.0 + 0.2} = 0.7$$

$$\beta_{oy} = \frac{0.84}{\lambda_{oy} + 0.2} = \frac{0.84}{0.39 + 0.2} = 1.42$$

$F_V = F - \sum N_i = 1.35 \times 2500 - 0 = 3375(\text{kN})$

$2[\beta_{ox}(b_c + a_{oy}) + \beta_{oy}(h_c + a_{ox})]\beta_{hp}f_t h_0$

$= 2 \times [0.7 \times (500 + 275) + 1.42 \times (500 + 700)] \times 1.0 \times 1.43 \times 700$

$= 4497493(\text{N}) = 4497.5\ \text{kN} > 3375\ \text{kN}$ （满足要求）

(4)角桩对承台的冲切验算。

$a_{1x} = a_{1y} = 700\ \text{mm}$

$$c_1 = \frac{3.6 - 2.8}{2} + \frac{0.35}{2} = 0.575(\text{m})$$

$$c_2 = \frac{2.2 - 1.4}{2} + \frac{0.35}{2} = 0.575(\text{m})$$

$$\lambda_{1x} = \frac{a_{1x}}{h_0} = \frac{700}{700} = 1.0$$

$$\lambda_{1y} = \frac{a_{1y}}{h_0} = \frac{700}{700} = 1.0$$

$$\beta_{1x} = \frac{0.56}{\lambda_{1x} + 0.2} = \frac{0.56}{1.0 + 0.2} = 0.47$$

$$\beta_{1y} = \frac{0.56}{\lambda_{1y} + 0.2} = \frac{0.56}{1.0 + 0.2} = 0.47$$

$\beta_{hp} = 1.0$

$$\left[\beta_{1x}\left(c_2 + \frac{a_{1y}}{2}\right) + \beta_{1y}\left(c_1 + \frac{a_{1x}}{2}\right)\right]\beta_{hp}f_t h_0$$

$$= \left[0.47 \times \left(575 + \frac{700}{2}\right) + 0.47 \times \left(575 + \frac{700}{2}\right)\right] \times 1.0 \times 1.43 \times 700$$

$= 870369.5(\text{N}) = 870.37\text{kN} > N_V = N = 562.5\ \text{kN}$ （满足要求）

(5)承台抗剪切验算。

① A—A 截面（短向）：

$$\beta_{hs} = \left(\frac{800}{h_0}\right)^{\frac{1}{4}} = \left(\frac{800}{800}\right)^{\frac{1}{4}} = 1.0$$ （按规定取 $h_0 = 800\text{mm}$）

$$a_x = 1400 - \frac{500}{2} - \frac{350}{2} = 975(\text{mm})$$

$$\lambda_x = \frac{\alpha_x}{h_0} = \frac{975}{700} = 1.39$$

$$\beta_x = \frac{1.75}{\lambda_x + 1.0} = \frac{1.75}{1.39 + 1.0} = 0.73$$

$V = 562.5 \times 2 = 1125(\text{kN})$

$\beta_{hs}\beta f_t b_0 h_0 = 1.0 \times 0.73 \times 1.43 \times 2200 \times 700 = 1607606.0(\text{N})$

$= 1607.6\text{kN} > 1125\text{kN}$ （满足要求）

② $B - B$ 截面（长向）：

$$a_y = \frac{1400}{2} - \frac{500}{2} - \frac{350}{2} = 275(\text{mm})$$

$$\lambda_y = \frac{a_y}{h_0} = \frac{275}{700} = 0.39$$

$$\beta_y = \frac{1.75}{\lambda_y + 1.0} = \frac{1.75}{0.39 + 1.0} = 1.26$$

$$V = 562.5 \times 3 = 1687.5(\text{kN})$$

$$\beta_{hs}\beta f_t b_0 h_0 = 1.0 \times 1.26 \times 1.43 \times 3600 \times 700 = 4540536.0(\text{N})$$
$$= 4540.5 \text{ kN} > 1687.5 \text{ kN} \quad (\text{满足要求})$$

第十一节　桩身结构设计

一、桩身构造要求

根据《建筑地基基础设计规范》(GB50007—2011)的规定，桩身应满足如下构造要求。

(1)混凝土强度等级：设计使用年限不少于50年时，非腐蚀环境中的预制桩不应低于C30，预应力桩不应低于C40，灌注桩不应低于C25；二b类环境及三类、四类、五类微腐蚀环境中不应低于C30；在腐蚀环境中的桩，桩身混凝土的强度等级应符合现行国家标准《混凝土结构设计规范》(GB50010—2010)的有关规定。设计使用年限不少于100年的桩，桩身混凝土的强度等级宜适当提高。水下灌注桩的桩身混凝土强度等级不宜高于C40。

(2)桩的主筋配置应经计算确定。预制桩的最小配筋率不宜小于0.8%(锤击沉桩)、0.6%(静压沉桩)，预应力桩不宜小于0.5%；灌注桩最小配筋率不宜小于0.2%~0.65%(小直径桩取大值)。桩顶以下3~5倍桩身直径范围内，箍筋宜适当加强加密。

(3)桩身纵向配筋长度应符合下列规定：

①受水平荷载和弯矩较大的桩，配筋长度应通过计算确定；

②桩基承台下存在淤泥、淤泥质土或液化土层时，配筋长度应穿过淤泥、淤泥质土层或液化土层；

③坡地岸边的桩、8度及8度以上地震区的桩，抗震桩、嵌岩端承桩应通长配筋；

④钻孔灌注桩构造钢筋的长度不宜小于桩长的2/3；桩施工在基坑开挖前完成时，其钢筋长度不宜小于基坑深度的1.5倍。

(4)在腐蚀性环境中的灌注桩主筋直径不宜小于16mm；非腐蚀性环境中的主筋直径不应小于12mm。

(5)灌注桩主筋混凝土保护层厚度不应小于50mm；预制桩不应小于45mm，预应力管桩不应小于35mm；腐蚀环境中的灌注桩不应小于55mm。

《建筑桩基技术规范》(JGJ94—2008)对桩身构造还有更为详尽的要求，可参照执行。

二、桩身受压承载力计算

钢筋混凝土轴心受压桩正截面受压承载力按下列规定计算：

（1）对于采用螺旋式箍筋的圆桩，当桩顶以下5倍桩身直径范围内的桩身螺旋式箍筋间距不大于100mm，且符合构造要求的规定时，按下式计算：

$$N \leqslant \psi_c f_c A_p + 0.9 f'_y A'_s \tag{12-32a}$$

（2）对不符合上述第一条的桩身，按下式计算：

$$N \leqslant \psi_c f_c A_p \tag{12-32b}$$

式中，N——相应于荷载效应基本组合时的桩顶轴向压力设计值，kN；

ψ_c——基桩成桩工艺系数。对混凝土预制桩、预应力混凝土空心桩，取0.85；对干作业非挤土灌注桩，取0.90；对泥浆护壁和套管护壁非挤土灌注桩、部分挤土灌注桩、挤土灌注桩，取0.7~0.8（水下灌注或长桩时取低值）；对软土地区挤土灌注桩，取0.6。

f_c——桩身混凝土轴心抗压强度设计值；

A_p——桩身截面积；

f'_y——纵向主筋抗压强度设计值；

A'_s——纵向主筋截面面积。

三、桩身压曲验算

对于低承台基桩，当桩身穿越可液化土或不排水抗剪强度小于10kPa（地基承载力特征值小于25kPa）的软弱土层，桩身较为细长时，有压曲失稳的可能，可按式（12-32）计算所得桩身正截面受压承载力乘以稳定系数 φ 折减来验算。

稳定系数 φ 可根据桩身压曲计算长度 l_c 和桩的直径 d（或矩形桩短边尺寸）确定，见表12-22。

表12-22 **桩身稳＊2定系数 φ**

l_c/d	≤7	8.5	10.5	12	14	15.5	17	19	21	22.5	24
l_c/b	≤8	10	12	14	16	18	20	22	24	26	28
φ	1.00	0.98	0.95	0.92	0.87	0.81	0.75	0.70	0.65	0.60	0.56
l_c/d	26	28	29.5	31	33	34.5	36.5	38	40	41.5	43
l_c/b	30	32	34	36	38	40	42	44	46	48	50
φ	0.52	0.48	0.44	0.40	0.36	0.32	0.29	0.26	0.23	0.21	0.19

注：b 为矩形桩短边尺寸，d 为桩直径。

桩身压曲计算长度 l_c 可根据桩顶的约束情况、高承台基桩桩身露出地面的自由长度 l_0（低承台基桩取 $l_0=0$）、桩的入土长度 h、桩侧和桩底的土质条件按表12-23确定。

表12-23中 α 为桩的水平变形系数，按下式计算：

$$\alpha = \sqrt[5]{\frac{mb_b}{EI}}\ (\mathrm{m}^{-1}) \tag{12-33}$$

表 12-23　　**桩身压曲计算长度 l_c**

桩顶铰接			
桩底支于非岩石土中		桩底嵌入岩石内	
$h < \frac{4.0}{\alpha}$	$h \geqslant \frac{4.0}{\alpha}$	$h < \frac{4.0}{\alpha}$	$h \geqslant \frac{4.0}{\alpha}$
$l_c = 1.0 \times (l_0 + h)$	$l_c = 0.7 \times \left(l_0 + \frac{4.0}{\alpha}\right)$	$l_c = 0.7 \times (l_0 + h)$	$l_c = 0.7 \times \left(l_0 + \frac{4.0}{\alpha}\right)$
桩顶固结			
桩底支于非岩石土中		桩底嵌入岩石内	
$h < \frac{4.0}{\alpha}$	$h \geqslant \frac{4.0}{\alpha}$	$h < \frac{4.0}{\alpha}$	$h \geqslant \frac{4.0}{\alpha}$
$l_c = 0.7 \times (l_0 + h)$	$l_c = 0.5 \times \left(l_0 + \frac{4.0}{\alpha}\right)$	$l_c = 0.5 \times (l_0 + h)$	$l_c = 0.5 \times \left(l_0 + \frac{4.0}{\alpha}\right)$

注：1. α 为桩的水平变形系数，按式(12-33)计算；

2. l_0 为高承台基桩露出地面的长度，对于低承台桩基，$l_0=0$；

3. h 为桩的入土长度，当桩侧有厚度为 d_l 的液化土层时，桩露出地面长度 l_0 和桩的入土长度 h 分别调整为，$l'_0 = l_0 + (1-\psi_l)d_l$，$h' = h-(1-\psi_l)d_l$；$\psi_l$ 按表 12-25 取值；

4. 当存在 f_{ak} <25kPa 的软弱土层时，按液化土处理。

式中，m——桩的水平抗力系数的比例系数，见表 12-24；

b_b——桩身的计算宽度，m；

圆形桩：当直径 $d \leqslant 1$m 时，$b_b = 0.9(1.5d + 0.5)$；

当直径 $d > 1$m 时，$b_b = d + 1$；

方形桩：当边宽 $b \leqslant 1$m 时，$b_b = 1.5b + 0.5$；

当边宽 $b > 1$m 时，$b_b = b + 1$；

EI——桩身抗弯刚度，对于钢筋混凝土桩，按下式计算：

$$EI = 0.85E_cI_0 \tag{12-34}$$

E_c——混凝土的弹性模量；

I_0——桩身换算截面惯性矩，按下式计算：

圆形截面：
$$I_0 = \frac{W_0 d_0}{2} \tag{12-35a}$$

矩形截面：
$$I_0 = \frac{W_0 b_0}{2} \tag{12-35b}$$

其中，W_0 为桩身换算截面受拉边缘的截面模量，按下式计算：

圆形截面：
$$W_0 = \frac{\pi d}{32}[d^2 + 2(\alpha_E - 1)\rho_g d_0^2] \tag{12-36a}$$

方形截面：
$$W_0 = \frac{b}{6}[b^2 + 2(\alpha_E - 1)\rho_g b_0^2] \tag{12-36b}$$

d、d_0——圆形桩桩身直径，扣除保护层后的桩身直径；

b、b_0——方形桩截面边长，扣除保护层后的截面边长；

α_E ——桩身主筋钢筋弹性模量与混凝土弹性模量的比值；
ρ_g ——桩身主筋配筋率。

表 12-24 **桩侧地基土水平抗力系数的比例系数 m 值表**

序号	地基土类别	预制桩、钢桩		灌注桩	
		m（MN/m^4）	相应单桩在地面处水平位移(mm)	m（MN/m^4）	相应单桩在地面处水平位移(mm)
1	淤泥；淤泥质土；饱和湿陷性黄土	2.0~4.5	10	2.5~6	6~12
2	流塑($I_L>1$)、软塑($0.75<I_L\leqslant 1$)状黏性土；$e>0.9$ 粉土；松散粉细砂；松散、稍密填土	4.5~6.0	10	6~14	4~8
3	可塑($0.25<I_L\leqslant 0.75$)状黏性土、湿陷性黄土；$e=0.75\sim0.9$ 粉土；中密填土；稍密细砂	6.0~10	10	14~35	3~6
4	硬塑($0<I_L\leqslant 0.25$)、坚硬($I_L\leqslant 0$)状黏性土、湿陷性黄土；$e<0.75$ 粉土；中密的中粗砂；密实的老填土	10~22	10	35~100	2~5
5	中密、密实的砾砂、碎石类土	—	—	100~300	1.5~3

注：1. 当桩顶水平位移大于表列数值或灌注桩配筋率较高(≥0.65%)时，m 值应适当降低；当预制桩的水平向位移小于 10mm 时，m 值可适当提高；

2. 当水平荷载为长期或经常出现的荷载时，应将表列数值乘以 0.4 降低采用；

3. 当地基为可液化土层时，应将表列数值乘以液化影响折减系数 ψ_l，见表 12-25。

表 12-25 **土层液化影响折减系数 ψ_l**

$\lambda_N=\dfrac{N}{N_{cr}}$	自地面算起的液化土层深度 d_L(m)	ψ_l
$\lambda_N\leqslant 0.6$	$d_L\leqslant 10$ $10<d_L\leqslant 20$	0 $\frac{1}{3}$
$0.6<\lambda_N\leqslant 0.8$	$d_L\leqslant 10$ $10<d_L\leqslant 20$	$\frac{1}{3}$ 2/3
$0.8<\lambda_N\leqslant 1.0$	$d_L\leqslant 10$ $10<d_L\leqslant 20$	2/3 1.0

注：1. N 为饱和土标贯击数实测值，N_{cr} 为液化土判别标贯击数临界值；

2. 对于挤土桩，当桩距不大于 $4d$，且桩的排数不少于 5 排、总桩数不少于 25 根时，土层液化影响折减系数可按表列值提高一档取值；桩间土标贯击数达到 N_{cr} 时，取 $\psi_l=1$。

此外，对于钢筋混凝土抗拔桩，尚应验算正截面受拉承载力以及裂缝控制计算；对于受水平作用桩，应验算受弯承载力和水平抗剪承载力；当预制桩锤击沉桩时，应对桩身的锤击应力进行验算，并需合理确定吊运时的吊点位置，以确保桩身在吊运过程中的受弯承载力和振动影响。计算方法见《建筑桩基技术规范》(JGJ94—2008)。

第十二节　桩基础设计

桩基础的设计，除了应有足够的承载力和可容许的沉降变形，还应有足够的强度、刚度、耐久性以及技术经济的合理性。

桩基础的设计内容和顺序大致如下：

(1)收集设计资料和进行岩土工程勘察；

(2)确定持力层和桩长；

(3)选定桩型及成桩工艺，确定截面尺寸；

(4)确定单桩承载力特征值和桩的数量；

(5)桩的平面布置，拟定承台尺寸和埋深；

(6)验算基桩的承载力；

(7)承台结构设计和强度验算；

(8)验算桩基础的沉降量；

(9)绘制桩、承台等结构施工详图。

一、设计资料

设计资料是设计的依据，应力求全面准确，桩基础设计所需要的资料主要包括：

(1)建筑物的结构类型、使用要求、平面尺寸及高度、荷载性质及大小等。

(2)建筑场地的环境条件，例如，有无架空和地下管线，周围建筑物的距离、基础类型和埋深，基坑开挖及钻孔弃土、排水排泥浆条件，施工噪音及震动的影响，现场供水、供电及材料运输条件等；

(3)当地的设计施工经验，施工机械和施工能力；

(4)岩土工程勘察资料，内容应包括：设计所需要的各项岩土物理力学性质指标；地基土的压缩性及沉降预测；地下水水位及变化、水化学分析结论；现场或其他可供参考的试桩资料；地基土的湿陷性、膨胀性、冻胀性、液化性判定分析结论；对建筑场地的不良地质现象，如滑坡、崩塌、泥石流、岩溶、土洞等，应有明确的结论和防治方案。

二、桩的选型与尺寸确定

桩的类型选择是桩基础设计的重要环节，需要选择和确定的内容主要包括：桩身是预制还是现场灌注及其成桩工艺；桩的截面尺寸和长度；选择桩端和承台下持力层和桩进入持力层的深度，确定采用端承型还是摩擦型。

一般地说，端承型桩承载力高、沉降少，应是最好的选择，但这需要有一个土质坚硬的持力层，比如密实的砂土、碎石土或者基岩，且埋藏不能过深。工程实践中，常常遇到深厚的软土，如果荷载不是很大(10层以下的建筑)，沉降在允许的范围内时，可选择中等强度的持力层，这时，摩擦型桩可能是合理的选择。

桩型选择时可参照《建筑桩基技术规范》(JGJ94—2008)附录A进行。

桩型与成桩工艺应根据建筑结构的类型、荷载性质、桩的使用功能、穿越的土层、桩端持力层、地下水位、施工设备、施工环境、施工经验等条件，按经济技术合理的原则选择。

(1)桩的长度主要取决于持力层的选择。桩的截面尺寸应考虑的主要因素是成桩工艺和结构荷载。一般地说，按楼层数所相当的荷载大小，10层以下的桩基，可考虑采用直径500mm上下的灌注桩或边长为400mm的预制桩；10层至20层时，可采用直径800mm上下的灌注桩或边长450mm的预制桩；20层至30层时，可采用直径1000mm以上的灌注桩或边长500mm及以上的预制桩。桩的截面尺寸还应与桩的长度相适应，桩的长径比主要是考虑桩身不产生压曲失稳，一般地说，对预制桩，当为端承型时，长径比不宜大于80；对摩擦桩，长径比不宜大于100。对于灌注桩，当为端承型时，长径比不宜大于60；当穿越淤泥、湿陷性黄土、可液化土时，端承桩的长径比不宜大于40；摩擦桩该值可适当加大。

(2)桩端全截面进入坚硬土层的深度，应根据地质条件、荷载大小及施工工艺确定，一般宜为1~3倍桩径，对黏性土、粉土不宜小于2倍桩径，砂土不宜小于1.5倍桩径，碎石土不宜小于1倍桩径。当持力层较薄，且其下存在软弱下卧层时，桩端以下坚硬持力层的厚度不宜小于3倍桩径，以免桩端阻力受软弱下卧层的影响而明显降低。当硬持力层较厚时，为充分发挥桩的承载力，桩端进入持力层的深度可加大，砂土和碎石土可加大至3~10桩径；黏性土、粉土可加大至2~6倍桩径。对于嵌岩桩，当基岩面较平整时，嵌入完整的坚硬岩或较坚硬岩的深度不宜小于0.2倍桩径，且不应小于0.2m；当基岩面倾斜时，桩端全截面嵌入完整或较完整基岩的深度不宜小于0.4倍桩径，且不应小于0.5m；当基岩面倾斜度大于30%时，应适当加大嵌岩深度。嵌岩桩桩端下3倍桩径范围内不应有软弱夹层、断裂破碎带、洞穴等分布，为加大持力层相对于桩径的厚度，可选用较小的桩径。

(3)在软土、欠固结土、填土地基中，桩周土固结沉降较大，当为端承桩时，应考虑负摩阻力的问题；在饱和软黏土中，当采用大片密集的挤土桩时，可能产生很高的孔隙水压力，后沉入的桩可能将先沉入的邻近桩拱起、挤斜，或后沉入的桩不能沉至设计深度；挤土效应也可能对邻近的建筑物、地下管线等产生不利影响。在淤泥和淤泥质土中，不应采用干作业法灌注桩，因呈流塑状态的淤泥容易造成塌孔、缩孔。

(4)在湿陷性黄土地基中，基桩应穿透湿陷性黄土层，使桩端支承在压缩性低的土层中；在自重湿陷性黄土中，应考虑负摩阻力的问题。

(5)在季节性冻土和膨胀土地基中，应考虑冻胀或膨胀对桩身产生上拔力的问题，桩端应伸入冻深线或膨胀土的大气影响急剧层以下至少4倍桩径或1倍扩大端(当采用扩底桩时)直径，且最小深度应大于1.5m；确定单桩竖向极限承载力时，不应计入冻胀或膨胀深度范围内的侧阻力。

(6)在抗震设防区，当存在液化土层时，桩全截面进入液化土层以下的长度应经计算确定，且对于碎石土、砂土、密实粉土、坚硬黏性土不应小于2~3倍桩径，对其他非岩石土不宜小于4~5倍桩径。承台和地下室侧墙周围应采用灰土、级配砂石分层夯实，或采用素混凝土回填。当承台周围存在液化土或地基承载力特征值小于40kPa(或不排水抗剪强度小于 15kPa)的软土，且桩基水平承载力不满足计算要求时，可将承台外每侧 1/2 承台边长范围内的土加固。

三、桩的中心距

桩的最小中心距应符合表 12-14 的规定，若施工中采取减小挤土效应的可靠措施，可适当减小。

确定桩的中心距主要应考虑挤土效应和群桩效应问题。当为摩擦型群桩基础时，为充分发挥承台的作用，除应为承台选择一个较好的持力层，并可适当加大桩距。当桩距加大至 4.5 倍桩径以上时，效果较好。

四、确定单桩承载力特征值

桩的类型、持力层和截面尺寸等确定之后，即可确定承台埋深，然后确定单桩竖向承载力特征值。

五、确定桩的根数与桩位布置

群桩的根数不仅与单桩竖向承载力特征值有关，还与承台效应、负摩阻力等因素有关，而在桩数和承台尺寸未确定之前，承台效应、负摩阻力等则无法求出。所以，最终确定桩的数量有时是一个反复的过程，可先按单桩承载力特征值 R_a 估算，初步确定承台尺寸。然后再按下式验算：

轴心竖向力作用下：

$$N_k=\frac{F_k+G_k}{n} \tag{12-37a}$$

$$N_k\leqslant R_a \tag{12-37b}$$

$$n\geqslant\frac{F_k+G_k}{R_a} \tag{12-37c}$$

偏心竖向力作用下：

$$N_{ik}=\frac{F_k+G_k}{n}\pm\frac{M_{xk}y_i}{\sum y_i^2}\pm\frac{M_{yk}x_i}{\sum x_i^2} \tag{12-38a}$$

$$N_{ik\max}\leqslant 1.2R_a \tag{12-38b}$$

$$n\geqslant\frac{F_k+G_k}{1.2R_a-\dfrac{M_{xk}y_{\max}}{\sum y_i^2}-\dfrac{M_{yk}x_{\max}}{\sum x_i^2}} \tag{12-38c}$$

水平力作用下：

$$H_{ik}=\frac{H_k}{n} \tag{12-39a}$$

$$H_{ik}\leqslant R_{Ha} \tag{12-39b}$$

$$n\geqslant\frac{H_k}{R_{Ha}} \tag{12-39c}$$

式中，N_k ——相应于荷载效应标准组合时，轴心竖向力作用下任一基桩的竖向力，kN；

N_{ik} ——相应于荷载效应标准组合时，偏心竖向力作用下第 i 根桩的竖向力，kN；

H_{ik} ——相应于荷载效应标准组合时，作用于任一单桩的水平力，kN；

F_k ——相应于荷载效应标准组合时，作用于桩基承台顶面的竖向力，kN；

G_k ——桩基承台自重及承台上土自重标准值，kN；

M_{xk} 、M_{yk} ——相应于荷载效应标准组合时，作用于承台底面通过桩群形心的 x 、y 轴的力矩，kN · m；

x_i 、y_i ——第 i 根桩至桩群形心的 y 、x 轴线的距离，m；

H_k ——相应于荷载效应标准组合时，作用于承台底面的水平力，kN；

n ——桩基中的桩数；

R_{Ha} ——单桩水平承载力特征值，kN。

六、桩的平面布置

(1)布桩时，要将长期荷载的合力作用点布置在桩群形心，减少偏心荷载。

(2)对偏心基础，应使承台长边方向与偏心方向一致，以获得较大的断面抵抗矩。

(3)对墙下桩基础，宜沿墙下布桩。

常见的桩位布置如图 12-26 所示。

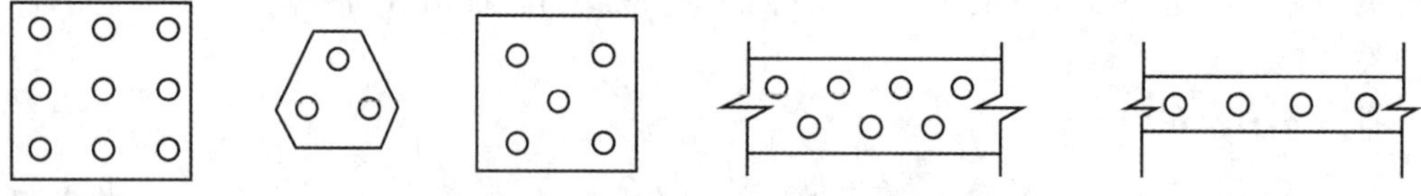

图 12-26　桩位布置示意图

［**例题 12-8**］　某柱下桩基础，承台埋深 1. 4m，厚 0. 9m。承台顶面柱竖向荷载 F_k = 3200kN，绕 y 轴弯矩 M_{yk} = 170kN · m。在 x 轴方向作用有柱底水平力 H_k = 150kN，对承台底面形心的力矩 M_H = 150 × 0. 9 = 135kN · m，与 M_k 旋向相同。确定采用预制方桩，截面边长 400mm，桩长 15m。并已知单桩承载力特征值 R_a = 600kN，水平承载力特征值 R_{Ha} = 50kN。确定桩数并布桩。

解：(1)初选桩数。

$n \geqslant \frac{F_k}{R_a} = \frac{3200}{600} = 5.3$，暂取 6 根。按 x 轴方向 3 根、y 轴方向 2 根布置。

(2)初选承台尺寸。

桩距：$s = 3.5 \times 0.4 = 1.4(\mathrm{m})$

承台长边：$(1.4 + 0.4) \times 2 = 3.6(\mathrm{m})$

承台短边：$1.4 + 0.4 \times 2 = 2.2(\mathrm{m})$

(3)承台自重及上覆土重：

$$G_k = 20 \times 3.6 \times 2.2 \times 1.4 = 221.8\ (\mathrm{kN})$$

(4)桩顶平均竖向力：

$$N_k = \frac{F_k + G_k}{n} = \frac{3200 + 221.8}{6} = 570.3\ (\text{kN}) < 600\text{kN}$$

(5)作用于 y 轴的弯矩：

$$M_{yk} = M_k + M_H = 170 + 135 = 305\ (\text{kN} \cdot \text{m})$$

(6)最大单桩竖向力：

$$N_{ik\max} = N_k + \frac{M_{yk} x_i}{\sum x_i^2} = 570.3 + \frac{305 \times 1.4}{4 \times 1.4^2} = 624.8\ (\text{kN}) < 1.2 \times 600 = 720\ (\text{kN})$$

(7)桩顶水平力：

$$H_{ik} = \frac{H_k}{n} = \frac{150}{6} = 25\ (\text{kN}) < 50\text{kN}$$

基桩承载力满足要求。

思　考　题

1. 哪些情况下应考虑采用桩基础？
2. 影响单桩竖向承载力特征值的因素有哪些？
3. 什么是群桩效应？什么是承台效应？
4. 影响桩中心距的因素有哪些？
5. 什么情况下宜考虑承台效应？
6. 什么情况下应考虑负摩阻力？
7. 哪些情况下应计算桩基础的沉降？

习　　题

1. 某桩基础，承台埋深 1.5m，下设 5 根灌注桩，承台平面布置见下图。柱作用在的承台上的荷载标准值为 $F_k = 3700\text{kN}$，$M_k = 1925\text{kN} \cdot \text{m}$。已知单桩竖向承载力特征值 $R_a = 1000\text{kN}$。验算单桩承载力是否满足要求。

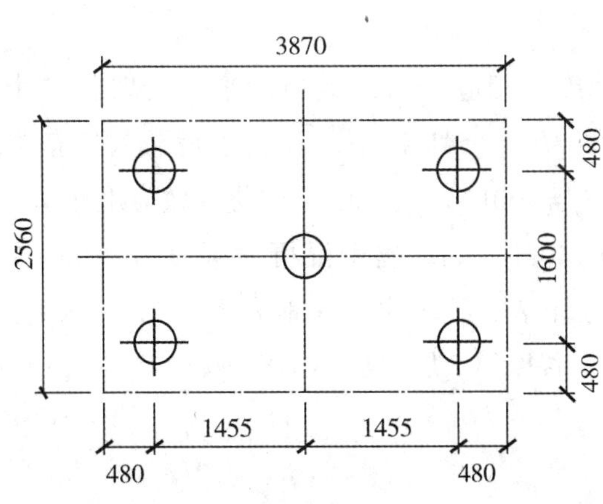

习题 1 附图

2. 某混凝土实心预制方桩，截面为300mm×300mm，自承台底向下桩长12m，桩周土上部10m为粉质黏土，$q_{sk}=25$kPa；以下为很厚的硬塑黏土层，$q_{sk}=48$kPa，$q_{pk}=3000$kPa。计算单桩承载力特征值。

3. 某预制实心方桩，承台下桩长10m，截面尺寸为0.35m×0.35m。自承台底向下3m内为粉质黏土，$w=35\%$，$w_L=35\%$，$w_p=18\%$；承台下3~9m为粉土，$e=0.9$；9m以下为中密中砂，$N=15$。按经验参数法查表求单桩竖向承载力标准值。

4. 如下图所示灌注桩单桩基础，桩径1.6m，承台下桩长19.6m。承台埋深2m，土层分布见下图。并已知地面有均布堆载 $p=30$kPa，求负摩阻力。

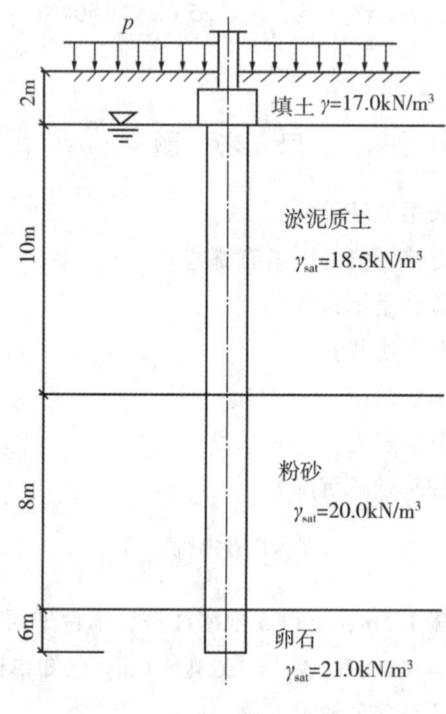

习题4附图

5. 某柱下独立桩基础，相应于荷载效应标准组合时，作用于承台上的竖向力设计值 $F_k=2300$kN，弯矩 $M_k=154$kN·m；相应于荷载效应基本组合时，竖向力设计值 $F_1=3000$kN，弯矩 $M_1=200$kN·m；相应于荷载效应准永久组合时，竖向力设计值 $F_2=2000$kN，弯矩 $M_2=140$kN·m。柱子混凝土强度等级为C30，截面尺寸400mm×600mm。工程地质资料见下表，地下水位在地表下2.7m。地基土压缩曲线见下图。地基基础设计等级为乙级，若以第5层粉质黏土作为桩端持力层，试设计该基础，并计算基础沉降量。

习题 5 土层物理力学参数

层号	土层名称	层厚(m)	γ (kN/m³)	e	c (kPa)	φ (度)	q_{sik} (kPa)	q_{pk} (kPa)
1	回填土	1.0	18.0					
2	黏土	1.7	18.8	0.972	25.3	11.2	40	
3	淤泥质土	14.0	17.5	1.409	14.2	8.6	16	
4	黏土	8.0	18.0	0.998	22.4	10.2	20	
5	粉质黏土	4.5	19.3	0.809	29.1	15.4	55	1300
6	粉质黏土	>7.0	18.5	0.956	26.2	14.0	26	

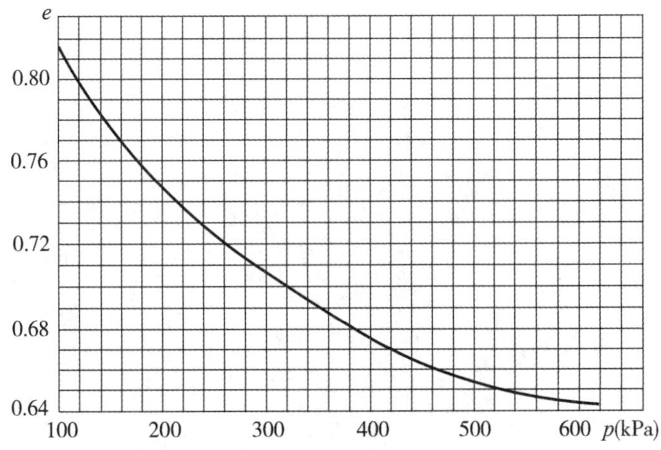

（a）第5层粉质黏土

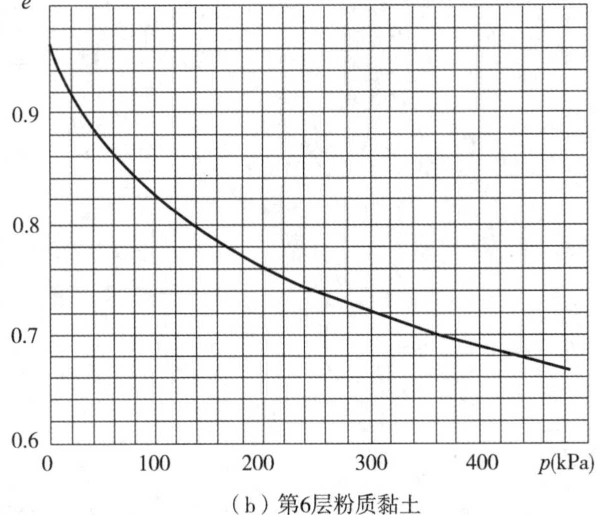

（b）第6层粉质黏土

习题 5 土的压缩曲线

6. 某建筑上部结构相应于荷载效应标准组合时，作用在桩基础承台上柱竖向力1800kN，弯矩160kN·m；柱混凝土强度等级C30，截面尺寸400mm×400mm。场地工程地质如下：第一层杂填土，厚1.2m；第二层黏土，厚1.8m，$I_L=0.9$；第三层为淤泥质土，厚3.8m，$I_L=1.1$；第四层为黏土，厚2.4m，$I_L=0.55$；第五层为粉质黏土，厚度10m，$I_L=0.22$；地下水位在地表下2m。设计等级为乙级，按初步设计要求设计桩基础。

第十三章　柱下条形和交叉条形基础(选学)

柱下条形基础和柱下交叉条形基础见第十一章图 11-7。基础剖面由基础梁(肋梁)和向两侧伸出的翼板(基础底板)组成，断面形状呈倒 T 形，见图 13-1。由于基础梁的截面较高(宜为柱距的$\frac{1}{4}\sim\frac{1}{8}$)，且配有钢筋，因此具有较大的刚度和强度，可用于调整不均匀沉降，对局部软土有较好的架越作用。柱下条形基础常用于软弱地基上的框架结构或排架结构，但其造价较高。当遇有下列情况时可考虑采用柱下条形基础：

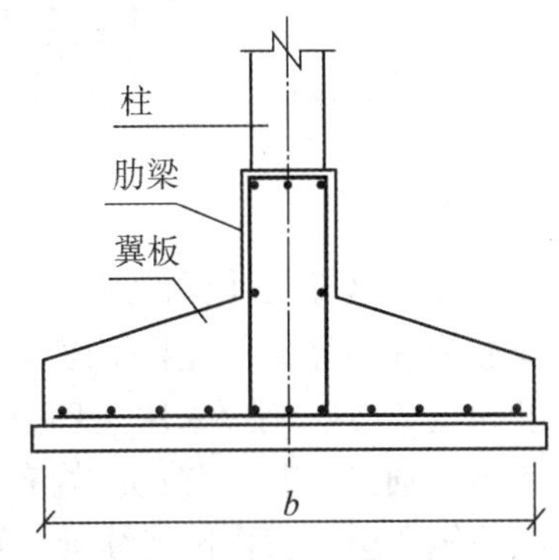

图 13-1　柱下条形基础的横剖面

(1)地基较软弱，荷载又较大，或地基土压缩性不均匀时；

(2)荷载不均匀，有可能导致较大的不均匀沉降时；

(3)上部结构或建筑物的用途对不均匀沉降较敏感，有可能影响正常使用功能时。

第一节　柱下条形基础的内力计算方法之一——简化法

柱下条形基础的内力计算是指基础梁的内力计算。基础梁是一条多次超静定的连续梁，但它又不同于一般的连续梁，它不仅受柱荷载的作用，而且同时受地基土反力的作用。地基土反力的大小及分布与柱荷载的大小、位置、基础梁的刚度等有关，同时还与地基土的密实度、压缩性等有关。由于土并非各向同性的连续介质，反力的分布极为复杂而缺乏规律性，因此很难对其准确定量计算。

柱下条形基础的内力分析方法有多种，本节讲述两种简化计算方法：倒梁法和静定梁法。

一、倒梁法

《建筑地基基础设计规范》(GB50007—2011)中要求，在比较均匀的地基上，上部结构刚度较好，荷载分布较均匀，且条形基础梁的高度不小于 1/6 柱距时，地基反力可按直线分布，条形基础梁的内力可按连续梁计算，此时边跨跨中弯矩及第一内支座的弯矩值宜乘以 1.2 的系数。当不能满足上述要求时，宜按弹性地基梁计算。

在工程实际中，上述所有条件可能难以同时充分满足，应针对具体情况做具体分析。例如：若地基土较均匀，荷载分布也均匀，则地基反力分布也就较均匀；若上部结构的整体刚度很大，则对柱荷载的不均匀程度将产生抑制作用；若加大基础梁的高度，使基础梁的自身刚度增大，如加大到柱距的$\frac{1}{5}$甚至$\frac{1}{4}$，则对地基土的不均匀将产生调整和重新分配的作用，使地基土反力更趋均匀化。

倒梁法是假定把基础梁倒置，把按直线分布的基底净反力作为荷载，而柱子则看作固定铰支座，则基础梁就成为一架倒置的连续梁。计算中，可采用结构力学中的弯矩分配法求解。见图 13-2。

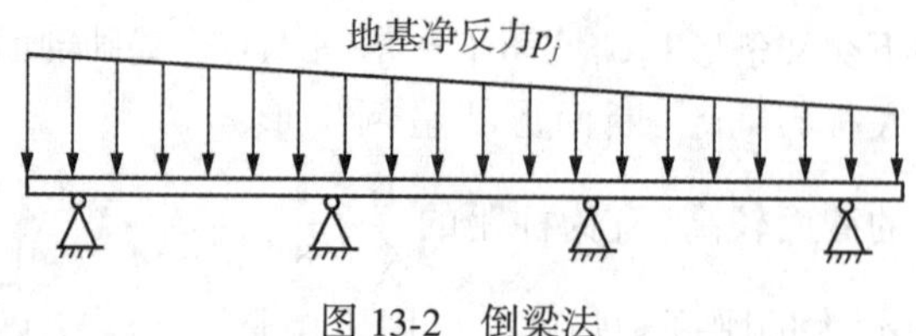

图 13-2　倒梁法

按照这样的计算模型，计算所得的支座反力应等于柱荷载，但计算结果一般不会与柱荷载恰好相等；若计算支座反力与相应的柱轴力之差不超过 20%，一般认为可结束计算；若超过 20%，则可采用“基底反力局部调整法”加以调整。调整的方法是将计算支座反力与原柱轴力之差(正或负)均布在相应支座两侧各 1/3 跨度范围内，对边支座以外的悬臂梁段则取全部，再按连续梁计算调整值作用下的内力，最后与原算得的内力叠加。

下面举例说明应用弯矩分配法按倒梁计算内力的方法。

[**例题 13-1**]　如图 13-3(a)所示的柱下条形基础，埋深 $d = 1.5\text{m}$；修正后的地基承载力特征值 $f_a = 126.5\text{kPa}$；相应于荷载效应基本组合时的柱荷载 F_l 见图示；基础梁的刚度 EI 为常数。试用倒梁法计算基础梁的内力。

解：(1)确定基础底面尺寸：

$$b = \frac{\sum F_k}{l(f_a - 20d)} = \frac{2 \times (850 + 1850) \times \dfrac{1}{1.35}}{18 \times (126.5 - 20 \times 1.5)} = 2.3\ (\text{m})$$

(2)地基净反力：

$$q = \frac{\sum F_l}{l} = \frac{2 \times (850 + 1850)}{18} = 300\ (\text{kN/m})$$

(3) A、D 截面外伸端弯矩：

$$M_A = M_D = q\frac{l_0^2}{2} = 300 \times \frac{1}{2} = 150\ (\text{kN} \cdot \text{m})$$

(4)计算分配系数。A、D 两支座弯矩已知，无需再分配，按铰支计算；将 B、C 两支座锁住，计算各杆端转动刚度和分配系数。

①转动刚度(按本书附录表 1 计算)。

BA 杆远端铰支：$S_{BA} = 3\dfrac{EI}{l_1} = 3 \times \dfrac{EI}{5} = \dfrac{3}{5}EI$

BC 杆远端固支：$S_{BC} = 4\dfrac{EI}{l_2} = 4 \times \dfrac{EI}{6} = \dfrac{2}{3}EI$

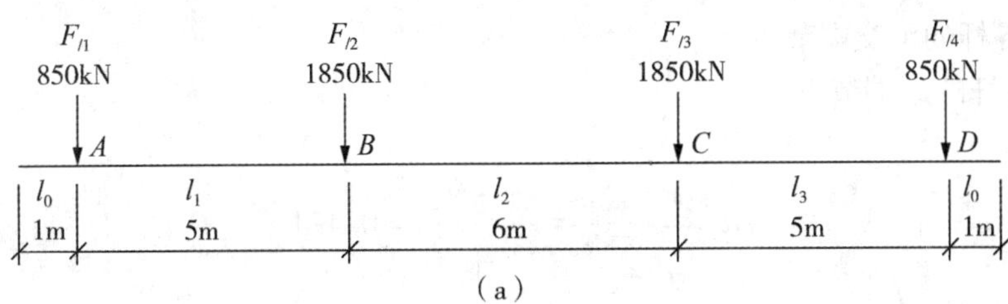

（a）

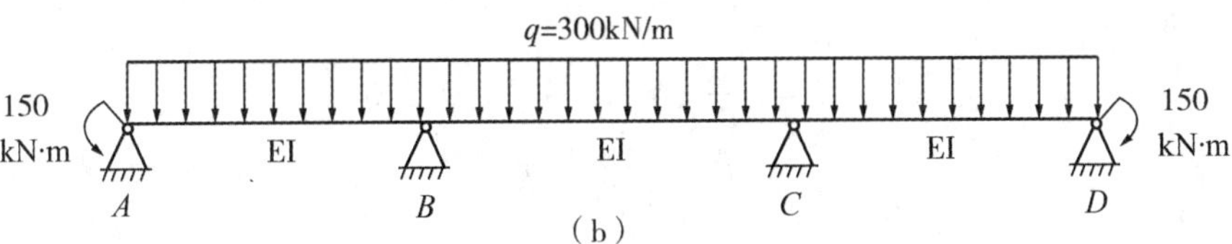

（b）

	A 左	A 右	B 左	B 右		C 左	C 右	D 左	D 右
分配系数			0.474	0.526		0.526	0.474		
固端弯矩	150	−150	937.5	−900		900	−937.5	150	−150
B点一次分配传递			−17.77	−19.73	→	−9.87			
C点一次分配传递				12.46	←	24.92	22.45		
B点二次分配传递			−5.91	−6.55	→	−3.28			
C点二次分配传递				0.86	←	1.73	1.55		
B点三次分配传递			−0.41	−0.45	→	−0.23			
C点三次分配传递				0.06	←	0.12	0.11		
最后杆端弯矩		−150	913.4	−913.4		913.4	−913.4	150	

（c）

图 13-3　例题 13-1 附图（一）

CB 杆远端固支：$S_{CB}=4\dfrac{EI}{l_2}=4\times\dfrac{EI}{6}=\dfrac{2}{3}EI$

CD 杆远端铰支：$S_{CD}=3\dfrac{EI}{l_3}=3\times\dfrac{EI}{5}=\dfrac{3}{5}EI$

②分配系数按下式计算：

$$\mu_{Aj}=\frac{S_{Aj}}{\sum_A S} \tag{13-1}$$

式中，μ_{Aj} ——分配系数；

A ——各杆的汇交端节点；

j ——各杆的远端节点。

于是

$$\mu_{BA}=\frac{S_{BA}}{\sum_B S}=\frac{\frac{3}{5}}{\frac{3}{5}+\frac{2}{3}}=0.474$$

$$\mu_{BC}=\frac{S_{BC}}{\sum_B S}=\frac{\frac{2}{3}}{\frac{3}{5}+\frac{2}{3}}=0.526$$

$$\mu_{CB}=\frac{S_{CB}}{\sum_C S}=\frac{\frac{2}{3}}{\frac{2}{3}+\frac{3}{5}}=0.526$$

$$\mu_{CD}=\frac{S_{CD}}{\sum_C S}=\frac{\frac{3}{5}}{\frac{2}{3}+\frac{3}{5}}=0.474$$

(5)计算固端弯矩(按本书附录表2计算)。

$$M_{AB}^F=-150(\text{kN}\cdot\text{m})$$

$$M_{BA}^F=\frac{1}{8}ql_1^2=\frac{1}{8}\times 300\times 5^2=937.5(\text{kN}\cdot\text{m})$$

$$M_{BC}^F=-\frac{1}{12}ql_2^2=-\frac{1}{12}\times 300\times 6^2=-900.0(\text{kN}\cdot\text{m})$$

$$M_{CB}^F=\frac{1}{12}ql_2^2=\frac{1}{12}\times 300\times 6^2=900.0(\text{kN}\cdot\text{m})$$

$$M_{CD}^F=-\frac{1}{8}ql_1^2=-\frac{1}{8}\times 300\times 5^2=-937.5(\text{kN}\cdot\text{m})$$

$$M_{DC}^F=150(\text{kN}\cdot\text{m})$$

(6)分配与传递。

① 锁住 C 点，放开 B 点，B 点第一次分配与传递。

B 点不平衡弯矩：$M_B=937.5-900=37.5(\text{kN}\cdot\text{m})$

B 点第一次分配：

$$M_{BA}^{\mu}=-\mu_{BA}M_B=-0.474\times 37.5=-17.77\ (\text{kN}\cdot\text{m})$$

$$M_{BC}^{\mu}=-\mu_{BC}M_B=-0.526\times 37.5=-19.73\ (\text{kN}\cdot\text{m})$$

B 点第一次传递：

传递系数：当远端铰支时，$C=0$；当远端固支时，$C=\frac{1}{2}$。

$$M_{AB}^C=C_{BA}M_{BA}^{\mu}=0\times(-17.77)=0$$

$$M_{CB}^{C}=C_{BC}M_{BC}^{\mu}=\frac{1}{2}\times(-19.73)=-9.87(\text{kN}\cdot\text{m})$$

②锁住 B 点，放开 C 点，C 点第一次分配与传递。

C 点不平衡弯矩：$M_C=900.0-937.5-9.87=-47.37(\text{kN}\cdot\text{m})$

C 点第一次分配：

$$M_{CB}^{\mu}=-\mu_{CB}M_C=(-0.526)\times(-47.37)=24.92(\text{kN}\cdot\text{m})$$

$$M_{CD}^{\mu}=-\mu_{CD}M_C=(-0.474)\times(-47.37)=22.45(\text{kN}\cdot\text{m})$$

C 点第一次传递：

$$M_{BC}^{C}=C_{CB}M_{CB}^{\mu}=\frac{1}{2}\times 24.92=12.46(\text{kN}\cdot\text{m})$$

$$M_{DC}^{C}=C_{CD}M_{CD}^{\mu}=0\times 22.45=0$$

以下分配与传递略。结果见图 13-3(c)。

(7)计算最后杆端弯矩。将每支座左、右所得分配与传递弯矩累加，即得最后杆端弯矩，每个支座均应左、右平衡。

$$M_{AB}=-150(\text{kN}\cdot\text{m})$$

$$M_{BA}=937.5-17.77-5.91-0.41=913.4(\text{kN}\cdot\text{m})$$

$$M_{BC}=-900-19.73+12.46-6.55+0.86-0.45+0.06=-913.4(\text{kN}\cdot\text{m})$$

$$M_{CB}=900-9.87+24.92-3.28+1.73-0.23+0.12=913.4(\text{kN}\cdot\text{m})$$

$$M_{CD}=-937.5+22.45+1.55+0.11=-913.4(\text{kN}\cdot\text{m})$$

$$M_{DC}=150(\text{kN}\cdot\text{m})$$

(8)计算支座反力。

①取 B 截面以左为隔离体(图 13-4(a))：

$$R_A l_1-\frac{1}{2}q\,(l_0+l_1)^2+M_B=0$$

$$R_A=\frac{\frac{1}{2}q\,(l_0+l_1)^2-M_B}{l_1}=\frac{\frac{1}{2}\times 300\times(1+5)^2-913.4}{5}=897.3(\text{kN})\downarrow$$

$$R_B^{左}+R_A-q(l_0+l_1)=0$$

$$R_B^{左}=q(l_0+l_1)-R_A=300\times(1+5)-897.3=902.7(\text{kN})\downarrow$$

②取 BC 段为隔离体(图 13-4(a))：

$$R_B^{右}l_2-\frac{1}{2}ql_2^2-M_B+M_C=0$$

$$R_B^{右}=\frac{\frac{1}{2}ql_2^2+M_B-M_C}{l_2}=\frac{\frac{1}{2}\times 300\times 6^2+913.4-913.4}{6}=900.0(\text{kN})\downarrow$$

③各支座反力：

$$R_A=R_D=897.3\text{kN}\downarrow$$

$$R_B=R_C=R_B^{左}+R_B^{右}=902.7+900.0=1802.7(\text{kN})\downarrow$$

(9)计算剪力。

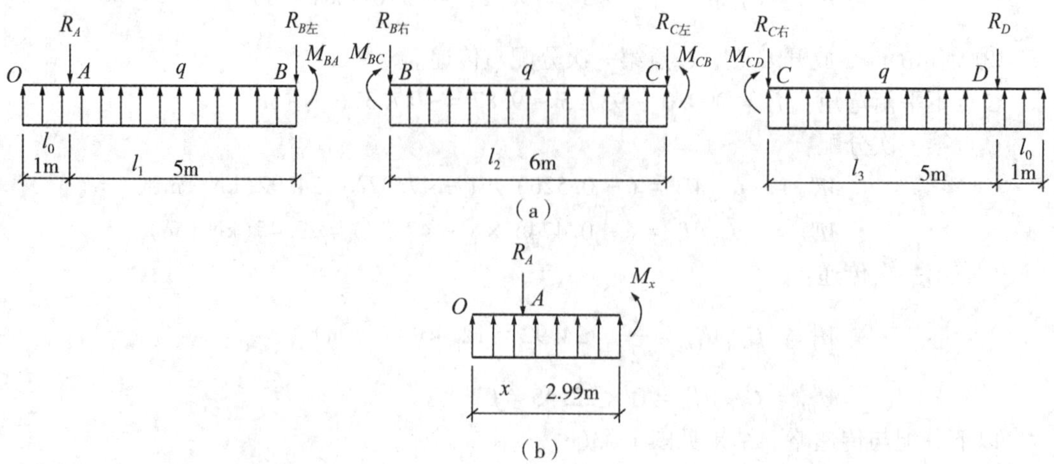

图 13-4　例题 13-1 附图(二)

① A 截面处:

$$V_A^{左} = ql_0 = 300 \times 1.0 = 300(\text{kN})$$

$$V_A^{右} = ql_0 - R_A = 300 \times 1.0 - 897.3 = -597.3(\text{kN})$$

② B 截面处:

$$V_B^{左} = R_B^{左} = 902.7(\text{kN})$$

$$V_B^{右} = -R_B^{右} = -900.0(\text{kN})$$

③ C 截面处:

$$V_C^{左} = -V_B^{右} = 900.0\text{kN}$$

$$V_C^{右} = -V_B^{左} = -902.7\text{kN}$$

④ D 截面处:

$$V_D^{左} = V_A^{右} = 597.3\text{kN}$$

$$V_D^{右} = V_A^{左} = -300.0\text{kN}$$

(10)计算弯矩。

① AB 段跨中负弯矩。按跨中最大负弯矩应在剪力为零处的条件。设剪力为零截面距左端点 O 的距离为 x ,则:

$$qx - R_A = 0$$

$$x = \frac{R_A}{q} = \frac{897.3}{300} = 2.99\text{m}$$

取 $x = 2.99$m 段为隔离体(图 13-4(b))

$$\begin{aligned} M_x &= \frac{1}{2}qx^2 - R_A(x - l_0) \\ &= \frac{1}{2} \times 300 \times 2.99^2 - 897.3 \times (2.99 - 1.0) \\ &= -444.6(\text{kN} \cdot \text{m}) \end{aligned}$$

②BC 段跨中负弯矩。该段对称，最大负弯矩应在中点，按原荷载 q 产生的弯矩与端弯矩的叠加计算，则

$$M_{中}=-\frac{1}{8}ql_2^2+\frac{M_B}{2}+\frac{M_C}{2}$$

$$=-\frac{1}{8}\times 300\times 6^2+\frac{913.4}{2}+\frac{913.4}{2}$$

$$=-436.6(\mathrm{kN\cdot m})$$

按以上计算结果绘出该基础梁的弯矩图和剪力图，见图 13-5。此外，根据规范规定，边跨跨中弯矩及第一内支座的弯矩宜乘以 1.2 的系数。为此，边跨跨中弯矩宜按 -444.6 × 1.2 =-533.5(kN · m)配筋，第一内支座弯矩宜按 150 × 1.2 = 180(kN · m)配筋。

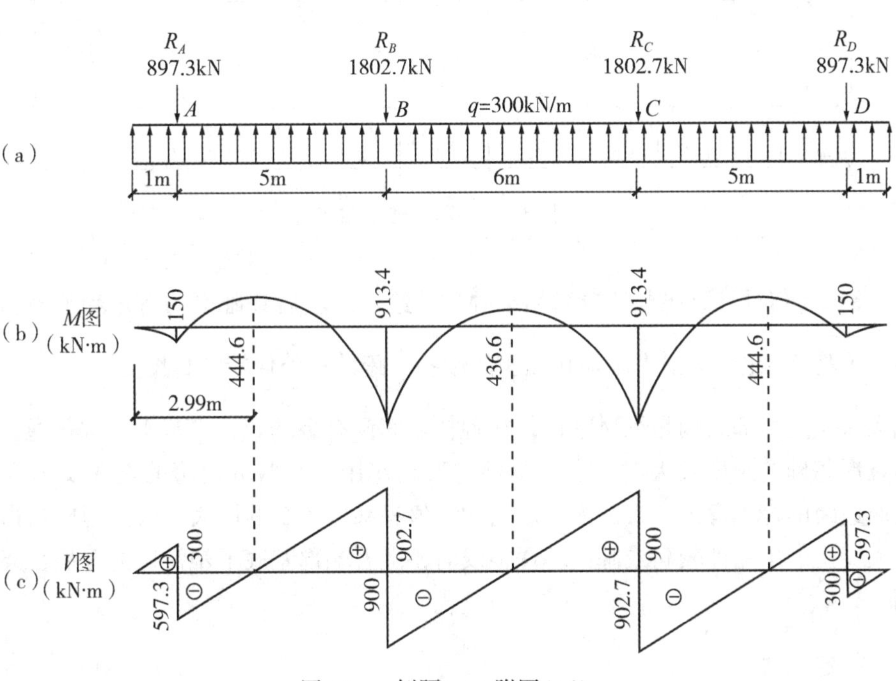

图 13-5　例题 13-1 附图(三)

由以上计算结果知，支座反力与原柱荷载并不相等，各柱误差为

A、D 柱：$\frac{897.3-850}{850}=5.6\%$

B、C 柱：$\frac{1802.7-1850}{1850}=-2.6\%$

本例误差较小，不必调整。如果调整，可按下述方法：

(1)将柱荷载差值(正或负)折算成均布荷载 Δq，分布在支点两侧各 $\frac{1}{3}$ 跨内，两端伸出段满布：

$$\Delta q_{A、D} = \frac{850 - 897.3}{1 + \frac{5}{3}} = -17.7(\text{kN} \cdot \text{m})$$

$$\Delta q_{B、C} = \frac{1850 - 1802.7}{\frac{5}{3} + \frac{6}{3}} = 12.9(\text{kN} \cdot \text{m})$$

(2)荷载调整的计算简图见图 13-6。

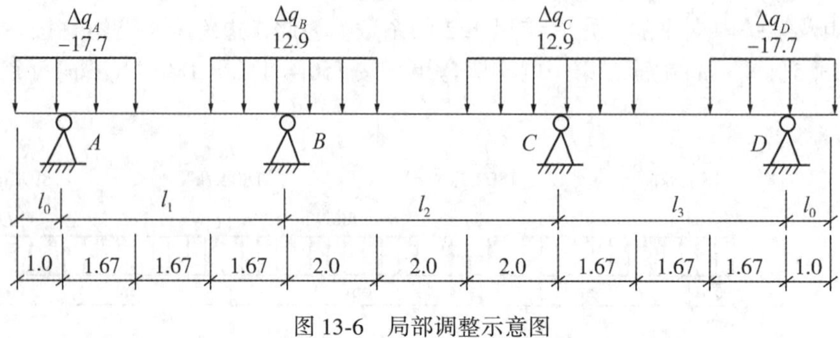

图 13-6　局部调整示意图

(3)将调整值计算结果与原计算结果叠加，绘出调整后基础梁的弯矩和剪力图。为计算简便，可将 Δq 化为集中力施加在支座两侧各$\frac{1}{6}$跨处和外伸端$\frac{1}{2}$长度处。

倒梁法假定上部结构是绝对刚性的，各柱之间没有沉降差，将基础梁按普通连续梁计算。当条形基础的刚度较大时，由于基础的架越作用，其两端边跨的基底反力会有所增大，故两边跨的跨中弯矩及第一内支座的弯矩值宜乘以 1.2 的增大系数。但应当指出，当荷载较大，土的压缩性较高或基础埋深很浅时，随着端部基底下塑性区的开展，架越作用将减弱。

二、静定梁法

如果上部结构的刚度很小，比如为单层排架结构时，可考虑采用静定分析法。计算时，先按直线分布的假定求出基底净反力，然后将柱荷载直接作用在基础梁上，这样，基础梁上所有的作用力都已确定，即可按静力平衡条件计算出任一截面的弯矩和剪力。静定梁法是假定上部结构为柔性结构，该法与倒梁法实际上是代表了两种极端情况，因此，在设计时不应仅拘泥于计算结果，而应结合实际情况和设计经验，在配筋做作必要的调整。

[**例题 13-2**]　按静定梁法计算例题 13-1 柱下条形基础的内力。

解：(1)计算剪力。

A 截面处：

$$V_A^{左} = ql_0 = 300 \times 1.0 = 300(\text{kN})$$
$$V_A^{右} = V_A^{左} - R_A = 300 - 850 = -550(\text{kN})$$

B 截面处：

$$V_B^{左} = q(l_0 + l_1) - R_A = 300 \times (1 + 5) - 850 = 950(\mathrm{kN})$$
$$V_B^{右} = V_B^{左} - R_B = 950 - 1850 = -900(\mathrm{kN})$$

C 截面处：

$$V_C^{左} = -V_B^{右} = 900(\mathrm{kN})$$
$$V_C^{右} = -V_B^{左} = -950(\mathrm{kN})$$

D 截面处：

$$V_D^{左} = -V_A^{右} = 550(\mathrm{kN})$$
$$V_D^{右} = -V_A^{左} = -300(\mathrm{kN})$$

(2)计算弯矩：

①A 截面处：取 A 截面以左为隔离体(见图 13-7(a))：

$$M_A = \frac{1}{2}ql_0^2 = \frac{1}{2} \times 300 \times 1^2 = 150(\mathrm{kN \cdot m})$$

②AB 段跨中负弯矩：按跨中最大负弯矩应在剪力为零处的条件，设剪力为零截面距左端点 O 的距离为 x，则

$$qx - R_A = 0, \quad R_A = F_{l1}$$
$$x = \frac{F_{l1}}{q} = \frac{850}{300} = 2.83(\mathrm{m})$$

取 $x = 2.83\mathrm{m}$ 段为隔离体(见图 13-7(b))。

$$\begin{aligned} M_x &= \frac{1}{2}qx^2 - F_{l1}(x - l_0) \\ &= \frac{1}{2} \times 300 \times 2.83^2 - 850 \times (2.83 - 1.0) \\ &= -354.8(\mathrm{kN \cdot m}) \end{aligned}$$

③B 截面处：取 B 截面以左为隔离体(见图 13-7(c))。

$$\frac{1}{2}q(l_0 + l_1)^2 - F_{l1}l_1 - M_B = 0$$

$$\begin{aligned} M_B &= \frac{1}{2}q(l_0 + l_1)^2 - F_{l1}l_1 \\ &= \frac{1}{2} \times 300 \times (1 + 5)^2 - 850 \times 5 \\ &= 1150(\mathrm{kN \cdot m}) \end{aligned}$$

④BC 段跨中负弯矩：最大负弯矩应在 BC 跨中间点，取中间点以左为隔离体(见图 13-7(d))。

$$\frac{1}{2}q\left(l_0 + l_1 + \frac{l_2}{2}\right)^2 - F_{l1}\left(l_1 + \frac{l_2}{2}\right) - F_{l2}\frac{l_2}{2} - M_{中} = 0$$

$$\begin{aligned} M_{中} &= \frac{1}{2}q\left(l_0 + l_1 + \frac{l_2}{2}\right)^2 - F_{l1}\left(l_1 + \frac{l_2}{2}\right) - F_{l2}\frac{l_2}{2} \\ &= \frac{1}{2} \times 300 \times \left(1 + 5 + \frac{6}{2}\right)^2 - 850 \times \left(5 + \frac{6}{2}\right) - 1850 \times \frac{6}{2} \\ &= -200(\mathrm{kN \cdot m}) \end{aligned}$$

按以上计算结果绘出基础梁的弯矩图和剪力图，见图 13-7(e)、(f)、(g)。

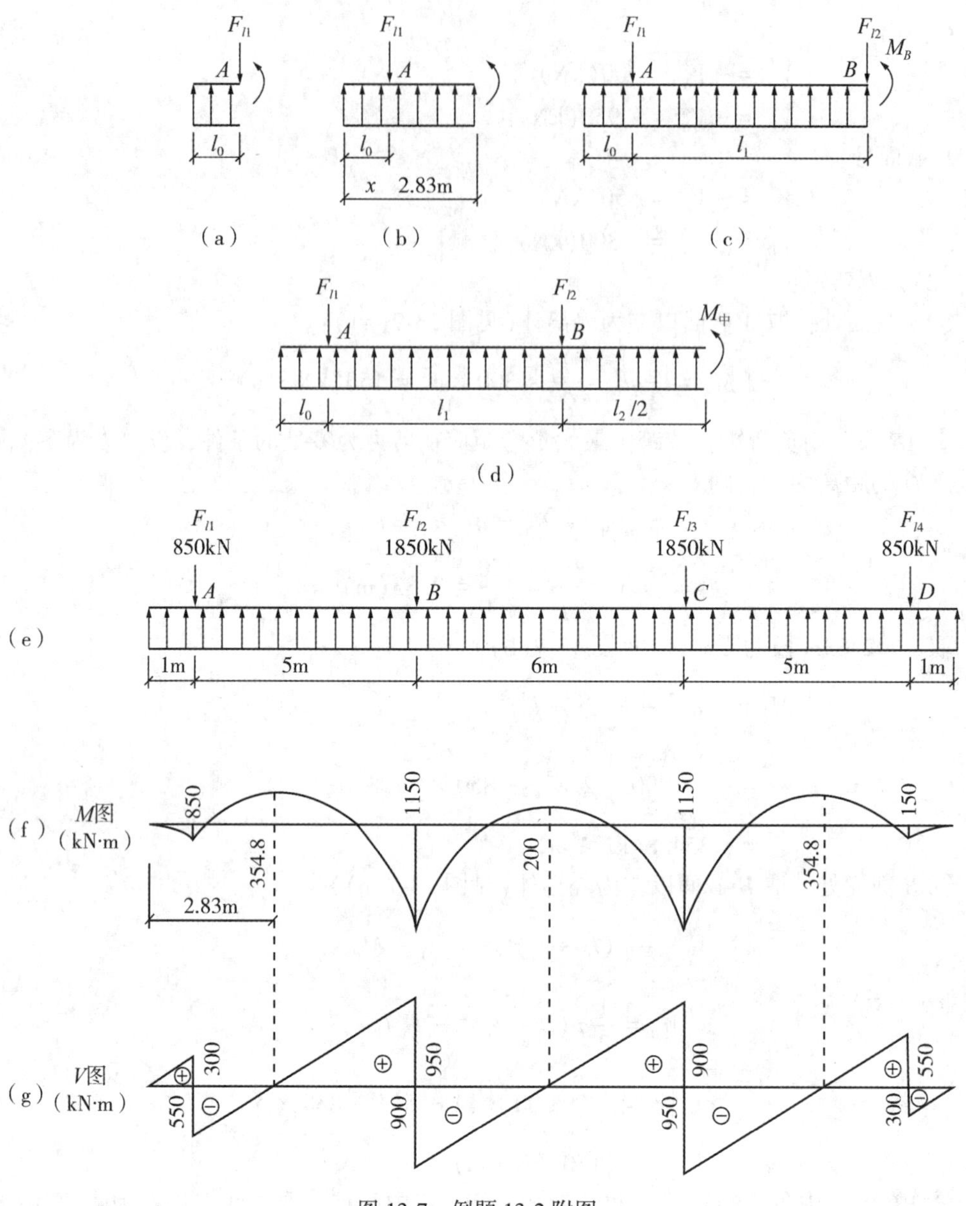

图 13-7　例题 13-2 附图

第二节　柱下条形基础的内力计算方法之二——弹性地基梁法

对于一座建筑物，地基、基础和上部结构是一个相互作用的整体，由于无论上部结构还是基础梁都不可能是绝对刚性的，也不可能是绝对柔性的，而地基土也不可能是完全均质的弹性体，所以它们之间的相互作用十分复杂。仅就基础梁而言，实际的基础梁都是有限刚度梁。在柱荷载的作用下，基础梁都将发生一定程度的挠曲变形，这种变形导致地基沉降不均，而沉降不均又导致地基土的反力分布不均。

捷克工程师文克勒于 1867 年提出如下假定：地基上任一点所受的压力 p 与该点的地基沉降量 s 成正比，表示为

$$p = ks \tag{13-2}$$

式中，比例系数 k 称为基床反力系数，简称基床系数，其单位为 kPa/cm 或 kN/m^3。基床系数表示产生单位变形所需的压力。

根据上述假定，地基表面某一点的沉降决定于该点所受的压力，而与其他点的压力无关。这样，文克勒建立的地基模型相当于把地基土体划分成一系列竖直的土柱(图 13-8(a))，土柱和土柱之间没有摩擦力，这样，每条土柱可用一根独立的弹簧来代替(图 13-8(b))。如果在这样的弹簧床上施加荷载，则每根弹簧的变形与它所受的压力成正比。这样，基底反力大的位置地基沉降量也大，基底反力小的位置地基沉降量也小，基底反力的分布图形与地基沉降的分布图形相一致(图 13-8(b)、(c))。

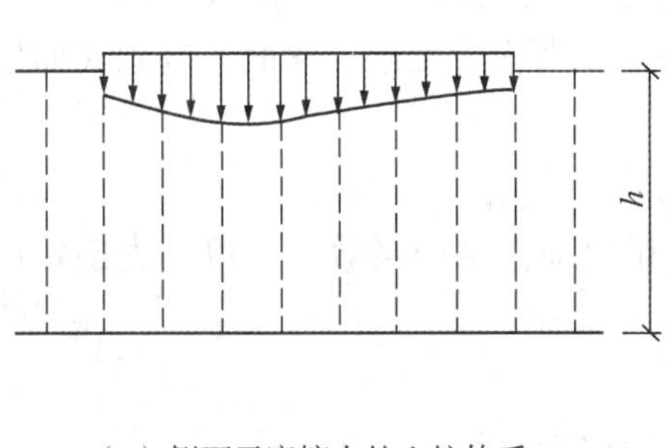

（a）侧面无摩擦力的土柱体系

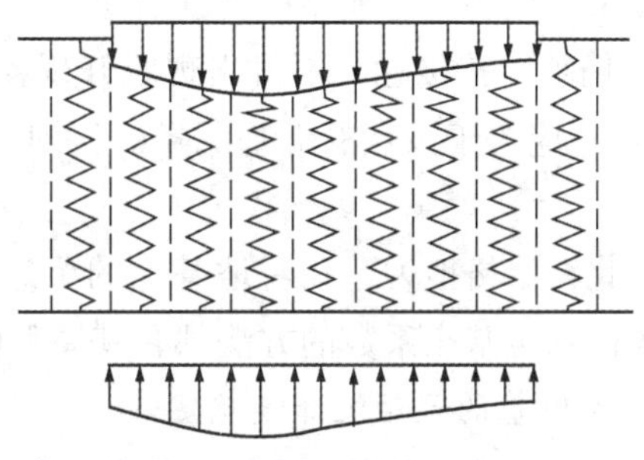

（b）用弹簧代替土柱的文克勒模型

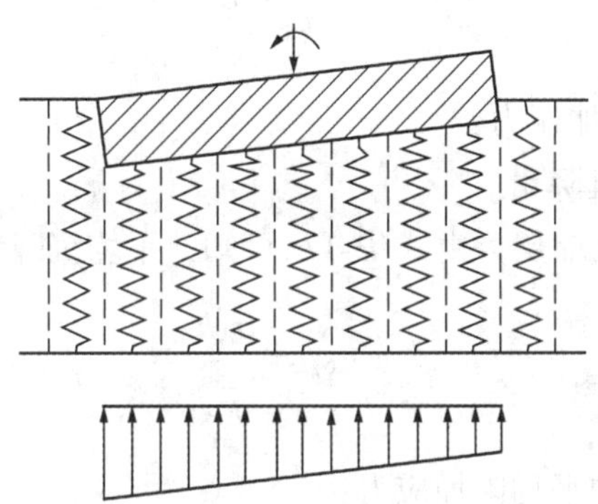

（c）文克勒地基上的刚性基础

图 13-8　文克勒地基模型

按照文克勒的这种地基模型，每根弹簧与相邻弹簧的压力和变形无关。这样，每根弹簧所代表的土柱，在产生竖向变形的时候，与相邻土柱之间没有摩擦力。这就是说，文克勒地基模型假定，地基中只有竖直方向的正应力而没有剪应力。由此，地基变形也只限于基础底面范围之内。

事实上，地基中是存在剪应力的。也正是因为剪应力的存在，才使基底压力在地基中

向四周产生应力扩散，并使基底以外的地表也发生沉降。所以，文克勒地基模型与实际情况是有差别的，不过，文克勒地基模型参数较少，使用方便，因而得到了广泛应用。

一般认为，如果地基土比较软弱，抗剪强度低，则能承载的剪应力值也就小；若地基中存在基岩或密实度较高的砂石土层，使压缩土层厚度很薄，则压缩层中产生的剪应力也小。总之，地基中产生的剪应力越小，与文克勒地基模型就越接近。

一、基床系数 *k* 的确定

由式(13-2)，基床系数 k 可表示为

$$k = \frac{p}{s} \tag{13-3}$$

由上式可知，基床系数 k 是一个表征基底压力与地基土相互作用的参数。地基土的沉降 s 与基底压力的大小和分布、土的压缩性、压缩层的厚度、邻近荷载的影响等因素都有关。按照文克勒地基模型的弹簧体系，基础梁受荷挠曲变形后，基础底面任一点与弹簧(土柱)仍须保持接触，不得出现脱开现象。于是，当梁为无限长梁时，基础底面任一点的挠度 ω_i 应等于该点的地基沉降 s_i，即

$$\omega_i = s_i \tag{13-4}$$

因此，严格地说，在对地基上的梁进行分析之前，基床系数是难以预先确定的。所以，各种确定基床系数的方法都有其局限性。

1. 按地基的预估沉降量确定

对于某个特定的基础和地基条件，可用下式估算基床系数：

$$k = \frac{p_0}{s_m} \tag{13-5}$$

式中，p_0——基底平均附加压力；

s_m——地基的平均沉降量。

对厚度为 h 的地基压缩层，由式(3-17)可知，平均沉降量可表示为

$$s_m = \frac{\bar{\sigma}_z h}{\bar{E}_S} \tag{13-6}$$

式中，$\bar{\sigma}_z$——压缩土层的平均附加应力；

$\bar{E}_S$——压缩土层的平均压缩模量。

当压缩土层较薄时，用基底平均附加压力 p_0 代替 $\bar{\sigma}_z$，则

$$s_m \approx \frac{p_0 h}{\bar{E}_S} \tag{13-7}$$

将上式代入式(13-5)，可得

$$k = \frac{\bar{E}_S}{h} \tag{13-8}$$

若地基压缩层由若干分层组成，上式可改写为

$$k = \frac{1}{\sum \frac{h_i}{E_{si}}} \ (\mathrm{MPa/m}) \tag{13-9}$$

式中，h_i ——第 i 层土的厚度，m；

E_{si} ——第 i 层土的压缩模量，MPa。

2. 按载荷试验的成果确定

按照《岩土工程勘察规范》(GB50021—2001)的规定，可根据承压板边长为30cm的平板载荷试验，取 p-s 试验曲线上直线段的荷载 p 与相应的沉降量 s 之比确定基准基床系数，用下式表示：

$$k_V = \frac{p}{s} \ (\mathrm{MPa/m}) \tag{13-10}$$

式中，k_V ——基准基床系数。

当为黏性土时，实际地基的基床系数按下式确定：

$$k = \frac{b_V}{b} k_V \ (\mathrm{MPa/m}) \tag{13-11}$$

式中，b_V、b 分别为试验用载荷平板和基础的宽度。

太沙基根据载荷试验的成果，认为可按下列各式确定基床系数：

对于砂土：
$$k = k_V \left(\frac{b + 0.3}{2b} \right)^2 \cdot \frac{b_V}{b} \ (\mathrm{MPa/m}) \tag{13-12}$$

式中，基础宽度的单位取 m。

对于黏性土：
$$k = k_V \frac{m + 0.5}{1.5m} \cdot \frac{b_V}{b} \ (\mathrm{MPa/m}) \tag{13-13}$$

$$m = \frac{l}{b}$$

式中，m ——基础长边尺寸 l 与短边尺寸 b 的比值。

太沙基的载荷试验是采用的1英尺×1英尺的方形平板，1英尺=305mm≈30cm。

二、基础梁的柔度特征值与柔度指数

基础梁的挠曲变形是基础梁与地基相互作用的结果，柔度特征值表示基础梁相对于某种特定地基的刚度，它既与梁自身的抗弯刚度有关，又与地基的基床系数有关，用下式表示：

$$\lambda = \sqrt[4]{\frac{kb}{4EI}} \ (\mathrm{m^{-1}}) \tag{13-14}$$

式中，λ ——梁的柔度特征值；

b ——梁的宽度；

E ——梁材料的弹性模量；

I——梁的截面惯性矩。

λ 的倒数称作特征长度。λ 值越小，表示基础梁的相对刚度越大。λ 与梁长 l 的乘积 λl 称作柔度指数，它是表征文克勒地基上梁的相对刚度的一个无量纲量。当 $\lambda l \to 0$ 时，梁的刚度趋于无限大，可视为刚性梁；当 $\lambda l \to \infty$ 时，梁是无限长的，可视为柔性梁。按 λl 的大小可将梁分为下列三种：

$\lambda l \leqslant \frac{\pi}{4}$：短梁(刚性梁)；

$\frac{\pi}{4} < \lambda l < \pi$：有限长梁(有限刚度梁)；

$\lambda l \geqslant \pi$：长梁(柔性梁)。

三、文克勒地基上的无限长梁

1. 集中力作用于无限长梁时

当一个集中力 F_0 作用于无限长梁上时，取 F_0 的作用点为坐标原点 O，则距离 O 点无限远处梁的挠度应为零，即当 $x \to \infty$ 时，$\omega = 0$。并由前述知，梁上任一点的挠度应等于该点的地基沉降量，即 $\omega = s$。由以上两个基本条件可得出(推导过程略)，当集中力 F_0 作用于无限长梁上时，距作用点 O 任意距离 $x(x \geqslant 0)$ 截面上的挠度 ω、转角 θ、弯矩 M 和剪力 V 的计算公式如下(见图 13-9(a))：

$$\omega = \frac{F_0 \lambda}{2kb} A_x \tag{13-15a}$$

$$\theta = -\frac{F_0 \lambda^2}{kb} B_x \tag{13-15b}$$

$$M = \frac{F_0}{4\lambda} C_x \tag{13-15c}$$

$$V = -\frac{F_0}{2} D_x \tag{13-15d}$$

$$A_x = e^{-\lambda x}(\cos\lambda x + \sin\lambda x) \tag{13-16a}$$

$$B_x = e^{-\lambda x}\sin\lambda x \tag{13-16b}$$

$$C_x = e^{-\lambda x}(\cos\lambda x - \sin\lambda x) \tag{13-16c}$$

$$D_x = e^{-\lambda x}\cos\lambda x \tag{13-16d}$$

式中，A_x、B_x、C_x、D_x 四个系数都是 λx 的函数，其值可查表 13-1。如按式(13-16)计算时，计算 λx 的正、余弦值需先乘以 57.3 化为“度”。

由于式(13-15)是针对梁的右半部分($x \geqslant 0$)导出的，当计算左半部分($x \leqslant 0$)时，可用 x 的绝对值代入，计算结果为 ω 和 M 时正负号不变，为 θ 和 V 时取相反的符号。ω、M、θ、V 的分布情况如图 13-9(a)所示。

表 13-1　**A_x、B_x、C_x、D_x、E_x、F_x 函数表**

λx	A_x	B_x	C_x	D_x	E_x	F_x
0	1	0	1	1	∞	-∞
0.02	0.99961	0.01960	0.96040	0.98000	382156	-382105
0.04	0.99844	0.03842	0.92160	0.96002	48802.6	-48776.6
0.06	0.99654	0.05647	0.88360	0.94007	14851.3	-14738.0
0.08	0.99393	0.07377	0.84639	0.92016	6354.30	-6340.76
0.10	0.99065	0.09033	0.80998	0.90032	3321.06	-3310.01
0.12	0.98672	0.10618	0.77437	0.88054	1962.18	-1952.78
0.14	0.98217	0.12131	0.73954	0.86085	1261.7	-1253.48
0.16	0.97702	0.13576	0.70550	0.84126	863.174	-855.840
0.18	0.97131	0.14954	0.67224	0.82178	619.176	-612.524
0.20	0.96507	0.16266	0.63975	0.80241	461.078	-454.971
0.22	0.95831	0.17513	0.60804	0.78318	353.904	-348.240
0.24	0.95106	0.18698	0.57710	0.76408	278.526	-273.229
0.26	0.94336	0.19822	0.54691	0.74514	223.862	-218.874
0.28	0.93522	0.20887	0.51748	0.72635	183.183	-178.457
0.30	0.92666	0.21893	0.48880	0.70773	152.233	-147.733
0.35	0.90360	0.24164	0.42033	0.66196	101.318	-97.2646
0.40	0.87844	0.26103	0.35637	0.61740	71.7915	-68.0628
0.45	0.85150	0.27735	0.29680	0.57415	53.3711	-49.8871
0.50	0.82307	0.29079	0.24149	0.53228	41.2142	-37.9185
0.55	0.79343	0.30156	0.19030	0.49186	32.8243	-29.6754
0.60	0.76284	0.30988	0.14307	0.45295	26.8201	-23.7865
0.65	0.73153	0.31594	0.09966	0.41559	22.3922	-19.4496
0.70	0.69972	0.31991	0.05990	0.37981	19.0435	-16.1724
0.75	0.66761	0.32198	0.02364	0.34563	16.4562	-13.6409
π/4	0.64479	0.32240	0	0.32240	14.9672	-12.1834
0.80	0.63538	0.32233	-0.00928	0.31305	14.4202	-11.6477
0.85	0.60320	0.32111	-0.03902	0.28209	12.7924	-10.0518
0.90	0.57102	0.31848	-0.06574	0.25273	11.4729	-8.75491
0.95	0.53954	0.31458	-0.08962	0.22496	10.3905	-7.68705
1.00	0.50833	0.30956	-0.11079	0.19877	9.49305	-6.79724

续表

λx	A_x	B_x	C_x	D_x	E_x	F_x
1.05	0.47766	0.30354	-0.12943	0.17412	8.74207	-6.04780
1.10	0.44765	0.29666	-0.14567	0.15099	8.10850	-5.41038
1.15	0.41836	0.28901	-0.15967	0.12934	7.57013	-4.86335
1.20	0.38986	0.28072	-0.17158	0.10914	7.10976	-4.39002
1.25	0.36223	0.27189	-0.18155	0.09034	6.71390	-3.97735
1.30	0.33550	0.26260	-0.18970	0.07290	6.37186	-3.61500
1.35	0.30972	0.25295	-0.19617	0.05678	6.07508	-3.29477
1.40	0.28492	0.24301	-0.20110	0.04191	5.81664	-3.01003
1.45	0.26113	0.23286	-0.20459	0.02827	5.59088	-2.75541
1.50	0.23835	0.22257	-0.20679	0.01578	5.39317	-2.52652
1.55	0.21662	0.21220	-0.20779	0.00441	5.21965	-2.31974
$\pi/2$	0.20788	0.20788	-0.20788	0	5.15382	-2.23953
1.60	0.19592	0.20181	-0.20771	-0.00590	5.06711	-2.13210
1.65	0.17625	0.19144	-0.20664	-0.01520	4.93283	-1.96109
1.70	0.15762	0.18116	-0.20470	-0.02354	4.81454	-1.80464
1.75	0.14002	0.17099	-0.20196	-0.03097	4.71026	-1.66098
1.80	0.12342	0.16098	-0.19853	-0.03765	4.61834	-1.52865
1.85	0.10782	0.15115	-0.19448	-0.04333	4.53732	-1.40638
1.90	0.09318	0.14154	-0.18989	-0.04835	4.46596	-1.29312
1.95	0.07950	0.13217	-0.18483	-0.05267	4.40314	-1.18795
2.00	0.06674	0.12306	-0.17938	-0.05632	4.34792	-1.09008
2.05	0.05488	0.11423	-0.17359	-0.05936	4.29946	-0.99885
2.10	0.04388	0.10571	-0.16753	-0.06182	4.25770	-0.91368
2.15	0.03373	0.09749	-0.16124	-0.06376	4.21988	-0.83407
2.20	0.02438	0.08958	-0.15479	-0.06521	4.18751	-0.75959
2.25	0.01580	0.08200	-0.14821	-0.06621	4.15936	-0.68987
2.30	0.00796	0.07476	-0.14156	-0.06680	4.13496	-0.62457
2.35	0.00084	0.06785	-0.13487	-0.06702	4.11387	-0.56340
$3\pi/4$	0	0.06702	-0.13404	-0.06702	4.11147	-0.55610
2.40	-0.00562	0.06128	-0.12817	-0.06689	4.09573	-0.50611
2.45	-0.01143	0.05503	-0.12150	-0.06647	4.08019	-0.45248
2.50	-0.01663	0.04913	-0.11489	-0.06576	4.06672	-0.40229
2.55	-0.02127	0.04354	-0.10836	-0.06481	4.05568	-0.35537

续表

λx	A_x	B_x	C_x	D_x	E_x	F_x
2. 60	−0. 02536	0. 03829	−0. 10193	−0. 06364	4. 04618	−0. 31156
2. 65	−0. 02894	0. 03335	−0. 09563	−0. 06228	4. 03821	−0. 27070
2. 70	−0. 03204	0. 02872	−0. 08948	−0. 06076	4. 03157	−0. 23264
2. 75	−0. 03469	0. 02440	−0. 08348	−0. 05909	4. 02608	−0. 19727
2. 80	−0. 03693	0. 02037	−0. 07767	−0. 05730	4. 02157	−0. 16445
2. 85	−0. 03877	0. 01663	−0. 07203	−0. 05540	4. 01790	−0. 13408
2. 90	−0. 04026	0. 01316	−0. 06659	−0. 05343	4. 01495	−0. 10603
2. 95	−0. 04142	0. 00997	−0. 06134	−0. 05138	4. 01259	−0. 08020
3. 00	−0. 04226	0. 00703	−0. 05631	−0. 04929	4. 01074	−0. 05650
3. 10	−0. 04314	0. 00187	−0. 04688	−0. 04501	4. 00819	−0. 01505
π	−0. 04321	0	−0. 04321	−0. 04321	4. 00748	0
3. 20	−0. 04307	−0. 00238	−0. 03831	−0. 04069	4. 00675	0. 01910
3. 40	−0. 04079	−0. 00853	−0. 02374	−0. 03227	4. 00563	0. 06840
3. 60	−0. 03659	−0. 01209	−0. 01241	−0. 02450	4. 00533	0. 09693
3. 80	−0. 03138	−0. 01369	−0. 00400	−0. 01769	4. 00501	0. 10969
4. 00	−0. 02583	−0. 01386	−0. 00189	−0. 01197	4. 00442	0. 11105
4. 20	−0. 02042	−0. 01307	0. 00572	−0. 00735	4. 00364	0. 10468
4. 40	−0. 01546	−0. 01168	0. 00791	−0. 00377	4. 00279	0. 09354
4. 60	−0. 01112	−0. 00999	0. 00886	−0. 00113	4. 00200	0. 07996
$3\pi/2$	−0. 00898	−0. 00898	0. 00898	0	4. 00161	0. 07190
4. 80	−0. 00748	−0. 00820	0. 00892	0. 00072	4. 00134	0. 06561
5. 00	−0. 00455	−0. 00646	0. 00837	0. 00191	4. 00085	0. 05170
5. 50	0. 00001	−0. 00288	0. 00578	0. 00290	4. 00020	0. 02307
6. 00	0. 00169	−0. 00069	0. 00307	0. 00238	4. 00003	0. 00554
2π	0. 00187	0	0. 00187	0. 00187	4. 00001	0
6. 50	0. 00179	0. 00032	0. 00114	0. 00147	4. 00001	−0. 00259
7. 00	0. 00129	0. 00060	0. 00009	0. 00069	4. 00001	−0. 00479
$9\pi/4$	0. 00120	0. 00060	0	0. 00060	4. 00001	−0. 00482
7. 50	0. 00071	0. 00052	−0. 00033	0. 00019	4. 00001	−0. 00415
$5\pi/2$	0. 00039	0. 00039	−0. 00039	0	4. 00000	−0. 00311
8. 00	0. 00028	0. 00033	−0. 00038	−0. 00005	4. 00000	−0. 00266

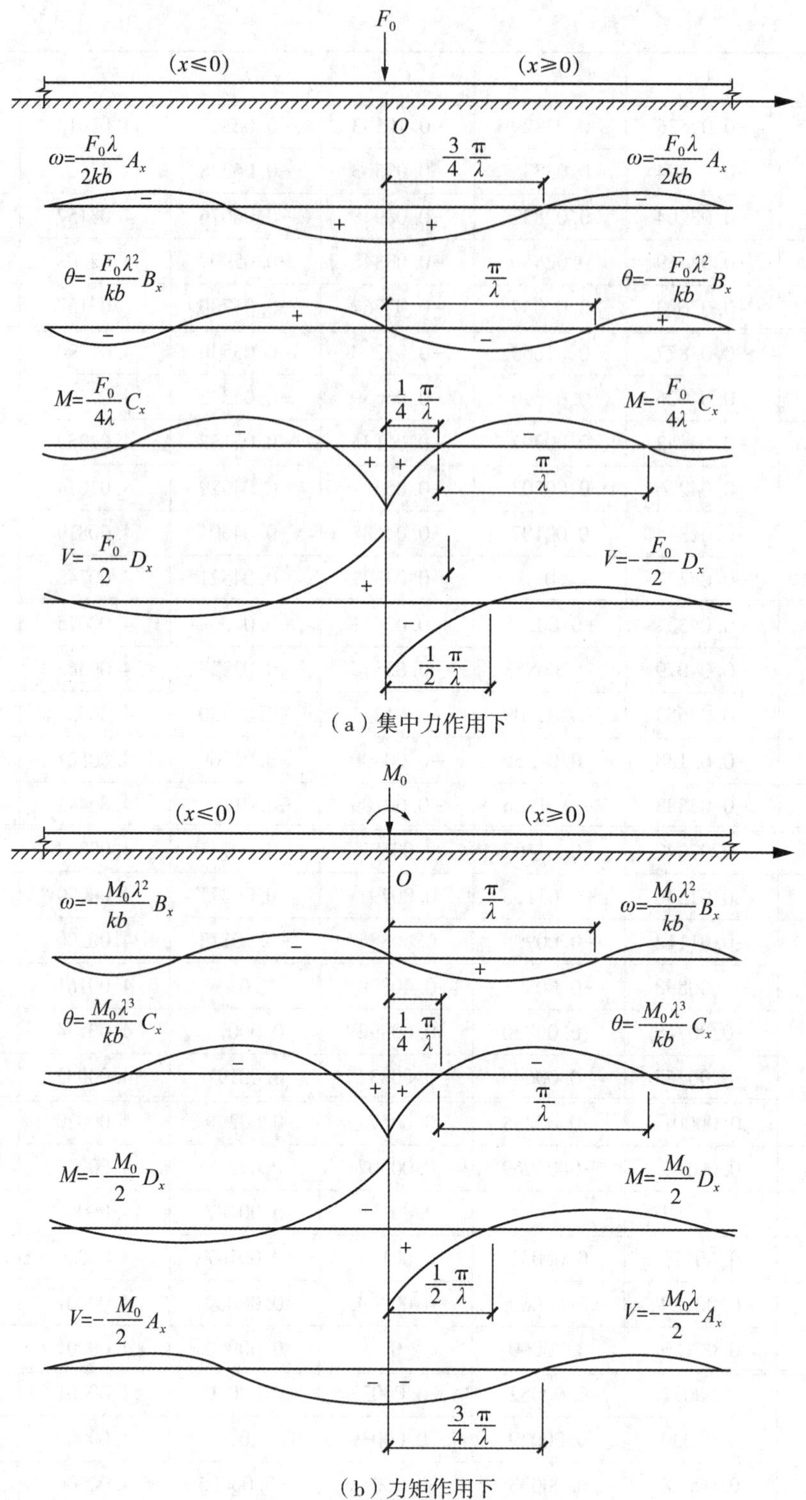

（a）集中力作用下

（b）力矩作用下

ω— 挠度；M— 弯矩；V— 剪力；θ— 转角；当 $x\leqslant 0$ 时，取绝对值计算

图 13-9　文克勒地基上的无限长梁

［**例题 13-3**］　某基础梁，已知抗弯刚度 $EI = 4.3 \times 10^3 \mathrm{MPa \cdot m^4}$，预估平均沉降量 $s_m = 36\mathrm{mm}$，基底宽 $b = 2.5\mathrm{m}$，梁长 41m，一集中力 $F = 15000\mathrm{kN}$ 作用于梁的中点 O，计算距 O 点两侧为 0m、5m、10m、15m、20.15m 截面上的挠度 ω、弯矩 M、剪力 V。

解：(1)设基底附加压力 p_0 等于基底平均净反力 p_j，得

$$p_0 = \frac{F}{lb} = \frac{15000}{41 \times 2.5} = 146.3\ (\mathrm{kPa})$$

(2)基床系数：$k = \dfrac{p_0}{s_m} = \dfrac{0.1463}{0.036} = 4.065(\mathrm{MPa/m})$

(3)柔度特征值：$\lambda = \sqrt[4]{\dfrac{kb}{4EI}} = \sqrt[4]{\dfrac{4.065 \times 2.5}{4 \times 4.3 \times 10^3}} = 0.1559(\mathrm{m^{-1}})$

(4)柔度指数：$\lambda l = 0.1559 \times 41 = 6.39$

因 $\lambda l = 6.39 > \pi$，可按长梁计算，并因力 F 作用于梁的中点，使该梁为对称，故可只计算梁的右半段。

(5)当 $x = 0$ 时，$\lambda x = 0.1559 \times 0 = 0$，查表 13-1 得：$A_x = 1$，$C_x = 1$，$D_x = 1$。

以下应用式(13-15)计算。$F = 15000\mathrm{kN} = 15\mathrm{MN}$

$$\omega = \frac{F\lambda}{2kb}A_x = \frac{15 \times 0.1559}{2 \times 4.065 \times 2.5} \times 1 = 0.1151(\mathrm{m}) = 115.1\mathrm{mm}$$

$$M = \frac{F}{4\lambda}C_x = \frac{15}{4 \times 0.1559} \times 1 = 24.0539(\mathrm{MN \cdot m}) = 24053.9\mathrm{kN \cdot m}$$

$$V = -\frac{F}{2}D_x = -\frac{15}{2} \times 1 = -7.5(\mathrm{MN}) = -7500\mathrm{kN}$$

以下计算过程略，结果见表 13-2。

表 13-2　**例题 13-3 附表**

x (m)	λx	A_x	C_x	D_x	ω (mm)	M (kN·m)	V (kN)
0	0	1	1	1	115.1	24053.9	-7500
5	0.78	0.6483	0.0039	0.3261	74.6	93.8	-2445.8
10	1.559	0.2129	-0.2078	0.0043	24.5	-4998.4	32.3
15	2.34	-0.0009	-0.1362	-0.067	-0.1	-3276.1	502.5
20.15	3.14	-0.0432	-0.0432	-0.0432	-5.0	-1039.4	324.1

从以上例题可以看出，当梁端(自由端)距力的作用点的距离 x 增大到使 $\lambda x = \pi$ 时，系数 A_x、C_x、D_x 均为 0.0432。这就是说，这时若按无限长梁计算，误差为 4.3%，这个误差不大。但在工程实践中，柱下条形基础两端的外伸段都很短，而基础梁的刚度 EI 也不可能降得很低，则边柱轴力对梁端的影响就必须予以考虑；或者说，实际的柱下条形基础按无限长梁计算误差要大得多，是不合适的。

上述例题仅有一个集中力，当有多个集中力作用时，梁上任一截面处的总效应等于各

个集中力单独作用时的效应之和。可按式(13-15)分别计算各集中力在所取截面的效应值，然后叠加。

计算多个集中力对任一截面的总效应时，应注意每一次计算，均需把坐标原点移到相应的集中力作用点处。如图 13-10 所示。计算三个集中力 F_1、F_2、F_3 对 D 截面的总效应。计算 F_1 时，坐标原点为 A 点；计算 F_2、F_3 时，坐标原点分别为 B 点和 C 点。相应的 x 值则分别取 x_1、x_2、x_3。

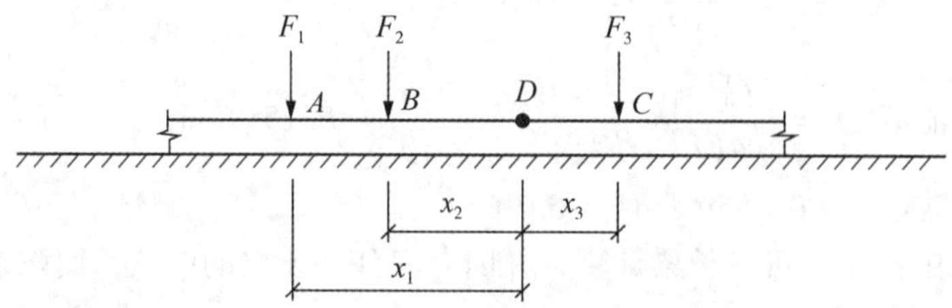

图 13-10　多个集中力作用于无限长梁

2. 力矩作用于无限长梁时

如图 13-9(b)所示，当一顺时针旋向的力矩 M_0 作用于无限长梁上时，取 M_0 的作用点为坐标原点 O，距 O 点任意距离 $x(x \geqslant 0)$ 截面上的 ω 、θ 、M 、V 分别按下式计算：

$$\omega = \frac{M_0\lambda^2}{kb} B_x \tag{13-17a}$$

$$\theta = \frac{M_0\lambda^3}{kb} C_x \tag{13-17b}$$

$$M = \frac{M_0}{2} D_x \tag{13-17c}$$

$$V = -\frac{M_0\lambda}{2} A_x \tag{13-17d}$$

式中，系数 A_x 、B_x 、C_x 、D_x 按式(13-16)计算，或查表 12-1。当计算截面位于 M_0 作用点的左边时，x 取绝对值，ω 和 M 取与计算结果相反的符号，θ 和 V 的符号不变。当力矩旋向为逆时针时，取负值代入。ω 、θ 、M 、V 的分布情况如图 13-9(b)所示。当计算多个力矩在某一截面的总效应时，方法与前述有多个集中力作用时相同。

四、有限长梁的计算

真正的无限长梁是没有的，能满足 $\lambda l \geqslant \pi$ 的梁也很少见，实际工程中的基础梁一般都是有限长梁，对有限长梁，由于两端为自由端，弯矩 M 和剪力 V 均应为零。如果我们能够设法满足梁两端弯矩和剪力均为零这个边界条件，则有限长梁就可按无限长梁计算了。

图 13-11 中的梁Ⅰ为一有限长梁。设想将其扩展为无限长梁Ⅱ，这就会在 A、B 两截面(原梁Ⅰ的两个端截面)处产生原来没有的弯矩 M_a 、M_b 和剪力 V_a 、V_b 。为了使它与原来的有限长梁Ⅰ等效，我们就在 A、B 两截面的外侧各施加一对附加荷载 F_A 、M_A 和 F_B 、

M_B，称为边界条件力。要求在边界条件力和原荷载的共同作用下，A、B 两截面处的弯矩和剪力为零，根据这样的条件即可求出各边界条件力 F_A、M_A 和 F_B、M_B 的值。这样，当计算原荷载在原有限长梁某截面的效应时，就可按无限长梁分别计算原荷载和边界条件力在该截面的效应值，然后叠加。

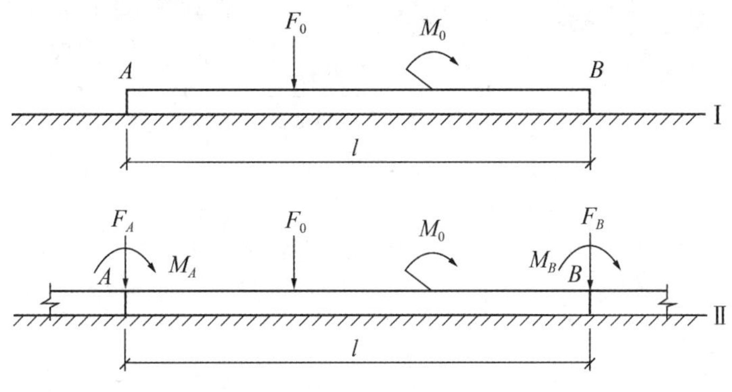

图 13-11　文克勒地基上的有限长梁

设外荷载 F_0、M_0 在无限长梁Ⅱ的 A、B 两截面处所产生的弯矩和剪力为 M_a、V_a 和 M_b、V_b，则边界条件力在 A、B 两截面产生的弯矩和剪力应分别为 $-M_a$、$-V_a$ 和 $-M_b$、$-V_b$，按此要求，对于 A 截面，利用式(13-15)和式(13-17)可得：

$$-M_a=\frac{F_A}{4\lambda}C_0+\frac{F_B}{4\lambda}C_l+\frac{M_A}{2}D_0-\frac{M_B}{2}D_l$$

$$-V_a=-\frac{F_A}{2}D_0+\frac{F_B}{2}D_l-\frac{M_A\lambda}{2}A_0-\frac{M_B\lambda}{2}A_l$$

当 $x=0$ 时，$C_0=1$、$D_0=1$、$A_0=1$，代入上式，得

$$\left.\begin{aligned}-M_a&=\frac{F_A}{4\lambda}+\frac{F_B}{4\lambda}C_l+\frac{M_A}{2}-\frac{M_B}{2}D_l\\-V_a&=-\frac{F_A}{2}+\frac{F_B}{2}D_l-\frac{M_A\lambda}{2}-\frac{M_B\lambda}{2}A_l\end{aligned}\right\}$$

对于 B 截面，同理可得

$$\left.\begin{aligned}-M_b&=\frac{F_A}{4\lambda}C_l+\frac{F_B}{4\lambda}+\frac{M_A}{2}D_l-\frac{M_B}{2}\\-V_b&=-\frac{F_A}{2}D_l+\frac{F_B}{2}-\frac{M_A\lambda}{2}A_l-\frac{M_B\lambda}{2}\end{aligned}\right\}$$

解以上方程组，得

$$F_A=(E_l+F_lD_l)V_a+\lambda(E_l-F_lA_l)M_a-(F_l+E_lD_l)V_b+\lambda(F_l-E_lA_l)M_b \tag{13-18a}$$

$$M_A=-(E_l+F_lC_l)\frac{V_a}{2\lambda}-(E_l-F_lD_l)M_a+(F_l+E_lC_l)\frac{V_b}{2\lambda}-(F_l-E_lD_l)M_b \tag{13-18b}$$

$$F_B = (F_l + E_l D_l) V_a + \lambda (F_l - E_l A_l) M_a - (E_l + F_l D_l) V_b + \lambda (E_l - F_l A_l) M_b \tag{13-18c}$$

$$M_B = (F_l + E_l C_l) \frac{V_a}{2\lambda} + (F_l - E_l D_l) M_a - (E_l + F_l C_l) \frac{V_b}{2\lambda} + (E_l - F_l D_l) M_b \tag{13-18d}$$

其中，

$$E_l = \frac{2e^{\lambda l}\mathrm{sh}\lambda l}{\mathrm{sh}^2\lambda l - \sin^2\lambda l} \tag{13-19a}$$

$$F_l = \frac{2e^{\lambda l}\sin\lambda l}{\sin^2\lambda l - \mathrm{sh}^2\lambda l} \tag{13-19b}$$

以上各式中，F_A 、M_A 、F_B 、M_B ——梁 A、B 两端边界条件力；

M_a 、V_a 、M_b 、V_b ——在原荷载作用下按无限长梁计算得出的在 A、B 两个端截面上产生的弯矩和剪力；

A_l 、C_l 、D_l 、E_l 、F_l ——系数，按 $x = l$（梁全长），即按 $\lambda x = \lambda l$ 计算，或查表 13-1；

sh——双曲线正弦函数。E_l 、F_l 可按 λl 值由表 13-1 查取。

当作用于有限长梁上的外荷载对称时，$V_a = - V_b$ ，$M_a = M_b$ ，则式(13-18)可简化为

$$F_A = F_B = (E_l + F_l)[(1 + D_l) V_a + \lambda (1 - A_l) M_a] \tag{13-20a}$$

$$M_A = - M_B = - (E_l + F_l)\left[(1 + C_l)\frac{V_a}{2\lambda} + (1 - D_l) M_a\right] \tag{13-20b}$$

下面将有限长梁的计算步骤归纳如下：

(1)根据已知条件，计算基床系数 k 和柔度特征值 λ 。

(2)把原有限长梁看作无限长梁，按式(13-15)和式(13-17)计算外荷载在梁两端 A、B 截面处的弯矩 M_a 、M_b 和剪力 V_a 、V_b ，当有多个外荷载时，应分别计算，然后叠加。

(3)按式(13-18)或式(13-20)计算梁端边界条件力 F_A 、M_A 、F_B 、M_B 。

(4)仍把原梁看作无限长梁，把求得的边界条件力加在相应于原梁的 A、B 两端面处。

(5)对所取计算截面，分别按式(13-15)和式(13-17)计算原外加荷载和边界条件力在该截面的弯矩和剪力，然后叠加。

[**例题 13-4**]如图 13-12 中的柱下条形基础，抗弯刚度 $EI = 4.3 \times 10^3 \mathrm{MPa \cdot m^4}$，长 17m，底面宽 b=2.5m，预估平均沉降量 $s_m = 39.7\mathrm{mm}$ 。试计算中点 C 截面处的挠度、弯矩和基底净反力。

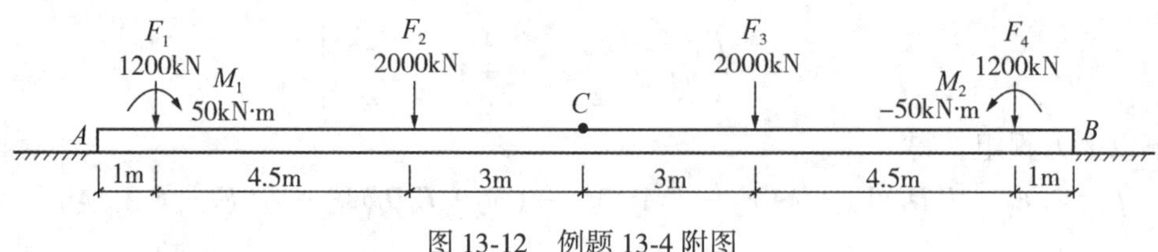

图 13-12　例题 13-4 附图

解：(1)计算基床系数 k 和梁的柔度特征值 λ 。

设基底附加压力 p_0 约等于基底平均净反力：

$$p_0 = \frac{\sum F}{lb} = \frac{(1200 + 2000) \times 2}{17 \times 2.5} = 150.6(\mathrm{kPa})$$

基床系数为

$$k = \frac{p_0}{S_m} = \frac{0.1506}{0.0397} = 3.8(\mathrm{MPa/m})$$

柔度特征值为

$$\lambda = \sqrt[4]{\frac{kb}{4EI}} = \sqrt[4]{\frac{3.8 \times 2.5}{4 \times 4.3 \times 10^3}} = 0.1533(\mathrm{m}^{-1})$$

柔度指数为

$$\lambda l = 0.1533 \times 17 = 2.606$$

因 $\pi/4 < \lambda l < \pi$，故该梁属于有限长梁。

(2)计算 $F_1 = 1200\mathrm{kN}$ 在 B 端面的弯矩 M_b 和剪力 V_b。

以 F_1 作用点为坐标原点 O，对 B 端，$x = 17 - 1 = 16\mathrm{m}$，故

$$\lambda x = 0.1533 \times 16 = 2.453$$

查表 13-1，$C_x = -0.1211$，$D_x = -0.0664$，故

$$M_b = \frac{F_1}{4\lambda}C_x = \frac{1200}{4 \times 0.1533} \times (-0.1211) = -237(\mathrm{kN \cdot m})$$

$$V_b = -\frac{F_1}{2}D_x = -\frac{1200}{2} \times (-0.0664) = 39.8(\mathrm{kN})$$

以下其他荷载在 B 端面的弯矩和剪力计算过程略，结果见表 13-3。

表 13-3　　**例题 13-4 附表**

荷载	x (m)	λx	A_x	C_x	D_x	M_b(kN·m)	V_b(kN)
F_1 1200kN	16.0	2.453		-0.1211	-0.0664	-237.0	39.8
M_1 50kN·m	16.0	2.453	-0.0117		-0.0664	-1.7	0.04
F_2 2000kN	11.5	1.763		-0.2011	-0.0327	-655.9	32.7
F_3 2000kN	5.5	0.843		-0.0349	0.2864	-113.8	-286.4
F_4 1200kN	1.0	0.153		0.7174	0.8481	1403.9	-508.9
M_2 -50kN·m	1.0	0.153	0.9769		0.8481	-21.2	3.7
合计						374.3	-719.1

(3)因该梁荷载为对称分布，故 M_a、V_a 的合计值如下：

$M_a = M_b = 374.3\mathrm{kN \cdot m}$，$V_a = -V_b = 719.1\mathrm{kN}$　（合计值，见表 13-3）

(4)计算梁端边界条件力。

按 $\lambda l = 2.606$，查表 13-1，得

$A_l = -0.02579$, $C_l = -0.10117$, $D_l = -0.06348$

$E_l = 4.04522$, $F_l = -0.30666$

因该梁对称，按式(13-20)计算得

$$F_A = F_B = (E_l + F_l)[(1 + D_l)V_a + \lambda(1 - A_l)M_a]$$
$$= (4.04522 - 0.30666) \times [(1 - 0.06348) \times 719.1 + 0.1533 \times (1 + 0.02579) \times 374.3]$$
$$= 2737.8(\text{kN})$$

$$M_A = -M_B = -(E_l + F_l)\left[(1 + C_l)\frac{V_a}{2\lambda} + (1 - D_l)M_a\right]$$
$$= -(4.04522 - 0.30666) \times \left[(1 - 0.10117) \times \frac{719.1}{2 \times 0.1533} + (1 + 0.06348) \times 374.3\right] = -9369.5(\text{kN}\cdot\text{m})$$

(5)按无限长梁，计算原荷载和边界条件力在梁中点 C 截面的弯矩 M_C 和挠度 ω_C。因该梁对称，可只计算左半部分 F_1、M_1、F_2、F_A、M_A 在 C 截面的效应值，然后乘以 2。

①计算 F_1 在 C 截面的弯矩和挠度。

$$x = \frac{17}{2} - 1 = 7.5(\text{m})$$

$$\lambda x = 0.1533 \times 7.5 = 1.15$$

查表 13-1，$A_x = 0.4184$，$C_x = -0.1597$，得

$$M_{CF1} = \frac{F_1}{4\lambda}C_x = \frac{1200}{4 \times 0.1533} \times (-0.1597) = -312.5(\text{kN}\cdot\text{m})$$

$$\omega_{CF1} = \frac{F_1\lambda}{2kb}A_x = \frac{1200 \times 10^{-3} \times 0.1533}{2 \times 3.8 \times 2.5} \times 0.4184 = 0.00405(\text{m}) = 4.05\text{mm}$$

②计算 M_1 在 C 截面的弯矩和挠度。

$$x = 7.5\text{m},\ \lambda x = 1.15$$

查表 13-1，$B_x = 0.2890$，$D_x = 0.1293$，得

$$M_{CM1} = \frac{M_1}{2}D_x = \frac{50}{2} \times 0.1293 = 3.2(\text{kN}\cdot\text{m})$$

$$\omega_{CM1} = \frac{M_1\lambda^2}{kb}B_x = \frac{50 \times 10^{-3} \times 0.1533^2}{3.8 \times 2.5} \times 0.2890 = 0.00004(\text{m}) = 0.04\text{mm}$$

以下计算过程略，结果见表 13-4。

(6)计算 C 截面的最后弯矩 M_C、挠度 ω_C 和净反力 p_{jC}。

$$M_C = 2 \times (-563.1) = -1126.2(\text{kN}\cdot\text{m})$$

$$\omega_C = 2 \times 19.0 = 38(\text{mm})$$

$$p_{jC} = k\omega_C = 3.8 \times 10^3 \times 38 \times 10^{-3} = 14.44(\text{kPa})$$

这个结果是原有限长梁上外荷载在中点 C 截面的最后效应值。如果依此方法对其他各特征截面分别计算，即可得到整根梁的效应值分布情况，并绘出分布图。但应注意，本例因 C 点在中间，且荷载分布也为对称，所以只需计算半个梁再乘以 2。若计算其他截面，因不在对称中点，则需计算所有原荷载和边界条件力的效应值，然后叠加。

表 13-4　　**例题 13-4 附表**

荷载和边界条件力	x (m)	λx	A_x	B_x	C_x	D_x	M_b(kN·m)	ω_C (mm)
F_1　1200kN	7.5	1.15	0.4108		-0.1597		-312.5	4.05
M_1　50kN·m	7.5	1.15		0.2890		0.1293	3.2	0.04
F_2　2000kN	3.0	0.46	0.8458		0.2857		931.8	13.6
F_A　2737.8kN	8.5	1.303	0.3340		-0.1910		-848.8	7.4
M_A　-9369.5kN·m	8.5	1.303		0.2620		0.0719	-336.8	-6.1
合　计							-563.1	19.0

[**例题 13-5**]　如图 13-13 中的条形基础梁，抗弯刚度 $EI = 4.0 \times 10^3$MPa·m^4，长 13.8m，基底宽 b=2.5m，预估平均沉降量 S_m = 38mm。其余已知条件见图 13-13。试计算 E 点弯矩和剪力。

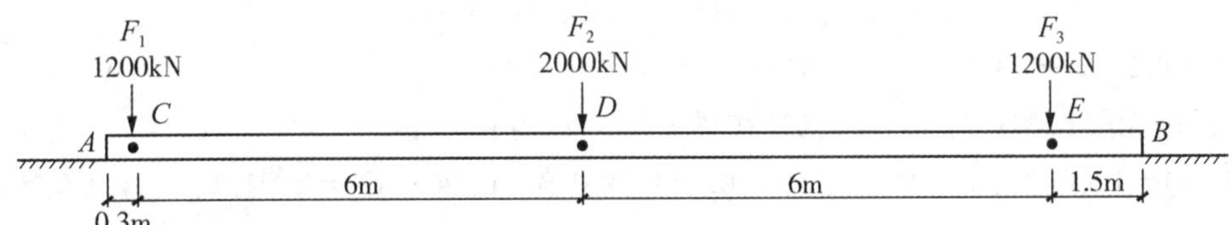

图 13-13　例题 13-5 附图

解：(1)计算基床系数 k 和柔度特征值 λ 。

设基底平均附加压力 p_0 等于基底净反力：

$$p_0 = \frac{\sum F}{lb} = \frac{1200 \times 2 + 2000}{13.8 \times 2.5} = 127.5(\text{kPa})$$

基床系数为

$$k = \frac{p_0}{S_m} = \frac{0.1275}{0.038} = 3.355(\text{MPa/m})$$

柔度特征值为

$$\lambda = \sqrt[4]{\frac{kb}{4EI}} = \sqrt[4]{\frac{3.355 \times 2.5}{4 \times 4.0 \times 10^3}} = 0.1513(\text{m}^{-1})$$

柔度指数为

$$\lambda l = 0.1513 \times 13.8 = 2.09$$

(2)按无限长梁计算 F_1、F_2、F_3 在梁 B 端的弯矩和剪力。

① F_1 = 1200kN，x = 13.5m，λx = 0.1513 × 13.5 = 2.04，C_x =- 0.1748，D_x =- 0.0588，得

$$M_{bF1}=\frac{F_1}{4\lambda}C_x=\frac{1200}{4\times0.1513}\times(-0.1748)=-346.6(\text{kN}\cdot\text{m})$$

$$V_{bF1}=-\frac{F_1}{2}D_x=-\frac{1200}{2}\times(-0.0588)=35.3(\text{kN})$$

② $F_2=2000\text{kN}$, $x=7.5\text{m}$, $\lambda x=0.1513\times7.5=1.13$, $C_x=-0.1541$, $D_x=0.1380$，得

$$M_{bF2}=\frac{F_2}{4\lambda}C_x=\frac{2000}{4\times0.1513}\times(-0.1541)=-509.3(\text{kN}\cdot\text{m})$$

$$V_{bF2}=-\frac{F_2}{2}D_x=-\frac{2000}{2}\times0.1380=-138.0(\text{kN})$$

③ $F_3=1200\text{kN}$, $x=1.5\text{m}$, $\lambda x=0.1513\times1.5=0.227$, $C_x=0.5972$, $D_x=0.7765$，得

$$M_{bF3}=\frac{F_3}{4\lambda}C_x=\frac{1200}{4\times0.1513}\times0.5972=1184.1(\text{kN}\cdot\text{m})$$

$$V_{bF3}=-\frac{F_3}{2}D_x=-\frac{1200}{2}\times0.7765=-465.9(\text{kN})$$

④ B 端合计：

$$M_b=-346.6-509.3+1184.1=328.2(\text{kN}\cdot\text{m})$$

$$V_b=35.3-138.0-465.9=-568.6(\text{kN})$$

(3)按无限长梁计算 F_1、F_2、F_3 在梁 A 端的弯矩和剪力。

① $F_1=1200\text{kN}$, $x=0.3\text{m}$, $\lambda x=0.1513\times0.3=0.045$, $C_x=0.9121$, $D_x=0.9550$，得

$$M_{aF1}=\frac{F_1}{4\lambda}C_x=\frac{1200}{4\times0.1513}\times0.9121=1808.5(\text{kN}\cdot\text{m})$$

$$V_{aF1}=\frac{F_1}{2}D_x=\frac{1200}{2}\times0.9550=573.0(\text{kN})$$

② $F_2=2000\text{kN}$, $x=6.3\text{m}$, $\lambda x=0.1513\times6.3=0.95$, $C_x=-0.0896$, $D_x=0.2250$，得

$$M_{aF2}=\frac{F_2}{4\lambda}C_x=\frac{2000}{4\times0.1513}\times(-0.0896)=-296.1(\text{kN}\cdot\text{m})$$

$$V_{aF2}=\frac{F_2}{2}D_x=\frac{2000}{2}\times0.2250=225.0(\text{kN})$$

③ $F_3=1200\text{kN}$, $x=12.3\text{m}$, $\lambda x=0.1513\times12.3=1.86$, $C_x=-0.1936$, $D_x=-0.0443$，得

$$M_{aF3}=\frac{F_3}{4\lambda}C_x=\frac{1200}{4\times0.1513}\times(-0.1936)=-383.9(\text{kN}\cdot\text{m})$$

$$V_{aF3}=\frac{F_3}{2}D_x=\frac{1200}{2}\times(-0.0443)=-26.6(\text{kN})$$

④ A 端合计：

$$M_a=1808.5-296.1-383.9=1128.5(\text{kN}\cdot\text{m})$$

$$V_a=573.0+225.0-26.6=771.4(\text{kN})$$

(4)计算 A、B 两端边界条件力。

由 $\lambda l = 2.09$，$A_l = 0.0461$，$C_l = -0.1687$，$D_l = -0.06133$，$E_l = 4.2655$，$F_l = -0.9307$，得

$$F_A = (E_l + F_lD_l)V_a + \lambda(E_l - F_lA_l)M_a - (F_l + E_lD_l)V_b + \lambda(F_l - E_lA_l)M_b$$
$$= (4.2655 + 0.9307 \times 0.06133) \times 771.4 + 0.1513 \times (4.2655 + 0.9307 \times 0.0461) \times 1128.5 - (-0.9307 - 4.2655 \times 0.06133) \times (-568.6) + 0.1513 \times (-0.9307 - 4.2655 \times 0.0461) \times 328.2$$
$$= 3336.1(\text{kN})$$

$$F_B = (F_l + E_lD_l)V_a + \lambda(F_l - E_lA_l)M_a - (E_l + F_lD_l)V_b + \lambda(E_l - F_lA_l)M_b$$
$$= (-0.9307 - 4.2655 \times 0.06133) \times 771.4 + 0.1513 \times (-0.9307 - 4.2655 \times 0.0461) \times 1128.5 - (4.2655 + 0.9307 \times 0.06133) \times (-568.3) + 0.1513 \times (4.2655 + 0.9307 \times 0.0461) \times 328.2$$
$$= 1559.5(\text{kN})$$

$$M_A = -(E_l + F_lC_l)\frac{V_a}{2\lambda} - (E_l - F_lD_l)M_a + (F_l + E_lC_l)\frac{V_b}{2\lambda} - (F_l - E_lD_l)M_b$$
$$= -(4.2655 + 0.9307 \times 0.1687) \times \frac{771.4}{2 \times 0.1513} - (4.2655 - 0.9307 \times 0.06133) \times 1128.5 + (-0.9307 - 4.2655 \times 0.1687) \times \frac{-568.6}{2 \times 0.1513} - (-0.9307 + 4.2655 \times 0.06133) \times 328.2$$
$$= -12702.6(\text{kN}\cdot\text{m})$$

$$M_B = (F_l + E_lC_l)\frac{V_a}{2\lambda} + (F_l - E_lD_l)M_a - (E_l + F_lC_l)\frac{V_b}{2\lambda} + (E_l - F_lD_l)M_b$$
$$= (-0.9307 - 4.2655 \times 0.1687) \times \frac{771.4}{2 \times 0.1513} + (-0.9307 + 4.2655 \times 0.06133) \times 1128.5 - (4.2655 + 0.9307 \times 0.1687) \times \frac{-568.6}{2 \times 0.1513} + (4.2655 - 0.9307 \times 0.06133) \times 328.2$$
$$= 4729.2(\text{kN}\cdot\text{m})$$

(5)计算 E 点弯矩 M_E 和剪力 V_E。

①由 $F_1 = 1200\text{kN}$，$x = 12\text{m}$，$\lambda x = 0.1513 \times 12 = 1.82$，$C_x = -0.1969$，$D_x = -0.0399$，得

$$M_{EF1} = \frac{F_1}{4\lambda}C_x = \frac{1200}{4 \times 0.1513} \times (-0.1969) = -390.4(\text{kN}\cdot\text{m})$$

$$V_{EF1} = -\frac{F_1}{2}D_x = -\frac{1200}{2} \times (-0.0399) = 23.9(\text{kN})$$

②由 $F_2 = 2000\text{kN}$，$x = 6\text{m}$，$\lambda x = 0.1513 \times 6 = 0.91$，$C_x = -0.0705$，$D_x = 0.2472$，得

$$M_{EF2} = \frac{F_2}{4\lambda}C_x = \frac{2000}{4 \times 0.1513} \times (-0.0705) = -233.0(\text{kN}\cdot\text{m})$$

$$V_{EF2}=-\frac{F_2}{2}D_x=-\frac{2000}{2}\times 0.2472=-247.2(\text{kN})$$

③由 $F_3=1200\text{kN}$，$x=0\text{m}$，$\lambda x=0$，$C_x=1$，$D_x=1$，得

$$M_{EF3}=\frac{F_3}{4\lambda}C_x=\frac{1200}{4\times 0.1513}\times 1=1982.8(\text{kN}\cdot\text{m})$$

$$V_{EF3}=-\frac{F_3}{2}D_x=-\frac{1200}{2}\times 1=-600.0(\text{kN})$$

④由 $F_A=3336.1\text{kN}$，$x=12.3\text{m}$，$\lambda x=0.1513\times 12.3=1.86$，$C_x=-0.1936$，$D_x=-0.0443$，得

$$M_{EFA}=\frac{F_A}{4\lambda}C_x=\frac{3336.1}{4\times 0.1513}\times(-0.1936)=-1067.2(\text{kN}\cdot\text{m})$$

$$V_{EFA}=-\frac{F_A}{2}D_x=-\frac{3336.1}{2}\times(-0.0443)=73.9(\text{kN})$$

⑤由 $F_B=1559.5\text{kN}$，$x=1.5\text{m}$，$\lambda x=0.1513\times 1.5=0.23$，$C_x=0.5926$，$D_x=0.7736$，得

$$M_{EFB}=\frac{F_B}{4\lambda}C_x=\frac{1559.5}{4\times 0.1513}\times 0.5926=1527.0(\text{kN}\cdot\text{m})$$

$$V_{EFB}=\frac{F_B}{2}D_x=\frac{1559.5}{2}\times 0.7736=603.2(\text{kN})$$

⑥由 $M_A=-12702.6\text{kN}\cdot\text{m}$，$x=12.3\text{m}$，$\lambda x=1.86$，$A_x=0.1049$，$D_x=-0.0443$，得

$$M_{EMA}=\frac{M_A}{2}D_x=-\frac{12702.6}{2}\times(-0.0443)=281.4(\text{kN}\cdot\text{m})$$

$$V_{EMA}=-\frac{M_A\lambda}{2}A_x=-\frac{-12702.6\times 0.1513}{2}\times 0.1049=100.8(\text{kN})$$

⑦由 $M_B=4729.2\text{kN}\cdot\text{m}$，$x=1.5\text{m}$，$\lambda x=0.23$，$A_x=0.9547$，$D_x=0.7736$，得

$$M_{EMB}=-\frac{M_B}{2}D_x=-\frac{4729.2}{2}\times 0.7736=-1829.3(\text{kN}\cdot\text{m})$$

$$V_{EMB}=-\frac{M_B\lambda}{2}A_x=-\frac{4729.2\times 0.1513}{2}\times 0.9547=-341.6(\text{kN})$$

⑧ E 点最终弯矩 M_E 为

$$\begin{aligned}M_E&=-390.4-233.0+1982.8-1067.2+1527.0+281.4-1829.3\\&=271.3(\text{kN}\cdot\text{m})\end{aligned}$$

⑨求 E 点最终剪力 V_E。因 F_3 作用于 E 点，当计算 E 截面右侧时($x\geqslant 0$)，符号不变，即 $V_{EF3}=-600\text{kN}$；当计算 E 截面左侧时($x\leqslant 0$)，应改变符号，即 $V_{EF3}=600\text{kN}$。

$$\begin{aligned}V_E^{右}&=23.9-247.2+73.9+603.2+100.8-341.6-600\\&=-387(\text{kN})\end{aligned}$$

$$\begin{aligned}V_E^{左}&=23.9-247.2+73.9+603.2+100.8-341.6+600\\&=813(\text{kN})\end{aligned}$$

第三节　柱下交叉条形基础

柱下交叉条形基础是由纵横两个方向的柱下条形基础十字交叉构成的一种基础结构型式，各柱位于两个方向基础梁的十字交叉节点上，故又称柱下十字形基础，见图 13-14(a)。

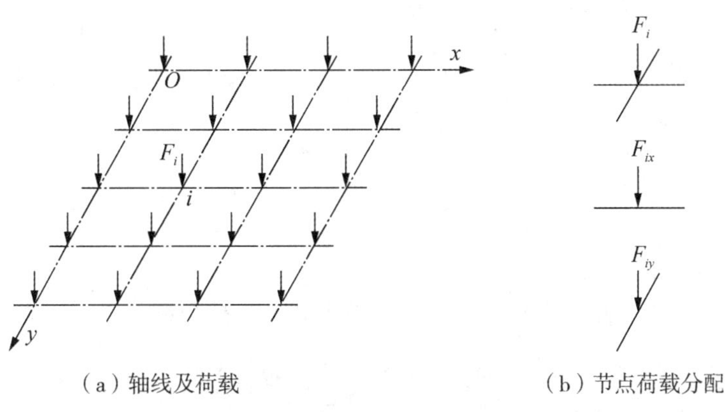

（a）轴线及荷载　　（b）节点荷载分配

图 13-14　柱下交叉条形基础示意图

柱下交叉条形基础的空间刚度很大，对地基的不均匀沉降能起到更好的调整作用。因此，这种基础形式适合于上部荷载大而地基土又较软弱的情况。

如果把柱下交叉条形基础作为一个整体进行内力分析，显然要复杂得多，常采用的方法是一种简化方法，即把交叉节点处的柱荷载分配到纵横两个方向的基础上，然后把交叉条形基础分离成两个单独的柱下条形基础，再按前述的方法进行内力分析和设计。

确定交叉节点处柱荷载在纵横两条基础梁上的分配值，必须满足以下两个条件：

(1)静力平衡条件，即任一节点分配在纵横两条基础梁上的荷载之和，应等于作用在该节点上的总荷载。

(2)变形协调条件，即纵横两条基础梁在节点处的位移应相等。

为了简化计算，把纵横两条基础梁的交叉节点假定为铰接，并假定节点处的弯矩仅由同方向的一条基础梁承担，经过这样的假定，则当一个方向的基础梁产生转角和弯矩时，另一个方向的基础梁不会产生变形和扭矩。

图 13-14(a)所示为柱下交叉条形基础的示意图。图中任一节点 i 上作用有竖向荷载 F_i，把 F_i 分配于两个方向 x、y 基础梁上的分配值为 F_{ix} 和 F_{iy}，根据静力平衡条件：

$$F_i = F_{ix} + F_{iy}$$

当 x、y 两个方向的基础梁受荷沉降后，根据变形协调条件，在节点处两条梁的沉降量 ω_{ix} 和 ω_{iy} 应相等，即

$$\omega_{ix} = \omega_{iy}$$

应用文克勒地基上弹性梁的分析方法，根据以上的静力平衡条件和变形协调条件，可导出(推导过程略)节点荷载可根据不同类型按下列各式分配。

一、角柱节点荷载的分配

如图 13-15 所示，角柱节点可分下列三种类型：

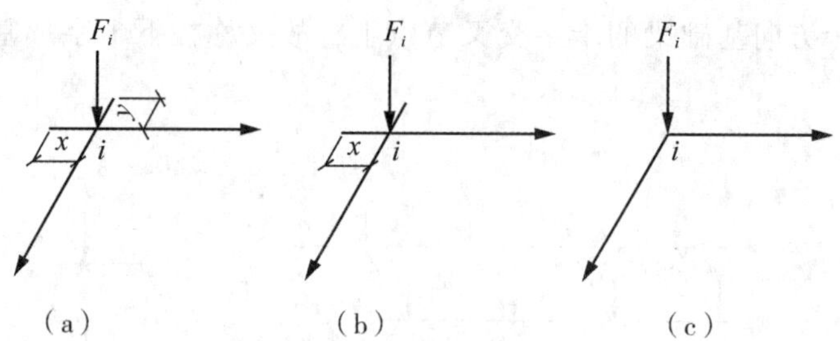

图 13-15　角柱节点的三种类型

1. 第Ⅰ类型(图 13-15(a))

基础梁在 x 、y 两个方向均有外伸段时，按下式分配柱荷载：

$$F_{ix}=\frac{z_y b_x s_x}{z_y b_x s_x+z_x b_y s_y}F_i \tag{13-21a}$$

$$F_{iy}=\frac{z_x b_y s_y}{z_y b_x s_x+z_x b_y s_y}F_i \tag{13-21b}$$

$$z_x=1+\mathrm{e}^{-2\lambda_x x}(1+2\cos^2\lambda_x x-2\cos\lambda_x x\sin\lambda_x x) \tag{13-22}$$

$$s_x=\frac{1}{\lambda_x}=\sqrt[4]{\frac{4EI_x}{kb_x}} \tag{13-23a}$$

$$s_y=\frac{1}{\lambda_y}=\sqrt[4]{\frac{4EI_y}{kb_y}} \tag{13-23b}$$

式中，b_x 、b_y ——x 、y 两个方向的基础底面宽度，m；

s_x 、s_y ——x 、y 两个方向基础梁的特征长度，m；

λ_x 、λ_y ——x 、y 两个方向基础梁的柔度特征值，m^{-1}；

E ——基础材料的弹性模量；

I_x 、I_y ——x 、y 两个方向基础梁的截面惯性矩；

k ——地基的基床系数。

z_x 、z_y ——$\lambda_x x$ 、$\lambda_y y$ 的函数，可查表 13-5，或按式(13-22)计算，当计算 z_y 时，式中 $\lambda_x x$ 用 $\lambda_y y$ 代替。

2. 第Ⅱ类型(图 13-15(b))

基础梁只在一个方向(x 或 y)有外伸段时，因 $y=0$，查表 13-5 得 $z_y=4$，代入式(13-21)，应按下式分配：

$$F_{ix}=\frac{4b_x s_x}{4b_x s_x+z_x b_y s_y}F_i \tag{13-24a}$$

$$F_{iy}=\frac{z_x b_y s_y}{4b_x s_x+z_x b_y s_y}F_i \tag{13-24b}$$

3. 第Ⅲ类型(图 13-15(c))

基础梁在 x 、y 两个方向均无外伸段时，则 $z_x = z_y = 4$，代入式(13-21)，应按下式分配：

$$F_{ix} = \frac{b_x s_x}{b_x s_x + b_y s_y} F_i \tag{13-25a}$$

$$F_{iy} = \frac{b_y s_y}{b_x s_x + b_y s_y} F_i \tag{13-25b}$$

二、边柱节点荷载的分配

如图 13-16 所示，边柱节点可分为以下两种类型：

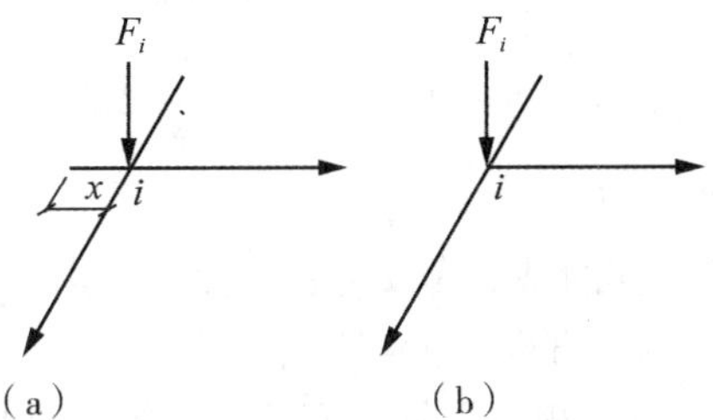

图 13-16　边柱节点的两种类型

1. 第Ⅰ类型(图 13-16(a))

基础梁在 x 方向有外伸段，在 y 方向则看作无限长梁，此时，$z_y = 1$，代入式(13-21)，按下式分配：

$$F_{ix} = \frac{b_x s_x}{b_x s_x + z_x b_y s_y} F_i \tag{13-26a}$$

$$F_{iy} = \frac{z_x b_y s_y}{b_x s_x + z_x b_y s_y} F_i \tag{13-26b}$$

2. 第Ⅱ类型(图 13-16(b))

把基础梁在 y 方向看作无限长梁，则 $z_y = 1$；在 x 方向无外伸段，则 $z_x = 4$。代入式(13-21)，按下式分配：

$$F_{ix} = \frac{b_x s_x}{b_x s_x + 4b_y s_y} F_i \tag{13-27a}$$

$$F_{iy} = \frac{4b_y s_y}{b_x s_x + 4b_y s_y} F_i \tag{13-27b}$$

三、内柱节点荷载的分配

图 13-17 所示为内柱节点，把基础梁在 x 、y 两个方向均看作无限长梁，则 $z_x = z_y = 1$，代入式(13-21)，按下式分配：

$$F_{ix} = \frac{b_x s_x}{b_x s_x + b_y s_y} F_i \tag{13-28a}$$

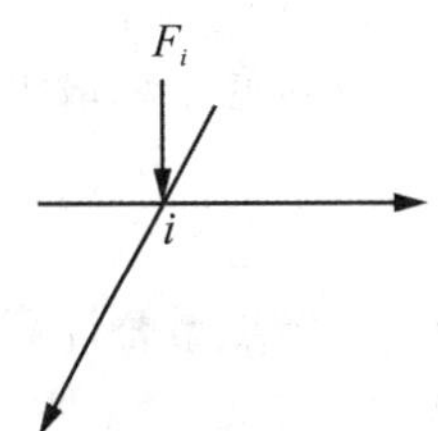

图 13-17　内柱节点

$$F_{iy}=\frac{b_y s_y}{b_x s_x+b_y s_y}F_i \tag{13-28b}$$

四、节点下基础底板面积的调整

在柱下基础的交叉节点处，当分离为纵、横两个方向的条形基础分别计算时，节点下的底板面积(重叠部分)被使用了两次。若各节点下重叠面积之和占基础总面积的比例较大，则使设计偏于不安全。对此，可通过加大节点荷载的方法加以平衡。调整后的节点竖向荷载分别为

$$F'_{ix}=F_{ix}+\Delta F_{ix}=F_{ix}+\frac{F_{ix}}{F_i}\Delta A_i p_j \tag{13-29a}$$

$$F'_{iy}=F_{iy}+\Delta F_{iy}=F_{iy}+\frac{F_{iy}}{F_i}\Delta A_i p_j \tag{13-29b}$$

式中，F'_{ix}、F'_{iy}——调整后的节点竖向荷载；

p_j——按交叉条形基础计算的基底净反力；

ΔF_{ix}、ΔF_{iy}——在 x、y 两个方向的荷载调整增量；

ΔA_i——第 i 节点下的重叠面积，根据不同节点类型分别按下列方法计算：

第Ⅰ类型(“十”字形)，即角柱、边柱节点的第Ⅰ类型和内柱节点：$\Delta A_i=b_x b_y$；

第Ⅱ类型(“T”字形)，即角柱和边柱节点的第Ⅱ类型：$\Delta A_i=\frac{1}{2}b_x b_y$；

第Ⅲ类型(“L”形)，即角柱节点的第Ⅲ类型：$\Delta A_i=0$。

对于第Ⅱ类型，认为横向梁只伸至纵向梁宽度的1/2处，故重叠面积取一半计算。

[例题13-6]　如图13-18所示柱下交叉条形基础。已知各柱竖向集中荷载标准值 $F_{k1}=1300\text{kN}$，$F_{k2}=2000\text{kN}$，$F_{k3}=2200\text{kN}$，$F_{k4}=1500\text{kN}$；地基基床系数 $k=5000\text{kPa/m}$；修正后的地基承载力特征值 $f_a=180\text{kPa}$；基础埋深 $d=1.5\text{m}$；混凝土强度等级C30，试确定基础底面宽度，并分配荷载。

解：(1)确定基础底面宽度 b。

基础底面所需总面积：

$$A=\frac{\sum F_k}{f_a-\bar{\gamma}d}=\frac{1300\times4+2000\times4+2200\times2+1500\times2}{180-20\times1.5}$$
$$=137.3\ (\text{m}^2)$$

基础中心线总长：

$$21\times3+11.2\times4=107.8(\text{m})$$

基底平均最小宽度：

$$b_{\min}=\frac{137.3}{107.8}=1.27(\text{m})$$

节点重叠计算面积：

$$\sum\Delta A_i=1.27^2\times12=19.4\ (\text{m}^2)$$

L_1 梁总净长(x 轴方向)：

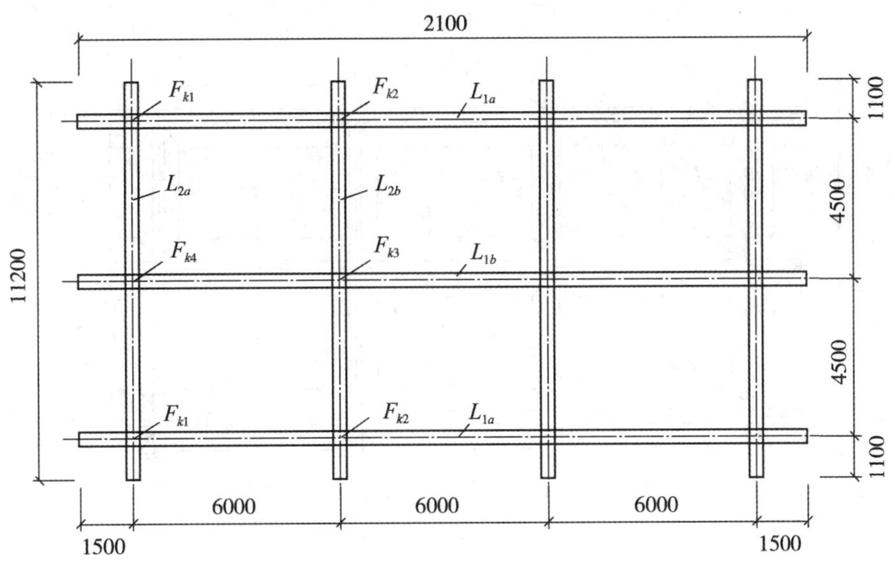

F_1 = 1300 kN, F_2 = 2000 kN, F_3 = 2200 kN, F_4 = 1500 kN

图 13-18　例题 13-6 附图(一)

$$3\times(21-1.27\times4)=3\times15.9=47.7(\text{m})$$

将重叠计算面积分配给 L_1 梁需增加的宽度：

$$\frac{19.4}{47.7}=0.41(\text{m})$$

确定基底宽度：

L_1 梁：1.27 + 0.41 = 1.68m，取 b_{L1} = 1.8m

L_2 梁：取 b_{L2} = 1.3m

基底总面积设计值：

$$A=21\times1.8\times3+11.2\times1.3\times4-1.8\times1.3\times12=143.6\ (\text{m}^2)$$

(2)确定基础横截面尺寸。

总高度 h (按跨度的 1/6 取)：

L_1 梁：$\frac{6000}{6}$ = 1000mm，取 h_{L1} = 1000mm

L_2 梁：$\frac{4500}{6}$ = 750mm，取 h_{L2} = 750mm

底板高度：

取梯形底板，L_1 梁 400mm，L_2 梁 350mm。

基础平面布置见图 13-19(a)，横截面尺寸见图 13-19(b)、(c)。

(3)求 L_1 梁基础截面惯性矩 I_{xL1} 。

①如图 13-19(b)所示，将 L_1 梁截面分为 1、2、3 三块面积，其各自的惯性矩分别为

$$I_{x1}=\frac{bh^3}{12}=\frac{360\times600^3}{12}=6480\times10^6(\text{mm}^4)$$

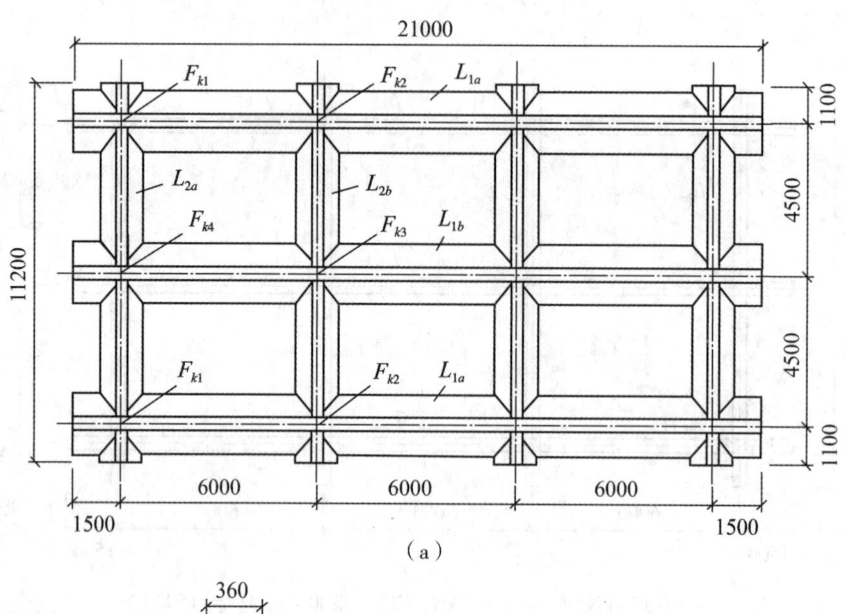

(a)

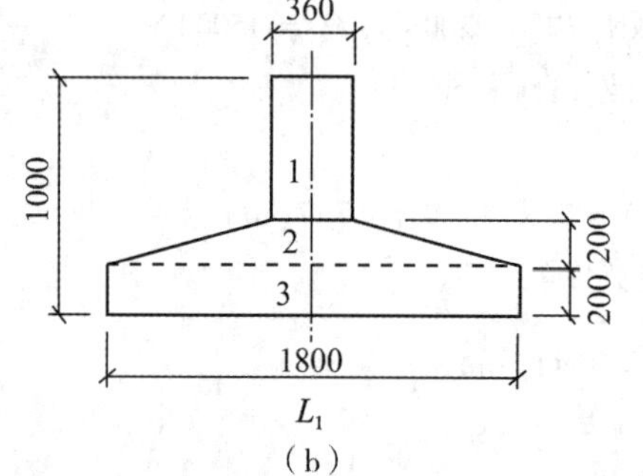

(b)

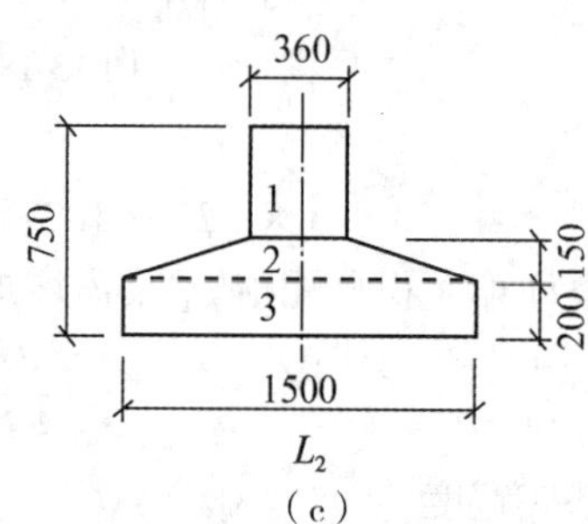

(c)

图 13-19　例题 13-6 附图(二)

$$I_{x2} = \frac{h^3(a^2 + 4ab + b^2)}{36(a + b)} = \frac{200^3 \times (360^2 + 4 \times 360 \times 1800 + 1800^2)}{36 \times (360 + 1800)}$$

$$= 613.3 \times 10^6 (\mathrm{mm}^4)$$

式中，a、b 分别为梯形的上宽和下宽。

$$I_{x3} = \frac{bh^3}{12} = \frac{1800 \times 200^3}{12} = 1200 \times 10^6 (\mathrm{mm}^4)$$

②各分面积(1、2、3)的形心高度(距底面)为

$$y_1 = 1000 - 300 = 700(\mathrm{mm})$$

$$y_2 = 400 - \frac{h(a + 2b)}{3(a + b)} = 400 - \frac{200 \times (360 + 2 \times 1800)}{3 \times (360 + 1800)}$$

$$= 400 - 122.2 = 277.8(\mathrm{mm})$$

$$y_3 = 100\mathrm{mm}$$

③各分面积为

$$A_1 = 360 \times 600 = 0.216 \times 10^6 (\mathrm{mm}^2)$$

$$A_2 = (360 + 1800) \times \frac{200}{2} = 0.216 \times 10^6 (\text{mm}^2)$$

$$A_3 = 1800 \times 200 = 0.36 \times 10^6 (\text{mm}^2)$$

④基础截面总形心高度(距底面)为

$$y_0 = \frac{A_1 y_1 + A_2 y_2 + A_3 y_3}{A_1 + A_2 + A_3}$$

$$= \frac{0.216 \times 10^6 \times 700 + 0.216 \times 10^6 \times 277.8 + 0.36 \times 10^6 \times 100}{0.216 \times 10^6 + 0.216 \times 10^6 + 0.36 \times 10^6}$$

$$= 312.1(\text{mm})$$

⑤各分面积形心至总形心的 y 轴距离 a_i 为

$$a_1 = y_1 - y_0 = 700 - 312.1 = 387.9(\text{mm})$$

$$a_2 = y_0 - y_2 = 312.1 - 277.8 = 34.3(\text{mm})$$

$$a_3 = y_0 - y_3 = 312.1 - 100 = 212.1(\text{mm})$$

⑥求基础总截面惯性矩 I_{xL1} 。由平行移轴公式可得

$$I_{xL1} = (I_{x1} + A_1 a_1^2) + (I_{x2} + A_2 a_2^2) + (I_{x3} + A_3 a_3^2)$$

$$= (6480 \times 10^6 + 0.216 \times 10^6 \times 387.9^2) + (613.3 \times 10^6 + 0.216 \times 10^6 \times 34.3^2) + (1200 \times 10^6 + 0.36 \times 10^6 \times 212.1^2)$$

$$= 57.25 \times 10^9 (\text{mm}^4)$$

(4)求 L_2 梁基础截面惯性矩 I_{xL2} 。

①如图 13-19(c)所示，将 L_2 梁截面分为 1、2、3 三块面积，其各自的惯性矩分别为

$$I_{x1} = \frac{bh^3}{12} = \frac{360 \times 400^3}{12} = 1920 \times 10^6 (\text{mm}^4)$$

$$I_{x2} = \frac{h^3(a^2 + 4ab + b^2)}{36(a + b)} = \frac{150^3 \times (360^2 + 4 \times 360 \times 1300 + 1300^2)}{36 \times (360 + 1300)}$$

$$= 208.5 \times 10^6 (\text{mm}^4)$$

$$I_{x3} = \frac{bh^3}{12} = \frac{1300 \times 200^3}{12} = 866.7 \times 10^6 (\text{mm}^4)$$

②基础截面各分面积的形心高度(距底面)为

$$y_1 = 750 - 200 = 550(\text{mm})$$

$$y_2 = 350 - \frac{h(a + 2b)}{3(a + b)} = 350 - \frac{150 \times (360 + 2 \times 1300)}{3 \times (360 + 1300)}$$

$$= 350 - 89.2 = 260.8(\text{mm})$$

$$y_3 = 100(\text{mm})$$

③各分面积为

$$A_1 = 360 \times 400 = 0.144 \times 10^6 (\text{mm}^2)$$

$$A_2 = (360 + 1300) \times \frac{150}{2} = 0.125 \times 10^6 (\text{mm}^2)$$

$$A_3 = 1300 \times 200 = 0.26 \times 10^6 (\text{mm}^2)$$

④基础截面总形心的高度为

$$y_0=\frac{A_1y_1+A_2y_2+A_3y_3}{A_1+A_2+A_3}$$

$$=\frac{0.144\times10^6\times550+0.125\times10^6\times260.8+0.26\times10^6\times100}{0.144\times10^6+0.125\times10^6+0.26\times10^6}$$

$$=260.5(\text{mm})$$

⑤各分面积形心至总形心的 y 轴距离 a_i 为

$$a_1=y_1-y_0=550-260.5=289.5(\text{mm})$$

$$a_2=y_0-y_2=260.8-260.5=0.3(\text{mm})$$

$$a_3=y_0-y_3=260.5-100=160.5(\text{mm})$$

⑥基础总截面惯性矩 I_{xL2} 为

$$I_{xL2}=(I_{x1}+A_1a_1^2)+(I_{x2}+A_2a_2^2)+(I_{x3}+A_3a_3^2)$$

$$=(1920\times10^6+0.144\times10^6\times289.5^2)+(208.5\times10^6+0.125\times10^6\times0.3^2)+(866.7\times10^6+0.26\times10^6\times160.5^2)$$

$$=21.76\times10^9(\text{mm}^4)$$

(5)计算抗弯刚度。查表13-5，$E=3.0\times10^4\ \text{N/mm}^2$。

$$EI_{L1}=3.0\times10^4\times57.25\times10^9=1717500\times10^9(\text{N}\cdot\text{mm}^2)=1717500(\text{kN}\cdot\text{m}^2)$$

$$EI_{L2}=3.0\times10^4\times21.76\times10^9=652800\times10^9(\text{N}\cdot\text{mm}^2)=652800(\text{kN}\cdot\text{m}^2)$$

表13-5　**混凝土弹性模量**　(单位：10^4N/mm^2)

混凝土强度等级	C15	C20	C25	C30	C35	C40	C45	C50	C55	C60	C65	C70	C75	C80
E_c	2.20	2.55	2.80	3.00	3.15	3.25	3.35	3.45	3.55	3.60	3.65	3.70	3.75	3.80

(6)计算基础梁的柔度特征值 λ 和特征长度 s。

L_1 梁：

$$\lambda_1=\sqrt[4]{\frac{kb_1}{4EI_{L1}}}=\sqrt[4]{\frac{5000\times1.8}{4\times1717500}}=0.19(\text{m}^{-1})$$

$$s_1=\frac{1}{\lambda_1}=\frac{1}{0.19}=5.26(\text{m})$$

L_2 梁：

$$\lambda_2=\sqrt[4]{\frac{kb_2}{4EI_{L2}}}=\sqrt[4]{\frac{5000\times1.3}{4\times652800}}=0.223(\text{m}^{-1})$$

$$s_2=\frac{1}{\lambda_2}=\frac{1}{0.223}=4.48(\text{m})$$

(7)荷载分配。

①角柱节点荷载分配。

外伸段长度：$x = 1.5\text{m}$，$y = 1.1\text{m}$。

对 L_1 梁：$\lambda_1 x = 0.19 \times 1.5 = 0.285$，查表 13-6，$z_x = 2.303$。

表 13-6　　z_x 函数表

λx	z_x	λx	z_x	λx	z_x
0	4.000	0.24	2.501	0.70	1.292
0.01	3.921	0.26	2.410	0.75	1.239
0.02	3.843	0.28	2.323	0.80	1.196
0.03	3.767	0.30	2.241	0.85	1.161
0.04	3.693	0.32	2.163	0.90	1.132
0.05	3.620	0.34	2.089	0.95	1.109
0.06	3.548	0.36	2.018	1.00	1.091
0.07	3.478	0.38	1.952	1.10	1.067
0.08	3.410	0.40	1.889	1.20	1.053
0.09	3.343	0.42	1.830	1.40	1.044
0.10	3.277	0.44	1.774	1.60	1.043
0.12	3.150	0.46	1.721	1.80	1.042
0.14	3.209	0.48	1.672	2.00	1.039
0.16	2.913	0.50	1.625	2.50	1.022
0.18	2.803	0.55	1.520	3.00	1.008
0.20	2.697	0.60	1.431	3.50	1.002
0.22	2.596	0.65	1.355	≥4.00	1.000

对 L_2 梁：$\lambda_2 y = 0.223 \times 1.1 = 0.245$，查表 13-5，$z_y = 2.478$。

$$F_{L1} = \frac{z_y b_1 s_1}{z_y b_1 s_1 + z_x b_2 s_2} F_1$$

$$= \frac{2.478 \times 1.8 \times 5.26}{2.478 \times 1.8 \times 5.26 + 2.303 \times 1.3 \times 4.48} \times 1300$$

$$= 827(\text{kN})$$

$$F_{L2} = 1300 - 827 = 473(\text{kN})$$

②边柱节点荷载分配。

对 F_2 节点：$z_x = 1$，$z_y = 2.478$。

$$F_{L1} = \frac{z_y b_1 s_1}{z_y b_1 s_1 + z_x b_2 s_2} F_2$$

$$= \frac{2.478 \times 1.8 \times 5.26}{2.478 \times 1.8 \times 5.26 + 1.0 \times 1.3 \times 4.48} \times 2000$$

$$= 1602(\text{kN})$$

$$F_{L2} = 2000 - 1602 = 398(\text{kN})$$

对 F_4 节点：$z_x = 2.303$，$z_y = 1$。

$$F_{L2}=\frac{z_yb_1s_1}{z_yb_1s_1+z_xb_2s_2}F_4$$

$$=\frac{1.0\times1.8\times5.26}{1.0\times1.8\times5.26+2.303\times1.3\times4.48}\times1500$$

$$=621(\text{kN})$$

$$F_{L1}=1500-621=879(\text{kN})$$

③内柱节点荷载分配。

对内柱节点：$z_x=z_y=1$。

$$F_{L1}=\frac{z_yb_1s_1}{z_yb_1s_1+z_xb_2s_2}F_3$$

$$=\frac{1.0\times1.8\times5.26}{1.0\times1.8\times5.26+1.0\times1.3\times4.48}\times2200$$

$$=1362(\text{kN})$$

$$F_{L2}=2200-1362=838(\text{kN})$$

(8)对基底面积重叠计算的调整。

基底平均净反力：

$$p_j=\frac{4F_1+4F_2+2F_3+2F_4}{A}$$

$$=\frac{4\times1300+4\times2000+2\times2200+2\times1500}{143.6}$$

$$=143.5(\text{kPa})$$

节点处重叠面积：

$$\Delta A=b_1b_2=1.8\times1.3=2.34(\text{m}^2)$$

角柱节点调整后的荷载：

$$F'_{L1}=F_{L1}+\frac{F_{L1}}{F_1}\Delta Ap_j=827+\frac{827}{1300}\times2.34\times143.5$$

$$=827+213.6=1040.6(\text{kN})$$

$$F'_{L2}=F_{L2}+\frac{F_{L2}}{F_1}\Delta Ap_j=473+\frac{473}{1300}\times2.34\times143.5$$

$$=473+122=595(\text{kN})$$

边柱节点调整后的荷载：

对 F_2 节点：

$$F'_{L1}=1602+\frac{1602}{2000}\times2.34\times143.5$$

$$=1602+269=1871(\text{kN})$$

$$F'_{L2}=398+\frac{398}{2000}\times2.34\times143.5$$

$$=398+67=465(\text{kN})$$

对 F_4 节点：

$$F'_{L1}=879+\frac{879}{1500}\times 2.34\times 143.5$$

$$=879+197=1076(\text{kN})$$

$$F'_{L2}=621+\frac{621}{1500}\times 2.34\times 143.5$$

$$=621+139=760(\text{kN})$$

内柱节点调整后的荷载：

$$F'_{L1}=1362+\frac{1362}{2200}\times 2.34\times 143.5$$

$$=1362+208=1570(\text{kN})$$

$$F'_{L2}=838+\frac{838}{2200}\times 2.34\times 143.5$$

$$=838+128=966(\text{kN})$$

最后分配结果见图 13-20。

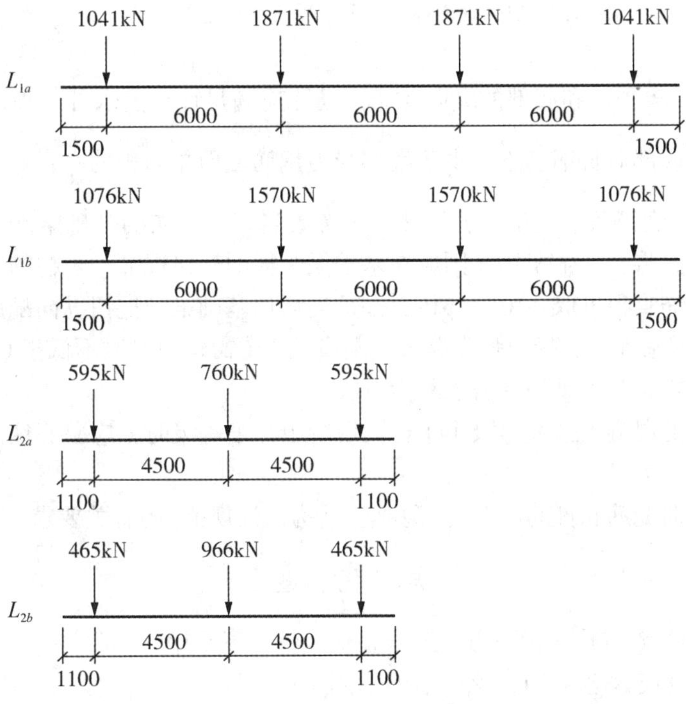

图 13-20　例题 13-6 附图(三)

第四节　柱下条形基础的构造及配筋要求

《建筑地基基础设计规范》(GB50007—2011)中要求，柱下条形基础的构造，除满足扩展基础的构造要求(见第十一章第五节)外，尚应符合下列规定：

(1)柱下条形基础梁的高度宜为柱距的$\frac{1}{4}$~$\frac{1}{8}$。翼板厚度不应小于200mm。当翼板厚度大于250mm时，宜采用变厚度翼板，其坡度宜小于或等于1∶3；

(2)条形基础的端部宜向外伸出，其长度宜为第一跨距的0.25倍；

(3)现浇柱与条形基础梁的交接处，基础梁的平面尺寸应大于柱的平面尺寸，且柱的边缘至基础梁边缘的距离不得小于50mm，见图13-21；

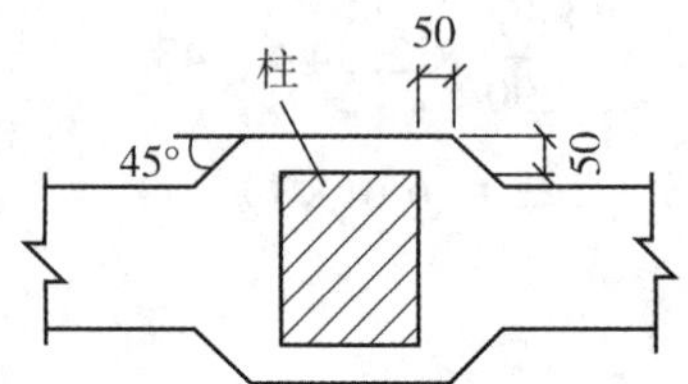

图13-21　现浇柱与条形基础梁交接处平面尺寸

(4)条形基础梁顶部和底部的纵向受力钢筋除应满足计算要求外，顶部钢筋应按计算配筋全部贯通，底部通长钢筋不应少于底部受力钢筋截面总面积的$\frac{1}{3}$；

(5)对于柱下交叉条形基础，若设计中未考虑当一个方向的基础梁产生弯矩时，对另一个方向的基础梁将会产生扭矩，则应在基础梁与柱的交接根部，于柱的四周边设置封闭的抗扭箍筋，箍筋直径可取$\phi10$ ~ $\phi12$，并适当增加基础梁的抗扭纵向配筋。

(6)柱下条形基础的混凝土强度等级，不应低于C20。一般以不低于C25为宜。

应验算柱边缘处基础梁的受剪承载力。

当条形基础的混凝土强度等级小于柱的混凝土强度等级时，应验算柱下条形基础梁顶面的局部受压承载力。

基础梁的纵向配筋和箍筋应符合《混凝土结构设计规范》的有关要求。

思　考　题

1. 柱下条形基础有什么优缺点？适合在什么情况下采用？
2. 倒梁法和静定梁法各有什么特点？适用于什么场合？
3. 试述文克勒地基模型，文克勒地基模型适用于哪些情况？
4. 什么是基床系数？是怎样定义的？怎样计算？
5. 什么是梁的柔度特征值、特征长度和柔度指数？
6. 什么是边界条件力？怎样计算？
7. 试述用弹性地基梁法计算有限长梁的步骤。

习　　题

1. 如下图所示的柱下条形基础，埋深 $d = 1.5\mathrm{m}$；修正后的地基承载力特征值 $f_a = 150\mathrm{kPa}$；相应于荷载效应基本组合时的柱荷载 F_l 见图示；基础梁的刚度 EI 为常数。试用倒梁法计算基础梁的内力，并绘制弯矩和剪力分布图。

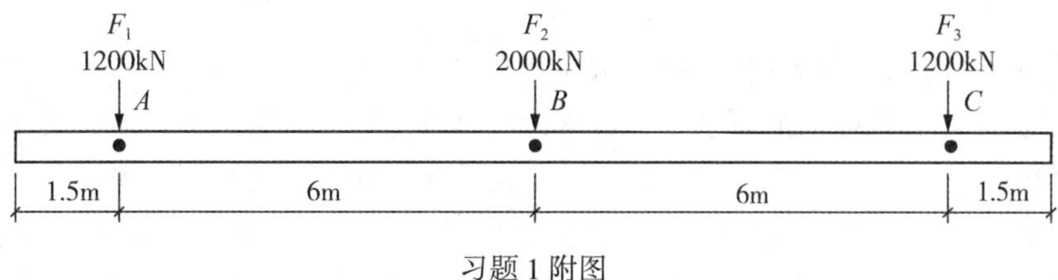

习题 1 附图

2. 某柱下交叉条形基础如下图所示，已知节点竖向集中荷载 $F_1 = 1300\mathrm{kN}$；$F_2 = 2000\mathrm{kN}$；$F_3 = 2200\mathrm{kN}$；$F_4 = 1500\mathrm{kN}$。地基基床系数 $k = 5000\mathrm{kN/m^3}$。基础梁 L_1 和 L_2 的抗弯刚度分别为 $EI_{L1} = 7.40 \times 10^5\mathrm{kN \cdot m^2}$、$EI_{L2} = 2.93 \times 10^5\mathrm{kN \cdot m^2}$。试对各节点荷载进行分配。

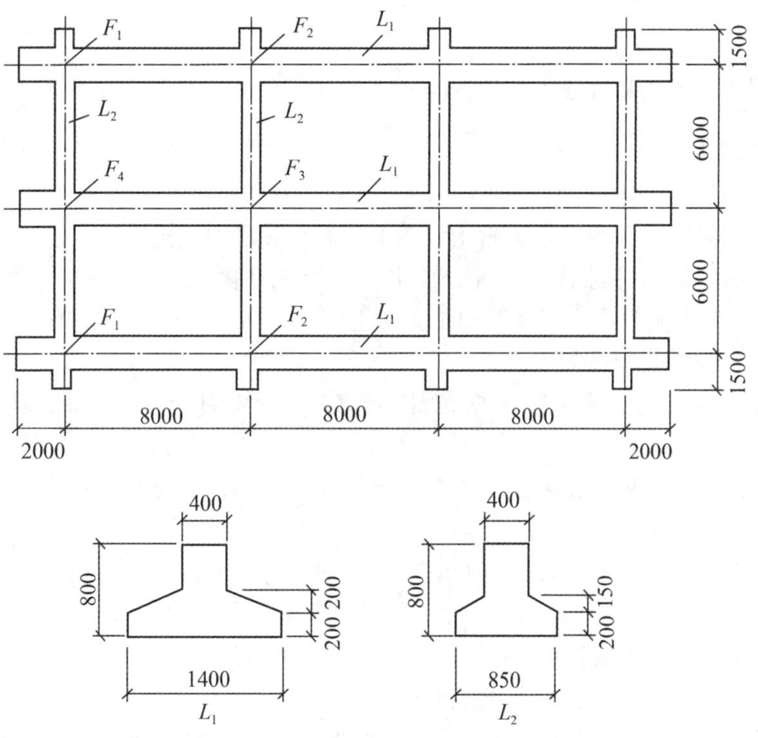

习题 2 附图

第十四章　地基处理简介

在工程实践中，常常遇到各种性质不同的软弱土、不良土，当天然地基不能满足建筑物对地基承载力与地基变形的要求时，可采取的措施主要可分为两种：一是采用桩基础或其他深层基础；二是进行人工处理，采取一定措施改善地基土的性状，形成人工地基。

地基处理的目的主要是解决以下几方面的问题：一是提高地基承载力或增强其稳定性；二是降低地基土的压缩性，减少地基沉降变形；三是改善地基土的动力特性，提高抗震性能；四是改良某些特殊土的不良特性。

地基处理的方法种类很多，应针对不同的工程要求、场地土质选择相适应的处理方法。本章简要介绍软弱土的种类、性质和常用的几种地基处理方法。详细设计和施工方法见《建筑地基处理技术规范》(JGJ79—2012)。

第一节　软弱土与地基处理的种类

一、软弱土的种类和性质

1. *淤泥和淤泥质土*

淤泥和淤泥质土是第四纪后期形成的滨海相、潟湖相、三角洲相、河漫滩相、溺谷相、湖沼相等的黏性土沉积，俗称软土。大部分淤泥和淤泥质土天然含水率高于液限，呈饱和状态；含有机质；孔隙比大于1，其中，当天然孔隙比 $e \geqslant 1.5$ 时，称为淤泥，当 $1.5 > e \geqslant 1$ 时，称为淤泥质土。淤泥和淤泥质土广泛分布于我国东南沿海地区以及内陆湖沼、河岸附近，其工程特性如下：

(1)含水率高，孔隙比大。根据统计，含水率一般为35%～80%，孔隙比在1～2之间。

(2)压缩性高。压缩系数 α_{1-2} 在0.5～1.5 MPa^{-1} 之间，均属高压缩性土，有些可高达4.5 MPa^{-1} 。

(3)抗剪强度低。天然不排水抗剪强度一般小于20kPa。其变化范围在5～25kPa之间。

(4)渗透性差。渗透系数一般在 $i \times 10^{-5} \sim i \times 10^{-7}$ mm/s之间($i = 1, 2, \cdots, 9$)，在自重或荷载作用下达到完全固结需要的时间很长。

(5)流变性强。在剪应力不变的情况下，将产生连续缓慢的剪切变形，易导致抗剪强度衰减。当主固结完成之后，土骨架还会继续缓慢地蠕变，产生可观的次固结沉降。

(6)结构性强，灵敏度高。主要为絮状结构，受到扰动时结构很易被破坏，使强度进一步显著降低，甚至呈流动状态。我国东南沿海地区滨海相软土的灵敏度为4～10，均属高灵敏土。

(7)承载力低。地基承载力一般在 50~80kPa 之间，当作为建筑物地基时，即使是二三层的低层建筑，也必须重视地基变形和稳定问题，往往需要人工处理。

2. 冲填土

冲填土是挖泥船或泥浆泵把江河或港湾底部的泥砂用水力冲填的方法形成的沉积土。冲填土的成分有黏土、粉土，也有砂土。若以粉土、黏土为主，则属于欠固结的软土；若以中砂以上的粗颗粒土为主，则强度要高得多。

3. 杂填土

杂填土是由垃圾堆积而成，成分复杂，分布也不均匀，结构松散，在同一场地的不同位置，承载力和压缩性常有较大差异。如果是人工素填土，则取决于填土的颗粒组成，应属于欠固结土或松砂。

4. 特殊土

湿陷性黄土、液化土、膨胀土、季节性冻土等因性质特殊而属于特殊土，这类土当作为建筑物地基时，一般也需要进行有针对性的人工处理。

二、地基处理的方法种类

地基处理的方法种类很多，而且新的地基处理方法还在不断出现，难以尽述。按着地基处理的加固原理可对地基处理方法分为表 14-1 中所列类别。

各类不同的地基处理方法各有其适用的范围，都是针对某一类土质提出的处理措施，同一种处理方法在不同的土质中效果也就大不相同。在工程实践中，应详细了解天然地基土层的分布及其工程性质，了解建筑物的基础形式、荷载大小及分布，分析建筑物对地基的要求，有针对性地选择地基处理方法。当仅用一种处理方法不能满足要求时，可考虑采用两种以上的处理方法组合处理。对初步选出的地基处理方案，应分别从加固原理、适用范围、预期处理效果、施工工期和对环境的影响等方面进行技术经济分析，以期选择最合适的处理方法。对已经选定的处理方法，宜在有代表性的场地进行现场试验，并进行必要的测试和检验。施工中，应有专人负责质量控制和检测，做好施工记录。当出现异常情况时，应会同相关各方研究和查明原因，妥善解决。

表 14-1 **地基处理方法分类表**

编号	类别	处理方法	原理及作用	适用范围
1	碾压及夯实	重锤夯实法，机械碾压法，振动压实法，强夯法(动力固结)	利用压实原理，通过机械碾压夯击，把表面地基土压实；强夯则利用强大的夯击能，在地基中产生强烈的冲击波和动应力，迫使土体动力固结密实	碎石、砂土、粉土、低饱和度的黏性土、杂填土等。对饱和黏性土应慎重
2	换填垫层	砂石垫层，素土垫层，灰土垫层，矿渣垫层，加筋土垫层	以砂石、素土、灰土和矿渣等强度较高的材料置换地基表面软弱土，提高持力层的承载力，减少沉降量	暗沟、暗塘等软弱土地基

续表

编号	类别	处理方法	原理及作用	适用范围
3	预压固结	天然地基预压，砂井预压，塑料排水带预压，真空预压，降水预压	在地基中增设竖向排水体，加速地基的固结和强度增长，提高地基的稳定性，并使地基沉降提前完成	饱和软弱土层，对于渗透性极低的泥炭土，则应慎重
4	振密挤密	振冲挤密，灰土挤密桩，砂桩，水泥粉煤灰碎石桩，夯实水泥土桩，石灰桩，爆破挤密	采用一定的技术措施，通过振动或挤密，使土体的孔隙减少，强度提高；必要时，在振动挤密的过程中，回填砂、砾石、素土等，与地基土组成复合地基，从而提高地基的承载力，减少沉降量	松砂、粉土、杂填土及湿陷性黄土、非饱和黏性土
5	置换及拌入	振冲置换，深层搅拌，高压喷射注浆，石灰桩等	采用专门的技术措施，以砂、碎石等置换软弱土地基中部分软弱土，或在部分软弱土中掺入水泥、石灰或砂浆等形成加固体，与未处理部分组成复合地基，从而提高地基的承载力，减少沉降量	黏性土、冲填土、粉砂、细砂等。
6	土工聚合物	土工膜，土工织物，土工格栅，土工合成物	一种用于土工的新型合成材料，可用于排水、隔离、反滤、加固补强等方面	软土地基、填土及陡坡填土、砂土
7	其他	灌浆，冻结，托换技术，纠偏技术	通过独特的技术措施处理软弱土地基	根据建筑物和地基基础情况确定

第二节　碾压夯实法

用重锤夯实或用碾滚碾压将地基软土夯压密实，提高承载力，减少沉降，是应用最久远的地基处理方法，在工业落后，缺乏动力机械的年代，可完全靠人工作业完成。这类方法可单独使用，也可以和其他地基处理方法联合使用。碾压夯实法可分为重锤夯实、机械碾压、振动压实、强夯等多种。

一、土的压实原理

在工程实践中，用干密度作为土密实度的指标。实践证明，土经压实后的干密度，与土质有关，还与压实能大小和施工期间土的含水率有关。对于既定的土质，当压实能一定时，只有在含水率处于某一特定值时，才能被压实到与一定压实能相应的最大干密度，这个特定值称作最优含水率，最优含水率可通过室内击实试验测定。对于黏性土，击实试验的方法是：将作为试样的黏性土分别制成含水率不同的几个松散土样，用相同的击实能逐一进行击实，然后测定各试样的含水率 ω 和干密度 ρ_d ，绘制 ρ_d-ω 关系曲线(见图 14-1)，曲线的峰值即为最大干密度 $\rho_{d\max}$，相应的含水率为最优含水率 ω_{op}。

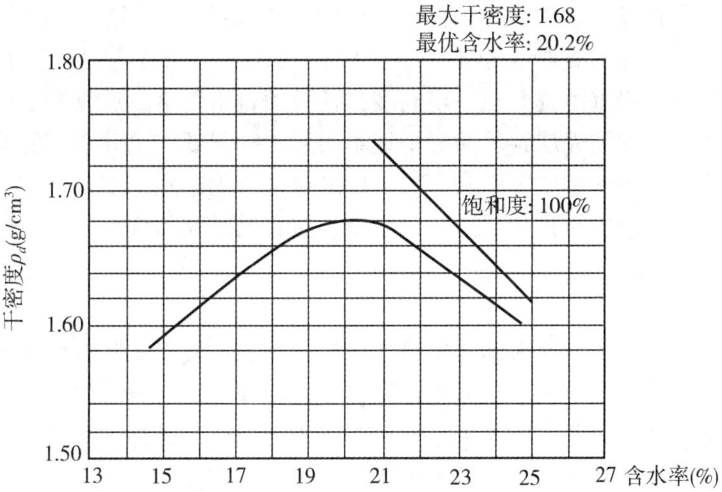

最大干密度: 1.68
最优含水率: 20.2%
饱和度: 100%
干密度 ρ_d(g/cm³)
含水率(%)

图 14-1　ρ_d-ω 关系曲线

由图 14-1 中曲线可看出，含水率高于或低于最优含水率，压实效果都会变差，出现这种现象的原因是：当含水率偏低时，土颗粒周围的结合水膜变薄，润滑作用变差，土颗粒难以相互靠紧；当含水率偏高时，孔隙中自由水增加，击实过程中多余的自由水不易排出，使土颗粒也难以靠紧。只有当含水率接近最优含水率时，较厚的结合水膜使土颗粒易于移动，又没有多余的自由水，从而容易获得最好的击实效果。试验证明，最优含水率与土的塑限接近，大致为 $\omega_{op} = \omega_p + 2$。容易理解，当击实能增大时，迫使土颗粒靠得更紧，最大干密度将增加，而最优含水率将有所降低。同时，不同的土质，其最优含水率和最大干密度是不同的。

图 14-1 中的斜直线为饱和线，当土的干密度升高时，孔隙体积减少，在相同的含水率条件下，饱和度就会升高。

当为砂土时，击实表现与黏性土大不相同。干砂土在压力与振动作用下，容易获得更高的干密度；当为饱和砂土时，因砂土中的自由水很容易排出，也容易被击实。而处于稍湿状态的砂土，击实效果反而变差。

二、机械碾压法

常见的碾压机械以平碾为多，其次还有羊足碾等。平碾的碾滚（滚筒）表面光滑，羊足碾则在碾滚表面增加了很多凸块。机械碾压常用于大面积填土的压实，道路施工中最常见，也可应用于大面积建筑场地的压实施工，分层压实的厚度宜控制在 200~300mm。

碾压施工的质量控制常用压实系数 λ_c 作为指标，压实系数 λ_c 为控制干密度 ρ_d（实际达到的干密度）与击实试验达到的最大干密度 $\rho_{d\max}$ 之比。在主要受力层范围内，一般要求 $\lambda_c \geqslant 0.94$。

三、重锤夯实法

重锤夯实俗称打夯，重锤多为圆柱体形，常用坚硬的岩石制成，或用钢材制成外壳，内部灌入混凝土。重锤的直径大小不一，一般在0.6~1.5m之间，重量小者只有数百千克，大者可达几吨。将重锤提升至一定高度，使重锤自由下落，反复夯击地基表面，在地基表面形成一层密实的硬壳层，从而提高地基表层土的强度。重锤夯实的效果与锤重、锤底直径、夯击遍数、土的性质等因素有关，应通过试夯确定施工工艺参数。

对于黏性土，施工中应控制好土的含水率，防止因过高的含水率夯击成橡皮土。

四、振动压实法

振动压实法的主要机具是振动压实机。将振动压实机置于地基表面进行一定时间的振动，利用激振力在土中产生的剪切压密作用，使一定深度内的土增加密实度，从而改善地基土的力学性能。振动对压实的效果主要取决于土的成分，这种方法适用于处理砂性土和松散的炉渣、碎砖瓦等填土，有效的振实深度为1.2~1.5m，施工前应进行现场试验决定施振时间。施工中产生的振动对周围的环境有影响，与周围建筑物的距离应大于3m。

五、强夯法

从形式上看，重锤法和强夯法的区别在于重锤质量和提升高度的不同，强夯法所用的锤重可达10~40吨，提升高度在6~40m，单击夯击能达到1000~8000kN·m。

强夯法与重锤法虽然在形式上相似，但加固机理并不相同。由于巨大的夯击能瞬时释放，锤底产生的动压力甚大，沿着锤周边的地基土被冲切破坏产生瞬时变形，形成凹坑，锤底的土则被紧紧压密，锤周围的土也被一定程度地压密。随着夯击遍数的增多，压密的土层越来越厚，有效加固深度与单击夯击能有关，见表14-2。

表14-2　**强夯法的有效加固深度**　（单位：m）

单击夯击能(kN·m)	碎石土、砂土等粗颗粒土	粉土、黏性土、湿陷性黄土等细颗粒土
1000	5.0~6.0	4.0~5.0
2000	6.0~7.0	5.0~6.0
3000	7.0~8.0	6.0~7.0
4000	8.0~9.0	7.0~8.0
5000	9.0~9.5	8.0~8.5
6000	9.5~10.0	8.5~9.0
8000	10.0~10.5	9.0~9.5

注：强夯法的有效加固深度应从最初起夯面算起。

强夯法适用于处理碎石土、砂土、低饱和度的粉土与黏性土、湿陷性黄土、素填土和杂填土等地基。

应用强夯法加固地基软弱土时，应根据现场地质条件和工程要求确定工艺参数。这些参数应包括单击夯击能、夯点夯击次数、夯击遍数、间隔时间、夯点布置等。

(1)夯点(每个)夯击次数应通过现场试夯确定，并满足下列条件：

①最后两击的平均夯沉量不宜大于下列数值：当单击夯击能小于4000kN·m时为50mm；当单击夯击能为4000~6000kN·m时为100mm；当单击夯击能大于6000kN·m时为200mm。

②夯坑周围地面不应发生过大的隆起。

③不因夯坑过深而发生提锤困难。

(2)夯击遍数应根据地基土的性质确定，可采用点夯2~3遍，对于渗透性较差的细颗粒土，必要时夯击遍数可适当增加。最后再以低能量满夯2遍，满夯可采用轻锤或低落距锤多次夯击，锤印搭接。

(3)两遍夯击之间应有一定的时间间隔，间隔时间取决于土中超静水压力的消散时间。当缺少实测资料时，可根据地基土的渗透性确定，对于渗透性较差的黏性土地基，间隔时间不应少于3~4周；对于渗透性好的地基可连续夯击。

(4)夯击点的位置可根据基底平面形状，采用等边三角形、等腰三角形或正方形布置。第一遍夯击点间距可取夯锤直径的2.5~3.5倍，第二遍夯击点位于第一遍夯击点之间。以后各遍夯击点间距可适当减小。对处理深度较深或单击夯击能较大的工程，第一遍夯击点间距宜适当增大。

(5)强夯处理范围应大于建筑物基础范围，每边超出基础外缘的宽度宜为基底下设计处理深度的$\frac{1}{2}$~$\frac{1}{3}$，并不宜小于3m。

施工中，一个夯击点的夯击次数完成后，再换下一个夯击点，直到完成第一遍全部夯点的夯击。第一遍夯击完成后，应用推土机平整场地，测量场地标高。在规定的时间间隔后再进行第二遍夯击。逐次完成全部夯击遍数后，再用低能量夯满夯，应将场地浮土夯实并测量标高。

第三节　换填垫层法

将浅层软弱土挖去，用强度较高、压缩性较低、性能稳定的砂石、灰土或素土等回填，并振密夯实作为基础的持力层，这种方法叫做换填垫层法。

换填垫层法适用于淤泥、淤泥质土、湿陷性黄土、膨胀土、杂填土、季节性冻土，常用于5层以下多层建筑浅基础下持力层的处理，对浅基础下暗沟、暗塘或局部软土的处理尤为常用。

垫层的做法和所起的作用并不完全一样，垫层都能够起到提高承载力、降低压缩性、扩散基底压力、降低下卧层软土的附加应力等作用。如果用粗颗粒的砂石类土做垫层，还可以作为下卧软土的排水通道，加速软土排水固结的作用。还可以在垫层中铺设各种土工合成材料或其他纤维材料，做成加筋土垫层。加筋土垫层整体性好，能够改善地基土中的应力场，使地基变形更趋均匀。

一、垫层材料

垫层材料应符合《建筑地基处理技术规范》(JGJ79—2012)的要求，可选用下列材料：

1. *砂石*

宜选用碎石、卵石、角砾、圆砾、砾砂、粗砂、中砂或石屑(粒径小于2mm的部分不应超过总重的45%)，应级配良好，不含植物残体、垃圾等杂质。当使用粉细砂或石粉(粒径小于0.075mm的部分不超过总重的9%)时，应掺入不少于总重30%的碎石或卵石。碎石的最大粒径不宜大于50mm。对湿陷性黄土地基，不得选用砂石等透水材料。

2. *粉质黏土*

土料中有机质含量不得超过5%，亦不得含有冻土或膨胀土。当含有碎石时，其粒径不宜大于50mm。用于湿陷性黄土或膨胀土地基的粉质黏土垫层，土料中不得夹有砖、瓦和石块。

3. *灰土*

体积配合比宜为2∶8或3∶7。土料宜用粉质黏土、不宜使用块状黏土和砂质粉土，不得含有松软杂质，并应过筛，其颗粒不得大于15mm。石灰宜用新鲜的消石灰，其粒径不得大于5mm。

4. *粉煤灰*

可用于道路、堆场和小型建筑、构筑物等的换填垫层。粉煤灰垫层宜覆土0.3~0.5m。粉煤灰垫层中采用掺加剂时，应通过试验确定其性能及适用条件。作为建筑物垫层的粉煤灰，应符合有关放射性安全标准的要求。粉煤灰垫层中的金属构件、管网宜采取适当防腐措施。大量填筑粉煤灰时，应考虑对地下水和土壤的环境影响。

5. *矿渣*

垫层使用的矿渣是指高炉矿渣，可分为分级矿渣、混合矿渣及原状矿渣。矿渣垫层主要用于堆场、道路和地坪，也可用于小型建筑、构筑物地基。选用矿渣的松散重度不小于$11kN/m^3$，有机质及含泥总量不超过5%。设计、施工前，必须对选用的矿渣进行试验，在确认其性能稳定并符合安全规定后方可使用。作为建筑物垫层的矿渣应符合对放射性安全标准的要求。易受酸、碱影响的基础或地下管网不得采用矿渣垫层。大量填筑矿渣时，应考虑对地下水和土壤的环境影响。

6. *其他工业废渣*

在有可靠试验结果或成功工程经验时，对质地坚硬、性能稳定、无腐蚀性和放射性危害的工业废渣等均可用于填筑换填垫层。被选用工业废渣的粒径、级配和施工工艺等应通过试验确定。

7. *土工合成材料*

由分层铺设的土工合成材料与地基土构成加筋垫层。所用土工合成材料的品种与性能及填料的土类应根据工程特性和地基土条件，按照现行国家标准《土工合成材料应用技术规范》(GB/T50290—2014)的要求，通过设计并进行现场试验后确定。

作为加筋的土工合成材料，应采用抗拉强度高、受力时伸长率不大于4%~5%、耐久性好、抗腐蚀的土工格栅、土工格室、土工垫或土工织物等土工合成材料；垫层填料宜用碎石、角砾、砾砂、粗砂、中砂或粉质黏土等材料。当工程要求垫层具有排水功能时，垫层材料应具有良好的透水性。

在软土地基上使用加筋垫层时，应保证建筑稳定并满足允许变形的要求。

二、垫层设计

垫层的设计主要是垫层断面厚度 z 和宽度 b' 的确定(见图 14-2)。

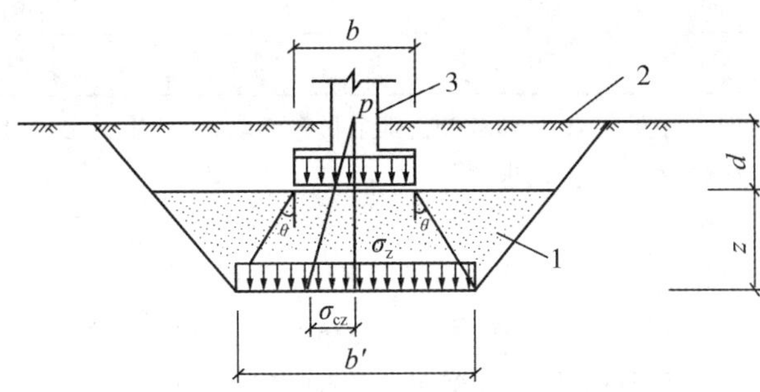

1—砂垫层；2—回填土；3—基础

图 14-2　砂垫层内压力的分布

1. 垫层的厚度

垫层的厚度不宜小于 0.5m，也不宜大于 3m，应根据置换软弱土的深度或下卧层的承载力确定，并满足下式要求：

$$p_z + p_{cz} \leqslant f_{az} \tag{14-1}$$

式中，p_z ——相应于荷载效应标准组合时，垫层底面处的附加压力值，kPa；

p_{cz} ——垫层底面处的自重压力值，kPa；

f_{az} ——垫层底面处经深度修正后的地基承载力特征值，kPa。

垫层底面处的附加压力值 p_z 可分别按以下二式计算：

条形基础：
$$p_z = \frac{b(p_k - p_c)}{b + 2z\tan\theta} \tag{14-2}$$

矩形基础：
$$p_z = \frac{bl(p_k - p_c)}{(b + 2z\tan\theta)(l + 2z\tan\theta)} \tag{14-3}$$

式中，b ——矩形基础或条形基础底面的宽度，m；

l ——矩形基础底面的长度，m；

p_k ——相应于荷载效应标准组合时，基础底面处的平均压力值，kPa；

p_c ——基础底面自重应力，kPa；

z ——基础底面下垫层的厚度，m；

θ ——垫层的压力扩散角，度。宜通过试验确定，当无试验资料时，可按表 14-3 采用。

2. 垫层底面宽度

垫层底面的宽度应满足基础底面应力扩散的要求，可按下式确定：

$$b' \geqslant b + 2z\tan\theta \tag{14-4}$$

表 14-3　　**垫层压力扩散角 θ(度)**

<table>
<tr><td rowspan="2">z/b</td><td colspan="3">换　填　材　料</td></tr>
<tr><td>中砂、粗砂、砾砂、圆砾、角砾、石屑、卵石、碎石、矿渣</td><td>粉质黏土、粉煤灰</td><td>灰土</td></tr>
<tr><td>0.25</td><td>20</td><td>6</td><td rowspan="2">28</td></tr>
<tr><td>≥0.50</td><td>30</td><td>23</td></tr>
</table>

注：1. 当 $z/b<0.25$ 时，除灰土取 $\theta=28°$外，其余材料均取 $\theta=0$ 度，必要时，宜由试验确定；
2. 当 $0.25<z/b<0.50$ 时，θ 值可内插求得。

式中，b' ——垫层底面宽度，m；

θ ——压力扩散角，可按表 14-2 取值；当 $z/b<0.25$ 时，仍按表中 $z/b=0.25$ 取值。

整片垫层底面的宽度可根据施工的要求适当加宽。

3. *垫层顶面宽度*

垫层顶面宽度可从垫层底面两侧向上，按基坑开挖期间保持边坡稳定的要求放坡确定。垫层顶面每边不宜小于 300mm。

4. *垫层的承载力*

垫层的承载力宜通过现场载荷试验确定，并应按式(14-1)进行下卧层承载力的验算。

三、垫层施工

(1)垫层施工应根据不同的换填材料选择施工机械。粉质黏土、灰土宜采用平碾、振动碾或羊足碾，中小型工程也可采用蛙式夯、柴油夯。砂石等宜用振动碾。粉煤灰宜采用平碾、振动碾、平板振动器、蛙式夯。矿渣宜采用平板振动器或平碾，也可采用振动碾。

(2)垫层的施工方法、分层铺填厚度、每层压实遍数等宜通过试验确定。除接触下卧软土层的垫层底部应根据施工机械设备及下卧层土质条件确定厚度外，一般情况下，垫层的分层铺填厚度可取 200~300mm。为保证分层压实质量，应控制机械碾压速度。

(3)粉质黏土和灰土垫层土料的施工含水率宜控制在最优含水率 ω_{op} ±0.2% 的范围内，粉煤灰垫层的施工含水率宜控制在 ω_{op} ±4% 范围内。

(4)基坑开挖时，应避免坑底土层受扰动，可保留约 200mm 厚的土层暂不挖去，待铺填垫层前再挖至设计标高。严禁扰动垫层下的软弱土层，防止其被践踏、受冻或受水浸泡。在碎石或卵石垫层底部宜设置 150~300mm 厚的砂垫层或铺一层土工织物，以防止软弱土层表面的局部破坏，同时必须防止基坑边坡坍土混入垫层。

(5)垫层底面宜设在同一标高上，如深度不同，基坑底土面应挖成阶梯或斜坡搭接，并按先深后浅的顺序施工，搭接处应夯压密实。粉质黏土及灰土垫层分段施工时，不得在柱基、墙角及承重窗间墙下接缝。上下两层的缝距不得小于 500mm。接缝处应夯压密实。灰土应拌和均匀并应当日铺填夯压。灰土夯压密实后 3 天内不得受水浸泡。

(6)铺设土工合成材料时，下铺地基土层顶面应平整，防止土工合成材料被刺穿、顶破。铺设时应把土工合成材料张拉平直、绷紧，严禁有折皱；端头应固定或回折锚固；切忌曝晒或裸露。

四、质量检验

垫层的质量检验必须分层进行。应在每层的压实系数符合设计要求后再铺填上层土。

对粉质黏土、灰土、粉煤灰和砂石垫层的施工质量检验可用环刀、静力触探、动力触探或标准贯入等方法试验检验；对砂石垫层可用重型动力触探检验。并均应通过现场试验以设计压实系数所对应的贯入度为标准检验垫层的施工质量。各种垫层的压实标准见表14-4。

表 14-4 **各种垫层的压实标准**

施工方法	换填材料类别	压实系数 λ_c
碾压、振密或夯实	碎石、卵石	0.94~0.97
	砂夹石(其中碎石、卵石占全重的 30%~50%)	
	土夹石(其中碎石、卵石占全重的 30%~50%)	
	中砂、粗砂、砾砂、角砾、圆砾、石屑	
	粉质黏土	
	灰土	0.95
	粉煤灰	0.90~0.95

采用环刀检验垫层的施工质量时，取样点应位于每层厚度的2/3深度处。检验点的数量，对大基坑每50~100m^{2}不应少于1个检验点；对基槽每10~20m不应少于1个点；每个独立柱基础不应少于1个点。采用贯入仪或动力触探检验时，每分层检验点的间距应小于4m。

竣工验收采用载荷试验检验垫层承载力时，每个单体工程不宜少于3点；对于大型工程则应按单体工程的数量或工程的面积确定检验点数。

[**例题14-1**]某建筑承重墙下条形基础，宽1.2m，埋深1.5m；上部结构作用于基础上的线荷载为120kN/m；地基土表层为杂填土，厚度1.0m，重度17.5kN/m^3；第二层为淤泥，厚度13m，重度17.8kN/m^3；地基承载力特征值f_{ak}=55kPa；淤泥下为密实的碎石土。地下水深1.5m。试设计垫层。

解：(1)垫层材料选用粗砂，垫层厚度拟定为1.5m，$z/b=1.5/1.2=1.25$，查表14-3，$\theta=30°$。

(2)基础底面平均压力：

$$p_k=\frac{F_k+G_k}{b}=\frac{120+1.2\times1.5\times20}{1.2}=130\ (\text{kPa})$$

(3)基础底面自重应力：

$$p_c=17.5\times1.0+17.8\times0.5=26.4\ (\text{kPa})$$

(4)垫层底面宽度：

$$b'=b+2z\tan30°=1.2+2\times1.5\times\tan30°=2.93(\text{m})$$

(5)垫层底面附加应力：

$$p_z = \frac{b(p_k - p_c)}{b + 2z\tan\theta} = \frac{1.2 \times (130 - 26.4)}{2.93} = 42.4(\text{kPa})$$

(6)垫层底面自重应力：

$$p_{cz} = 26.4 + (17.8 - 10) \times 1.5 = 38.1(\text{kPa})$$

(7)经深度修正后的淤泥地基承载力特征值：

$$\eta_d = 1.0$$

$$\gamma_m = \frac{1.0 \times 17.5 + 0.5 \times 17.8 + 1.5 \times (17.8 - 10)}{3} = 12.7(\text{kN/m}^3)$$

$$f_{az} = f_{ak} + \eta_d \gamma_m (d - 0.5) = 55 + 1.0 \times 12.7 \times (3 - 0.5) = 86.25(\text{kPa})$$

(8)垫层下淤泥下卧层承载力验算：

$$p_z + p_{cz} = 42.4 + 38.1 = 80.5\ (\text{kPa}) \leqslant f_{az} = 86.25\ (\text{kPa})$$

满足要求。

第四节　预　压　法

预压法适用于处理淤泥、淤泥质土和冲填土等饱和黏性土地基，是利用排水固结原理，使饱和软土在人工施加的压力下加速固结，从而提高地基土强度的一种方法。

由于黏性土的渗透性很差，所以，预压法的关键是设置完善的排水通道，才能达到预压固结的目的。对于深厚的软黏土地基，应设置塑料排水带或砂井等排水竖井。当软土层厚度不大或软土层含较多薄粉砂夹层，固结速率能满足工期要求时，可不设置排水竖井。

预压法的不足之处是土的固结周期较长，常常需要数十天甚至几个月。堆载材料可以用砂石、钢锭等重物，当用水作为堆载材料时，应防止水容器泄漏。受堆载压力的限制，加固后的地基承载力提高幅度也不会很大。

预压法包括堆载预压和真空预压两种。

一、堆载预压法

图 14-3 所示是堆载预压法的示意图。

堆载预压法的设计内容主要包含：

(1)决定是否需要竖向排水通道。一般当软土厚度小于 5m，或含有多层砂夹层时，可不设竖向排水通道。当设置竖向排水通道时，应确定砂井或塑料排水板(见图 14-4)的数量、深度、布置和间距。砂井分普通砂井和袋装砂井。普通砂井直径为 300~500mm，袋装砂井直径为 70~120mm，塑料排水板的当量直径可按下式计算：

$$d_p = \frac{2(b + \delta)}{\pi} \tag{14-5}$$

式中，d_p ——塑料排水板当量换算直径，mm；

b ——塑料排水板宽度，mm；

δ ——塑料排水板厚度，mm。

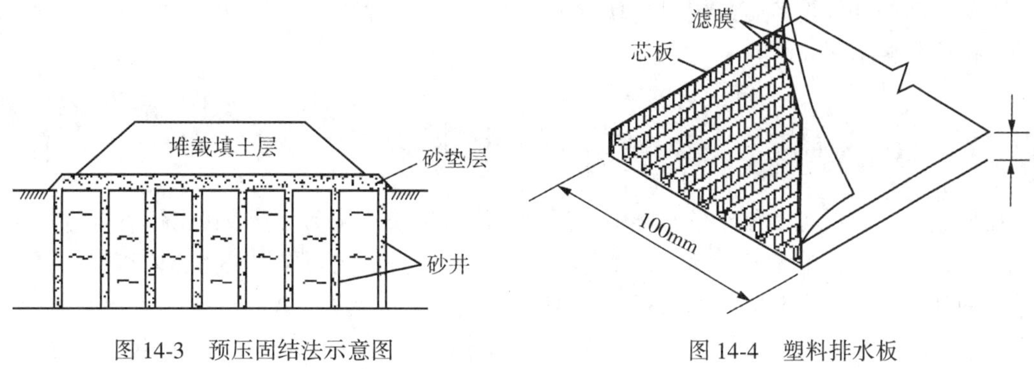

图 14-3 预压固结法示意图

图 14-4 塑料排水板

(2)排水竖井的平面布置可采用等边三角形或正方形排列。竖井的有效排水直径 d_e 与间距 l 的关系为

等边三角形排列： $d_e = 1.05l$

正方形排列： $d_e = 1.13l$

(3)排水竖井的间距可根据地基土的固结特性确定。设计时，竖井的间距 l 可按井径比 n 选用($n = d_e/d_w$ ，d_w 为竖井直径，对塑料排水板可取 $d_w = d_p$)。塑料排水板或袋装砂井的间距可按 $n = 15 \sim 22$ 选用，普通砂井的间距可按 $n = 6 \sim 8$ 选用。则竖井间距可按下式计算：

当等边三角形排列时：
$$n = \frac{d_e}{d_w} = \frac{1.05l}{d_w},\ l = \frac{nd_w}{1.05} \tag{14-6}$$

当正方形排列时：
$$n = \frac{d_e}{d_w} = \frac{1.13l}{d_w},\ l = \frac{nd_w}{1.13} \tag{14-7}$$

(4)确定堆载数量和分级、堆载速率和堆载持续时间。堆载范围应等于或大于建筑物基础外缘所包围的范围。加载速率应根据地基土的强度确定。当天然地基土的强度满足预压荷载下地基稳定性要求时，可一次性加载；否则，应分级逐渐加载。加载荷载值一般应与建筑物的基底压力相同。

(5)砂井的砂料应选用中粗砂。砂井顶部必须铺设与砂井连通的砂垫层作为水平向排水通道，使各砂井中汇聚的水从砂垫层中排走，砂垫层宜采用中粗砂，厚度可取500~1000mm。

(6)在预压区边缘应设置排水沟，在预压区内宜设置与砂垫层相连的排水盲沟。

二、真空预压法

真空预压法和堆载预压法的主要区别在于增加了真空抽气系统。在地面砂垫层上覆盖一层塑料布等不透气的薄膜材料，将预压范围的地面密封起来，使真空预压区的范围至少每边超出建筑物地基 3m 以上，然后在密封膜下抽气，保持真空度达 650mmHg 以上，此时，膜上为大气压力，膜下低于大气压力，该压力差即相当于堆载压力，土体即在此压力下排水固结。当建筑物荷载超过真空预压的压力时，也可采用真空-堆载联合预压法。如果在砂垫层下布置砂井，并将抽气管伸入砂井，则效果更好。

真空预压的抽气设备宜采用射流真空泵，每块预压区至少应设置两台真空泵，真空管路的连接应严格密封。

第五节　砂石桩法

在形式上，砂石桩类似于桩基础中的沉管灌注桩，采用振动沉管或锤击沉管等方法挤土成孔，只是所灌注的是砂石料，而不是混凝土。砂石桩的主要作用是将土体挤密，提高地基土的强度，使砂石桩本身和被挤密的地基土形成复合地基，共同承担建筑物的荷载。砂石桩适用于挤密松散砂土、粉土、黏性土、素填土、杂填土等地基，也可用于处理液化土地基。砂石桩的尺寸与布置应符合下列要求：

(1)砂石桩的直径可采用300~800mm，可根据地基土质情况和成桩设备等条件确定。对饱和黏性土地基宜采用较大的桩径。

(2)砂石桩的间距应通过现场试验确定。对粉土和砂土地基，不宜大于砂石桩直径的4.5倍；对黏性土地基不宜大于砂石桩直径的3倍。初步设计时，砂石桩的间距可按下列公式估算。

①对松散粉土和砂土地基，可根据挤密后要求达到的孔隙比 e_1 确定：

等边三角形布置：

$$s = 0.95\xi d\sqrt{\frac{1+e_0}{e_0-e_1}} \tag{14-8}$$

正方形布置：

$$s = 0.89\xi d\sqrt{\frac{1+e_0}{e_0-e_1}} \tag{14-9}$$

$$e_1 = e_{max} - D_{r1}(e_{max} - e_{min}) \tag{14-10}$$

式中，s——砂石桩间距，m；

d——砂石桩直径，m；

ξ——修正系数，当考虑振动下沉密实作用时，可取1.1~1.2；当不考虑振动下沉密实作用时，可取1.0；

e_0——地基处理前原状砂土的孔隙比；

e_1——地基处理后要求达到的孔隙比；

e_{max}、e_{min}——砂土的最大、最小孔隙比，可按现行国家标准《土工试验方法标准》的有关规定确定；

D_{r1}——地基挤密后要求达到的相对密实度，可取0.70~0.85。

②对黏性土地基：

等边三角形布置：

$$s = 1.08\sqrt{A_e} \tag{14-11}$$

正方形布置：

$$s = \sqrt{A_e} \tag{14-12}$$

$$A_e = \frac{A_p}{m} \tag{14-13}$$

$$m = \frac{d^2}{d_e^2} \tag{14-14}$$

式中，A_e ——1 根砂石桩承担的处理面积，m^2；

A_p ——砂石桩的截面积，m^2；

m ——面积置换率。

d ——桩身平均直径，m；

d_e ——1 根桩分担的处理地基面积的等效圆直径，

等边三角形布置：　　$d_e = 1.05s$

正方形布置：　　$d_e = 1.13s$

(3)砂石桩的桩长应根据工程要求和地质条件确定，最小桩长不宜小于 4m。当松软土层厚度不大时，砂石桩长宜穿过松软土层；当松软土层厚度较大时，对按稳定性控制的工程，砂石桩长应伸入最危险滑动面以下不少于 2m；对按变形控制的工程，砂石桩长应满足允许的变形要求，并应考虑下卧层承载力的问题。

(4)砂石桩处理范围应大于基底范围，处理宽度宜在基础外缘扩大 1~3 排桩。对液化土地基，在基础外缘扩大宽度不应小于可液化土层厚度的 1/2，并不应小于 5m。砂石桩顶部宜铺设一层厚度为 300~500mm 的砂石垫层。

(5)砂石桩材料可用碎石、卵石、角砾、圆砾、砾砂、粗砂、中砂或石屑等材料，含泥量不得超过 5%，最大粒径不宜大于 50mm。桩孔内的填料量可按设计桩孔体积的 1.2~1.4 倍估算。

第六节　水泥土搅拌法

水泥土搅拌法分为深层搅拌法(简称湿法)和粉体喷搅法(简称干法)。这种处理方法具有施工成本低、占用场地小、对环境无污染等优点，是目前应用较多的软土加固技术。水泥土搅拌法适用于处理正常固结的淤泥与淤泥质土、粉土、饱和黄土、素填土、黏性土以及无流动地下水的饱和松散砂土等地基。当地基土的天然含水量小于 30%(黄土含水量小于 25%)、大于 70%或地下水的 pH 值小于 4 时不宜采用干法。冬季施工时，应注意负温度对处理效果的影响。由于深层搅拌法的适用性更好，应用范围也就更广。本节主要介绍深层搅拌法。

深层搅拌法(简称 CDM 法)是利用水泥作为固化剂，用深层搅拌机在一定深度范围内把地基土与水泥强行搅拌，固化后形成具有一定强度和水稳定性的水泥土加固桩体，所以又称水泥土搅拌桩。水泥土搅拌形成的加固体，可作为竖向承载的复合地基、基坑工程的围护挡墙、防渗帷幕等。水泥土加固体的整体形状可分为柱状、墙体状或块体状，这种方法已广泛应用于建筑、港口、堤坝等工程中的软土处理。

深层搅拌机由电动机、搅拌轴、搅拌头、机架等组成，并配置有吊装、导向、灰浆拌和及输送、计量控制等系统。

水泥土加固体以水泥为主要固化剂，由于各类地基土的成分复杂，与水泥搅拌固化后，加固体的强度各不相同。影响水泥土加固体强度的因素很多，包括水泥品种和掺入比例、地基土矿物成分、颗粒组成和含水量等。为了提高水泥土加固体的强度，可添加各种外掺剂。对于不同的地基土，应按其化学成分，采用不同比例的水泥品种和外掺剂，即采用合理的配方。因此，设计前，应对地基土进行室内配比试验，选择合适的固化剂、外掺剂及其掺入量，为设计提供各种龄期、各种配比的强度参数。

水泥土搅拌法的设计，主要是确定搅拌桩的置换率和长度。竖向承载搅拌桩的长度应根据上部结构对承载力和变形的要求确定，并宜穿透软弱土层到达承载力相对较高的土层；为提高抗滑稳定性而设置的搅拌桩，其桩长应超过危险滑弧以下 2m。湿法的加固深度不宜大于 20m；干法不宜大于 15m。水泥土搅拌桩桩径不应小于 500mm。竖向承载搅拌桩的平面布置可根据上部结构特点及对地基承载力和变形的要求，采用柱状、壁状、格栅状或块状等加固型式。桩可只在基础平面范围内布置，独立基础下的桩数不宜少于 3 根。柱状加固可采用正方形、等边三角形等型式。

水泥土搅拌桩单桩竖向承载力特征值 R_a 应通过现场荷载试验确定。初步设计时，可按式(14-15)估算。并应同时满足式(14-16)的要求，应使由桩身材料强度确定的单桩承载力大于(或等于)由桩周土和桩端土的抗力所提供的单桩承载力：

$$R_a = u_p \sum_{i=1}^{n} q_{si} l_i + \alpha q_p A_p \tag{14-15}$$

$$R_a = \eta f_{cu} A_p \tag{14-16}$$

式中，f_{cu} ——与搅拌桩桩身水泥土配比相同的室内加固土试块(边长为 70.7mm 的立方体，也可采用边长为 50mm 的立方体)在标准养护条件下 90d 龄期的立方体抗压强度平均值，kPa；

η ——桩身强度折减系数，干法可取 0.20～0.30；湿法可取 0.25～0.33；

u_p ——桩的周长，m；

n ——桩长范围内所划分的土层数；

q_{si} ——桩周第 i 层土的侧阻力特征值。对淤泥可取 4～7kPa；对淤泥质土可取 6～12kPa；对软塑状态的黏性土可取 10～15kPa；对可塑状态的黏性土可取 12～18kPa；

l_i ——桩长范围内第 i 层土的厚度，m；

q_p ——桩端地基土未经修正的承载力特征值，kPa，可按现行国家标准《建筑地基基础设计规范》(GB50007—2011)的有关规定确定；

α ——桩端天然地基土的承载力折减系数，可取 0.4～0.6，承载力高时取低值。

A_p ——桩端横截面面积，m^2。

水泥土搅拌桩复合地基的承载力特征值应通过现场单桩或多桩复合地基荷载试验确定。初步设计时也可按下式估算：

$$f_{spk} = m \frac{R_a}{A_p} + \beta (1 - m) f_{sk} \tag{14-17}$$

式中，f_{spk} ——复合地基承载力特征值，kPa；

m ——面积置换率；

β ——桩间土承载力折减系数。当桩端土未经修正的承载力特征值大于桩周土承载力特征值的平均值时，可取 0.1～0.4，差值大时取低值；当桩端土未经修正的承载力特征值小于或等于桩周土承载力的平均值时，可取 0.5～0.9，差值大时或设置褥垫层时均取高值；

f_{sk} ——桩间土承载力特征值，kPa，可取天然地基承载力特征值。

竖向承载搅拌桩复合地基应在基础和桩之间设置褥垫层，褥垫层厚度可取 200～

300mm。其材料可选用中砂、粗砂、级配砂石等，最大粒径不宜大于20mm。

水泥土搅拌法的主要施工步骤为：

(1)搅拌机就位、调平；

(2)预搅下沉至设计深度；

(3)边喷浆、边搅拌提升直至预定的停浆面；

(4)重复搅拌下沉至设计加固深度；

(5)根据设计要求，喷浆或仅搅拌提升直至预定的停浆面。

(6)关闭搅拌机。

湿法施工前，应确定灰浆泵输浆量、灰浆经输浆管到达搅拌机喷浆口的时间和起吊设备提升速度等施工参数，并通过工艺性成桩试验确定施工工艺。当水泥浆液到达出浆口后，应喷浆搅拌30s，在水泥浆与桩端土充分搅拌后，再开始提升搅拌头。搅拌桩施工完成后应养护28天以上再开挖土方。开挖时因桩身顶端0.5m范围质量难以保证，应予凿除。

思 考 题

1. 软弱地基土的种类有哪些？
2. 常用地基处理方法有哪些？
3. 预压法适合加固哪一类地基土？
4. 砂石桩的作用是什么？
5. 水泥搅拌桩有哪些优点？适用于哪些软弱地基？

附　录　一

附表 1　　**等截面直杆的杆端转动刚度**

计算简图	远端支承	转动刚度
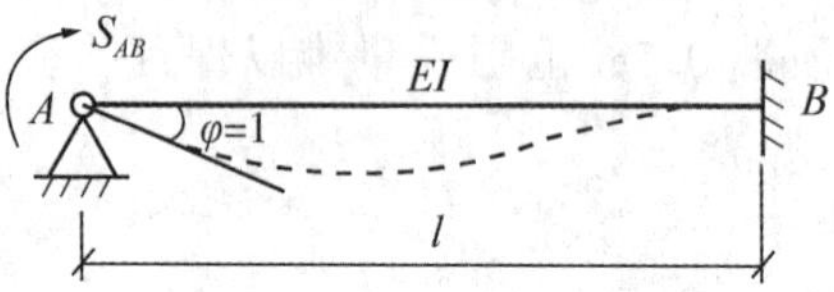 S_{AB}, A, EI, $\varphi=1$, B, l	固定	$S_{AB}=4\dfrac{EI}{l}=4i$
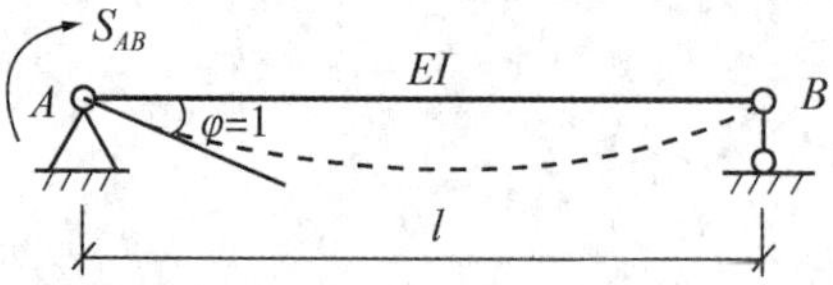 S_{AB}, A, EI, $\varphi=1$, B, l	铰接	$S_{AB}=3\dfrac{EI}{l}=3i$
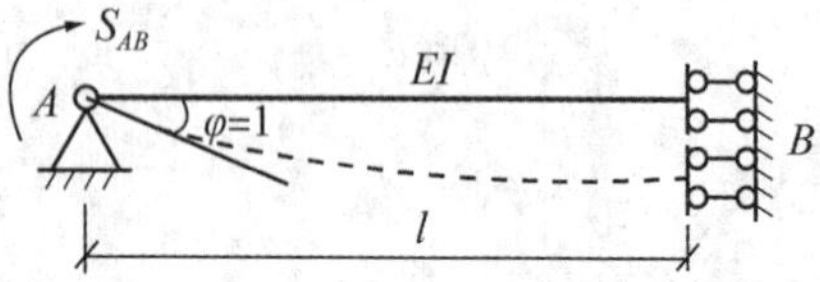 S_{AB}, A, EI, $\varphi=1$, B, l	滑移	$S_{AB}=\dfrac{EI}{l}=i$

附表 2　　**等截面单跨超静定梁的杆端弯矩**

编号	计算简图	弯矩	
		M_{AB}	M_{BA}
1	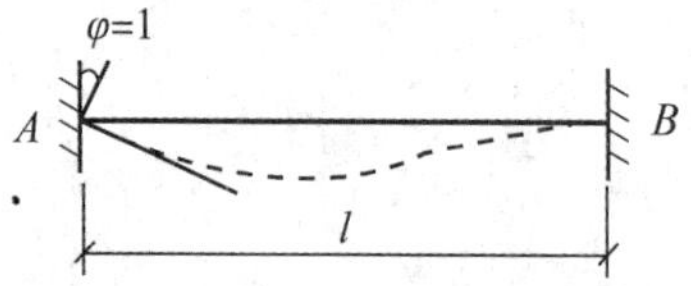 $\varphi=1$, A, B, l	$4\dfrac{EI}{l}=4i$	$2\dfrac{EI}{l}=2i$
2	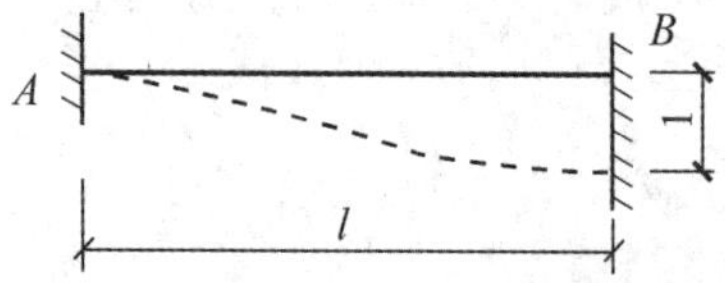 A, B, 1, l	$-6\dfrac{EI}{l^2}=-6\dfrac{i}{l}$	$-6\dfrac{EI}{l^2}=-6\dfrac{i}{l}$

续表

编号	计算简图	弯矩	
		M_{AB}	M_{BA}
3	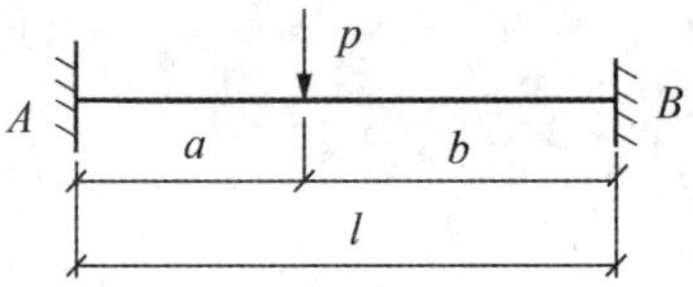	$-p\dfrac{ab^2}{l^2}$	$p\dfrac{a^2b}{l^2}$
4	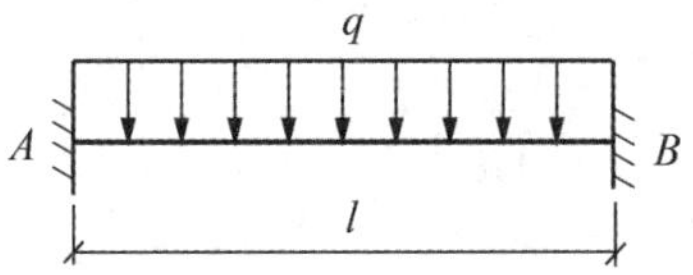	$-\dfrac{1}{12}ql^2$	$\dfrac{1}{12}ql^2$
5	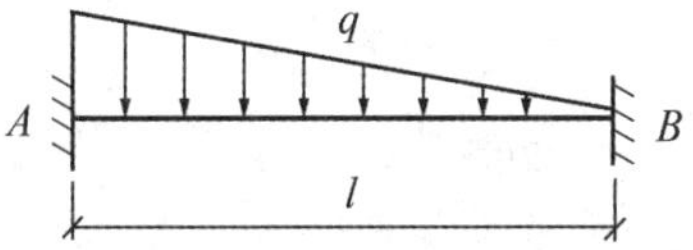	$-\dfrac{1}{20}ql^2$	$\dfrac{1}{30}ql^2$
6	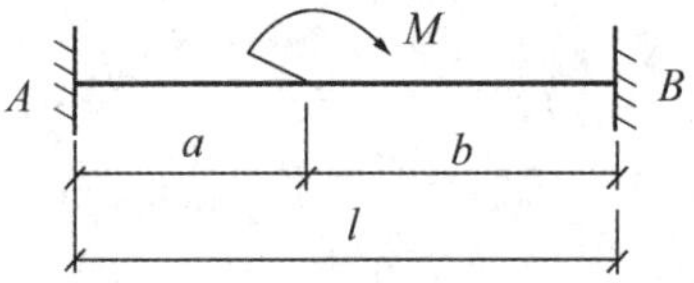	$\dfrac{b(3a-l)}{l^2}M$	$\dfrac{a(3b-l)}{l^2}M$
7	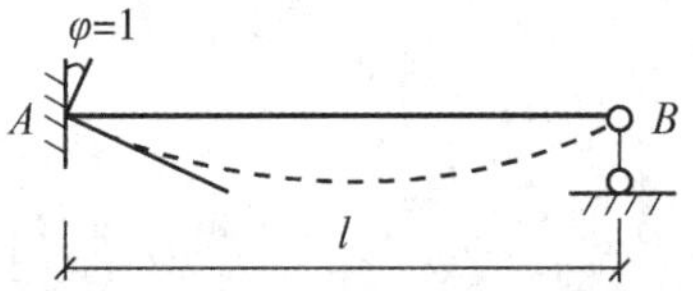	$3\dfrac{EI}{l}=3i$	0
8	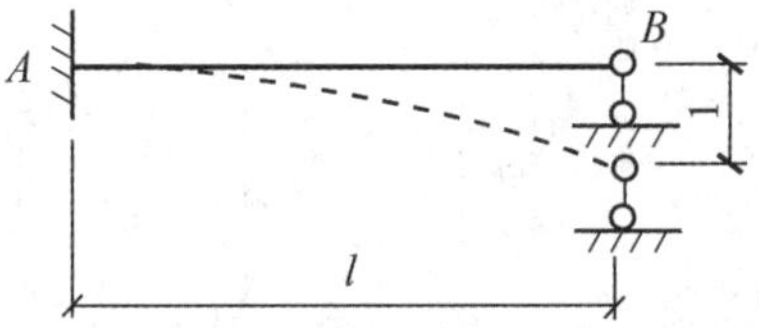	$-3\dfrac{EI}{l^2}=-3\dfrac{i}{l}$	0
9	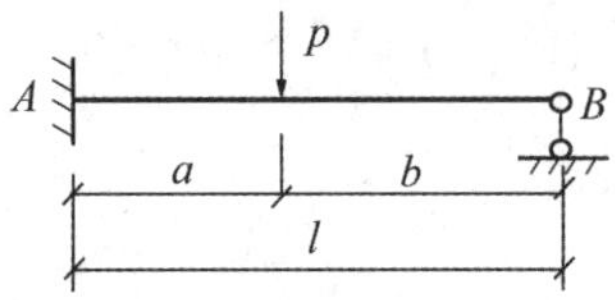	$-p\dfrac{ab(l+b)}{2l^2}$	0
10	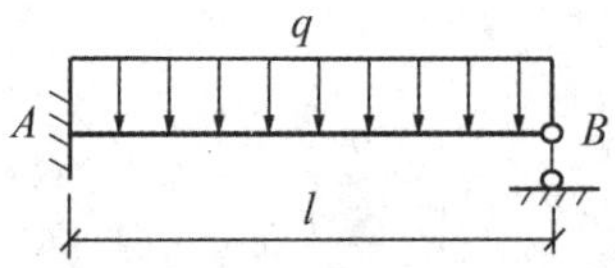	$-\dfrac{1}{8}ql^2$	0

续表

编号	计算简图	弯矩	
		M_{AB}	M_{BA}
11	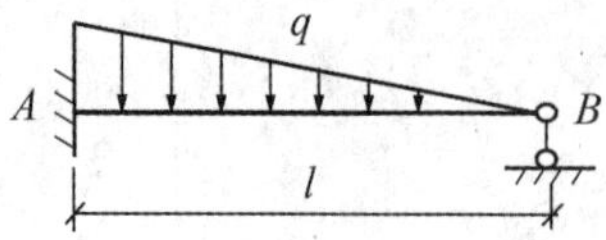 q A B l	$-\frac{1}{15}ql^2$	0
12	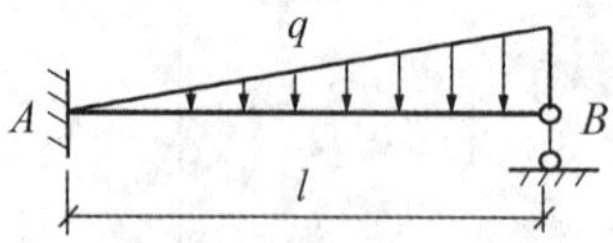 q A B l	$-\frac{7}{120}ql^2$	0
13	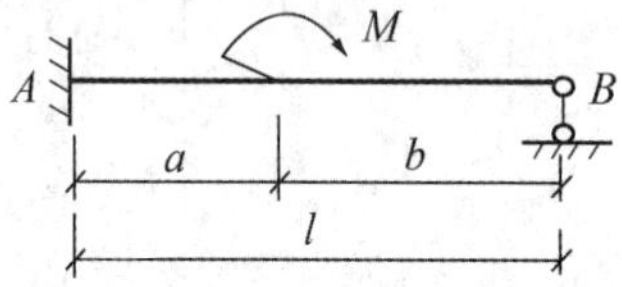 M A B a b l	$\frac{l^2-3b^2}{2l^2}M$	0
14	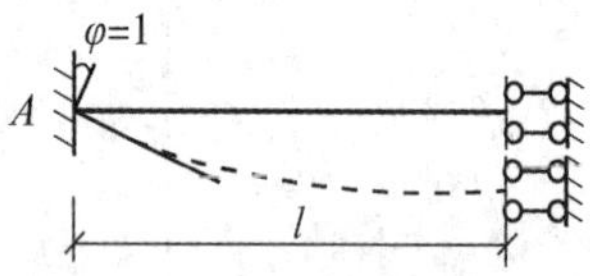 φ=1 A l	$\frac{EI}{l}=i$	$-\frac{EI}{l}=-i$
15	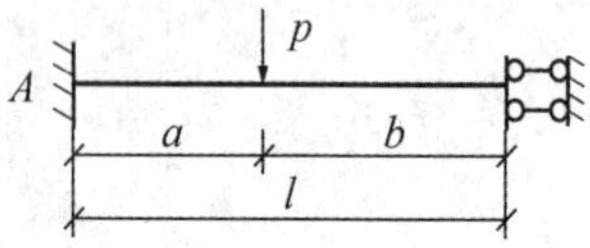 p A a b l	$p\frac{a(l+b)}{2l}$	$-p\frac{a^2}{2l}$
16	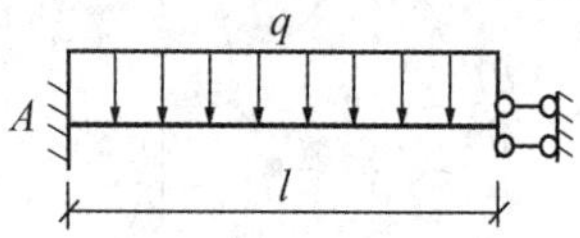 q A l	$\frac{1}{3}ql^2$	$-\frac{1}{6}ql^2$

附录二　岩土工程勘察报告(示例)

1. 工程概况

×××公司委托×××岩土工程勘察设计院完成其办公楼的工程勘察任务。拟建办公楼东西长48.62m，南北宽12.32m，高7层。

本工程重要性等级为二级，场地复杂程度等级为二级，地基复杂程度等级为二级，建筑地基基础设计等级为乙级，岩土工程勘察等级为乙级。

本次勘察的任务和要求：

(1)查明不良地质作用的类型、成因、分布范围、发展趋势和危害程度，提出整治方案和建议；

(2)查明建筑范围内岩土层的类型、深度、分布、工程特性，分析评价地基的稳定性和承载力；

(3)对需要进行沉降计算的建筑物，提供地基变形计算参数，预测建筑物的变性特征；

(4)查明有无旧河道、沟谷、墓穴、防空洞等对工程不利的埋藏物；

(5)查明地下水的埋藏条件，提供地下水位及其变化范围；

(6)判定水和土对建筑材料的腐蚀性；

(7)对地基基础进行方案论证，提出经济合理的基础形式；

(8)对需要处理的地基提出合理的处理方案，并提供所需的岩土参数；

(9)划分场地土类型和场地类别，评价地基土的地震效应，对地基土进行地震液化判别。

2. 勘察依据(即勘察工作所依据的规范规定，略)

3. 勘察工作

3.1　勘察方法及试验

(1)钻探与取样。采用DPP-100-3B型汽车液压钻机，回转钻进。采用固定活塞式取土器，静压法采取原状土样。

(2)标准贯入试验。用质量为63.5kg的穿心锤，以0.76m的落距自由下落，将一定规格的标贯器先打入土中0.15m，再打入0.3m，以后打入0.3m的锤击数作为标准贯入试验的N值。

(3)静力触探试验。采用JC-X2型单桥静力触探仪连续贯入，每10cm读数一次，记录探头贯入土中阻力。

(4)室内试验。由本院土工实验室按《土工试验方法标准》(GB/T50123—1999)完成，对原状土样的力学性质指标进行压缩试验和直剪快剪试验，对扰动土样和原状土样做颗粒分析。

(5)测量。野外勘察结束后，对钻孔位置进行测量。以场地1#孔正北××大街中心线为基准点，并假定其高程为20.00m，对各孔口高程进行测量，结果见附图1。

3.2 勘察工作量

根据勘察任务和等级要求，本次勘察所完成的工作量如下表：

勘探点编号	勘探点类型	钻孔深度（m）	坐标		地面标高（m）	取样个数		地下稳定水位		标贯（次）
			X（m）	Y（m）		原状样	扰动样	埋深（m）	日期	
1	取土试样孔	25.45			20.20	10		5.80	2010.6.5	3
2	标贯试验孔	20.45			20.30			6.00	2010.6.5	13
3	鉴别孔	25.00			20.21			5.80	2010.6.5	
4	取土试样孔	25.45			20.20	10	3	5.80	2010.6.5	
5	静力触探孔	20.00			20.17				2010.6.5	
6	取土试样孔	20.00			20.10	10		5.60	2010.6.5	

3.3 勘察进程

(1)野外作业：2010.6.5；

(2)室内试验：2010.6.6—2010.6.12；

(3)资料整编：2010.6.13；

(4)提交报告：2010.6.15。

4. 场地条件

4.1 位置和地形

本场地位于××大街与××路交叉路口东南角×××公司院内，地势较平坦，地形较简单。

4.2 地层(地层描述见《土的工程分类标准》GB/T50145—2007)

本次勘察结果表明：本场地地层各土层均属于第四纪全新世冲击沉积而成，现自上而下分述如下：

①层：黏土。黄褐色，干强度高，韧性高，有光泽，摇振反应无，可塑，中压缩性。层厚1.90~2.50m。

②层：粉土。褐黄色，干强度低，韧性低，无光泽，摇振反应中等，密实，湿，中压缩性。层厚3.2~3.7m，底板埋深5.4~6.0m。

③层：粉土。褐黄色，干强度低，韧性低，无光泽，摇振反应迅速，密实，湿，中压缩性。层厚2.3~3.9m，底板埋深8.2~9.3m。

④层：黏土。黄褐色，干强度高，韧性高，有光泽，摇振反应无，可塑，中压缩性。层厚2.5~3.2m，底板埋深11.4~11.9m。

⑤层：粉质黏土。灰褐色，干强度中等，韧性中等，稍有光泽，摇振反应无，可塑，中压缩性，层厚1.6~1.9m，底板埋深13.2~13.6m。

⑥层：粉质黏土。黄褐色，干强度中等，韧性中等，稍有光泽，摇振反应无，可塑，中压缩性。揭露层厚6.5~7.5m，揭露底板深度20.0~20.8m。

⑦层：粉砂。褐黄色，主要成分以石英、长石为主，密实，饱和。揭露层厚4.65m。

4.3　地下水

勘察期间，本场地地下水位埋深为5.90~6.20m，主要含水层为各粉土层，主要来源为降水渗入，埋藏性质为潜水。年水位变幅约为2.00m。

在1#孔取水样分析，地下水对混凝土及混凝土中钢筋具有弱腐蚀性。详见附表(略)。

4.4　土的物理力学性质指标表

各土层主要物理力学性质指标表

土层	天然状态土的物理性质指标					土的力学性质指标			
						压缩		直剪	
	含水量 ω (%)	质量密度 γ (g/cm^3)	孔隙比 e	液性指数 I_L	塑性指数 I_p	压缩系数 α_{1-2} (MPa^{-1})	压缩模量 E_{1-2} (MPa)	内摩擦角 φ_k (°)	黏聚力 C_k (kPa)
①层：黏土	30.9	1.89	0.912	0.34	21.1	0.301	6.36	15.9	40.3
②层：粉土	21.5	1.91	0.733	0.40	7.7	0.216	8.37	26.2	
③层：粉土	24.7	1.93	0.735	0.60	7.6	0.196	9.17	22.9	
④层：黏土	31.6	1.91	0.892	0.42	19.6	0.311	6.24	16.4	44.0
⑤层：粉质黏土	26.7	1.99	0.743	0.31	14.2	0.277	6.38		16.0
⑥层：粉质黏土	25.5	2.01	0.712	0.39	13.0	0.302	5.92		13.2
⑦层：粉砂									

5. 场地和地基的地震效应

5.1　场地类别

对1#孔20.0m以内土层等效剪切波速 v_{se} 进行估算，约为181.6m/s，场地土各层均属于中软土。根据地方经验，建筑场地覆盖层厚度大于50m，150< v_{se} ≤250，判定建筑场地类别为Ⅲ类。1#孔剪切波速(经验值)见下表：

1#孔剪切波速表

土层	①层 黏土	②层 粉土	③层 粉土	④层 黏土	⑤层 粉质黏土	⑥层 粉质黏土
层厚 (m)	2.1	3.7	3.3	2.6	1.9	6.4
剪切波速 (m/s)	155	160	170	180	200	

5.2　地基土液化判别

根据《建筑抗震设计规范》(GB50011—2001)，本场地属于设计地震分组第二组，抗震设防烈度为6度，设计基本地震加速度为0.05g。设计特征周期为0.55s，可不考虑液化影响。

5.3　建筑抗震地段的划分

本建筑抗震地段为可进行建设的一般地段。

6. 地基承载力特征值

根据室内试验及原位测试成果，采用经验公式计算并结合地方经验综合确定，各土层天然地基承载力特征值如下表：

地基承载力特征值

土层	①层 黏土	②层 粉土	③层 粉土	④层 黏土	⑤层 粉质黏土	⑥层 粉质黏土	⑦层 粉砂
地基承载力特征值f_{ak}（kPa）	110	120	130	130	140	145	160

7. 岩土工程分析评价

7.1　地基均匀性和稳定性评价

本次勘察结果表明，该场地地基各层均略有起伏，应属于不均匀地基。地基基础设计时应进行强度验算和变形计算，并采取相应的结构措施。

7.2　地基处理与基础形式建议

本场地由于拟建办公楼高度较高(7 层)，为避免由于地基土的过大沉降或不均匀沉降影响拟建楼的正常使用或引起上部结构破坏，故不应采用天然地基。

根据《建筑地基处理技术规范》(JGJ79—2012)的规定，对深层搅拌法(湿法)加固方案进行论证如下：

(1)基础埋深取 1.80m，基底高程 18.4m。

(2)采用④层黏土作为搅拌桩端持力层，有效桩长为 8.5m，直径 0.5m。

(3)固化剂选用强度等级为 32.5 级及以上的水泥，掺入比大于等于 13%。

(4)根据《建筑地基处理技术规范》第 11.2.4 条，单桩竖向承载力特征值按(11.2.4-1)式估算，并应同时满足(11.2.4-2)式的要求。

$$R_a = u_p \sum_{i=1}^{n} q_{si} l_i + \alpha q_p A_p \qquad (11.2.4\text{-}1)$$

$$R_a = \eta f_{cu} A_p \qquad (11.2.4\text{-}2)$$

式中，f_{cu}——与搅拌桩桩身水泥配比相同的室内加固土试块(边长为 70.7mm 的立方体，也可采用边长为 50mm 的立方体)在标准养护条件下 90d 龄期的立方体抗压强度平均值，kPa；

η——桩身强度折减系数，取 0.30；

u_p——桩的周长，取 1.57m；

n——桩长范围内所划分的土层数；

q_{si}——桩周第 i 层土的侧阻力特征值，kPa，见下表；

l_i——桩长范围内第 i 层土的厚度，m；

q_p——桩端地基土未经修正的承载力特征值，取 130kPa；

α——桩端天然地基土的承载力折减系数，取 0.5；

A_p——桩的横截面积，按直径 0.5m，取 $A_p = 0.196\text{m}^2$。

桩周第 i 层土的侧阻力特征值 q_{si} 取值表

土层	①层：黏土	②层：粉土	③层：粉土	④层：黏土	⑤层：粉质黏土
q_{si} (kPa)	8	8	9	10	11
土层厚度(m)	0.40	3.45	3.10	2.85(1.3)	1.75

注：括号内数值为本次试算取用厚度。

$$R_a = 1.57\times(0.4\times8+3.45\times8+3.1\times9+1.3\times10)+0.5\times130\times1.96 = 125.3(\text{kN})$$

根据单桩承载力 $R_a=125.3\text{kN}$，按式(11.2.4-2)可得水泥土试块强度应达到：

$$f_{\text{cu}} = \frac{125.3}{0.3\times0.196} = 2130.9(\text{kPa})$$

(5)搅拌桩复合地基承载力特征值可按《建筑地基处理技术规范》式(9.2.5)估算：

$$f_{spk} = m\frac{R_a}{A_p} + \beta(1-m)f_{sk}$$

式中，f_{spk}——复合地基承载力特征值，kPa；

m——面积置换率，取 19%；

β——桩间土承载力折减系数，取 0.4；

f_{sk}——桩间土承载力特征值，取 $f_{sk}=f_{ak}=110$ kPa。

$$f_{spk} = 0.19\times\frac{125.3}{0.196}+0.4\times(1-0.19)\times110 = 157.1(\text{kPa})$$

8. 结论和建议

8.1　本场地各层土均属中软土。场地为Ⅲ类场地。抗震设防烈度为 6 度，可不考虑液化影响。本建筑地段为可进行建设的一般建筑地段。

8.2　标准冻深为 0.6 m。

8.3　建议采用深层搅拌法进行地基处理，设计和施工应符合《建筑地基处理技术规范》(JGJ79—2012)的相关要求。

(1)有效桩长不宜小于 8.5 m。

(2)竖向承载力检验应采用复合地基承载力试验和单桩承载力试验。检测达到设计要求后方可进行基础施工。

(3)深层搅拌法施工时，水泥土块强度应不小于 2130.9 kPa，为了保证水泥土试块强度，应适当加大水泥掺入比。

(4)基坑开挖后，应通知勘察单位，并会同有关部门做好验槽工作。

(5)基坑开挖后。应在坑底普遍钎探，发现局部异常处，应及时检查处理。如土质条件与勘察结果有较大出入或持力层与建议持力层不符，应及时通知勘察单位并会同有关部门研究解决，妥善处理。

(6)本报告中地基处理方案及计算仅供设计人员参考。

9. 地下水检验报告(略)

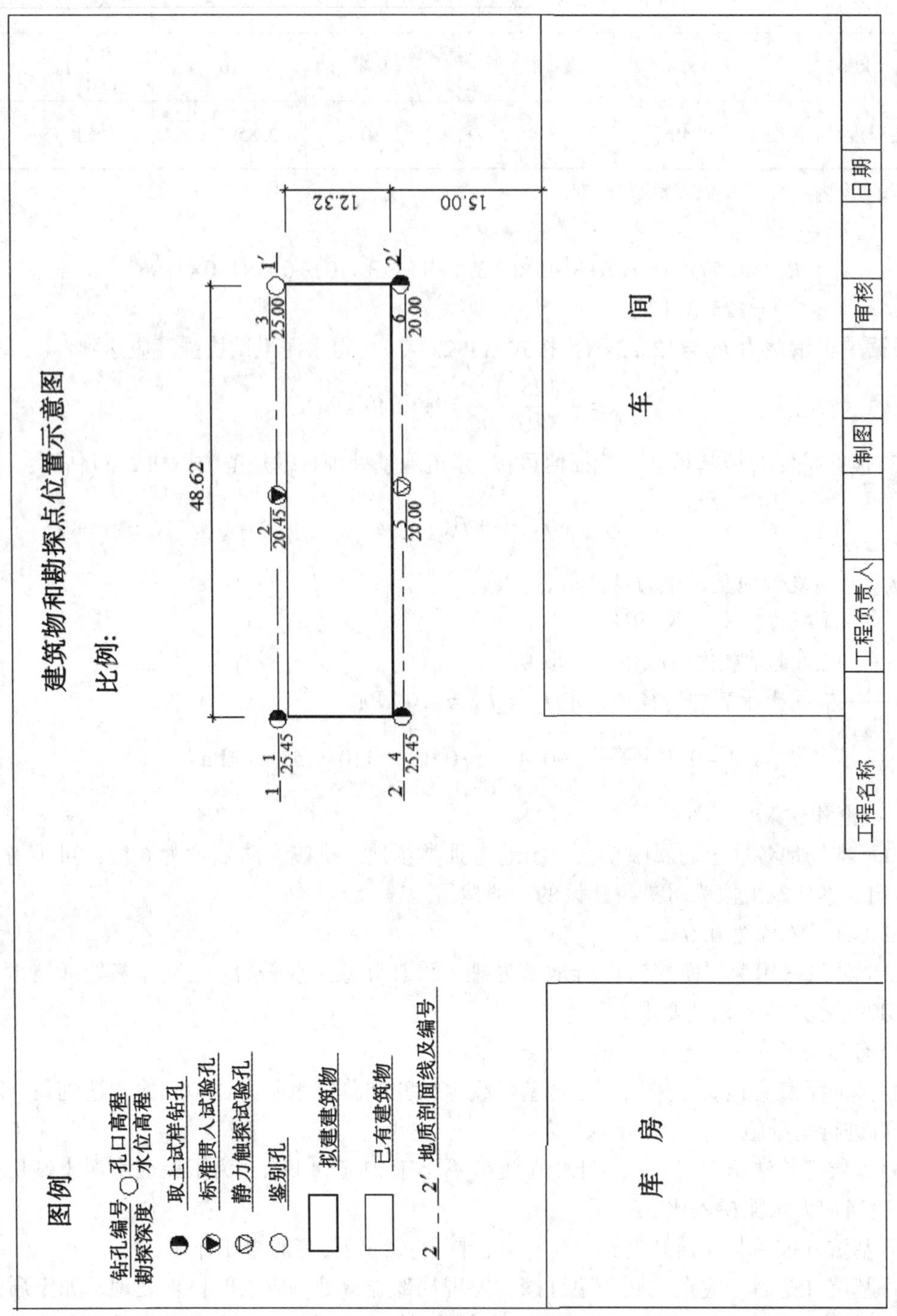

附图1　勘探点平面布置图

10. 物理力学指标统计表(略)

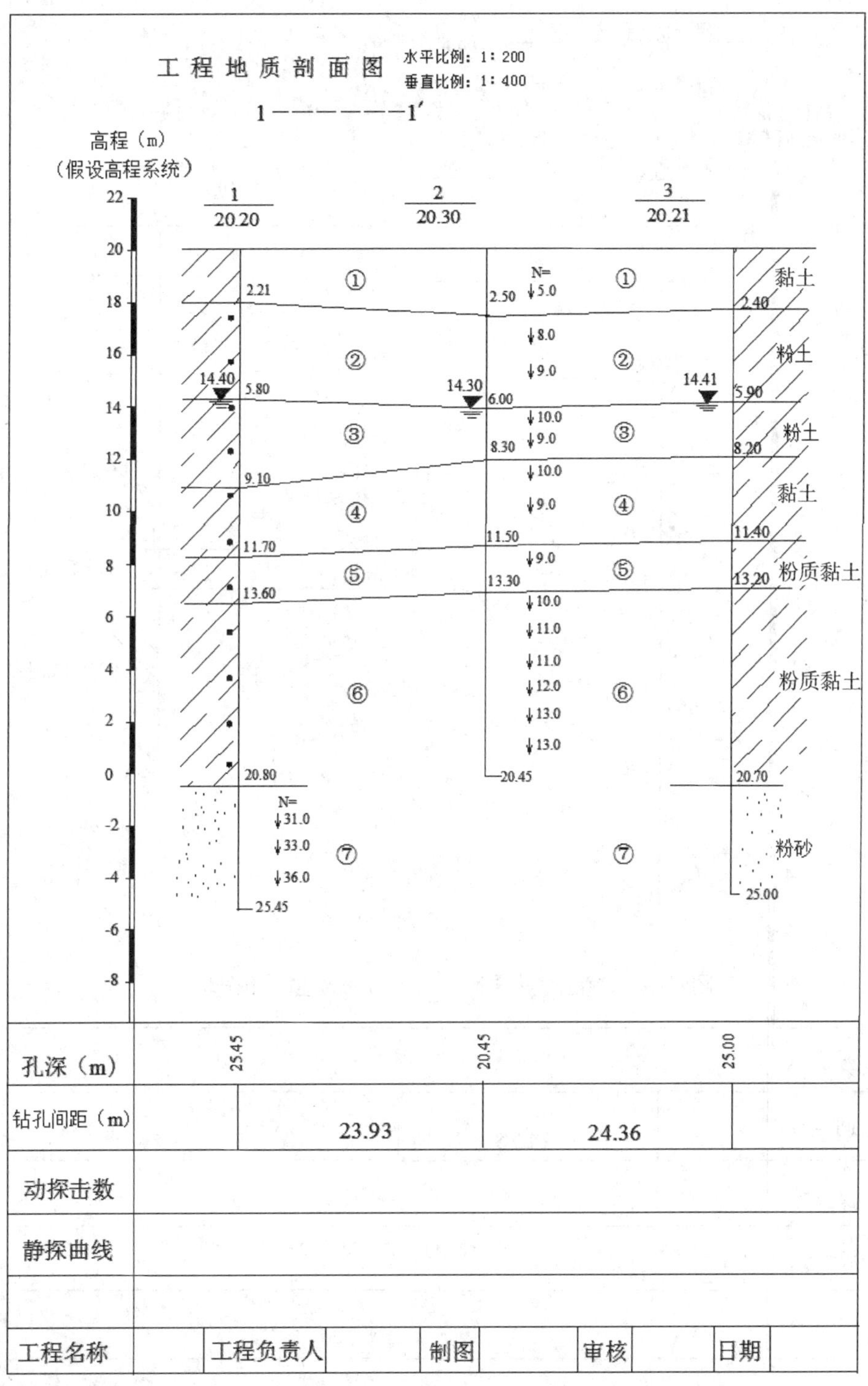

附图 2　工程地质剖面图 1

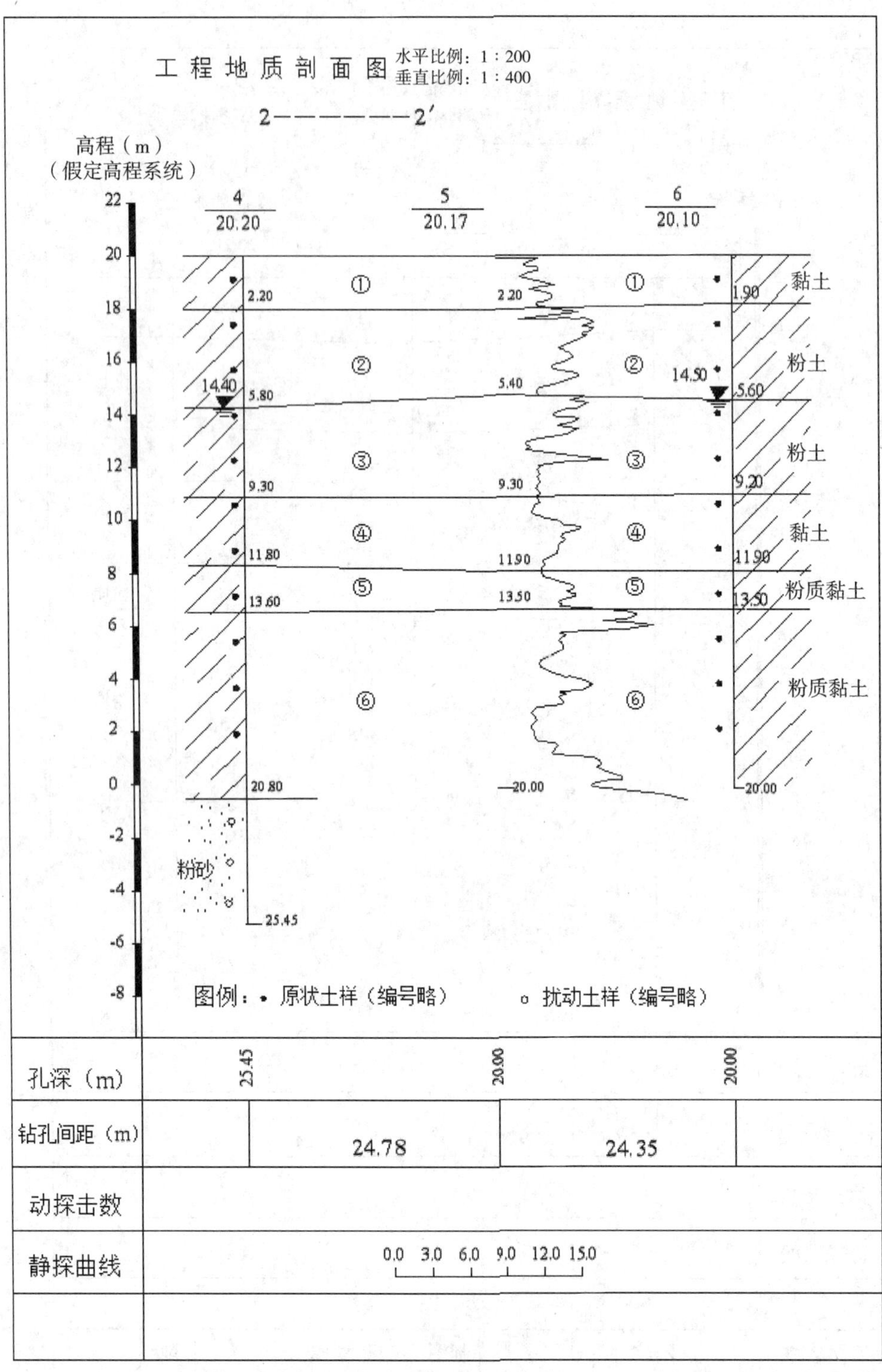

附图 3　工程地质剖面图 2

参 考 文 献

1. 建筑地基基础设计规范(GB50007—2011). 中国建筑工业出版社，2012.
2. 混凝土结构设计规范(GB50010—2010). 中国建筑工业出版社，2011.
3. 岩土工程勘察规范(GB50021—2001). 中国建筑工业出版社，2002.
4. 建筑桩基技术规范(JGJ94—2008). 中国建筑工业出版社，2009.
5. 建筑结构荷载规范(GB50009—2012). 中国建筑工业出版社，2013.
6. 华南理工大学，浙江大学，湖南大学. 基础工程[M]. 第三版. 北京：中国建筑工业出版社，2014.
7. 赵树德，廖红建. 土力学[M]. 第二版. 北京：高等教育出版社，2010.
8. 王奎华. 岩土工程勘察[M]. 第二版. 北京：中国建筑工业出版社，2016.
9. 崔自治. 土力学[M]. 北京：中国电力出版社，2010.
10. 徐梓炘，张曙光，杨太生. 土力学与地基基础[M]. 北京：中国电力出版社，2004.
11. 陈国兴，樊良木，陈甦. 土力学与土质学[M]. 第二版. 北京：中国水利水电出版社、知识产权出版社，2006.